운동하는 사피엔스

움직이기 싫어하도록 진화한 몸을
어떻게 운동하게 할 것인가

운동하는 사피엔스
Exercised

대니얼 리버먼 지음
왕수민 옮김

프시케의숲

차 례   C o n t e n t s

프롤로그

———

왜 운동은 건강에 좋은데
하기는 싫을까

◇ ◇ ◇

2017년 6월, 이 책을 막 쓰기 시작한 무렵 나는 케냐로 날아가 러닝 머신을 한 대 샀다. 그것을 랜드크루저 차량에 싣고 케냐 서쪽 해발 고도 2,100미터 이상의 고지에 자리한 펨야라는 외진 마을로 가져 갔다. 이 공동체는 야트막한 산들이 구불구불 능선을 이룬 가운데 화강암 노두가 곳곳에 비죽 솟은, 연녹색 초목이 펼쳐진 지대의 가 장자리에 자리하고 있다. 도처에 밭뙈기와 소박한 농가가 띄엄띄엄 있는데, 보통 단칸방인 가옥들은 진흙과 똥을 섞어 벽을 쌓은 뒤 짚 이나 양철을 지붕으로 얹었다. 펨야는 풍광은 아름답지만 케냐 안 에서조차 빈곤한 축에 들며, 여간해서는 사람 발길도 잘 닿지 않는 다. 가장 가까운 도시 엘도레트에서 차를 몰고 들어가려면, 불과 80 킬로미터밖에 되지 않는데도 펨야에 가까워질수록 길이 여간 고역 이 아니라서 거의 온종일 걸려야 도착할 수 있다. 맑은 날에는 깎아 지른 구불구불한 흙먼지 길을 무사히 헤치고 나아가는 게 관건으 로, 바윗덩이 따위의 갖가지 장애물이 껴 있는 도랑이 길 중간중간 을 가로막기 일쑤다. 비라도 내리는 날에는 이 길을 따라 끈적끈적한 화산니가 가파른 경사면을 강물처럼 쓸며 내려온다.

　도로 사정이 이렇게나 끔찍한데도 나는 지난 10년간 거의 매해 내 학생들 및 케냐인 동료들과 함께 펨야를 찾았다. 세상이 급속하게 현대화하는 중에 이 지역 사람들의 신체가 과연 어떻게 변하고 있을지 연구하기 위해서다. 펨야 사람들은 자급자족 농부들로, 포장도로나 전기, 수돗물 같은 것을 수 세대 동안 거의 접하지 못한 그들의 조상과 꽤 비슷한 삶을 살아가고 있다. 이들 대부분은 신발, 매트리스, 약, 의자를 비롯해 평소에 내가 당연시하는 것들을 살 방도가 충분치 않다. 그렇기에 기계의 도움 없이 하루하루를 연명하고 더 나은 삶을 일구기 위해 이들, 특히 어린아이들이 힘들게 일하는 모습을 곁에서 지켜보면 어쩐지 가슴이 뭉클해진다. 우리는 이곳 펨야인을 근방 엘도레트에서 살아가는 똑같은 칼렌진 민족과 비교함으로써, 사무를 보느라 상당한 일과시간을 앉아서 보내기 때문에 이제 더는 삶을 유지하고자 신체 노동을 하거나, 맨발로 다니거나, 땅바닥에 주저앉거나 쪼그려 앉지 않게 되면 우리 몸이 과연 어떻게 변하는지 연구할 수 있다.

　펨야까지 러닝머신을 가져간 건 그래서였다. 그 장치를 이용해 이 지역 여자들이 물, 음식, 땔감을 머리에 잔뜩 이고 얼마나 효율적으로 걷는지 연구해보자는 것이 우리 계획이었다. 하지만 러닝머신을 활용하려던 계획은 말만 요란했지 보기 좋게 엇나갔다. 펨야의 여자들을 연구실로 데려와 러닝머신 위에 세워놓은 뒤 발아래의 고무판을 작동시키자, 이들은 남의 시선을 의식한 채 안절부절 못하며 어정쩡하게 걸었다. 정해진 목적지도 없이 억지로 걸어야 하는 괴상망측하고 시끄러운 장치에 난생처음 올라탄다면 아마 여러분 역시 이상한 모습으로 걸을 수밖에 없을 것이다. 연습을 좀 하자 여자들은 러닝머신 위에서 더 잘 걷게 됐지만, 짐이 있거나 혹은 없는 상태에서 이들이 보통 어떻게 걷는지 측정하려면 러닝머신은 포기하고 딱딱한 맨땅을 걷게 해야만 한다는 것을 우리는 깨달았다.

펨야까지 러닝머신을 가져오느라 돈, 시간, 노력만 허비했다고 생각하며 구시렁대는 순간, 이런 기계야말로 이 책의 주제를 단적으로 보여주는 것이 아닌가 하는 생각이 문득 들었다. *우리는 절대 운동하도록 진화하지 않았다는* 점 말이다.

우리가 절대 운동하도록 진화하지 않았다는 건 무슨 뜻일까? 오늘날 운동이라고 하면 건강과 건장한 신체를 위해 사람들이 자발적으로 하는 신체 활동으로 가장 흔히 정의된다. 하지만 이런 식의 운동을 하게 된 건 최근 생겨난 현상이다. 우리와 그리 멀지 않은, 수렵채집인이자 농부였던 우리 조상들은 충분한 식량을 얻고자 매일 몇 시간씩 몸을 움직여야 했다. 뿐만 아니라, 재미 삼아 혹은 사교 목적으로 놀이를 하거나 춤을 추며 몇 시간씩 몸을 움직이기도 했다. 하지만 단지 건강을 위해 몇 킬로미터씩 달리거나 걷는 일은 좀처럼 없었다. 심지어 '운동'이 건강에 좋다는 뜻을 갖게 된 것도 최근 들어서의 일이다. 라틴어 동사 'exerceo'(일하다, 훈련하다, 혹은 연습하다)를 차용한 영어 단어 'exercise'는 중세에 처음 사용될 때만 해도 밭을 가는 일 따위의 고된 노동을 뜻했다.[1] 기술 연마나 건강을 위해 연습하거나 훈련한다는 뜻으로도 이 말이 오래 사용되긴 했지만, 이와 함께 'exercised'라는 형용사는 무언가에 시달리고, 안달하고, 고심한다는 뜻도 갖고 있다.

건강을 위해 운동한다는 현대의 개념과 마찬가지로, 러닝머신 역시 근래의 발명품이다. 하지만 애초의 연원은 건강이나 건장한 신체와는 아무 상관도 없었다. 러닝머신처럼 생긴 장치는 로마인이

윈치의 방향을 틀거나 무거운 물건을 들어 올릴 때 처음 사용했으며, 세월이 흘러 1818년 빅토리아 여왕 시대에 발명가 윌리엄 큐빗이 이를 개조해 죄수들을 벌을 주어 게으름을 못 피우도록 하는 데 썼다. 1세기도 넘도록 잉글랜드의 재소자들은(여기엔 오스카 와일드도 끼어 있었다) 거대한 계단처럼 생긴 러닝머신 위를 하루에 몇 시간씩 걸어야 하는 형을 받곤 했다.[2]

러닝머신이 사람들을 벌주는 용도로 쓰이는 것인가에 대해서는 여전히 의견이 분분하지만, 러닝머신만 봐도 현대 산업사회의 운동이 얼마나 별난 특성을 보이는지 잘 드러난다. 가령 내가 수렵채집인이나 펨야의 농부, 심지어는 내 5대조 조상에게 내 생활방식을, 즉 나는 일과 대부분을 앉아서 지내다 나의 게으름을 상쇄하기 위해 돈을 내고 헬스장에 가서 나를 억지로 한자리에 붙들어두는 기계에 올라타 거기서 땀을 빼고 몸을 피곤하고 불편하게 만든다고 설명할 때 그들 눈에 내가 미친놈이나 얼간이로 비치는 건 어쩌면 당연한 일이다.

러닝머신의 우스꽝스러움은 둘째치고라도, 우리 먼 조상들은 아마 운동이 이제 상업화 및 산업화는 물론 의료와도 접목됐다는 사실에도 아마 당혹감을 감추지 못할 것이다. 물론 그저 재미 삼아 운동하는 때도 더러 있지만, 오늘날에는 헤아릴 수 없이 많은 이들이 체중을 관리하고, 질병을 예방하고, 노쇠와 사망을 피하기 위해 돈을 내면서까지 운동을 한다. 걷기와 조깅을 비롯해 수많은 다른 형태의 운동은 원래 공짜이지만, 지금 우리는 거대 다국적 기업의 꼬임에 혹해 특별한 복장과 장비를 갖추고, 피트니스 클럽 같은 특별한 장소에 가서 운동하는 데 많은 돈을 들이고 있다. 이와 함께 우리는 굳이 돈을 내고 다른 이가 운동하는 것을 지켜보기도 하며, 심지어 개중 몇몇은 굳이 돈을 내고 마라톤, 울트라마라톤(정규 마라톤 거리인 42.195킬로미터를 크게 상회하는 초장거리 경주─옮긴이), 철인 3종 경기 등 극한에 살벌한, 혹은 자칫 위험할 수 있는 스포츠 이벤트에 참가해 사서 고생하는 특권을 누리기도 한다. 몇천 달러만 지불하면 여러분도 얼마든지 사하라사막을 가로질러 240킬로미터를 달려볼 수 있다.[3] 하지만 무엇보다 주목해야 하는 건 운동이 우리를 근심스럽게 하고 헷갈리게 한다는 것이다. 운동이 건강에 좋다는 사실은 누구나 알지만 오늘날 사람들 태반은 운동을 충분히, 안전히, 혹은 재밌게 하려 갖은 애를 쓰고 있기 때문이다. 한마디로 우리는 운동exercise해야 한다는 생각에 시달린다exercised.

자, 이제 운동에 모순되는 점이 있음을 충분히 알겠다. 즉 운동은 건강에 좋지만 비정상적인 활동이고, 원래는 돈이 안 들지만 고도로 상업화돼 있으며, 기쁨과 건강을 안기기도 하지만 불편과 죄책감, 맹비난을 일으키기도 한다는 것을 말이다. 그런데 나는 이런 사실을 깨달았다고 왜 이 책까지 쓰게 된 것일까? 만에 하나 여러분이 이 책을 읽고픈 마음이 든다면 그건 왜일까?

운동에 대한 신화

나 역시 대체로 운동 때문에 고심하며 살아온 사람이다. 많은 이들이 그렇듯, 어린 시절 나는 몸을 움직이려 애쓸 때 영 확신도 자신도 없었다. 진부한 얘기지만, 체구가 작고 꺼벙해서 학교에서 팀을 짤 때면 늘 맨 마지막에 데려가는 아이였다. 한편으론 운동을 더 잘하면 좋겠다고 바랐지만, 변변찮은 운동 능력 때문에 제 몫을 못하고 민폐만 끼쳤기 때문에 스포츠를 피하려는 성향이 도리어 더 강해졌다. 초등학교 1학년 때는 체육 시간에 탈의실 옷장에 숨은 적도 있었다. 아직도 '운동'이라는 단어를 보면 말을 안 듣는 내 몸을 탓하며 나보다 빠르고 힘세고 재주도 뛰어난 급우들을 따라잡으려 나름 이를 악물고 애쓰던 내게 호통을 치며 기를 죽이던 체육 선생님들의 음울한 기억이 떠오른다. "리버먼, 밧줄을 타고 올라가라고!"라며 소리치던 B선생님의 목소리가 아직도 귓전에 생생하다. 그래도 나는 학창 시절을 순전히 카우치 포테이토couch potato(종일 소파에 누워 감자칩 따위를 먹으며 빈둥대는 사람—옮긴이)로만 지낸 건 아니었고, 2, 30대 동안에는 조깅과 하이킹을 이따금 했다. 하지만 확실히 해야 하는 만큼 운동을 하지는 않았고, 또 어떤 종류의 운동을, 얼마나 자주, 어떤 강도로 해야 하고, 그것을 어떻게 발전시켜야 하는지에 대해서도 대체로 몰랐으며 그리 관심도 없었다.

비록 운동 능력은 변변찮았지만, 대학에 다니며 인류학 및 진화생물학과 흠뻑 사랑에 빠지면서 나는 인간의 몸이 어떻게, 왜 현재와 같은 모습이 됐는지를 연구하기로 했다. 초반에는 내 연구의 초점이 두개골이었지만, 갖가지 우연들이 겹치면서 인간 달리기의 진화에도 관심을 갖게 됐다. 이 연구는 다시 걷기, 던지기, 도구 제작, 땅파기, 나르기 같은 다른 인간 신체 활동 진화에 대한 탐구로 이어졌다. 그 덕에 지난 15년 동안 나는 지구 구석구석을 누비며 수렵채집인, 자급자족 농부를 비롯해 다른 많은 이들이 자신의 몸을 이용해 얼마나 열심히 일하는지를 곁에서 관찰하기도 했다. 나는 모험에 득달같이 달려드는 편이라, 언제든 여건만 되면 이런 활동들에 몸소 참가해보고자 노력하곤 했다. 그중 대표적인 것을 몇 가지 꼽자면, 케냐에서 머리에 물을 이고 달리기를 해보는가 하면, 그린란드와 탄자니아에서는 토착민 사냥꾼과 함께 쿠두(뿔이 뒤틀린 큰 영양으로 잿빛 몸통에 흰 줄무늬가 8~9가닥 있다―옮긴이)를 추적했고, 멕시코의 별이 총총한 밤하늘 아래서 고대 아메리카 원주민의 달리기 경주에 참가하는가 하면, 인도 시골에서 맨발로 크리켓을 쳤고, 애리조나 산맥에서는 말을 상대로 달리기 경주를 한 적도 있다. 그러고 난 뒤에는 하버드대학의 실험실로 돌아와 내 학생들과 함께 갖가지 실험을 수행하며 이런 활동의 밑바탕에 깔린 해부학, 생체역학, 생리학을 연구한다.

이런 갖가지 경험과 연구를 밑바탕으로 나는 서서히 이런 결론을 내리게 됐다. 미국과 같은 산업화한 사회는 운동이 역설을 안고 있는 현대의 건강한 행동이라는 점을 인지하지 못하고 있으며, 따라서 *운동에 대한 우리의 믿음과 사고방식은 신화에 불과한 것들이 많다*(여기서 '신화'란 세간에서 두루 믿어지지만 부정확하고 과장된 주장이라는 뜻이다)는 것이다. 확실히 말해두지만, 그렇다고 내가 운동이 우리에게 좋지 않다거나 운동과 관련해 여러분이 책에서 읽은 것들이 다 틀렸다고 말하려는 것은 아니다. 다만 신체 활동에 대한 진화적 및 인류학적 관점을 무시하거나 잘못 해석한 결과, 갖가지 오해와 과장, 잘못된 논리, 우발적 오류, 용납할 수 없는 비방 등이 일어나 운동에 대한 산업적 접근을 망치고 있다는 점만은 확실히 밝히고자 한다.

이런 신화로 제일 먼저 손꼽히는 것이 우리 인간은 원래부터 운동을 *하고 싶어* 한다는 생각이다. 세상에는 내가 이른바 '운동인'이라고 정의하는 사람들 부류가 있는데, 이런 이들은 자신의 운동 실력을 자랑하는 것은 물론 운동이 약이라는 사실, 즉 운동이야말로 나이 드는 속도를 줄여주고 죽음도 뒤로 미뤄주는 마법의 알약이라는 점을 자꾸만 우리에게 일깨우고 싶어 한다는 특징이 있다. 여러분이 아는 사람 중에도 이런 이들이 꼭 있을 것이다. 이들 운동인에 따르면, 우리 수렵채집인 조상들은 하루하루를 연명하기 위해 걷기, 달리기, 나무타기를 비롯한 갖가지 신체 활동을 수백만 년이나 해왔기 때문에 우리 인간은 *운동하기* 위해서 태어난 존재다. 심지어 진화론을 믿지 않는 운동인조차 인간은 운동해야 하는 숙명을 지고 있다고 생각한다. 하느님께서 아담과 이브를 에덴동산에서 내쫓으며 그 둘에게 평생 부지런히 밭을 갈아야 하는 형벌을 내렸기 때문이다. "네가 흙으로 돌아갈 때까지 얼굴에 땀을 흘려야 먹을 것을 먹으리니." 이런 식으로 우리가 운동하라는 잔소리를 듣는 것은, 운동이 단순히 우리에게 좋기 때문만이 아니라 인간 조건의 근본적인 밑바탕이기도 하기 때문이다. 운동을 충분히 하지 않으면 게으른 사람으로 치부되는 한편, "고통 없이는 얻는 것도 없다" 식으로 신체에 고통을 주는 것은 훌륭한 일이라고 여겨진다.

이 외에도 과장의 형태를 띤 신화들도 있다. 그런데 우리가 흔히 듣는 것처럼 운동이 정말 '마법의 알약'이라서 대부분의 질병이 운동으로 고쳐지거나 예방된다면, 지금은 사람들이 그 어느 때보다 몸을 안 움직이는데도 왜 더 오래 사는 사람이 그 어느 때보다 많은 것일까? 여기에 더해, 인간은 정말 원래 느리고 약할까? 지구력을 얻으려면 근력은 포기해야 한다는 말은 사실일까? 의자는 정말 우리를 죽음으로 몰아넣을까? 운동은 체중 감량에는 아무 소용이 없을까? 나이 들수록 덜 움직이는 게 정상일까? 정말 적포도주를 한 잔 마시는 게 헬스장에서 한 시간 있는 것만큼 좋을까?[4]

운동에 대해 부정확하고, 어설프고, 모순된 생각을 가지면 생고생을 할 뿐만 아니라, 혼란스러움과 회의주의의 씨앗까지 품게 된다. 일각에는 하루에 1만 보씩 걷고, 되도록 앉지 말며, 절대 엘리베이터를 타지 말라고 권하는 사람들이 있는가 하면, 다른 한쪽에는 운동으로는 500그램도 빼기 힘들다고 말하는 이들이 있다. 또 되도록 더욱 많은 시간을 활동적으로 보내되 더는 구부정한 자세로 있어선 안 된다는 이야기도 귀에 못이 박히게 듣지만, 그러면서도 잠은 더 많이 자고 허리를 받쳐주는 의자를 쓰라고도 한다. 전문가들 사이에선 일주일에 150분 운동이 중론으로 통하지만, 다부진 몸을 만드는 데는 하루에 고강도 운동 몇 분이면 충분하다는 이야기도 접할 수 있다. 또 피트니스 전문가 중에도 프리웨이트를 권하는 이가 있는가 하면, 웨이트머신을 정해주는 이가 있고, 유산소운동을 충분히 안 한다며 우리를 다그치는 이도 있다. 몇몇 권위자는 조깅이 좋다며 권하는데, 다른 이들은 달리면 무릎이 망가지고 관절염만 심해진다고 경고하기도 한다. 일주일 전만 해도 운동을 너무 많이 하면 심장에 손상이 갈 수 있고 신발은 편안한 운동화를 신어야 한다고 했는데, 이번 주에는 또 운동은 아무리 많이 해도 지나치지 않으며 가장 단순한 형태의 신발이 가장 좋다고 한다.

혼란과 의심이 퍼져나가는 것은 둘째치고라도, 운동에 대한 이런 신화(특히 운동을 하는 게 정상이라는 생각) 때문에 일어나는 고질적인 병폐는 이런 믿음을 갖고서는 사람들이 운동을 하도록 도울 수 없을 뿐만 아니라, 운동하지 않는다는 이유로 부당하게 망신을 주거나 다그치게 된다는 것이다. 운동을 해야 한다는 것은 누구나 아는 사실이지만, 이런 식으로 이만큼씩은 해야 한다며 왈가왈부하는 걸 듣는 것만큼 짜증나는 일도 없다. 우리를 "그냥 해Just Do It"라며 몰아붙이는 것은, 약물중독자에게 "그냥 안 한다고 해Just Say No"라고 말하는 것만큼이나 별 도움이 안 된다. 운동이 당연히 해야 하는 자연스러운 것이라면, 수많은 세월을 애쓰고도 왜 우리는 뿌리 깊은 자연적 본능, 즉 자발적으로는 힘을 쓰지 않으려는 본능을 더 많은 이들이 이겨내게 할 효과적인 방법을 아무도 찾아내지 못한 것일까? 미국인 수백만 명을 대상으로 한 2018년도 설문조사에 따르면, 성인의 약 절반과 10대의 거의 4분의 3이 기준치인 일주일 150분의 신체 활동량에 미치지 못한다고 보고했으며, 남는 시간에 운동을 한다고 보고한 이는 3분의 1 미만인 것으로 나타났다.[5] 그 어떤 객관적인 기준에 비춰봐도 21세기에 우리가 운동을 장려하는 능력은 무척 형편없다. 이는 신체 활동 및 비활동에 대해 너무 문외한인 채 접근하는 데도 일부 원인이 있다.

불평은 이 정도면 충분하다. 그렇다면 이제 우리는 어떻게 해야 더 잘할 수 있을까? 나는 이 책에서 여러분이 무엇을 얻어가기를 바랄까?

왜 진화인류학인가

진화론 및 인류학적 관점을 취하면 운동의 역설(다시 말해, 우리가 절대 하지 않도록 진화한 무언가가 왜 건강에는 그토록 좋은가)을 더 잘 이해하게 된다는 게 이 책의 기본 전제다. 아울러 이들 관점을 취하게 되면 운동에 걱정, 혼란, 혹은 두 마음을 품은 우리 같은 이들도 일단 운동부터 하게 된다고 나는 믿는다. 따라서 이 책은 운동 열성파에게 유용하지만 운동해야 한다는 생각에 시달리고 운동을 하려고 갖은 애를 쓰는 이들에게도 그만큼 유용하다.

우선은 내가 이 주제를 다루면서 사용하지 않을 방식부터 설명해보도록 하겠다. 여러분이 운동과 관련해 어떤 내용이든 웹사이트, 기사, 책을 읽어봤다면, 아마 현재 우리가 알고 있는 사실 대부분은 미국, 잉글랜드, 스웨덴, 일본 같은 현대의 산업화한 국가 사람들을 관찰해 얻었다는 것을 대번에 깨달을 수 있을 것이다. 이런 연구의 상당수는 역학적인 성격을 지닌다. 다시 말해, 대규모 개인 표본을 모아 건강과 신체 활동 사이의 연관성을 살피는 식이라는 이야기다. 예를 들면, 심장질환, 운동 습관, 그리고 나이, 성별, 소득 같은 인자 사이에서 상관관계를 살핀 연구만 해도 수백 건에 이른다. 하지만 이들 분석은 상관관계를 드러낼 뿐이지, 인과관계는 드러내지 못한다. 이와 함께 사람(대학생인 경우가 가장 많다)이나 생쥐를 무작위로 대조치료군에 할당하고 단기간에 걸쳐 특정 결과에 대한 특정 변수의 영향을 측정하는 실험도 숱하게 많다. 예를 들면, 그런 식으로 다양한 운동량이 혈압이나 콜레스테롤 수치에 미치는 영향을 살펴본 연구는 수백 건에 이른다.

물론 이런 종류의 연구들이 근본부터 잘못됐다고 할 것은 없으나(앞으로 여러분도 알게 되겠지만, 나 역시 이 책 전체 전반에 걸쳐 이런 연구를 활용할 것이다), 이들 연구는 운동을 너무 편협하게 바라본다. 일단 무엇보다, 인간에 대한 거의 모든 연구는 오늘날 서양이나 혹은 최고의 운동선수에게 초점을 두고 있다. 이들 인구군을 연구하는 게 잘못일 리 없지만, 미국인과 유럽인 같은 서양인이 인류에서 차지하는 비율은 고작 12퍼센트 정도에 불과하며 우리가 진화한 과거를 제대로 반영하지 못할 때도 많다. 더군다나 최고의 운동선수를 연구해서는 평범한 인간의 생물 활동을 훨씬 더 편협한 관점에서 바라보게 될 뿐이다. 이제까지 살면서 1,500미터를 4분 안에 달릴 수 있었거나, 벤치프레스로 250킬로그램 이상을 들어 올릴 수 있었던 사람이 얼마나 될까? 그뿐인가, 우리와 생쥐의 생명 활동 사이에 비슷한 점은 과연 얼마나 될까? 이런 사실들만큼이나 중요한 것이, 이들 연구는 '왜'를 묻는 핵심 질문은 던지지 못한 채 운동이 얼마나 특이한 활동인지 제대로 살피지 못하고 있다는 점이다. 물론 대규모 역학적 설문조사와 실험실의 대조군 실험을 통해 운동이 신체에 어떤 영향을 미치는지가 명료히 밝혀질 수도 있고, 운동의 여러 혜택이 강조될 수도 있고, 운동하려는 동기를 못 가진 채 혼란을 느끼는 스웨덴인이나 캐나다인이 얼마나 되는지 그 숫자를 정량화할 수는 있을지언정, 운동이 *왜* 지금과 같은 식으로 신체에 영향을 미치는지, *왜* 우리 중에는 운동에 두 마음을 갖는 이가 그렇게 많은지, *왜* 신체 활동 부족이 우리를 더 빨리 나이 들게 하고 병에 걸릴 확률을 높이는지를 일러주지는 못했다.

이 부족함을 해결하기 위해서는, 일반적으로 서양인과 운동선수에게 초점이 맞춰진 연구를 진화론 및 인류학적 관점으로 보충해줄 필요가 있다. 그러기 위해서는 미국 및 다른 산업화한 국가들의 대학 캠퍼스와 병원을 과감히 벗어나, 여전히 대부분 인간이 살아가고 있는 맥락 속에서 인류가 노동하고, 휴식하고, 운동하는 모습을 더욱 폭넓게 관찰해야만 한다. 우리도 이 책에서 다양한 대륙의 다양한 환경 속에서 살아가는 여러 수렵채집인과 자급자족 농민들을 함께 살펴보게 될 것이다. 아울러 고고학 및 화석 기록을 캐고들어가 인간 신체 활동의 역사와 진화를 더 잘 이해하고자 할 것이고, 동시에 우리 인간을 다른 동물, 특히 우리와 가장 가까운 유인원친척들과 비교하기도 할 것이다. 그리고 마지막으로, 사람들의 생명활동 및 행동과 관련된 다양한 계통의 이들 증거를 적절한 생태적및 문화적 맥락 안에 통합시켜보기도 할 것이다. 미국의 대학생과 아프리카의 수렵채집인, 네팔의 짐꾼이 어떤 식으로 걷고, 달리고, 물건들을 나르는지, 그리고 이런 활동이 그들의 건강에 어떤 영향을 미치는지 서로 비교해보려면, 그들의 다양한 생리 및 문화에 대해서도 반드시 얼마쯤은 알아야 한다. 한마디로 운동을 정말 잘 이해하기 위해 인간의 신체 활동 및 비활동과 관련된 자연사를 한번 연구해보자는 이야기다.

따라서 앞으로 이어지는 장章들에서 우리는 진화론과 인류학의 관점을 취해 신체 활동의 부족, 활동, 그리고 운동과 관련한 수많은 신화를 탐구하고 그 내용을 곱씹어보는 기회를 가질 것이다. 우리는 운동하기 위해 태어났을까? 앉기는 새로운 형태의 흡연이나 마찬가지일까? 구부정한 자세로 있는 것은 나쁠까? 잠을 꼭 8시간 자야 할까? 인간은 다른 동물에 비해 느리고 약한 편일까? 걷기는 체중 감량에 별 효과가 없을까? 달리기가 무릎을 망가뜨릴까? 나이가 들수록 운동을 덜 해야 정상일까? 사람들에게 운동하라고 설득하는 가장 좋은 방법은 무엇일까? 최적의 운동 종류와 운동량은 존재할까? 운동은 우리가 암이나 감염병에 취약해질 가능성에 얼마나 영향을 미칠까? 이 책에는 다음과 같은 말이 주문처럼 계속 등장할 것이다. *진화의 빛을 비추지 않고는 운동의 생명 활동에 대한 그 어떤 것도 이해할 수 없으며, 인류학의 빛을 비추지 않고는 하나의 행동인 운동에 대한 그 어떤 것도 이해할 수 없다.*[6]

이미 운동을 무척 좋아하는 사람들을 위해서는, 이 책을 통해 다양한 종류의 비활동 및 신체 활동이 우리 몸에 어떻게 그리고 왜 영향을 미치는지, 또 운동이 마법의 알약까지는 아니라도 왜 우리를 정말로 더 건강하게 해주는지, 아울러 왜 운동에는 최적의 종류와 양이 존재하지 않는지와 관련해 새로운 통찰을 제시하고자 한다. 한편 운동을 하려 갖은 애를 쓰는 이들을 위해서는, 어떻게 그리고 왜 그들이 정상인지 설명하는 동시에, 어떻게 하면 운동을 시작할 수 있을지 해법을 찾고, 다양한 종류의 운동이 가진 장단점을 평가할 수 있게 도와줄 것이다.

하지만 이 책은 자기계발서는 아니다. 나는 여러분에게 '쉽게 몸짱 만들기 7단계 프로젝트'를 팔 생각도, 웬만하면 계단으로 다니라거나, 마라톤을 한번 뛰어보라거나, 영국 해협을 헤엄쳐서 건너보라며 여러분을 구슬릴 생각도 없다. 그보다 우리가 움직이고 또편히 쉴 때 우리 몸이 어떻게 작동하는지, 운동은 어떻게 그리고 왜건강에 영향을 미치는지, 어떻게 하면 우리가 운동을 시작하게 서로 도울 수 있는지 그와 관련한 기막히게 멋진 과학을 회의적 시각에서 어려운 학계용어를 쓰지 않고 여러분과 함께 탐구하는 게 내목표다.

자연사를 다룬 책으로서 이 책은 크게 네 부분으로 구성돼 있다. 우선은 서론에 이어, 세 개의 부에서는 인간의 신체 활동 및 비활동과 관련한 진화 이야기를 간략하게 훑되, 장별로 저마다 다른신화를 집중적으로 조명한다. 신체 활동이 없는 상태를 모르고는신체 활동을 이해할 수 없으므로, 제1부에서는 *신체 활동 부족*으로 서두를 연다. 즉 앉아 있을 때와 잘 때 등 우리가 편히 쉴 때 우리 몸은 과연 무엇을 하고 있을까? 제2부에서는 단거리 질주, 역기들기, 격투처럼 스피드, 근력, *파워*가 필요한 신체 활동에 대해 탐구한다. 제3부에서는 걷기, 달리기, 춤추기처럼 *지구력*을 요하는 신체 활동에 대해 살펴보고, 이런 활동이 노화에 어떤 영향을 미치는지도 함께 알아볼 것이다. 마지막으로, 제4부에서는 인류학적 및 진화론적 접근법들이 어떻게 오늘날 세상에서 우리가 더 나은 운동을 할 수 있도록 돕는지 생각해보게 될 것이다. 어떻게 하면 우리는 더욱 효과적으로 운동을 관리할 수 있으며, 더욱 효과적이라는 것은 과연 어떤 면에서일까? 또한 다양한 종류와 양의 운동은 얼마나, 어떻게, 왜 주요 질병의 예방 혹은 치료에 도움이 될까?

어떤 결론을 내놓기까지 우리 앞엔 아직 먼 길이 놓여 있다. 첫 걸음으로 우선은 이 글을 읽고 있는 이 순간 여러분이 하고 있을 법한 것(움직이지 않는 것)에서부터 이야기를 시작해 운동에 관한 그 모든 신화를 제일 중대한 것부터 더 깊이 파고들어보도록 하자. 바로 운동하는 게 정상이라는 생각 말이다.

제1장

설마 우리는
달리기 위해 태어난 걸까?

미신 #1 우리는 운동하도록 진화했다

◇ ◇ ◇

누구 하나 죽지 않았어도 그게 정말 힘든 일이라면, 왜 무리해서 도전해야 하는지 전 잘 모르겠습니다만?

_로널드 레이건, 〈가디언〉지와의 인터뷰, 1987

나는 운동에 소질이 없고 없어도 그만인 사람으로, 허드슨강에 뛰어들어 맨해튼 일대를 헤엄친다거나, 자전거로 아메리카 전역을 가로지르거나, 에베레스트산에 오른다거나, 벤치프레스로 수십 킬로그램을 들어 올린다거나, 장대높이뛰기를 해보고 싶은 생각은 추호도 없다. 극한의 힘과 지구력을 요구하는 그 수많은 시험 중에서도 내가 절대 도전하지 않을 게 하나 있다면 바로 풀코스 철인 3종 경기다. 정말이지 그것만은 사양한다. 하지만 고되기 짝이 없는 운동에 도전하는 게 어떤 것일지 무척 궁금하기는 하다. 그래서 2012년 10월, 하와이까지 날아가 그 유명한 세계 철인 3종 경기 챔피언십 경기를 관람하고, 사전 행사인 스포츠의학콘퍼런스에 참석해달라는 초청을 받았을 때는 덥석 응했다.

역설적으로 들리지만, 인내심을 혹독하게 쥐어짜기로 악명 높은 이 시합이 열리는 곳은 지상낙원의 풍광을 자랑하는 하와이의 코나로, 휴가를 즐기러 온 이들이 지내기에 더없이 좋은 매력적인 도시다. 시합이 다가오는 며칠 동안에도 코나에 머무는 이들은 하나같이 즐기는 것 외에는 그 무엇도 안중에 없는 듯하다. 그림처럼 펼쳐진 해변에서 수영, 스노클링, 서핑을 하는가 하면, 과일 칵테일을 홀짝이며 뉘엿뉘엿 지는 해를 감상하기도 하고, 아이스크림을 입에 문 채 시내를 쏘다니며 이런저런 기념품과 스포츠 장비를 구입한다. 개중에는 시내 여기저기의 술집과 클럽에서 밤늦게까지 파티를 벌이는 이들도 있다. 느긋하게 쉬며 실컷 즐길 만한 열대 휴양지를 물색 중이라면 이 코나만 한 데도 없을 것이다.

　　그러다가 토요일 아침 7시 정각, 칼같이 경기가 시작된다. 아침 해가 이 도시 위에 어슴푸레 비치는 화산의 푸른 실루엣 뒤로 떠올라 하늘을 장밋빛으로 물들이면, 극강의 탄탄한 몸을 자랑하는 2,500여 명이 부두에서 태평양 바다로 뛰어들어 경기의 첫 구간, 즉 만灣을 가로질러 약 4킬로미터를 헤엄쳐 돌아오는 장정을 준비한다. 그게 얼마큼인지 궁금하다면, 올림픽 규모 수영장을 77개 연달아 늘어놓았다고 생각하면 된다. 많은 선수들이 출발 신호가 떨어지기만 기다리며 긴장한 기색이 역력하지만, 하와이인 타악대의 북소리와 구경꾼 수천 명의 환호성과 승용차만 한 스피커에서 쿵쿵 울리는 아드레날린을 샘솟게 하는 음악이 선수들의 사기를 한껏 북돋운다. 드디어 경기가 시작되면, 수많은 이가 한꺼번에 물을 첨벙대며 헤엄치는 통에 상어 떼가 한바탕 광란의 식사를 벌이는 듯한 장관이 연출된다.

　　한 시간 정도 흘렀을까, 선두의 철인 3종 경기 선수들이 첫 구간을 마치고 육지로 돌아온다. 바닷물에서 나와 물이 뚝뚝 듣는 채 모습을 드러낸 이들은 부리나케 텐트 안으로 뛰어 들어가 최첨단 사이클링 복장으로 갈아입은 뒤(공기역학 헬멧까지 챙겨 쓰고), 비싼 것은 1만 달러도 넘는 초경량 자전거에 훌쩍 올라타서는 용암사막 180킬로미터를 자전거로 횡단하는 두 번째 구간에 돌입해 어느덧 시야에서 사라진다. 이 거리를 주파하려면 수위권의 선수들도 4시간 반 정도가 걸리기 때문에, 나는 느긋한 걸음으로 호텔로 돌아와 열대풍 아침 식사를 즐긴다. 운동 샤덴프로이데schadenfreude(남의 불행을 보고 느끼는 은밀한 쾌감─옮긴이)가 발동했는지 식사 시간은 한층 즐겁다. 참 고약한 심보다. 이글거리는 뙤약볕 아래의 섬 어딘가에서 한껏 페달을 밟아 160킬로미터 이상을 주파하려 비지땀을 흘리면서도 그 모진 시험의 마지막 관문인 풀코스 마라톤을 완주할 에너지를 충분히 비축하려 애쓰는 2,000명의 사람들을 떠올리는 순간, 에그베네딕트와 커피가 더 맛있게 느껴지니 말이다.

휴식을 취하고 기운 충전까지 한 뒤 경기 센터로 돌아온 나는, 수위권의 선수들이 자전거에서 뛰어내려 러닝화 끈을 조여 묶은 뒤 이제는 해안선을 따라 맨몸으로 42.195킬로미터를 달리는 장정에 돌입하는 것을 지켜본다. 무자비하게 푹푹 찌고 습한 날씨 속에서 (섭씨 32.2도였다) 참가자들이 지친 몸을 이끌고 마라톤 경기를 하는 사이, 나는 여유롭게 점심을 즐기고는 잠깐 눈까지 붙였다. 그러고서 오후 두 시가 약간 지난 시각, 나는 다시 느긋한 걸음으로 경기장으로 돌아가 결승 장면을 지켜보는데, 여태껏 본 것 중에서도 가장 다채로운 광경이 눈앞에 펼쳐졌다. 선두권 주자들이 해안을 다 돌고 코나 시내의 큰길로 다시 접어들면, 깔때기처럼 좁아지는 직선 코스가 쭉 뻗은 양옆으로 선수들의 친구와 팬들이 시끌벅적하게 늘어서 있다. 큰 소리로 쿵쿵 울리는 음악에 휩쓸려 다들 흥분을 주체하지 못한다. 한 사람씩 완주자가 도착할 때마다 결승선에서는 (남녀 선수 모두에게) 쩌렁쩌렁한 목소리로 철인경기의 유서 깊은 문구인 "당신은 철인입니다!"를 외치며 맞아주고, 그때마다 군중도 함께 들썩인다. 수위권의 선수들은 출발 후 약 8시간 만에 경기를 마친 것인데, 돌덩이처럼 딱딱하게 굳은 얼굴로 결승선을 넘는 모습이 인간이라기보다 차라리 사이보그에 가깝다. 그로부터 얼마 뒤, 아마추어 선수들이 모진 시험을 무사히 통과하고 속속 결승선에 도착할 때는 저마다 그들의 성취가 어떤 의미인지가 엿보인다. 기쁨에 겨워 눈물을 쏟는 이도 많고, 무릎을 꿇고 땅바닥에 입을 맞추는 이가 있는가 하면, 가슴팍을 두드리며 우렁차게 포효하는 이도 있다. 몇몇은 몸 상태가 지극히 나빠진 듯 의료 텐트를 향해 돌진하기도 한다.

가장 극적인 결승선 통과 장면들은 경기 시작 후 17시간으로 정해진 마감 시간이 차차 다가오는 자정께에 연출된다. 두려움을 모르는 이들 영혼은 필사적으로 이를 악물고 몸이 당장 쓰러질 듯한 고통과 피로를 이겨내도록 다그쳐, 한 다리 한 다리 한 발짝만 더 내딛자고 투지로 몰아붙인다. 이들이 절룩거리며 시내에 들어설 때, 몇몇은 죽음의 문턱을 코앞에 둔 것만 같다. 하지만 결승선이 시야에 들어오고, 마지막 구간에 줄지어 선 친구, 가족, 팬들 사이에서 함성이 들려오자, 마음속에서 불끈 힘이 솟아올라 그들을 결승선으로 끌어당긴다. 비척비척하던 이들이 몸을 가누며 한두 걸음 떼더니 마지막에는 젖 먹던 힘까지 쥐어짜내 달리기로 결승선을 통과하고는, 솟구치는 기쁨을 주체하지 못하고 그 자리에 털썩 주저앉는다. 한밤중의 이 결승선이야말로 이 말이 왜 철인의 모토인지를 제대로 실감할 수 있는 자리다. "세상에 못할 일은 없다."

마라토너 원시부족을 찾아서

자정이 다 된 시각에 아마추어 철인들의 결승선 통과를 곁에서 지켜본 경험은 확실히 많은 걸 일깨우는 계기가 됐다. 하지만 비행기를 타고 집으로 돌아오면서, 아무리 돈을 많이 줘도 내가 풀코스 철인 3종 경기에 나가는 일은 절대 없으리라는 다짐이 새삼 굳어졌다. 뿐만 아니라, 하와이에서 지켜본 광경은 단순히 유별난 정도가 아니라 걱정스러운 수준이라는 느낌을 도무지 떨칠 수 없었다. 도대체 어떤 동기를 가져야 사람이 그런 지옥 같은 여건에 자기 몸을 밀어 넣고 "세상에 못할 일은 없다"를 증명하려고 하루에 몇 시간씩 몇 년을 훈련할 수 있는 것일까? 풀코스 철인 3종 경기는 극한의 강박과 함께 반드시 돈이 있어야만 하는 스포츠다. 비행기 푯값, 호텔 숙박비, 복장까지 계산에 넣으면, 1년에 수만 달러를 자신의 스포츠를 위해 쓰는 철인을 숱하게 볼 수 있다. 물론 철인이라는 타이틀에는 암 생존자, 수녀, 은퇴자 등 각양각색의 참가자가 모여들기는 하지만, 이들 무리 태반은 부유한 A형 성격(1950년대에 미국의 심장병 전문의 프리드먼이 만들어낸 성격 분류로, A형 성격은 조바심, 공격성, 강한 성취욕, 시간적 긴박감, 인정과 진보의 욕구를 많이 가진 것이 특징이다 ―옮긴이)의 사람들로 자신이 업무에 쏟았던 그 헌신을 똑같이 운동에 쏟아 붓는다. 나는 이들 철인 3종 경기 참가자들을 참 대단하다고 여기지만, 그만큼 이들이 되레 자신의 몸을 상하게 하는 건 아닌가 싶기도 하다. 또 자격을 인정받는 철인이 나오는 만큼, 철인을 꿈꾸다 극심한 부상을 입고 출전을 포기하는 이도 그만큼 많이 나오지 않던가? 풀코스 철인 3종 경기에 나가는 데 필요한 그 모든 훈련 때문에 선수 주변의 친구, 가족, 결혼 생활은 또 어떤 피해를 입던가?

이런 의문을 비롯해 여러 생각이 내 머리에 차츰 스며들던 차에, 몇 주 후 나는 짐을 꾸려 선진국의 문물이 잘 닿지 않는 멕시코의 시에라 타라우마라(구리 협곡이라 불리기도 한다)를 찾게 되었다. 거기서 나는 코나의 철인 3종 경기 선수들과는 전혀 다른 유형의 운동인들을 만나는 한편, 철인경기와는 전혀 다른 유형의 경기를 지켜볼 수 있었다. 그야말로 뒤통수를 한 대 얻어맞는 듯한 경험이었다. 그때 만났던 모든 사람들 가운데 내 사고를 가장 많이 뒤흔들어놓은 이가 바로, 외따로 선 해발고도 2,100미터의 메사^{mesa}(꼭대기가 평평하고 주위가 급경사를 이룬 탁자 모양의 지형—옮긴이)에서 만난 에르네스토(실명은 아니다)라는 한 고령의 남성이었다.

당시 내가 시에라를 찾은 건 장거리 달리기로 유명한 타라우마라 원주민을 주제로 연구를 진행하기 위해서였다. 지난 세기 동안 수십 명의 인류학자가 타라우마라족을 주제로 글을 썼지만, 이 부족이 일약 전 세계적 명성을 얻은 건 2009년 출간된 《본 투 런$^{Born to Run}$》이라는 베스트셀러를 통해서였다. 이 책에서는 타라우마라족을 '세상이 모르던 신비의 부족'으로 그리면서, 이들은 평소 맨발로 생활하고, 지극히 건강하며, '극강의 운동인'들로서 상상도 못할 먼 거리를 밥 먹다시피 달린다고 이야기한다.[1] 나는 여기에 귀가 솔깃해진 데다, 이들이 어떻게 현대식의 쿠션 러닝화도 없이 달리는지 관련 자료를 수집하고자, 가이드와 통역사, 그리고 타라우마라족의 발을 비롯해 그들의 달리기 생체역학을 측정할 장비들과 함께 아슬아

슬한 갈지자 길을 따라 1,340미터의 협곡을 오르내리는 여정에 오른 것이었다. 에르네스토를 만난 건 다른 수십 명의 타라우마라족 남녀를 인터뷰하고 그들의 신체 및 기능을 측정해봤으나 그들의 달리기에 관해 내가 책에서 읽은 거의 모든 내용이 과연 맞나 의구심이 들기 시작하던 때였다. 달리기에 있어서 그 누구보다 월등하다는 평판이 무색하게, 그때까지도 나는 맨발은커녕 어디서건 달리고 있는 타라우마라족을 단 한 사람도 보지 못한 터였다. 물론 곁에서 지켜보니 그들은 정말 열심히 일했고 걷기에서는 절대 지치는 법이 없었다. 하지만 내가 인터뷰한 대부분 사람들의 말에 따르면, 그들은 웬만해서는 달리지 않을 뿐만 아니라 달리기 경주에는 고작 1년에 한 번 나갈까 말까 한다는 것이었다. 타라우마라족이라고 모두가 달리기에 능숙하지는 않은 듯했고, 배불뚝이거나 비만인 이도 적지 않았다.

에르네스토는 아니었다. 체격이 호리호리하고 70대인데도 겉보기에 이삼십 년은 젊어 보였던 이 남성은 처음에는, 그러니까 내가 그의 신장, 몸무게, 다리 길이, 발 등을 측정하고, 나중에는 내 손으로 설치한 소형 경주용 트랙 위에서 고속 카메라로 그의 달리기 생체역학을 측정할 때만 해도 입을 꾹 다물고 있었다. 그런데 하늘이 날 도운 것인지, 그는 주절주절 말이 많아지는가 싶더니 어느새 소싯적에 달리기로 사슴을 뒤쫓아 가 맨손으로 사냥한 이야기며 축제 때는 더러 연이어 며칠을 쉬지 않고 춤을 췄다는 등의 이야기를 (통역사를 통해) 줄줄이 풀어놓기 시작했다. 에르네스토는 한창때엔 자기가 달리기 챔피언이었고, 지금도 1년에 몇 번은 경기에 나가 뛴다고 했다. 하지만 내가 그러면 훈련을 어떤 식으로 하느냐고 묻자, 그게 무슨 뜻인지 에르네스토는 잘 이해하지 못하는 것이었다. 그래서 나 같은 미국인은 정해두고 일주일에 몇 번 달리는 식으로 몸매 관리와 경기 준비를 한다고 일러주었더니, 에르네스토는 영 못 믿겠다는 눈치였다. 이후 내가 몇 차례 질문을 더 던지는 동안, 그는 쓸데없는 달리기는 얼토당토않은 일이라고 확실하게 못을 박았다. 그는 불신의 빛이 역력한 낯으로 내게 물었다. "꼭 달려야 하는 것도 아닌데 굳이 달릴 사람이 대체 어디 있단 말이오?"

불과 얼마 전 철인 3종 경기 선수들의 고강도 경기를 목격한 터라, 더구나 그들의 혹독한 훈련 습관이 일반인은 범접 못할 수준임을 알기에, 에르네스토의 이 질문에 나는 웃음이 터지는 동시에 고민에 빠졌다. 에르네스토를 통해 나 자신은 물론, 숱한 서양인의 운동 습관을 냉철한 시각에서 바라보게 된 것이다. 만일 에르네스토처럼 우리도 기계의 힘을 빌리지 않고 자신의 먹을거리를 전부 자기 손으로 길러내야 하는 자급자족 농부였다면, 그때에도 과연 우리는 단순히 몸매를 관리하기 위해 혹은 이 세상에 불가능한 일은 없음을 증명하기 위해 그 귀중한 시간과 칼로리를 운동에 쏟아 부을까? 에르네스토와의 만남을 계기로 철인경기에서 내가 목격한 광경은 사실 무척 괴상한 일이라는 확신이 굳어졌을 뿐만 아니라, 심지어는 내가 평상시에 마라톤 훈련에 쏟아 붓던 노력도 과연 제정신으로 하는 일인지 의문이 들었다. 에르네스토를 만나자 현실에는 없고 신화에나 나올 법한 타라우마라족의 달리기에 대한 궁금증이 더욱 강렬하게 일었다. 에르네스토는 절대 훈련 따위는 하지 않았고, 그때껏 자기가 원해서 달리기를 하는 타라우마라족은 한 명도 보지 못했지만, 타라우마라족 남자와 여자도 그들 나름으로 철인경기 비슷한 경주를 펼친다는 이야기는 멕시코에 가기 전부터 이미 적잖이 듣고 읽었던 터였다. 아리웨테[ariwete]라고 알려진 여자들의 경기에서는 10대 소녀와 젊은 여자가 한데 어울려 천으로 만든 둥근 고리를 쫓으면서 40킬로미터 정도를 달리는 식으로 경기가 진행된다. 라라히파리^{rarájipari}라는 남자 경기에서는, 남자들이 조를 이루어 오렌지 알 크기의 나무공을 차면서 최대 130킬로미터까지 달린다. 쓸데없는 운동은 바보 같은 짓이라면서, 왜 일부 타라우마라족은 이따금 철인들이 그러듯 정신 나간 사람처럼 장거리를 달리는 걸까? 그만큼 중요한 질문으로, 어떻게 타라우마라족은 평소에 훈련을 하지 않고도 그런 대단한 일을 해낼 수 있을까?

반짝이는 별 아래의 라라히파리

에르네스토를 만나고 얼마 지나지 않아, 나는 이들 질문에 대한 몇 가지 답을 구할 수 있었다. 전통 방식의 타라우마라족 라라히파리 도보 경기를 참관할 특권을 얻은 덕이었다. 이 경기가 개최된 장소는 타라우마라족의 자그만 촌락 근처의 어느 산 정상으로, 가장 가까운 시내까지 나가는 데만도 걸어서 이틀 정도 걸리는 곳이었다. 경기에는 각기 8명씩 조를 짠 남자 2팀이 참가했다. 에르네스토 팀의 주장을 맡은 이는 아르놀포 키마레로, 타라우마라족 달리기 챔피언이자 《본 투 런》에 주요 인물로 등장한다. 상대편 주장은 아르놀포의 사촌인 실비노 큐베사레로 그 역시 달리기 챔피언이었다. 양 팀은 사전에 의견을 조율해 약 4킬로미터 거리를 두고 돌무덤 2개를 쌓아두었고, 경기에 돌입하면 그 둘레 15바퀴를 먼저 돌거나 어느 한 편이 상대편을 따라잡으면(다시 말해 8킬로미터를 앞서나가면) 승리하는 것으로 했다.

그날 아침은 잔치로 시작되었다. 이 잔치는 선수들 외에도 약 200명의 타라우마라족이 근처 혹은 멀리서부터 모여 함께 행사를 즐기고, 친분을 쌓고, 밭일을 손에서 놓고 한숨 돌리는 자리이기도 했다. 아침상에서 선수들이 부루퉁한 얼굴로 닭고기 스튜로 배를 채우는 사이, 달리지 않는 우리는 갓 구운 토르티야와 칠리소스, 다 쓴 기름통에 담아 끓여낸 엄청난 양의 수프를 실컷 먹어치웠다. 소고기를 주재료로 하고, 옥수수, 호박, 감자를 썰어 넣은 수프였다. 잔치와 함께 두 팀을 두고 한판 내기도 벌어졌는데, 사람들은 페소화, 옷가지, 염소, 옥수수를 비롯한 여타 잡동사니를 가져와 내기에 걸었다. 몇 시간을 그렇게 느긋이 앉아 한바탕 시끌벅적하게 보낸 뒤, 오전 11시 즈음 팡파르도 없이 선수들이 경기에 돌입했다. 도판 1에서 보듯 선수들의 경기 복장은 그들이 평소 늘 입던 그대로였다. 선명한 색깔의 튜닉과 로인클로스를 몸에 걸치고, 잘라낸 타이어 밑창에 가죽끈으로 발을 질끈 동여맨 샌들ʰᵘᵃʳᵃᶜʰᵉˢhuaraches을 신은 채였다. 양 팀은 손으로 깎은 나무공을 하나씩 갖고, 발끝으로 그것을 최대한 멀리 튀긴 뒤 공을 찾아 달려 다시 차는데 이때 양손은 절대 사용하면 안 된다. 경기가 끝날 때까지 양 팀은 단 한 번도 멈추지 않았지만, (나를 포함한) 몇몇 구경꾼은 이따금 선수들 무리 안으로 뛰어 들어가 한두 바퀴를 같이 돌면서 "이웨리가! 이웨리가!"('숨'과 '영혼' 모두를 뜻하는 말이다) 하고 외치며 힘을 북돋워주었다. 선수들이 목말라할 때는 옥수수 가루를 물에 타서 만든 일종의 게토레이 같은 음료인 피놀레ᵖⁱⁿᵒˡᵉpinole를 친구들이 건네주기도 했다.

경기가 시작되고 초반의 6시간 정도는 양 팀 중 누가 이길지 가늠이 되지 않았다. 아르눌포와 실비노 팀 모두 10분에 약 1.5킬로미터씩 꾸준하고 완만한 속도로 조깅하듯 경기 코스를 시종 오갔다.

도판 1　사뭇 다른 두 경기 장면. 하와이 코나에서의 세계 철인 3종 경기 챔피언십과, 멕시코 시에라 타라우마라에서의 라라히파리(아래). 타라우마라족 선수(아르눌포 키마레)가 공을 발로 뛰긴 뒤 뒤쫓고 있다. (사진: 대니얼 E. 리버먼)

12월의 포근한 대낮이 쌀쌀하고 별이 총총히 박힌 밤으로 바뀌어도, 선수들은 관솔 횃불을 들고 길을 밝힐지언정 달리기를 멈추지는 않았다. 이즈음 나도 아르눌포 팀에 합류해 함께 달렸는데, 그 마법 같은 순간의 느낌은 아마 평생토록 잊지 못할 것 같다. 별이 아름답게 수놓인 밤하늘 아래서 횃불 하나를 손에 든 채, 그 순간 그들에겐 가장 값진 물건인 공을 아르눌포와 그의 친구들이 뚫어지게 보며 발로 차고 다시 찾아내며 달리고, 달리고, 또 달리는 걸 지켜보던 때의 그 느낌을 말이다. 하지만 결국 근육 경련을 참지 못하고 중도 이탈하는 선수들이 생겨나기 시작했고, 마침내 자정께 아르눌포 팀이 실비노 팀을 따라잡으면서 110킬로미터가량을 달린 끝에 경기가 끝났다. 코나에서와 달리 이곳에서는 요란한 환호도, 쩌렁쩌렁한 아나운서의 목소리도, 승리를 기뻐하는 음악도 들려오지 않았다. 그 대신 엄청나게 큰 모닥불을 피우고 그 주위에 다 같이 둘러앉아 집에서 빚은 옥수수 맥주를 표주박에 담아 나누어 마셨을 뿐이었다.

겉으로 보기에 라라히파리는 철인경기와 현저히 대조되는 것이었다. 라라히파리는 상업성을 일절 찾아볼 수 없는 소박한 공동체 행사로, 아마도 수천 년 전 생겨난 고대 전통문화의 일부였다.[2] 라라히파리에는 따로 정해진 시간이나 입장료가 없었으며, 그 누구도 무엇 하나 특별한 복장을 갖추지 않았다. 하지만 또 다른 점들에서 보면, 철인경기에서 익히 본 것들이 라라히파리 안에도 꽤 있었다. 비록 승자에게 트로피나 상금이 돌아가지는 않았지만, 라라히파리도 만만찮은 경쟁이 펼쳐지는 시합이었고, 한판 내기가 벌어지는 까닭에 승리하는 팀은 적으나마 그것을 포상으로 쓸어 담을 수 있었다. 게토레이는 없었지만 대신 피놀레가 있었다. 또한 철인 3종 경기 선수와 마찬가지로, 타라우마라족 선수도 달리는 동안 메스꺼움, 근육 경련, 압도적인 육체의 피로와 싸우며 격심한 고통을 당해야 했다. 그뿐만 아니라 가장 중요하다고 할 둘 사이의 유사성은 바로, 경기 참석자의 거의 전부를 선수가 아닌 구경꾼이 차지한다는 점이다. 일부 구경꾼이 때때로 몇 바퀴 뛰어들기도 했지만, 이 경기에서 실제 시합을 펼친 타라우마라족은 몇몇에 불과했다. 그들 대부분도 자기 발로 직접 뛰기보다는 그저 곁에서 지켜보는 데 만족하는 것이다.

운동 잘하는 야만인 신화

코나와 시에라 타라우마라의 경기들을 본 뒤 많은 것을 느꼈지만, 동시에 내 머릿속에는 아리송한 생각들이 맴돌기 시작했다. 진화의 관점에서 누가 더 정상인 걸까? 자기 몸을 몰아붙이며 꼭 하지 않아도 될 신체 활동을 때로 극한까지 해내는 이들일까, 아니면 힘든 운동은 되도록 피하려는 이들일까? 또 타라우마라족은 어떻게 별도의 훈련 없이도 몇 번의 마라톤을 연달아 달리는 데 반해, 왜 철인들은 비슷한 강도의 인내심 싸움에서 승리하기 위해 연습과 준비에 몇 년을 강박적으로 매달려야 할까?

이들 질문에 대한 답에는 보통 천성 대 양육과 관련한 온갖 믿음이 깔려 있게 마련이다. 이 유서 깊은 논쟁의 한쪽에는, 운동 성향 및 재능이 선천적이라고 보는 관점이 있다. 남보다 키가 크거나 피부를 더 어둡게 하는 유전자처럼, 운동인에 적합한 생체 능력과 생리적 성향에 영향을 미치는 유전자도 분명 존재할 것이다. 양육보다 천성이 더 중요하다면, 극강의 운동인이 되기 위해서는 먼저 적절한 유전자를 가진 적절한 부모부터 만나는 게 순서일 것이다. 실제로 수십 년 쌓인 연구 결과에 따르면, 애초에 운동을 하겠다는 동기를 갖는 것 자체를 비롯해, 스포츠 및 운동과 관련한 수많은 측면에서 유전자가 핵심적 역할을 하는 것으로 확인되었다.[3] 그렇기는 하나, 왜 중장거리 경주를 유독 케냐와 에티오피아 선수들이 현재 주름잡는지를 비롯해 운동 재능의 상당 부분을 설명하는 특정 유전자들은 그간 치열한 노력들이 있었음에도 아직 찾아내지 못한 형편이다.[4] 뿐만 아니라 인내심의 한계를 끝까지 밀어붙이며 운동하는 프로선수들을 연구한 결과, 운동을 잘하기 위해 이들이 뛰어넘어야만 하는 장벽은 사실 여러 가지로, 효과적으로 근력을 짜내고 효율적으로 에너지원을 공급하고 체온을 알맞게 조절하는 등 갖가지 생리학적 도전은 물론, 심리적 장애물이라는 훨씬 더 어려운 도전도 너끈히 이겨낼 수 있어야만 한다. 훌륭한 운동선수는 멈추지 않고 나아가기 위해, 고통을 이겨내는 법, 전략을 구사하는 법과 함께, 무엇보다 자신이 해낼 수 있다고 믿는 법을 반드시 배워야만 한다.[5] 따라서 우리는 천성 대 양육 논쟁의 이면을 충분히 잘 살피는 것과 함께, 특히 문화와 같은 환경이 사람들의 일상적 운동 능력 및 운동 충동에 어떤 식으로 기여하는지도 고려해야 한다.

신체 활동에 양육이 어떤 영향을 미치는가와 관련해 세간에 가장 널리 퍼져 있고 직관적으로 매력적인 논리는 이른바 '자연인 이론'으로 통하는 사상에 그 연원이 있다. 18세기 철학자 장 자크 루소가 열심히 옹호한 이 관점에 따르면, 그가 자연의 '야만' 상태라고 명명한 환경에서 살아가는 인간이야말로 문명에 오염되지 않은 우리만의 참되고 고유한 자아를 보여준다. 그간 이 이론은 수많은 형태로 변형되어 나타났다. 이를테면 고상한 야만인 신화, 즉 비서구화된 사람들이야말로 문명화된 사회의 갖가지 사회적·도덕적 죄악에 마음이 물들지 않은 만큼 자연적으로 훌륭하고 품격 있는 사람이라는 믿음이 그러하다. 그간 광범위하게 신빙성을 잃었음에도 불구하고, 이 신화는 지금도 운동 분야에서 끈질기게 살아남아 내가 이른바 *운동 잘하는 야만인 신화*myth of the athletic savage라 이름 붙인 형태로 되살아나곤 한다. 이 신화의 핵심 전제가 바로, 현대의 퇴폐적 생활방식에 물들지 않은 몸을 가진 타라우마라족이야말로 타고난 극강의 운동인이라는 것이다. 이들은 단순히 대단하게 여겨지는 신체 활동만 해내는 것이 아니라 게으름도 피울 줄 모른다. 이 신화에서는 내가 만난 시에라의 부족민이 훈련 없이도 110킬로미터를 달리는 게 자연스러운 일이라고 주장하면서, 문명 때문에 창백한 안색의 약골이 되어 그런 대단한 일은 해내지도 못하고 해낼 의향도 없는 우리 같은 사람들은 진화의 관점에서 비정상적이라고 은연중 치부한다.

여러분도 아마 짐작했겠지만, 나는 이 운동 잘하는 야만인 신화에 이의를 제기한다. 우선, 이런 신화를 믿으면 타라우마라족 같은 이들에게 편견을 품고 그들을 비인간적인 존재로 바라보게 된다. 에르네스토와 이야기를 나누게 된 그 첫 여행 이후, 나는 시에라 타라우마라 전역에서 살아가는 타라우마라족 수백 명을 만나 이야기를 나눠봤지만 장담컨대 그들 중 아침에 잠에서 깨면서 이렇게 생각하는 사람은 아무도 없다. "와, 날씨 한번 기막히게 좋구나. 어디 재미 삼아 80킬로미터만 달려볼까." 이들은 굳이 필요하지 않은 한에는 8킬로미터도 달리지 않는다. 타라우마라족을 만나 "당신들은 어떤 일이 있어야 달립니까" 하고 물었을 때, 가장 흔히 들은 대

답은 "염소를 쫓아갈 때"였다. 대신 나는 타라우마라족이 일에 있어서 지독히 열심인 데다, 탄탄한 몸을 가진 농부들로서 일을 절대 허투루 하는 법이 없다는 사실, 나아가 이들 문화가 달리기에 무척 큰 가치를 둔다는 점을 확실히 깨달을 수 있었다. 일부 타라우마라족이 드물게나마 80킬로미터 혹은 그 이상의 거리를 달리는 이유는 철인들이 철인 3종 경기를 뛰는 이유와 별반 다르지 않다. 그런 경험이 가치 있다고 여기기 때문이다. 하지만 철인들이 자신의 한계를 시험하기 위해(이 세상에 못할 일은 없어!) 스스로를 옥죄며 풀코스 철인 3종 경기에 나가는 것이라면, 타라우마라족이 라라히파리 경기를 뛰는 이유는 그것이 무척 영적인 행사라서 곧 하나의 강력한 기도가 된다고 여기기 때문이다.[6] 내가 인터뷰한 타라우마라족 중에서도 공 쫓기 경기를 하면 창조주에게 더 가까이 다가가는 것 같다고 말하는 이들이 많다. 이들에게 있어 어디로 튈지 모를 공을 쫓아 1킬로미터씩 힘겹게 달리는 것은 곧 삶이라는 여행에 대한 신성한 은유이자, 그 안에서 영적 초월과 비슷한 상태를 느끼는 경험이다. 또한 라라히파리는 공동체 차원의 행사로서 사람들에게 돈과 위신을 안겨주기도 한다. 마지막으로, 한때 라라히파리는 무엇보다 중대한 실용적 기능을 가졌을 것으로 보인다. 아르눌포와 그의 팀이 흙먼지를 잔뜩 뒤집어쓴 공을 찾아내고 차내는 것을 수없이 되풀이하는 것을 지켜보면서, 이 공 게임이야말로 달리기를 하며 길을 찾는 기술을 터득하는 기막힌 방법이겠구나 하는 생각이 불현듯 들었다. 이는 곧 타라우마라족이 맨몸 사슴사냥에서 길을 익히는 데 꼭 필요한 기술이다.

운동 잘하는 야만인 신화에서 잘못 생각하는 것은, 문명의 때를 타지 않은 인간은 누구나 손쉽게 극강의 마라토너가 되고, 엄청난 높이의 산도 수월하게 오르며, 그 외에 슈퍼맨이나 할 법한 일을 별도의 훈련 없이도 곧잘 해낼 거라 여긴다는 점이다. 그렇다. 타라우마라족을 비롯한 여타 비산업국가 사람들이 '훈련'을 하는 일은, 즉 우리처럼 몸을 만들고 특정 행사에 참가하기 위해 일정한 순서로 운동하는 일은, 설사 있다 해도 극히 드물다. (시에라 같은 곳을 여행할 때, 아침 댓바람부터 뜬금없어 보이는 달리기를 해서 현지 주민에게 즐거움을 선사하는 사람은 나 하나뿐일 때가 많다.) 하지만 수렵채집인과 자급자족 농부들은 단지 일상을 영위하기 위해서라도 육체로 하는 고된 일을 손에서 놓을 수 있는 날이 거의 없다. 그들에게는 자동차나 갖가지 기계, 노동을 덜어주는 여타 장비가 없는 까닭에, 하루하루 먹고 살기 위해 자기 손으로 직접 흙을 갈고, 파고, 옮기는 등의 육체노동을 해야 할 뿐만 아니라, 바위투성이 땅을 하루에 몇 킬로미터씩 걸어 다녀야만 한다. 내 동료인 에런 배기시 박사가 타라우마라족 남성 20명 이상의 몸에 가속도계(핏빗Fitbits 같은 소형 장치로, 하루 걸음수를 측정해준다)를 부착해본 결과, 그들이 하루에 걷는 거리는 평균 16킬로미터에 달하는 것으로 나타났다. 다시 말해, 타라우마라족이 연거푸 이어지는 마라톤을 거뜬히 뛸 수 있는 것은 일상의 핵심인 몸 쓰는 일이 곧 훈련인 셈이기 때문이다.

운동 잘하는 야만인 신화가 범하는 또 하나의 오류는, 타라우마라족을 비롯한 여타 토착 민족이 극한의 마라톤을 비롯한 여타 엄청난 운동을 서양인에 비해 별 힘 안 들이고 거뜬히 해낸다고 믿는다는 것이다. 이런 생각은 인종차별적 편견을 조장하는데, 이는 결국 아프리카인은 정글에서 지냈거나 노예로 살았기에 유럽인과 달리 고통에 무디다는 식의 어이없는 가정과 별반 다르지 않다.[7] 또한 거기에는 여러분이나 나도 설탕과 의자의 악덕에 물들지 않고, 일상생활에서 자연스레 많이 움직일 수밖에 없는 지극히 건강한 생활 방식을 길러주는 환경에서 자랐더라면, 마라톤 한 번 달리는 것쯤은 애들 장난쯤으로 치부할 건강을 가진 최강의 운동인이 되었으리라는 잘못된 생각도 담겨 있다. 이 운동 잘하는 야만인 신화는 믿고 싶은 진실^{truthiness}(어떤 것이 진실이기를 *바라는* 마음 때문에 그것이 진실이라 여기는 것)일 뿐만 아니라, 타라우마라족을 비롯해 장소와 사람을 막론하고 모든 운동인이 맞닥뜨리는 갖가지 신체적 및 심리적 도전까지도 별것 아닌 일로 만든다. 나는 그간 여러 차례 라라히파리와 아리웨테 경기를 곁에서 지켜볼 수 있었는데, 근육 경련, 메스꺼움, 피투성이 발가락 등의 갖가지 신체적 고통을 극복하기 위해 무섭게 투지를 불사르기는 타라우마라족 선수들도 코나의 철인들과 다를 게 없었다. 다른 운동인과 마찬가지로, 그들 또한 정신적으로 힘들어하며 구경꾼들이 곁에서 해주는 응원 덕에 남은 힘을 끌어내곤 한다.

그런 만큼 노동을 덜어주는 기계를 비롯한 현대식 편의시설에 둘러싸여 자라지 않았다고 해서 신체적으로 더 뛰어나고 훌륭한 덕을 갖추었으리라는 믿음은 먼 옛날부터 은연중 심어진 편견이며 이제 완전히 버리는 게 좋겠다. 하지만 이 신화가 얼토당토않은 것으로 드러났다고 해서 다음과 같은 근본적 질문까지 함께 해결되는 것은 아니다. 과연 어떤 종류, 얼마큼의 신체 활동이 '정상인' 인간들에게 정상적인 것일까?

웬만하면 쉬엄쉬엄

여러분이 누군가의 부탁을 받아 '정상적인' 사람들이 얼마나, 언제, 왜 운동하는지를 주제로 과학 연구를 하나 진행한다고 상상해보자. 우리는 자신 혹은 자신이 사는 사회가 정상이라고 믿게 마련이므로, 그 연구를 위해 여러분은 아마 우리와 비슷한 사람들의 운동 습관에 관한 자료부터 수집할 것이다. 이 같은 접근은 수많은 학문 탐구 영역에서 표준으로 통한다. 예를 들어, 대부분 심리학자가 미국과 유럽에서 생활하고 일하기 때문에, 심리학 연구의 피험자는 미국과 유럽 출신이 약 96퍼센트를 차지한다.[8] 만일 우리의 관심사가 오늘날 서양인에게만 국한된다면 그런 식의 좁은 관점을 취해도 적절하겠지만, 문제는 서양의 산업화 국가 사람들이 이 세상 인구의 나머지 88퍼센트를 반드시 대표한다고 볼 수는 없다는 것이다. 그뿐만 아니라, 오늘날 세상은 옛날과는 그야말로 판이하므로, 역사적 혹은 진화의 기준에서 봤을 때 우리 중 과연 '정상인' 사람은 누구인가 하는 질문을 던지게 한다. 가령 우리가 시대를 거슬러 우리의 5대조 조상에게 휴대전화와 페이스북을 설명하려 애쓴다고 상상해본다면 감이 올 것이다. 따라서 정상인 인간이 어떤 운동을 하고 어떻게 운동하는지를 우리가 진정 알고자 한다면, 오늘날의 미국인 및 유럽인, 즉 비교되게 말하자면 오직 WEIRED(western서구의, educated교육받고, industrialized산업화한, rich부유하고, democratic민주적인 사람들)[9]에게만 초점을 맞출 게 아니라, 다종다양한 문화에서 살아가는 일상의 사람들을 표본으로 삼을 필요가 있다.

한 걸음 더 나아가, 불과 몇 백 세대 전까지만 해도 모든 인간은 수렵채집인이었으며, 약 8만 년 전까지만 해도 현재 지구상 모든 이의 조상이 아프리카에 살고 있었다는 사실도 염두에 두어야만 한다. 따라서 우리가 진화의 관점에서 봤을 때 '정상인' 인간의 운동 습관을 진정 알고 싶다면, 수렵채집인, 그중에서도 특히 열대의 메마른 아프리카 땅에서 살아가는 이들에 대해 알아야만 한다.

하지만 수렵채집인 연구는 말처럼 쉽지 않다. 지금은 수렵채집 생활방식이 거의 완전히 자취를 감춰버렸기 때문이다. 지구 위의 가장 외진 몇몇 귀퉁이에 손가락으로 꼽을 만큼의 부족들만 남아 간신히 명맥을 잇는 정도다. 그뿐만이 아니라, 이제는 문명에서 고립된 채 살아가는 사람은 아무도 없는 데다, 자신이 사냥하고 채집한 야생 먹거리만으로 근근이 먹고 살아가는 이도 없다. 이들 부족도 다들 근방의 농부들과 교역을 하고, 담배를 피우며, 생활방식이 무척이나 빨리 변하고 있기에 앞으로 몇 십 년이면 이들도 더는 수렵채집인이 아닐 것이다.[10] 인류학자를 비롯한 여타 과학자들이 이들의 생활방식이 영영 사라지기 전에 몇 안 되는 이들 부족으로부터 최대한 많은 것을 알아내야겠다는 각오로 앞 다투어 달려가고 있는 것도 그래서다.

하드자족은 그런 부족들을 통틀어 가장 집중적으로 연구가 행해지고 있는 부족이다. 이들의 생활 터전은 인류가 진화한 대륙 아프리카에서도 탄자니아의 건조하고 더운 삼림지대에 자리 잡고 있다. 그런데 그 실상을 보면 인류학자들에게 하드자족에 대한 연구는 하나의 소규모 산업 비슷한 무언가가 돼버린 형국이다. 지난 10년 사이, 하드자족과 관련해 떠올릴 만한 거의 모든 것들을 연구자들이 연구 주제로 삼았다고 해도 좋다. 책이나 기사만 뒤적여도 하드자족이 어떻게 먹고, 사냥하고, 잠자고, 소화시키고, 꿀을 따고, 친구를 사귀고, 웅크려 앉고, 걷고, 달리고, 서로의 매력을 평가하는지 알 수 있다.[11] 심지어 마음만 있으면 하드자족의 똥에 관한 연구도 읽을 수 있다.[12] 이런 사정이다 보니 이제 하드자족은 현지답사 과학자들에게 너무도 익숙해져서, 자신을 관찰하는 연구원에게 숙식을 제공해주고 거기서 짭짤한 부수입을 올리기까지 한다. 안타까운 점은, 이들 현지답사 과학자들이 명실상부한 수렵채집인을 대상으로 연구를 진행하고 있음을 강조하려다, 하드자족의 생활방식이 바깥세상과 접하면서 그만큼 많이 변해가고 있다는 사실을 더러 모른 척한다는 것이다. 현재 하드자족 아이들 중 공립학교에 다니는 아이들이 많다는 것이나 하드자족 영토 거의 전부를 이웃한 농부 및 목축민 부족과 나눠 쓴다는 사실, 또 하드자족이 이들과 교역을 하고 이웃의 가축들이 하드자족 땅을 밟고 다닌다는 사실은 이런 연구자들의 글에선 거의 찾아볼 수 없다. 이 글을 쓰는 지금도 하드자족은 휴대전화까지는 없지만, 옛날처럼 고립돼 있다고 할 수는 없다.

이런 한계들이 있을지언정 하드자족에게서 알아낼 만한 것은 여전히 많다. 운이 따라준 덕에 나도 이들을 두어 번 찾아가 볼 기회가 있었다. 하지만 하드자족을 만나러 가기는 쉽지 않다. 이들이 탄자니아 북서부에서도 우기雨期성 염호鹽湖들에 둘러싸인 구릉지대를 생활터전으로 삼고 있기 때문이다(덥고 무척 건조한 데다 불볕까지 내리쬐여, 농사를 거의 짓지 못한다).[13] 이곳의 도로 상황은 지구에서 가장 열악하다 해도 과언이 아니다. 대략 1,200명에 이르는 하드자족 중 여전히 사냥과 채집에 주로 의지해 살아가는 이들은 약 400명에 불과하다. 따라서 더 전통적인 방식으로 살아가는 이 극소수의 하드자족을 찾아가려면 튼튼한 지프차와 노련한 가이드, 그리고 험난한 지형을 뚫고나가게 해줄 수많은 기술이 필요하다. 이곳은 폭풍우가 지난 뒤에는 차로 32킬로미터를 가는 데 거의 온종일 이 걸리기도 한다.

2013년의 무덥고 쨍한 어느 아침나절, 하드자족 야영지에 첫 발을 들였다. 그때 나를 깜짝 놀라게 만든 건 한둘이 아니었지만, 특히 내 뇌리에 강하게 박혀 잊히지 않았던 것은 어떻게 다들 그렇게 하나같이 *아무것도 안 하고* 있는 것처럼 보일까 하는 것이었다. 하드자족 야영지는 주변의 관목 숲과 잘 어우러지게끔 임시방편으로 움막 몇 채를 지어놓는 것이 전부다. 그래서 나도 약 15명의 하드자족 남자, 여자, 아이들이 도판 2처럼 땅바닥에 앉아 있는 것을 보고 나서야 비로소 내가 이들의 야영지에 발을 들였음을 알 수 있었다. 여자와 아이들이 이쪽에 따로, 남자들은 저쪽에 따로 무리 지어 다들 쉬고 있었다. 어떤 친구 하나가 화살을 몇 개를 똑바로 펴는 작업을 하고, 아가들 몇몇이 주변을 아장아장 걸어 다닐 뿐, 어떤 식이든 고된 일에 매달려 있는 이는 단 하나도 없었다. 그렇다고 소파에 느긋이 걸터앉아 TV를 보고, 감자 칩을 우걱우걱 씹으며 탄산음료를 홀짝거리는 것은 아니었지만, 오늘날 그토록 많은 건강 전문가들이 하지 말라고 경고하는 일을 이들도 하고 있었다. 바로 앉아 있기 말이다.

그날부터 이들을 관찰하고 이들의 활동 수준 관련 연구 서적들을 살펴본 결과, 애초에 내가 받은 인상이 맞았음을 확인할 수 있었다. 하드자족 남자와 여자들은 야영지에 머무는 동안 거의 늘 가벼운 허드렛일을 하며 시간을 보내는데, 땅바닥에 앉아 잡담하고, 아이들을 돌보고, 그마저도 아니면 주변을 어슬렁대며 사람들과 어울리는 식이다. 물론 하드자족 사람들은 사냥이나 먹을거리 채집을 위해 거의 매일 숲에 드나들기는 한다. 여자들은 별일이 없으면 아

도판 2　　하드자족 야영지에 처음 도착했을 때 목격한 장면. 거의 모두가 앉아 있다. (사진: 대니얼 E. 리버먼)

침나절 야영지를 떠나 11킬로미터 정도를 걸은 뒤 덩이줄기를 캘만한 데를 찾아낸다. 땅파기는 여럿이 모여 느긋하게 할 수 있는 일로, 보통은 수풀 그늘에 무리 지어 앉아 막대기로 식용 덩이줄기나 뿌리를 캐낸다. 하드자족 여자들은 이렇게 땅파기를 하는 동안 자신이 뽑아낸 것을 먹으면서, 다른 사람들과 수다도 떨고 젖먹이와 어린아이들을 돌보기도 한다. 땅파기를 끝내고 돌아오는 길에는, 중간에 종종 멈춰 산딸기류 열매나 견과류 혹은 여타 먹을거리를 모으기도 한다. 나도 사냥에 나서는 하드자족 남자들을 따라갈 기회가 한두 번 있었는데, 그때 우리가 걸은 거리는 11~16킬로미터였다. 동물을 뒤쫓을 때는 그 속도가 확연히 달라지지만, 그래도 내가 따라잡지 못할 정도로 너무 빨리 가는 일은 결코 없었으며, 이들 사낭꾼도 종종 멈춰 서서 휴식을 취하며 주변을 둘러보곤 했다. 그러다가 벌집이라도 발견하면, 당장에 하던 일을 멈추고 불을 피워 연기로 벌들을 쫓아낸 뒤 신선한 꿀을 실컷 먹었다.

하드자족과 관련한 수많은 연구 중, 하드자족 성인 46명에게 며칠간 경량의 심박수 측정기를 차고 다니도록 한 연구가 있었다.[14] 이들 측정기에 따르면, 평균 성인 하드자족은 가벼운 활동을 하는 데 총 3시간 40분을 쓰고, 중강도 혹은 고강도 활동에는 총 2시간 14분을 할애하는 것으로 나타났다. 하루에 고작 얼마라도 이들이 부산스레 움직이는 시간을 보면 평균적인 미국인 혹은 유럽인보다 12배 정도 활동적인 셈이지만, 아무리 상상의 나래를 편다 해도 이들이 일하는 양을 등골이 휘어질 정도라고 하기는 어려웠다. 평균적으로 여자들은 하루에 8킬로미터 정도를 걷고 몇 시간은 땅파기에 할애하며, 남자들은 하루에 11~16킬로미터를 걷는다.[15] 그런 데다 이들은 심한 활동을 하지 않을 때는, 보통 그냥 쉬거나 가벼운 일을 한다.

이들 하드자족은 신체 활동 수준과 관련해 그간 진행된 여타 수렵채집 집단의 모습을 전형적으로 보여준다. 인류학자 리처드 B. 리는 1979년 칼라하리 사막의 산족 수렵채집인에 대한 연구를 내놓아 세상을 깜짝 놀라게 했는데, 이들 산족이 먹을거리를 구하는 데 들이는 시간은 하루에 고작 2~3시간밖에 되지 않는다는 것이었다.[16] 어쩌면 리가 산족의 일하는 시간을 실제보다 낮게 가늠했을 수도 있었으나, 여타 야생식량채취인에 관한 더욱 최근의 연구들을 보면 이들도 하드자족과 비슷한 수준의 중강도 신체 활동을 하는 것으로 나타난다.[17] 그중 특히 연구가 잘 이루어진 것이 치마네족으로, 아마존의 열대우림에서 어로 및 사냥과 함께 몇 가지 작물을 기르며 살아가는 이들이다. 전반적으로 치마네족 성인은 하루에 4~7시간 신체 활동을 한다. 남자가 사냥처럼 격렬한 활동을 하는 시간은 하루 72분에 불과하며, 여자의 경우 그런 격한 활동은 전혀 하지 않고 아이 돌보기나 음식 가공 같은 저중강도 일을 하면서 하루 대부분을 보낸다.[18]

대체로 수렵채집인이 행하는 것들을 진화적으로 '정상'이라고 가정하고, 오늘날 아프리카, 아시아, 남북 아메리카대륙의 야생채취 인구를 다룬 광범위한 연구를 살펴보면 과거 인간의 통상적 업무는 하루에 약 7시간이며, 그중 상당 시간을 가벼운 활동을 하며 보내고 격렬한 활동은 기껏해야 1시간 하는 것으로 나타난다.[19] 이 같은 결과는 당연히 집단과 계절에 따라 달라질 테고 이들에게는 휴가나 은퇴 같은 것도 따로 없지만, 수렵채집인들이 대체로 중강도의 신체적 노력이 들어가는 일들을 하고 그중 상당수를 앉은 채로 한다는 것만은 사실이다. 그렇다면 이 '정상적인' 인간들은, 타라우마라족 같은 농부나 공장 노동자, 그 외에 문명으로 말미암아 전과는 전혀 다른 양태의 삶을 살게 된 이들과는 물론이고 과연 나 같은(나아가 아마 여러분 같은) 탈공업사회 사람들과는 어떻게 다를까?

딱 한 시간만 걸으면

제2차 세계대전 직후인 1945년, 유엔은 기아, 식량 불안정, 영양실조를 뿌리 뽑는다는 목표 하에 식량농업기구FAO를 창설했다. 그런데 막상 FAO의 과학자와 관료들이 전 세계에 필요한 식량의 양을 가늠하려 하자 어떤 부분은 통 알 수 없었는데, 사람들 각자가 얼마큼의 에너지를 활동에 들이는지 모르기 때문이었다. 체구가 더 큰 사람이 작은 사람보다 더 많은 칼로리를 섭취해야 하는 것은 당연할 테지만, 공장 노동자, 광부, 농부 또는 컴퓨터 프로그래머는 과연 음식을 얼마나 먹어야 하는 것일까? 아울러 남자, 여자, 임산부, 젊은이 혹은 노인에게 각각 필요한 음식의 양은 또 어떻게 달라질까?

FAO의 과학자들은 가장 단순한 측정법인 신체 활동량PAL을 이용해 사람들의 에너지 소비량을 측정하기로 했다.[20] 가령 내 PAL을 계산하려면, 하루 24시간 동안 쓰는 에너지의 양을 침대에서 단 한 발짝도 나오지 않았을 때 신진대사를 유지하는 에너지의 양으로 나누면 된다. 이 비율의 장점은 신체 크기가 달라도 그에 따른 편향이 일어나지 않는다는 데 있다. 이론상 얘기지만, 신체 활동이 무척 활발한 큰 체구를 가진 사람의 PAL은 그만큼의 활동을 하는 작은 체구를 가진 사람의 PAL과 동일할 것이다.

PAL 측정 개념이 나온 이후, 과학자들은 전 세계 구석구석 모든 계층의 사람들의 PAL을 측정해오고 있다. 만일 여러분이 사무실을 어슬렁어슬렁 걸어 다니는 것 외에 운동이라곤 전혀 하지 않는 정적인 사무실 노동자라면, 여러분의 PAL은 1.4에서 1.6 사이일 것이다. 한편 중강도의 신체 활동을 하는 편이어서 하루에 한 시간은 운동을 하거나, 건설 현장 노동자처럼 신체적 중노동이 필요한 일을 하는 사람이라면, 여러분의 PAL은 1.7에서 2.0 사이일 가능성이 크다. 만일 여러분의 PAL이 2.0이라면, 하루 몇 시간 격렬하게 활동하는 사람이라는 뜻이다.

개별적으로 많은 차이가 있지만, 수렵채집인의 PAL은 남자가 평균적으로 1.9이고 여자는 1.8로, 평균적으로 남자 2.1, 여자 1.9인 자급자족 농부의 PAL 점수를 약간 밑돈다.[21] 좀 더 살을 붙여 이 값들을 살펴보면, 수렵채집인의 PAL은 선진국에서 일하는 공장 노동자 및 농부의 PAL과 대략 같으며, 선진국의 사무직 노동자들의 PAL(1.6)보다는 약 15퍼센트 높다. 달리 말하면, 전형적인 수렵채집인은 운동 한 시간을 매일의 정해진 일과 중 하나로 넣는 미국인 혹은 유럽인과 엇비슷한 수준의 신체 활동을 한다고 볼 수 있다. 혹시나 궁금해 할 독자들을 위해 말하자면, 야생에 사는 포유류 대부분의 PAL은 3.3으로 수렵채집인의 거의 두 배에 달한다.[22] 따라서 비교하건대, 모든 먹을거리를 제 손으로 사냥하고 채집하는 것은 물론 모든 물건을 제 손으로 직접 만들어야 하는 인간도 자율방목 환경에서 사는 평균적인 포유류보다 활동성이 현저히 떨어진다.

이들 수치를 갖고 생각을 전개해보는 놀라운 방법은 이 말고도 또 있다. 만일 여러분이 운동 따위 거의 하지 않는 보통 사람이라 해도, 평소에 하루 한두 시간만 더 걸어도 수렵채집인에 맞먹는 신체 활동을 하게 된다. 하지만 이런 사실에도 불구하고 현재 미국인이나 유럽인 가운데 평상시에 그 정도의 중강도 활동을 수행해내는 이는 거의 없다. 선진 세계의 산업화 환경 속에서 성인의 평균 PAL은 1.67이며, 정적으로 생활하는 수많은 개인의 PAL은 이보다도 훨씬 낮다.[23] 그뿐만 아니라 신체 활동의 이 같은 감소는 비교적 최근에 벌어진 일로, 우리가 일하는 방식에 일어난 변화, 특히 의자에 딱 달라붙어 일해야만 하는 사무직이 증가한 현실을 반영한다. 1960년만 해도 미국에서 최소한 중강도 신체 활동이 요구되었던 직종은 전체의 절반 정도에 달했으나, 지금은 저강도 활동 이상을 요구하는 직종조차 20퍼센트가 채 되지 않으며, 이로 말미암아 사람들의 소비 열량이 하루 평균 최소 100칼로리 줄어들었다.[24] 사람들이 쓰지 않은 이 소소한 에너지가 1년이 지나는 동안 차곡차곡 쌓이면 1

인당 최소 2만 4천 칼로리를 덜 소모하게 되는데, 이 정도면 마라톤을 10번이나 거뜬히 뛸 수 있는 열량이다. 게다가 일터를 나서서도 우리는 잘 걷지 않고 차를 더 타려 하며, 그 외에도 쇼핑카트부터 엘리베이터에 이르기까지 신체 활동에 쓰이는 칼로리를 야금야금 줄어들게 하는 이루 헤아릴 수 없이 많은 에너지 절약 장비들을 활용한다.

문제는, 당연한 얘기지만, 신체 활동이 노화를 늦추는 동시에 몸을 더 탄탄하게 하고 건강 증진에도 도움이 된다는 점이다. 따라서 이제는 생존을 위해 반드시 신체 노동을 해야 할 필요가 없게 된 우리 같은 사람들은 별나게도^{weirdly} 건강과 탄탄한 몸을 위해 불필요한 신체 활동을 택하기에 이르렀다. 다시 말해, 운동을 하게 된 것이다.

운동은 어떻게 별난 것이 되었나

현대의 생체의학 연구는 수백만 마리의 생쥐 없이는 진행되기 어렵다. 그 짤막한 생을 동물실험실에서만 보내는 생쥐들은 조그맣고 깨끗한 플라스틱 우리 안에서 지내며 평생 생쥐 밥 외엔 먹지 못할 뿐더러 햇빛도 한 번 구경하지 못한다. 그런데도 이 박복한 동물은 천부적으로 사회성을 타고난 까닭에 보통 우리 안에 너덧 마리를 함께 집어넣어 지내게 한다. 또한 천부적으로 활동성도 타고난 까닭에 운동이 부족한 인간들이 러닝머신 위를 달리듯 생쥐들도 끝없이 원을 그리며 달릴 수 있도록 설치류 전용의 조그만 바퀴를 하나 달아주는 게 일반적인 관례다. 그러면 세상에나, 녀석들이 정말 쳇바퀴를 굴리는 것을 볼 수 있다. 보통 실험실 쥐들은 스스로 쳇바퀴에 올라 약 1~2분을 쉬지 않고 신나게 달리곤 하는데, 더러는 하룻밤 새에 약 5킬로미터까지도 달린다. 네덜란드의 신경과학자 요한나 마이어는 과연 야생 쥐도 실험실의 쥐처럼 이런 달리기를 할지 궁금하다는 생각이 들어, 2009년 풀이 무성한 자기 집 정원 한구석에 실험실에서 쓰는 생쥐용 쳇바퀴를 하나 설치하고 먹이를 미끼로 둔 다음, 야간투시 카메라를 놓아두고 잠자리에 들었다. 다음 날 아침, 비디오테이프를 틀어본 요한나는 즐거울 수밖에 없었는데, 그녀의 정원을 보금자리 삼아 살아가는 작은 야생동물들이 그녀가 잠든 사이 쳇바퀴 위를 달린 모습이 고스란히 담겨 있었기 때문이다. 생쥐와 집쥐, 뾰족뒤쥐, 개구리, 심지어는 달팽이까지도(두 눈이 의심스럽겠지만 달팽이 맞다) 야금야금 미끼를 맛본 뒤 쳇바퀴에 올라타 몇 분 정도 제자리 달리기를 즐기고는 한밤의 어둠 속으로 홀연 사라졌다.[25]

그런데 이들 동물이 이때 한 것은 운동일까 놀이일까, 아니면 그저 본능에 따라 달렸을 뿐일까? 동물들의 진짜 속내는 아무도 모를 테지만, 그 답의 일부는 우리가 운동과 놀이를 어떻게 정의하느냐에 따라 달라진다. 새뮤얼 존슨(영국에서 최초로 사전을 만들었다고 알려진 인물이다—옮긴이)은 자신의 명망 높은 사전에 이 두 단어의 항목을 기재할 생각을 하지 않았지만, 그 뒤에 나온 사전들을 보면 일반적으로 '운동'은 '건강, 신체 단련, 신체 기량 증진을 목표로 하는 계획적이고 체계적인 신체 활동'이며, '놀이'는 '어떤 진지하고 실질적인 목표 없이 행해지는 활동'이라고 정의되어 있다. 오늘날 알려진 바에 따르면, 모든 포유류는 어린 시절에 놀이를 하며 이는 사회성 및 신체적 기량 발달에 도움을 준다. 인간은 포유류 중에서는 극히 드물게 성인기에도 때로 놀이를 하며, 더구나 그 놀이를 어느 문화에서나 뚜렷이 나타나는 인간 행동인 스포츠의 맥락에서 즐긴다는 점에서도 특이하다. 하지만 스포츠라고 해서 다 운동은 아니다(다트 던지기와 자동차 경주만 해도 그렇지 않은가). 내 생각이지만, 수많은 동물은 대체로 움직이고자 하는 뿌리 깊은 본능에 이끌려 살아가고 그런 움직임에서 때로 쾌감을 느끼는 반면, 사전적 정의에 부합하는 식의 운동(신체적 능력 향상을 목표로 행해지는 자율적이고 계획적인 신체 활동)은 오로지 인간에게서만 나타나는 행동이다. 그런 면에서 나는 인간의 운동에 대해 다음의 두 가지 일반화를 내놓을 수 있다고 본다. 첫째, 인간은 어릴 때 늘 놀이를 하는 한편 스포츠 역시 인간에게서 보편적으로 나타나는 특성이지만, 스포츠의 맥락에서 벗어난 운동은 비교적 최근까지만 해도 지극히 드문 일이었다는 것이다. 둘째, 최근의 기술적 및 사회적 기술의 발달 덕에 산업사회에서 신체 활동을 해야 할 필요가 점차 줄어들면서, 전문가들 사이에서는 우리의 운동이 충분치 않다며 이구동성으로 목청을 높이며 경각심을 일깨우는 목소리가 한시도 그친 날이 없었다는 것이다.

첫 번째 일반화, 즉 성인의 운동이 현대에 들어 생겨난 것이라는 점은 어느 정도는 분명하다. 이미 앞에서도 살펴봤지만, 애초에 농부들은 수렵채집인만큼은 아니어도 오늘날 운동에 맞먹는 만큼의 노동을 해야 했고, 최근 1천~2천 년 동안에는 주로 전투에 나가기 위해 농부들이 종종 스포츠를 통해 강제로 운동을 당하곤 했다. 《일리아드》 같은 고대 문헌들, 파라오 통치 시절 이집트의 회화, 메소포타미아의 조각품들만 봐도 전사들이 출전을 염두에 두고 레슬링, 단거리경주, 투창 같은 스포츠로 신체를 단련하고 전투 기술을 연마했음을 확실히 알 수 있다. 하지만 고대 세계의 운동이라고 해서 전부 전투와 관련된 것은 아니었다. 그 시대에 꽤 유복해 아테네의 내로라하는 철학 학교에 다녔던 사람이라면, 주변에서 늘 전인_全^人교육을 위해서는 운동도 병행해야 한다는 권유를 받았을 테니까 말이다. 플라톤, 소크라테스, 키티온의 제논 같은 철학자도 인간으로서 최선의 삶을 살기 위해서는 마음만이 아니라 신체도 함께 단련해야 한다고 가르쳤다. 이런 생각이 서양에만 있는 것도 아니다. 공자를 비롯해 기라성 같은 중국 철학자들 역시 운동이 신체와 정신 건강 모두에 똑같이 필수적이라고 가르치며 규칙적으로 수련하고 무술을 익힐 것을 독려했다. 수천 년 전 인도에서는 신체와 마음 모두를 단련하기 위해 요가가 발달해 널리 대중화되기도 했다.[26]

하지만 수많은 활동이 그랬듯, 로마 제국 몰락 이후 서양에서 운동은 다른 세속적 및 영적 관심사에 밀려 뒷전이 되었다가 나중에 르네상스 시대에 들어서야 비로소 부활할 수 있었다. 이 부활은 주로 상류의 특권층에만 한정된 일이었다. 농부들이 여전히 논밭에서 비지땀을 흘리던 시절, 존 로크, 메르쿠리알리스, 크리스토발 멘데스, 요한 코메니우스, 비토리노 다 펠트레 같은 15~17세기의 교육가 및 철학자들은 사회의 엘리트층에게 체조, 펜싱, 승마 등을 통해 패기를 기르고, 훌륭한 품성과 가치가 무엇인지를 배우며, 정신을 함양하라고 적극 권했다. 그러다 계몽주의 시대와 산업혁명 기간에 사회 중상층의 비중이 급속히 커지자, 장-자크 루소, 토머스 제퍼슨을 비롯한 여타 진보주의의 권위자들도 점차 부상 중이던 신흥 부호들에게 신체 활동과 탄탄한 몸을 만드는 것이야말로 자연적인 면에서 제일 큰 가치를 지니는 일임을 역설했다. 그렇게 해서 19세기에는 신체와 관련된 문화가 유럽, 미국 및 세계 여타 지역에 급속도로 퍼져나갔고, 그 영향을 어디보다 유달리 가장 심하게 받은 곳은 학교와 대학들이었다. 이제 운동과 교육은 하나로 얽혀 떼려야 뗄 수 없는 관계가 되었다.

하지만 이런 와중에도 지난 1백~2백 년 동안, 전문가들 사이에서는 운동이 여전히 충분치 않다는 우려가 끊이지 않고 있다. 이런 불안감이 싹트는 주원인으로는 애국주의를 들 수 있다. 고대 스파르타인이 강제적 의무에 따라, 또 로마인들이 출정해야 하는 군인으로서 신체를 단련해야 한다는 압박을 받았던 것과 마찬가지로, 지난 역사에서 나라의 지도자들과 교육자들은 애국을 내세워 일반 시민들에게 군복무에 대비해 스포츠를 비롯한 여타 운동에 참여할 것을 적극 권했다. 이 운동의 지지자로서 특히나 큰 영향력을 발휘한 이가 일명 '체조의 아버지'로 일컬어진 프리드리히 얀이었다. 19세기 초 나폴레옹이 독일군에게 연이어 굴욕적인 패배를 안긴 이후, 얀은 독일의 교육자들이 모종의 책임 의식을 갖고 미용체조, 체조, 하이킹, 달리기 등으로 독일 젊은이들의 신체와 도덕성을 다시금 강인하게 다져주어야 한다고 주장했다.[27] 그로부터 얼마 뒤에는 미국에서도 이와 비슷한 우려가 부쩍 강하게 일어났다. 제1, 2차 세계대전에 자원입대하거나 징집된 수많은 남성의 몸이 어이없을 만큼 부실한 데다, 냉전이 시작될 무렵에는 초등학생들의 신체 상태도 애처로울 만큼 허약했기 때문이었다.[28] 지금도 중국을 비롯한 여타 지역에서는 나라를 위해 신체를 건강히 만들자는 국민적 차원의 운동이 벌어지곤 한다.

운동과 관련한 불안은 운동량이 너무 적으면 건강에 갖가지 영향을 미칠 수 있다는 데서도 비롯된다. 오늘날 전염병처럼 번져 있는 신체 활동 부족 현상을 근래에 발생한 위기로 여기는 이들이 많지만, 사실 신체 활동 부족에 대한 걱정은 기계가 인간의 신체 활동을 대신하게 된 이후로 줄곧 커져왔다. 최근 150년 동안 의사, 정치인, 교육자들은 다들 걱정에 차서 동시대의 젊은이들이 한심할 정도로 몸을 안 움직이고, 몸을 탄탄하게 만들지도 않아서 이전 세대에 비해 건강하지 못하다는 우려를 주기적으로 내놓곤 했다. 나의 모교 하버드대도 마찬가지다. 20세기가 막 시작될 무렵 미국에서 현대적 체육교육 운동을 일으킨 더들리 앨런 사전트(내가 이따금 나가는 헬스장 관장으로 몇 년 재직하기도 했다)는 "인류의 거의 태반이 삶의 가장 단순한 급선무에 오늘처럼 시간과 에너지를 지독하게 들이지 않은 적은 세계 역사에서 단 한 번도 없었다"면서 "건실한 체육 교육 프로그램이 마련되지 않으면, 사람들은 뚱뚱해지고 꼴사나워지고 굼떠질 것이다"라고 했다.[29] 그로부터 120년 뒤 하버드대를 비롯한 여타 대학의 학생들을 대상으로 광범위한 설문조사를 시행한 결과, 규칙적으로 운동하는 학생은 전체의 절반도 되지 않았으며, 이것이 "정신 건강 악화와 스트레스 증가"에 일조하는 것으로 밝혀졌다.[30]

우리가 운동을 장려하는 것도 그래서다. 마치 실험실의 생쥐들을 위해 쳇바퀴를 설치하듯, 지난 수 세기 동안 우리 인간들은 동료 인간들이 저마다 자기에게 맞는 운동으로 나름 건강을 지키고 탄탄한 몸을 만들 수 있게끔 그야말로 엄청나게 다양한 방식과 수단을 발명해냈다. 그 과정에서 어쩌면 당연하게도 운동은 점차 좋은 것으로 선전되었고, 일용품화, 상업화, 산업화가 이루어졌다. 우리 집 길모퉁이 너머의 헬스장만 해도, 웨이트머신, 러닝머신, 일립티컬 등 그곳의 각종 운동장비들을 사용하려면 한 달에 70달러의 비용을 지불해야 한다. 그뿐인가, 나는 달리기를 하러 아침에 집을 나설 때면 발에는 특수 러닝화를 신고, 쓸림 방지 반바지를 입고, 맵시 있는

수분 흡수 셔츠를 걸치고, 물빨래가 가능한 모자를 쓰고, 손목엔 상
공의 위성들과 연결되어 달리는 내내 나의 속도와 거리를 기록해줄
시계를 찬다. 오스카 와일드는 "나는 특별한 복장을 입을 것을 요구
하는 활동은 무엇이든 다 찬성이다"라고 말한 적 있지만, 그런 오스
카조차도 오늘날 일명 '애슬레저athleisure'(앉아 있기 같은 일상적인 동작
들을 할 때도 입을 수 있는 운동복으로, 이런 옷을 몸에 걸치면 땀 한 방울
흘리지 않고도 운동인처럼 보이는 효과가 난다)가 큰 인기를 누리는 세
태에는 경악하지 않을까. 전 세계적으로 봤을 때, 사람들이 신체 단
련과 스포츠웨어에 쏟아 붓는 돈은 1년에만 수십조 달러에 달한다.

우리는 의학에도 운동을 끌어들였다. 이 말은 우리가 신체 활동
부족을 일종의 병으로 보고, 특정 종류와 양의 운동을 처방해 질병
예방과 치료에 도움이 되도록 하고 있다는 뜻이다. 가령 미국 정부
에서는 일주일에 중강도 운동을 최소 150분 하거나 혹은 고강도 운
동을 최소 75분 이상 수행하고, 일주일에 최소 두 번은 웨이트트레
이닝을 할 것을 권장한다.[31] 전염병 학자들의 계산에 따르면, 이 정
도의 신체 활동은 조기 사망할 위험을 50퍼센트 줄여줄 뿐만 아니
라, 심장병, 알츠하이머병, 특정한 암이 발병할 확률을 대략 30~50
퍼센트 낮춰준다고 한다.[32] 보험회사에서도 운동을 권하며 갖가지
인센티브를 제시하는 것은 물론, 각계 전문가도 득달같이 달려들어
먼저 운동할 마음부터 가지라고, 그러면 자신이 운동을 하도록 도
와주고, 혹시 다쳐도 고쳐주겠노라고 입을 모아 이야기한다.

운동을 의학에 접목하고, 상업화하고, 산업화하는 게 딱히 잘못
이라는 것은 아니다. 오히려 이런 추세가 꼭 필요한 상황이기는 하
다. 하지만 그렇게 된다고 해서 운동이 더 재밌어지냐고 하면 거의
그렇지는 않다. 내 생각이지만 오늘날 행해지는 운동의 좋고 나쁜

면을 가장 극명하게 보여주는 것이 바로 러닝머신이다. 엄청난 유용성을 가진 것은 맞지만, 이 기계는 시끄럽고 비싼 데다 이따금 위험하기도 하다. 그뿐 아니라, 나의 경우에는 러닝머신 운동이 지루하기만 하다. 때로는 나도 러닝머신을 이용해 운동을 하지만, 땀내가 진동하는 공기 속의 형광등 불빛 아래에서 지금까지 내가 얼마의 속도로 얼마나 걸었고, 또 얼마큼의 칼로리를 태웠을지 알려주는 작은 불빛이 깜박거리는 것만 바라본 채 지루하게 터벅터벅 걸으려면 그야말로 이를 악물어야만 한다. 우리를 귀찮게만 하지 그 위에서 일껏 걸어봐야 그 어디에 다다르는 것도, 뭔가 해내는 것도 아닌 그런 쓸데없는 신체 활동을 거금을 들여가며 하는 것을 본다면, 먼 윗대의 수렵채집인 조상들은 과연 무슨 생각을 할까?

아마도 거의 백이면 백 이런 식으로 운동하는 건 정상이 아니라고 생각하지 않을까. 그렇다고 해도 우리가 어떤 종류의 신체 활동을 하도록 진화했고 또 그것들이 우리의 건강에 어떤 영향을 미치는지를 제대로 이해하기 위해서는, 먼저 신체 활동을 안 할 때 우리 몸이 뭘 하는가부터 파헤쳐봐야 한다.

PART 1

비활동

제2장

게으름의 중요성

미신 #2 빈둥거리는 것은 자연스럽지 못하다

◇ ◇ ◇

엿새 동안은 힘써 네 모든 일을 행할 것이나, 제 칠일은 천주 하느님의 안식일이로다. 이날은 그 어떤 일도 하지 말지니, 너나, 네 아들이나 딸이나, 네 남종이나 여종이나, 네 소나, 네 나귀나 네 모든 역축이나, 네 마을에 머무는 객도 마찬가지라. 따라서 네 남종이나 네 여종도 너같이 안식하게 할지니라.

–〈신명기〉 5장, 13~14절

왜 유대교의 하느님은 우리 인간에게 일주일에 한 번은 꼭 쉬면서 일을 손에서 놓으라고 그렇게나 신신당부하는 걸까? 수많은 설명 가운데 제법 그럴싸한 것을 하나 꼽자면, 안식일 율법이 쓰인 그 옛날 철기시대에는 이따금 하루를 쉬는 게 현명한 생각으로 통했으리라는 것이다. 애초에 유대인은 자급자족 농부여서 규칙적이고 고된 노동에 의지하지 않고는 생존할 방법이 딱히 없었다. 갖가지 기계도 없었고 상업도 거의 이뤄지지 않던 시대였던 만큼, 이들은 소비하고 사용하는 거의 모든 것을 말 그대로 자신의 피, 땀, 눈물을 쥐어짜 만들어내야만 했다. 밭을 갈고, 씨 뿌리고, 잡초를 뽑고, 작물을 수확하는 것은 물론이거니와, 가축을 돌보고, 옷을 짓고, 도구를 만들고, 집을 짓고, 물을 길어 나르는 등의 일까지 해야 했다. 그저 살기 위해 몸을 써야 하는 일이 그토록 지독히 많았으니, 이따금 손에서 일을 놓고 몸을 편히 쉬며 부상과 질병을 막아야 했던 게 아닐까? 그게 아니라면 어쩌면 안식일이 있었던 덕에 자식을 많이 낳아 수를 불릴 수 있었던 건 아닐까?

어떤 이유에서 안식일을 꼬박꼬박 지키는 것이 유대인의 신성한 의무가 되었든 간에, 수렵채집인에게는 일주일에 하루 휴식이 별 의미 없는 일이었을 것이다. 따로 물자를 비축해두지 않는 만큼 제 한 몸과 식구들이 먹고 살기 위해 이들은 반드시 매일같이 숲으로 들어가 먹을거리를 찾아야 했을 테니 말이다. 앞에서도 함께 살펴봤지만, 수렵채집인은 식량 채취에 한나절도 채 들이지 않으며 그 외 시간에는 가벼운 일을 하거나 쉬는 것이 보통이다. 수렵채집인은 늘 배고픈 상태인 만큼 운동 따위는 절대 하지 않지만 자기 입으로 들어가는 칼로리는 모두 반드시 자기 몸을 움직여야만 얻을 수 있었다. 그렇기에 하루 안식일은 단지 불필요한 것만이 아니라 그날 하루는 배를 곯고 지내야 한다는 뜻이었다.

그런데 여기서 우리가 곱씹어볼 게 있다. 동물 중 우리와 가까운 사촌인 유인원에게도 과연 이런 안식일 같은 게 있을까?

우리 대부분은 고릴라나 침팬지를 동물원이나 다큐멘터리 같은 데서나 보지만, 만일 여러분이 굳이 많은 시간과 노력, 돈을 들여서라도 이들의 생활 근거지인 아프리카 적도대의 열대우림 오지로 찾아갈 용의가 있다면, 심각한 멸종위기에 처한 이 동물들을 야생에서 관찰할 기회를 얻을 수 있다. 야생 유인원 중에서도 제일 만나기 힘들다고 꼽히는 것이 르완다와 우간다 고지 휴화산 비탈의 높은 데서 살아가는 산악고릴라다. 이 동물들이 있는 곳까지 가려면,

먼저 사람들이 손으로 일구는 논밭을 터벅터벅 걸어, 무지막지하게 큰 잎사귀를 단 나무들과 쐐기풀이 잔뜩 우거진 찜통처럼 뜨거운 열대우림을 지나야 한다. 그러고 나면 이제 주변이 서서히 대나무 숲으로 바뀌면서, 나중에는 아프리카 삼나무와 넝쿨이 빽빽이 우거진 서늘한 지대에 발을 들이게 된다. 지형이 워낙 가파른 데다 경사지고 미끄러운 임상forest floor(산림지대 지표면의 토양과 유기퇴적물층—옮긴이) 지대 표면을 덩굴, 갓 움터 나온 가지, 양치류, 가시가 무성하게 뒤엉킨 채 뒤덮고 있어 도무지 길을 찾을 수 없기 때문에 힘겨운 여정이다. 고릴라를 보겠다고 이 생고생을 해야 하나 싶다가도, 한 자리에 앉아 웬만해선 움직이지 않는 이들 동물을 보고 있으면 어쩐지 절로 평온함이 느껴지면서 고생스럽다는 생각은 단번에 싹 사라진다.

고릴라는 그야말로 거인의 샐러드 그릇이라는 표현이 딱 맞는 곳에서 살아가기 때문에, 땅바닥에 엉덩이를 딱 붙이고 앉은 채 말 그대로 자기 주변의 먹을거리를 계속 입에 넣으며 하루 대부분을 보낸다. 어린 새끼들이 이따금 놀며 나무를 기어오르면, 어른 고릴라는 느긋하게 키 작은 나무숲 사이에 서서 뭔가를 우적우적 씹거나, 몸을 긁적이거나, 털을 고르거나, 낮잠을 잔다. 아닌 게 아니라, 보통 고릴라 무리는 하루 이동 거리가 1.5킬로미터 정도에 불과하다.[1] 그러다가도 덩치 큰 수컷들이 저희끼리 싸우거나 혹은 무리 내 다른 고릴라를 위협하는 일이 아주 간혹 한 번씩 벌어져 그 사태가 극단까지 치달으면, 그때에는 여러분도 고릴라가 얼마나 강한 힘과 위력을 지녔는지 생생히 실감할 수 있다. 내가 이제껏 살면서 제일 오싹한 경험을 한 것도 180킬로그램에 육박하는 거구의 실버백 고릴라(등에 은백색 털이 나 있는, 나이 많은 고릴라 수컷—옮긴이)가 자기 부아를 돋운 암컷 두 마리를 향해 마구 돌진했을 때였다. 녀석은 암컷들을 뒤쫓으려 뒷다리로 일어서 전속력으로 내달리더니 내 코 앞까지 바싹 다가서서는 양 손바닥으로 자기 가슴팍을 세차게 두드렸다. 그 순간 내가 어떻게 오금이 저려 꼼짝 못하면서도 용케 똥오줌은 안 지렸는지는 지금 생각해도 잘 모르겠다. 그게 천만다행이었든 아니든, 고릴라가 이런 식으로 한바탕 격하게 움직이는 일은 지극히 드물고, 성체 고릴라들은 보통 착 가라앉은 채 별 움직임 없이 대부분의 시간을 보낸다.

나는 탕가니카호 일대의 숲들에 머물며 이들 고릴라를 비롯해 야생 침팬지를 관찰할 기회도 몇 번 있었는데, 솔직히 침팬지도 고릴라보다 훨씬 더 활동적이진 않다. 물론 침팬지가 임상 지대를 이동할 때는 그들 무리를 따라잡기가 다소 버거울 수 있지만, 침팬지 역시 먹이를 구해 먹고 소화시키느라 하루 대부분을 보낸다. 침팬지는 깨어 있는 시간 절반 정도는 섬유질이 풍부한 먹이로 열심히 배를 채우고, 그 나머지 시간은 대체로 편히 쉬면서 먹은 것을 소화시키고, 자기들끼리 털을 골라주고, 실컷 낮잠을 잔다.[2] 일반적인 날에 침팬지가 나무를 기어오르는 거리는 고작 200미터, 걷는 거리는 단 1.5~5킬로미터 정도에 불과하다.[3] 물론 침팬지는 사회성이 무척 뛰어난 동물이어서 이따금 싸우거나 성교를 하는 등 여타 흥분되는 일도 하지만, 우리와 촌수가 가장 가까운 이 유인원은 평생 끝나지 않는 안식일을 지내듯 하루 대부분을 빈둥거리면서 보낸다.

하드자족 같은 수렵채집인은 엄청나게 고된 일을 잘 하지 않는 데다 별다른 신체 활동을 하지 않고 하루의 상당 시간을 보내는데도, 유인원에 비하면 일 중독자나 다름없어 보인다. 그뿐인가, 인간은 애초에 침팬지나 고릴라와 닮은 유인원류 조상에게서 진화한 만큼, 일을 적게 하고 유난히 많이 쉬는 인간이 진화의 관점에서 볼 때는 정상적인 것일 수도 있다.[4] 이 같은 생각이 번뜩 드는 순간, 우리에게 갖가지 질문이 고개를 드는 것은 어쩌면 당연하다. 도대체 어떻게, 그리고 왜 비산업사회 사람들(수렵채집인과 농부들)은 꽤 활동적이지는 않더라도 보통은 야생의 유인원보다 더 활동적일까? 이 질문에 답하려면 일단 실험실로 발을 돌려, 우리 몸이 평상시에 무슨 일을 하며, 우리가 별다른 활동을 하지 않을 때는 에너지가 얼마큼 소비되는지부터 파악할 필요가 있다.

아무것도 안 할 때의 비용

여러분이 바보 같게도 내 실험실에서 행해지는 어떤 실험에 참여해달라는 제의에 어쩌다 응하게 되었다고 가정해보자. 실험실에 들어서는 순간, 제일 먼저 여러분의 주의를 잡아끄는 것은 방 한가운데에 덩그러니 놓인, 이렇다 할 제어장치가 얼른 눈에 띄지 않는 엄청나게 커다란 러닝머신일 것이다. 이와 함께 각양각색의 카메라와 여러 장비도 눈에 들어올 테지만, 그중 천장에 매달린 기다랗고 잘 휘어지는 튜브에 연결된 푸르스름한 색깔의 실리콘 안면 마스크를 보면 아마 지레 겁이 날 것이다. 그 마스크에 달린 튜브의 끝에는 철제 상자가 하나 연결돼 있는데, 상자 위에는 각종 다이얼과 스위치, 표시가 빼곡히 들어차 있다. 통상적인 실험일 경우 우리는 그 마스크를 여러분의 코와 입 언저리에 품이 좀 낙낙하게 씌운 뒤 여러분이 마스크로 내쉬는 공기를 전부 펌프로 빨아들여 튜브를 통해 철제 상자로 보내는데, 그러면 여러분이 호흡으로 얼마큼의 산소와 이산화탄소를 내보냈는지가 측정된다. 이 마스크는 달리는 도중에 특히 성가시고 불편하기 짝이 없지만, 측정값으로부터 더없이 귀중한 정보를 한 움큼 얻을 수 있다. 난로가 가스나 나무를 태워 열을 내는 것과 꼭 마찬가지로, 여러분의 몸도 산소를 가지고는 지방과 탄수화물을 태우고 거기서 나온 이산화탄소는 숨을 쉬어 밖으로 내보낸다. 이때 여러분이 산소를 얼마큼 소비하고 이산화탄소를 얼마큼 내보내는지 그 양을 알아내면, 특정 순간에 여러분의 몸이 얼마큼의 에너지를 쓰고 있는지도 정확히 계산해낼 수 있다.[5]

내 실험실에서 이루어지는 대부분 실험은 여러분이 걷거나 달리는 중에 얼마나 에너지를 소비하는지 측정하지만, 마스크를 착용하는 순간 여러분에게 우리가 제일 먼저 하는 부탁은 최소 10분 동안 한 자리에 조용히 앉거나 서 있어 달라는 것이다. 여러분의 휴식 중 에너지를 측정하기 위해서다. 사실 이 단계는 매우 중요하다. 걷거나 뛸 때 소비되는 에너지의 양을 측정하려면 그때 소비되는 에너지에서 몸을 움직이지 않을 때의 에너지는 빼주어야 하기 때문이다. 단 이때 우리가 사용한 측정 단위가 칼로리임을 밝혀야 할 것 같다. (참 헷갈리는 일이지만, 식품의 영양성분 표시에 나와 있는 '칼로리'는 사실 킬로칼로리로 물 1킬로그램의 온도를 섭씨 1도 올리는 데 필요한 열의 양을 의미한다. 이 관행을 나도 이 책에서 똑같이 따르려고 한다.)[6]

만일 여러분이 몸무게가 82킬로그램인 평균적인 미국 성인 남자라면, 의자에 앉아 조용히 쉬는 동안 여러분의 에너지 소비량은 시간당 대략 70칼로리에 달한다. 이를 휴식대사량RMR이라고 하는데, 휴식기의 신진대사는 신체 활동을 하지 않고 쉴 때 몸 안에서 일어나는 모든 화학반응을 포함한다는 뜻에서 이런 이름이 붙었다. 여러분의 RMR이 얼마인지를 알면, 이를 근거로 이후 24시간 동안 아무것도 안 하고 의자에만 앉아 있어도 여러분의 몸이 약 1,700칼로리를 소모하게 된다는 계산이 나온다.

1,700칼로리면 꽤 많은 양이다. 심지어 앉아 있는 동안에도 여러분은 온전히 쉬고 있는 게 아니라는 이야기다. 이 휴식대사량에는 우리가 마지막으로 먹은 밥을 소화시키고, 체온을 적정수준으로 조절하고, 몸이 바닥에 고꾸라지지 않게 자세를 잡는 열량도 포함돼 있다. 이 휴식대사량을 달리 고칠 수도 있는데, 공복 12시간 사이에 섭씨 21도의 방에서 8시간 잠을 자고 깬 직후의 에너지 소비량을 재는 것이다. 이를 여러분의 기초대사량^{BMR}이라고 하며, RMR보다 10퍼센트가량 낮다(위의 예시에서라면 BMR은 1,530칼로리가 된다). BMR은 여러분이 거의 혼수상태에 빠져 있는 동안 신체의 가장 기본적인 대사를 유지하는 데 사용되는 에너지라고 할 수 있다.

그렇다면 여러분이 휴식하는 동안 쓰이는 에너지양을 여러분의 총 에너지 수지$^{energy\ budget}$(외부로부터 유입되는 에너지와 내부에서 유출되는 에너지를 합한 것—옮긴이)와 비교하면 어떤 결과가 나올까? 이 비율을 계산해내려면, 먼저 여러분의 총 1일 에너지소비량^{DEE}, 즉 이동, 책 읽기, 재채기, 말하기, 소화 등 하루 24시간을 보내는 동안 여러분이 하는 그 모든 일에 소비되는 에너지의 총량을 측정해야 한다. 최근까지는 여러분의 DEE를 추정한다고 하면, 대체로 앉아 있기, 먹기, 걷기, 달리기 같은 다양한 활동별로 산소소비량을 측정하는 방식을 이용하곤 했다. 여러분이 이런 활동을 비롯한 여타 활동에 얼마나 많은 에너지와 시간을 들이는지 알아내면, 그 활동별 수치를 합산해 DEE의 대략적 추정치를 얻을 수 있는 것이다. 여러분도 충분히 상상되다시피, 세상에는 인간 에너지학^{學}에 관심 있는 호기심 많은 과학자들이 있게 마련이고 지금까지는 이들이 산소 마스크를 손에 든 채 사람들을 졸졸 따라다니며 땅파기, 바느질, 침구 정리, 자동차 조립공장 생산라인 근무 등 인간의 머리로 상상 가능한 거의 모든 활동에 얼마큼의 에너지가 들어가는지를 산정해놓았다.[7] 심지어 생각하는 데 들어가는 에너지양을 측정하고자 한 연구도 한둘이 아니다.[8] 하지만 이런 방법은 번거롭고 부정확할 뿐만 아니라, 특히 세계 외딴 지역에서는 실제로 행하기가 여간 녹록치 않다는 단점이 있다.

하지만 여러분의 DEE를 재겠다고 우리가 마스크를 손에 든 채 온종일 졸졸 따라다닐 일은 이제 없다고 하면 얼마쯤 마음이 놓이리라. 대신 이제는 여러분의 소변을 가져다 측정하겠다고 할 테지만 말이다. 좀 더 정확히 말해, 우리가 여러분의 DEE를 측정할 요량이라면 일단은 희귀한 (중량) 수소 및 산소 원자가 일정량 함유된 무척 비싸지만 인체에 무해한 음료를 마시게 한 뒤, 며칠에 걸쳐 당신의 소변 샘플을 수집해 갈 것이다. 여기까지만 봐서는 꼭 음흉한 마술쇼 속임수처럼 들리겠지만, 이 중량의 원자 수가 소변 안에서 점점 줄어드는 비율을 측정하면, 수소 및 산소 원자가 땀, 배설, 호흡을 통해 우리 몸에서 빠져나가는 비율이 얼마나 되는지 계산할 수 있다. 수소는 오로지 물 안에 담겨서만 우리 몸을 빠져나가지만 산소는 물과 이산화탄소 모두에 담겨 빠져나가기 때문에, 소변 안에 나타난 두 원자의 농도 차이를 통해 우리는 어떤 사람이 호흡으로 만들어낸 이산화탄소의 양을 정확히 계산해내는 것은 물론, 이를 밑바탕으로 그 사람이 사용한 에너지의 양까지 계산할 수 있다.[9] 이 방법을 통해 신진대사 측정이 이루어진 사람만 수천 명에 달하며, 이를 바탕으로 인간의 에너지 소비에 관련된 주목할 만한 데이터베이스가 마련될 수 있었다. 여러분이 몸무게가 82킬로그램 나가는 사람이라면, DEE는 하루에 2,700칼로리 정도일 것이다. 앞에서 여러분의 RMR은 하루 1,700칼로리라고 했으니까, 이 말은 휴식기 신진대사에만 여러분이 매일 쓰는 에너지의 거의 3분의 2(63퍼센트)가 들어간다는 뜻이다. 소파에서 마냥 뒹굴거리는 데 들어가는 에너지가 그렇게 많으리라고 누가 생각이나 했을까?

그렇다면 하드자족 같은 수렵채집인이든 미국 같은 산업사회 사람들이든 아무것도 하지 않을 때 들어가는 에너지가 과연 똑같을까? 이와 관련해서는 천만다행으로, 허먼 폰처를 비롯한 동료들이 불굴의 투지를 발휘해 위에서 설명한 방법으로 수많은 하드자족 남녀의 수치를 측정해놓은 것이 있다. 그들의 분석에 따르면(여기에는 추정치도 일부 포함되어 있다), 하드자족의 체구가 상대적으로 작고 마른 점을 감안해 측정치를 수정하자 하드자족의 기초신진대사율은 여러분이나 나 같은 산업사회 사람들과 전혀 차이가 없는 것으로 나타났다. 구체적으로 수치를 들어 말해보면, 평균적인 하드자족 남성은 몸무게가 약 52킬로그램 나가며 BMR로 약 1,300칼로리를 소비할 것으로 추정된다. 평균적인 하드자족 여성은 몸무게가 약 45킬로그램 나가며 BMR로 1,060칼로리를 소비한다.[10] 지방은 다른 조직에 비해 상대적으로 힘이 없어서 신진대사에 많은 기여를 못하기 때문에, 하드자족 남자와 여자는 평균적인 서양인에 비해 체지방이 40퍼센트가량 적다는 사실도 함께 감안할 필요가 있다.[11] 이 점까지 반영해 측정치를 수정해보면, 성인의 경우 그가 뉴욕의 사무실에 앉아 컴퓨터만 뚫어져라 바라보든, 중국의 공장에서 신발을 만들든, 멕시코 시골에서 옥수수를 재배하든, 탄자니아에서 수렵과 채집을 하든, 자신의 신체기능을 유지하는 데만 매일 제지방체중(체중에서 체지방량을 제외한 값—옮긴이) 1킬로그램당 약 30칼로리의 에너지를 소비한다는 사실이 분명해진다. 지구상의 인간 존재가 오늘 하루에 소비하는 20조 칼로리 가운데에서, 휴식 중인 자기 몸의 가장 기본적 욕구를 채우는 데 쏟아 붓는 양이 태반을 차지한다는 이야기다.

이상을 종합해보면, 설령 활동성이 무척 좋은 사람이라 해도, 무언가를 하기보다는 몸을 평상시대로 유지하는 데 더 많은 에너지를 쓰고 있을 가능성이 크다. 물론 이런 사실이 얼른 와 닿지 않는 게 당연하다. 나도 책상에 앉아 이 글을 쓰고 있지만, 1분에 15~20회씩 부드럽게 숨을 쉬는 것 말고는 내 신체 체계가 부지런히 일하고 있다는 증거가 딱히 눈에 띄지 않으니까 말이다. 하지만 지금 이 순간에도 내 심장은 1분에 60번씩 수축해 몸 구석구석으로 피를 밀어내고 있으며, 내장은 내가 마지막으로 먹은 밥을 소화시키는 중이고, 내 간과 콩팥은 내 피를 조절하고 여과해주며, 내 손톱은 계속 자라나는 중이고, 내 뇌는 이 말들을 처리하고 있으며, 그 외에 내 몸 안 모든 조직에 자리한 헤아릴 수 없이 많은 다른 세포들은 스스로 재충전을 하고, 손상된 부분을 수리하고, 전염병을 막아내고, 지금 내 눈앞에서 어떤 일이 일어나고 있는지를 살피느라 바쁘다.

그런데 이런 기능들이 작동하는 데 정말 그렇게 많은 비용이 들까? 우리가 아무것도 안 하는 데 써야 하는 에너지가 정말 그렇게나 많다는 말인가?

이 질문에 답하는 방법 하나는, 일명 '스트레스 테스트'를 수행해 충분한 에너지를 갖지 못했을 때 몸이 그 난관을 어떻게 헤쳐 나가는지 보는 것이다. 가령 다이어트에 돌입해 며칠, 몇 주, 혹은 몇 달 동안 자신이 쓰는 에너지보다 더 적은 양의 칼로리를 섭취할 때마다 이런 식으로 몸에 스트레스를 준다. 물론 효과적인 다이어트

는 그 과정이 점진적으로 진행돼, 매일 잉여 지방을 조금씩 태워 체
중을 서서히 줄여나가도록 하는 게 보통이다. 따라서 더욱 힘겹고,
그것을 통해 뭔가 밝혀낼 수 있는 신진대사 스트레스 테스트가 이
뤄지려면 에너지 섭취량을 더욱 극단적으로, 다시 말해 굶주리는
수준까지 줄여야 한다. 하지만 과학을 명분으로 내걸고 사람들을
굶주림으로 내모는 것은 비윤리적일 뿐 아니라 비합법적인 일이다.
그런데 제2차 세계대전의 막바지 몇 달을 남겨두고, 굶주림이 인체
의 신진대사에 미치는 영향에 대한 실험이 치밀한 계획 하에 대조
군까지 갖추고 살아 있는 인간을 대상으로 실제로 미네소타에서 행
해진 적이 있었다.

미네소타 기아 실험

제2차 세계대전에서 목숨을 잃은 사람들 수는 5천만~8천만 명이었
다. 이 중 군인들이 2천만 명을 헤아리지만, 전투로 인해 농작물이
엉망이 되고 각종 공급선마저 끊기는 바람에 마냥 굶주리다가 목숨
을 잃은 민간인도 최소한 병사들만큼이나 많았다.[12] 레닌그라드 포
위전 동안에는, 굶어죽는 사람만 하루에 천 명씩 나왔다. 전쟁이 길
어지면서 이 감당하기 힘든 인도주의적 문제가 중차대한 문제로 떠
오르자, 당시 미네소타대학의 연구원이던 앤셀 키스 박사는 어떻게
해야 이들 희생자를 도울 수 있을까 고민에 빠졌다. 그때 가장 뼈저
리게 인식되었던 문제가 장기간의 음식 부족이 인체에 미치는 영향
에 대해 정작 과학자들이 아는 바가 거의 없다는 것이었다. 굶주림
에 시달리는 수많은 이들을 도우려면 먼저 그들의 굶주리는 몸에

어떤 일이 일어나는지부터 잘 알아야 할 것이었다. 또한 전쟁이 끝나면 배를 주리는 수많은 이들이 파시즘이나 공산주의를 더 쉽사리 받아들이게 되지는 않을까 하는 우려도 들었다. 이러한 인도주의 및 지정학상의 전략적 이유에서 미국 정부는 키스 박사에게 자금을 대주며 과학자 팀을 꾸리도록 했고, 이들 팀은 자원자를 모집해 굶주림과 재활이 인체에 미치는 영향을 주제로 광범위한 연구를 진행했다. 키스 박사는 11쪽짜리 안내 책자를 옆에 끼고 양심적 병역거부자를 만나, 비록 군복무는 거부했을지언정 남을 돕는 일이라면 인간 기니피그가 될 의향이 있는 이들을 상대로 실험 참가를 간곡히 부탁했다. 안내 책자의 표지에는 배를 곯는 프랑스 아이 셋이 텅 빈 밥그릇을 들고 있는 사진과 함께 다음과 같은 질문이 볼드체로 인쇄되어 있었다. "이 아이들이 더 잘 먹을 수 있게 여러분이 굶어주시겠습니까?"

이 실험의 모든 결과와 사진이 실린 1950년의 논문 두 편은 물론, 이 미네소타 기아 실험의 내용을 나는 이미 글로 읽어 잘 알고 있지만, 내가 저 36명의 자원자 사이에 끼어 1944년 11월에 실험을 시작할 수 있으리라고는 아직도 잘 생각되지 않는다.[13] 처음 12주 동안은 실험이 그렇게 혹독하지 않았는데, 이 초기 통제 단계control phase는 넉넉하게 하루 3,200칼로리의 식단을 제공하며 사람들 사이에 통일성을 만드는 기간이었기 때문이다. 이 식단과 함께 자원자들은 일주일에 총 약 35킬로미터를 의무적으로 걷는 것을 비롯해, 빨래, 장작 패기 같은 평범한 신체 활동을 매주 15시간씩 병행해야 했다. 이 기간을 지나는 동안 키스와 그의 팀원들은 키, 몸무게, 체지방량, 휴식기 맥박, 적혈구 수, 신체 원기, 근력, 청력, 생리적 상태, 심지어 정자 수 등 당시 자신들이 잴 수 있는 거의 모든 수치를 빠짐없이 측정해두었다. 그러고 나서 1945년 2월 12일, 자원자들의 식단은 갑작스레 하루 1,570칼로리로 뚝 떨어졌다. 그만큼 중요했던 것은, 매주 약 35킬로미터 걷기를 비롯해 애초의 신체 활동 수준을 종전과 똑같이 유지해야 했다는 점이었다. 키스가 이런 활동을 꼭 하도록 만든 데는 이유가 있었으니, 굶주리는 이들은 아무것도 안 하는 호사를 누리는 대신 입에 풀칠하기 위해 일을 할 수밖에 없는 처지에 떨어지게 마련이기 때문이다.

1,570칼로리면 남자의 평상시 휴식대사량에 가까우므로 이론적으로는 보통의 신체기능을 유지하기에 충분하지만, 굶기와 다름없는 식단에 갖가지 운동을 필수로 병행하자 이 프로그램은 순식간에 자원자들에게 거의 형벌에 가까운 육체적 및 정신적 시련으로 탈바꿈했다. 많은 이들이 끔찍한 악몽에 시달리는가 하면, 한 참가자는 장작을 패다 손가락 세 개를 잘리기도 했다(고의였는지, 사고였는지, 아니면 참가자가 섬망에 빠져 벌어진 일이었는지는 아무도 모른다). 차츰차츰 참가자들의 몸은 축나기 시작했다. 근력과 체력이 점차 줄어들었으며, 양다리는 퉁퉁 붓고, 심장 박동률도 떨어졌다. 살점이라곤 없는 엉덩이로 어딘가에 앉아 있기만 하는 것도 내가 왜 이러고 있을까 번민이 들 만큼 고통스러운 일이 되어갔다. 이를 비롯한 다른 변화들이 자원자들의 몸과 정신을 완전히 딴판으로 뒤바꿔놓는 동안, 키스와 그의 팀원들은 기아가 할퀴고 간 참상을 쉴 새 없이 면밀하고 광범위하게 측정했다. 그러다 마침내 24주가 흘러 서서히 아사지경에 이르고 있던 이 남자들의 몸무게가 애초보다 정확히 25퍼센트 줄었을 때, 키스는 12주에 걸쳐 이들의 일일 식사배급량을 서서히 늘려 예전 체중을 회복할 수 있도록 했다. 1945년 10월 20일, 이들이 풀려났을 때는 제2차 세계대전이 공식 종료된 지 거의

두 달이 지난 뒤였다.

이 극단적 테스트로 우리는 굶주림과 재활에 관해 많은 것들을 알아낼 수 있었지만, 여기서는 휴식기 신진대사와 관련된 내용에 초점을 맞추기로 하자. 여러분도 예상하다시피, 이 남자들이 굶주리면서도 연명할 수 있었던 건 주로 체중 감소와 비활동이라는 방법을 통해서였다. 신진대사 요구량이 칼로리 섭취량을 줄곧 초과해 있던 동안, 이들 인간 기니피그들은 몸에 저장돼 있던 지방을 적극 활용했다. 보통의 마른 성인 남자는 체중의 대략 15퍼센트를 지방으로 갖고 있다(마른 여자는 평균 25퍼센트). 이 지방은 우리 몸 안에서 여러 기능을 하지만, 그중 제일 본질적인 기능은 바로 엄청난 양의 칼로리를 저장해두었다가 필요할 때 우리 몸이 태울 수 있게 하는 것이다. 키스가 굶주리게 했던 남자들의 경우, 그들이 뼈에 사무치는 고통을 맛봐야 했던 그 24주 동안 체지방이 무려 70퍼센트나 급감해 평균 10~12킬로그램의 지방이 몸에서 빠져나갔다.[14] 그리고 이 체지방량의 급감만큼이나 중요했던 것은, 몸이 점차 축나는 동안 자원자들이 심히 무기력해졌을 뿐만 아니라 차츰 신체 활동도 줄어 그야말로 꼭 필요한 일이 아니면 몸을 거의 움직이지 않게 되었다는 점이었다. 필수로 규정된 걷기 운동이나 허드렛일을 하지 않을 때 이들은 에너지 비축을 위해 침대에 드러누워서 될수록 꼼짝도 하지 않으려 했다. 이들의 집중력은 급격히 떨어졌고, 성적 충동도 싹 사라졌다.

그런데 이게 다가 아니었다. 과학을 위해 스스로 굶주림을 택한 이 양심적 병역거부자들이 연명해나간 것은 우리가 어지간해서는 보기 힘든 또 다른 필수적 적응이 일어난 덕이기도 했다. 즉 이들의 몸이 급격히 뒤바뀌어 휴식기에도 에너지를 훨씬 덜 쓰게 된 것이었다. 굶주림의 24주가 경과한 후 자원자들의 휴식대사량 및 기초대사량은 40퍼센트나 급감했는데, 이는 감소한 체중을 근거로 한 예상치보다 훨씬 낮은 수치였다. 키스와 그의 동료들이 얻어낸 측정치에 따르면, 자원자의 평균 기초대사율은 하루 1,590칼로리에서 하루 964칼로리로 떨어졌다. 이는 체중이 25킬로그램인 8살 아동에게서나 예상되는 기초대사량이다!

이렇듯 굶주림에 들어간 남자들의 휴식대사량이 극적으로 낮아진 데서 우리가 배울 수 있는 핵심적인 사실은 *인간의 휴식기 신진대사는 융통성을 지닌다*라는 점이다. 그중 제일 염두에 둬야 할 부분은, 휴식기 신진대사는 우리 몸이 현상 유지에 *그만큼을 쓰겠다고 택한 양*이지, 현상 유지에 꼭 필요한 양은 아니라는 것이다. 굶주림에 들어간 자원자들이 주로 사용한 방법 가운데 하나도, 자기 몸을 현상 유지하는 데 에너지를 지독히 덜 쓰는 것이었다. 그 기본 원리를 보면, 신진대사 속도가 점점 느려져 인체를 계속 균형상태로 유지하는 제반 생리적 과정의 비용을 계속 줄여나간다. 그에 따라 자원자들의 심장박동률이 애초보다 3분의 1 줄었는가 하면, 체온도 정상 수치인 섭씨 37도에서 35.4도로 떨어져 난방이 잘 되는 방 안에서도 늘 추위를 탔다. 또한 그들의 몸은 보통 때 피부와 여타 기관에서 이루어지는 주기적 세포 보충에 들어가는 에너지도 줄였다. 그래서 피부 표면에 각질이 일어나는가 하면, 정자 수가 줄고, 혈구도 덜 만들어졌다. 키스의 광범위한 측정치들에 따르면, 당시 자원자들의 몸에서는 귀지조차 덜 생겨난 것으로 밝혀졌다.

굶주림에 들어간 자원자들이 에너지 절약에 이용한 또 하나의 방법은 크기 축소였다. 즉 휴식기 신진대사에서 꽤 많은 비중을 차지하고 있어 에너지도 많이 들어가는 신체 기관의 크기를 줄이는 것이다. 생리학자들은 인체의 다양한 기관들이 에너지를 얼마큼 소모하는지를 대략 파악할 때, 피와 산소가 해당 기관을 드나드는 양을 측정한다. 그런 식으로 측정된 수치들에 따르면, 우리 몸에서 그야말로 무척 비싸다고 할 세 개의 조직, 다시 말해 뇌, 간, 근육에만 휴식기 신진대사의 거의 3분의 2가 들어간다. 즉 여러분의 뇌와 간은 각각 휴식기 신진대사의 20퍼센트가량을 소모하며, 여러분의 근력이 일반적 수준이라면 그 근육에만 휴식기 신진대사의 16~22퍼센트가 들어간다.[15] 그 나머지인 40퍼센트는 심장, 신장, 장, 피부, 면역체계 등 인체 나머지 부분들에 골고루 나뉘어 들어간다. 여러분이 지금 이 책을 읽으며 앉아 있는 동안에도, 들이쉬는 5번의 숨 중하나는 여러분의 뇌, 다른 하나는 여러분의 간, 또 하나는 여러분의 근육, 그리고 나머지 둘은 여러분의 몸 나머지 부분에 쓰이는 셈이다.

키스의 자료로 밝혀진 바에 따르면, 그가 굶긴 사람들의 신체는 대부분 사람이 돈벌이가 크게 줄면 허리띠를 졸라매는 식으로 에너지를 절약했다. 즉 뇌처럼 '꼭 필요한' 신체 기관에 에너지를 먼저 챙기고, 생식 같은 '소모성' 활동에 들어가는 비용은 아예 포기하며, 몸을 계속 따뜻하고 활동적이고 강하게 유지하는 등 '줄일 여지가 있는' 기능에 들어가는 비용은 대폭 줄이는 식이다. 실험 자원자들의 경우에는 근육량이 애초보다 40퍼센트나 줄면서 하루에 약 150칼로리의 에너지를 절감할 수 있었는데, 그러자 몸이 허약해지고 쉽게 피로해지는 현상이 나타났다. 이와 함께 심장 크기가 약 17퍼센트 오그라들었으며, 간과 신장도 그와 비슷하게 오그라들었다.[16]

미네소타 기아 실험에서 나온 결과를 일목요연하게 분석해 책으로 펴내기까지는 총 5년이 걸렸다. 제2차 세계대전의 희생자를 누구 하나라도 돕기엔 너무 늦어버린 셈이었다. 하지만 이 실험의 용감한 자원자들 덕에 우리는 무엇보다 중요한 통찰을 얻을 수 있었으니, 알고 보면 휴식은 *단순히 신체를 안 움직이는 상태가 아니다*라는 것이다. 얼핏 보면 아무것도 하지 않는 것 같은 순간조차 우리 몸은 갖가지 역동적이고 값비싼 프로세스에 상당량의 에너지를 적극적으로 쓰고 있다. 이 사실만큼이나 중요한 것이, 칼로리는 한 번 쓰면 다시 쓸 수 없는 만큼 휴식도 우리 신체 안에서 열심히 행해지는 *맞교환*^trade-offs에서 중대한 부분을 차지한다는 점이다. 여러분이 이 글을 읽으면서 뇌, 간, 근육, 신장, 내장 등을 돌보는 데 쓰는 칼로리는 1시간에 60칼로리(보통 크기의 오렌지 하나에 들어 있는 에너지의 양) 정도다. 그런데 이 책은 집어 던지고 등산을 해야겠다고 마음먹는다면, 그땐 여러분의 에너지 일부를 기본적 기능들 대신 산을 오르는 데 반드시 써야만 할 것이다. 등산을 마치고 집에 돌아왔을 때는 아마 음식을 먹고 쉬면서 등산에 추가로 들인 에너지를 보충하려 할 테고 말이다.

이렇듯 휴식과 신체 활동이 (보통 그 양이 제한되어 있는) 에너지를 쓰는 서로 다른 방식일 뿐이라면, 과연 우리는 우리 몸을 잘 돌보는 일과, 걷기, 달리기를 비롯한 여타 신체 활동을 하는 데 각기 얼마큼씩의 에너지를 써야 할까? 이 문제에 대한 답은 지금 당장 우리의 목표가 전염병에 맞서 싸우는 데 있는지, 체중 감량에 있는지, 임신에 있는지, 아니면 마라톤 완주를 위한 훈련에 있는지에 따라 일부 달라지기도 한다. 하지만 이 문제를 세상 만물이 연관된 아주 장대한 틀에서 보면, 지금까지 우리 신체가 갖가지 자원을 어떻게 할당해왔는가의 문제는 그보다 훨씬 큰 프로세스, 즉 자연선택에 따른 진화를 통해 이미 그 틀이 다 짜여 있다고 할 수 있다. 우리가 오늘날 에너지를 특정 방식으로 자연스레 사용하고 있는 것은 헤아릴 수 없는 누대에 걸쳐 다윈식의 진화가 우리 조상들에게 작동해온 바가 크다.

우리의 소중한 칼로리가 신체 활동 대비 여타 기능들 사이에서 언제, 그리고 왜 배분되는지는 찰스 다윈의 강력하고 통찰력 번득이는 이론으로 설명된다. 그 모습을 생생히 접하는 차원에서 잉글랜드에서 탄생한 또 한 명의 위대한 작가 제인 오스틴의 예리한 관찰로 우리 함께 눈을 돌려보기로 하자.

맞교환에 관한 진실

제인 오스틴이 생전에 써낸 소설 6편 가운데 《맨스필드 파크》는 나로선 가장 애착이 덜 가는 작품이다. 소설 속 여주인공 패니 프라이스가 너무 까탈스러운 데다, 책 중반부에서는 이야기마저 지루하게 늘어진다. 하지만 이 소설은 나름 통찰력이 번득이는데, 플롯을 따라가다 보면 진화생물학자들이 골똘히 파고드는 문제인 맞교환에 관해 다시금 생각하게 되기 때문이다. 여기서 소설의 배경을 좀 소개하자면, 패니의 엄마는 세 자매 중 막내로 자매 앞에 저마다 다른 삶이 펼쳐진다. 패니의 작은이모인 버트람 부인은 재산이 넉넉한 맨스필드 파크의 토머스 버트람 경과 결혼해 네 아이를 낳았고, 하나같이 유복한 환경에서 키워냈다. 패니의 큰이모인 노리스 부인은 목사와 결혼했으나 슬하에 아이가 없어, 동생이 유복한 조카들을 키우는 걸 도왔다. 한편 패니의 엄마 프라이스 부인은 주변의 반대를 무릅쓰고 무일푼에 술고래여서 늘 가난에 찌들어 사는 뱃사람과 결혼해, 남편에게서 별 도움을 받지 못한 채 아이만 열 명을 낳아 키우느라 악착같이 살아야 했다.

오스틴이 세상을 떠났을 때 찰스 다윈은 고작 8살이었지만, 프라이스 부인과 두 이모의 생식生殖 전략을 잘 뜯어보면 무척 심오하면서도 때로 제대로 평가받지 못하는 다윈의 자연선택 이론의 예측이 고스란히 담겨 있음을 알 수 있다. 논의를 위해 핵심만 재빨리 추리자면, 자연선택 이론이란(지금껏 제시된 이론 가운데 이토록 꼼꼼하게 점검과 검증을 받은 것은 아마 없을 것이다) 어떤 유기체의 자손을 생존케 하는 유전적 특성들은 세대를 내려갈수록 더욱 널리 퍼지는 반면, 생식 성공률을 떨어뜨리는 유전적 특성은 세대를 내려갈수록 점점 드물어지는 것을 말한다.[17] 예를 들어, 다리가 길수록 속도가 빨라져 포식자로부터 도망치기 수월해지면(혹은 더욱 우월한 포식자가 될 수 있으면) 자연선택은 긴 다리를 더 선호하게 될 것이다. 하지만 속도가 빠른 게 분명 늘 이득일 텐데, 왜 긴 다리를 가진 종이 더 많아지지 않는 것일까? 이를 설명해주는 게 바로 맞교환이다. 생물 안에서 변이가 일어날 때는 거의 늘 제한된 선택지만 주어지므로, 자연선택도 경쟁 관계의 비용과 이득 위에서 작동하게 된다. 다시 말해 여러분이 다리가 길고 체구가 크다면 다리가 짧고 체구가 작을 수는 없으며, 짧은 다리와 작은 체구도 여러분이 어떤 상황에 있느냐에 따라 다른 이런저런 이점을 가질 수 있다. 한마디로 선택은, 여러분이 처한 환경 속에서의 생식 성공률을 가장 높이는 대안 혹은 절충안을 선호한다는 이야기다.

이 원칙은 유기체들이 제한된 칼로리를 어떻게 쓸 것인가의 문제에서 늘 맞교환을 벌인다는 것을 의미한다. 이를 바탕으로 우리는 자연스레 패니 가족 이야기로 돌아간다. 패니의 엄마와 이모들의 경우 핵심적 맞교환은 자식의 양과 질 중 무엇을 택할 것이냐로 요약된다. 우선 자식을 최대한 많이 낳되 그중 어느 하나에도 별다른 투자를 하지 않는 것은 하나의 전략이 될 수 있다. 하지만 자식을 그냥 한둘만 낳고 그 아이들에게 아낌없이 투자하는 방법도 있으니, 그렇게 해서 무사히 장성한 아이들이 자손을 갖도록 하는 것이다. 여기서 중요한 것은, 제인 오스틴이 생생히 그리고 있듯, 자연 선택의 관점에서 최선의 전략은 그 사람의 상황에 달려 있다는 점이다. 만일 여러분이 버트람 부인과 비슷해 아이들을 잘 보호하고, 기르고, 투자할 수 있는 상황이라면, 양보다 질을 택할 능력이 있는 셈이다. 하지만 가난에 쪼들려 사는 패니 엄마와 같은 상황이라면, 즉 자식을 낳았어도 그 아이들이 생존하거나 훌륭히 자랄 가능성이 적다면, 그때엔 질 대신 양을 선택하는 게 최선의 전략이다. 마지막으로, 노리스 이모처럼 자식이 없는 상황이라면, 그래도 조카들은 저마다 내 유전자의 4분의 1을 똑같이 갖고 있으니 동생이 아이들을 잘 키우도록 돕는 게 유일한 선택지다. 제인 오스틴의 세 자매 이야기는 에너지가 제한되어 있을 때 맞교환이 얼마나 중요한가를 잘 보여주는 사례다.

마음 같아서는, 자식을 몇 명 낳을까의 문제를 이 다윈의 이론을 갖고 결정하거나 혹은 그래야 한다고 주장하는 사람은 없었으면 좋겠다. 하지만 우리들의 몸은, 굳이 다윈의 이론은 몰라도, 생식 외의 영역에서 상당량의 중차대한 맞교환을(에너지 소모가 동반될 때가 많다) 항상 행하며, 이 과정은 이미 헤아릴 수 없이 많은 세대 동안 선택을 받아왔다. 여기서 무엇보다 중요한 점은, 이 갖가지 맞교환 중에서도 우리의 소중한 칼로리를 몸을 움직이는 데 쓸 것인지, 안 움직이는 데 쓸 것인지가 가장 근본적 차원의 문제였다는 것이다.

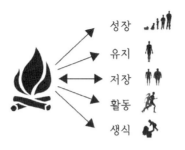

도판 3 에너지 할당 이론: 신체가 음식에서 얻은 에너지를
활용할 수 있는 다양하고 대안적인 방식들.

이 활동과 비활동 사이의 맞교환을 제대로 이해하려면, 먼저 신
체가 칼로리를 사용할 수 있는 것은 딱 한 번뿐이라는 사실을 되새
길 필요가 있다. 실제로도 도판 3에 잘 나타나 있듯 여러분이 자신
에게 주어진 칼로리를 사용할 수 있는 방법은 다음의 다섯 가지뿐
이다. 즉 내 몸을 성장하게 하거나, 몸의 현 상태를 유지하거나(휴식
기 신진대사), 에너지를 (지방의 형태로) 저장하거나, 몸을 움직이거
나, 아니면 생식에 에너지를 쓸 수 있다. 이들 기능 가운데 여러분
의 몸이 어떤 절충안을 고를지는 여러분의 나이가 얼마이고 에너지
상황은 어떤지에 따라 달라진다. 예를 들어, 여러분이 어린 나이여
서 한창 자라는 중이라면 생식에 쓸 에너지가 아직 충분치 않을 텐
데, 동물들이 보통 성장이 멈춘 뒤에야 새끼를 낳기 시작하는 이유
도 바로 여기에 있다. 한편 여러분이 오늘 등산을 한다고 하면, 몸의
현 상태를 유지하고, 지방을 저장하고, (아마도) 생식 활동을 하는
데 쓸 에너지는 줄어들 수밖에 없다. 또 여러분이 다이어트에 돌입
한다고 하면, 몸을 움직이거나 생식에 쓸 에너지는 줄어들 것이다.
이 외에도 갖가지 상황을 생각해볼 수 있다. 그런데 여기서 유념해

야 할 것은, 자연선택의 관점에서는 모든 맞교환이 동등하게 취급되지 않는다는 점이다. 자연선택은 제인 오스틴처럼 매정한 소설가라도 되듯 우리의 행복, 근사함, 부유함은 전혀 안중에 없다. 자연선택은 맞교환의 경우에서처럼 그저 우리에게 더 많은 자식들이 생기게 하는 유전적 특성만 선호할 뿐이다.

이제 여기서 우리는 다시 신체 활동 부족의 문제로 돌아오게 된다. 자연선택의 관점에서 봤을 때, 칼로리가 제한되어 있을 때는 꼭 하지 않아도 되는 신체 활동을 하기보다 생식 자체나 생식 성공률을 극대화하는 다른 기능들에 에너지를 쏟는 게 언제나 합리적인 일이다. *설령 이런 식의 맞교환 때문에 건강이 나빠지거나 수명이 단축되는 한이 있더라도 말이다.*

간단히 말해, 우리 인간은 최대한 비활동적이 되도록 진화했다. 더 엄밀히 말하면, 우리 몸은 신체 활동을 비롯한 갖가지 비생식 기능들에는 *충분하되 너무 많은* 에너지를 쏟지는 않도록 선택되었다. 다만 여기서 내가 '최대한'이라는 수식어를 붙였다는 점도 반드시 유념해야 한다. 당연한 얘기지만 몸을 움직이지 않고도 생존하거나 성장할 수 있는 사람은 없기 때문이다. 가령 여러분이 나이 어린 수렵채집인이라면 운동 기술을 발달시키고, 근력을 얻고, 체력을 쌓기 위해 놀이를 할 필요가 있을 것이다. 성인이라면 먹을거리를 구하고, 허드렛일을 하고, 짝을 찾고, 죽임을 당하지 않기 위해 몸을 움직이는 도리밖에 없다. 그뿐인가, 여러분은 아마도 춤추기 같은 중대한 사회 의례에 동참할 필요나 욕구도 가질 것이다. 하지만 그러다가도 언제든 에너지가 모자라는 상황이 된다면(수렵채집의 환경에서는 이런 일이 다반사였다) 쓸데없이 몸을 움직였다간 생존과 생식에 쏟아 부을 수 있는 에너지만 줄어들고 말 것이다. 따라서 분별없는 사람이 아니고야 성인 수렵채집인이 단지 재미 삼아 8킬로미터를 달리며 굳이 500칼로리를 허비할 일은 없는 것이다.

맞교환의 관점을 취하면 왜 미네소타 기아 실험에서 자원자들이 종전과 판이하게 변했는지도 설명된다. 굶주림에 시달린 자원자들의 몸은 생존에 필요한 절충안을 실행시킨 것이었다. 약간의 운동을 억지로 해야 하긴 했지만, 자원자들은 불필요한 신체 활동을 되도록 피했고, 몸을 유지하는 데 들어가는 에너지의 양을 줄였으며, 생식 활동에 대한 관심은 아예 접었다. 다행스러운 것은, 이 같은 맞교환이 잠깐의 이례적인 위기 대응 차원에서 일시적으로 이루어지고 끝났다는 점이다. 연구 결과, 굶주림은 농경 이전 사회에서도 매우 보기 드문 일인 것으로 밝혀졌다. 수렵채집인은 소수의 인구가 어마어마하게 넓은 땅에서 살아간 데다, 농사를 망칠 수도 있는 농작물에 의지하지 않았고, 곤궁한 시기에는 음식을 찾아 다른 곳으로 이동하면 되었기 때문이다. 수십 년에 걸친 연구에 따르면 수렵채집인은 대체로 용케 굶주림을 피하면서 1년 내내 몸무게를 대략 동일하게 유지하는 것으로 밝혀졌다.[18] 그렇다고 수렵채집인이 곤궁할 때가 아주 없는 것은 아니다. 이들도 분명 곤궁하게 지낼 때가 있다. 오히려 배가 고프다고 불평을 토로하는 것이 다반사다. 다만 굳이 필요하지 않은 활동에 귀중한 칼로리를 허비하는 우를 범하지 않는 것이 수렵채집인이 생존하는 비결 중 하나인 것만은 분명하다.

그러니 만일 이 글을 읽고 있는 이 순간, 여러분이 의자에 푹 파묻혀 있거나 혹은 침대에서 뒹굴뒹굴하면서 나는 참 게으른 사람이라고 죄책감을 느끼고 있다면, 몸을 움직이지 않는 그 상태야말로 희소한 에너지를 합리적인 방식으로 분배하는 고래로부터의 무척 심오한 전략이라는 사실에 얼마나마 위로를 얻길 바란다. 어린 시절 뛰어놀기 좋아하는 성향을 비롯해 여타 사회적인 면의 다른 이유들을 제하면(이들 주제는 이어지는 장들에서 따로 다룰 것이다), 꼭 필요치 않은 신체 활동을 되도록 피하려는 본능은 수백만 세대에 걸친 실용적 전략의 산물이다. 아닌 게 아니라, 인간은 다른 포유류와 비교해봐도 유난히 운동을 꺼리는 쪽으로 진화해왔을 가능성이 있다.

인간은 날 때부터 게으른가

매사추세츠주 케임브리지에 자리한 우리 집 근방에는 산책하기에 더할 나위 없이 좋은 장소가 있다. 마을 저수지인 프레시 폰드Fresh Pond라는 곳이다. 이 고즈넉한 저수지는 나무들이 우거진 숲과 3.2킬로미터에 달하는 산책로가 주변을 에워싸고 있어, 이 길을 따라 걷거나 뛰거나 자전거를 타는 주민들이 사시사철 끊이지 않는다. 여기서는 말 잘 듣는 개는 목줄을 풀어줘도 되기 때문에, 아내와 나는 우리 개 에코를 데리고 이 저수지 주변을 정기적으로 산책한다. 에코도 이곳을 썩 마음에 들어 한다. 목줄을 풀어주기 무섭게 전속력으로 튀어나가, 주어진 자유를 만끽하며 날쌔고 민첩한 몸놀림으로 여기저기를 마음껏 누비고 다닌다. 그런 에코에게 아내와 나는 답답한 사람들일 뿐이다. 에코가 우리 앞뒤를 잽싸게 왔다 갔다 하는 동안에도 우리 부부는 적정하다 여겨지는 일상적인 속도로 에코 뒤를 여유롭게 걸을 뿐이기 때문이다. 하지만 막바지에 가서는 에코도 기력이 빠지기 시작한다. 아니나 다를까, 저수지를 다 돌았을 때쯤엔 기진맥진 뒤쳐져 당장 굻아떨어질 것만 같다.

　이렇듯 대조되는 우리 모습을 보면 어떻게 개들은 인간보다 빠른데 지구력이 떨어질까 하는 생각도 들지만, 내가 게으른 느림보라는 생각도 함께 든다. 왜 우리에게는 에코처럼 저수지에 도착하면 차를 박차고 튀어 나가고 싶은 충동이 없을까? 에코가 저수지에 도착하자마자 차에서 냅다 튀어나가는 건, 그렇게 전속력으로 질주하는 게 무엇보다 짜릿하기 때문일까, 혹은 에너지를 비축해둬야 한다는 대비가 없어서일까, 아니면 억눌려 있던 에너지를 쏟아낼 필요가 있어서일까? 아마도 세 가지 모두 틀린 말은 아니겠지만, 개와 인간이 저수지를 한 바퀴 도는 방식이 이렇게 다른 것만 봐도 우리 인간(단 아이들은 여기서 중요한 예외다)은 칼로리 소비에 무척 신중을 기하는 경향이 있다는 사실이 단적으로 드러난다. 나는 프레시 폰드 주차장에 도착하자마자 차를 박차고 나와 숨이 턱에 찰 때까지 냅다 달리는 어른은 단 한 번도 본 적이 없다. 어디 그뿐인가, 우리 곁에는 평소 꾸준히 운동하는 인간도 많지만, 그 시간에 집에서 느긋하게 쉬고 있는 인간은 더 많다. 아이나 개들과는 달리, 성인 인간은 제발 좀 의자에서 일어나 운동을 하라고 설득이나 강요를 당하는 게 일상다반사다.

　운동을 피하려는 이들에게 흔히 게으르다는 딱지가 붙곤 하지만, 어떻게 보면 이런 운동 회피자들이 하는 행동이야말로 정상이 아닐까? 우리가 방금 함께 살펴본 대로라면, 안 해도 그만인 신체 활동(즉, 운동)에 그 귀한 에너지를 되도록 낭비하지 않는 게 합리적일 테니 말이다. 그런데 인간이 대부분 동물보다 더 운동을 피하려는 것은 인간의 에너지 맞교환이 여타 동물과 달라서 그렇다는 생각도 분명 일리가 있다. 꼭 필요치 않은 활동에 쓸 에너지가 더 적게 남아 있는 것은, 우리 인간이 꼭 필요한 활동에 더 많은 에너지를 투자하기 때문은 아닐까?

이 생각을 면밀하게 살펴보는 차원에서, 도판 4를 통해 수렵채집인(이번에도 하드자족이다), 서양인, 침팬지가 신체 활동 과정에서 자신의 칼로리를 어떤 식으로 소비하는지 비교해보자.[19] 왼쪽 표에서는 남녀를 포함한 각 집단의 평균 총 활동에너지소비량을 볼 수 있다.[20] 여러분도 보다시피, 침팬지는 나머지 두 인간 집단에 비해 하루에 소비하는 칼로리 양이 훨씬 적다. 이 측정치에 따르면 모든 인간은 우리의 유인원 사촌에 비해 에너지가 많이 들어가는, 이른바 '기름을 많이 잡아먹는' 생물체다. 왼쪽 표를 보는 순간 여러분은 좀 놀랄 수도 있다. 하드자족의 활동량이 서양인에 비해 상당히 많을 텐데도 하드자족이 활동하는 동안 쓰는 칼로리의 80퍼센트 정도는 서양인도 소비하는 것으로 나타나기 때문이다. 하지만 둘의 총 활동에너지소비량이 이렇듯 엇비슷하게 나타나는 데는 신체 크기가 일부 영향을 미친 면이 있다. 평균적으로 하드자족은 몸무게가 서양인의 60퍼센트 정도이고 체지방량도 서양인의 3분의 1가량에 불과하다. 원래 체구가 큰 사람일수록 에너지 소비가 더 많은 데다 지방 조직이 칼로리를 거의 사용하지 않는다는 점을 감안해, 오른쪽 표에서는 활동에너지소비량을 제지방체중으로 나눈 수치를 표시했다. (몸집과 에너지 소비량 사이의 기울기 값을 고려하지 않았으므로) 다소 어설픈 수정임을 인정할 수밖에 없는 이 수치에 따르면, 하드자족은 침팬지보다 제지방체중 4.5킬로그램당 칼로리를 두 배 많이 소비하며, 심지어는 정적인 생활을 하는 미국인조차도 침팬지보다는 하루에 4.5킬로그램당 칼로리를 3분의 1가량 더 소비하는 것으로 나타난다.

총 활동에너지소비량

활동에너지소비량/제지방체중

도판 4　침팬지, 하드자족 수렵채집인, 서양인의 총 활동에너지소비량(왼쪽) 및 활동에너지소비량을 제지방체중으로 나눈 값(오른쪽). 남자와 여자의 수치를 더해 평균을 구했다. (하드자족의 자료는 Pontzer, H 외 공저, [2012], Hunter-gatherer energetics and human obesity, *PLOS ONE*, 7:e40503에서 발췌했고, 침팬지와 서양의 자료는 Pontzer, H. 외 공저 [2016], Metabolic acceleration and the evolution of human brain size and life history, *Nature*, 533:390-92에서 발췌했다.

　　따라서 수렵채집인이 그리 열심히 일하는 이들은 아니라는 증거를 앞에서 살펴봤지만, 그래도 그들이 침팬지보다 신체 활동을 꽤 많이 하는 건 맞는 듯하다. 아닌 게 아니라, 평균적인 하드자족 여자가 걷기를 비롯해 야생 식량 채취부터 식사를 준비하고 자식을 돌보기까지의 온갖 일을 하는 데 들이는 칼로리를 1년간 차곡차곡 쌓으면 체구가 비슷한 암컷 침팬지가 쓰는 칼로리보다 무려 11만 5천 칼로리가 많다. 이 정도면 대략 1,931킬로미터, 즉 뉴욕에서 마이애미까지 거뜬히 달릴 수 있는 에너지다.

　　도판 4를 봤을 때 나올 수 있는 해석 중 하나는, 인간이야말로 (그중에서도 특히 수렵채집인이야말로) 보기 드물게 근면한 동물이라 생각하는 것이다. 그런데 그렇지는 않다. 대부분 야생동물은 신체 활동량이 2.0에서 4.0인데, 이 범위에서 보면 하드자족은 신체 활동

량이 최하위를 차지한다(하드자족 여자는 평균 1.8, 남자는 2.3이다).[21] 그 대신 침팬지나 정적인 생활을 하는 서양인이 1.5와 1.6 정도로 유달리 PAL이 낮은 것이라 하겠다. 오랑우탄처럼 몸집이 큰 다른 유인원 역시 PAL이 낮은 편이다.[22] 이를 달리 말하면, 유인원과 정적인 산업사회 사람들은 대부분 포유류에 비해 유난히 비활동적이고, 수렵채집인은 그 둘의 중간에 들어간다고 할 수 있다.

우리 유인원 조상들은 원래 게으름뱅이였으나 진화가 일어나 수렵채집인이 몸을 더 움직이게 되었다는 증거는 인간의 에너지학에 대한 이해를 근본부터 뒤흔든다. 진화는 과거에 일어난 일들을 밑바탕으로 하여 진행되기 때문이다. 우리 인간은 애초에 침팬지류의 유인원에서 진화한 만큼(이에 대해서는 나중에 더 이야기할 것이다), 인류의 초기 조상들 또한 상대적으로 몸을 안 움직였음이 틀림없다. 실제로도 유인원이 열대우림에서 잘 살아갈 수 있도록 신체활동량을 이례적으로 낮게 유지하는 쪽으로 진화했을 수 있음을 갖가지 증거가 말해주고 있다. 앞서 함께 살펴봤듯, 유인원은 평소 먹을거리를 구하기 위해 멀리까지 이동할 필요가 없는 데다, 섬유질이 풍부한 음식을 먹기 때문에 양껏 식사로 배를 채운 사이사이에는 반드시 오래 휴식을 취하며 소화를 시켜야만 한다. 그뿐만 아니라, 유인원은 나무타기에 적응한 탓에 걷는 데는 이상하다 싶을 만큼 비효율적이다. 보통 침팬지는 1.5킬로미터를 걷는 데 인간을 포함한 대부분 포유류보다 두 배나 많은 에너지를 쓴다.[23] 걷기가 그렇게 칼로리를 많이 잡아먹는 일이라면, 결국 자연선택은 유인원이 숲을 최대한 느릿느릿 걸어 최대한 많은 에너지를 생식에 쏟도록 압력을 넣었을 것이다. 한마디로 유인원은 카우치 포테이토가 되게끔 적응이 이루어진 동물이다.

그런데 우리 인간이 이토록 유난히 정적인 침팬지류 유인원에서 진화한 것이라면, 도대체 무슨 일이 있었기에 우리는 훨씬 더 활동적인 동물이 되었을까? 또 침팬지의 유산은 우리의 활동량에 어떤 영향을 미쳤을까? 이어지는 장들을 통해 그 답을 알게 될 테지만, 여기서 요점만 추리자면 기후 변화로 말미암아 우리 조상들이 무척 이례적이지만 지극히 성공적인 삶의 방식인 수렵과 채집을 발달시켰고, 이 때문에 인간은 더 많은 일을 하게 될 수밖에 없었다는 것이다. 신체 활동만 따지면 수렵채집인이 무척 활발하게 활동하는 것은 하루에 고작 한두 시간뿐이지만, 이들은 그 같은 활동과 함께 하루 16킬로미터를 걷고, 음식과 갓난아기를 안고 날라야 하며, 몇 시간 동안 줄곧 땅을 파기도 하고, 이따금 달리기도 하며, 그 외에 생존에 필요한 수많은 다른 잡다한 일을 해낸다. 이와 함께 우리 조상들은 서로 협동하고, 의사소통을 하고, 연장을 만들기 위해 커다랗고 값비싼 뇌를 갖게끔 선택되기도 했다. 마지막으로 중요하게 짚고 넘어갈 것은, 우리 인간은 독특하고 유달리 과한 생식 전략을 가동하는 데에도 매우 활동적이 되도록 진화했다는 점이다.

수렵채집인이 취하는 값비싼 에너지 전략은 인간의 활동성이 어떻게 진화했는지 이해하는 데 지극히 중요하다. 따라서 이 대목에서 우리는 인간과 침팬지의 에너지 수지를 좀 더 자세히 비교해 보지 않을 수 없다. 보통의 암컷 침팬지는 12~13살에 어미가 되어 젖을 먹이기 시작하는데, 이때 소비해야 하는 열량은 하루에 약 1,450칼로리로 대부분 생과일을 따먹어서 얻는다. 이 에너지 수지를 근거로 하면, 암컷 침팬지는 5~6년에 한 번씩 새끼를 낳아 기르게 된다.[24] 침팬지와는 대조적으로, 보통의 수렵채집인 여자는 18년 정도는 세월이 흘러야 어엿한 성인이 되며, 자기 몸을 돌보는 것에 더해 갓난아기에게 젖까지 물리려면 하루에 최소 2,400칼로리의 에너지가 필요하다. 따라서 침팬지 어미보다 더 많은 열량을 얻어야 하는 인간 엄마는 과일, 견과, 씨앗, 고기, 이파리 등 더 질 좋고 종류가 다양한 식단을 섭취하며, 그러한 먹을거리 일부는 손수 채집하지만 일부는 남편이나 친정엄마 등 다른 이들이 챙겨주기도 한다. 여기서 한 발 더 나아가, 인간 엄마는 음식을 조리해서 먹기 때문에 날것으로 섭취할 때보다 더 많은 열량을 얻는다.[25] 이런 식으로 덤으로 얻어지는 에너지 덕에, 인간 엄마는 아기를 5~6년에 한 번씩 낳는 대신 갓난아기 젖을 좀 더 일찍 떼고 약 3년에 한 번씩 아기를 새로 낳는다. 이로 말미암아 보통 인간 엄마는 손이 많이 가는 아이를 한꺼번에 둘 이상 돌보며 밥을 챙겨야 할 때가 많다. 그뿐만 아니라, 인간은 성년이 되기까지 걸리는 시간이 침팬지보다 50퍼센트 더 길기 때문에, 인간 엄마가 자식 하나를 낳아 기르는 데에도 시간과 비용이 배로 들어간다.

이상을 정리하면, 인간은 침팬지보다 더 많은 에너지를 얻고 소비하도록 진화했다는 뜻이다. 이어지는 장들에서 함께 살펴보겠지만, 우리 인간은 장거리를 걷고, 땅을 파고, 때로 달리기를 하고, 음식을 가공해서 나눠 먹는 등의 활동을 하느라 매일 침팬지보다 더 많은 에너지를 쓰지만, 그런 노력 끝에 손에 얻은 더 많은 칼로리로 더 많은 신체 활동을 하는 한편 생식 활동도 침팬지보다 약 두 배 더 활발하게 벌인다. 어디 그뿐인가, 덤으로 생긴 이 에너지로 우리는 더 큰 뇌를 갖고, 더 많은 지방을 몸에 저장하고, 그 외 갖가지 유익한 일도 할 수 있게 되었다. 하지만 여기에는 대가도 따른다. 우리가 더 많은 칼로리를 필요로 할수록, 에너지를 충분히 갖지 못하는 상황에 더 속수무책이 되는 것이다. 수렵채집인의 전략은 분명 우리의 생식 활동이 성공하는 데 무척 요긴했지만, 확실히 자발적 신체 활동에 에너지를 낭비하는 사람을 도태시킨다.

물론 이는 모든 동물에게 다 통하는 논리다. 인간, 유인원, 개, 해파리, 그 무엇이 됐건 자연선택은 에너지를 낭비해 생식 성공에 타격을 입히는 활동을 도태시킬 것이다. 이 같은 관점에서 본다면, 모름지기 모든 동물은 최대한 게으르게 살아야 하리라. 하지만 현재 나와 있는 증거에 따르면, 다른 수많은 종보다도 특히 인간이 쓸데없는 신체 활동을 더 꺼리는 성향을 지닌 것으로 보인다. 이는 애초에 에너지 수지가 유난히 낮았던 조상을 출발점으로 삼아 유난히 에너지를 많이 들여 생식 성공률을 증대시키는 방식을 진화시켜야 했기 때문이다. 주머니에서 나갈 것이 많을 때는 모아둔 한 푼 한 푼이 더없이 귀중한 법이다.

움직이지 않는 것이 최고

어제 차를 몰고 마트에 갔을 때의 일이다. 입구 바로 옆에 주차하면 10미터 정도를 더 걷지 않아도 되는 까닭에, 별생각 없이 주차장 최고 명당 자리에서 차가 한 대 빠지기를 기다렸다가 차를 댔다. 그러고서 사냥과 채집에 돌입할 기세로 쇼핑 카트를 한 대 잡아끌고 마트 안으로 들어가는 순간, 내가 참 게으른 사람이라는 자책이 몰려드는 것을 느꼈다. 그 뒤에는 이내 내가 운동인exerciser이 되어, 사람들에게(이 경우에는 나 자신도 포함해) 주차장 뒤편에 차를 대고 몇 걸음이라도 더 걸으라고 잔소리하는 쪽이었다면 또 어땠을까 하는 생각이 들었다. 에너지 절약은 우리에게 정상적이고 본능적인 일인

데도, 어째서 우리는 그것을 나태함이라는 죄악과 연관시키게 되었을까?

나는 게으를지는 몰라도, 영혼 어딘가에 문제가 있는 건 아니다. 역사적으로 대죄로 손꼽혀온 나태는 '무신경한'이라는 뜻을 가진 라틴어 아케디아^{acedia}가 어원이다. 토마스 아퀴나스 같은 초기 그리스도교 사상가도 나태는 신체적 게으름과 전혀 상관없으며, 그보다는 정신적 냉담, 즉 세상에 별 관심을 갖지 못하는 것이 나태라고 보았다. 이 정의대로라면, 나태가 대죄인 것은 하느님이 뜻하시는 일을 열심히 찾지 않고 뒷전으로 미루기 때문이다. 이런 뜻을 가졌던 나태가 몸으로 하는 일을 피한다는 의미를 갖게 된 것은 나중이었으니, 그 먼 옛날에는 소수 엘리트층 말고는 거의 다들 때맞춰 신체 노동을 하며 부지런히 살 수밖에 없었기 때문이리라. 오늘날에는 나태라고 하면 게으름, 즉 힘이 들기 때문에 어떤 활동을 굳이 안 하려는 성향을 말하게 되었지만, 이 말에 옛날과 똑같은 영적함의가 들어 있을 리는 없다. 내가 명당 자리에 주차해 몇 칼로리를 절약한다 해서 누군가에 대한 의무를 저버릴 일은 거의 없기 때문이다. 가까운 자리에 주차하려는 것은 본능일 뿐이다.

인간 안에 에너지 절약 성향이 정말 그렇게 뿌리 깊이 박혀 있는지 의문이 든 적이 있다면, 여러분도 한 번 대형쇼핑몰이나 공항을 찾아가 계단이 딸린 에스컬레이터 아래쪽 근처에 몇 분 서 있어보길 바란다. 에스컬레이터를 타지 않고 계단 오르기를 선택하는 사람들은 과연 얼마나 될까? 나도 얼마쯤은 장난기가 발동해 언젠가 '운동이 곧 약이다'를 금과옥조로 삼는 업계 전문가들이 잔뜩 몰려드는 미국스포츠의학회 연례회의에서 이 실험을 비공식적으로 실시해본 적이 있다. 다소 비과학적임을 인정할 수밖에 없는 이 실험에서, 나는 10분 동안 계단 아래쪽에 서서 에스컬레이터와 계단을 이용하는 사람 수를 각기 헤아려보았다. 그 10분간 내가 본 151명 가운데 계단을 오른 사람은 총 11명뿐으로, 전체의 약 7퍼센트였다. 이 실험만 봐서는, 운동을 연구하고 적극 권장하는 이들조차 결국 우리 같은 일반인과 별반 다를 바가 없었다. 전 세계적으로 봐도, 계단을 이용하는 이는 평균 5퍼센트에 불과하다.[26]

오늘날에는 사람이 하는 일에 육체노동이 거의 동반되지 않는 경우가 많고, 그렇기에 우리는 운동이라는 방법을 통해 몸을 움직이는 편을 택하게 된다. 그 방법이 계단 오르기, 조깅, 헬스장 다니기 등 뭐가 됐든 운동을 하기 위해서는 불필요한 신체 활동을 피하려는 고래의 그 강력한 본능을 억눌러야 한다. 그리고 수렵채집인을 포함해 우리 대부분이 운동을 자연스레 피하려 하는 것은 어쩌면 당연하다. 최근까지도 이 같은 본능은 생존과 생식이 무엇보다 관건이었던 우리 자손의 수를 최대화하는 데 도움이 되었다. 의미 없이 15킬로미터를 달리는 데 에너지를 낭비하는 것은 그만큼의 에너지를 우리 자손에게 쓰지 못한다는 의미다. 어쩌면 유대인의 하느님이 몸을 혹사하며 일하던 철기 시대 이스라엘인에게 안식일을 반드시 지키라고 신신당부한 것도 그 때문인지 모른다. 일주일 중 하루의 휴식은 초기 유대인의 신체적 · 영적 측면 모두에 유익했을 뿐 아니라, 하느님께서 주신 또 다른 사명인 자식을 많이 낳아 그 세를 불리는 데도 도움이 되었을 것이다.

그러니 휴식, 이완, 긴장 풀기 또는 무엇이든 비활동이라고 불리는 모든 일이 신체 활동을 전혀 하지 않는 부자연스럽고 나태한 상태라는 근거 없는 믿음은 이제 버리는 편이 좋겠다. 또한 불필요한 노력은 피하려는 것이 정상적인 행동인 만큼 그런다고 누군가에게 낙인을 찍는 일도 삼가는 게 좋겠다. 안타깝게도 그러기에 우린 아직 갈 길이 멀다. 2016년의 한 설문조사에 따르면, 비만이 의지력 부족으로 운동과 식욕 조절을 못해 일어난다고 생각하는 미국인이 4명 중 3명꼴이었다.[27] 이렇듯, 빈둥거리기 좋아하는 카우치 포테이토를 비롯해 운동하지 않는 이들에 대한 편견이 널리 자리 잡고 있지만, 사실 불필요하게 에너지를 낭비하는 일을 피하는 것은 근본적으로 지극히 정상적이다. 그러니 에스컬레이터를 탄다고 서로를 책망하거나 자책감을 가지기보다, 모진 노력을 피하려는 우리의 성향이 진화의 관점에서 지극히 합리적인 고래로부터의 본능임을 인정해야만 하겠다.

하지만 그렇게 생각한다고 해도 문제가 생기는데, 최근까지만 해도 자기가 원하는 때 마음 놓고 편히 쉴 수 있었던 이들은 오직 대단한 위세를 가진 왕과 여왕뿐이었기 때문이다. 오늘날에는 인간의 조건이 기묘하게 역전되어, 건강을 위해 자발적으로 몸을 움직이는 것(이것이 이른바 운동이다)이 가진 자의 특권이 되었다. 오늘날 수십억의 사람들은, 노동을 덜어주는 각종 장치들에 둘러싸인 것은 물론, 일터에서나 통근길에서나 몸을 거의 쓰지 못한 채 온종일 앉아 있어야만 하는 처지에 있다. 아닌 게 아니라, 여러분도 이 책을 읽고 있는 지금 십중팔구 앉아 있을 것이다. 이와 함께 너무 많이 앉아 있으면 건강을 망친다는 얘기도 귀에 못이 박히도록 들어왔을 테고 말이다. 그렇다면 앉기처럼 아득한 옛날부터 어디에나 있던 일상적인 행동은 어떻게 그토록 건강에 해로운 일이 되었을까?

제3장

———

앉기: 새로운 형태의 흡연일까?

미신 #3 앉아 있으면 건강에 나쁠 수밖에 없다

◇ ◇ ◇

불쌍한 테세우스, 그곳에서 영영 헤어나지 못하네
운명에 손에 의해 자기의 영원한 의자에 꽁꽁 묶인 채

—베르길리우스, 《아이네이스》 제6권

봄방학이란, 금전과 시간 여유가 있는 내 학생들이나 동료들에게 길고 지루한 겨울의 끝을 슬쩍 빠져나갈 절호의 기회다. 그래서 오래전부터 이들은 봄방학이 찾아오면 저 멀리 남쪽으로 내려가 3월의 한 주를 어딘가 따뜻한 곳에서 보내고 오곤 한다. 이 복 받은 친구들은 봄방학을 정말 제대로 지내려면 햇볕이 내리쬐는 따뜻한 해변에서 몇 시간이고 느긋하게 휴식을 취하는 시간이 꼭 있어야만 한다고 여긴다. 그것도 인간이 몸을 움직이지 않을 때의 가장 기본적인 자세, 즉 앉은 채로 말이다.

　봄방학의 그 일주일을 나도 보통은 몇 시간씩 줄곧 앉은 채 지내기는 한다. 우리 집 책상 앞에 붙어 앉아 계속 일을 한다는 점이 다를 뿐이다. 하지만 2016년 3월 초 봄방학이 시작됐을 때는, 나도 어쩌다 보니 북극권에서 북쪽으로 몇 도 더 올라간 그린란드의 칸

게를루수악으로 떠나는 비행기에 몸을 싣게 되었다. 비행기에서 내렸을 때 그곳 날씨는 매서운 바람에 기온이 영하 35도까지 떨어져 있었다. 이 정도면 몇 분도 안 돼 동상에 걸릴 수도 있다. 얼마 뒤 나는 현지 일정을 챙겨줄 이누이트족 자헨나와 줄리어스가 엄동설한의 그린란드 내륙에서 얼어 죽지 않으려면 꼭 필요하다면서 이것저것 내게 내어주는 것을 보고 정말이지 덜컥 겁이 났다. 나는 겉옷 안에 내의와 양말을 세 겹씩 껴입어야 했던 데다, 장갑, 바지, 모자가 달린 파카도 모자라 물개 가죽으로 만든 엄청나게 크고 고약한 냄새가 나는 방한복까지 빌렸다. 그날 밤 마을의 호텔과 식당 노릇까지 겸하는 아담한 공항 건물 밖으로 강풍이 사납게 몰아치는 소리를 들으며, 나는 바보같이 괜히 따라 나선 이 탐사에서 과연 무사히 살아 돌아갈 수 있을까 하는 생각에 잠을 통 이루지 못했다. 이 탐사에는 덴마크인 동료 크리스 맥도널드가 함께 했는데, 꽁꽁 얼어붙은 피오르드해안을 개썰매를 타고 따라 올라가 그린란드 중앙의 빙하에 접한 눈 덮인 산악지대로 들어간 뒤, 거기서 그린란드 이누이트족의 옛날 생존 방식을 직접 체험해보자는 게 우리의 계획이었다. 또 자헨나와 줄리어스가 일러주는 방법에 따라 사향소(북극에 서식하는 덩치가 무척 큰 양의 일종)를 사냥하고 물고기도 낚아보는 한편, 변화하는 삶의 방식이 사람들의 건강에 어떤 영향을 미치는지를 탐구하는 다큐멘터리의 일환으로 뼛속까지 파고드는 추위 속에서 야영을 해볼 참이었다.

북극 사파리 여행이 몸을 고생시키리라는 것은 예상한 바였지만, 며칠 동안 개썰매 위에 마냥 앉아 있는 것이 그렇게까지 버거운 일이 되리라고는 전혀 상상치 못했었다. 이누이트족의 전통 썰매 카무티크qamutik는 1.8미터 길이의 나무틀에 끝이 굽어 올라간 날을 양옆에 하나씩 붙들어 맨 것이었다. 살을 에는 맹추위가 몰아치는 아침, 우리는 이 썰매에 각종 보급품을 묶었다. 그러자 줄리어스가 무섭게 으르렁거리는 우리 팀 썰매개 13마리에게 목줄을 채웠고, 녀석들이 온 힘을 다해 썰매를 끌기 시작하는 순간 우리도 폴짝 뛰어 썰매에 올라탔다. 썰매 앞쪽에 앉은 줄리어스가 개들을 부리는 동안, 내가 할 일은 그저 썰매 뒤쪽에 마냥 앉아 있는 것이었다. 앉아 있는 것쯤이야 식은 죽 먹기이지 않겠는가? 하지만 막상 썰매 위에 앉아 있어 보니, 얼음으로 뒤덮인 땅을 몇 시간 동안 미끄러져 지며 가야 하는 탓에 점점 여간 고역이 아니게 되었다. 우선은 영하 34도에 바람까지 세차게 불어서, 꼼짝없이 앉아 있기만 하자니 온몸이 얼어붙는 듯 추웠다. 하지만 더욱 끔찍했던 것은, 아무것도 등에 받치지 못한 채 몇 시간씩 앉아 있어야 한다는 점이었다. 앉아 있기로는 일등이라고 자부하는 나였지만, 평소에 내가 앉는 의자에는 등받이가 달려 있다. 눈과 얼음으로 뒤덮인 지독히 추운 회색빛 풍경 속을 개들이 썰매를 끌고 쉼 없이 질주하는 동안, 나는 등이 차차 아파오기 시작했고 나중에는 지친 근육에 경련까지 일었다. 줄리어스가 앞에서 허리를 꼿꼿이 세우고 앉아 있는 사이, 나는 그 뒤에 구부정하게 앉은 채 온몸을 이리저리 비트는가 하면, 자칫 썰매에서 떨어져 꽁꽁 언 땅 어딘가로 쥐도 새도 모르게 사라지지 않으려고 자세를 고쳐 잡으면서 나름대로 그 경험을 즐겨보려고 애를 썼다.

지금까지 내 삶의 상당 시간을 앉아서 지냈음에도, 이런저런 글들을 통해 내가 확실히 앉아 있기를 잘하지 못하며 앉아서 보내는 시간이 너무 길다는 생각이 들 때면 참 아이러니하다. 화이트칼라 노동자의 한 사람으로서, 나는 일을 하려면 앉아 있는 것밖에는 별 도리가 없다. 게다가 차로 여행을 다니고, 밥을 먹고, TV를 볼 때도 늘 앉아 있는다. "앉아서 일하는 사람이 서서 일하는 사람보다 돈을 더 많이 버는 법이다"라고 오그던 내시는 말했지만, 우리에게 운동을 하라고 잔소리하는 운동인들은 앉아 있는 것이야말로 현대가 낳은 재앙이라며 하나같이 목소리를 점점 높이고 있다.[1] 한 저명한 내과 의사는 의자가 "우리를 데리고 가, 몸을 해치고, 결국 죽이는 원흉"이며 "앉아 있는 것은 새로운 형태의 흡연"이라고 선언했다.[2] 그에 따르면, 평균적인 미국인은 하루에 무려 13시간 앉아 있으며, "1시간 앉아 있을 때마다 2시간이 우리 삶을 빠져나가 영영 돌아오지 못한다." 이 같은 훈계에는 확실히 과장이 섞여 있지만, 그밖에 세간에 잘 알려진 연구들에서도 하루 3시간 이상 앉아 있는 것이 전 세계 사망 원인의 거의 4퍼센트를 차지하며, 매 1시간 앉아 있을 때 생기는 해로움은 운동을 20분 해야 없어진다고 말한다.[3] 어떤 추정치에 따르면, 매일 앉아 있는 한두 시간을 걷기 같은 가벼운 활동으로 대체할 경우, 사망률이 20~40퍼센트 낮아질 수 있다고 한다.[4] 그 결과 지금은 입식 책상 열풍이 부는 한편, 센서를 차거나 자신의 전화기를 이용해 앉아 있는 시간을 늘 체크하고 제한하는 사람들을 많이 볼 수 있다. 어느덧 우리는 너무 앉아 있지 말고 몸을 움직여야 한다는 압박을 받게 된 것이다.

　인간이 어떻게 신체적 활동성과 비활동성을 동시에 갖도록 진화했는지, 아울러 이 점이 왜 중요한지를 이해하고자 한다면, 우리는 앉기에 대해 제대로 이해할 필요가 있다. 가장 근본적인 질문은, 우리 인간이 정말로 불필요한 신체 활동(다시 말해, 운동)을 피하도록 진화했다면, 어떻게 앉기가 우리에게 그토록 치명적인가 하는 점이다. 평균적인 미국인은 정말 하루 13시간을 앉아 있으며, 이런 모습은 우리 조상들의 습관과 어떻게 비교될까? 탐사에 동행해준 이누이트족 줄리어스와 자헨나도 그린란드를 여행하는 동안 나만큼 많은 시간을 앉아 있었고, 하드자족 같은 수렵채집인도 매일 야영지에 몇 시간을 죽치고 앉아 서로 어울리고, 허드렛일을 하고, 이야기를 나누거나 아니면 휴식을 취한다. 앉기의 위험성은 앉기 자체에서 비롯되는 것일까, 아니면 앉는 방식, 혹은 앉아 있느라 운동에 시간을 들이지 못하는 데서 비롯되는 것일까? 이런 문제를 비롯해 앉기에 도사린 또 다른 갖가지 위험성을 해결하기 위한 첫걸음으로, 우선은 진화와 인류학이라는 두 개의 렌즈를 끼고 우리가 왜, 어떻게, 얼마나 많이 앉아 있는가에 관해 어느 정도 균형 잡힌 시각부터 얻어보도록 하자.

만일 여러분이 아직 어딘가에 앉아 있지 않다면, 우선 편안한 의자를 찾아 이 책을 계속 읽어나가라….

등받이 의자 중독

우리 개 에코를 사랑하는 여러 이유 중 하나는, 에코를 보면 내가 얼마나 위선적인지 알 수 있다는 점이다. 다람쥐를 쫓거나 우체부를 향해 짖거나 산책을 나가지 않을 때면 에코는 그야말로 게으른 녀석이 되어 하고많은 시간을 마냥 누워서만 지낸다. 이따금 딱딱한 마룻바닥에서 잠을 청하기도 하지만, 에코는 대체로 그런 데보다는 카펫이나 소파, 푹신한 의자 위 등 어디든 자기 눈에 띄는 따뜻하고 포근한 곳(우리 부부가 쓰는 침대도 포함된다)을 찾아 쉬기를 좋아한다. 너는 왜 그렇게 게으르냐고 짓궂게 놀리면, 에코는 말없이 나를 물끄러미 바라보는데, 말은 못하지만 속으로 무슨 생각을 하고 있을지 대충 짐작이 간다. "당신도 나랑 별 차이 없는 것 같은데요?" 맞다. 집안 곳곳을 돌면서 편하고 쾌적하게 앉을 자리를 찾아다니기는 나 역시 마찬가지다. 비록 에코보다는 좀더 자주 서 있으려고 애쓰지만, 어떻게든 앉으려고 애쓴다는 면에서는 나도 결코 뒤지지 않는다.

내가 그러는 데는 그럴 만한 이유가 있다. 앉아 있는 게 서 있는 것보다 덜 피곤하고 더 안정적이기 때문이다. 서 있을 때와 앉아 있을 때 소모되는 에너지를 비교한 연구들에 따르면, 서 있을 때는 간소한 걸상에 가만히 앉아 있을 때보다 칼로리가 약 8~10퍼센트 더 소모된다.[5] 몸무게가 80킬로그램인 성인이라면, 둘의 차이는 시간당 약 8칼로리(사과 한 조각에 든 열량)로 그리 크지 않다. 그런데 이 칼로리가 시간이 가면서 차곡차곡 쌓일 수 있다는 점이 중요하다. 즉, 전형적인 화이트칼라 노동자가 앉지 않고 서서 일한다면 1년에 총 1만 6천 칼로리를 더 태울 수 있다.[6] 여러분이 더 뿌듯해하지 않을까 싶어서 하는 얘기인데, 양족보행을 하는 인간은 양족보행을 하는 새들, 혹은 젖소와 무스 같은 덩치 큰 네발동물에 비해 더 효율적으로 서 있는 듯하다(그렇다, 서 있을 때 무스가 에너지를 얼마큼 소모하는지 측정해본 사람이 있다).[7] 도판 5에서 보다시피, 인간이 유인원보다 더 효율적으로 서 있는 것은 우리가 엉덩이와 무릎을 똑바로 펴는 데다 척추 아래에 뒤로 굽어지는 부분(척추전만)이 있어서, 몸통이 엉덩이 앞쪽이 아니라 대체로 위쪽에 위치하기 때문이다.[8] 물론 그렇다고 해도, 우리 역시 간간이 발, 발목, 엉덩이, 몸통의 근육들이 일을 해주어야만 서 있을 때 몸이 너무 흔들리거나 앞으로 고꾸라지지 않는다.[9]

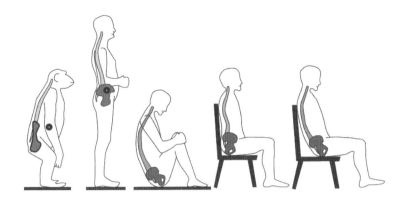

도판 5　서 있을 때와 앉아 있을 때의 척추 및 골반. 침팬지(왼쪽 그림)와 비교해볼 때, 인간은 척추 아래쪽에 만곡부(척추전만)가 있어서, 서 있을 때 무게 중심(원으로 표시한 부분)이 엉덩이 위쪽에 자리한다. 바닥에 쪼그려 앉거나(과거 수백만 년간 사람들이 앉을 때 자주 이용한 방식), 등받이 있는 의자에 구부정하게 앉을 때도, 우리는 골반을 뒤로 회전시켜 척추 아래를 평평하게 펴는 경향이 있다. (사람들이 앉을 때 취하는 여러 자세 중 두어 가지를 도판에 실었으니 함께 살펴보기 바란다.)

　　하지만 우리가 아무리 효율적으로 서 있는다 해도, 앉아 있는 동안 매시간 차곡차곡 몇 칼로리씩 쌓이는 에너지의 이득은 시간이 흐를수록 너무도 커진다. 그렇기 때문에, 우리 인간도 다들 앉으려는 본능을 갖기는 에코 같은 다른 동물들에 결코 뒤지지 않는다. 뿐만 아니라 인간도 최근까지는 다른 생물들과 마찬가지로 앉을 때 의자가 따로 없었다. 수렵채집인은 원래 가구를 거의 만들지 않으며, 비서구권의 상당 지역에서는 아직도 종종 맨바닥에 앉는 식으로 좌식생활을 하는 이들이 많다.[10] 인류학자 고든 휴스는 기발하고 폭넓은 연구를 통해, 총 480개의 다양한 문화 속 인간들이 의자 없이 앉아 취하는 자세를 100가지 이상 찾아내 기록하기도 했다.[11] 의자 없이 생활하는 인간은 바닥에 앉을 때 주로 양다리를 쭉 펴거나, 양다리를 오그려 반대 방향으로 포개거나(일명 양반다리—옮긴이),

양다리 모두를 한쪽으로 오그리는 방법을 쓴다. 더러는 한쪽 다리나 양다리 모두 무릎을 꿇고 앉기도 하며, 발꿈치가 허벅지 뒤편에 닿거나 혹은 가까워지도록 양 무릎을 구부린 채 쪼그리고 앉는 경우도 많다. 여러분이 나와 비슷한 부류라면 좀처럼 쪼그려 앉는 일이 없을 테지만, 사실 잘 쪼그려 앉지 않으려는 것은 현대 서양 사회에서만 나타나는 현상이다. 쪼그려 앉기를 하면 발목뼈에 이른바 쪼그려 앉기 관절면squatting facets이라는 작고 유연한 신체 부위가 생기는데, 이들 부위를 통해 호모 에렉투스와 네안데르탈인 같은 인류가 수백만 년에 걸쳐 주기적으로 쪼그려 앉기를 했음을 알 수 있다.[12] 또 우리는 이 쪼그려 앉기 관절면을 통해, 중세를 지나면서 가구와 난로가 주변에 흔해지기 전까지는 유럽인 중에도 습관적으로 쪼그려 앉던 이들이 많았음을 알 수 있다.[13]

의자에 앉기보다 쪼그려 앉기가 진화상 더 정상적인 일인데도, 쪼그려 앉기는 내게 눈물겹도록 힘들다. 내가 쪼그려 앉기에 얼마나 젬병인지는, 어느 느지막한 오후 하드자족이 모닥불을 피우고 모여 앉았을 때 여실히 증명되었다. 그날 하드자족 남자 몇 명이 산거북 한 마리를 들고 야영지로 돌아왔는데, 거북이는 남자에게 금기인 음식이기에 그들은 잡은 거북이를 여자들에게 내어주었다. 나는 호기심이 발동해, 여자들이 그 불쌍한 동물을 불 속에 휙 던져넣고는 그것이 산 채로 구워져 단말마의 고통 속에 죽어가는 것은 아랑곳없이 땅바닥에 주저앉아 자기들끼리 잡담을 나누는 모습을 곁에서 지켜보았다. 그 자리에 남자는 나뿐이었기 때문에, 나는 남자답게 보여야겠다고 마음먹고는 아무 생각 없이 쪼그려 앉은 채 사진까지 몇 장 찍었다. 그까짓 거북이 한 마리 굽는 데 얼마나 오래 걸리겠어?

답하자면, 내가 쪼그리고 앉아 있을 수 있는 시간보다는 훨씬 오래 걸린다. 좀처럼 쪼그려 앉지 않는 사람이었던 탓에, 바닥을 양발 전체로 단단히 딛고 있자니 종아리가 너무 팽팽하게 땅겼다. 양발 근육도 저려오는가 싶더니 이내 종아리와 대퇴사두가 욱신거리기 시작했다. 그렇게 몇 분이 흐르자 내 발과 다리는 불에 타는 듯했고, 얼마 후에는 등 아래가 뻐근하게 아파오기 시작했다. 몸을 움직여야 했지만, 경련이 일어나고 있는 내 다리는 도저히 일어설 힘이 없었다. 내 오른쪽 바로 옆에서 모닥불이 타오르고 있었기 때문에, 이 난국에서 스스로를 빼낼 유일한 방법은 왼쪽으로 굴러서 한 하드자족 할머니와 부딪히는 것뿐이었다. 내가 "사마하니Samahani(실례합니다)"라고 최대한 진심을 다해 사과하며 난국에서 빠져나오자, 할머니를 비롯해 그 자리에 있던 모든 하드자족 여인들 사이에서 한바탕 웃음이 터져나왔다. 그러고도 한동안 여인들 사이에서 낄낄거림이 멈추지 않았는데 나를 두고 뭐라고 하는지 통 알아들을 수는 없었지만, 친절하게도 여인들은 내게도 한 번 먹어보라며 구운 거북이 고기를 한 점 건네주었다(입에 넣어보니, 질긴 닭고기 같은 맛이었다.)

썰매 위에 앉아 있을 때는 물론 쪼그려 앉기를 할 때조차 체력이 달렸던 일은 내게 굴욕이기도 했지만, 평소 내가 의자(특히 등받이가 달린 의자)에 얼마나 중독돼 있는가를 여실히 보여준 사건이었다. 맨바닥이나 등받이 없는 걸상에 앉을 때 몸통을 잘 떠받치기 위해서는 내 등과 복부 근육이 약간은 힘을 써줘야 하며, 쪼그려 앉기를 할 때는 더러 내 다리(특히 종아리) 근육까지 함께 움직여줘야 한다. 확실한 것은, 이때 근육들이 대단한 노력을 들이지는 않는다는 점이다. 우리 몸은 쪼그려 앉을 때와 서 있을 때 근육의 활동량이 거의 같다.[14] 하지만 이런 동작이 장시간 이어지면, 이들 근육에는 반드시 지구력이 필요해져 그것을 키워나가게 된다. 내 동료들인 에릭 카스티요, 로베르트 오잠보, 파울 오쿠토이와 함께 진행한 연구에서도, 등받이가 있는 의자를 좀처럼 사용하지 않는 케냐 시골의 10대 청소년들은 여러분이나 내가 보통 앉는 의자를 수시로 쓰는 도시의 10대 청소년보다 등의 힘이 21~41퍼센트 강한 것으로 나타났다.[15] 물론 시골 케냐인이 강한 등을 가진 것이 오로지 의자 사용 습관 때문이라고 증명할 길은 없지만, 등받이가 있으면 근육이 계속 힘을 쓸 필요가 줄어든다는 사실은 여타 연구를 통해 밝혀진 바 있다.[16] 따라서 걸핏하면 등받이 의자에 앉는 우리 같은 이들은 등 근육에 힘이 없고 지구력도 부족해서, 맨바닥이나 등받이 없는 걸상에 오래 앉으면 불편함을 느낀다고 결론 내려도 무방할 것이다. 그 결과 계속 의자에 의존하는 악순환이 되풀이된다.

사람들이 등받이 의자에 의지하게 된 것이 근래 들어서의 일임은 의심의 여지가 없다. 고고학 자료와 역사 사료를 봐도 대부분 문화에서 등받이가 있는 의자는, 언제 처음 출현했건 상관없이 주로 고관대작들의 전유물이었던 데 반해, 농부와 노예를 비롯한 여타 일꾼들은 대부분 등받이 없는 걸상이나 벤치에 걸터앉아야 했다. 고대 이집트, 메소포타미아, 메소아메리카, 중국 등지의 고대 예술품에서도 등받이가 있는 안락한 의자에 앉아 있는 이들은 하나같이 신神, 왕족, 사제뿐이었다. 유럽의 경우, 16세기 말에야 가구를 살 여유를 갖게 된 중상류층이 불어나면서 이들 사이에서 등을 기댈 수 있는 의자가 점차 흔해지기 시작했다.[17] 그러다 산업혁명 시기에 미하엘 토네트라는 한 독일인 가구공이 곡목曲木 기법의 등받이 의자를 대량생산하는 법을 알아내어, 가볍고 튼튼하고, 근사하고 편안하며, 주머니가 넉넉지 않은 대중도 살 만한 저렴한 의자가 보급될 수 있었다. 1859년 토네트는 그의 대표작으로 손꼽히는 카페 의자를 완성해 세상에 내놓았는데, 당대에 날개 돋친 듯 팔려나간 이 의자는 지금도 곳곳의 카페에서 애용되고 있다. 이렇듯 등받이 의자가 저렴해지며 대중화된 것에 발맞추어, 일각에서는 의자의 해악을 꼬집는 전문가들이 생겨났다. 1879년 한 내과 의사는 겁이 난다는 듯 이렇게 말했다. "문명이 인간을 고문하려 만든 그 모든 기계 중… 의자만큼 곳곳에서 그 일을 두루, 끈질기고, 잔인하게 수행하고 있는 것도 거의 없다."[18]

하지만 이를 비롯한 다른 경고들이 무색하게, 의자는 사람들의 우려를 누르고 계속해서 인기를 누려왔다. 특히 사람들의 일터가 숲, 논밭, 공장에서 사무실로 속속 뒤바뀌면서 의자도 계속 사랑을 받아왔다. 이 같은 현대의 산업 환경을 잘 극복하게끔 돕는다는 취지에서 인체공학이라는 하나의 오롯한 분야가 만들어지기도 했다. 오늘날 수십억 사람들은 별수 없이 일과 중 상당 시간을 앉아 있어야 하며, 그렇게 종일 앉아 일하다 녹초가 되어 돌아오면, 단 몇 칼로리라도 절약하려는 뿌리 깊은 본능에 이끌려 집에서도 편히 앉아 쉬는 쪽을 택한다. 그렇다면 우리가 앉아 있는 시간은 하루에 보통 얼마나 될까?

우리는 하루에 몇 시간 앉아 있을까

구글 검색창에 미국인이 하루 동안 앉아 있는 시간을 주제로 검색해보면 웹사이트만 수십 개가 뜬다. 그런데 갖가지 흥미로운 정보와 함께 그 답이 적게는 6시간에서 많게는 13시간으로 천차만별이다. 두 배도 넘게 차이 나는 이 시간대 안에서 정답은 과연 몇 시간일까? 여러분이나 나의 경우는 또 어떨까? 보통 나는 아침 6시면 잠자리에서 일어나, 개를 산책시키고, 커피를 마신 뒤 달리기를 하러 나가지만, 밤 10시에 침대에 풀썩 쓰러져 잠들기 전까지 그 나머지 시간에는 점심과 저녁을 먹으려 잠시 쉬는 것을 빼면 책상에 붙어 일을 하는 편이다. 나는 일하는 시간에 대체로 컴퓨터 화면만 뚫어져라 보며, 집이 사무실에서 800미터 거리라는 점을 고려할 때, 내가 평상시 앉아 있는 시간은 약 12시간일 것으로 추측된다. 그렇긴 하지만, 나는 수시로 몸을 꼼지락거리고, 여기저기를 오가며, 종종 잡일도 하고, 이따금 서서 점심도 먹고(아내는 이런 나를 보면 기겁을 한다), 가끔 입식 책상도 사용하지 않던가? 그렇다면 내가 앉아 있는 시간은 12시간보다 적지 않을까?

사람들이 얼마나 많이 앉아 있는지에 관한 정보를 입수하고자 한다면, 나 자신에게 방금 물어본 것처럼 이들을 찾아가 단도직입적으로 묻는 게 가장 빠르고 저렴한 방법이다. 그래서 그런 자기보고식 추정치를 이용한 연구가 수두룩하다. 하지만 우리는 자신의 활동성에 편향을 가진 만큼(자신의 활동량이 실제보다 네 배 높다고 주장하는 경우도 있다) 이 같은 보고는 부정확해지기 쉽다.[19] 이와 관련해 오늘날 과학자들은 더 객관적이고 신빙성 있는 자료를 손쉽게 수집할 수 있는데, 바로 몸에 착용하는 센서를 이용해 사람들의 심장박동수, 걸음수 등 여타 움직임을 측정할 수 있기 때문이다. 나도 궁금한 마음이 들어, 자그마한 가속도계를 직접 몸에 차고 실제 내가 얼마나 오래 앉아 있는지 측정해보기로 마음 먹은 적이 있다. 엄지손가락 만한 이 장치는 며칠 혹은 몇 주 동안 다양한 방향으로 몸을 움직일 때마다 그 강도가 얼마나 되는지를 매초 기록해준다.[20] 어떤 사람이 정적으로 있으면 최소의 가속도가 기록되고, 걷는 중이라면 중간의 가속이, 달리기 같은 격렬한 활동 중이면 고강도 가속이 기록된다. 내 실험실에도 이런 가속도계를 수십 개 구비해놓았기 때문에, 나는 아침에 눈 뜬 순간부터 잠자리에 들 때까지 손목에 가속계 하나를 줄곧 차고 일주일간 지내보았다. 그런 다음 자료를 다운로드 받아 내가 앉아 있기 혹은 저·중·고강도로 움직이기에 얼마나 시간을 쓰는지 계량화했다.

그렇게 해서 나온 일주일간의 자기 측정 결과에 나는 놀라지 않을 수 없었다. 첫째로, 내 생활은 예상했던 것보다는 그리 정적이지 않았다. 평균적으로 나는 깨어 있는 시간 가운데 53퍼센트를 앉아 있거나 혹은 여타 비활동적인 활동에 쓴 것으로 나타났다. 하지만 내가 앉아 있는 시간은 날마다 무척 크게 차이가 났다. 가장 활동적인 날에는 3시간만 앉아 있었던 반면, 가장 안 움직인 날에는 거의 12시간이나 앉아 있었다. 내가 앉아 있는 시간은 평균 8.5시간으로 나타났다. 측정 결과, 내 생활에서 정적인 활동이 차지하는 비율은 많은 미국인과 큰 차이가 없는 것으로 밝혀졌다. 이런 식으로 수천 명의 활동을 측정한 최고의 연구들에 따르면, 평균적인 미국의 성인은 깨어 있는 동안 정적으로 지내는 시간이 55~75퍼센트에 달한다.[21] 대부분의 미국인이 간밤에 7시간 정도를 침대에 누워 있는다는 점을 감안한다면, 사실상 몸을 움직이지 않는 데 들이는 평균 시간을 전부 합하면 하루에 9시간에서 13시간 정도가 된다. 그런데 우리가 여기서 유념해야 할 것은, 이 시간이 개인별·연령별로 상당히 차이가 날 수 있다는 사실이 평균치에 반영되지 않는다는 점이다. 아마도 다들 알겠지만, 미국인은 주말을 더 활동적으로 보내며 나이가 들수록 점점 더 정적인 생활을 하는 경향이 있다. 한창때 성인은 하루에 9~10시간 정도 앉아 있는 반면, 중장년 이상 어른들은 12시간 약간 이상을 앉아 있는 경향이 있다.

물론 오늘날 모든 미국인이 일각에서 기우를 품는 만큼 많이 앉아 있는 건 아니지만, 우리가 예전 세대에 비해 더 정적으로 생활하는 건 사실이다. 미국인이 앉는 데 들이는 시간은 1965년에서 2009년 사이 총 43퍼센트 늘었으며, 잉글랜드를 비롯한 다른 탈산업 사회에서는 증가율이 이보다 약간 더 높다.[22] 따라서 오늘날 내가 의자에 앉아 있는 시간은 내 할아버지, 할머니가 지금의 내 나이였을 때보다 약 2~3시간 정도 길다. 하지만 내 할아버지, 할머니는 정적인 생활 면에서는 딱 대부분의 수렵채집인이나 자영농 정도였다. 한때 연구자들이 가속도계, 심박수 측정기 등 여타 센서를 활용해 탄자니아의 수렵채집인,[23] 아마존 열대우림의 농민-수렵인,[24] 여타 비산업사회 인구[25]를 대상으로 활동량 수준을 측정한 적이 있었다. 그 결과 이 집단에 속한 사람들은 하루에 5~10시간 정적으로 생활하는 경향이 있는 것으로 나타났다. 예를 들어, "이동이 없는" 시간은 하루에 9시간 정도로, 대부분 시간은 바닥에 앉아 양다리를 앞으로 쭉 뻗고 있지만, 2시간 정도는 쪼그려 앉기도 하고 1시간 정도는 무릎 꿇고 앉아 있기도 한다.[26] 따라서 비산업사회 사람들이 평균적인 산업사회 사람에 비해 상당히 더 많이 몸을 움직이기는 하지만, 이들도 많이 앉아 있기는 마찬가지다.

이들 통계치와 관련한 비판 하나는, 활동량 수준을 앉은 상태와 앉지 않은 상태의 두 가지로만 어설프게 나누고 있다는 것이다. 단순히 서 있기만 해서는 운동이 아닌 데다, 앉아 있다고 해서 항상 몸을 전혀 움직이지 않는 것도 아닌데 말이다. 가령 내가 앉아서 바이올린을 켜거나 화살을 만들고 있다면 그건 운동이 아닐까? 가만히 서서 강연을 듣는 건 또 어떨까? 이 문제를 해결할 방법이 바로 최대심박수 대비 퍼센트를 기준으로 우리의 활동량을 분류하는 것이다. 통상적으로 정적인 활동을 할 때 심박수는 휴식기 심박수와 최대심박수의 40퍼센트 사이다. 요리나 천천히 걷기 같은 저강도 활동을 할 때는 심박수가 최대심박수의 40~54퍼센트로 올라간다. 빨리 걷기, 요가, 정원 손질 같은 중강도 활동을 하게 되면 심박수는 최대치의 55~66퍼센트로 재빨리 상승한다. 여기서 더 나아가 달리기, 팔벌려뛰기, 등산 같은 고강도 활동을 하려면 최대심박수의 70퍼센트 내지 그 이상의 심박수가 필요하다.[27] 대규모 미국인을 표본으로 삼아 심박수 측정기를 착용하게 한 결과, 보통 성인은 하루에 약 5.5시간 정도는 저강도 활동을 하지만, 중강도 활동을 하는 시간은 단 20분, 고강도 활동을 하는 시간은 1분도 채 안 되는 것으로 나타났다.[28] 반면 보통의 하드자족 성인은 저강도 활동에 거의 4시간을 쓰는 한편, 중강도 활동에는 2시간, 고강도 활동에는 20분을 쓰는 것으로 밝혀졌다.[29] 이상을 종합하면, 21세기의 미국인이 자신의 심박수를 중강도로 올리는 양은 비산업사회 사람들의 0.5~0.1배밖에 되지 않는 셈이다.

조상들과 비교해봤을 때 오늘날 카우치 포테이토가 더 많아지기는 했지만, 그런 우리 자신을 유인원과 비교해보면 다소 위안을 얻을 수 있을 것이다. 최근 30년 동안 리처드 랭엄은 우간다의 키발레Kibale 숲에 서식하는 침팬지 한 무리를 팀원들과 함께 열심히 쫓아다니며 이 동물이 매일 무엇을 하고, 얼마나 오래 하는지 빠짐없이 기록했다. 이들은 평상시에 언제 침팬지가 잠에서 깨고, 잠자리에 들며, 먹고, 이동하고, 털을 고르고, 싸우고, 교미를 하고, 그 외

흥미로운 활동을 하는지 시간을 낱낱이 꿰고 있다. 이 진기한 자료에 따르면, 성체 수컷 및 암컷 침팬지는 쉬고, 털을 고르고, 조용히 먹을거리를 먹고, 보금자리를 만드는 등 정적인 활동을 하며 평균적으로 매일 낮의 87퍼센트를 보낸다고 한다. 12시간의 낮이 흐르는 동안, 침팬지가 몸을 움직이지 않고 지내는 시간은 거의 10.5시간에 달한다. 가장 활동적인 날에도 거의 8시간은 휴식을 취하고, 가장 비활동적인 날에는 11시간 이상 쉬기도 한다. 가장 활동이 많았건 혹은 적었건, 그렇게 대부분 시간을 앉아 있느라 노곤해진 낮이 지나고 해가 지평선 아래로 떨어지면, 이들은 보금자리를 손보아 다음 날 해가 뜰 때까지 12시간 동안 다시 잠을 잔다.[30]

이 모든 것을 고려하면, 정적으로 생활하는 미국의 카우치 포테이토는 야생 침팬지보다 격하게 더 활동적인 셈이다. 그런데 이렇듯 게으르게 지내는 것이 적응에서 비롯된 인간과 유인원의 정상적인 상태라고 한다면, 하루의 많은 시간을 앉아 지내는 것이 건강에 왜, 그리고 어떻게 그토록 해로운 일이 되는 것일까?

장시간 꼼짝하지 않고 앉아 있을 때의 건강상 문제로는 크게 세 가지를 꼽는다. 첫째는 앉아 있느라 하지 못하게 되는 다른 일들이 있다는 사실이다. 의자에 편히 1시간 앉아 있을 때마다 우리는 운동 등 활동적인 무언가를 1시간씩 안 하는 셈이 된다. 두 번째 문제는, 오랜 시간 꼼짝 않고 있으면 혈관 속의 당 및 지방 수치가 상승해 몸에 해를 끼친다는 점이다. 하지만 세 번째야말로 우리를 가장 걱정스럽게 하는 문제로, 앉아 있는 시간 동안 이른바 염증의 과정을 통해 면역체계가 우리 몸을 공격하기도 한다는 것이다. 괜히 공포에 사로잡힐 필요는 없지만, 이것만은 알아두자. 이 책을 읽으면서 맘 편히 앉아 있는 이 시간에도, 여러분 몸은 불타고 있을 수 있다는 사실을.

몸 안에 불을 지피다

이윽고 감기에 걸리리라는 초기 징후가 나타나면 나는 지레 겁을
먹는다. 그다음에 어떤 불행이 닥쳐올지 뻔히 알기 때문이다. 이
후 며칠간 목이 부어오르고, 수도꼭지라도 틀어놓은 듯 콧물이 줄
줄 흐르며, 심한 기침으로 고생할 뿐 아니라, 어떤 때는 만사가 귀
찮고, 몸이 피로하며, 두통까지 찾아온다. 그런데 왠지 더 억울한 것
은, 감기를 질색하게 하는 이 모든 징후는 사실 바이러스가 일으키
는 게 아니라, 내 몸이 바이러스와 맞서 싸우기 위해 일으킨 염증반
응에서 비롯된다는 점이다. 엄밀히 말하면, '염증'이란 해로운 병원
균, 우리 몸에 유독한 무언가 혹은 조직 손상을 감지했을 때 면역계
가 맨 처음 일으키는 반응을 말한다. 염증은 대체로 급속도로 격렬
하게 일어난다. 우리 몸을 공격하는 것이 바이러스든, 박테리아든,
혹은 강렬한 햇빛이든, 면역체계는 침략자가 들어오는 순간 재빨리
대규모 세포 함대를 출정시킨다. 이 세포들이 일제 사격하듯 갖가
지 혼합물을 발사하면 혈관이 확장돼 투과성이 좋아지는데, 그러면
그 틈을 백혈구가 비집고 들어와 침략자를 모조리 무찌른다. 이런
식으로 공급되는 추가 혈류를 통해 공격자를 없애는 데 결정적으로
필요한 갖가지 면역 세포와 체액이 들어오지만, 혈관이 부풀면 신
경이 눌리면서 염증炎症(이 말 자체가 '불을 지르다'라는 뜻이다)의 4가
지 주된 증상이 나타난다. 즉 피부가 빨개지고, 열이 나며, 부풀고,
통증이 느껴진다. 필요할 경우, 얼마 뒤 면역체계는 특정 병원균을

목표물로 삼아 그것만 죽이는 항체를 만들어내며 추가 방어선을 활성화한다.

최근까지도, 의자에 편히 앉아 있는 일을 면역체계가 미생물이나 부상에 반응하여 불을 지피는 것과 연관시키지 않았다. 몇 시간을 소파에 느긋이 앉아 책을 읽거나 TV를 보는 것이 어떻게 감염으로부터 내 몸을 방어하는 일과 연관이 있단 말인가?

그 답은 최근 새로운 첨단 기술들이 등장하면서 분명해졌다. 이들 기술을 이용하면 세포들이 혈류 안에 쏟아 넣는 1천 가지 이상의 미세한 단백질을 극소량까지 측정할 수 있다. 그중에서도 사이토카인^{cytokine}(그리스어 'cyto'와 'kine'는 각기 '세포'와 '움직임'이라는 뜻이다)이라 일컬어지는 단백질 수십 종이 바로 염증을 조절하는 역할을 한다. 사이토카인이 염증을 생겨나게 하고 없애는 시기와 방법을 과학자들이 연구하기 시작하면서, 동일한 몇몇 사이토카인이 감염 이후 발생하는 단기간의 격렬한 국부성 염증반응은 물론, 지속적이고 거의 감지되지 않을 수준의 미약한 염증을 몸 전체에 유발한다는 사실이 밝혀졌다. 우리가 감기에 걸렸을 때처럼 며칠 혹은 몇 주 동안 한 부위에 격하게 불을 지피는 것과 달리, 염증은 몇 달 혹은 몇 년 동안 몸 구석구석에 알게 모르게 뭉근히 불을 지필 수 있다. 어떻게 보면, 이런 식의 만성적인 저도低度 염증은 증상이 극히 약해서 걸린 줄도 모른 채 사시사철 달고 사는 감기와도 같다. 하지만 이런 상태에서도 어쨌든 염증은 일어나고 있으며, 이렇게 느리게 가해지는 열이 동맥, 근육, 간, 뇌 등 여타 기관의 조직을 끈질기고 은밀하게 손상시킨다는 증거가 점차 쌓여가고 있다.

이러한 저도염증 및 그 영향과 관련한 새로운 사실들은 질병에 맞서 싸울 새로운 기회를 마련해준 동시에, 새로운 우려가 고개를 드는 계기가 되었다. 최근 10년 사이, 만성 염증은 심장병과 제2형 당뇨병, 알츠하이머 같은 노화에 관련된 수십 종의 비감염성 질환을 일으키는 주된 원인일 가능성이 높다고 지목되었다. 더 많이 들여다볼수록, 만성 염증이 대장암, 루푸스, 다발성 경화증을 비롯한 숱한 질병은 물론, 관절염arthritis처럼 병명이 '-itis'로 끝나는 거의 모든 의학적 질환에 거의 어김없이 지문을 남기는 것을 볼 수 있다.[31]

만성 염증은 지금도 크게 주목받으며 열띠게 논의되는 주제다. 하지만 거기에 너무 매몰돼 과도하게 반응하지 않도록 주의를 기울일 필요가 있다. 만성 염증과 관련해 나오는 제일 터무니없는 주장은, 우리가 글루텐이나 설탕처럼 '염증을 유발하는' 음식을 될수록 피하고 강황이나 마늘처럼 '염증을 막아주는' 음식만 다량 섭취해도 거의 모든 질병(자폐증에서 파키슨병까지)을 효과적으로 예방하거나 치료할 수 있다고 믿는 것이다. 이 기적의 식이요법은 진짜라고 믿기엔 너무 효능이 좋은 게 아닌가 싶을 텐데, 실제로도 과장된 면이 많다.[32] 이런 돌팔이식 처방은 정작 우리가 진정 염려하는 부분을 속 시원히 해결해주지 못한다. 그나마 희소식이라면 만성 염증을 유발하는 가장 주된 요인을 피하고, 예방하고, 해결하기가 상당 부분 가능하다는 점이다. 그 주원인으로 꼽히는 것은 비만, 염증을 유발하는 특정 식품(붉은색 고기가 대표적이다)의 과다 섭취, 그리고 바로 몸을 움직이지 않는 것이다. 이렇게 해서 우리는 앉기라는 주제로 다시 돌아온다. 의자에서 보내는 몇 시간의 무해한 휴식은 어떤 식으로 내 몸에 염증을 일으킬까?

그렇게 계속 가만히 앉아 있다간

과도한 앉아 있기가 만성 염증에 어떻게 불을 지피는가에 관해 가장 널리 통하는 설명은, 과하게 앉아 있으면 몸에 점점 지방이 붙는다는 것이다. 그런데 지방이 우리 몸에 어떻게 염증을 일으키게 되는지를 설명하기 전에, 먼저 사람들 사이에서 크게 오해를 사고 있는 이 지방이라는 물질의 억울한 누명부터 좀 벗겨줄 필요가 있다.[33] 사실 대부분의 지방은 몸에 무해할 뿐만 아니라 건강에 좋기까지 하다. (수렵채집인도 포함한) 신체 건강한 보통의 성인은 지방이 남자의 경우 전체 체중의 10~25퍼센트 정도를, 여자는 15~30퍼센트 정도를 차지한다. 그중 대부분(약 90~95퍼센트)이 피하지방인데, 엉덩이, 가슴, 뺨, 발을 비롯해 이름 모를 우리 신체 여기저기의 피부 바로 아래에 저장돼 있는 까닭에 그런 이름이 붙었다.[34] 이렇게 지방으로 꽉 찬 세포는 효율적인 에너지 저장고여서, (미네소타 기아 실험을 통해 살펴봤듯) 장기간 칼로리가 부족할 때 우리가 그 사태를 잘 이겨내도록 도와주는 역할을 한다. 피하지방 세포에는 그 외에도 여러 기능이 있는데, 특히 분비선으로 기능해 식욕 및 생식을 조절하는 갖가지 호르몬을 만들어낸다. 피하지방 외에 세포 구석구석에 알게 모르게 쌓이는 주된 지방의 또 다른 유형으로는 우리의 배와 심장, 간, 근육 등 장기 내부와 그 주변에 쌓이는 지방이 있다. 이지방은 '내장지방', '복부지방', '뱃살', '이소성 지방' 등 다양한 용어로 일컬어지는데, 이 책에서는 '장기지방'이라는 용어를 쓰고자 한다. 장기지방 세포는 신진대사에 적극적으로 관여하며, 활성화되면 혈류 안으로 재빨리 다량의 지방을 쏟아 넣을 수 있다. 따라서 소량(전체 체중의 1퍼센트 정도)의 장기지방을 가지고 있는 것은 정상일

116

뿐만 아니라, 우리가 장거리를 걷거나 뛰어야 할 때처럼 단번에 많은 칼로리를 써야 할 때 단기 에너지 창고 노릇을 한다는 점에서 유익하기까지 하다.

대부분의 지방은 건강에 좋지만, 몸이 비만해지면 친구이던 지방이 염증을 일으키는 적으로 돌변할 수도 있다. 가장 위험한 사태는 지방 세포가 지나치게 비대해져 제 기능을 수행하지 못할 때 벌어진다. 우리가 정상적인 수준의 지방을 몸에 저장하고 있을 때는, 피하지방과 장기지방 세포들이 모두 적당한 크기를 유지하며 인체에 아무런 해도 끼치지 않는다. 그러나 지방 세포가 점점 자라 그 크기가 너무 커지면, 단순히 팽창하는 데 그치지 않고 빵빵하게 부푼 쓰레기봉투처럼 역기능을 하기에 이르고, 그러면 백혈구가 이쪽으로 몰려들면서 염증이 일어나게 된다.[35] 부풀어 오른 지방 세포가 건강에 해롭기는 다 마찬가지지만, 일반적으로 피하지방 세포보다는 비대해진 장기지방 세포가 인체에 더 해롭다. 장기지방 세포는 신진대사에 적극적으로 관여하는 데다 인체의 혈액 공급과도 직접 연관돼 있기 때문이다. 그런 만큼 장기지방 세포는 부풀어 오르면, 엄청나게 많은 단백질(사이토카인)을 혈류 안에 밀어 넣는다. 장기지방이 과도하게 쌓였다는 명백한 징후로는 배가 불룩 나온 모습이나 사과 모양 체형을 들 수 있다. 그런데 어찌 된 일인지, 꼭 배불뚝이 체형이 아니어도 근육, 심장, 간 내부와 주변에 장기지방이 상당량 쌓이는 이른바 '마른 비만'도 발생할 수 있다.

지방이 (특히 장기 내부 및 주변에) 지나치게 많이 쌓이면 저도의 만성 염증이 생길 수 있는데, 이 같은 기제를 통해 우리는 너무 많이 앉아 있는 것이 단순히 체중을 불어나게 한다는 면에서 건강에 해악을 끼칠 수 있음을 알 수 있다. 누차 이야기하지만 편한 의자에 앉아 있는 일은 근육에 거의 아무런 부담도 주지 않는다. 반면 쪼그려 앉거나 무릎을 꿇고 앉으려면 근육이 얼마쯤은 힘을 써야 하며, 그저 서 있기만 해도 앉아 있을 때보다 시간당 8칼로리를 더 태우고, 빨래 개기 같은 가벼운 활동은 시간당 무려 100칼로리나 더 소모시킬 수 있다.[36] 이들 칼로리는 차곡차곡 쌓인다. 저강도의 '운동 외' 신체 활동을 하루에 5시간만 해도, 1시간을 달렸을 때와 맞먹는 에너지를 소모할 수 있다. 그런 만큼 만일 내가 몸을 안 움직이고 앉아 있다면 점심때 집어삼킨 칼로리는 태워지지 않고 그대로 지방으로 저장될 가능성이 더 높다. 이와 관련해 한 심상찮은 실험이 진행된 적이 있다. 덴마크 연구진은 건장한 젊은 남성들에게 보수를 주고 2주일 동안 그야말로 카우치 포테이토처럼 계속 앉아서만 지내되 하루에 1,500보 이상 걷지 못하게 했다. 도판 6에 실린 실험 전후의 복부 촬영 영상에서 보듯, 이들 남성은 불과 2주일 사이에 복부지방이 7퍼센트나 불어났다.[37] 우려스럽게도, 이들 자원자의 몸에 지방이 더 많이 붙을수록 식후에 혈당을 흡수하는 능력이 떨어지는 등 만성 염증의 전형적인 징후가 나타나기 시작했다. 다만 여기서 유념해야 할 사실은, 이 실험에서는 앉기를 염증의 간접적 원인으로만 보았다는 점이다. 즉 누구도 앉아 있는 것 자체가 이 덴마크 남성들의 체중을 불렸다고 주장하지는 않는다. 장기지방이 과도하게 쌓인 건 몸을 움직이지 않은 데다 칼로리를 과다 섭취한 것이 결합한 결과였고, 이것이 이후 만성 염증을 일으키는 뭉근한 불을 지핀 것이다. 더욱이 이들 자원자의 몸에는 대부분 장기지방이 붙었는데 이는 곧 그들이 스트레스를 받았음을 뜻하며, 또한 신체 활동이 부족한 사람 중에는 과체중은 아니지만 염증에 시달리는 이가 많다. 그렇다면 앉아 있기의 또 다른 어떤 면이 만성 염증을 촉진할

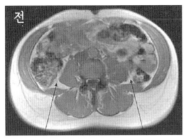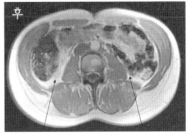

도판 6 　2주간 거의 줄곧 앉아 있고 다른 식으로는 몸을 움직이지 않는 실험에 참여한 남성의 전(왼쪽)과 후(오른쪽) 복부 MRI. 흰색으로 나타나는 부분이 장기지방(화살표가 가리키는 부분)으로 양이 7퍼센트 늘었다. 더 자세히 알고 싶다면, Olsen, R. H.,(2000), Metabolic responses to reduced daily steps in healthy nonexercising men, *Journal of the American Medical Association*, 299:1261-63. (Photo courtesy of Bente Klarlund Pedersen) 참조.

수 있을까?

　장시간 앉아 있기가 우리 몸 구석구석에 저도의 염증을 일으키는 두 번째 방법은 혈류로부터 지방과 당을 흡수하는 속도를 떨어뜨리는 것이다. 여러분은 언제 마지막으로 밥을 먹었는가? 만일 4시간가량이 지나지 않았다면, 여러분은 아직 *식후*postprandial 상태에 있으며 여러분의 몸은 그 음식물을 소화하며 음식물에 들어 있는 지방과 당을 혈액 속으로 보내는 중이다. 지방과 당은 지금 당장 쓰지 않으면 결국 지방으로 저장될 수밖에 없는데, 만일 지금 여러분이 중간 정도의 강도로라도 몸을 움직이는 중이라면 몸의 세포들이 이들 연료를 더욱 빨리 태우게 된다. 앉아 있는 중간중간 짬을 내어 몸을 움직이는 등 이따금 가벼운 활동이나, 쪼그려 앉기 또는 무릎 꿇고 앉기처럼 근육 힘을 필요로 하는 일조차도, 장시간 무력하고 수동적으로 앉아 있을 때에 비해서는 혈액 속 지방과 당 수치를 더 떨어뜨린다.[38] 근소하게나마 에너지를 이렇게 추가로 소모하는 것이 좋은 이유는, 비록 지방과 당이 우리에게 꼭 필요한 연료이기는 하지만, 혈중 농도가 너무 높으면 이것들 역시 우리 몸에 염증을 일으키기 때문이다.[39] 간단히 말하자면, 가끔 자리에서 한 번씩 일어나는 것을 비롯해 몸을 주기적으로 움직이는 것은 지방과 당의 식후 수치를 낮춰 만성 염증을 예방하는 데 도움이 된다는 이야기다.

앉아 있기의 또 한 가지 걱정스러운 면은, 앉아 있는 사이에 받는 심리적 스트레스로 인해 염증이 일어나기도 한다는 점이다. 나는 여러분이 해변이나 다른 쾌적한 어딘가에서 아주 흡족한 기분으로 이 글을 읽기 바라지, 부풀어오른 지방 세포나 염증 같은 께름칙한 것들을 걱정하지는 않기를 바란다. 안타깝게도, 앉아 있기는 늘 편한 일만은 아니다. 출퇴근이 오래 걸리거나, 책상에 붙어 고된 사무를 처리하거나, 몸이 아프거나 뜻대로 움직여지지 않는 등의 이유로 인해, 의자에 꼼짝없이 묶여 있어야 하는 처지에서는 스트레스가 심해져 코르티솔이라는 호르몬의 분비가 높아질 수 있다. 세간에서 많은 오해를 사고 있는 이 호르몬은 스트레스를 일으키는 게 아니라 우리가 스트레스를 받으면 인체에서 분비되는 것으로, 위협적인 상황에서 쓸 수 있는 에너지를 만들어내 우리가 맞닥뜨린 난관을 잘 헤쳐 나가도록 돕기 위해 진화했다. 코르티솔은 당과 지방을 혈류 안으로 이동시켜, 우리가 당과 지방이 풍부한 음식들을 못 견디게 먹고 싶도록 만들고, 그렇게 해서 남아돌게 된 에너지를 피하지방보다는 장기지방으로 저장하도록 지시한다. 코르티솔이 단시간 분출되는 것은 자연스럽고 정상적이지만, 조금씩 만성적으로 분비되면 비만과 만성 염증이 더 잘 생긴다는 점에서 인체에 유해하다. 결론적으로, 오랜 시간 스트레스 속에 앉아 출퇴근을 하거나 압박이 심한 사무를 처리하는 건 이중고에 시달리는 것이나 다름없다.

　마지막으로, 아마도 가장 중요한 부분일 텐데, 오래 앉아 있으면 근육이 계속해서 무력한 상태에 머무르다가 만성 염증의 불이 일어날 수 있다는 것이다. 근육은 우리 몸을 움직이는 기능도 하지만, 분비선으로도 기능하여 인체에서 막중한 역할을 하는 신호전달 단백질messenger protein(마이오카인이라고도 한다) 수십 종을 합성해 내보내기도 한다. 이 마이오카인은 여러 가지 일을 하는데, 신진대사와 혈액 순환, 뼈에 영향을 미치며, 아울러 아마도 예상했겠지만 염증 제어에도 도움을 준다. 아닌 게 아니라 마이오카인 연구를 처음 시작했을 때 연구자들은 무척 놀랐는데, 우리가 감염되거나 상처를 입으면 면역체계가 염증반응을 높이는 것과 비슷하게, 우리 몸의 근육도 중강도에서 고강도의 신체 활동을 한창 행하는 중에 염증반응을 조절하는 것으로 밝혀졌기 때문이다.[40] 여기서 세부 내용을 너무 자세히 다루지는 않겠으나, 현재까지 알려진 바에 따르면 신체는 중강도나 고강도의 신체 활동이 이루어지면 일차적으로 사전 예방 차원의 염증반응을 일으켜 운동의 생리적 스트레스에서 발생하는 손상을 막거나 치료하고, 이어서 규모가 더 큰 항염증 반응을 2차로 일으켜 우리 몸을 비염증 상태로 되돌린다.[41] 신체 활동은 거의 대부분 염증 유발 효과보다 항염증 효과가 더 큰 데다, 근육이 몸 전체에서 차지하는 비중이 3분의 1에 이르므로, 결국 활동적인 근육은 막강한 항염증 효과를 지니는 셈이다. 심지어 약간의 신체 활동으로도 (비만한 사람 역시) 만성 염증 수치를 낮출 수 있다.[42]

　근육을 쓰면 염증을 막을 수 있다는 이 사실이야말로, 왜 몇 시간을 내리 앉아 있는 것이 숱한 만성 질병과 연관되는지 밝혀주는 또 하나의 강력한 근거인 셈이다.[43] 몇 시간이 가도록 꼼짝도 안 하고 앉아 있으면, 우리 몸은 미미하게 타오르는 염증의 불을 절대 끄지 못하며 이 불이 결국 뒤에서 몰래 뭉근히 불을 지피게 되는 것이다. 알고 보면, 우리 몸에 염증을 일으키는 기제, 즉 부푼 지방 세포, 혈류 속의 과도한 지방과 당, 스트레스, 안 움직이는 근육, 그 어떤 것도 사실 앉아 있는 것 자체에서 비롯되지는 않는다. 그보다 이런 기제는 몸을 충분히 움직이지 않는 데서 비롯되는 것이고, 그 말은 보통 그만큼 많이 앉아 있는다는 뜻이다. 그러나 과거에도 오늘날에도 몇 시간을 앉아 있는 것은 지극히 정상적인 행동이라는 점에서 볼 때, 앉아 있되 염증이 덜 생기는 더 좋은 방법은 과연 없을까?

건강하게 앉아 있는 방법

아주 유용한 독일어지만 대응하는 영어가 딱히 없는 지츠플라이시 Sitzfleisch라는 말이 있다. 문자 그대로 풀면 '엉덩이 살'이라는 뜻인데, 한 자리에 몇 시간이고 진득하게 앉아 뭔가 힘겨운 일을 해낸다는 비유적 의미가 들어 있다. 한마디로 지츠플라이시에는 끈기와 인내가 내포돼 있다. 가령 체스 게임에서 승리하거나, 난해한 수학 문제를 풀거나, 책을 써내려면 이 지츠플라이시가 있어야만 한다. 따라서 지츠플라이시를 가졌다고 하면 일반적으로 칭찬이지만, 그 말뜻을 헤아리면 정량定量이라는 중요한 원칙에도 관심이 가게 마련이다. 다시 말해, 어떤 일들은 그것을 얼마나 많이 하는지도 중요하지만 얼마나 자주, 언제 하는지도 그만큼 중요하다. 가령 내가 커피 4잔을 한자리에서 연거푸 들이켠다면 종일 심장이 쿵쿵 뛰고 두통에 시달리겠지만, 그 커피를 온종일 여러 번 나눠 마신다면 내 몸은 아마 아무렇지 않을 것이다. 혹시 이런 원리가 앉기에도 똑같이 적용되지는 않을까? 덧붙여, 격한 운동을 매일 한 번씩 거르지 않고 하면, 그날 나머지 시간은 내내 앉아 있어도 그 역효과가 다 없어지지 않을까?

신체 활동과 앉기 사이의 관계는 복잡하게 꼬여 있어서, 사람들이 자발적으로 운동하는 시간이 길다고 해서 앉아 있는 시간이 꼭 짧아지는 것은 아니다. 놀랍겠지만, 주기적으로 훈련하는 마라톤 선수들도 앉아 있는 시간은 운동을 덜 하는 사람들과 똑같다.[44] 오히려 이들은 열성을 다해 뛰느라 자주 녹초가 되는 탓에, 앉아 있는 시간이 더 길 수도 있다. 더구나 똑같이 몇 시간을 앉아 있어도 여러분과 내가 앉아 있는 방식과 맥락이 다를 수 있는 만큼, 우리는 다양한 패턴의 앉아 있기(장시간 죽 앉아 있기 대 중간중간 일어나기)가 만성 저도 염증에 잠재적으로 어떤 영향을 미치는지 함께 생각해볼 필요가 있다. 가령 사무직이라서 직장에서는 정적으로 생활하지만 매일 한 시간씩 반드시 헬스장에 가는 사람의 경우는 어떨까? 반면 하루 대부분을 앉아 있지만, 잠깐씩 쉬는 시간을 충분히 자주 갖는 사람은 어떨까?

다양한 앉기 패턴의 영향을 설명하고자 하는 노력은 대부분 전염병학 연구들을 통해 이뤄진다. 이들 연구에서는 사람들의 건강 상태, 앉아 있는 시간, 앉아 있는 사이 휴식 시간, 앉아 있지 않을 때 하는 활동 사이의 상관관계를 시간을 역행해서 살펴본다. 이런 식의 연구들은 인과관계를 검증하지는 못하지만, 갖가지 리스크를 산정해 이런저런 가설을 만들어내도록 도움을 준다. 어디 그뿐인가. 이런 연구들은 우리 같은 사람들, 즉 헬스장에서 운동 한 시간이면 나머지 하루 동안 의자에 앉아 있을 때의 부정적 효과가 말끔히 사라진다고 믿는 이들에게는 나쁜 소식을 안겨준다. 이와 관련해, 900명 이상의 남성을 대상으로 그들이 앉아 있는 시간과 신체 단련도 등 여러 변수를 10년에 걸쳐 수집하는 대규모 연구가 한 차례 진행된 적이 있었다.[45] 과연 예상대로, 신체가 더 탄탄하고 더 활동적인 남성은 심장병, 제2형 당뇨병을 비롯한 여타 만성질환에 걸릴 확률이 신체가 덜 탄탄하고, 더 정적으로 생활하는 이들에 비해 상당히 낮았다. 하지만 신체가 아주 탄탄한 사람 중에서도, 앉아 있는 시간이 가장 길었던 이들은 그 시간이 가장 짧았던 이들에 비해 제2형 당뇨병과 같은 염증 관련 질병에 걸릴 확률이 65퍼센트나 높았다. 미국인 24만 명 이상의 설문자료를 활용한 훨씬 더 방대한 연구에서도, 중강도 및 고강도 활동에 들이는 시간은 정적인 생활과 연관된 사망 위험성을 낮출지언정 완전히 없애지는 못하는 것으로 나타났다.[46] 심지어 중강도 혹은 고강도 운동을 일주일에 7시간 이상 전념하는 사람조차도, 그밖의 시간에 많이 앉아 있으면 심혈관 질병에 걸려 사망할 확률이 50퍼센트나 높았다. 결국 위의 내용을 비롯해 다른 우려스러운 연구를 종합한다면, 설령 여러분이 신체 활동을 많이 하고 신체가 탄탄하다 하더라도, 의자에 앉아서 보내는 시간이 길면 길수록 (암의 일부 형태를 비롯해) 염증과 관련된 만성 질병에 걸릴 확률도 그만큼 더 높아지게 된다.[47] 만일 이런 결론이 옳다면, 운동 하나만으로는 앉아 있기의 모든 부정적 효과에 대응할 수 없다는 이야기다.

이런 자료를 보면 나는 덜컥 겁이 난다. 하지만 책상 의자를 얼른 박차고 일어나기 전에 먼저 생각해봐야 할 것이 있다. 중간중간 끊어지는 이른바 '활동적' 앉기가 장시간 연이어 앉기보다 덜 해롭다는 가설은 어떻게 바라봐야 할까? 정말로 10분에 한 번씩 자리에서 일어나 팔 벌려 뛰기라도 몇 번씩 해야 하는 걸까? 감사하게도, 이와 관련해서는 몇 가지 희망적인 소식이 있다. 거의 5천 명에 달하는 미국인을 다년간 분석한 결과, 앉아 있는 시간을 쪼개어 자주 짧게 휴식을 취한 사람은 똑같이 몇 시간을 앉아 있더라도 의자에서 거의 일어서지 않은 사람보다 최대 25퍼센트 염증이 적은 것으로 나타났다.[48] 더 무시무시한 연구에서는 45세 이상 미국인 8천 명의 다양한 표본 인구에게 일주일 동안 가속도계를 채운 뒤, 이후 4년에 걸쳐 얼마나 많은 이가 세상을 떠났는지 총계를 냈다.[49] 충분히 예상하다시피, 더 정적인 이들이 더 빠른 비율로 목숨을 잃었으며, 좀처럼 장시간 연이어 앉아 있지 못하는 사람들의 사망률은 더 낮았다. 실제로 한 번에 12분 이상 앉지 않는 사람들은 사망률이 더 낮았던 한편, 의자에서 일어나지 않고 한 시간 이상 내리 앉아 있는 경향을 지닌 사람들은 특히 사망률이 높았다. 이 연구에 한 가지 흠이 있다면 이미 병을 앓고 있는 이들은 원래부터 의자에서 일어나거나 활동적이기가 더 어렵다는 점을 참작하지 못했다는 것이다. 그렇다고는 해도 이들 연구를 통해 우리는 사망 위험성이 우리가 앉기에 들이는 총 시간에 따라서도 증가하지만, 그 시간이 단기 간격으로 쌓이느냐 장기 간격으로 쌓이느냐에 따라서도 늘어날 수 있음을 알 수 있다.

나는 천성적으로도 직업적으로도 회의적인 사람이지만, 이처럼 깜짝 놀랄 만한 통계를 더 많이 접하면서, 나부터 습관을 고치려고 더 애를 쓰고 있다. 저런 사실들을 안 뒤부터는 더욱 수시로 자리에서 일어나 잡일도 하고 우리 개를 쓰다듬어주곤 한다. 입식 책상도 예전보다 더 자주 사용하고 말이다. 그런데 이러한 전염학적 연구들이 인과관계를 검증해주는 건 아니지 않은가. 게다가 이들 연구는 건강과 앉아 있는 시간 사이의 관계를 미심쩍게 만드는 여타 요인을 바로잡지도 못한다. 예를 들자면, 직장에서 앉아 있는 시간보다는 집에 앉아 TV를 시청하는 시간이 건강상 결과와 더 강력한 연관을 지닌다.[50] 또한 부유한 사람이 TV를 덜 시청하고, 더 나은 의료 서비스를 받으며, 더 건강한 음식을 먹는 만큼, 이들에게는 각종 리스크도 덜 뒤따른다. 따라서 내가 왜 의자에서 누리는 안락함을 끊어야 하는지를 진정 납득할 수 있으려면, 활동적인 앉기가 *어떻게* 그리고 *왜* 시종 정적인 행동보다 더 나은지부터 알아야 할 것이다. 즉 단순한 통계상 연관성만이 아니라, 우리 몸에 작동하는 기제를 알고 싶다는 이야기다.

이미 앞서 함께 논의했듯, 그 기제로 내세울 만한 설명은 짧게라도 힘에 부칠 정도로 몸을 움직이면 근육이 깨어나 혈당과 지방 수치가 낮게 유지된다는 것이다. 쪼그려 앉거나, 이따금 서 있거나, 혹은 아이를 안아 올리고 바닥을 훔치는 등의 가벼운 활동을 할 때 우리는 몸의 근육을 수축해 세포 안의 기계들에 슬슬 시동을 건다. 딱히 어디로 차를 몰지 않고 엔진만 공회전시킬 때처럼, 이들 가벼운 활동을 통해 근육 세포가 자극을 받아 에너지를 소모하고, 유전자들의 전원을 켜고 끄며, 그밖에 여러 기능을 수행하게 된다. 누차 이야기하지만, 설거지 같은 여타 가벼운 허드렛일을 하면 그냥 앉아 있기만 할 때보다 시간당 100칼로리를 추가로 더 태울 수 있다. 그 같은 저강도 움직임에 필요한 에너지를 공급하느라 우리 몸의 근육들이 수축해서 혈류에 든 당과 지방을 태우는 것이다.[51] 엄밀한 의미에서 이런 활동을 운동이라고 할 수는 없겠지만, 갖가지 실험에서 사람들에게 장시간 앉아 있는 사이사이 아주 잠깐이라도(예를 들면, 30분당 100초) 틈을 주라고 해보았더니, 혈액 속의 당, 지방은 물론 이른바 나쁜 콜레스테롤의 수치가 모두 낮아지는 것으로 밝혀졌다.[52] 그렇게 해서 혈당과 혈지방이 인체를 덜 순환하게 되면 비만은 물론 염증까지 예방되는 효과가 나타난다. 그뿐만이 아니라, 이따금 작은 동작이나마 힘에 부칠 만큼 몸을 움직이면 근육이 자극되어 염증의 불이 꺼지고 생리적 스트레스도 줄어든다.[53] 마지막으로, 근육(특히 종아리 근육)들은 몸 안에서 일종의 펌프로 작동해 혈액을 비롯한 여타 체액이 다리에 쌓이는 것을 막아주는데, 정맥뿐만 아니라 림프계(우리 몸에서 배수시설처럼 기능하면서 몸 구석구석의 노폐물을 옮겨준다)에서도 그런 역할을 한다. 이런 체액들은 우리 몸을 고루 돌아야 좋다. 반면 움직이지 않고 오랜 시간 앉아 있으면 부종과 함께 정맥에 혈전이 생길 위험이 높아진다.[54] 바로 이런 이유로 쪼그려 앉기 등의 더 활동적인 앉기가 의자에 앉기보다 더 건강할 수 있다. 더 활동적인 앉기에서는 간헐적으로 근육(특히 종아리 근육)을 움직이게 되고 그렇게 해서 다리의 피를 다시 순환시킬 수 있기 때문이다.

활동적으로 앉아 있는 또 다른 방법은 몸을 꼼지락대는 것으로, 연구자들은 이를 무미건조하게 '자발적 신체 활동'이라는 용어로 일컫는다. 나는 원체 꼼지락대지 않으면 좀이 쑤시는 성미여서, 몇 시간씩 꼼짝없이 앉아 있으면서도 아무렇지도 않은 이를 보면 그저 신기할 따름이다. 사람들이 몸을 꼼지락거리는 성향은 일정 부분 유전에 따른 것으로 보이는데, 이 같은 성향이 우리에게 미치는 영향은 자못 클 수 있다. 1986년에 진행된 한 유명한 실험에서 에릭 라부신과 그의 동료들은 177명의 사람을 (한 번에 한 사람씩) 3×3.5미터 넓이의 밀실에 24시간 가둔 뒤, 이들이 그 안에서 칼로리를 정확히 얼마큼 소모하는지 측정해보았다. 그 결과에 연구진은 놀라지 않을 수 없었는데, 몸을 꼼지락거렸던 이들이 소비한 에너지가 가만히 앉아 있었던 이들에 비해 하루에 100~800칼로리나 더 많았기 때문이다.[55] 다른 연구들에서도 앉아 있는 동안 몸을 꼼지락거리면 쉴 새 없이 움직이는 팔다리로 혈류가 더 잘 통하게 되는 것은 물론, 시간당 20칼로리의 에너지를 더 소비할 수 있는 것으로 나타났다.[56] 심지어 한 연구에서는 여타 신체 활동, 흡연, 식단, 알코올 섭취의 요소 등을 반영하고 나면, 몸을 잘 꼼지락거리는 사람들은 전 원인 사망률(모든 사망 원인을 고려한 사망률—옮긴이)이 30퍼센트나 낮아지는 것으로 나타났다.[57] 요컨대, 지츠플라이시는 생산성을 대폭 끌어올려줄지는 모르지만, 건강을 나아지게 하지는 못한다. 하지만 탈산업화 세상에서는 몇 시간이고 화면만 뚫어지게 봐야 하는 일이 점점 더 늘어나는 게 현실이다. 우리는 입식 책상이라도 사기 위해 다 함께 서둘러 달려가야 하는 것일까?

서서 일하면 정말 건강에 좋을까

앉아 있기와 관련해서 허황된 말들이 숱하게 나돌지만, 그중에서도 가장 극단적인 표현이라면 앉아 있기는 새로운 흡연이나 다름없다는 말일 것이다. 담배는 근래의 문물이자, 중독성 있고 값비싸며, 냄새를 풍기고 독성을 가진 물건으로, 사람 목숨을 제일 많이 앗는 주범으로 꼽히는 반면, 앉기는 이 세상에 언덕이 존재한 만큼이나 오래된 데다 지극히 자연스럽기까지 한 행동이니 말이다. 더 입바른 소리를 하자면, 사실 앉아 있는 것 자체가 문제라기보다는, 몇 시간씩 가만히 앉아 있느라 운동을 거의 혹은 전혀 못하게 되는 게 문제다. 만일 수 세대 전 우리 조상이 오늘날 수렵채집인이나 농부와 비슷한 행동양식을 지니고 있었다면 그들도 하루에 5~10시간은 앉아 있었을 것인데, 오늘날 미국인과 유럽인도 전부는 아니더라도 일부는 이 정도 시간을 앉아서 지낸다.[58] 하지만 우리 조상들 역시 앉아 있지 않을 때는 몸을 많이 움직였으며, 의자가 없던 탓에 휴식차 앉을 때도 등받이가 몸을 받쳐주는 의자는 쓰지 않았다. 대신 이들은 쪼그려 앉거나 무릎을 꿇고 앉거나 그냥 맨바닥에 앉아 사부작거렸고, 따라서 앉아 있을 때도 서 있을 때와 마찬가지로 허벅지와 종아리, 등 근육을 많이 움직일 수밖에 없었다. 하드자족의 경우도 앉거나 쪼그리거나 무릎을 꿇더라도, 보통은 15분 정도 앉아 있는 게 고작이다.[59] 더 나아가, 만일 우리 조상들이 오늘날 비산업사회 사람들을 닮았다면, 아마도 앉은 채로 집안의 허드렛일을 하거나 아이들을 돌봐야 할 때가 많았고 그래서 수시로 자리에서 일어날 수밖에 없었을 것이다. 전반적인 면에서, 그리고 생활의 필요에 따라 이들은 우리만큼 무력하거나 지속적으로 앉아 있지 않았으며, 앉아 있더라도 몇 시간의 신체 활동을 아예 그만둔 것도 아니었다.

우리가 내다볼 수 있는 미래 동안에는 책상 앞에서 일해야 하는 직업이 웬만해선 사라지지 않을 것인 만큼, 입식 책상은 지나치게 정적인 생활을 막아주는 만병통치약으로 널리 홍보돼왔다. 하지만 이런 마케팅은 앉지 않는 게 몸을 움직이는 것이라고 혼동하게 만들어 사람들을 현혹하는 것이나 다름없다. 서 있는 것은 운동이 아닌바, 지금까지 훌륭하게 설계된 면밀한 연구에서는 입식 책상이 충분한 건강상 이득을 가져다준다는 사실이 단 한 번도 입증된 적이 없다. 이와 함께 유념해야 할 점은, 12시간 이상 앉아 있는 경향이 있는 사람이 그보다 덜 앉아 있는 사람보다 사망률이 높다는 전염학적 연구는 꽤 많으나, 직장에서 더 많이 앉아 있는(직업상 앉아서 일하는) 사람의 사망률이 더 높다는 내용의 전향연구prospective study는 단 한 번도 나온 적 없다는 것이다. 덴마크인 1만 명 이상을 15년간 장기 조사한 방대한 연구에서도, 직장에서 앉아 있는 데 쓰인 시간과 심장병 사이에는 전혀 연관성이 없는 것으로 밝혀졌다.[60] 일본의 중년 사무직 종사자 6만 6천 명을 대상으로 한 훨씬 대규모 연구에서도 비슷한 결과가 산출되었다.[61] 대신 여가 중에 앉아 있기는 사망률 예측의 가장 훌륭한 지표로 통하는바, 이를 통해 주중에 직장에서 앉아 있는 시간보다는 오히려 사회경제적 지위 및 아침, 저녁, 주말의 운동 습관이 건강 상태에 막중한 영향을 미칠 수 있음을 알 수 있다.[62]

말이 나온 김에 덧붙이자면, 앉아 있기에 관한 다른 갖가지 과장 역시 근거 없는 믿음에 불과할 수 있다. 여러분도 구부정하게 있지 말고 상체를 똑바로 펴고 앉으라는 이야기를 꽤 자주 듣지 않았는가? 귀가 닳도록 들은 이 이야기의 시초는 19세기 말 독일의 정형외과의 프란츠 슈타펠까지 거슬러 올라간다.[63] 산업혁명으로 말미암아 더 많은 이가 오랜 시간 의자에 앉아 일하게 되었을 때, 슈타펠은 앉은 사람들이 엉덩이를 미끄러뜨리듯 앞으로 빼고 등 아래를 평평하게 해 스스로 자세를 망가뜨리는 것을 보고 걱정이 들었다. 우려를 떨치지 못한 슈타펠은 사람의 척추가 서 있을 때 보통 그렇듯, 앉아 있을 때도 더블에스 모양으로 계속 휘어져 있어야 한다고 주장했고, 그래서 허리를 받쳐주는 의자를 사용해 상체를 쭉 펴고 앉을 것을 권했다(도판 5의 오른쪽에서 두 번째 사람처럼 말이다). 몇십 년 뒤에는 스웨덴 출신의 인체공학 선구자 벵트 아커블롬과 그 제자들이 의자에 앉은 이들을 엑스레이로 촬영하고 그들의 근육

활동량을 측정해 슈타펠의 이 같은 의견을 뒷받침했다.[64] 그 결과, 건강관리 전문가를 비롯한 대부분 서양인은 허리를 휘어지게 하고 등 상부는 안쪽으로 말리지 않게 쭉 펴고 앉으면 요통이 생기지 않는다고 믿게 되었다.[65]

그러나 과학적 증거에 따르면, 현대에 들어 생겨난 이 문화 표준은 그렇게 믿을 만한 게 되지 못한다. 그 주된 단서를 꼽자면 비록 우리가 등받이 있는 의자에서 쉽게 구부정한 자세가 되기는 하나, 의자 없이 생활하는 세계 곳곳의 사람들도, 도판 5에 잘 나타나 있듯, 허리를 펴고 등 상부는 앞으로 마는 식의 편안한 자세를 흔히 취한다는 것이다.[66] 구부정하게 앉는 게 좋지 않다는 생체역학적인 주장들도 오류로 판명된 것이 많다.[67] 하지만 회의론자에게 제일 설득력 있게 다가오는 것은 수십 건의 메타 분석 및 체계적 검토다. 앉는 자세와 요통의 관계를 다룬 연구를 일일이 꼼꼼하게 살피고 엄정하게 평가한 내용이 담겨 있는 문서들이기 때문이다. 한 군데 자리 잡고 앉아 그 문서들을 하나씩 읽어 내려가면서 나는 깜짝 놀라지 않을 수 없었다. 이 주제와 관련한 고급 연구 가운데 그 어느 것도 습관적인 굽은 자세 혹은 구부정한 자세로 앉는 것이 요통과 연관이 있다고 입증할 일관된 증거를 거의 발견하지 못했기 때문이다.[68] 이와 함께 놀랍게도, 더 오래 앉아 있는 사람이 요통으로 고생할 가능성이 더 높다거나,[69] 특별한 의자를 쓰거나 수시로 자리에서 일어나면 요통의 발생을 줄일 수 있다는 것도[70] 그것을 입증할 마땅한 근거가 없다. 그런 것들보다는, 허리 힘이 강해 피로에 더 잘 저항하는 근육들이 형성돼 있느냐가 요통을 피할 수 있는지 여부를 알려주는 가장 훌륭한 지표였다. 나아가 피로에 잘 저항하는 강한 허리를 가진 사람은 더 나은 자세를 취할 가능성도 더 높다.[71] 다시 말하면, 우리는 지금껏 원인과 결과를 혼동해온 것이었다. 요통 전문가인 키런 오설리번 박사가 내게 이런 말을 한 적이 있다. "좋은 자세는 일차적으로 그 사람의 환경, 습관, 정신 상태를 반영해주지, 그것이 요통을 막아주는 부적은 아닙니다."

그러니 만일 여러분도 자신이 지금 (십중팔구 구부정한 자세로) 앉아 있는 것에 죄책감이나 걱정이 든다면, 다음을 마음에 새기도록 하자. 여러분은 활동적으로 지내도록 진화하기도 했지만, 그만큼 많이 앉아 있도록 진화하기도 했다는 사실을 말이다. 그러니 이제는 의자를 악마로 몰거나, 구부정하게 앉았다는 이유로 혹은 쪼그려 앉기를 안 했다는 이유로 스스로를 너무 몰아세우지 말자. 대신 한 자리에서 너무 오랜 시간 꼼짝도 안 하지는 않게 더 활동적으로 앉을 방법들을 찾는 한편, 자신이 자꾸 몸을 꼼지락대도 창피하게 여기지 말 것이며, 운동이나 여타 몸을 움직이는 다른 시간 동안에는 되도록 앉지 않으려고 해보자. 그런 습관을 들이면 건강 악화의 지름길인 만성 염증을 예방하거나 줄일 수 있으니, 앉기와 관련해 접한 그 겁나는 통계들이 나오는 제일차적인 원인은 우리가 일하지 않을 때 얼마나 많이 앉아 있는가에서 비롯된다는 점은 아무리 말해도 지나치지 않다.

———

그런데 앉기처럼 오랜 시간 몸을 안 움직이는 것보다 가볍게 움직여주는 쪽이 우리에게 더 득이 된다는 내용을 많이 접할수록, 내 머릿속에 한 가지 의문이 떠올라 자꾸만 더 당혹스러웠다. 몸을 움직이지 않는 시간이 길어질수록 우리 몸에 서서히 해가 가는 게 정말 사실이라면, 왜 너무 오랜 시간 앉아 있지 말라는 경고를 듣는 동시에 우리는, 그것이 반 혼수상태에 들어가 거의 몸을 움직이지 않는 일임에도, 잠만큼은 더 많이, 다시 말하면 꼬박 8시간을, 즉 우리 전체 일과의 거의 3분의 1을 자야 한다는 권고를 함께 받는 것일까?

제4장

———

잠: 왜 스트레스는
휴식을 방해하는가

미신 #4 우리는 매일 밤 8시간은 자야 한다

◇ ◇ ◇

하지만 〔푸는〕 잠을 잘 수 없었어요. 잠을 자려고 애를 쓰면 쓸수록, 더 잠이 오지 않았어요. 푸는 양 한 마리, 양 두 마리를 세기 시작했어요. 어떨 땐 이러면 잠이 잘 드는데, 이것도 소용이 없자 푸는 히파럼프를 세보기로 했어요. 하지만 일은 더 꼬이기만 했어요. 푸가 세는 히파럼프 한 마리 한 마리가 곧장 푸의 꿀단지로 달려가서는 꿀을 전부 먹어치웠기 때문이에요. 푸는 속이 상해도 몇 분은 꾹 참고 있었지만, 587번째 히파럼프가 입 주변을 혀로 닦으며 "아, 이 꿀 참 맛 좋다. 이렇게 맛있는 꿀은 난생처음이네"라고 중얼거렸을 때는, 푸도 더는 참을 수가 없었어요.

—A. A. 밀른, 《곰돌이 푸》

앉기와 마찬가지로, 잠도 몸을 움직이지 않는 전형적인 상태다. 하지만 우리 중 너무 많은 이들이 너무 많이 즐기는 것처럼 여겨지는 앉기와는 달리, 잠은 우리가 너무 적게 즐기는 것처럼 보인다. 생물학적으로 필요한 일인데도 말이다. 인간이 가능한 한 많이 쉬도록 진화했다면, 왜 그토록 많은 이들이 잠을 소홀히 여기는 걸까?

스스로 가하는 수면 박탈은 대학 시절 내가 잠자던 방식을 설명하기에 딱 좋은 말이다. 많은 스무 살짜리들이 그렇듯이, 그땐 나도

꼭두새벽까지 깨어 있는 걸 정말 좋아했다. 그러고 있다가 마침내 침대로 기어들어가서는, 이불을 끌어안은 채 이리저리 몸만 뒤척이기 일쑤였다. 심지어는 제대로 잠자리에 든 날에도 거의 백이면 백 충분히 못 자기는 마찬가지였는데, 뇌의 어떤 고약한 부분 때문에 새벽이면 어김없이 잠에서 깼기 때문이다. 내가 얼마나 늦은 시간에 곯아떨어졌든, 세상에나, 오전 6시나 7시면 어김없이 정신이 말똥말똥해지는 것이었다. 잠을 박탈당하자 악순환의 고리가 생겨났다. 충분히 자지 못한다는 걱정에 계속 잠을 설쳤고, 이 때문에 잠을 못 자는 것에 대한 스트레스는 훨씬 더 심해졌다. 그래서 일반의약품으로 판매되는 수면제를 복용해봤지만, 별 소용이 없었다. 마침내 나는 극심한 스트레스를 견디다 못해 전문가에게 도움을 구하기로 했다.

그리하여 나를 진료해준 이해심 깊은 의사를 평생 잊지 못할 것이다. 단언컨대 그녀는 나와 비슷한 고민을 안은 학생들을 상대로 이미 수없이 상담을 했을 터였다. 그런데도 내가 불면증과 학교 등 온갖 일과 관련해 불안을 쏟아내자 잘 공감하며 들어주었다. 그때 내가 시시콜콜한 것 하나하나까지 남김없이 털어놓은 것은, 단번에 날 곯아떨어지게 해줄 강력한 약을 부디 처방해주길 바랐기 때문이었다. 하지만 그러기는커녕 그녀는 소크라테스 식으로 내게 질문을 던져, 나 자신이 믿고 있는 것보다 훨씬 잠에 잘 든다는 사실을 내게 깨우쳐주었다. 나는 수업 중에 잠이 왔었나? 그랬다. 도서관에서 공부하면서도 잤나? 그랬다. 방학 동안 집에서는 잠을 더 잘 잤나? 그랬다. 이렇게 해서 그녀는 자신의 생각을 확실히 내게 납득시킨 뒤, 인체에서 호르몬(특히 코르티솔) 수치가 하루 동안 어떻게 오르내리며 내 각성 수준을 조절하는지 설명하면서, 좋든 싫든 나는 남은 평생을 아침형 인간으로 지내야 하는 운명이라고 못 박았다. 이 자리에서 운동 이야기는 단 한마디도 나오지 않았지만, 그녀는 내가 그때껏 단 한 번도 고려해보지 않은 파격적인 제안을 내놓았다. 좀 더 일찍 잠자리에 들어보는 건 어때요?

그건 내가 원했던 충고가 아니었다. 나 같은 대학생에게는 밤늦은 때가 하루 중 제일 금쪽 같은 시간이었다. 더러 자정이 지나야 공부가 잘 되는 데다, 비록 내가 그런 자리에 나가는 일은 좀처럼 없었지만 사람들을 사귀는 모임은 밤 9시나 10시에 시작될 때가 많았다. 하루 8시간 잠을 자겠다고 하루의 그 금쪽 같은 시간을 희생시키는 게 가치 있는 일인가 싶었다.

수면 박탈 상황에서 사는 대학생들을 보면 잠이 단순히 꼭 필요한 휴식의 한 형태일 뿐만 아니라 부득이한 선택이 뒤따르는 맞교환임을 알 수 있다. 칼로리는 들어오기도 하고 나가기도 하지만, 시간의 화살은 되돌릴 수 없기 때문이다. 우리 삶의 소중한 1분을 다시 사는 일은 절대 불가능하므로, 우리가 잠들어 있는 시간은 버지니아 울프의 말마따나 "삶의 기쁨을 뼈아프게 깎아 먹는" 상태나 다름없다.[1] 마거릿 대처는 더 치를 떨며 이렇게 말했다. "잠은 약골들이나 자는 것이다." 물론 갓난아기를 키우는 부모나 야간 교대근무를 서는 사람들, 그 외에 만성 스트레스로 고생하는 이들은 원하는 잠을 강제로 빼앗기고 있다고 봐야 하지만, 현대 세계에서 울프나 대처의 생각이 점점 더 흔해지고 있다는 것은 통념으로 여겨진다. 이런 사고의 흐름에 따르면, 석기시대에 불을 사용하게 된 이래로 인간은 자는 시간을 되도록 미루고 해가 지평선 아래로 떨어진 후에도 재밌게 놀 기술을 늘 궁리해왔다. 토머스 에디슨은 자신의 실험실 엔지니어들에게 자랑스럽다는 듯 '불면증 사단'이라는 별명을 붙이기도 했다.

표면적으로, 우리는 위기에 몰린 듯하다. 전문가들이 입을 모아 우려하는 바에 따르면, 신체 활동 감소과 함께 수면 시간도 꾸준히 줄어드는 추세이며, 산업혁명 이전에는 사람들이 하루 9시간 혹은 10시간씩으로 더 많이 자곤 했으나 현대 세계가 잠을 "매섭게 몰아붙인" 탓에 이 평균 시간은 현재 7시간으로 줄었고, 하루에 5시간 미만으로 자는 사람도 우리 중 5퍼센트나 된다.[2] 그 결과, 수면 박탈은 일종의 '전염병'처럼 번져, 전 세계 산업화 국가에서 3명 중 1명이 그 여파에 시달리고 있다.[3] 아마도 여러분도 수면 부족이 비만을 촉진하고, 수명을 단축시키며, 나아가 자동차 사고의 20퍼센트 이상을 유발하고, 또한 체르노빌 원전 사고와 엑슨 밸디즈호 원유 유출 사고 같은 대재난을 비롯해 졸음에 겨운 의사들이 저지르는 치명적인 실수도 수면 부족이 도화선이 되어 일어났다는 사실을 익히 들어 알고 있을 것이다.[4] 우리는 평소에 운동을 꼭 해야 한다는 권유를 많이 듣지만 잠을 줄이면 안 된다는 훈계도 그만큼 많이 듣는다. 편안한 매트리스, 정신 산란한 소음을 막아주는 귀마개, 침실에서 빛을 몰아내는 커튼, 마음을 진정시켜 잠이 잘 오게 해주는 각종 기계, 그리고 무엇보다 졸음을 불러오는 약에 수백만 명이 수십억 달러를 쏟아 붓는다.

그렇다면 지금 우리는 과연 제대로 된 정보와 충고를 얻고 있는 걸까? 우리는 운동이든 잠이든 다 피하려는 성향을 가진 것처럼 보인다. 이 모순되는 두 성향을 과연 어떻게 설명해야 할까? 우리가 쓸데없는 신체 활동을 하지 않으려는 본능이 너무 강한 탓에 의자에서 끌려 나와 강제로 운동을 해야 할 정도라면, 잠은 몸을 편히 쉬게 하는 일인데 왜 우리는 그것을 되도록 많이 즐기려는 성향을 그만큼 강하게 갖지 않은 것일까?

충분한 잠이 건강에 지극히 중대한 요소인 만큼, 나는 잠을 충분히 못 자거나 혹은 안 자는 이들의 실질적이고 심각한 문제들을 사소한 것으로 치부할 뜻은 없다. 다만, 앉기를 살펴봤을 때 그랬던 것처럼 우리가 현재 잠을 제대로 못 다루는 것이 잠에 대한 진화적 및 인류학적 관점을 결여해서는 아닌지 궁금하다. 한 인간으로서 나도 충분히 잠을 자고 싶지만, 진화생물학자로서 다양한 잠이 생겨난 원인과 그에 따르는 비용, 그리고 혜택에 대해 더 많은 것을 알고 싶다는 마음이며, 인류학자로서는 우리가 현대 서양인의 수면 습관을 잘 살피지 못한 탓에 혹시 무엇을 놓치고 있지는 않은지 알고 싶기도 하다. '정상적인' 인간의 '정상적인' 수면 습관은 과연 어떤 것일까? 마지막으로 역시 중요하게 짚고 넘어가야 할 점으로 8시간이라는 필수 수면 시간을 우리는 전구, TV, 스마트폰을 비롯한 최신 발명품에게 계속 도둑맞고 있다는 것이며, 이와 함께 우리가 잠을 잘 때 몸을 움직이지 않는 것이 어떤 영향을 미치는가도 호기심을 갖고 살펴볼 문제다. 또 운동을 하면 잠이 잘 오고 오래 숙면한다는 것도 누구나 아는 사실인데, 그렇다면 신체 활동이 어느 정도나 부족해야 우리는 잠을 설치게 되는 것일까?

이들 질문을 해결할 첫 발걸음으로, 일단은 잠이란 무엇이며 우리에게 왜 필요한지부터 함께 따져보기로 하자.

잠은 과연 휴식을 위해 진화했을까

이 글을 쓰는 순간, 내 옆 소파 위에는 우리 개 에코가 누워 코까지 골며 잠들어 있다. 적어도 내가 보기엔 잠든 것 같다. 몸을 공 모양으로 동그랗게 만 채 두 눈을 감고 있고, 천천히 규칙적으로 숨을 쉬고 있으며, 지금은 어떤 소리도 귀에 안 들어오기 때문이다. 심지어 내 입에서 마법 주문과도 같은 "산책 가자", "비스킷" 같은 말이 나와도 아무 반응이 없다. 에코는 평소 태평하게 지내며 스트레스라는 걸 모르며 살고, 낮의 거의 절반과 밤 시간 대부분을 잔다. 그렇기 때문에, 이 개가 "마구 뒤엉킨 근심의 실타래"(셰익스피어의《맥베스》에 나오는 구절—옮긴이)를 풀기는커녕 피로에 절은 몸을 쉬게 하려고 이렇게 낮잠을 자는 것이라고는 생각되지 않는다. 그렇다고 해도 에코가 되도록 눈을 많이 감고 있으려 하는 걸 십분 이해한다. 나도 오늘 밤 잠을 못 자면 내일이 괴로우니까 말이다. 몸이 굼뜨지고 계속 졸린 건 물론이고, 집중 시간이 짧아지며, 이런저런 것을 자꾸 까먹고, 판단력이 둔해지며, 감각들은 무뎌지고, 평소보다 더 신경질을 낸다. 제발 그런 일은 절대 없길 바라지만, 만일 며칠 밤을 꼬박 새우는 일이 생긴다면, 내 인지 기능이 현저히 떨어질 것이다. 그런 만큼 나는 연이어 깨어 있기 분야에서 세계 최장기록을 세우고 싶은 마음은 전혀 없거니와(기네스 세계 기록에서는 위험하다는 이유로 이 분야 기록을 더 이상 재지 않는다), 내 수면 시간을 하룻밤 이상 일부러 박탈하는 것은 상상도 할 수 없다. 믿기 어렵겠지만, 이 세상에는 그런 식으로 자학을 하는 사람이 정말로 존재하며, 잠을 안 자려는 이런 노력은 끔찍한 인지기능장애, 공황장애, 환각을 일으키는 것으로 나타났다.[5]

　뇌가 있는 모든 생물은 일정한 형태로 잠을 자는데, 생물이 잠든 상태는 행동과 생리의 측면 모두에서 평상시와 뚜렷이 구별된다. 우선 행동 면에서 보면, 물고기든, 개구리든, 돌고래든 혹은 인

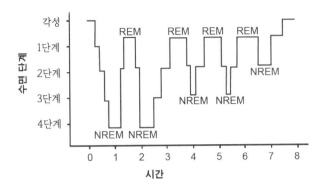

간이든 잠든다는 것은 대개 휴식 자세를 취한 채 신체 활동과 감각 인식이 평소보다 줄어들었다가 재빨리 원상태로 복귀할 수 있는 상태를 말한다. 잠든 동물을 깨우려면 시끄러운 소리를 내거나, 환한 빛을 비추거나, 완력으로 몸을 밀치거나 해야 한다. 반면 생리적 면에서 잠은 더 복잡하고 다양한 특성을 갖는데, 뇌 활동 면에서 특히 그렇다. 수면 시 뇌의 전기 출력을 측정해보면, 도판 7에서 보듯 일반적으로 두 국면으로 나뉘는 것을 알 수 있다. 그 첫 번째는, 우리가 잠에 들고 나면 여러 차례 겪게 되는 누진적 단계인 '조용한' NREM^{non-rapid eye movement}(비급속안구운동) 수면이다. 이 NREM 단계를 한 번씩 거칠 때마다 우리는 무의식에 점점 더 깊이 빠져들고, 신진대사가 느려지며, 체온이 떨어진다. 이 NREM 수면 동안 뇌에서 방출되는 전기 신호의 가장 뚜렷한 특징은 전압이 높고 파장은 느리다는 것인데, 이때는 안구도 눈꺼풀 뒤에서 별다른 움직임을 보이지 않은 채 천천히 회전하기만 한다. 그러다 시간이 흐르면 이와 다른 양상의 '활동적' REM(급속안구운동) 수면 상태에 들어간다.

우리가 꾸는 꿈은 대부분 이 단계에서 나타나는 것으로, REM 수면 시 뇌에서 방출되는 전기는 전압이 낮고 파장이 빠르며, 이때는 안 구가 급속도로 회전한다. REM 수면의 또 다른 특징으로는 심장박 동과 호흡이 고르지 못하고, 일시적 마비가 일어나며, 음핵과 남경 이 저절로 부푸는 것을 꼽을 수 있다. 평소대로 하룻밤을 꼬박 잔다 고 할 때 이와 같은 NREM과 REM을 합친 전체 수면 사이클을 우 리는 총 4~5회 겪는데, REM 수면은 갈수록 강도가 세지고 지속 시 간도 길어진다. 잠을 방해하는 복병이 없다면, 새벽이 장밋빛 손가 락으로 하늘을 물들이는 그 시각에 우리의 꿈은 더 강렬해지는 것 이다.

이렇듯 잠은 분명 뇌와 반드시 연관돼 있지만 신체 활동 감소 와 연관된 면도 있다. 모든 생물체에게는, 심지어 박테리아조차 몸 안에 거의 24시간 단위로 돌아가는 시계가 있으며, 이것이 때에 따 라 느려지기도 하고 빨라지기도 하는 생체 리듬을 (대략 하루 주기 로) 만들어낸다. 모든 생물체가 어김없이 이런 주기를 갖다 보니, 잠 이 진화한 것은 동물이 에너지를 절약하기 위해서였다는 생각이 자 연스레 싹텄다. 에너지를 절약하고자 할 때는 신체 활동을 평소보 다 줄이고 거기에 들어갈 칼로리를 회복 및 성장에 쓰는 것이 합리 적이기 때문이다. 가령 내가 오늘 등산을 하거나 마라톤을 뛰었다 면, 오늘 밤 더 오랜 시간 더욱 곤하게 잠에 곯아떨어질 테고, 만일 그러고도 잠을 못 잔다면 내일 나는 충분히 쉬지 못했다고 느낄 것 이다. 실제로 잠을 자는 동안 우리의 신진대사율은 10~15퍼센트가 량 떨어지며, 신체 성장의 80퍼센트 정도가 NREM 수면 중에 일어 난다.[6]

잠이 우리를 푹 쉬게 하는 것은 맞지만, 나는 잠이 휴식을 위한 적응으로 진화했을까 하는 문제에 있어서는 회의적이다. 잠든 동안 신진대사가 떨어지는 것은 활동이 없을 때 에너지를 절약해두는 게 유기체에게 득이 되기 때문이다. 하지만 꼭 잠을 자야만 에너지를 절약하고 손상된 조직을 복구하는 등 여타 회복이 이루어지는 건 아니다. 즉, 에너지 절약이나 회복은 가만히 앉아 있기만 해도 충분히 가능하다. 뿐만 아니라, 잠을 자는 데는 상당한 비용과 위험이 따른다. 어느 때고 일단 잠이 들면 짝 찾기나 먹을거리 구하기, 무엇보다 다른 무언가의 먹이가 되지 않기 같은 자연선택이 가장 염두에 두는 일을 우리는 하나도 이루지 못하는 상태가 된다. 나만 해도 난생처음 아프리카의 사바나 초원에 누워 밤하늘의 별을 보며 모닥불 옆에서 잠을 청했을 때는, 저 멀리서 들리는 하이에나의 소름 끼치는 울음소리와 으르렁대는 사자의 포효에 질리도록 겁이 나서 거의 쉴 수가 없었다. 막바지에 가서야 이 야행성 포식자들이 모닥불을 피우고 있으면 인간 곁에 잘 다가오지 않는다는 것을 알고 더 이상 그 소리에 지레 겁먹지 않을 수 있었지만, 우리가 불을 길들이기 전인 100만 년 전에는 피에 굶주린 동물 울음소리를 들으며 잠들기란 여간 몸서리쳐지는 일이었을 게 분명하다. 잠들어 있는 것은 그야말로 속수무책의 상태이므로, 얼룩말은 사자에게 잡아먹힐 것을 늘 두려워해 하루 3~4시간밖에 잠을 자지 않는다. 이에 반해, 얼룩말을 잡아먹는 사자는 보통 13시간 정도를 푹 잔다.[7] 해가 떨어지고 나서 육식동물에게 잡아먹힐까봐 걱정하는 인간은 이제 거의 없지만, 오늘날에도 밤은 여전히 온갖 위험이 도사리고 있는 시간대다.

잠의 가장 주안점이 뇌에 있음을 깨닫는 데는 뇌의 힘이 그렇게 많이 필요치 않다. 지난 10~20년에 걸쳐 연구자들이 여러 날을 밤새워 연구한 결과, 어떻게 해서 신경학적 면에서 수면의 혜택이 수면의 비용보다 더 큰지 밝혀질 수 있었다. 수면의 뚜렷한 혜택 하나는 인지적 면에서 찾을 수 있는데, 잠은 우리가 중요한 것들을 기억하고 나아가 그 기억을 종합하고 통일하는 데 도움이 된다. 마법 같은 일로 들리겠지만, 우리가 잠든 동안 실제로 우리 뇌는 정보를 항목별로 정리해 분석한다. 나도 이따금 밤늦게까지 복잡한 정보(수면이 뇌에 어떤 식으로 영향을 미치는지 따위)를 이해하려 무던 애를 쓰다가 몸소 이런 현상을 체험하곤 한다. 밤이 차츰 깊어갈수록 내 뇌가 점점 뒤죽박죽돼버리면, 나는 끝내 두 손을 들고 잠자리에 들어버린다. 그런데 그러고 나서 아침이 되면, 거의 기적처럼 모든 게 싹 이해되는 느낌이 드는 것이다. 도대체 내가 잠든 사이에 무슨 일이 일어난 것일까?

잠이 어떻게 우리의 사고를 돕는지 제대로 이해하려면, 진화의 관점에서 봤을 때 기억의 유일한 혜택은 우리가 미래에 잘 대처하게끔 하는 것임을 먼저 알아야 한다.[8] 가령 어떤 얼룩말이 자기 누이가 인간 사냥꾼의 총에 맞아 죽는 것을 목격했다고 했을 때, 그 끔찍한 기억이 얼룩말에게 도움이 될 만한 딱 한 가지 일은 차후에 총을 든 인간을 만났을 때 이 사건을 떠올리고 그 인간으로부터 멀리 달아날 때뿐이다. 하지만 효과적 인지가 이루어지려면 유기체는 매일 자신이 만들어낸 그 모든 기억을 잘 분류해, 대수롭지 않은 것은 버리고 중요한 것만 따로 저장해 그 기억들에 의미를 부여해야 한다.[9] 정밀한 실험을 통해 사람들이 잠들기 전, 잠든 중간, 잠에서 깬 후 (혹은 수면을 박탈당한 뒤) 뇌를 센서로 들여다본 결과, 이런 기능은 주로 잠들어 있는 중간에 작동되는 경우가 많은 것으로 밝혀졌다.[10] 하루가 정신없이 흘러가는 동안 우리는 뇌 안의 일명 해마라는 영역에 기억을 저장해두는데, 해마는 USB드라이브처럼 단기

저장센터 기능을 한다. 그러다가 NREM 수면에 들어가면 뇌가 해마에 저장된 기억을 다양한 부류로 나누는 작업에 착수해, 헤아릴 수 없이 많은 쓸데없는 기억(이를테면 지하철에서 내 옆자리에 앉았던 남자가 무슨 색 양말을 신었는지 따위)은 쳐내고 중요한 기억은 뇌 표면 근처의 장기저장센터로 보낸다. 뇌는 기억에 이름을 붙여 정리하는 작업도 하는 듯한데, 나중에 우리에게 필요할 수 있는 기억을 찾아내어 강화한다. 이와 함께 정말 굉장하다고 할 수밖에 없는 것이, 우리가 REM 수면을 하는 동안 뇌는 특정 기억을 분석해 기억에 통일성을 부여하고 일정한 패턴까지 찾아낸다. 다만 여기서 중요한 것은 뇌의 멀티태스크 능력에는 한계가 있어서, 이런 정리, 정돈, 분석 기능을 우리가 깨어서 정신을 바짝 차리고 있을 때만큼은 효과적으로 수행하지 못한다는 점이다.[11]

뇌를 위해 잠이 수행하는 훨씬 중차대한 기능은 다름 아닌 청소부 역할이다. 살아 있기 위해 우리 몸 안에서는 그야말로 무수한 화학반응이 일어나며 그 과정에서 일명 대사물질^{metabolites}이라는 폐기물이 배출될 수밖에 없는데, 그 가운데 반응성과 유해성이 유달리 심한 것들이 있다.[12] 늘 전력이 달리는 뇌는 신체 칼로리의 5분의 1을 사용하며, 따라서 고농도 대사물질을 잔뜩 배출한다. 베타-아밀로이드^{beta-amyloid} 같은 이런 쓰레기 분자 일부는 뉴런을 아예 꽉 막아버리기도 한다.[13] 그 외에도 아데노신처럼 몸 안에 쌓일수록 우리를 점점 졸리게 하는 분자도 있다(아데노신의 이 효과를 막는 것이 카페인이다).[14] 하지만 이들 폐기물을 말끔히 치우기란 여간 어려운 일이 아니다. 간이나 근육 같은 조직은 대사물질을 쓸어 곧장 혈액 안으로 보내는 것이 가능하지만, 뇌는 혈액뇌장벽^{blood-brain barrier}(혈액이 들어가 뇌세포와 직접 접하는 것을 막아준다) 때문에 순환계로부터 단단히 봉쇄돼 있다.[15] 자기 안에 쌓인 폐기물들을 치우려는 목적으로 뇌가 진화시킨 것이 잠에 의지하는 기발한 배수설비다. NREM 수면 동안 뇌 곳곳의 특화된 세포들이 뉴런 사이의 공간을 60퍼센트 늘리고, 그 사이로 뇌를 적시고 있는 뇌척수액이 들어와 말 그대로 이 쓰레기를 쓸어가도록 하는 것이다.[16] 이렇게 해서 열린 공간으로 효소들도 들어와 손상된 세포를 고치고 뇌 수용체를 활성화해 신경전달물질에 더 잘 붙도록 한다.[17] 하지만 단 한 가지 애로사항이 있다면, 뇌의 사이사이에 난 길들은 일방향 교량과도 같아 차량들이 한 번에 한 방향으로만 다닐 수 있다는 것이다. 한마디로 우리는 뇌가 청소를 하는 동안에는 사고를 할 수 없는 것처럼 보인다. 따라서 그날 하루의 경험에서 생긴 거미줄을 싹 걷어내려면 잠을 자야만 한다.

따라서 잠은 꼭 필요한 맞교환이며, 이를 통해 우리는 뇌 기능을 향상시키는 대신 그만큼 시간을 잃는다. 한 시간 동안 깨어 있으면서 기억을 저장하고 폐기물을 쌓았다면, 우리는 대략 15분 정도는 잠들어 이 기억을 처리하고 폐기물을 치워야 한다. 하지만 이 비율은 경우에 따라 크게 차이가 난다. 가령 노인은 잠을 덜 자는 반면, 이보다 잠을 더 자야 하는 이들(특히 아이들)도 있다. 부모라면 다들 알겠지만, 낮잠 때를 한번 놓치면 순하디 순한 아기도 지옥에서 온 아기로 돌변할 수 있다. 다행스럽게도 어른들은 수면을 박탈당하더라도 아이들만큼 말썽을 일으키지는 않지만, 그래도 시간을 들여 자는 것과 깨어 있는 것 중 어느 하나는 반드시 버려야 하는 상황을 피할 수 있는 사람은 아무도 없다. 밤늦게나 이른 아침까지 자지 않는 것은 재밌고 유익한 시간이 될 수는 있겠지만, 그러다가 기억, 기분, 장기적 건강의 면에서 때로는 참담한 대가를 치르게 된다. 수면 박탈의 유해성은 건강에도 영향을 미치지만, 미국에서 해마다 일어나는 약 6천 건의 자동차 사고가 졸음운전에서 비롯된다는 사실도 잊어서는 안 될 것이다.[18]

자, 그렇다면 여러분은 어젯밤 꼭 필요한 8시간을 다 잤는가?

8시간이라는 근거 없는 믿음

현대 세계에서만 유독 눈에 띄는 특징 하나는, 우리가 무언가를 치료책으로 제시할 때 그 정량을 구체적으로 못 박는 경향이 있다는 것이다. 그래서 흔히 일주일에 신체 활동을 150분은 할 것, 하루에 섬유소를 25그램은 섭취할 것, 밤에 8시간은 잘 것 등이 권장된다. 이 8시간 수면이라는 처방이 정확히 언제, 어디서 처음 나왔는지는 모를 일이지만, 19세기 말 공장 노동자들은 파업에 돌입해 가두행진을 벌이면서 "8시간 일, 8시간 휴식, 8시간은 우리 하고픈 것!"이라는 구호를 외쳤다. 벤저민 프랭클린도 삶의 비결을 한 수 일러준다는 듯 이렇게 말한 바 있다. "일찍 자고 일찍 일어나는 것이, 건강하고 부유하고 지혜로운 사람이 되는 길이다." 나 역시 지금까지 하루에 8시간은 자야 한다는 생각을 대체로 머리에 품고 살아온 데다, 내가 아침형 인간이라는 사실에 이따금 약간 우쭐해한다는 것도 부인하지는 않겠다. 하지만 평소 이런 견해를 흔히 마주칠 수 있음에도, 이 세상에는 밤늦게까지 깨어 있는 걸 무엇보다 좋아할 뿐만 아니라 종종 작심하고 8시간보다 한참 모자라게 자는데 멀쩡히 살아 있는 사람들(특히 내 학생들)이 수두룩하다. 이들은 전기를 쓰며 시간에 쫓기듯 살게 된 현대 세상이 만든 비정상적인 존재들일까? 이런 우리 모습을 다른 동물과 비교해보면 어떨까?

주변을 대강만 훑어봐도, 잠과 관련해서는 사람이든 포유류든 딱 하나의 패턴만 존재하지 않는다는 사실을 우리는 쉽사리 확인할 수 있다. 당나귀는 하루에 단 2시간 잘 뿐인 반면, 아르마딜로는 무려 20시간 동안 잔다. 기린처럼 시시때때로 낮잠을 자는 동물이 있는가 하면, 중간에 깨는 일 없이 한 번만 푹 잠에 빠지는 종도 있다. 코끼리처럼 덩치가 커다란 동물 몇 종은 선 채로 낮잠을 자기도 하지만, 뭐니 뭐니 해도 가장 대단한 건 돌고래나 고래 같은 해양 포유류로, 이들은 헤엄치는 동안에 뇌 한쪽의 절반만 잠들게 하는 능력을 진화시켰다.[19]

평생의 3분의 1도 넘는 시간을 잠에 희생한다는 것은 좀처럼 일어나기 힘든 맞교환이므로, 자연선택이 대단히 다양한 수면 패턴과 기준을 발전시켜온 것은 어쩌면 당연한 일일 것이다. 그 엄청난 다양성 안에 뭔가 숨은 원리가 있을지 파악하려 애를 써봐도, 몇 가지 약한 강도의 연관성만 찾아지는 게 고작이다. 가장 강력한 연관성은 다른 동물의 먹이가 되기 쉬운 동물은 자신을 잡아먹으려는 육식동물보다 잠을 덜 자는 경향이 있다는 것이다.[20] 성경에서는 "그때 이리와 새끼 양이 함께 살며, 표범이 새끼 염소와 함께 누울 것"(〈이사야서〉 11장 6절)이라 했지만, 농장의 동물들이 눈앞에 뻔히 포식자가 있는 걸 알고도 푹 잤을 리는 없을 것이다. 거기에다 다른 동물에 비해 덩치가 커서 먹을거리를 구하는 데 시간이 더 많이 걸리는 동물도 잠을 덜 자는 경향이 있다. 하지만 그 외의 경우에는 왜 어떤 동물이 다른 동물에 비해 더 많이 자거나 혹은 덜 자는지 딱히 이유가 없어 보인다. 이 까닭 모를 다양성이 어떤 요소로 설명이 되든, 대다수 포유류는 하루에 8~12시간을 자며 대부분의 영장류는 9~13시간을 잔다. 우리와 가장 가까운 친척인 침팬지는 매일 밤 평균 11~12시간의 휴식을 취하는 것으로 보인다.[21]

그렇다면 인간은 어떨까? 여러분도 충분히 예상하다시피, 인간의 수면 패턴에 관한 정보는 대부분 미국과 유럽 사람들에게서 나오는데, 미국과 유럽의 경우 대부분 성인이 밤에 7~7.5시간을 잔다고 답하지만, 수면 시간이 자주 그에 훨씬 못 미친다고 답한 이도 셋 중 하나 꼴이었다.[22] 하지만 자기보고식의 수면 시간 추정치는 신빙성이 떨어지기로 악명이 높다.[23] 수면을 객관적으로 모니터해 주는 새로운 센서 기술에 따르면, 미국, 독일, 이탈리아, 오스트레일리아의 평균 성인은 날씨가 따뜻하고 날이 긴 여름에는 6.5시간 정도를 자고, 날씨가 춥고 밤이 긴 겨울철 몇 달은 7.5시간 정도를 자는 경향이 있는 것으로 나타났다.[24] 경우에 따라 천차만별이지만 전반적으로 봤을 때, 서양의 성인 대부분은 밤에 평균 7시간 수면을 취하는 것으로 보인다. 우리가 꼭 자야 한다는 8시간 수면 시간에서 족히 1시간(13퍼센트)은 모자라는 셈이다.

그런데 그 8시간은 정말 일반적 표준일까? 8시간을 성배처럼 신성시하는 그 믿음은 어디에서 비롯되었을까?[25] 이 책에 깔린 주된 전제 중 하나가, 나를 포함한 현대의 서구화한 사회의 대부분 사람들은 산업혁명기 이전에 살았던 인류와 닮은 구석이 거의 없다는 것이다. 그렇다면 알람시계, 불빛, 스마트폰은 물론이고, 일, 열차 시간, 한밤의 뉴스 같은 현대인의 주위에 도사리고 있는 수면의 적들은 과연 내 수면 패턴을 얼마나 어지럽히고 있을까?

다행스럽게도 이 문제에 대해서는 연구자들이 일찍이 눈을 뜬 데다, 새로운 기술들이 등장한 덕에 비산업사회 인구의 수면에 관한 양질의 자료들이 봇물 터지듯 쏟아져 나올 수 있었다. 그중에서도 단연 짜릿한 연구는 UCLA의 수면연구가인 제롬 시걸과 그의 동료들이 수행한 것으로, 탄자니아의 하드자족 수렵채집인 10명, 칼라하리 사막의 산족 야생채취-농부 30명, 볼리비아 아마존강 열대우림의 수렵-농부 54명에게 센서를 부착한 실험이었다. 지금도 이들은 아무도 시계나 인터넷을 쓸 줄 모르는 것은 물론, 전기 불빛도 주변에서 찾아볼 수 없다. 하지만 시걸로서는 깜짝 놀랄 수밖에 없었던 것이, 이들의 수면 시간은 오히려 산업사회 사람들보다 짧았다. 날씨가 따뜻한 철에 이들 야생채취인은 하루 평균 5.7~6.5시간을 자고, 날씨가 추워지는 철에는 밤에 평균 6.6~7.1시간 잔다. 그뿐인가, 이들은 낮잠도 거의 자지 않았다. 아이티섬의 시골 사람들과 마다가스카르섬의 농부들을 포함한 여타 비산업사회 사람들을 비롯해 전기를 아예 끊고 사는 아미시파 농부를 관찰한 결과, 이들 역시 비슷하게 하루에 6.5~7.0시간 정도를 자는 것으로 보고되었다.[26] 따라서 우리가 종종 듣는 이야기와는 정반대로, 비산업사회 사람들이 산업사회 및 탈산업사회 사람보다 잠을 더 잔다는 증거는 어디에도 없다.[27] 그뿐만 아니라 자세히 살펴보면, 지난 50년 사이 산업화 세계의 수면 지속시간이 줄어들었다는 경험적 증거도 거의 전무하다.[28] 잠과 관련해 더 많은 것을 살펴볼수록, 8시간을 일반적 표준으로 공언하기에는 더 무리가 있다.[29]

만일 여러분이 이 책을 회의적인 시간으로 읽고 있다면(당연히 그래야 하겠지만), 단순히 비산업사회에 사는 야생채취인과 농부의 수면 시간이 통상 8시간 미만이라고 해서 그들의 습관이 건강에 최선인 것은 아니지 않느냐고 생각할지 모른다. 수렵채집인 중에도 담배 피우는 이가 많은 마당에 말이다. 그런데 2002년, 대니얼 크립키와 동료들이 100만 명 이상의 미국인을 대상으로 건강기록과 수면 패턴을 꼼꼼히 살피는 방대한 연구를 수행해 수면의 세계를 송두리째 뒤흔든 적이 있다.[30] 이들 자료에 따르면, 밤에 8시간 자는 미국인은 6.5~7.7시간 자는 미국인보다 사망률이 12퍼센트 높았다. 그뿐만 아니라, 8.5시간 이상 유난히 많이 자거나 4시간 미만으로 유달리 적게 자는 이는 모두 사망률이 15퍼센트 높은 것으로 나타났다. 개중에는 이 연구의 허점을 물고 늘어지며 비판하는 이들도 있다. 즉, 이 수면 데이터는 자기보고를 근거로 한 데다 이미 병에 걸린 사람들이 잠을 많이 자는 것일 수도 있으며, 상호연관성이 있다고 해서 곧 인과관계가 성립하지는 않는다는 식으로 말이다. 하지만 그 이후 더 나은 자료와 정교한 방법이 계속 나와서 연령, 질환, 소득과 같은 요소를 반영하는 작업이 이루어졌고, 그 결과 약 7시간 자는 사람이 그보다 많거나 적게 자는 사람보다 장수하는 경향이 있는 것으로 밝혀졌다.[31] 그 어떤 연구에도 8시간이 최선이라는 내용은 없으며, 대부분 연구에서 7시간 이상 잔 사람들이 7시간 미만 잔 사람보다 수명이 짧았던 것으로 나타났다(하지만 장시간 자는 사람이 수면을 줄이는 게 득인가 하는 문제는 아직 속 시원히 해결되지 않았다).

8시간은 자야 한다는 게 근거 없는 믿음일 수 있다면, 수면 패턴은 어떨까? 가령 여러분과 나는 똑같은 시간을 자더라도 자는 방식이 다를 수 있다. 우리 중에는 일찍 잠자리에 들어 일찍 일어나는 이른바 '종달새형' 인간이 있는가 하면, 밤늦게까지 깨어 있다가 새벽 동이 다 트고 나야지만 비로소 잠에 푹 드는 '올빼미형' 인간도 있다. 뚜렷이 대조되는 이 경향은 유전의 요소가 대단히 다분해서 자기 의지로는 도저히 극복할 수 없는 것으로 밝혀졌다.[32] 그뿐만 아니라, 나이가 들수록 잠이 줄고 더 쉽게 잠에서 깨는가 하면, 밤새 내리 잠을 자는 사람도 많지만 개중엔 이따금 잠에서 깨어 한두 시간 맨정신으로 있다가 다시 잠드는 사람도 있다. 인류학자 캐럴 워스먼과 역사가 로저 에커치는 이런 다종다양한 수면 패턴도 얼마든 정상일 수 있다며 논쟁에 불을 지핀 이들이다.[33] 이 두 학자는 주장하길, 산업혁명 이전에는 사람들이 한밤중에 잠에서 깨어났다가 한 시간가량 지나 다시 잠드는 게 정상적인 일이었다고 한다. 이 '1차 수면'과 '2차 수면' 사이에 사람들은 이야기를 나누거나, 일을 하기도 하고, 섹스를 하고, 기도를 드리기도 한다. 이 말을 뒤집어보면, 우리의 수면 패턴이 전기 불빛을 비롯한 여타 갖가지 산업사회의 발명품들 때문에 뒤바뀌었을 수도 있다는 이야기다. 하지만 센서를 기반으로 비산업사회 인구를 연구한 내용에 담긴 그림은 그보다 더 복잡하다. 탄자니아, 보츠와나, 볼리비아의 야생채취인 대부분은 밤새 내리 잠을 자는 반면, 마다가스카르의 자영농민은 잠을 1차와 2차로 쪼개어 자는 경우가 많다.[34]

아닌 게 아니라 대부분의 생물학적 현상은 가변성이 무척 심하며, 그 점에서는 수면도 결코 예외가 아니다. 생물학적 리듬도 다르고 인체가 각성과 졸음을 조절하는 방식도 저마다 다르기 때문에, 인간도 다른 종들만큼이나 수면 일정이 천차만별로 차이가 나게 마련이다.[35] 더욱이, 어떤 단 하나의 수면 패턴을 찾아볼 수 없기는 뉴욕과 도쿄처럼 사방이 불빛에 둘러싸인 곳에 사는 사람이나 아프리카 사바나나 아마존 열대우림처럼 전기라곤 들어오지 않는 데서 사는 사람이나 마찬가지다. 인류학자 데이비드 샘슨이 하드자족 수렵채집인 22명이 모여 생활하는 야영지에서 20일 동안 그들의 수면 활동과 관련한 수치들을 측정하자, 사람들이 잠든 시간대가 너무도 각양각색이어서 매일 밤 단 18분의 공백을 제하면 나머지 시간대에는 야영지 안에서 최소 한 사람이 늘 깨어 있는 것으로 추정할 수 있었다.[36] 진화의 관점에서 봤을 때, 인간도 위험한 야밤에 잠들어 있을 때 속수무책으로 당할 가능성이 가장 크므로, 수면 시간이 이렇듯 각양각색인 것은 적응의 산물일 가능성이 높다. 최소한 한 사람이 정신을 바짝 차리고 보초를 서고 있으면(종종 나이 많은 이가 이런 보초병 역할을 맡을 때가 많았다), 표범, 사자를 비롯해 우리를 해하려는 여타 인간으로 그득한 세상에서 깜박 잠들었을 때 따르는 위험을 줄일 수 있었을 것이다.[37]

그러니 여러분도 더러 한밤중에 깨거나 밤에 8시간을 못 채우고 7시간만 자는 일이 있더라도, 괜히 전전긍긍할 것은 없다. 아닌 게 아니라, 인간은 침팬지를 포함한 유인원 친척들보다는 잠을 덜 자도록 적응이 이루어진 것으로 보인다. 이렇듯 잠을 줄이는 일은 지금으로부터 200만 년 전, 우리 조상들이 나무를 타고 오르기에(아프리카 황야에서 잠을 청하기에는 그나마 나무가 안전했을 것이다) 유용하던 특성을 상당수 잃어버린 시기에 진화했을 테고 말이다. 인간은 굼뜬 데다 어정쩡하게 양족보행을 하며 위험하기 짝이 없는 땅바닥에 누워 잠을 자야 했던 만큼, 불을 인간의 뜻에 맞게 쓰게 되기 전까지는 표범과 사자, 날카로운 송곳니를 가진 호랑이에게 분명 거저 주워 먹기나 다름없었을 것이다. 이런 조건에 놓여 있었던 까닭에 우리 조상들은 얕게 잠들고 잠을 최소로 줄이고, 또 성원들이 번차례로 깊이 잠들며 집단 내 누구 하나는 반드시 깨어 위급할 때 경보를 울렸으니, 만일 그러지 않았다면 유달리 힘이 약한 우리 조상들은 진작에 멸종당했을지도 모른다.

잠을 별로 자지 않을 때 얻어지는 또 다른 혜택은, 그 옛날이나 지금이나 하루 중 사람들과 어울릴 시간이 더 늘어난다는 점이다.

먼 옛날 우리 조상들이 해질녘에 모닥불을 피워놓고 그 곁에 둘러 앉아 함께 수다를 떨고, 춤도 추고, 그밖에 친목을 도모하는 갖가지 활동을 한 것처럼, 오늘날 우리도 저녁 시간에 같이 밥을 먹거나, 술집에 가거나, 그 외에 환하게 불이 밝혀진 곳에서 모이기를 즐긴다. 하지만 막바지에 가서는 잠자고 싶다는 욕구가 다른 모든 욕망을 누르게 되고, 그래서 많은 이가 발걸음을 돌려 어둡고 조용한 방을 찾아가 부드럽고 따스한 침대 안으로 기어들어 푹신한 베개에 머리를 푹 파묻고는 모르페우스(오비디우스의 《변신》에 등장하는 꿈을 관장하는 신—옮긴이)의 품에 안긴다. 그런데 바로 이 대목에서, 잠이란 과연 무엇인지 참 아리송해진다.

사생활로서의 잠, 사회생활로서의 잠

2012년 12월의 어느 밤, 사람의 발길이 잘 닿지 않는 멕시코 북부 산악지대를 여행하던 동료들과 나는 밤이 이슥해서야 우리가 한숨 돌리기로 한 흙벽돌 움막집에 다다를 수 있었다. 밤하늘에 별이 박힌 늦은 시각에다 날씨마저 추워서 기력이 다 빠져버린 나는 얼른 잠자리에 들고 싶은 마음뿐이었다. 하지만 소변을 보고 양치질을 하고 잘 준비를 싹 마쳤을 땐, 그 자그마한 오두막의 하나뿐인 침대(퀸 사이즈의 틀 위에 종잇장처럼 얇은 매트리스가 깔린 게 전부였다) 위에 내 동료 여행자들이 벌써 몸을 겹겹이 포갠 채 잠들어 있었다. 이들이 벌써 코까지 드르렁대며 단잠에 빠진 데다 그 침대 위에는 더 남는 자리도 없었던 터라, 나는 담요 몇 장으로 몸을 둘둘 만 채 딱딱한 먼지투성이 마룻바닥에 누워 잠을 청했다. 하지만 내심으로는 며칠씩 샤워도 안 한 이들이 시끄럽게 코를 골며 자는 좁다란 침대에서 함께 자지 않게 되어 얼마나 다행인지 몰랐다. 깨끗한 침대보와 베개가 놓인 편안한 침대라면 훨씬 나았겠으나 그래도 나는 한 마리 개처럼 웅크린 채 마룻바닥에서 잠들 수 있었다. 이렇게 잠을 나 혼자, 혹은 오직 내 아내하고만 자려는 까탈스러운 성미는 문화적 관점에서 얼마나 정상일까?

이와 관련해서는 인류학자들이 사람들의 잠자는 양상을 오랜 시간 연구해, 전 세계의 수면 관습과 사고방식에 대해 풍성하게 자료를 내놓은 바 있다. 여기서 어떤 일반화가 가능하다면, 다름 아닌 수면에 대한 접근법은 문화에 따라 그야말로 천차만별이며, 단순히 잠을 졸음을 해소하는 방편으로 보는 곳이 하나도 없다는 것이다. 한마디로 수많은 문화에서 잠을 사회적 활동의 하나로 본다. 예를 들어, 뉴질랜드의 마오리족은 과거에 전통가옥에서 한데 모여 잤으며, 지금도 장례식에 모인 사람들은 시신과 저승길을 함께한다며 그런 식으로 같이 잠을 자곤 한다.[38] 뉴기니의 아사바노족Asabano은 낯선 이를 절대 혼자 재우는 법이 없는데 자칫 간밤에 마녀의 주술에 걸려들까 염려해서이며, 호주 중부의 왈피리족은 엄격한 사회적 규칙에 입각해 순서대로 일렬로 누워 별이 박힌 하늘을 보며 잠에 든다.[39] 이웃이 자는데 그 곁에서 버젓이 이야기를 나누거나 섹스하는 것을 아무렇지 않게 여기는 문화도 수없이 많으며, 현대의 서구화한 가정들 말고는 다들 갓난아기는 늘 엄마가 데리고 자야 한다고 생각한다.[40] 남과 살을 맞대고 자는 것은 체온을 따뜻하게 유지하는 훌륭한 방법이기도 하다.

이런 식으로 함께 자는 습관이 아주 생경하게 여겨질지 모르지만, 생각해보면 산업혁명 덕에 침대 값이 저렴해지기 전에는 미국인과 유럽인도 자기 식구나 집에 묵는 손님은 물론, 여행길에서 만난 생판 모르는 남과도 예사로 한 침대를 썼다.[41] 멜빌의 소설 《모비딕》 초반부에서 보듯, 화자 이슈메일과 동료 뱃사람 퀴케그도 뉴베드퍼드 여인숙에서 처음 만난 사이다. 애초에 이슈메일은 서슴없이 사람을 죽이는 문신투성이 식인종과 한 침대에서 자야 한다는 데 몸서리를 쳤지만, "술 취한 기독교도보다 맨정신인 식인종과 자는 편이 차라리 낫다"고 마음먹는다. 다음 날 아침 이슈메일이 잠에서 깼을 때 퀴케그는 "그 누구보다 사랑스럽다는 듯 다정하게" 이슈메일을 두 팔로 꼭 껴안고 있었다.

산업화 세계에서 잠은 더 사적인 일이자 동시에 더 편안함을 추구하는 일이 됐다. 1880년대에 코일 스프링 매트리스가 발명되기 전만 해도, 깃털이나 털을 채운 편안한 매트리스는 유럽과 미국의 부자들이나 쓸 수 있는 물건이었다. 당시에는 매트리스라고 해야 얇고 울퉁불퉁하며 지푸라기로 속을 채운 패드가 대부분이었다. 지금은 어디서나 쉽게 볼 수 있는 침대 시트와 부드러운 베개 역시 특권층이나 쓸 수 있는 사치품이었다. 도판 8의 사진들에 잘 나타나 있듯, 수백만 년 동안 세계 대부분 지역에서 거의 모든 이가 베개도 없이 딱딱하고 아무 탄력 없는 맨바닥에 풀, 지푸라기, 가죽, 나무껍질, 이파리 등 뭐든 단열재가 될 만한 것을 깔고 잠을 잤다. 이런 데서 잠을 자야 한다면 영 불편하리라 여기겠지만, 장담컨대 바닥에서 자는 일에 익숙해지기까지는 별다른 노력이 거의 필요치 않다. 그뿐만 아니라, 전통적인 형태의 1회용 침구는 차라리 지푸라기를 채운 매트리스보다 위생 면에서 더 낫다. 지푸라기 매트리스의 경우 '초기 현대 곤충학의 3대 흉물'로 통하는 이, 벼룩, 빈대가 보금자리로 삼고 살아가기에 딱 좋은 환경이기 때문이다.[42] 지푸라기 매

도판 8   비산업사회 사람들의 수면. *맨 위:* 에티오피아의 하메르족 남성이 잠들어 있는 모습(사진: Daniel E. Lieberman). *중간:* 에티오피아의 하메르족 여성이 잠들어 있는 모습 (사진: Daniel E. Lieberman). *맨 아래:* 칼라하리의 산족 아이들이 잠들어 있는 모습(사진: Laurence K. Marshall와 Lorna J. Marshall가 기증. ©President and Fellows of Harvard College, Peabody Museum of Archaeology and Ethnology, PM2001.29.14879)

트리스 위에서 여럿이 함께 잠을 자던 중세의 습관은 이 시대에 흑사병 같은 전염병이 창궐하는 데 일조하기도 했다.

더욱 편안한 상태에서 더욱 혼자 자게 되면서, 잠은 더욱 조용하고 더욱 어두운 것이 되어갔다. 여러분도 앞으로 인생의 3분의 1 정도를 침대와 침실에서 보내게 될 텐데, 오늘날 여러분의 침대는 옛날 왕들도 부럽지 않을 정도로 편안하며, 침실은 불빛, 소음 등 갖가지 방해물이 차단되게 설계된 것과 함께, 방 안을 덥히거나 식혀 '이상적인' 온도까지 맞춰준다. 이렇게 단열 및 방음이 이뤄지는 데서 잠을 자는 것은 현대 산업화 세계 밖에서는 좀처럼 찾아보기 힘든 일이다. 야생채취인은 대체로 난리법석 옆에서 잠을 잔다고 할 수 있을 정도다. 이들은 보통 삼삼오오 무리 지어 모닥불 가까이에서 잠을 자며, 비교적 부산한 주변에는 소음이나 불빛을 차단해주는 가림막 같은 것들도 따로 없다. 야영지의 이쪽 구석에서 누군가가 잠을 자도, 저쪽 구석에서는 사람들이 자기들끼리 이야기를 나누거나, 아기에게 젖을 물리거나, 신나게 뛰놀거나, 허드렛일을 하며, 저 멀리서는 동물 울음소리도 수시로 들려온다. 내 생각이지만, 아프리카의 밤을 망치는 가장 악독한 주범은 인간이나 하이에나가 아닌 바위너구리인데, 고양이만 한 몸집에 나무를 보금자리 삼는 이 유제류는(코끼리의 먼 친척뻘이다) 밤이면 누군가 목 졸려 죽기라도 하는 것 같은 울음소리를 내 머리카락을 쭈뼛 서게 만든다. 이런 바위너구리들에게 단련된 게 무색하게도, 현대인이 굳이 어둡고 조용한 환경에서 자는 걸 더 선호하게 된 것은 문화의 힘이 작용한 결과다. 만일 주위를 어둡고 조용하게 만들지 않고는 잠을 잘 수 없다면, 여러분도 진화의 면에서 유별난 종자인 셈이다.

현대인의 예민함을 고려할 때, 아수라장 같은 석기시대식 수면 여건은 간밤의 꿀 같은 휴식과는 완전히 상반되는 것처럼 보이지만, 그간 인류학자 캐럴 워스먼이 펼쳐온 주장에 따르면 실상은 그 반대일 수도 있다.[43] 초반의 NREM 수면 단계가 하나둘 진행될수록, 우리 인간은 주변 환경을 차츰차츰 인지하지 못하게 된다. 이 같은 점진적 신경 *끄기*는 적응의 산물일 수 있는데, 우리의 뇌는 잠든 사이에도 (아마 그렇게 잠든 게 위험하지 않은지 헤아리기 위해) 우리 주변의 세계를 계속 감시하고 있기 때문이다. 곁에서 친구들과 식구들이 두런거리는 소리, 타다닥 불꽃이 튀는 소리, 갓난아기들의 울음소리, 저 멀리 어딘가에 하이에나가 있다는 인식이 서서히 가물가물 물러나면서, 우리 뇌에는 더 깊은 무의식의 수면 단계에 들어가도 안전하다는 신호가 전달된다. 아이러니한 사실은, 마음을 안심시키는 이런 자극들에서 스스로를 너무 효과적으로 차단하는 통에 어쩌면 우리는 스스로를 잠으로 인한 스트레스를 더 쉽게 받는 사람으로 만들고 있는지도 모른다는 것이다.

내가 보기에 현대의 유별나기 짝이 없는 수면 문화는, 즉 스트레스를 더 받더라도 어떻게든 사생활을 더 지키려는 것은, 다른 어디보다 어린아이들을 되도록 어른들의 침대 및 침실에서 내보내려는 데서 가장 극명하게 드러나는 것 같다. 최근까지만 해도 어느 문화에서건 아이는 엄마와 같이 자는 것이 통례였다. 심지어 아이와 함께 자지 않는 것을 일종의 아동학대로 보는 문화도 많다.[44] 하지만 아내와 내가 난생처음 부모가 되었을 때 우리는 숱한 책과 생판 모르는 남들로부터 딸아이와 함께 자는 건 우리에게 좋지 않다는 충고를 들었다. 그때 우리는 순진하게도 리처드 퍼버 박사의 말을 곧이곧대로 따랐다. 이른바 '퍼버식 키우기Ferberizing'라는 그의 악명 높은 양육법을 실천해 딸을 다른 방의 유아침대에 혼자 내버려두었고, 그러면 아이는 자기를 데려가 달라며 목이 터져라 울어 젖히 곤 했다.[45] 퍼버 박사의 처방에 따르면, 이때 우리 부부는 아이를 찾 아가는 시간 간격을 갈수록 더 벌려 공포에 질려 대성통곡하는 아 이가 마침내 잠들어 '자기 위로'하는 법을 스스로 터득할 수 있도록 해야 했다. 이 무슨 끔찍한 일이란 말인가. 딸아이는 물론 우리 자 신에게도 고문이었던 악몽 같은 일주일이 지난 뒤, 우리 부부는 그 냥 인류가 늘 해오던 대로 딸을 데리고 우리 침대에서 자기로 결심 했다. 엄마와 갓난아기는 함께 자면 더 푹 잘 뿐만 아니라, 자는 시 간과 젖 먹는 시간을 맞추기가 더 수월해져 둘 사이에는 서로에게 힘을 주는 긍정적 상호작용이 풍성하게 일어나게 된다.[46] 물론 흡연, 음주, 마약 복용을 하는 부모와 한 침대를 쓰면 영아가 갖가지 리스 크(그중에서도 특히 영아돌연사증후군)에 노출된다는 말도 맞지만, 지 금껏 잘못된 정보로 인해 많은 부모가 아이와 함께 자는 것에 지레 겁을 먹은 것도 사실이다.[47]

하지만 내가 여럿이 함께 자는 것을 어떻게 생각하는지와는 별 개로, 나 역시 내가 태어나고 자란 문화의 산물임을 부인할 수 없으 며, 잠을 사회적 활동의 하나로 대하고픈 마음은 추호도 없다. 나는 조용하고 어두컴컴한 방의 편안한 매트리스 위에서, 내 옆에는 내 아내만, 침대 발치에는 우리 개만 두고 자는 걸 좋아한다. 아마도 여 건만 허락됐다면 우리 조상들 가운데서도 이런 수면 환경을 더 맘 에 들어 하는 이들이 많지 않았을까? 내가 어떤 식의 수면을 좋아 하는지가 문화적인 요인에 의해 구성되는 면이 많다는 것을 알면 그다지 이상적이지 못한 환경에서 잠을 청할 때 적잖이 위로받을 수 있다. 이상적이지 못한 수면 환경 중 단연 최악은 비행기 안이다. 갑갑한 좌석에 안전벨트로 몸을 동여맨 채 웅웅거리는 엔진 소리,

사람들의 잡담 소리, 화장실에서 물 내려가는 소리, 아기들 울음소리를 들으며 잠을 청해야 할 때면, 나는 우리 인간이 원래 혼란스럽고 시끄러운 상황 속에서 다른 사람들과 한데 어울려 잠을 자도록 진화했다는 사실을 스스로 되새기려 한다. 비록 3만 피트 상공에 떠서 1시간에 약 800킬로미터를 날아가는 금속 통 안에서 그래야 할 줄은 몰랐겠지만 말이다. 핵심은 우리가 잠의 최대 난적인 스트레스를 어떻게 피하느냐에 달려 있다. 잠이란 본질적으로 우리를 쉬게 하는, 별 노력할 게 없는 행동이다. 그런데 왜 오늘날 그토록 많은 이가 잠을 잘 이루지 못해 스트레스를 받는 것일까? 아울러 신체 활동은 수면에 어떻게 도움이 될까?

불면으로 인한 스트레스

너무 적게 잘 때의 결과를 연구하기에 더없이 좋은 실험실이 하나 있다면, 그곳은 분명 대학일 것이다. 수면을 박탈당하는 면에 있어서는 오늘날 학생들 세대도 내가 그들 나이였을 때에 비해 전혀 나아진 게 없다. 지난해 어느 날, 평소 지극히 성실하게 공부하는 한 학부생이 얼마 전 시험을 망친 문제로 내 교수실을 찾아왔다. 시험지를 놓고 이야기를 나누면서 나는 이 학생이 관련 내용을 꽤 잘 알고 있다는 사실에 깊은 인상을 받았고, 이내 그녀가 잠을 못 잔 탓에 제 실력을 발휘하지 못했을 수도 있다는 확신이 굳어졌다. 그 학생은 자신이 걸핏하면 잠을 하루 4시간밖에 못 자며, 시험 전날 밤도 예외가 아니었다고 털어놓았다. 왜 그렇게 잠을 적게 자느냐고 물었을 때, 나는 꼭 그녀 나이 때의 내 이야기를 녹음해 듣는 것만 같았다. 그녀는 보통 새벽 두세 시에 잠자리에 드는데 애면글면하다 겨우 잠들어도 다 쉬었다고 느끼기도 전에 일찍 일어난다는 것이었다. 낮에는 강의 시간에 졸지 않으려 갖은 애를 쓰고, 밤에는 도서관에서 오랜 시간 공부하며 카페인을 잔뜩 충전한 탓에 도무지 잠이 오지 않아 애를 먹었다.

우리가 대학생을 특별한 인간 종으로 분류하는 한 가지 이유는, 이들이 드디어 성인이 된 즐거움을 난생처음 만끽하면서도 어른으로서 갖가지 책임을 양어깨에 짊어지지 않아도 되기 때문이다. 지금은 수면 박탈 상태인 내 학생들도 일단 상아탑을 떠나면 나름의 안정된 생활을 꾸리고 결국 지금보다 잠을 더 잘 수밖에 없겠지만, 개중에는 계속해서 수면 박탈 상태에 머무는 이도 있을 것이다. 일부 연구에 따르면, 미국 성인의 약 10퍼센트가 병원 진단 수준의 불면증을 겪으며(다시 말해 30분 넘게 뒤척여야 잠이 들거나, 밤새 통 눈을 붙이지 못하고 잠을 설치는 정도), 자신이 충분히 잠을 못 잔다고 생각하는 이들도 거의 3분의 1에 달한다고 한다.[48] 이렇듯 불면증이 널리 퍼진 상황은 미국 이외의 다른 지역도 비슷하다.[49] 여러분도 예상하다시피, 수면제에 의존해 생활하는 미국인은 약 5퍼센트에 이른다.[50] 낮 동안에 하염없이 쉬는 일은 다들 그렇게 잘하면서, 왜 밤에는 충분히 쉬지 못하는 것일까?

이 질문에 답하려면, 먼저 뇌에서 일어나는 상호작용을 통해 신체의 각성과 수면 상태를 조절하는 두 가지 주된 생물학적 프로세스를 주의 깊게 살펴볼 필요가 있다.[51] 이 두 프로세스가 정상적으로 기능할 경우, 우리는 아침에 상쾌한 기분으로 일어나 하루 종일 쾌활하게 깨어 있다가 밤이면 다시 스르르 잠이 든다. 이들 프로세스에 지장이 생기면, 우리는 수업이나 회의 도중 볼썽사납게 졸거나, 밤에 잠들기 위해 애처롭게 발버둥치거나, 너무 일찍 깨거나, 아니면 머리가 지끈거리는 채 몇 시간을 맨정신으로 고문당하듯 누워 있어야 한다.

이와 관련된 첫 번째 체계는 거의 24시간 단위로 작동하는 생체 주기로, 시상하부라는 뇌의 한 영역 안에 자리한 일군의 특화된 세포들이 이를 조절한다.[52](수면 유도를 담당하는 이 세포 군집을 일컬어 시교차 상핵suprachiasmatic nucleus이라고 한다.) 이들 세포는 아침이면 신장 맨 위쪽의 분비선에 신호를 보내, 인체가 에너지를 쓰도록 자극하는 주된 호르몬인 코르티솔을 생산하여 우리를 잠에서 깨운다. 그러다 어둠이 내려앉으면 시상하부는 뇌 안에 자리 잡고 있는 또 다른 기관인 솔방울샘pineal gland에 지시를 내려, 일명 '드라큘라 호르몬'이라 불리는 수면 유도를 돕는 멜라토닌을 생산하도록 한다. 이 생체 체계는 시계처럼 작동해서, 일조량을 비롯한 여타 경험을 기준으로 매일 재동기화가 이루어진다. 시차로 인한 피로를 겪어보았다면 다들 알겠지만, 생체 리듬은 빛을 포함한 주변 환경의 여타 신호들을 근거로 재설정되며 그러기까지는 다소 시간이(하루에 약 1시간) 걸릴 수 있다.

우리 몸이 오로지 이 생체 시계에만 의지해 수면을 조절한다면 문제가 생길 수 있다. 가령 며칠을 수면 박탈 상태로 보냈는데 생체 시계로 인해 늦게까지 잠들지 못하거나, 충분히 쉬어서 늦게까지 깨어 있고 싶은데도 그럴 수 없다고 상상해보라. 이러한 이유에서, 우리의 수면-각성 상태는 우리의 활동량과 단단히 엮여 있는 두 번째 체계에 따라 조절된다. 이 항상성 체계는 모래시계처럼 작동해서, 우리가 지금껏 얼마나 오래 깨어 있었는지 시간을 헤아려 잠이 들도록 서서히 압박을 높인다. 우리가 깨어 있는 시간이 길수록, 뇌가 에너지를 쓸 때 남는 아데노신과 같은 분자가 차곡차곡 쌓이면서 그와 함께 수면 압박이 누적돼 강도를 더해간다. 그러다 우리가 잠들면, 주로 NREM 수면을 통해 모래시계가 원위치로 돌아간다. 이상의 내용을 종합하면, 항상성 체계는 우리가 각성과 수면에 적절히 균형을 맞추어 시간을 쓰도록 도와주며, 만일 너무 오랜 시간 깨어 있다 싶으면 우리의 생체 체계를 과감히 멈추고 잃어버린 수면 시간을 다시 챙길 수 있게 해준다.

보통의 상황에서라면 생체 체계와 항상성 체계는 함께 협력하여 일상적인 수면-각성 주기를 유지해나간다. 하지만 삶이 매일 여느 때와 같으리란 법은 없다. 가령 여러분 집에 불이 나거나, 동물원을 탈출한 굶주린 하이에나 떼가 동네를 습격한다거나, 시어머니(혹은 장모)가 이사와 함께 살겠다고 선언한다면 어떻겠는가? 우리 삶을 위협하는 갖가지 위기는 이른바 '투쟁-도피' 체계를 활성화해 우리가 과각성hyperarousal 상태에 들어가도록 유도한다. 그러면 우리 몸에서는 순식간에 에피네프린과 코르티솔 같은 호르몬이 쏟아져 나와 심장박동을 높이고, 혈액 속에 당을 들이붓고, 소화기관이 잘 돌아가지 못하게 막고, 경계 태세를 끌어올린다. 당연한 얘기지만, 이들 호르몬은 또한 우리가 수면에 들어가게 하는 과정을 저지하는데, 이것이야말로 '상시 경계CONSTANT VIGILANCE'를 위해 생겨난 중대한 적응이다.[53] 일단 여러분에게 닥친 위기를 극복하는 게 급선무이므로, 아마도 오늘 밤 여러분은 단 한숨도 잠들 틈이 없을 것이다. 그러다가 상황이 순조롭게 풀려 화재가 진압되고, 하이에나 떼가 붙잡히고, 시어머니는 떠나신다면, 여러분은 다시 일상의 평형을 회복하고 그간 빚처럼 쌓인 잠을 다음 날 밤에 한꺼번에 몰아 자느라 세상 모르고 곯아떨어질 것이다.

투쟁-도피 반응(엄밀히 말하면 교감신경계)이 수면에 미치는 영향은, 운동이 잠에 어떻게 그리고 왜 그토록 중요하고도 잘 알려진 영향을 끼치는지를 설명한다. 가령 잠자리에 들기 직전에 1.6킬로미터를 전속력으로 달리거나 고강도로 중량 운동을 한다면 여러분은 십중팔구 잠이 오지 않아 애를 먹을 텐데, 이는 격한 신체 활동이 투쟁-도피 반응을 활성화해 각성을 일으키기 때문이다. 이와 반대로 하루 중 비교적 이른 시간에 축구 한 게임이나 한두 시간의 정원 손질, 오래 걷기 등 신체 활동을 충분히 해두면, 밤에 잠들기가 더 수월해진다. 이들 활동이 수면 압박을 높이는 동시에, 더 심층부의 '휴식 및 소화' 반응(엄밀하게 말하면 부교감신경계)을 통해 애초의 투쟁-도피 반응을 저지하도록 우리 몸을 자극하기 때문이다. 운동의 혜택은 많지만, 특히 운동 후 회복 과정은 코르티솔과 에피네프린 수치를 낮추고, 체온을 떨어뜨리며, 심지어는 생체 시계의 재동기화가 잘 이루어지도록 돕는다.[54] 신체 활동을 한다고 해서 수면과 관련된 모든 문제를 예방하거나 해결하는 것은 아니지만, 보통은 하루에 단 한 차례라도 힘이 부치게 운동을 하면(단 잠자리에 들기 직전은 예외다) 더 쉽게 잠들 수 있으며, 규칙적으로 운동을 할 경우 그 효과는 훨씬 좋다.[55] 모든 연령대의 미국인 2,600명 이상을 대상으로 몸무게, 나이, 건강 상태, 흡연, 우울증의 요인을 통제해 설문조사를 시행한 결과, 중~고강도 운동을 규칙적으로 일주일에 최소 150분 이상 시행한 사람들은 수면의 질이 65퍼센트 향상되었을 뿐 아니라, 낮에도 몹시 졸린 느낌을 덜 받는다고 보고하는 것으로 나타났다.[56] 나아가 잠을 충분히 자면 몸이 시간을 넉넉히 갖고 휴식과 체력 회복을 할 수 있기 때문에 사람들이 활동적으로 지내는 데 도움이 되는 한편 운동 수행능력도 향상된다.[57] 수면 시간이 6시간 미만인 사춘기 청소년은 8시간 이상인 청소년보다 부상 비율이 두 배나 높다.[58] 마지막으로, 몸을 움직이려 하지 않는 성인은 불면증으로 고생하기가 더 쉽다.[59]

불면증이란, 비상 상황이 닥쳐서 고작 하루이틀 잠을 설치는 수준이 아니라 잠을 못 자는 일이 장기간 이어지는 증세를 말하는데, 곧잘 악순환을 유발한다는 점에서 특히 잔인하다. 지나치게 시간이 오래 걸리는 통근길, 대인관계 속 갖가지 갈등, 도저히 끝이 안 나는 힘든 숙제 같은 것들 때문에 보이지 않는 만성 스트레스에 시달리면, 우리 몸 안에서는 코르티솔 같은 스트레스 호르몬의 수치가 정상치 이상으로 올라가, 그렇게 스트레스를 받지 않았다면 졸음이 와야 할 밤에 되려 정신이 더 또렷해지거나, 아니면 NREM 및 REM 주기를 한두 차례만 거치고 곧바로 잠에서 깨게 된다.[60] 그렇게 해서 만성적인 수면 박탈 상태가 되면, 코르티솔이 특히 밤에 더 많이 만들어지고, 이것이 우리를 다시 잠 못 들게 하면서 문제가 지속되며 불면증은 더 심해진다.[61]

안타깝게도, 코르티솔 수치를 높이고 수면 박탈을 일으키는 갖가지 스트레스는 또한 면역체계의 힘을 떨어뜨릴 뿐만 아니라 더 많은 장기 지방을 우리 몸에 저장하도록 지시하는 등 갖은 방식으로 우리의 건강을 서서히 해칠 수 있다. 또 잠이 부족하면 식욕을 조절해주는 호르몬들의 분비도 엉망이 되어, 우리를 배고프게 하는 그렐린이라는 호르몬의 수치가 늘어나는가 하면 음식 섭취 욕구를 억제하는 또 다른 호르몬인 렙틴의 수치는 떨어진다.[62] 밤에 잠이 부족하면 나도 확실히 간식을 더 먹는데, 수면 박탈 상태의 수백만 미국 대학생들도 마찬가지여서, 학생들은 쿠키를 비롯해 열량이 잔뜩 든 간식거리를 밤늦게까지 파는 대학가 근처의 가게에서 한밤중에 야식을 먹으려는 욕구를 얼마든지 편하게 채운다. 설상가상으로, 만성적인 수면 박탈 상태에서는 만성 염증이 생기기 더 쉬우며, 이와 동시에 보통 밤에 이뤄지는 성장호르몬 분비가 억제된다.[63] 이 모든 요소가 합쳐져, 결국 수면 박탈이 일어나면 비만이 되기 쉬워지는 것은 물론, 제2형 당뇨병과 심장병 같은 관련 질환에도 더 잘 걸리게 된다. 이는 또한 암과도 관련이 있다.[64] 여기에 엎친 데 덮친 격으로, 과체중인 이들은 잠든 동안에 호흡 곤란(무호흡증)을 겪을 위험이 더 높으며, 이는 수면을 더욱 방해한다.

수렵채집인들은 신체 활동이 일상적으로 몸에 밴 데다 이들에겐 변호사도 없기 때문에 대개는 대부분 산업사회 사람보다 불면증이 덜하겠지만, 이들도 분명 스트레스를 받고 이따금 밤잠을 설치는 일을 겪는다. 그렇긴 해도 이들의 사정은 그나마 나은데, 이들은 확실히 수면 박탈의 근본 원인을 제쳐두고 불면증 증세만 치료하기 바쁜 현대의 덫에 빠질 일이 거의 없다. 현대의 이런 수면 대증요법 중 가장 흔한 형태가 바로 알코올에 의지하는 자가 치료로, 술을 마시면 초반에는 졸릴 수 있으나 나중에는 수면 상태를 유지하는 신경전달물질의 흐름을 방해한다.[65] 더 께름칙하게도, 어느덧 우리는 이른바 수면 산업 업체들의 먹잇감이 되어버렸다. 잠 때문에 스트레스를 받는 사람들은 최첨단 매트리스, 백색소음기, 소음 차단 헤드폰, 암막 커튼, 동침자의 코골이를 멈춰주는 이런저런 장비, 안대와 함께 고성능 침구라 불리는 것에 돈을 아끼지 않는다. 그나마 이런 기기들은 대체로 별달리 해가 없어서 모닥불 옆에서 잠을 청하던 우리 조상들도 분명 흡족해했을 테지만, 수면제 남용만큼은 철저히 경계해야만 한다. 수면제는 습관성이 될 위험이 매우 높으며, 현재 수십억 달러 규모의 산업으로 성장했다. 처방전 없이 살 수 있

는 일반의약품을 셈에서 제해도, 미국의 수면제 처방은 1998년 이후 세 배 이상 증가했다.[66]

　이렇듯 많은 이가 애용하지만, 수면제는 분명 위험성을 안고 있다. 3만 명 이상을 대상으로 삼은 한 관찰연구에 따르면, 수면제를 주기적으로 복용한 성인은 이후 2.5년 사이 사망 위험이 거의 5배 높아졌다.[67] 그 외에 수면제와 우울증, 암, 호흡기 질환, 정신 혼란, 몽유병 등 여타 위험성 사이에 강력한 연관성이 있다고 보고하는 연구도 숱하다.[68] 이런 경고가 귓등으로밖에 안 들린다면, 수면제의 혜택이 대부분 위약효과로 밝혀졌다고 보고하는 연구도 많다는 사실을 기억하자. 불면증 환자와 건강한 대조군에게 시중에서 많이 쓰는 수면 약제(예를 들면, 소나타Sonata나 루네스타Lunesta)를 처방했을 때 평균적으로 위약을 처방받은 이들과 똑같은 시간(약 6시간 20분) 수면을 취했으며, 이따금 이튿날 기억력 감퇴가 일어난다는 보고가 있었음에도 이들이 잠든 시각은 고작 14분 빨랐을 뿐이었다.[69] 제롬 시걸의 말마따나, "앞으로 20년 안에 우리는, 지금 우리가 담배를 처음 받아들였을 때를 돌아보듯, 수면제의 시대를 돌아보게 될 것이다."[70]

지나친 걱정을 넘어서

그러면 이제 내가 4장 서두에서 꺼낸 질문으로 되돌아가 결론을 내보도록 하자. 인간이 최대한 휴식을 많이 취하도록 진화했다면, 왜 우리 주위에는 잠에 인색한 이들이 그토록 많을까? 오늘날 너무도 많은 이가 수면 박탈을 겪고, 그 때문에 자신의 건강은 물론 남들

168

까지 위험에 빠뜨린다는(특히 수면 박탈 상태에서 운전대를 잡을 경우) 증거를 나는 굳이 외면하고 싶지 않다. 하지만 몇몇 기우를 품은 사람들이 잠을 진화론적 및 인류학적 관점에서 생각하지 못하고 일상적인 수면 행동마저 비정상적인 일로 치부하게 된 것은, 어떻게 보면 우리가 지금껏 앉기를 나쁜 것으로 몰아온 것과 별반 다르지 않다. 잠을 두려워하는 것이 이익일 때가 있는가 하면, 우리 사회는 몸을 움직이거나 안 움직이는 행동에 대해 이런저런 판단을 내리려는 경향이 있다. 앉기는 나쁘고, 잠은 좋다는 꼬리표를 붙이는 식으로 말이다. 실상을 말하자면, 이 두 가지 휴식 방법들은 모두 지극히 정상적이지만 변동성이 무척 심한 행동으로, 복잡한 비용과 이득을 동반하며 우리의 주변 환경 및 동시대의 문화 규범에 강한 영향을 받는다.

만일 내가 건강하게 잠을 자고 있는지 확신이 들지 않는다면, 다음의 다섯 가지 간단한 질문을 한번 던져보라고 수면 전문가들은 제시한다.[71]

- 현재 자신의 잠에 만족하는가?
- 종일 졸지 않고 맨정신으로 깨어 있는가?
- 새벽 2~4시에는 잠들어 있는가?
- 한밤에 잠에서 깨어나 보내는 시간이 30분 미만인가?
- 6~8시간은 수면을 취하는가?

이 질문에 대한 대답이 '보통 혹은 항상'이라면, 여러분은 전반적으로 수면을 충분히 취하고 있음을 아는 셈이니 맘을 푹 놓고 자도 될 것이다. 설령 저런 대답이 나오지 않더라도, 너무 걱정하지는 말길 바란다. 찾아보면 치밀한 연구를 바탕으로 한 합리적이며 효과적인 방법들, 이를테면 인지행동 치료라든가, 규칙적인 수면 계획을 세우고 지키는 좋은 습관, 그리고 물론 운동이 있으니 말이다. 누차 이야기하지만, 수면과 신체 활동은 서로 단단히 얽혀 있는 관계다. 신체 활동은 수면 압박을 쌓는 동시에 만성 스트레스, 나아가 불면증을 감소시킨다. 그러므로 신체 활동을 많이 하면 할수록 우리는 잠을 더 푹 자게 된다. 이런 의미에서 신체 활동과 수면은 맞교환 관계가 아니라 협력자 관계라고 하겠다.[72] 그러니 좋은 의도에서 우리에게 제발 운동하라고 잔소리하는 사람이 더러는 제발 침대에서 좀 더 쉬라고 조르는 사람이기도 하다는 것은 그렇게 모순된 일이 아닐 수도 있다.

PART 2

스피드, 근력, 파워

제5장

———

스피드: 거북이도 아니고
토끼도 아닌

미신 #5 지구력이 좋은 사람이 속도까지 빠를 수는 없다

◇ ◇ ◇

*그리고 또 한 차례 새되고 억누를 수 없는 포효가 터져 나와 섬 전체를
휩쓸었다. 그 소리에 그는 덩굴 사이에서 한 마리 말처럼 움츠러들었다
가, 다시 한 번 숨이 턱까지 찰 때까지 마구 내달렸다.*

-윌리엄 골딩, 《파리 대왕》

내가 지금껏 살면서 가장 빠른 속력으로 내달린 것은 나이로비에
서 남서쪽으로 40킬로미터 떨어진 올로제세일리Olorgesailie에서였다
고 생각된다. 이 지역은 덥고 먼지투성이에다 황폐해서, 소를 치며
살아가는 소규모 마사이족 주민 말고는 이곳을 근거지로 삼는 이를
거의 볼 수 없다. 하지만 120만~40만 년 전에는, 지금은 자취를 감
춘 지 오래인 커다란 호수가 초기 인간을 비롯해 하마, 코끼리, 원숭
이, 얼룩말 같은 동물들이 삶을 꾸려가도록 해주었다. 24살에 막 대
학원에 진학했을 무렵, 나는 이 올로제세일리에 몇 주 머물면서 오
래전 그곳에서 일어난 일들에 대해 어렴풋하게 단서를 던져줄 해묵
은 화석과 석기 발굴 작업을 보조하는 무척 근사한 기회를 얻을 수

있었다. 이 일이 과학적으로 자못 흥미로웠던 데다, 올로제세일리는 생활하고 일하고 공부하기에 두말할 나위 없이 아름다운 곳이기도 했다. 그때 우리는 자그만 곳에 텐트를 몇 개 쳐서 야영지를 꾸렸는데, 거기에 서면 드넓고 바싹 마른 관목지 토양이 저 멀리 사화산을 향해 뻗어나가는 게 보였다. 매일 아침, 석기시대 뼈와 돌을 발굴하러 야영지를 나서기 전, 나는 일찌감치 잠자리에서 일어나 해가 떠오르는 광경을 감상하곤 했다. 그러고 있노라면 하이에나 몇 마리가 야밤의 못된 짓으로 얻은 뼈나 동물 다리를 커다랗고 우악스러운 턱에 문 채 경중경중 집으로 돌아가는 광경도 볼 수 있었다. 이 하이에나들의 소굴은 우리 야영지에서 그리 멀지 않았지만, 우리 두 종은 서로를 그리 신경 쓰지 않았다.

그러던 어느 늦은 아침, 나는 작업에 너무 골똘한 나머지 하이에나 나름의 경고 신호였을 그 강한 악취를 미처 눈치 채지 못하고 말았다. 불과 몇 미터 떨어지지 않은 데서 살기를 띤 하이에나 한 마리가 두 눈을 번뜩이며 시커먼 주둥이를 내린 채 그 고약한 냄새를 풍기고 있음을 알아차린 그 순간은 지금도 뇌리에 생생히 남아 있다. 나는 잔뜩 겁에 질려, 들고 있던 클립보드를 떨어뜨리고 걸음아 날 살려라 도망쳤다. 단언컨대 그 순간 나는 미친 듯한 질주로 내 달리기의 신기록을 갈아치웠을 게 분명한데, 그 지속시간은 30초쯤 되었던 같다. 마침내 숨이 턱에 차고 다리에 불이 붙은 것 같았을 때 나는 뒤를 돌아보았고, 그 하이에나가 천천히 반대 방향으로 달려가는 걸 보고 나서야 안도의 한숨을 내쉬었다. 내가 녀석에게서 어떻게든 벗어나려 했던 것과 똑같이, 그 하이에나 역시 내게서 멀어지려 어지간히 애썼던 듯하다. 지금까지도 나는 무엇이든 하이에나와 비슷한 냄새가 난다 싶으면 그 순간 느꼈던 공포감이 강렬하게 떠오르곤 한다.

한 해 두 해 흐를수록 나는 그 하이에나가 나를 뒤쫓지 말자고 결심한 게 점점 고맙게 느껴졌는데, 아무리 생각해도 내가 달리기로 하이에나를 제칠 리 없었기 때문이다. 책에서 접한 바에 따르면, 하이에나는 1시간에 약 65킬로미터를 달린다.[1] 이제껏 살면서 나는 늘 토끼보다 거북이 쪽이었고, 최전성기에도 시간당 24킬로미터의 속도로는 절대 1분도 달리지 못했던 것으로 기억한다. 그뿐인가, 하이에나와 달리 내게는 이 한 몸을 지켜낼 날카로운 발톱도, 커다란 주먹도, 날카로운 송곳니도 없다. 마음만 먹었다면 그 하이에나는 얼마든 나를 찢어발기거나 죽일 수 있었을 것이다.

대부분 인간은 덩치 큰 야생 육식동물이 다가오면 정신을 바짝 차리고 얼른 피하겠지만, 매년 7월 스페인 팜플로나에서는 다 큰 남자 수백 명이 길들지 않은 덩치 큰 황소에게 상처를 입거나 짓밟힐 위험을 제 발로 나서서 감수한다. 산 페르민San Fermín 축제가 열리는 8일 내내, 정확히 아침 8시 정각이면 팜플로나에서는 황소 12마리를 데려다 이 도시의 꾸불꾸불하고 좁다란 중세시대 길거리에 풀어놓는다. 그러면 이후 몇 분 동안 위험천만한 짐승들은 형형색색의 옷을 입고 떼 지어 있는 무모한 용사들을 쫓아 도시의 투우 경기장까지 835미터를 질주한다. 남자와 황소는 무슨 수를 써도 절대 일대일로 맞먹을 수 없다. 황소는 몸무게가 10배는 더 무겁고, 날카로운 뿔이 달린 데다, 한꺼번에 우르르 길거리를 내달리는 동안 함께 달리는 인간, 그중에서도 특히 술을 마셨거나 고주망태가 되어 거치적거리는 인간을 따라잡는 일쯤은 아무것도 아니다.[2] 여기서 슬쩍 피하지 못하거나 다른 식으로 황소의 길을 막아선 운 나쁜 옴브레스hombres(스페인어로 '놈'이라는 뜻—옮긴이)를 황소가 발로 뭉개거나 들이받는 일도 심심찮게 볼 수 있다. 매년 이 행사에서는 부상자만 수십 명이 속출하며, 몇 해마다 어김없이 뿔에 찔려 끝내 목숨을 잃는 사람이 한 명씩 나오곤 한다.[3] 이 소몰이 축제를 여러분이 어떻게 생각하건 간에, 나와 내 하이에나 친구 사이의 그 뚜렷한 차이가 여기서도 여실히 드러난다. 우리 인간은 느리고 약하고 상처 입기 쉬운, 완력보다는 뇌에 더 의지하는 생물체라는 점 말이다.

그런데 과연 모든 인간이 그렇게 느릴까? 만일 스릴을 쫓는 아마추어 무리 대신에, 정말 빠르고 제대로 훈련받은 단거리 육상선수가 그 하이에나나 황소들과 경주를 벌였다면 어땠을까?

우사인 볼트는 얼마나 느릴까?

런던의 스타디움으로 선수들이 입장하자, 관중 사이에서 우레와 같은 함성이 터져 나왔다. 2012년 올림픽 남자 100미터 달리기 결승전, 세계 최고의 육상경기가 막 시작되려는 참이다. 흥분에 들뜬 8만 관중은 미처 모르겠지만, 지금 스트레칭을 하며 몸을 푸는 결승 주자 8명은 머릿속으로 경기를 어떻게 뛸지 미리 전략을 구사해보느라 딴생각할 겨를이 없다. 마침내 모두가 경기 준비를 마치자, 심판들의 지시에 따라 선수들이 스타팅블록(단거리 경주에서 출발할 때 발을 걸치게 하는 기구—옮긴이) 쪽에 자리 잡고, 관중과 TV 중계 카메라를 향해 한 사람씩 선수 소개가 이루어진다. 지구상에서 제일 빠른 이들을 꼽으라면 바로 이 사내들일 테지만, 모든 이의 이목은 주로 훤칠한 키의 자메이카 출신 유명인사이자 세계기록 보유자인 우사인 볼트 한 사람에게 쏠려 있다. 키가 195센티미터로 다른 주자들 사이에 우뚝 솟은 그는 관중석의 시끌벅적한 환호를 한껏 음미하더니 만면에 웃음을 띤다. 그러다 어느 순간, 이 남자들이 더없이 강인한 다리를 조심조심 스타팅블록의 전진 페달에 올리고, 양 무릎을 땅바닥에, 손가락 끝은 출발선 몇 밀리미터 뒤에 두고 뛸 준비를 하자, 마치 마법에라도 걸린 듯 경기장에는 긴장감 어린 침묵이 순식간에 내려앉는다. 이제 전 세계 많은 이들의 눈이 이 단 8명의 남자들, 특히 볼트에게 쏠려 있다. 잠시 뒤, 심판의 구령에 맞춰 선수들이 무릎을 들어 올린다. 몇 초 후, 땅, 총성이 울린다!

천 분의 몇 초나 될까 하는 사이, 주자들은 엉덩이와 무릎을 쭉 펴고 땅과 45도 각도로 몸통을 위와 앞으로 밀어내고 한쪽 팔을 앞으로 다른 팔은 뒤로 세차게 흔든다. 블록을 차고 나올 때만 해도 볼트는 출발이 제일 느린 축이다. 주자들은 속도를 높이며 서서히 상체를 세우더니, 10~15걸음 정도를 달렸을 때는 8명 모두 몸통을 완전히 꼿꼿이 세우고 일렬로 나란히 달린다. 그러다 주자들의 속도가 점점 붙어가는 사이 볼트가 앞으로 훅 치고 나온다. 이 순간 주자들은 완벽한 자세를 유지하려고 무던히 애를 쓰는데, 그러려면 발볼 바로 뒤쪽이 엉덩이 약간 앞쪽 땅에 닿도록 발을 내려놓으면서 무릎은 최대한 빨리 들어 올리고 다시 발과 정강이를 땅바닥에 망치질하듯 굴러 속도를 계속 높여나가야 한다. 이때 선수들의 제일 주된 동력은 자신들 다리지만, 양팔을 몸통과 나란히 두고 펌프질하듯 움직여 최대한 몸이 굳지 않도록 유지하면서 양어깨를 아래로 내려 불필요한 회전을 막는 것도 중요하다. 50미터 지점에서 주자들이 각자의 최고 속도인 시간당 40~42킬로미터를 찍었을 무렵, 볼트가 단연 선두에 선다. 이제야 단거리 주자들은 경기 시작 후 첫 숨을 들이쉬지만, 그 순간에도 한 가지, 오직 단 한 가지에만 계속 집중할 뿐이다. 속도를 떨어뜨리지 않고 끝까지 트랙 위를 질주하는 것이다.

70미터를 주파해 이제 결승선까지 단 몇 보만 남은 상황에서 이기고 지느냐는 이제 볼트 자신과의 싸움이다. 육안으로는 식별되지 않지만, 이쯤에는 볼트를 비롯해 모든 선수의 속도가 약간씩 느려지므로 속도를 가장 덜 떨어뜨리는 사람에게 승리가 돌아갈 것임을 주자들도 잘 안다. 선수들이 마지막 힘을 쥐어 짜내 무릎을 최대한 위로 들어 올리고, 몸이 굳지 않도록 온정신을 집중해야만 하는 순간이 바로 이 지점이다. 그때 볼트가, 그 명성이 무색지 않게 앞으로 쑥쑥 치고 나오더니, 발이 결승선에 닿는 순간 상체를 앞으로 살짝 기울여 결승선을 통과한다. 출발 총성이 울리고 9.63초 후, 올림픽 신기록이다! 관중 사이에서 우레와 같은 함성이 터져 나오고, 볼트는 자메이카 국기를 몸에 두르고 특유의 번개 동작을 취하며 승리의 기쁨을 만끽한다.

볼트는 수많은 세계 기록을 세우고 몇 개의 올림픽 금메달을 따는 등 단거리 선수로서 화려한 이력을 쌓은 뒤 2017년에 은퇴했다. 선수 시절 그가 여느 단거리 선수들보다 유달리 자기 종목을 독보적으로 주름잡을 수 있었던 비결은 무엇일까? 속도는 보폭stride length과 보속stride rate의 산물인 만큼(여기서 한 보는, 한쪽 발이 땅을 디딘 시점부터 그 발이 다시 땅을 딛는 시점까지 완전한 한 바퀴를 의미한다), 보폭을 더 늘리거나 보속을 더 빨리 하거나 혹은 이 둘을 모종의 방법으로 잘 결합한다면 속도를 높일 수 있다.[4] 볼트는 남들에 비해 긴 다리를 가졌으면서도 다리가 짧은 단거리 주자 못지않게 재빨리 양다리를 움직였기에 경쟁자들을 제치고 더 빨리 달릴 수 있었다.[5] 보통의 100미터 경기에서 볼트는 단 40보로 경기를 마친 반면, 경기

장의 나머지 선수들은 45보 정도를 뛰어야 했다. 볼트가 자신의 다리를 힘껏 움직여 그 정도 속도를 내는 데는 그야말로 어마어마한 근력이 필요했다. 더 기다란 야구방망이를 휘두르는 데 더 많은 힘이 들어가는 것과 꼭 마찬가지로, 더 기다란 다리에 속도를 붙이는 데는 그만큼 더 많은 힘이 든다. 정리하자면, 볼트의 긴 다리가 고강도 힘을 내는 그의 능력과 결합한 덕에 그는 더 오랜 시간 공중에 머무를 수 있었다. 볼트가 역대를 통틀어 제일 빨랐던 경기(베를린, 2009)에서 그의 평균 속력은 시간당 37킬로미터였고, 잠시나마 최고 속도가 시간당 45킬로미터에 달한 순간도 있었다.

이따금 나는 운동장 트랙을 달리며 속도를 높이려고 애를 쓴다. 헉헉거리며 경기장을 돌고 있으면, 나보다 날쌘 주자들이 어쩌면 저렇게 빨리 달릴 수 있을까 싶은 속도로 손쉽게 나를 제치고 쌩 지나간다. 이 사람들은 아마추어 선수일 뿐이니까, 볼트 같은 사람이 내 옆을 지나가면 어떤 기분일지는 감도 오지 않는다. 하지만 볼트를 비롯한 여타 최고 기량의 단거리 선수가 제아무리 빨리 달릴 수 있다 해도, 평범한 네발동물들을 놓고 비교해보면 이들 대단한 선수도 그만저만해 보인다. 우선 야생동물의 달리기 속도를 정확히 측정하기가 녹록치 않으며, 우리가 측정할 때 가장 빨랐던 속도가 과연 그 동물의 최고 속도인지 알 도리가 없다는 사실을 감안하고 도판 9를 보면, 시간당 37.5킬로미터라는 우사인 볼트의 세계 기록이 다양한 네발 포유류의 잠정치 최대 속도 사이에서 어디쯤에 끼는지 알 수 있다.[6] 이 자료에서 그나마 반가운 소식은 볼트만큼만 달릴 수 있으면 코뿔소, 하마를 비롯해 우리 집 정원에서 심심찮게 만나는 회색큰다람쥐 같은 자그만 설치류 동물 대부분을 너끈히 제치리라는 것이다. 안타까운 소식은 그 정도가 전부라는 것이다. 제

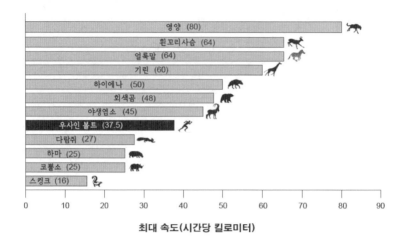

영양 (80)
흰꼬리사슴 (64)
얼룩말 (64)
기린 (60)
하이에나 (50)
회색곰 (48)
야생염소 (45)
우사인 볼트 (37.5)
다람쥐 (27)
하마 (25)
코뿔소 (25)
스컹크 (16)

0 10 20 30 40 50 60 70 80 90

최대 속도(시간당 킬로미터)

도판 9   우사인 볼트의 최대 달리기 속도 대(vs.) 다양한 포유류의 잠정치 최대 속도. 여기서 유념해야 할 점은 많은 동물의 최대 속도는 측정하거나 입증하기 어렵고, 따라서 이들 최대 속도 중 일부는 잠정치로 받아들일 필요가 있다는 것이다. 이와 함께 꽤 건장한 신체를 가진 인간 대부분도 하마의 대략적인 달리기 속도인 시속 약 24킬로미터보다 훨씬 빨리 달리지 못한다는 사실도 유념해야 한다. (동물 관련 자료는 대부분 Garland, T., Jr. 저[1983], The relation between maximal running speed and body mass in terrestrial mammals, *Journal of Zoology* 199:157-70에서 발췌)

아무리 볼트라도 얼룩말, 기린, 영양, 흰꼬리사슴, 심지어 야생염소 같은 네발동물을 이길 재간이 여간해선 없다. 육식동물의 경우에도, 무척 느린 축에 속하는 회색곰이나 하이에나 같은 포식자마저 볼트 는 물론이고 볼트의 트랙 위 점심거리들까지 어느새 다 먹어치울 것이다.

단거리를 달릴 때 곤혹스러운 점 하나는 우리 인간은 연료가 빨리 바닥난다는 것이다. 사실 최고 속도를 장시간 유지하는 능력을 갖춘 동물은 이 세상에 없으며, 그 점에서 인간도 예외일 리 없다. 볼트 정도의 최고 단거리 선수가 최대 속도를 유지할 수 있는 시간은 20초 정도이며, 이후로는 속도가 현저히 떨어질 수밖에 없다. 1천 미터를 제일 빨리 달린 기록(현재 2분 11초)은 시간당 27.3킬로미터를 달렸다는 뜻인데 이는 100미터 최고 속도의 4분의 3에 채 못 미치며, 5킬로미터 세계 최고 기록(12분 37초 35)은 그보다 훨씬 더 속도가 떨어져 시간당 23.7킬로미터를 달린 셈이 된다. 야생의 치타 역시 약 30초간 최대 속도로 달릴 수 있지만, 그 이후부터 속력이 떨어진다.[7] 하지만 포유류 중에는 인간보다 훨씬 빠른 속도로 달릴 수 있는 동물이 많은 만큼, 이들은 준*최대 속도로 우리를 뒤쫓거나 혹은 도망치면서 더 오랜 시간 그 속도를 유지할 수 있다.

더구나 단거리를 뛰는 인간은 딱하다 싶을 만큼 방향 전환에 약하다. 현실에서는 동물이 페인트로 칠한 선에 나란히 서 있다가 온 힘을 다해 평평한 땅 표면을 내달려 저쪽의 또 다른 선에 다다르는 일이 절대 없다. 대신 동물은 지그재그로 다니게 마련인데, 그러면 당연히 속도가 떨어진다. 치타가 가젤을 뒤쫓는 걸 봐도, 가젤(가젤의 최고 속도는 시간당 약 80킬로미터로, 최고 속도가 시간당 110킬로미터에 달하는 치타에 비해 속수무책으로 느리다)은 자기 목숨을 노리는 추적자의 속도를 떨어뜨리려고 잽싸게 방향을 이리저리 틀며 필사적으로 노력한다.[8] 이 전략은 곧잘 통하지만, 만일 여러분이 치타가 뒤쫓아 오는데 지그재그로 뛰어야겠다고 맘먹었다간 낭패를 보기 십상이다. 팜플로나의 백전노장들이 몸소 증언하듯, 소몰이에서 제일 위태로운 대목도 길이 갑작스레 꺾여 두 다리로 달리는 인간이 네 다리로 달리는 황소보다 훨씬 느려지고 안정감도 떨어지는 순간이기 때문이다.[9]

그러니까, 제아무리 빠른 인간도 감히 상대도 안 될 만큼 빠른 동물이 동물계에는 수두룩하다. 거기에다 지금 우리는 살아 있는 인간 중 제일 빠른 이들을 평균적이고 훈련도 안 받은 포유류와 비교한 것이 아니던가. 최고 기량을 자랑하는 이 선수들은 트랙의 일정 거리를 최단 시간에 주파하겠다는 일념으로 코치 등 여러 사람의 도움을 받아 몇 년간 훈련에 전념한다. 이 엘리트 주자들은 잠시 시간당 32킬로미터 혹은 그 이상의 속도를 낼 수 있지만, 태반의 인간이 신체가 건장해도 시속 25킬로미터를 거의 넘지 못하며, 아마도 이 정도가 진화한 인간 대부분에게는 더 합리적으로 추정할 수 있는 단거리 최대 속도일 것이다. 세계적인 단거리 선수가 아닌 한, 여러분은 달리기로 다람쥐를 제칠 확률이 거의 없다. 왜 인간은 상대적으로 이렇게나 느린 것일까?

두 다리의 난관

만일 몇몇 종교에서 가르치는 대로 우리 인간이 정말 신의 형상을 본떠 만들어졌다면, 신은 달리기가 느린 게 틀림없다. 그런 믿음보다는 진화의 틀로 우리의 상대적 느림을 설명하는 견해에서는, 우리 조상들이 약 700만 년 전에 습관적으로 직립 자세를 취하도록 선택되었다고 본다. 양족보행에는 분명 몇 가지 혜택이 따르지만, 그로 인한 결점도 무시할 수 없다. 두 다리만 쓰게 된 이후 우리는 나무 사이사이로 다니기가 서툴러졌고, 걸핏하면 발을 헛디뎌 나무에서 떨어지고, 허리 통증에 더 취약해졌으며, 그뿐 아니라 속수무책으로 느려지기까지 했다.

양족보행이라는 이 굴레가 어떻게 우리를 굼뜬 동물로 만들었는지 이해하려면 먼저 걷거나 달리기 위해선 다리로 땅을 박차며 힘을 발생시켜야 한다는 점을 생각해야 한다. 땅바닥에 다리를 세차게 구르면 구를수록, 우리는 더 빨리 달릴 수 있다. 직립 자세의 인간이 상대적으로 느릴 수밖에 없는 근본적 이유도 바로 여기에 있다. 개나 침팬지는 네 다리로 땅바닥을 밀어 파워를 만들지만(여기서 파워란 일을 수행해내는 속도를 말한다), 우리 인간은 다리가 두 개뿐이다. 사실 둘이라고도 할 수 없는데, 달릴 때 한 다리를 들어 올려 앞으로 밀고 나가려면 어느 순간이 됐든 땅바닥에는 늘 한 다리만 놓여 있을 수밖에 없기 때문이다. 동력이 적다는 것은 그만큼 속도가 떨어진다는 뜻이다. 내 초라한 4기통 엔진 승용차로는 V-8 페라리의 딱 절반 속도밖에 못 내는 것처럼, 두 다리의 인간은 덩치가 비슷한 네 다리 동물의 딱 절반 속도로밖에 달리지 못한다. 그레이하운드의 속도는 최고의 단거리 선수보다 두 배 정도 빠르다.

이 대목에서 타조가 시간당 약 64킬로미터의 속도로 달린다는 사실이 떠올랐다면, 다리가 두 개라고 해서 꼭 속도를 내지 못하리란 법도 없다는 생각이 들었을 것이다.[10] 하지만 안타깝게도 우리 조상들은 다리 넷을 다 쓰지 않게 되었을 때, 이 날지 못하는 새를 빨리 달리게 해주는 적응 특징들을 전혀 진화시키지 못했다. 대신 우리는 크고 육중한 다리와 발처럼 빨리 달리는 데 외려 방해되는 것들을 우리 영장류 조상으로부터 물려받았다. 도판 10에서 볼 수 있듯, 우리의 다리를 말이나 개, 심지어 타조의 뒷다리와 한번 비교해보자. 우리의 뭉툭한 양발은 땅바닥을 수평으로 딛게 돼 있어서 발목이 바닥에서 불과 몇 센티미터밖에 떨어지지 않은 데 위치하지만, 다른 동물들은 발끝으로 달릴 수 있어서 긴 다리가 크게 세 부분으로 나뉜다. 영장류의 크고 묵직한 발은 나뭇가지를 움켜쥐고 나무를 기어오르기에는 더할 나위 없이 좋지만, 우리의 땅딸막한

도판 10　개, 인간, 타조가 달리는 것을 측면에서 바라본 모습. 여기서 눈여겨볼 부분은 인간의 다리가 두 동물에 비해 굵고 아래쪽으로 갈수록 덜 가늘어져서 크게 두 부분으로 나뉘며, 거기에 크고 뭉툭한 발이 달려 있다는 것이다.

다리는 보폭을 짧아지게 해 속도를 떨어뜨린다. 영장류의 상대적으로 땅딸막한 다리는 시작부터 끝까지 상대적으로 굵기도 하다. 한 마디로 우리 인간은 두꺼운 발목과 커다란 발을 가진 동물이다. 이에 반해 개, 말, 타조는 발이 작고 아래쪽으로 내려갈수록 뒷다리가 무척 가늘어지기에 다리의 무게 중심이 엉덩이에 더 가깝게 쏠리게 되어 다리를 휙휙 움직이기가 더 쉬워진다. 마지막으로, 우리 영장류의 발에는 천연 미끄럼 방지 밑창이 돼주는 발톱도, 천연 운동화 역할을 해주는 발굽도 달려 있지 않다.

　직립 자세를 취할 때의 불리한 점은 이 말고도 또 있다. 직립 자세에서는 달리는 도중에 우리 척추를, 보폭을 늘리는 스프링으로 활용하지 못한다는 것이다. 그레이하운드나 치타가 전속력으로 질주하는 모습을 슬로모션으로 찍은 영상을 보자. 이런 동물들은 뒷다리를 땅에 내려놓을 때 뒷발을 양어깨 아래 착지시켜서 길고 유연한 척추를 강력한 활처럼 휘게 해 거기에 탄성 에너지를 저장한다. 그런 뒤 뒷다리로 땅을 구를 때는 단번에 척추를 곧게 쭉 펴 저장되어 있던 탄성 에너지로 대포알처럼 몸을 솟구쳐서는 보폭을 늘

184

린다.[11] 우리의 짧고 작은 직립 척추는 더 빨리 달리는 데 도움이 되기는커녕, 척추가 서 있다 보니 상체가 어느 한쪽으로 기울지 않도록 계속 안정시켜야 하는 동시에, 다리로 땅을 구를 때마다 발에서 머리로 전해지는 충격파를 완화하느라 무던히 애를 써야 한다.[12]

이상을 종합하면, 700만 년 전 우리 조상들이 숙명처럼 양족보행 동물로 이행한 후 인간은 줄곧 굼벵이로 지내왔다는 이야기가 된다. 만일 내가 그 먼 옛날 아프리카에 사는 날카로운 송곳니의 굶주린 호랑이였다면, 아마도 초기 인간을 사냥해 실컷 배를 채웠을 것이다. 영양羚羊을 비롯한 다른 네 발 달린 날쌘 먹잇감보다 훨씬 해치우기 쉬웠을 테니까 말이다. 하지만 고대의 우리 조상들이 손쉬운 먹잇감이었다 해도 그들 역시 때로는 목숨을 지키기 위해 단거리를 전력 질주했을 것이다. 어쨌거나 내 뒤에 오는 녀석보다 빨리 달리기만 한다면 호랑이의 저녁거리가 되는 일은 피할 수 있으리라는 생각으로 말이다. 우사인 볼트는 나보다 두 배 빨리 달릴 수 있으니 그 정도 달리는 것쯤이야 아무 문제도 아닐 것이다. 하지만 대부분의 장거리 주자와 마찬가지로, 더 먼 거리를 달릴 수 있다는 면에서는 아마도 내가 볼트보다 더 낫지 않을까? 그렇다면 나는 속도를 희생시키는 대신 인내심을 얼마나 더 발휘할 수 있을까?

빨리 달리거나, 멀리 달리거나

내 친구이자 동료인 제니 호프만 교수는 터무니없이 긴 거리를 달리는 걸 좋아한다. 한 경기에서는 24시간 만에 229킬로미터를 달리기도 했다. 나 같으면 그런 위업에 도전하느니 차라리 내 발톱을 하나씩 뽑아달라고 하겠지만, 그녀의 주장에 따르면 느린 페이스에 몸이 길들어 때때로 생강 과자로 연료를 충전해주면서 달리면 생각보다 재밌고 해볼 만하다는 것이다(그런 즐거움은 24시간을 죽어라 달리지 않아도 충분히 맛볼 수 있다는 점을 나는 여기서 분명히 밝혀두는 바다). 그 경기에서 제니가 했듯이 10분에 1.6킬로미터의 속도로 느긋하게 달리려면 최고 단거리 선수들이 이를 악물고 내는 속도보다 네 배는 천천히 달릴 필요가 있다. 아닌 게 아니라, 만일 제니가 하이에나에게서 도망치기 위해 죽어라 단거리를 질주해야 했다면, 아마 1분도 안 돼 숨이 턱에 차서 달리기를 멈추거나 속도를 줄이지 않고는 못 배겼을 것이다. 이 상황에서 만일 우사인 볼트가 제니와 함께 하이에나에게 쫓긴다면, 그가 제니를 제치는 것쯤은 식은 죽 먹기겠으나 두 사람 모두 금세 연료가 바닥나버리기는 마찬가지일 것이다. 제니와 우사인 사이의 이런 차이점과 유사점들을 생각하다 보면 두 가지 중요한 질문이 떠오른다. 우선, 단거리 질주에서 최대 속도를 제약하는 요인은 무엇일까? 이와 함께 우리는 왜 빨리 달리기와 장거리 달리기를 동시에는 못하는 것일까?

무척 짧은 거리에서 질주가 이뤄질 경우, 속도를 결정짓는 것은 대체로 근력과 기술이다. 단거리 주자의 다리는 일종의 망치처럼 땅바닥을 세차게 재빨리 치는 식으로 땅을 구른다. 나아가 (뉴턴이 입증했듯) 모든 작용에는 똑같은 힘을 가진 반대 방향의 반작용이 존재하므로, 다리가 땅바닥을 아래쪽과 뒤쪽으로 더욱 세게 밀어내면 밀어낼수록 땅바닥도 몸을 위쪽과 앞쪽으로 더욱 세게 밀어낸다. 바로 이런 이유로, 100미터 및 200미터 같은 단거리 경주에서는 발이 하나씩 땅바닥에 닿는 그 찰나의 순간에(최고 단거리 선수에게 이 시간은 0.1초 정도에 불과하다) 주자의 다리 근육이 얼마나 효과적으로 힘을 발생시키느냐가 최대 속도를 제약하는 관건이다.[13] 우사인이 제니보다 짧은 거리를 훨씬 빠른 속도로 질주할 수 있는 것도, 그가 제니보다 땅바닥을 훨씬 더 세게 구를 수 있는 데 일차적인 원인이 있다고 하겠다.

그러나 긴 거리를 달릴 때는 페이스를 조절하지 않으면 우사인이나 제니나 모두 연료가 바닥나버리고 만다. 이는 모든 유기체가 몸속 연료를 급속히 사용 가능한 에너지로 바꾸려 애쓸 때 이용하는 모종의 방식이 있어서다. 흔히 사람들이 신체를 연소기관에 비유하는 것도 이 때문이다. 차의 엔진이 가스를 태우듯 몸도 음식을 태우는바, 우리가 너무 빨리 달리면 꼭 차를 너무 빨리 몰았을 때처럼 몸 안의 연료가 떨어져버린다. 하지만 이 비유에는 한 가지 곤란한 부분이 있으니 우리 몸은 배터리 충전식 차량과 더 비슷하다는 것이며, 아울러 우리 세포들은 이따금만 재충전해도 되는 엄청나게 큰 하나짜리 배터리가 아니라 늘 재충전을 해야만 하는 작디작은 수백만 개의 유기 배터리를 활용한다는 것이다.

지구상 모든 생명체에 동력을 주는, 모든 유기체에서 두루 발견되는 이 미니 배터리를 우리는 ATP(아데노신3인산)라고 부른다. 그 이름에서도 짐작되듯, ATP 하나는 작은 분자(아데노신) 하나에 세 개의 인산 분자(인 원자 주위를 산소 원자들이 에워싸고 있다)가 달라붙어 구성된다. 이 세 개의 인산염은 하나씩 위로 쌓여 사슬처럼 엮여 있다. 맨 끝에 붙어 있는 인산염이 물을 통해 이 사슬에서 떨어져나가면, 그것을 두 번째 인산염에 붙들어 매고 있던 미소한 에너지가 수소 이온(H+)과 함께 방출되고, 그 자리에는 이제 ADP(아데노신2인산)가 남는다. 이렇게 방출된 에너지는 신경을 발화하고, 단백질을 생성하고, 근육을 수축하는 등 우리 몸의 모든 세포가 하는 거의 모든 일에 동력을 제공한다. 그런데 여기서 무엇보다 중요한 것이, ATP는 재충전이 된다는 점이다. 세포들이 당과 지방 분자 속의 화학 결합을 분해하고 거기서 얻은 에너지로 떨어져 나간 인산을 다시 붙여 ADP를 다시 ATP로 저장하는 것이다.[14] 그런데 문제는 우리가 하이에나든 인간이든, 빨리 달리면 달릴수록 우리 몸은 이 ATP를 재충전하려 무던히 애를 쓰고, 그 결과 잠시 뒤 속도가 뚝 떨어지게 된다는 것이다.

대단히 기막히면서도 속도에 제약을 가하는 이 체제를(이런 식의 장치를 고안해낼 수 있는 것은 아마 진화밖에 없을 것이다) 더 잘 이해하기 위해, 우사인 볼트와 내가 케냐에서 하이에나에게 쫓겨 동시에 달리게 되었다고 상상해보자. 초반에는 볼트가 나보다 훨씬 빠른 속도로 질주하겠지만, 약 30초가 지나면 볼트나 나나 가쁘게 숨을 몰아쉬고 있기는 마찬가지일 것이다. 그건 우리 둘 다 3단계의 과정을(도판 11에 그래프로 정리했다) 이용해 ATP를 재충전하기 때문인데, 이 3단계 과정은 제각기 다른 일정표에 따라(즉시, 단기, 장기) 하나씩 차례차례 진행되며 반드시 속도와 체력 사이에서 타협이 이루어져야만 한다.

첫 번째 과정(인산 체계phosphagen system라고도 불린다)에서는 에너지가 가장 빠르게 공급되는 동시에 가장 순식간에 날아간다. 볼트와 내가 함께 달리기를 시작할 때도, 우리 둘의 근육 세포 안에는 ATP가 그다지 충분치 않아서 몇 걸음 정도만의 동력을 제공받을 정도다. ATP를 이렇게나 적게 쌓아두고 있다니 썩 바람직하지 않아 보이겠지만, 이 유기 배터리는 그 크기가 극히 작아도 각기 재충전을 딱 한 번씩만 할 수 있을 뿐 아니라, 세포들이 만들어내거나 대량으로 저장하기엔 분자가 너무 크고 무겁기까지 하다. 예를 들어, 여러

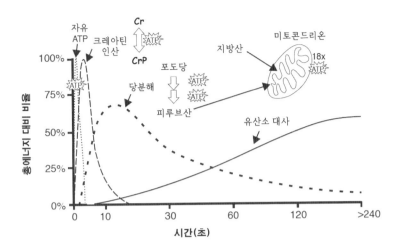

도판 11 시간 경과에 따라 근육이 ATP를 재충전하는 다양한 과정. 초반에는 에너지가 저장된 ATP와 크레아틴 인산(CrP)에서 거의 곧장 얻어진다. 나중에는 당분해를 통해 비교적 빨리 에너지가 얻어진다. 맨 마지막에는 천천히 진행되는 유산소 대사를 통해 에너지를 얻을 수밖에 없다. 유산소 대사는 미토콘드리아 안에서 피루브산(당분해의 최종산물)이나 지방산에서 에너지를 방출하는 식으로 이루어진다.

분이 1시간을 걷는 데는 총 13.6킬로그램 이상의 ATP가 쓰이며, 여느 하루 동안 쓰는 총 ATP의 양은 여러분의 전체 체중보다 많다. 확실히 이 많은 양을 비축 차원에서 다 짊어지고 다닐 수는 없는 노릇이다.[15] 따라서 임의의 순간에 인간의 몸 안에 저장된 ATP는 다 합해야 약 100그램에 불과하다.[16] 천만다행으로, 우리가 몇 발을 떼어 다리 근육 안에 저장된 그 근소한 ATP를 다 써버리기 전에, 우리 몸은 역시나 인산을 묶어 에너지를 저장하는 일명 크레아틴 인산이라는 ATP와 유사한 다른 분자를 재빨리 이용한다.[17] 하지만 안타깝게도, 이 크레아틴 인산의 비축량에도 한계가 있어서, 10초 질주를 한 뒤에는 60퍼센트가 고갈되며 30초를 뛰고 나면 완전히 소

진된다.[18] 그렇다고는 해도 이렇듯 소중한 연료가 짧게라도 확 분출해준 덕에 근육들은 두 번째 에너지 재충전 과정을 작동시킬 시간을 번 셈이다. 이 두 번째 과정은 바로 당분해다.

당이라고 하면 곧 달콤함과 동의어지만, 당이야말로 일명 당분해glycolysis(당을 뜻하는 '글리코'와 분해를 뜻하는 '리시스'를 합친 말이다)라는 과정을 통해 ATP를 재충전할 때 제일 먼저, 제일 많이 사용되는 연료다. 이 당분해 과정이 진행되면, 효소들이 날쌔게 움직여 당 분자를 절반으로 싹둑 자르고, 그 결합이 풀린 데서 나온 에너지로 ATP 두 개를 충전한다.[19] 당으로 ATP를 충전할 때는 산소가 필요치 않으며, 그 속도도 30초 질주에 사용되는 에너지의 거의 절반이 제공될 만큼 충분히 빠르다.[20] 실제로 단련된 신체를 가진 인간은 거의 25킬로미터를 뛸 만큼 당을 넉넉히 저장할 수 있다. 하지만 여기서 비롯되는 애로점도 있으니, 당분해 과정 뒤에 남겨진 당의 반쪽(전문용어로 피루브산pyruvate이라고도 한다)이 세포들이 미처 처리 못할 정도로 빠르게 쌓인다는 것이다. 피루브산이 감당 못할 수준으로 쌓이면, 효소들이 피루브산을 하나씩 젖산과 수소 이온 하나(H+)로 전환시키게 된다. 젖산은 인체에 무해한 데다 종국에는 ATP 재충전에 사용되지만, 이때 생겨난 수소 이온들은 근육 세포를 점차 산성화시켜, 피로감, 통증, 기능 약화를 일으킨다.[21] 단거리를 질주할 경우 약 30초도 채 되지 않아 양다리가 불에 타는 듯한 느낌이 든다. 이렇게 되면 이제 우리 몸은 장기간의 단계에 돌입해, 근육의 산성을 서서히 중화시키는 동시에 최종 제3단계지만 오랜 시간을 요하는 이른바 유산소 에너지 과정에 잉여 젖산을 투입하게 된다.

산소는 살아 있는 데도 필요하지만, 멀리까지 달리고자 할 때는 특히 더 필요하다. 그도 그럴 것이, 산소를 이용해 당 분자 하나를 태우면 당분해를 할 때보다 무려 18배나 많은 ATP가 만들어진다. 하지만 이번에도 얻는 게 있으면 잃는 게 있기 마련이다. 유산소 대사$_{aerobic\ metabolism}$에서 에너지가 훨씬 더 많이 제공되기는 하지만, 이 대사에는 일련의 과정이 연거푸 길게 이어져야 하는 데다 이러저런 효소가 한 무더기는 필요하기 때문에 시간 또한 훨씬 오래 걸린다.[22] 이들 단계는 미토콘드리아라는 세포 속의 특화된 구조 내부에서 일어나는데, 미토콘드리아는 당에서 만들어지는 피루브산만이 아니라 지방, 나아가 비상시에는 단백질까지 태울 수 있다. 하지만 당과 지방은 태워지는 속도가 다르다. 내 몸이 2,100킬로미터도 너끈히 달릴 만한 지방을 저장하고 있다 해도, 지방이 분해되어 타는 데는 당에 비해 꽤 많은 단계를 거쳐야 하고 따라서 시간이 훨씬 더 오래 걸린다. 휴식 시에는 우리 몸의 에너지 70퍼센트가 지방을 서서히 태워 얻어지지만, 우리가 빨리 달리면 달릴수록 우리는 더욱 많은 당을 태워야 한다. 최대 유산소성 운동능력에 도달하게 되면 다른 건 두고 오로지 당만 태우게 된다.

　이쯤에서 우리는 왜 *장거리 달리기*에 돌입하면 다른 이들보다 더 빠른 속도로 달리는 사람이 있는지 비로소 이해할 수 있다. 볼트는 말 그대로 나보다 땅바닥을 더욱 세차게 구를 수 있기에 단거리를 나보다 혀를 내두를 만큼 더 빨리 질주할 수 있을 테지만, 만일 우리가 진짜 달리기 경주라도 한다고 했을 때 달리는 거리가 멀면 멀어질수록 더 유리해지는 것은 나일지도 모른다. 이는 다름 아니라 모든 사람들의 유산소운동 체계는 운동을 시작하는 그 순간 돌아가지만, 이 방식에서 얻어지는 에너지 최대치는 개인에 따라 천차만별이기 때문이다. 도판 12에서 보듯, 이렇게 행해지는 중대한

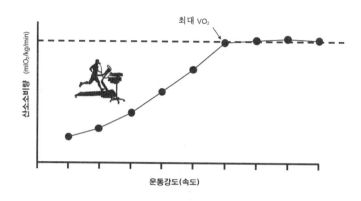

최대 VO₂

산소소비량 (mlO₂/kg/min)

운동강도(속도)

도판 12   최대 VO₂를 측정하는 방법. 속도를 높이다 보면 마침내 산소섭취량 최대치에 도달하는데, 이것이 그 사람의 최대 VO₂이다.

제약을 전문용어로 최대산소섭취량(혹은 최대 VO₂)라고 한다. 여러분이 자신의 최대 VO₂를 측정해보는 과정은 어쩌면 다소 무서울 수 있다. 특별한 사항이 없는 한에는, (도판 12에서 설명한 것처럼) 산소소비량을 측정하는 기계에 연결된 마스크를 쓴 채로 러닝머신 위를 달려야 하기 때문이다. 러닝머신의 속도가 빨라지면 빨라질수록, 여러분도 산소를 점점 더 많이 쓰다가 산소를 추가로 활용하는 능력이 어느 순간 정체되면 그때부터 숨을 헐떡이게 된다. 이 한계치가 여러분의 최대 VO₂로, 여기에 다다르면 근육에 추가 연료를 공급하기 위해 당분해가 필요해진다. 이 수준 이상으로는 속도 유지가 불가능한 것도, 이 상태에서는 근육이 산성화되기 때문이다. 그나마 다행은 여러분의 최대 VO₂는 30초의 단거리 질주처럼 최대 강도 힘을 단시간에 폭발시킬 때 내는 속도에는 거의 아무 영향도 미치지 않는다는 것이지만, 다만 거리가 길어질수록 이 VO₂가 더욱 중요해진다. 100미터 전력 질주에서는 전체 에너지의 단 10퍼센트만을 유산소 호흡에서 얻지만, 400미터 이상에서는 그 수치가 30퍼센트 늘어나고, 800미터는 60퍼센트, 1.6킬로미터에서는 80퍼센트까지 늘어난다.[23] 한마디로 더 멀리 달리면 달릴수록, 여러분의 최대 속도는 높은 최대 VO_2에서 그만큼 더 많은 이익을 얻게 되는 것이다(이어지는 부분에서 알게 되겠지만, 이 최대 VO_2는 훈련을 통해 여러분도 얼마든지 증가시킬 수 있다).[24]

여기까지 온 끝에 마침내 우리는, 볼트와 내가 (그 하이에나도 마찬가지겠지만) 왜 에너지를 쓰되 빨리 달리거나 멀리 달리는 것 중의 하나만 택해야 하는지 그 이유를 확실히 알게 된 셈이다. 단거리 경주를 하면 당연히 볼트가 뿌연 먼지를 일으키며 내 앞을 쌩 달려 나가겠지만, 간당간당하게 저장된 ATP와 크레아틴 인산이 어느덧 다 타는 바람에 당분해 속도가 재빨리 최대치까지 쭉 올라가기는 둘 다 마찬가지다. 또 둘 다 최대 VO_2 이상으로 질주하므로, 30초 뒤면 달리기를 멈추고 숨을 헐떡대며 우리의 분자 배터리들을 재충전하는 동시에 근육에서 산을 쓸어내야만 한다.[25] 그런 일은 제발 없어야겠지만, 만일 우리가 미처 회복하기도 전에 그 하이에나가 득달같이 쫓아온다면, 우리는 유산소 체계에 더욱 기댈 수밖에 없게 되며 그만큼 달리기 속도는 더욱 느려진다. 쫓고 쫓기는 이 과정이 길어질수록, 십중팔구 지구력은 내가 더 가지고 있을 테니 어쩌면 볼트에 비해 내가 상대적으로 더 나을지도 모를 일이다.

하지만 볼트로서는 천만다행이게도, 그런 일이 일어날 리는 아마 없을 것이다. 볼트가 30초를 전력 질주하고 나서 숨을 고르며 뒤를 돌아봤을 때는 이미 그 하이에나가 나를 잡아서 아침을 해결하고 있을 테니까 말이다. 우리가 반드시 머리에 새겨야 할 것이 바로 이 대목이다. 제아무리 발 빠른 인간도 달리기로는 하이에나를 이

길 재간이 없지만, 목숨을 부지하려 할 때는 그저 제일 느린 인간만
되지 않으면 된다.

빨간 근육과 하얀 근육의 차이

여러분이 나처럼 깡마른 체구라면, 아마 근육의 비중은 전체 몸무
게의 3분의 1을 약간 웃돌 테고 이들 근육이 하루 칼로리의 대략 5
분의 1을 소비할 것이다. 근육들은 칼로리를 참 야무지게 쓴다고 할
수 있는데, 우리 몸을 떠받치고, 따뜻하게 하고, 움직이는 게 이 근
육들이기 때문이다. 하지만 이런 근육들이 어떻게 작동하고 그 생
김새는 어떤지와 관련해서는 지금껏 별 신경을 안 썼으리라고 본
다. 외과의나 도축업자, 해부학자가 아닌 한에야, 여러분이 본 근육
이라곤 요리된 채 접시에 담겨 나온 고기가 대부분이었을 것이다.
그런데 재밌는 사실은, 물고기, 닭, 소고기가 그 맛은 제각각이어도,
다양한 동물 근육을 현미경 아래 놓고 기본 구조를 비교해보면, 도
무지 차이점을 발견하지 못하리라는 점이다. 그 까닭은, 근육이 지
금으로부터 600만 년도 더 전에 수축 작용을 통해 힘을 발생시키
도록 진화했고, 그 이후로는 근육의 기본 구조 및 기능에 이렇다 할
변화가 일어나지 않았기 때문이다.[26] 그렇다면, 왜 볼트의 근육은
(더 크다는 사실은 제쳐두더라도) 그를 더 빨리 달리게 해주고, 내 근
육은 나를 더 먼 거리를 달리게 하는 것일까?

　이 궁금증을 해결하기 위해 현미경으로 근육을 함께 들여다보
자. 도판 13에서 잘 볼 수 있듯, 근육은 근섬유라는 길고 가느다란
세포들이 다발로 묶인 형태다. 근섬유 하나하나는 수천 가닥의 근

원섬유fibril로 이루어져 있는데, 이 근원섬유에는 다시 근원섬유마디Sarcomere(그리스어로 '살의 성분'이라는 뜻)라는 줄무늬 구조가 수천 개씩 들어 있다. 이들 근원섬유마디가 끌어당기는 힘을 내는 까닭은, 그것들이 (하나는 가늘고, 다른 하나는 굵은) 두 가지 핵심 단백질로 이루어져 있고 이 두 단백질이 양손을 깍지 낀 듯 맞물린 채 서로를 밀어내려는 움직임을 보이기 때문이다. 이러한 수축성 움직임은 신경이 근육에 전기 신호를 보낼 때마다 일어나는데, 굵은 필라멘트의 돌기가 미세하게 튀어나와 줄다리기 팀이 밧줄을 당기듯 얇은 필라멘트를 끌어당긴다. 그리고 이렇듯 돌기가 래칫(한쪽 방향으로 돌아가게 만든 톱니바퀴의 일종—옮긴이)이 되어 미세한 줄다리기를 할 때마다 ATP 하나가 소실된다. 이런 식의 돌출이 모든 근육에서

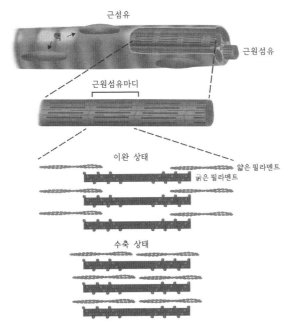

도판 13 근육 구조의 다양한 단계. 얇은 필라멘트와 굵은 필라멘트가 서로를 당기면, 근원섬유마디가 수축하며, 따라서 근원섬유, 근섬유 및 근육 전체가 짧아진다. (필라멘트 이미지는 다음을 수정하여 실음. Alila Medical Images/ Alamy Stock Photo)

제각기 수십억 번 일어나며 그렇게 일어난 돌기가 되풀이해서 래칫처럼 작동하기 때문에, 이 수많은 미세한 줄다리기가 쌓이는 것은 순식간이다.[27]

모든 근육 세포가 이와 비슷한 원리로 작동하지만, 우리 몸의 뼈를 움직이는 골격근에는 몇 가지 다양한 형태가 있다. 그중 한 극단을 차지하는 것이 지근섬유slow-twitch fiber로, 재빠르거나 힘차게 수축하지는 않으나 유산소 체계를 통해 에너지를 이용하며 쉽게 피로해지지 않는다. 이 1형 근섬유는 색조가 더 어두운 까닭에 세간에서 흔히 적색 근육으로 통한다.[28] 다른 한 극단을 차지하는 것은 속근(제2형)섬유fast-twitch fiber로, 이는 다시 흰색과 분홍색 두 종류가 있다. 흰색 근(2X형)섬유는 당을 태워 강하게 재빨리 힘을 발생시키지만 급격히 피로해진다. 분홍색 근(2A형)섬유는 유산소 체계를 이용해 약간 강한 힘을 발생시키고 따라서 중간 속도로 피로해진다. 종합하면, 적색 근섬유는 걷거나 마라톤 뛰기와 같은 지속적인 저강도 활동에 좋은 반면, 분홍색 근섬유는 1마일 달리기 경주 같은 중강도 활동에 가장 좋으며, 흰색 섬유는 100미터 단거리 경주처럼 극강의 힘을 단시간에 분출시켜야 할 때 꼭 필요하다.

모든 동물의 근육이 다 그렇듯, 여러분의 근육도 이 적색, 분홍색, 흰색 근섬유가 뒤섞여 있는데, 그 조성 비율은 근육에 따라 차이가 난다. 이 같은 다양한 근육 조성은 요리된 닭고기를 보면 잘 알 수 있다. 이 새의 다리와 허벅지에는 마당을 당당히 활보하고 다니게 해줄 적색의 지근섬유가 더 많은 반면, 가슴 부분은 양 날개를 퍼덕일 때처럼 순간의 고강도 활동에 필요한 흰색 속근섬유가 대부분을 차지한다. 감사하게도 인간의 근육 조성을 보기 위해서는 살덩이를 칼로 잘라 요리할 필요까진 없지만, 인간 근섬유 조성의 다양성을 다루는 연구들 역시 사람을 일종의 살아 있는 핀쿠션(바늘이나 핀 따위를 꽂는 데 사용하는 작은 쿠션—옮긴이)으로 보고 근육을 생체검사하도록 요구한다. 이 생체검사 과정은 속이 빈 주사기 바늘이 더 굵다는 점을 제외하면 주사를 한 대 맞는 것과 비슷한데, 바늘로 우리 몸에 뭔가를 넣는 대신 아주 소량의 근육 덩어리를 빨아들인다. 그래서 약간 아프기는 하다. 근육 생체검사를 받아보면 몸 안의 근육 조성이 그야말로 천차만별임을 알 수 있다. 여러분의 근육은 지근 및 속근 근섬유가 대략 50 대 50 비율로 섞여 있는 경우가 많지만, 삼두근처럼 힘을 발생시키는 데 가장 많이 사용되는 근육은 속근섬유의 비율이 약 70퍼센트를 차지한다. 또한 종아리 깊숙이 자리한 근육(비장근)처럼 걷기나 별 힘이 안 드는 신체활동에 주로 쓰이는 근육은 지근섬유의 비율이 약 85퍼센트를 차지한다.[29]

근섬유 유형의 비율은 사람에 따라서도 차이가 나는데, 우리는 여기에서도 왜 볼트가 나보다 훨씬 더 빨리 달릴 수 있는가의 문제를 되짚어볼 수 있다. 1976년, 선구적이지만 다소 고통스러운 한 연구에서는 피실험자 40명의 바깥쪽 종아리 근육(비복근)을 떼어내 생체검사를 시행했다. 그 결과, 선수가 아닌 일반인은 속근섬유와 지근섬유의 비율이 동등한 반면, 최고의 단거리 선수들은 속근섬유가 약 73퍼센트, 직업 장거리 선수들은 지근섬유가 평균 70퍼센트에 달하는 경향이 있는 것으로 나타났다.[30] 이후 다양한 근육조직에 대한 생체검사를 추가로 수천 건 진행한 끝에 다음과 같은 사실이 정설로 확인되었다. 우리 대부분의 몸에는 속근섬유보다 지근섬유가 약간 더 많지만, 우사인 볼트처럼 속도 및 파워 스포츠에 뛰어난 기량을 지닌 이들의 몸은 속근섬유가 주류를 이루며, 전설적인 마라토너 프랑크 쇼터Frank Shorter처럼 지구력 스포츠에 특출한 기량을 발휘하는 이들의 몸에서는 지근섬유가 우세를 보이는 경향이 있다는 것이다.[31] 단거리 주자는 속근섬유가 더 주류를 이루기도 하지만, 장거리 주자보다 근육이 더 크다는 점에서도 차이를 보인다.[32]

이러한 다양성은 특출한 속도나 특출한 지구력을 보이는 다른 종의 다리 근육에서도 뚜렷하게 나타난다. 그레이하운드나 치타처럼 속도광인 동물의 다리는 무척 탄탄한 근육질에 대체로 속근섬유가 많은 비중을 차지하며, 반면 폭스테리어나 스컹크처럼 지구력이 발달한 동물의 다리는 그렇게까지 튼실하지 못하고 대체로 지근섬유가 많은 비중을 차지한다.[33] 그런 만큼 만일 여러분이 우사인 볼트와 비슷하다면 여러분의 몸에는 속근섬유가 주를 이루어서 지구력은 별로 신통치 않더라도 몸이 날랠 가능성이 클 테고, 프랭크 쇼터 같은 유형이라면 몸이 대체로 지근섬유로 되어 있어 대단한 마라토너는 될 수 있을지언정 100미터 달리기에서 우승할 확률은 거의 없을 것이다. 더 나아가 여러분이 우리 같은 일반인과 비슷하다면 마라톤이건 100미터 달리기건 다 고만고만할 것이다. 이처럼 내가 토끼가 되지 못하고 거북이가 된 것은 단거리 질주 능력이 평범한 유전자를 부모님에게서 물려받은 탓을 해야 할 테고 말이다.

운동 재능은 유전되는가

그런데 정말 유전자를 탓해도 될까? 유전 대 환경에 관련한 많은 단순한 생각들과 마찬가지로, 이 문제도 자세히 들여다보면 단숨에 결론에 이르기보다는 좀더 신중할 필요가 있음이 드러난다. 우리 신체의 모든 면면은 부모님으로부터 물려받은 대략 2만 5,000개 유전자와 우리가 태중에 있을 때부터 지금껏 살아온 환경 사이의 무수한 상호작용에 의해 생겨났다. 그중 단순히 유전만을 바탕으로 생겨난 특성은 거의 없으며, 속도 대 지구력 문제에서도 유전자의 영향과 환경적 요소, 그리고 이 둘의 상호관계를 다 따로 떼어놓고 생각할 수 없다.

　달리기 속도와 같은 특성도 과연 유전되는가를 생물학자들이 연구할 때 쌍둥이는 늘 가장 훌륭한 자료가 되어준다. 쌍둥이 연구 중에서도 가장 흔한 형태는 유전자를 100퍼센트 공유하는 일란성 쌍둥이의 100미터 달리기 시간 같은 특성을 유전자를 50퍼센트만 공유하는 이란성 쌍둥이의 기록과 비교해보는 것이다. 만일 일란성 쌍둥이의 100미터 달리기 기록이 이란성 쌍둥이보다 더 엇비슷하다면, 유전자가 속도에 강한 영향을 미치는 게 틀림없다고 할 수 있다. 만일 그렇지 않다면, 환경적 요소가 주된 요인으로 작용하는 것일 테고 말이다. 또한 쌍둥이 두 집단 사이의 차이를 통해 유전성 정도를 수치로 나타낸 추정치도 얻을 수 있다. 물론 우리를 성가시게 하는 골치 아픈 오류도 있으나(어떻게 운동능력에 딱 떨어지는 하나의 수치를 매길 수 있겠는가?), 이런 식으로 진행된 수많은 연구에 따르면 유전자가 사람들의 운동 재능을 약 50퍼센트 정도 설명해주는 것으로 밝혀졌다.[34] 그렇지만 이를 곧이곧대로 믿어서는 곤란하다. 운동 수행능력에 관한 유전성 추정치는 연구마다 큰 폭으로 차이 나기 때문이다. 예를 들어 속도와 관련한 유전성 추정치는 30~90퍼센트까지 차이가 나고, 유산소 운동능력 추정치는 40~70퍼센트 차이가 난다.[35] 이렇듯 유전성 추정치가 2~3배까지 차이 난다는 것은 개별 연구로는 어지럽고 복잡다단한 현실 세계를 제대로 담아낼 수 없다는 금언을 우리에게 일깨운다. 우리 모두가 뛰어난 운동 기량을 발휘할 수 있는 해부학적, 심리적, 행동상 특성을 선대로부터 물려받는 것은 분명하다. 하지만 그 기술의 발달은 우리가 발육하고 생활하는 환경에 적어도 유전자만큼 강하면서도 다종다양한 영향을 받는다. 볼트 같은 훌륭한 운동선수는 타고나기도 하지만 만들어지기도 한다.[36]

속도 대 지구력에 기여하는 갖가지 요인을 평가하는 또 하나의 방법은, 이런 다양성을 설명해줄 만한 특정 유전자를 찾아내는 것이다. 이번에도 안타까운 소식은 유전 쪽이 차지한다. 지금껏 유전학 연구가 숱하게 진행됐지만, 관건이라 할 만한 단 하나의 유전자를 찾아내는 일에는 다들 어김없이 실패했다. 이제까지 운동 재능과 연관이 있을 것으로 가장 물망에 오른 후보는 ACTN3라는 멋없는 이름의 유전자다. 이 유전자는 고강도 힘을 쓰는 와중에도 근육을 딱딱하게 뭉쳐주는 단백질을 암호화하는 역할을 한다. 여기서 무엇보다 중요한 것은, 이 단백질에 두 가지 버전이 존재한다는 사실이다. R이 정상적인 형태라면, X는 돌연변이로 어설프게 기능해 근육을 딱딱하게 하기는커녕 더 탄력적으로 만든다. 2003년 호주의 운동선수들을 연구해 무척 잘 알려진 한 연구에 따르면, ACTN3 X 버전은 비운동선수 및 지구력 스포츠 선수에게서 자주 발견되는 반면 최고의 단거리 선수나 역도 선수를 비롯해 힘force이나 파워power를 많이 써야 하는 스포츠 선수에게는 거의 없는 것으로 나타났다.[37] 이 같은 사실이 밝혀지자 유전학자들에게 검사 비용을 지불하고 자녀가 장차 어떤 스포츠를 하면 좋을지 결정하는 부모가 생겨나기도 했다. 만일 아이가 X 유전자 복제본을 2개 가지고 있다면, 단거리 육상은 관두고 장거리 달리기나 수영을 하라고 떠미는 식이었다.

하지만 연구자들이 더 많은 데이터를 수집하게 되자, ACTN3에 대한 부푼 기대감은 사그라들었다. 그리스인 단거리 주자들을 대상으로 한 연구에서는, 50미터 경기 기록에서 이 유전자가 설명해주는 차이가 기껏해야 2.3퍼센트에 불과하다고 나타났으며,[38] 다른 연구들에서도 아프리카인이나 비유럽인 사이에서는 이 유전자가 그 어떤 예측치도 갖지 못한다고 밝혀졌다.[39]

　더욱 난감한 것은 이렇게 거의 아무것도 못하는데도 불구하고, 이 ACTN3의 힘이 그간 운동 수행능력과 연관되어온 200개 이상의 유전자 가운데 그나마 가장 막강하다는 사실이다.[40] 그렇다고 유전자가 중요하지 않다는 뜻은 아니다. 어떤 인구군에서든 다리 근육에 속근섬유 혹은 지근섬유가 더 우세하게 나타나는 이들은 있게 마련인데, 이 같은 차이의 약 40퍼센트 정도는 유전자로 설명되는 것처럼 보이기 때문이다.[41] 그뿐만 아니라, 서아프리카에 조상을 둔 이는 유럽인 혈통보다 일부 근육에서 속근섬유의 비율이 약간 높다(약 8퍼센트)는 사실을 입증하는 증거도 제한적이나마 존재한다.[42] 하지만 한 인구군 내에서 혹은 여러 인구군 사이에서 달리기 능력이 크게 다른 이유를 오롯이 설명해주는 유전자들을 우리는 아직 찾아내지 못하고 있다. 따라서 최고의 단거리 선수, 마라토너, 평균적인 일반인 사이의 능력이 확연히 대비되는 것은 힘이 막강한 몇몇 유전자 때문은 아니라고 결론 내려야만 할 것이다. 그보다는, 단거리 주파 속도와 같은 운동능력은 키와 같은 여타의 복잡한 특성들과 닮은 구석이 있다. 예를 들어, 키는 유전될 확률이 무척 높지만 영향을 미치는 유전자만 400개가 넘으며 이들 유전자 하나하나의 소소한 힘이 차곡차곡 더해진다고 할 수 있다.[43] 내 키가 약간 작은 것도, 친가와 외가 양쪽에서 물려받은 수백 개 유전자의 효과가 한데 결합해 약 175센티미터라는 최종 결과물을 내놓았기 때문이다. 그러나 유전과 함께 내 키는 어린 시절 내가 무엇을 먹고, 얼마나 자고, 어떤 스트레스를 받고, 어떤 병을 앓았는지에도 영향을 받았을 가능성이 있다. 키 같은 특성도 이렇게 결정되는데, 속도나 지구력처럼 훨씬 더 복잡한 특성은 오죽하겠는가?

마지막으로 반드시 짚고 넘어가야 할 점은, 소소한 힘을 가진 유전자 수백 개가 모여도 운동 재능에는 고작 부분적인 영향만 끼칠 수 있을 뿐이라면, 속도와 지구력 중 어느 한쪽만 가질 수 있다는 세간의 통념이 어쩌면 그릇되었을지도 모른다는 것이다. 우리가 물려받은 수만 개 유전자 가운데는, 우리를 약간이나마 빨리 달리게 해주는 유전자가 있는가 하면 더 멀리 달리게 해주는 유전자도 있다. 사람들을 거북이 아니면 토끼의 어느 한쪽으로 만들어주는 어떤 단일한 유전적 밑바탕은 존재할 수 없다. 우리 대부분이 토끼와 거북이의 면을 조금씩 다 가진 것이다. 그렇다면 아무리 봐도 어떤 이들은 빨리 달리기에, 어떤 이들은 멀리 달리기에 천부적 재능을 가진 것처럼 보이는 것은 어째서일까? 이와 더불어, 여러분이 설령 단거리 질주보다 조깅을 더 선호하더라도 이따금 속도를 높여서 달릴 필요가 있을까?

지구력과 속도, 둘 다 가지기

저널리스트 애셔 프라이스는 그의 나이 서른넷에 1년간 열심히 훈련하면 자신도 덩크슛을 내리꽂을 만큼 높이 점프할 수 있을지 한번 시험해봐야겠다고 결심했다. 그나마 키는 다소 큰 편이었으나

(약 188센티미터), 그밖에는 하나같이 만만치 않은 장애물들이 버티고 있었다. 애셔는 하루하루 나이가 드는 것은 말할 것도 없고, 운동에 소질도 없었을 뿐더러, 약간 과체중이었으며, 얼마 전 고환암에 걸렸다가 회복하는 중이었다. 훈련에 돌입하기 전 그가 내게 전화를 걸어 자신이 오르지도 못할 나무를 쳐다보는 건 아닐까 물었을 때, 나는 지금 생각하면 부끄럽게도 이런 말로 그의 당찬 포부에 찬물을 확 끼얹었다. "이봐, 애셔, 34살이 되도록 덩크 한 번 못해본 사람이, 이제 훈련을 시작한다고 어떻게 하겠어."[44] 우리 중 누가 옳았는지 알고 싶다면 덩크를 하기 위한 애셔의 눈물겨운 노력을 근사하게 풀어낸《덩크슛과 함께 한 1년》을 반드시 읽어보길 바란다. 하지만 그 당시 자동 반사처럼 튀어나온 내 예측은 사실 세간의 통념을 반영한 것임도 말해두어야겠다. 뛰어난 운동능력은 천부적 재능과 훈련이 결합해야만 나오는 것이며, 덩크슛처럼 고강도의 힘을 재빨리 써야만 해낼 수 있는 일은 지구력을 발휘해서 해낼 수 있는 일과는 그 성격이 전혀 다르다는 세간의 통념 말이다.

그러나 통념이 곧 진실은 아니다. 우리 대부분이 평범한 거북이 아니면 토끼가 될 운명이라는 생각에도 일말의 진실이 담겨 있으나, 속도 대 지구력에 관련된 인식은 지금껏 우리가 최고의 직업 운동선수들에게만 온통 관심을 쏟아온 탓에 다소 왜곡되고 말았다. 단언컨대 세계 최고의 단거리 선수들이 단거리 경기에서 마라토너들과 실력을 겨루거나 혹은 그들이 마라톤 시합에서 마라토너들과 실력을 겨룰 일은 없겠지만, 인간 신체 능력의 정반대 양극단에서 자신의 능력을 뽐내는 이 비범한 운동선수들은 사실 보행자일 뿐인 우리 대부분과 거의 아무 상관도 없다. 생각해보면 제일 빠른 편인 마라토너의 경우 대략 2시간 만에 42.195킬로미터, 즉 4분 40초에 한 번씩 1.6킬로미터를 주파하지 않는가. 여러분은 그 속도로 단 1.6킬로미터라도 달릴 수 있을까? 만일 할 수 있다면 여러분은 정말 대단한 것이다. 그 속도로 단 1.6킬로미터라도 달릴 수 있는 사람은 좀처럼 보기 힘들기 때문이다. 99퍼센트의 인간과 비교하면, 이 마라토너들은 분명 속도와 지구력 사이에 맞교환이 일어나지 않는다고 봐야 한다. 오히려 이들은 우리가 빨리 달리는 동시에 멀리 달릴 수 있음을 입증하는 증거다.

다른 분야의 운동선수들을 봐도 지구력과 속도가 어떻게 공존할 수 있는지 여실히 드러난다. 프로축구 선수의 경우 경기당 평균 11~12킬로미터를 달리는데, 그중 폭발적인 힘으로 단거리를 치고 나가는 시간이 22분이고 천천히 뛰거나 걷는 시간은 총 68분에 달한다.[45] 그렇다면 이들은 거북이일까, 토끼일까? 두말할 것도 없이 둘 다라고 해야 할 것이다. 지구력과 속도 사이에 어느 정도 맞교환이 존재하지 않는다고는 할 수 없겠지만, 이런 맞교환은 전반적 운동 재능에서 개인별 수준 차이로 인해 잘 드러나지 않는 면이 크다. 예를 들어, 최고의 10종 경기 선수들은 지구력과 파워 양면에서 뛰어난 기량을 보여야 하기 때문에, 100미터 경기나 투포환처럼 빠르고 폭발적 힘이 필요한 종목에서 뛰어난 이들이 1,500미터 달리기 같은 지구력 종목에서도 뛰어나다.[46] 아울러 인간 중에서도 뛰어난 운동선수는 뭐든 다 잘하는 경향이 있는 것처럼, 개구리, 뱀, 도마뱀, 도롱뇽도 힘을 제일 빨리 분출할 줄 아는 개체가 지구력도 제일 많이 갖고 있다.[47]

이른바 만물 창조의 원대한 틀에서 바라보면, 우리의 진화 역사가 인간을 전반적으로 대부분의 네발동물에 비해 느린 팔자로 만들어놓긴 했지만, 인간끼리 능력을 겨룰 때는 굳이 토끼와 거북이 어느 한쪽만 될 필요가 없지 않겠는가? 우리의 수렵채집인 조상들을 봐도 걷기, 짐 나르기, 땅파기, 싸우기, 식사 준비 등 삶 속에서 수없이 다양한 활동을 열심히 했고, 심지어는 때로 수영도 조금씩 했던 듯하니 말이다.[48] 더구나 그들은 더러 장거리만 뛴 게 아니라, 이따금 사자나 서로에게서 달아나려 기를 쓰고 단거리를 질주하기도 했다. 오늘날 수렵채집인은 지구력 면에서도 뛰어나지만, 그들의 최고 속도를 측정해보면 달리는 속도가 (매서운 기세는 아니라도) 시속 19~27킬로미터 정도로 제법 빠른 편이다.[49] 이들 수렵채집인과는 완전 정반대 축의 경우로, 젊은 시절 축구선수로 뛰며 수년 동안 빠르고 강해지는 훈련만 받다가 인생 후반부에 마라톤 선수가 되겠다고 결심하는 사람들도 있다. 제대로 훈련을 해주기만 하면 인체가 해낼 수 있는 것은 놀라울 만큼 다양하다. 게다가 어떤 훈련은 우리 내면의 토끼와 잘 맞고 어떤 것은 거북이와 잘 맞는데, 왜 우리는 토끼와 거북이 둘 다 할 수 없다는 것일까?

그 답은 둘 다 못할 게 없을 뿐만 아니라, 오히려 그렇게 하는 게 무척 효과적이라는 것이다. 자신이 지독히 빠른 속도를 내기보다 지구력 발휘에 더 제격이라 생각하는 사람들도, 이따금 고강도 운동을 규칙적으로 격렬히 해주면 더 강하고 빨라질 뿐 아니라 몸도 더 탄탄하고 건강해진다는 증거가 숱하게 나와 있다. 일명 고강도 인터벌 트레이닝[HIIT]이라고도 알려진 이 훈련법에서는, 단거리 질주와 같은 격한 고강도 무산소 운동을 여러 번 되풀이하되 사이사이에 그보다 강도가 약한 회복 주기를 끼워 넣는 것이 특징이다. 여기서 분명히 해두어야 할 것은, HIIT는 웨이트 트레이닝이 아니며, 근본적 차원에서 보면 격렬한 유산소운동이라는 점이다. 그렇다면 HIIT가 어떤 식으로 우리의 지구력을 손상시키지 않고 우리를 더 빠르게 질주하도록 해주는지를 살펴보면서, 속도에 대한 탐구를 마무리해보도록 하자.

HIIT에 들어가면 일단 플라이오메트릭 운동, 일명 점핑 트레이닝 운동부터 하게 될 것이다. 전형적인 플라이오메트릭 운동에서는 몸을 한껏 늘리는 깡충뛰기 동작을 10회가량 하게 될 텐데, 한쪽 다리를 굴러 최대한 높이, 빨리 뛰어오르되 반대편 다리 무릎은 양팔과 함께 위로 들어 올린다. 그리고 매번 착지할 때마다 엉덩이, 무릎, 발목을 최대한 구부려, 다리 근육을 최대한 늘려주는 동시에 최대한 자극을 줌으로써 폭발적인 힘으로 근육을 수축시킨다.[50] 이런 식의 점프 동작들은 여러분의 속근섬유를 순식간에 피로하게 만든다. 플라이오메트릭 운동을 마친 뒤에는 버트 킥(서서 발뒤꿈치가 엉덩이에 닿도록 다리를 뒤로 차는 동시에 팔을 굽힌 채 힘껏 앞뒤로 움직이는 운동—옮긴이)을 똑같이 10번 정도 진행한다. 그런 뒤 100미터나 200미터 달리기를 몇 차례 연거푸 최대한 빠른 속도로 달려서, 여러분의 근육을 빠르고 힘차게 수축시키며 근육에 저장된 ATP와 인산염을 완전히 소모한다. 이런 식으로 HIIT를 여러 차례 행하는 것은 고된 일이라서 며칠 몸살을 앓기도 한다.

그런데 효과만큼은 확실하다. 만일 주 2회 HIIT를 꾸준히 실천한다면, 여러분의 근육은 급속도로 고강도의 힘을 내는 능력을 차츰 키우게 될 것이다. 그 이유 중 하나는 신경의 자극이 있을 때 동시에 수축하는 근섬유 수가 늘어나기 때문이다. 비록 HIIT가 여러분의 몸을 자극해 더 많은 속근섬유를 새로 만들지는 못하지만, 몸 안에 이미 생겨나 있는 근섬유가 더 두꺼워지면서 여러분도 더 강해지고 따라서 더 빨라질 수 있을 것이다.[51] 평균적으로 단거리 선수의 근육은 장거리 선수에 비해 20퍼센트 이상 두껍다.[52] 이와 함께 HIIT는 더 느리고 피로 내성이 더 강한 분홍색 근육을, 더 빠르고 더 쉽게 지치는 백색 근육으로 바꿔주기도 한다. 즉 HIIT로 근섬유 길이가 약간 늘어나면 결과적으로 근육이 짧아지는 속도가 대폭 증가하고, 그렇게 해서 근육 안에서 수축하는 근섬유의 비율이 높아지면 이것이 다시 더 많은 힘을 내게 하는 식이다.[53] 하지만 이를 비롯한 여타 변화들이 스스로 일어나는 법은 없으며, 이 상태를 유지하려면 항상 노력해야만 한다. 더 빨리 달리기를 *바란다면*, 더 빨리 달리기 위해 노력*하는* 수밖에 없다.

규칙적인 HIIT의 혜택은 단순히 근육에 영향을 주는 정도에 머물지 않는다. 그 보상은 여러 가지지만, 무엇보다 HIIT는 심실을 더 크고 탄력적으로 만들어 심장이 펌프질을 통해 인체 각 부분에 피를 효율적으로 공급하는 능력을 증대시킨다. 또한 HIIT를 하면 동맥의 숫자, 크기, 탄력성이 늘어나며 이와 동시에, 근육 하나하나에 연결된 미세한 모세혈관의 숫자도 늘어난다. HIIT는 혈류에서 당을 이동시키는 근육의 능력도 향상시키며, 각 근육 안에 들어 있는 미토콘드리아의 숫자도 늘려 더 많은 에너지가 공급될 수 있게 한다.[54] 이를 비롯해 HIIT를 통해 나타나는 여러 적응은 혈압을 낮추는 동시에, 심장병, 당뇨병 등의 질환을 예방하는 데도 도움이 된다. HIIT가 가진 효과를 더욱 많이 연구할수록, 올림픽경기에 나가는 선수든 그저 탄탄한 몸을 만들려 애쓰는 일반 사람이든, HIIT가 모든 건강 요법에 포함되어야겠다는 생각이 강하게 들 것이다.

이런 혜택들을 생각하면 우리가 속도 탐구에서 얻을 수 있는 마지막 가르침이 무엇인지가 더욱 확실히 드러난다. 우사인 볼트와 같은 엘리트 운동선수들이 인간 능력의 한계를 보여주지만, 우리는 또한 매일같이 만나는 평범한 사람들도 대단한 신체적 업적을 이룰 수 있다는 점을 잊어서는 안 된다. 이는 칭송받아 마땅하며, 인간 종의 진화사에서 훨씬 더 중대한 역할을 했다. 우리의 석기시대 조상들은 수많은 관중을 앞에 두고 100미터를 일직선으로 최대한 빨리 주파하기 위해 몇 년의 세월을 훈련에 쏟아 붓는 일은 절대 하지 않았다. 대신 그들은 만능재주꾼으로 진화해, 때론 거북이가 되고 때론 토끼도 되어야 하는 수없이 다종다양한 신체적 도전을 맞이해 척척 해치우곤 했다. 그들이 부디 사자나 날카로운 송곳니를 지닌 호랑이는 물론 하이에나에게 너무 자주 쫓기지 않았길 바라지만, 그런 순간조차 틀림없이 무척 결정적이었을 것이다. 조상들이 그 순간을 무사히 넘기지 못했다면, 여러분이나 나는 지금 여기 있지 못했을 테니까…

제6장

근력: 탄탄한 근육질에서
깡마른 몸매로

미신 #6 우리는 지극히 강해지도록 진화했다

◇ ◇ ◇

강한 사람은 아무도 못 건드립니다.

–찰스 아틀라스

나의 조부모님이 아메리카 대륙으로 건너와 곧바로 정착한 곳은 뉴욕의 브루클린이었다. 어린 시절 조부모님 댁을 찾아갔을 때를 더듬으면 무더운 여름날 브루클린의 명소로 통하는 코니아일랜드 해변에서 사람들의 몸을 보고 눈이 휘둥그레졌던 기억이 떠오른다. 수영복으로는 몸매를 가릴 수 없으니 말이다. 당시 우리 가족은 하나같이 작달막하고 근육이라곤 없었던 데 반해, 코니아일랜드는 뉴욕에서도 사람들이 제일 많이 찾는 해변이었던 만큼 머리로 상상할 수 있는 모든 몸매 유형을 거의 빠짐없이 구경할 수 있었다. 키 작은 사람부터 큰 사람, 저체중부터 비만인 사람, 피부가 매끈한 사람부터 털이 북슬북슬 난 사람, 꼴사나운 사람부터 매력적인 사람, 깡마른 사람부터 탄탄한 근육질까지 모두 말이다. 그렇게 해변에서 사람 구경을 하면서 나도 어른이 되면 저렇게 멋지고, 근사하게 근육이 잡힌 몸을 갖고 싶다고 생각했던 기억이 난다.

그때는 미처 몰랐지만 전해지는 이야기에 따르면, 근육 잡힌 몸매에 대한 미국의 사고방식이 극적 전환을 맞은 것도 마침 그 해변에서였다고 한다. 이야기는 1903년, 열 살짜리 꼬마 안젤로 시칠리아노가 타고 온 배에서 내려 엘리스섬(뉴욕만 안의 작은 섬으로 1892~1943년에 이민 검역소가 위치해 있었다―옮긴이)에 발을 디디는 것으로 시작된다. 안젤로는 뉴욕 땅을 처음 밟는, 영어 한마디 할 줄 모르는 가난한 이탈리아 이주민 중 하나일 뿐이었다. 아버지에게 버림받고 어머니와 함께 브루클린의 삼촌 댁에 얹혀살게 된 안젤로는 아메리칸드림을 이루고자 갖은 애를 썼다. 어린 시절 그는 딱 봐도 약골에다 허약해보였고, 걸핏하면 폭력적인 삼촌과 불량배 무리에게 두들겨 맞곤 했다. 그런데 그러던 중, 안젤로 자신의 말을 빌리면, "어느 날 코니아일랜드에 갔다가 무척 예쁜 여자애를 만나 함께 시간을 보냈다. 우리는 바닷가 모래 위에 앉아 있었다. 그때 체구가 크고 건장한 인명구조대원 하나, 아니 아마도 둘이, 모래를 발로 걷어차 내 얼굴로 튀었다. 난 별수 없이 잠자코 있었고, 그 여자애는 재밌어했다. 나는 그애에게 말했다. 언젠가 다시 만나는 날이 오면, 그땐 저 자식을 발라버리겠다고."[1]

그로부터 며칠 뒤, 여전히 굴욕감에 이가 갈리는 채 안젤로는 브루클린 박물관으로 소풍을 갔다가 일생일대의 깨달음을 주는 장면을 마주하게 된다. 불끈불끈 솟아오른 그리스 신상神像들의 근육에서 깊은 인상을 받은 안젤로는, 자신도 근육을 키우면 자존심을 되찾고 남성성을 손에 넣을 수 있으리란 생각이 들었다. 안젤로의 주장에 따르면, 그래서 이후 몇 달 동안 자기 침실에서 역기, 밧줄, 탄성 악력기를 갖고 비지땀을 흘리며 운동해봤지만 별 소용이 없었는데, 그 후 브롱크스 동물원에서 사자들의 스트레칭을 지켜보다가 두 번째 깨달음을 얻었다. 어떻게 사자들은 역기를 쓰지 않고도 그만한 근력을 발달시키는지 궁금해하던 안젤로는 "근육들이 서로 겨루게" 만들어 근육을 강하게 단련시키는 게 틀림없다고 판단했다. 안젤로는 그 자신의 표현대로 일명 '역동적 긴장'(오늘날 등척성운동이라고도 불린다)이라는 방법을 통해 실험에 들어갔다. 과연 효과가 있었다. 그로부터 몇 달 뒤 애환이 어린 그 코니아일랜드 해변에서 안젤로는 새롭게 다져진 자신의 몸매를 한껏 과시했다. 그러자 한 친구가 이렇게 말했다고 한다. "너 꼭 아틀라스 호텔 맨 꼭대기에 서 있는 그 아틀라스 신상 같다!" 그리고 얼마 후 안젤로 시칠리아노는 찰스 아틀라스로 이름을 바꾸었다.[2]

물론 찰스 아틀라스를 울룩불룩한 근육으로 떼돈을 번 최초의 보디빌더라 할 수는 없겠지만, 그가 당대에 제일 성공한 근육남으로 이름을 떨치며 현대의 신체 문화 운동에 불을 지핀 것은 사실이다. 아틀라스는 코니아일랜드에서 괴력사로 활동하면서 약간의 돈벌이를 한 뒤(돈을 내면 발로 그의 배를 딛고 서볼 수 있었다) 모델로 활동하는가 하면 '세계에서 가장 완벽하게 발달한 남성World's Most Perfectly Developed Man' 대회에서 우승하기도 하고, 우편판매 강좌를 통해 미국의 모든 깡마르고 살찐 아이들을 멋진 마초남 골격으로 만들어주겠다고 약속하기도 했다. 아틀라스는 만화, 소책자 등 갖가지 광고를 통해 자신의 이야기를 끝도 없이 되풀이하며 사람들 사이에 판에 박힌 불안감을 조성하고 이용했다. 그런 몸을 갖고 있으면 여자친구가 떠날 거라거나, 남자답지 못하다거나, 힘이 없거나 금방 늙을 거라며 겁을 주는 식으로 말이다. 여기서 분명히 해두어야 할 점은, 남자다운 박력을 가지려는 욕구는 예전에도 있었으나, 대공황의 타격으로 자존감이 무너지고 산업혁명으로 기계가 인간의 노동력을 대체하는 상황에서 불안감이 더욱 커지면서 아틀라스의 그런 약속이 남자들에게 특히 위력을 발휘했다는 것이다. 근육 키우기는 수없이 많은 남성에게 그들의 상처받은 에고를 치유할 하나의 방법으로 자리 잡았고, 그 안에서 아틀라스는 남자다운 몸매라는 신앙을 설파하는 새로운 대사제로 등극했다.

찰스 아틀라스 이후, 헤라클레스가 되어보겠다는 그 뿌리 깊은 욕망을 자극하는 광고들에 현혹된 채 자라난 청소년은 이루 헤아릴 수 없이 많았다. 잭 라레인이나 아널드 슈워제네거 같은 피트니스계의 구루 및 유명 근육인 세대가 형성된 것도 아틀라스로부터 영감을 받아서였다. 이윽고 미국을 비롯한 수많은 지역 곳곳에는 헬스장이 속속 생겨나, 처음에는 덤벨, 바벨 등의 역기를 갖추더니 나중에는 최신식 장비들까지 들여놓았다. 이 분야에서 커다란 도약으로 손꼽히는 것이 노틸러스사* 머신들로, 도르래에 무게추를 여러 개 매단 이 장비를 이용하면 동작 범위 전반에 걸쳐 근육에 조절 가능한 저항력을 일정하게 줄 수 있다. 노틸러스 운동기구를 비롯한 갖가지 운동장비들이 저항운동을 더 효과적이고 효율적으로 만들면서, 하위 문화에 머무르던 신체 문화는 어느덧 수십억 달러 규모의 주류산업으로 진화할 수 있었다.[3]

그런데 저항운동의 유익한 점들을 극찬하며 마케팅을 하려고 애쓰다 보면, 역기 들기 운동과 인간 진화 관련 개념이 서로 충돌하는 것을 피할 도리가 없어진다. 이 같은 충돌은 1988년 베스트셀러 《구석기식 처방》의 출판으로 크게 불붙었는데, 이 책은 '문명의 질병' 대부분은 우리 몸이 현대의 생활방식에 적응하지 못해 걸린다고 주장했다.[4] 그러면서 주로 먹을거리에 초점을 맞추며 이른바 구석기 식단Paleo Diet까지 탄생시켰으며, 이 사고방식은 이내 운동으로까지 확대돼 원시인식 신체 단련 운동primal fitness movement의 불씨를 댕겼다.[5] 구석기 식단을 주창하는 이들이 (그것이 비논리적임에도) 원시인처럼 음식을 먹는 게 가장 건강해지는 길이라고 믿는 것과 꼭 마찬가지로, 원시인식 신체 단련법에 열광하는 이들은 먼 옛날 우리의 근육질 조상들처럼 운동하는 게 최선이라고 믿는다.[6]

나는 이 원시인식 신체 단련이 무엇인지 더 배우기 위해, 한 번은 이 방면의 슈퍼스타로 꼽히는 에르완 르 코르와 함께 운동을 해보기도 했다. 이름하여 '뉴욕시 맨발 달리기'라는 행사에서였다. 햇빛이 부서지는 9월의 어느 주말, 나는 구석기 식단과 원시인식 신체 단련법의 열혈 옹호자 수백 명 사이에 끼어 페리를 타고 뉴욕시 항구에서도 그림 같은 풍광을 자랑하는 자유의 여신상에서 그리 멀지 않은 곳에 자리한 거버너스섬을 찾았다. 우리의 본 행사는 이 섬에 난 3.4킬로미터의 길을 따라 맨발로 곳곳을 누비며 달리는 것이었지만, 참가자들은 그것 못지않게 맥주를 마시고, 바비큐를 먹고, 서로 어울리는 일에도 열심이었다. 훤칠한 키에 몸도 탄탄한 프랑스인으로, 뉴멕시코 산타페에서 피트니스 캠프를 운영하고 있는 에르완은 좌중의 이목을 단박에 사로잡았다. 영화배우 뺨치는 외모와 혀를 내두르게 하는 신체 능력, 운동에 달려드는 열성적 태도 덕분이었다. 거버너스섬 둘레에 난 그 길이 에르완에게는 맨발로 뛰노는 운동장이나 다름없었다. 그는 언제든 마음이 동하면 정해진 경로를 훌쩍 벗어나 나무를 타고 오르고, 벤치를 겅중 뛰어넘고, 다람쥐들을 뒤쫓았다. 그런 그였기에 에르완의 캠프 참가자들도 달리기, 걷기, 높이뛰기, 네발로 기기, 기어오르기, 수영, 들기, 나르기, 던지기, 잡기, 싸우기 등 인체가 분명 해낼 것으로 여겨지는 모든 동작을 해보도록 권장되었다. 이들이 어떤 모습일지 궁금하다면, 웃통을 벗은 근육질 남자들이 거대한 통나무를 짊어지고 나르거나, 나뭇가지를 홱홱 채가며 나무 사이를 오가는 장면을 상상하면 된다.[7]

그 후로 나는 책과 웹사이트를 뒤지고 콘퍼런스를 찾아가보고 이 운동의 열성 지지자들과 이야기하는 식으로, 이 원시인식 신체 단련 운동을 더 알기 위해 나름 애를 써보았다. 그 결과 현대 사회의 이들 남녀 원시인 태반은, 적어도 내 판단에 따르면 확실히, 자기 조상들이 평생 '자연스러운 움직임'을 행한 덕에 완전한 근육질에 날씬한 몸을 가졌다는 믿음을 갖고 있었다. 이 말은 곧 자신의 조상들은 평소 중강도 지구력 운동을 하되 바윗덩어리를 들거나 사자들과 맞붙어 싸우는 등 어마어마한 힘이 필요한 과중한 일도 그 사이사이에 했으리라는 뜻이다. 원시인식 신체 단련 운동에서 기본 초석으로 삼는 것이 웨이트 트레이닝인 것도 이 때문이다. 이 운동의 주된 옹호자인 마크 시손은 그 시절에 살았을 법한 평범한 원시인을 그록Grok이라 이름 붙이고 그를 가상의 본보기로 삼아 사람들에게 전반적인 생활방식에 관한 처방을 내리기도 한다. 시손에 따르면, "오늘날 탄탄한 몸을 만들고자 온갖 열성을 다하는 이들과 달리, 그록은 일정 시간을 중강도에서 고강도 운동으로 계속 나아가는 지독한 패턴으로 운동하지 않았다." 대신 "그록의 삶에는 몸의 힘을 격렬히 쏟아내야 하는 일이 수시로 있었다. 자신이 그러모은 물품(장작, 주거지에서 쓸 물자, 연장 제작 재료, 동물 사체)을 야영지로 나르고, 주변 동태를 살피거나 식량을 구하러 바위와 나무를 타고, 주거지를 만들기 위해 돌덩이나 통나무를 가져다놓는 식으로 말이다."[8]

이 원시인식 신체 단련을 신체 문화와 가장 성공적으로 접목한 것이 크로스핏CrossFit이다. 그렉 글래스먼의 주도로 2000년 캘리포니아 산타크루즈에서 시작된 크로스핏 운동은 날이 갈수록 성장해 전 세계적으로 선풍적 인기를 끄는 운동으로 자리 잡았다. 하지만 처음 크로스핏 헬스장에 발을 들였을 때만 해도, 나는 그곳이 썩 대단하다는 인상이 들지는 않았다. 헬스장부터가 낡은 차고 같았다. 반들거리는 각종 운동기구나 TV, 거울은 고사하고, 눈앞에 보이는 것이라곤 역기, 운동용 승강 밧줄, 고정식 자전거가 전부였다. 하지만 크로스핏 운동을 한번 해보면, 이까짓 것쯤이야 하는 생각이 대번에 날아간다. 크로스핏에서는 격한 유산소운동을 하되 케틀벨 들기, 물구나무서서 팔굽혀펴기, 밧줄 잡고 오르기 등 그만큼 격한 저항운동을 사이사이 끼워 넣는 전략을 쓴다. 저마다 팀을 짜 해병대 훈련을 본떠 날짜별로 설정된 '그날의 운동Workout of the Day, WOD'에 따라 크로스핏을 하면서, 사람들은 쉴 틈 없이 온 힘을 쏟아내야 하는 그 운동 세션을 다 마칠 수 있도록 서로에게 힘을 불어 넣는다. 그 끝에 다다르면 몸에 기력이라곤 남아 있지 않지만 짜릿한 희열을 맛볼 수 있다. 이런 운동 루틴은 신체 단련 효과도 대단하지만, 크로스피터들은 자신이 온몸을 쓰는 옛 전통, 즉 인간 생존에 반드시 필요했을 상당량의 근력을 쓰는 활동에 참여하고 있다고 믿는다. 크로스핏 운동에 누구보다 열심인 내 친구 하나는 이렇게 말했다. "강한 것, 그게 원시인이지."

하지만 이미 위에서 누차 살펴봤듯, 우리 조상들이 설령 건강과 신체 단련을 목표로 역기를 들거나 여타 종류의 운동을 아주 간혹 했다 한들, 이런 종류의 운동이 그들이 평상시에 했던 신체 활동과 과연 비슷할까? 또 원시인은 성말로 그렇게 강했을까, 아니면 사람 진을 쏙 빼놓는 크로스핏의 오늘의 운동WOD도 수렵채집인에게는 세금을 내거나 책을 읽는 것만큼이나 생소한 일일까?

과한 근육과는 거리가 먼

1967년과 1968년, 스튜어트 트러스웰과 존 핸슨이라는 두 명의 의사는 여장을 꾸려 보츠와나 칼라하리 사막 깊숙이 들어갔다. 이들은 그곳에 사는 산족 수렵채집인의 건강 상태를 여러 기록으로 남겼다. 둘의 세세하고 면밀한 분석은 사람들의 몸무게, 키, 영양상태, 콜레스테롤 수치, 혈압 등을 무덤덤하게 산정해냈지만, 한 군데 유난히 눈에 띄는 대목이 있다. "과거의 부상에서 생각지 못한 징후들이 나타난 것은 특기할 사항으로, 이를테면 한 남자가… 변변찮은 무기도 없이 표범과 싸워 살아남았다. 이후 그는 안면마비, 활시위 당김용 손가락 신전근 약화, 상완골 만성 골염을 안고 살게 됐다. 하지만 당시에 그는 표범을 맨손으로 *때려잡았다*."[9]

정말 대단하지 않은가! 여러분도 표범과 맨주먹으로 한 판 붙는다면 헤라클레스라도 된 듯 뿌듯할 것이다. 그런데 따지고 보면 지난 수백만 년 동안 운수가 좋지 못해 무시무시한 포식자를 만나고도 그 사연을 풀어놓지 못한 수렵채집인이 훨씬 많지 않았을까? 그런데도 이런 부류의 이야기들은, 그건 알 바 아니라는 듯 편견을 더욱 부채질한다. 몇몇 과학 연구보고서는 물론이고 원시인식 신체 단련을 옹호하는 웹사이트 및 책을 통해서도 우리는 자연스레 행하는 교차 훈련cross training 덕에 열혈 크로스핏 운동인들과 비슷한 수렵채집인 및 여타 비산업사회의 사람들 이야기를 종종 접한다.[10] "삶을 야생의 방식으로 바꾸어" 우리 몸을 문명의 괴롭힘에서 해방하라는 어떤 책의 이야기를 그대로 따오면, "단 한 순간만 마사이족 남자들 무리(케냐에서 동물을 몰며 생활하는 것으로 유명하다)에 대해 상상해보자. 널따란 세렝게티 평원을 별 힘들이지 않고 재빠르게 누비는 이들은, 유연하고 맵시 있는 몸으로 완벽하게 완급 조절을 하며, 헬스장 죽돌이라면 누구나 부러워할 아름다운 효율성과 동작을 보여준다. 이들이 어디 개인 트레이너를 따로 둔 사람들이던가?"[11]

얼마쯤의 수렵채집인과 함께 이 마사이족을 숱하게 만나본 터라, 나는 이런 식의 성격 규정은 부풀려진 데가 있을 뿐만 아니라, 거의 백이면 백 젊은이만을 대상으로 삼고 있다는 점을 주목하지 않을 수 없다. 수렵채집인 남자와 여자를 대상으로 한 면밀한 수치 측정은 한계가 있으나, 그 측정치를 보면 수렵채집인은 (젊은 남자들을 포함해) 군살이 없고 다소 힘이 세지만 근육질은 아닌 것으로 나타난다. 일반적으로 열대 지방의 수렵채집인도 체격이 건장하기보다는 왜소한 편이다. 예를 들어, 평균적인 하드자족 남자는 키가 163센티미터에 몸무게는 53킬로그램이며, 하드자족 여자는 평균 150센티미터에 몸무게는 47킬로그램이다. 체지방 비율은 남자가 약 10퍼센트에 여자가 약 20퍼센트로, 이 정도면 저체중으로 분류되는 경계선에 해당한다.[12] 전반적 상체 근력 및 근육 크기 추정치를 비롯해, 하드자족의 악력 측정치는 같은 연령대 서양인의 기준에 딱 들어맞으나, 고난도 훈련을 받은 대부분 운동선수 수준에는 못 미친다.[13] 근육질까지는 아니어도, 하드자족은 군살이 없고 신체가 탄탄하며, 땅파기에서 달리기, 나무타기에 이르기까지 다종다양한 규칙적 신체 활동을 통해 생계를 이어가는 사람들답게 전반적인 면에서 근력을 갖추고 있는 것으로 보인다.

사실 하드자족은 하나의 개체군일 뿐이고, 체구, 근육량, 근력 면에서 봤을 때 칼라하리의 산족, 중앙아프리카의 음부티족, 말레이시아의 바텍족, 파라과이의 아체족도 이들과 엇비슷한 것으로 나타난다. 예를 들어, 아마존강 일대에 사는 아체족은 하드자족만큼이나 체구가 작고 강단이 있으며, 평균 악력 수치도 거의 동일하다.[14] 팔굽혀펴기, 풀업pull-up, 친업chin-up을 최대한 많이 해보라고 했을 때, 아체족은 몸매가 탄탄해도 서양인과 비슷한 수준이었으나 한 가지 중요한 차이를 보였다. 그들은 나이가 들수록 근력이 감퇴하는 비율이 더 낮은 것으로 나타났는데, 이는 아마도 중년 시기를 비롯해 평생 신체적 활동을 꾸준히 많이 한다는 사실을 반영하는 것으로 여겨진다.[15] 아체족 남자들은 20대에 근력이 정점에 이르는 한편, 여자들은 그보다 약간 뒤에 근력이 정점을 찍지만 나이가 들어도 근육 손실은 거의 일어나지 않는다. 그 결과, 고령의 아체족 남자와 여자는 근력 차이가 거의 나지 않는다.

오늘날 근육질 남녀, 그중에서도 특히 크로스핏 운동인들은 벌크업bulk up(식사량 조절과 강도 높은 운동을 통해 근육량을 늘리고 체격을 키우는 일—옮긴이)에 역기와 머신을 이용한다. 그렇지만 수렵채집인이나 마사이족 목축인은 헬스장이 없는데도 어떻게 그 정도로 강해질 수 있었을까? 전설에 전하기로, 고대 그리스의 레슬링 선수인 크로토나의 밀론은 떡 벌어진 몸을 만들고자 큰 소로 다 자랄 때까지 송아지를 머리 위로 들어 올리는 연습을 하루도 거르지 않았다고 한다. 밀론의 죽음에 얽힌 전설만큼이나(밀론은 자기 힘을 믿고 맨손으로 나무를 쪼개려 했지만 그 틈새에 손이 끼어 옴짝달싹 못하다 늑대에게 물어 뜯겨 목숨을 잃었다고 한다) 무척 그럴싸하게 들리는 이야기다. 앞으로 이 책에서 함께 살펴보겠지만, 오늘날 웨이트운동을 하는 이들은 발버둥치는 소를 낑낑대며 들어 올리거나 굳이 나무를 쪼개지 않아도 덤벨이나 웨이트머신을 딱 알맞은 횟수 반복해 더 효과적이고 빠르고 손쉽게 벌크업을 할 수 있는 기술 및 방법론을 완성시켜놓았다. 물론 수렵채집인도 이따금 무거운 것들을 들지만, 이들이 근육에 저항을 주는 것은 대체로 뭔가를 나르거나, 땅을 파거나, 자기 몸을 들어 올리는 방법을 통해서다. 팔굽혀펴기, 풀업, 스쿼트, 런지처럼 아무런 장비 없이 맨몸으로 동작을 수행하면 확실히 근력이 길러지지만 이런 운동에는 커다란 단점이 하나 있다. 맨몸운동을 하면 근력은 늘지 몰라도, 시종 똑같은 무게밖에 들 수 없다는 것이다. 헬스장이 따로 없는 한 수렵채집인은 찰스 아틀라스나 밀론 뺨치는 몸매는 고사하고, 괴력을 기르는 데 꼭 필요한 것은 할 수 없다.

생각해보면 그래도 충분치 않은가 싶기도 하다. 내가 수렵채집인이라면, 설령 헬스장 시설이 있다 쳐도, 제법 힘이 세기만 하면 됐지 극단적으로 강한 힘을 갖고 싶지는 않을 것 같기 때문이다. 벌크업이 너무 과할 때 생길 수 있는 단점 중 하나는 파워를 잃기도 한다는 점이다. 근력strength이 내가 얼마나 많은 힘을 낼 수 있는가를 뜻한다면, 파워power는 내가 그 힘을 얼마나 신속히 낼 수 있는가를 뜻한다. 근력과 파워가 전혀 별개는 아니지만, 둘 사이에 약간의 맞교환이 존재한다는 점도 부인할 수는 없다. 즉 근력이 강한 여성은 송아지를 자기 머리 위로 번쩍 들어 올릴 수 있을지는 몰라도, 그 동작을 재빨리 해내기는 힘들다. 이와 반대로 파워가 강한 여성은 꽤 무거운 것을 들기는 벅찰 수 있지만, 그렇게까지 무겁지 않은 것은 더 빨리 그리고 연거푸 들어 올릴 수 있다. 높이 점프를 뛰거나 나무를 날래게 타고 오르는 등의 일에서는 근력보다 파워가 더 관건이다. 내 몸무게보다 더 무거운 무언가를 한두 번 머리 위로 들어 올리는 능력은 석기시대에는 실질적으로 아무 쓸모도 없는 괴상하고 위험천만한 일이기만 하다. 심지어 현대의 정적인 평균 인류 또

한 근력보다는 파워에서 얻는 혜택이 더 많다. 장바구니를 들어 올리거나 의자에서 일어나는 등 일상생활의 수많은 활동에는 힘을 재빨리 분출시키는 일이 필요하기 때문이다. 나중에 함께 살펴보겠지만, 이렇듯 강한 파워를 유지하는 일은 우리가 나이 들어갈수록 특히 꼭 필요하다.[16]

괴력을 가질 때 생기는, 석기시대에 꽤 중요할 수밖에 없는 또 하나의 단점은 칼로리 비용이 크다는 것이다. 소 한 마리도 거뜬히 들어 올리는 보디빌더라면 소만큼이나 많이 먹어야 할 게 틀림없다. 엄밀히 말하자면, 아마 십중팔구 그럴 것이다. 이 책에서도 근육은 연료가 많이 드는 조직이어서, 보통 사람 몸무게의 3분의 1가량을 차지하고 전체 에너지 수지의 5분의 1을 소비한다고 했던 게 기억날 것이다. 그런데 웨이트운동으로 근육을 키운 사람들은 근육량이 그보다 약 40퍼센트 더 많을 수 있으니, 이들은 칼로리 소모가 많은 살덩어리를 많게는 몸에 20킬로그램가량 더 갖고 다닌다는 뜻이다.[17] 만에 하나 내가 그 정도로 벌크업을 해야겠다고 결심하게 된다면, 나는 새로운 몸매를 위한 투자라 생각하고 반드시 하루에 200~300칼로리는 더 먹어야만 할 것이다. 오늘날에야 어딘가에서 하루에 300칼로리를 더 구하기가 식은 죽 먹기겠지만(밀크셰이크 한 잔을 벌컥벌컥 들이키기만 하면 된다), 석기시대에 그만큼의 추가 칼로리를 매일 야생에서 구하기란 생식 성공을 얼마간 포기해야 할 만큼 녹록치 않았을 것이다.[18]

이상을 종합하면, 오늘날의 근육인들이나 헬스장 죽돌이의 그 몸매를 우리 수렵채집인 조상들이 갖고 있었을 가능성은 별로 없거나 혹은 아예 없었으리라는 것이다. 우리 조상들은 그렇게 울퉁불퉁 갈라진 근육들을 만들 방편도 없었거니와, 그만한 근력이 필요치도 않았고, 칼로리 비용도 부담스럽기만 했을 것이다. 그렇다면 그보다 더 먼 옛날의 우리 조상들은 어땠을까? 종종 파워와 힘이 넘치는 것으로 그려지는 유인원이나 멸종된 동굴인과 현대의 수렵 채집인을 비교해보면 또 어떨까?

괴력의 유인원과 동굴인?

1855년, 필라델피아의 자연과학아카데미는 젊은 프랑스계 미국인 모험가 폴 뒤 샤이유에게 서아프리카 탐사 작업을 맡겼다.[19] 어린 시절 그의 아버지가 가봉 해안에서 무역소를 운영하던 때 서아프리카 여행을 한 적이 있었던 터라 샤이유도 그 땅을 다시 밟아볼 수 있다는 생각에 부쩍 호기심이 일었다. 그렇게 해서 20세에 그는 가봉의 오구에강Ogooué River 물줄기를 거슬러 정글 깊숙이까지 들어가 당시 유럽인들이 미처 모르던 땅에 발을 들였다. 이후 샤이유는 그곳에서 3년을 머물며 그 지역의 다양한 문화와 사람들과 관련해 기록을 남기는가 하면 헤아릴 수 없이 많은 새와 포유동물을 닥치는 대로 잡아 죽였다. 죽인 동물들은 죄다 필라델피아로 보내 박제를 했다. 샤이유의 주장대로라면, 그는 야생에서 고릴라를 관찰한 최초의 유럽인이기도 했다. 그는 자신의 첫 번째 책《적도아프리카에서의 탐험과 모험》(1861)에서 거기서 만난 유인원들을 섬뜩한 '반인반수'에다 '아프리카 숲을 호령하는 왕'으로 그렸다. 도판 14를 보면 당대의 전형적인 삽화가 나와 있다. 샤이유의 이 이야기가 세간에서 얼마나 대단한 인기를 끌었던지 재차 그는 서아프리카를 찾아 이번에는《고릴라 나라의 이야기》라는 시리즈물에 자신의 모험담

을 구구절절 담아냈다.[20]

하지만 이 책은 잔혹한 데다 인종주의까지 배어 있어 읽기가 영 불편하다. 그중 가슴 미어지게 하는 한 장章에서 샤이유는 자신이 처음 잡은 고릴라인 '싸움꾼 조Fighting Joe'의 이야기를 풀어놓는다. 이 불쌍한 고릴라는 당시 세 살로, 샤이유의 대원들은 조의 엄마를 먼저 총으로 쏴 죽인 후 조를 사로잡아 목줄을 채웠다. 당연한 얘기지만, 꼼짝없이 붙잡힌 데다 엄마까지 잃었으니 싸움꾼 조로서는 그 상황이 달가울 리 없었고, 그래서 다 때려 부술 듯 난폭하게 굴면서 잔혹하고 비인도적이라고 할 수밖에 없는 간이 우리를 빠져나오려고 몇 번이나 탈출을 감행했다. 그로부터 몇 주 후, 자유를 향한 몸부림이 성공 직전까지 갔다가 끝내 수포가 되고 나자, 불쌍한 조는 그대로 세상을 떠났다.

메리언 쿠퍼는 샤이유의 책을 읽고 자란 수많은 어린이 중 하나로, 그의 주장대로라면 1933년에 제작된 그의 영화 〈킹콩〉은 샤이유의 책에서 영감을 받아 만들어졌다. 이 영화에 영락없이 괴물로 등장하는 고릴라야말로 유인원이 엄청난 힘을 가졌다고 믿는 대중문화의 시각이 고스란히 반영되어 있다. 영어의 'go ape'라는 표현도 여전히 화가 나 길길이 뛰는 것을 의미한다. 고릴라에 대한 샤이유의 이 같은 서술은 당대에 여러 과학자로부터 조롱을 샀지만 (다윈은 샤이유를 "악독한 늙은 멍텅구리"라 불렀다), 뒤이어 등장하는 후대 탐험가들의 묘사와 함께 샤이유의 이런 글과 그림이 우리 유인원 조상을 잔혹한 존재로 그려낸 초기 과학자들의 태도에 영향을 미쳤으리라는 데는 거의 의심의 여지가 없다.[21] 제인 구달, 다이앤 포시 같은 여러 학자의 노력 덕에 지금은 야생의 유인원이, 비록 천사와는 거리가 멀지만 대체로 무척 온순한 동물이라는 사실이 잘 알려져 있다.[22] 하지만 애초에 아프리카 숲속의 우리 유인원 조상이 더할 나위 없는 근육질 몸매를 가졌으리라는 가정은 지금도 우리 머릿속 깊숙이 박혀 있다. 짐작건대, 몸무게 54킬로그램의 수컷 침팬지라면 우리 어깻죽지에서 팔 하나를 떼어내는 정도는 가뿐히 해낼 것이다.

침팬지의 근력을 맨 처음 과학적으로 검증한 이는 1920년대의 존 바우만으로, 미국인 생물학 교사였던 그는 대학 미식축구팀 감독이기도 했다. 당시 바우만은 실험의 의의를 이렇게 밝혔다. "유인원 연구의 권위자들은 하나같이 유인원이 근력 면에서 인간보다 대단히 우월하다고 판단했으나, 유인원의 근력을 정확히 검증한 근거는 전혀 들지 않은바… 단 몇 가지라도 명확하게 근력을 검증해보는 일은 흥미로울 뿐만 아니라 가치 있을 것이다." 그러고는 그 같은 검증을 위해 그는 동물원의 침팬지와 오랑우탄의 근력을 측정할 조잡한 장치를 하나 만들어냈다. 처음에는 바우만이 아무리 꾀어도 이 장치를 건성으로라도 끌어당기는 유인원이 단 한 마리도 없었으나, 어느 날 수제트라는 암컷 침팬지가 자신의 "영악하고 고약한 성질"을 못 이기고 "악의적으로" 그 장치를 끌어당겨 부수었다. 몇 번의 시도 끝에 가까스로 측정한 결과에 따르면, 수제트는 전신을 이용하면 570킬로그램까지 끌어당길 수 있을 것으로 보였는데, 이 정도면 건장한 미식축구 선수보다 약 3~4배 힘이 더 센 것이었다.[23]

바우만이 수제트의 근력을 측정할 때 활용한 장치는 검증 과정이나 수치 표시가 없어 십중팔구 부정확했을 텐데도 이 실험 내용은 여전히 심심찮게 인용된다. 하지만 다른 침팬지도 수제트만큼 힘을 가졌음을 보여주려던 시도는 번번이 실패로 돌아갔다. 1943년에는 글렌 핀치라는 예일대의 영장류 학자가 바우만의 실험을 정교하게 모방해 여덟 마리의 성체 침팬지를 데려다 실험을 했지만, 그 중 성인 남성보다 더 많은 근력을 끌어 모을 수 있었던 침팬지는 단 한 마리도 없었다.[24] 그로부터 한 세대가 흐른 뒤에는, 미국 공군의 과학자들이 철제 우리와 전기의자를 하나로 합친 듯한 형태의 기묘한 장치를 고안해 침팬지와 인간이 팔을 굽힐 때 얼마나 힘을 낼 수 있는지 측정했다. 이 장치를 쓰는 훈련에 성공한 침팬지는 딱 한 마리였는데, 그 침팬지는 이 실험에서 가장 힘이 셌던 인간보다 약 30퍼센트 더 힘이 센 것으로 나타났다.[25] 더 최근 들어서는, 벨기에 연구진이 34킬로그램의 보노보는 몸무게가 그 두 배인 인간보다 점프를 두 배 높이 뛸 수 있다는 사실을 밝혀냈다. 이는 보노보와 인간이 킬로그램당 점프할 수 있는 높이가 똑같다는 뜻이다.[26] 마지막으로, 아마 이 점이 가장 결정적인 대목일 텐데, 근섬유를 연구한 한 실험실 분석에 따르면 침팬지의 근육은 보통 인간의 근육보다 힘이나 파워가 기껏해야 30퍼센트 더 셀 뿐이었다.[27] 비록 방법론에서는 저마다 제각각이지만, 이 모든 내용을 종합하면 성체 침팬지는 인간보다 3분의 1 정도 더 힘이 세다는 결론이 나온다. 오래된 문화적 통념과는 반대로, 제아무리 침팬지라도 팔씨름을 하다가 보란 듯 여러분의 팔을 어깻죽지에서 떼어낼 수는 없다는 이야기다. 그렇다 해도 십중팔구 여러분이 침팬지에게 질 테지만 말이다.

세간의 통념에 따르면 우리는 또한 몸 좋은 동굴인과 붙으려 할 때도 다시 한 번 생각해봐야만 한다. 이 편견을 가장 극적으로 보여주는 사례로, 전형적 혈거인으로 통하는 네안데르탈인을 들 수 있다. 19세기에 유럽의 동굴에서 최초의 네안데르탈인 화석이 발굴된 이래, 이들 빙하시대 사촌들은 줄곧 우리의 상상력에 불을 지펴왔다. 이들의 해부학적 구조를 통해 확실하다고 여겨졌던 것 하나는,

네안데르탈인이 오늘날 사람들과 모습이 사뭇 달랐다는 것이다. 네안데르탈인은 눈썹뼈가 불룩 솟아 있었고, 이마는 경사졌으며, 턱뼈가 푹 꺼져 있고, 골격이 강건한 편이었다. 이들 화석이 처음 발견되었을 때 일부 전문가는 백치나 범죄자, 혹은 안짱다리의 코사크족이 어쩌다 동굴에 발을 들였다가 그 안에서 목숨을 다하고 그대로 묻혔다고 잘못 짚기도 했다.[28] 그나마 분별을 갖춘 학자들이 멸종한 인간 종임을 알아보았으나, 그들조차 편견을 억누르지는 못했다. 아일랜드인 지질학자 윌리엄 킹은 1864년(다윈이《종의 기원》을 출간한 지 불과 5년 뒤이자 샤이유가 모험담을 소개하고 3년 뒤였다)에 호모 네안데르탈렌시스라는 학명을 공식 정의하면서 이 야만적인 선행인류에게 불쾌감이 든다는 사실을 거의 추호도 의심하지 않았다. "이들의 생각과 욕구는… 절대 짐승 수준을 뛰어넘지 못했다."[29]

네안데르탈인에게 붙은 이 안타까운 동굴인 편견은 20세기 초반 한층 강화되어 사람들의 뇌리에 깊숙이 박힌다. 명망 있던 프랑스 고생물학자 마르슬랭 불이 라샤펠오생 동굴에서 거의 온전한 형태로 출토된 최초의 골격을 보고는 그 모습을 세세히 복원한 것이 계기였다. 안타깝게도 불이 재구성한 '라샤펠의 옛날 인류'는 실제 모습에서 완전히 엇나간 것이었다. 그는 네안데르탈인을 야만스럽고, 우둔하고, 도덕관념이 없고, 건장하되 구부정한 체형을 가졌다고 규정했지만 이는 하나같이 착오였다. 동굴인 고정관념에 불의 설명이 얼마나 지속적으로 영향을 끼쳤는지는 도판 14에서 보듯 당대에 두루 마주칠 수 있었던 네안데르탈인 복원도를 보면 잘 알 수 있다. 이런 그림을 비롯해 이후 나온 수많은 묘사는 네안데르탈인을 위협적이고 자세가 구부정하며, 유인원과 비슷한 체형을 가진 것으로 그려왔으니, 이들 그림 속 네안데르탈인이 샤이유의 고릴라

도판 14 *왼쪽:* 샤이유가 저서 〈적도아프리카에서의 탐험과 모험〉(1861)에서 '나의 첫 고릴라'를 묘사한 그림. *오른쪽:* 라샤펠오생 동굴에서 발견된 네안데르탈인에 대해 불이 재구성한 것을 바탕으로 체코 화가 F. 쿠프카가 그린 삽화. 1909년 〈일러스트레이티드 런던 뉴스〉에 실렸다.

들만큼이나 근육질에 털이 북슬북슬하고, 무릎이 굽은 것은 그저 우연의 일치만은 아닐 것이다.

　다행스럽게도 네안데르탈인에 관한 편견들은 필요한 부분에 마침맞게 수정이 이루어졌다. 이제는 학자들도 네안데르탈인이 지능이 높고 고도의 기술을 갖춘 우리의 사촌으로서, 현재 우리만큼이나 뇌가 컸으며 우리와 똑같은 유전자를 99퍼센트 이상 공유했다는 사실을 인정한다. 그런데 이 네안데르탈인들은 우리보다 얼마나 힘이 더 셌을까? 이와 관련된 일군의 증거는 네안데르탈인의 체구 추정치를 통해 얻을 수 있다. 만일 여러분이 내 뼈들을 접할 기회가 있다면, 특정 부위의 골격 치수를 재서 내 키는 물론 대략적인 몸무게까지 복원해낼 수 있을 것이다. 이와 똑같은 방법을 이용하면 네안데르탈인 남자는 평균 키 166센티미터에 몸무게는 78킬로그램이었고, 여자는 키 157센티미터에 몸무게는 66킬로그램이었던 것으로 추정된다. 따라서 네안데르탈인은 오늘날 대부분 인류보다 키는 작되 몸무게가 더 많이 나갔던 셈이다. 여기에 만일 네안데르탈인의 체지방 비율이 오늘날 북극의 이누이트족 수렵채집인과 비슷하다면, 그들 역시 지극히 탄탄한 근육질 몸매를 갖고 있었을 게 틀림없다. 인류학자 스티븐 처칠에 따르면, 평균적으로 네안데르탈인 남자와 여자의 총 근육량은 32킬로그램과 27킬로그램으로, 오늘날 인류보다 10~15퍼센트는 더 커다란 근육을 갖고 있었으며 따라서 그만큼 힘도 더 셌다.[30]

네안데르탈인을 비롯해 빙하시대 여타의 구인류archaric humans가 오늘날 사람들보다 더 근육질이었다고 추정할 또 다른 근거는 그들의 뼈가 무척 튼튼했다는 것이다. 일반적으로 뼈는, 특히 어린 시절에 하중을 많이 받을수록 더욱 두꺼워진다.[31] 그러나 무엇보다도 가장 흥미진진한 증거는 네안데르탈인의 두개골에서 찾을 수 있다. 이 부분에서는 편견이 꽤 들어맞아서, 네안데르탈인 남자는 얼굴이 굉장히 넓적한 데다 눈썹뼈가 여자에 비해 더 크고 위협적으로 도드라지며 머리덮개뼈도 더 두꺼웠다. 골격에 나타나는 이런 강인한 특성은 어쩌면 남자의 테스토스테론 분비가 더 높은 데 따른 결과일 수 있다.[32] 테스토스테론은 성욕과 공격성을 자극하는 것으로도 유명하지만, 눈썹뼈처럼 윗얼굴의 남성적 특징을 비롯한 여러 부수적인 성적性的 특징을 함께 발달시키는 호르몬이다.[33] 수컷 침팬지의 윗얼굴과 눈썹뼈가 더 온순한 성격의 사촌인 보노보보다 더 커다란 것도 테스토스테론 수치가 더 높은 탓일 수 있는데, 아마도 이와 똑같은 일이 네안데르탈인을 비롯한 여타 구인류에게 일어났던 게 아닐까 한다.[34] 이 가설은 지금 우리가 하고 있는 근력에 관한 논의에서도 중요하다. 바로 테스토스테론이 근육 형성에 도움을 주기 때문인데, 일부 운동선수들이 불법인데도 굳이 테스토스테론을 사용하는 까닭도 여기에 있다. (합법적으로 진행된) 한 실험에서는 연구진이 일반인 20명에게 10주간 다량의 테스토스테론을 투여하되 그 중 절반에게는 웨이트운동을 병행하게 한 뒤, 위약을 투여받고 운동을 하지 않은 대조군과 비교해보았다.[35] 그 결과 테스토스테론을 투여하지 않은 이들과 비교했을 때, 테스토스테론만 투여받은 이들은 근육이 약 4.5킬로그램 늘고 근력은 10퍼센트 강해진 한편, 테스토스테론을 투여하고 웨이트운동까지 병행한 이들은 근육이 약 5.9킬로그램 늘어났으며 동시에 근력도 약 30퍼센트 강해졌다.

이처럼 다양한 증거를 놓고 봤을 때, 침팬지도 그렇지만 빙하시대의 네안데르탈인이나 여타 구인류는 현대의 수렵채집인을 비롯한 오늘날의 일반인보다는 제법 많은 근육을 가졌던 것으로 보인다. 그렇다면 찰스 아틀라스와 같은 사람들은 어떻게, 네안데르탈인보다 더 대단하지는 않더라도, 그들 뺨치는 엄청난 근력을 길러낼 수 있는 것일까?

운동을 꼭 몸이 쑤시도록 해야 할까

2015년 11월 28일, 에릭 헤펠마이어가 미국 버지니아주 비엔나의 차고에서 잭(작은 힘으로 무거운 것을 수직으로 들어 올리는 일종의 기중기—옮긴이)을 받쳐놓고 트럭의 부식된 브레이크라인을 손보고 있을 때였다. 느닷없이 잭이 쓱 풀리면서 헤펠마이어의 몸이 트럭 아래에 꽉 끼었고, 차에서는 기름마저 새어나와 삽시간에 불이 붙었다. 천만다행으로, 약 167센티미터 키에 몸무게는 고작 54킬로그램인 딸 샬럿이 그것을 보고 사고 현장으로 부리나케 달려왔다. "제가 처음에 트럭을 들어 올렸을 때 아빠가 말했어요. '좋아, 거의 다 됐다.'" 샬럿이 기자들에게 한 말이다. "기어이, 어떻게 보면 미쳤다고 할 수밖에 없는 힘을 내서, 가까스로 트럭을 들어 올리고 아빠를 꺼냈죠." 샬럿은 그것으로는 충분치 않다는 듯, 그 뒤에는 불길이 이글거리는 트럭에 기어올라 바퀴가 셋뿐인 그 차를 몰고 화염에 휩싸인 차고를 빠져나오는가 하면, 언니의 아기까지 구한 다음 소방서에 신고를 했다.[36]

샬럿의 이 영웅적인 행동은 이른바 발작성 근력hysterical strength이 발휘된 사례로, 삶과 죽음이 걸린 상황에서는 일반인도 온몸의 근육을 총동원해 괴력을 발휘할 수 있음을 보여준다. 비상사태에 처하면 우리 몸은 엄청난 양의 아드레날린과 코르티솔을 분비해, 영웅이 자기 몸의 근섬유 한 올 한 올을 최대한 수축시킬 수 있게 한다. 몇몇 과학자들은 이런 떠도는 풍문 식의 보고는 신빙성이 없다는 태도를 보이기도 하는데, 이런 사례는 실험실에서 똑같이 재현할 수 없을 뿐더러 이론상 인체가 낼 수 있는 것보다 더 많은 힘이 나와야 하기 때문이다. 어찌 되었건 우리 대부분은 생각보다 힘이 세지만, 그래도 가진 힘을 절대 총동원하지는 못한다. 이는 우리의 신경체계가 분별을 발휘해 우리가 온 힘을 쏟지 못하도록, 즉 그 바람에 근육이 찢기고, 뼈가 으스러지고, 자칫 자기 목숨까지 위태롭게 만들 일이 일어나지 않도록 막기 때문이다.[37] 무거운 무게를 들 때 우리에게 특히 치명적인 부담은 다름 아닌 꽉 조여진 근육들 틈으로 끊임없이 피를 밀어내 뇌까지 보내야 한다는 것이다. 어디 한 군데라도 피가 막혔다간 기절할 수 있기 때문에(자칫 목숨까지 위험할 수 있다), 고강도 저항운동을 할 때 심장은 반드시 높은 압력을 발생시켜 일정하게 유지해야 하고, 그러려면 특히 심장 자체와 대

동맥이 많은 부담을 받게 된다. 혈압이 갑자기 치솟을 때 우리가 본능적으로 가슴을 부풀리는 동시에 숨을 참는 이유도 바로 여기에 있다. 이른바 발살바 호흡법이라고도 하는 이 생명유지 반사는 심장의 스트레스를 덜어주는 동시에 몸통을 바로잡아 척추를 안정시키는 데 도움을 준다.[38]

설령 내게 생각보다 더 막강한 위력을 발휘할 능력이 있다 해도, 하여간 나는 그리 근육질은 아니다. 헬스장에 더 자주 나가 근력을 키워보겠다고 다짐한 건 말 그대로 한두 번이 아니었다. 처음으로 역기 훈련실에 다짜고짜 발을 들인 건 고등학교 때였는데, 그러기가 무섭게 발을 뺐다. 학부와 대학원 시절에도 이따금 친구들이 웨이트운동을 함께 하자며 나를 잡아끌었지만, 그때까지도 웨이트를 규칙적으로 하려는 시도는 전혀 하지 않았다. 그러다가 30대에 이르러서야 불현듯 내가 점점 중년의 문턱에 다가가면서 약골이 되어가고 있다는 사실을 깨달았다. 그래서 집에서 몇 블록 떨어진 헬스장에 회원으로 가입하고 트레이너 수업을 등록한 뒤 본격적으로 운동에 들어갔다.

하지만 웨이트운동은 도무지 내 성미에 맞지 않았다. 트레이너는 내가 근력이 부족하다고 평가하고는, 머신을 십여 개 돌며 같은 동작을 여러 번씩 몇 세트 되풀이하는 관례적인 루틴과 함께 프리웨이트, 윗몸일으키기, 팔굽혀펴기, 런지와 큰 고무공을 갖고 하는 여간 고역이 아닌 동작들로 운동을 시켰다. '고통 없이는 얻는 것도 없다no pain, no gain'라는 말은 알고 보니 온종일 몸이 쑤신다는 뜻이었다. 근력 키우기에 돌입하니 달리기도 내 뜻대로 되지 않았다. 심지어는 다치지도 않았는데 두 다리에 아무 감각이 안 느껴졌다. 헬스장이 자리한 곳은 칙칙한 지하실이어서 퀴퀴한 땀 냄새가 진동하는 데다 자연광이라곤 찾아볼 수 없었다. 형광등 불빛 아래서 비장한 결의를 내뿜으며 이 머신 저 머신을 옮겨 다니며 같은 동작을 반복하는 사람들 중 그 누구도 운동이 재미있는 눈치가 전혀 아니었다. 근력만큼은 확실히 나아지고 있었지만 6개월 뒤 나는 그 헬스장을 관뒀다.

그 후에도 나는 근력 키우기에 성공해보려고 이런저런 방법으로 시동을 걸어보았다. 다른 트레이너의 수업을 등록하거나 다른 헬스장을 다녀보기도 했지만, 아무래도 헬스장은 내가 쭉 다닐 수 있을 만한 곳이 아닌 것 같았다. 그 대신 나는 집에서 혼자 팔굽혀펴기, 스쿼트 등 여러 가지 운동을 조합해 헬스장이 아닌 곳에서도 할 수 있는 운동 루틴을 개발했다. 어느 모로 봐도 나는 힘이 세다고 할 수 없지만, 이 정도 노력이면 충분하지 않을까? 찰스 아틀라스도 자기 집 안방에서 운동해 끝내 벌크업에 성공했는데 나라고 못할 게 무엇인가?

저항운동의 기본 원리는 우리 근육들이 반대되는 힘에 저항하면서 힘을 내도록 하는 것인데, 그런 반대되는 힘으로는 여러분 자신의 몸무게나 중량판, 혹은 소* 같은 것을 들 수 있다. 이렇듯 우리 근육이 수축하려는 것에 *저항하는* 것이 저항운동의 본질인 만큼, 이 운동에서는 반드시 무언가 무거운 것을 사용해야 한다. 우리가 행하는 신체 활동이 전부 많은 저항을 만나는 것은 아니다. 일례로 수영은 물이 유동적이기 때문에 저항이 최소한으로만 발생한다. 걷기와 달리기도 저항이 낮은 활동에 속한다. 땅바닥이 우리 몸을 밀어내는 순간이 내 보폭 주기의 일부에 불과한 데다 거기에 동원되는 다리 근육도 고작 몇 개뿐이기 때문이다. 그런 면에서 헬스장 안에 꽉 들어찬 각종 역기와 무시무시한 머신들은 폭넓은 움직임 속에서 우리 근육들이 시종 저항과 싸우게끔 고안된 것들인 만큼, 헬스장은 근력 키우기에 아주 효과적인 곳이라고 할 수 있다.[39] 하지만 저항운동이라고 해서 다 똑같지는 않으며 다 똑같은 효과를 내지도 않는다.

가령 여러분이 손에 무거운 역기를 들고 바이셉스 컬biceps curl(이 두근을 써서 안쪽으로 팔을 감아올리며 마는 동작—옮긴이)을 한다고 상상해보자. 팔꿈치를 구부리며 역기를 위로 감아올리면, 이두근이 짧아지면서 힘을 발생시키는데, 이를 전문용어로 단축성concentric 근육운동이라고 한다. 이 단축성 수축은 근육이 우리 몸을 움직일 때 제일차적으로 쓰는 방편이다. 하지만 근육이 항상 짧아지기는 것은 아니다. 만일 역기를 위나 아래로 움직이지 않고 안정적으로 잡고 있다면, 이두근은 여전히 짧아지려고 하지만 실제로는 그 길이가 변함 없을 텐데, 이를 등척성isometric 근육운동이라 한다. 등척성 근육운동은 무척 힘겨울 수 있지만, 팔꿈치를 펴며 역기를 아주 천천히 내리는 동작에 비하면 아무것도 아니다. 그 같은 편심성eccentric 근육운동을 하려면 이두근이 늘어나며 발화해야만 하기 때문이다. 그렇다면 이 단축성, 등척성, 편심성 운동 중 여러분의 이두근을 더 강하게 만들어줄 수 있는 것은 무엇일까?

우리가 몸을 움직이는 데는 단축성 수축이 무엇보다 중요하지만, 찰스 아틀라스가 브롱크스 동물원에서 직관적으로 깨달았듯, 일반적으로 이런 단축성 운동은 근육을 형성시키는 데는 편심성이나 등척성 근육운동보다 위력을 발휘하지 못한다.[40] 운동선수와 트레이너, 보디빌더 등 근력 강화를 중시하는 이들이 저항 훈련에 갖가지 편심성 및 등척성 동작을 포함시키는 경향이 있는 것은 그래서다. "고통 없이 얻는 것도 없다"라는 금언을 실천하는 면에서 제일 악명 높은 것도 이들이다. 그 이유가 궁금하다면, 여러분이 지금 헬스장에서 꽤 무거운 역기를 들고 바이셉스 컬을 10~12번씩 3세트 수행한다고 상상해보자. 처음엔 피로하다고 느끼는 정도겠지만, 몇 시간 후면 몸이 쑤셔오기 시작할 것이다. 이런 증상이 나타나는 건 여러분이 이두근에 그것이 너끈히 감당할 만한 저항력 이상(즉 역기)으로 힘을 내게 만들었기 때문인데, 미시적 차원에서 보면 이는 말 그대로 근육을 찢는 일이다. 근육의 필라멘트들이 부러지고, 근막이 찢어지고, 연결조직이 끊어지는 것이다.[41] 이러한 이른바 미세 손상을 입으면 우리 몸에는 단기 염증이 생기는데, 이 때문에 몸이 붓거나 쑤신다. 하지만 여기서 더 중요한 점은 근육을 이렇게 작정하고 약간 파괴하면, 이 미세 손상이 그 영향을 받은 근육세포를 자극하여 일련의 유전자를 활성화함으로써 성장을 촉진한다는 것이다. 이들 유전자는 수많은 일 가운데 무엇보다 근섬유의 총 개수와 두께를 늘리며, 그 결과 근육의 지름이 더 늘어나고, 근육의 힘도 더 세진다.[42]

웨이트운동에 진심인 이들에게는 "고통 없이 얻는 것도 없다"라는 금언이 가장 기본적인 철칙이자 마법의 주문이겠지만, 꼭 지독하게 몸이 쑤시거나 볼썽사납게 어기적거리며 걷지 않더라도 얼마든지 근육을 강하게 키울 수 있음을 알면 여러분도 마음이 좀 놓일 것이다. 근육을 강화하려면 통상적인 능력치 이상까지 되풀이해 근육에 스트레스를 줘야 하는 것은 맞지만, 근육 성장을 촉진하는 유전자를 활성화하기 위해 항상 근육을 파괴할 필요가 있는 건 아니다.[43] 만일 여러분의 제일차적인 목표가 근력을 얻는 것이라면, 편심성이나 등척성 수축을 요하는 버거운 웨이트 동작을 몇 차례 천천히 반복하는 것이 적게 들이고도 가장 많은 것을 얻어낼 방법이다.[44]

그렇지만 파워나 지구력 향상에 더 주안점을 두는 경우에는 그보다 덜 힘든 역기로 단축성 동작을 15~20회 재빨리 반복하되 중간 휴식은 아주 잠깐씩 취해야 더 큰 효과를 볼 수 있다.[45] 웨이트운동의 효과는 이뿐만이 아니어서, 일주일에 몇 번씩 웨이트운동을 하면 나이가 들어서도 계속 건강하고 활기차게 살아가는 데 특히 도움이 된다.

나이 드는 근육

내가 태어난 뉴잉글랜드의 매서운 겨울 한파 속에서는 곰처럼 잠을 자다가 봄의 꽃망울이 터지기 시작할 즈음 깨어날 수 있다면 좋지 않을까? 그런데 나는 곰이 아닌 까닭에, 그렇게 자고 깨어났을 때는 아마 몸이 심각하게 쇠약해져 있을 것이다. 곰은 동면에 들어가 몇 달을 쫄쫄 굶고 몸을 꿈쩍하지 않아도 근육량이 그대로 보존된다.[46] 반면 인간은 그보다 훨씬 짧은 기간을 침대에 꼼짝없이 누워 있어도 깜짝 놀랄 만큼 빠르게 근육이 줄어든다.[47] 3주 동안 침대에 누워서 지내면 다리 근육이 최대 10퍼센트까지 줄어들 수 있다.[48] 이보다 훨씬 나쁜 상황도 있는데, 무중력 상태의 우주에서 생활하는 우주인은 불과 1~2주 만에 근육량이 20퍼센트나 줄기도 한다.[49]

다행스럽게도 노화 과정은 침대 위 휴식이나 우주 비행만큼 근육을 처참하게 손상시키지는 않지만, 이 근육위축증(이를 가리키는 전문용어는 'sarcopenia'로, '살덩이를 잃는다'는 뜻의 그리스어다)은 노년층 사이에서 장애와 질병을 일으키는 주원인이기도 하다. 나이가 들수록 우리의 근섬유는 보통 그 크기와 개수가 줄어들며, 신경도 퇴화한다.[50] 그 결과 근력과 파워를 잃게 된다. 평균적으로, 미국과 영국 같은 산업화 국가에서는 25세에서 75세 사이에 악력握力이 약 25퍼센트 줄어든다.[51] 우리 집에서 몇 킬로미터 떨어진 매사추세츠주 프레이밍햄이라는 소도시에서는, 5킬로그램조차 들지 못하는 여성의 비율이 55~64세 성인 사이에서 40퍼센트에 머물다가 75~84세 구간에서는 65퍼센트로 증가하는 것으로 나타났다.[52] 이는 걱정스러운 추세가 아닐 수 없다. 사람이 근력을 잃으면 의자에서 몸을 일으키거나, 계단을 오르거나, 정상적으로 걷는 등의 기본적인 일을 하는 데 더 애를 먹게 되기 때문이다. 여기서 한 발 더 나아가 무력증이 더욱 심해질수록 사람들의 활동성은 훨씬 더 떨어지고, 이는 다시 증세 악화라는 악순환으로 이어진다.

근육위축증은 늙으면 소리 소문 없이 찾아오는 유행병이기에 우리의 관심이 더욱 필요하다. 특히 심신 약화에 따른 근육 기능 및 근육 능력 퇴화는 많은 부분 예방 가능하다는 점에서 그렇다. 노화를 다룬 연구들에 따르면, 탈산업사회의 서양인들과 마찬가지로 수렵채집인도 세월이 흐르면 근력을 잃지만 그 속도는 현저히 느리다.[53] 도판 15에 잘 나타나 있듯이 아마존 열대우림에 사는 70세 아체족 여성은 평균적으로 잉글랜드에 사는 여느 50세 여성의 악력을 갖고 있다.

나이 든 수렵채집인을 비롯해 평생을 활동적으로 보내는 이들이야말로 근육을 사용하면 노화에 따른 근육 손실이 억제된다는 반가운 소식을 전해주는 산증인인 셈이다. 아닌 게 아니라, 노령에 접어든다고 해서 저항운동에 반응하는 근육의 능력이 종막을 맞는 것은 아니다. 오히려 이따금 느린 속도로 천천히 저항운동을 해주면, 앞에서 함께 살펴본 기제를 통해 나이와는 상관없이 근육 감소

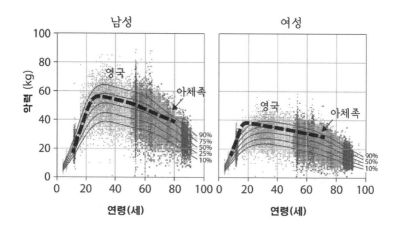

도판 15　영국과 아체족 야생채취인 중 다양한 연령대의 남녀 악력 비교. (허가를 얻어 다음 내용을 수정해서 실음. Dodds, R. M., 외 공저 [2014], Grip strength across the life course: Normative data from twelve British studies, *PLOS ONE* 9:e113637; and Walker, R., and Hill, K. [2003], Modeling growth and senescence in physical performance among the Aché of eastern Paraguay, *American Journal of Human Biology* 15:196-208)

를 역으로 돌릴 수 있다. 무작위로 이루어진 수십 건의 대조군 시험을 통해 밝혀진 바에 따르면, 격심하지 않은 중강도 웨이트 트레이닝은 고령 인구의 근육량 및 근력을 증가시키며, 덕분에 이런 이들은 신체가 정상적으로 기능을 발휘하여 외부의 도움 없이도 한결같이 활동적인 생활을 영위할 수 있다.[54] 심지어 한 연구에서는 87~96세 남녀 노인이 8주간 저항운동 훈련을 한 후 근력이 눈에 띄게 증가한 사실이 입증되기도 했다.[55] 여기서 무엇보다 중요한 사실은, 근육위축증을 멈추고 되돌리는 식의 이런 개입들이 노인의 부상 위험을 낮추는 동시에 삶의 질을 한층 높인다는 것이다.

　　근육위축증 그 자체도 걱정스럽지만, 이 병이 이 책 끄트머리에 나오게 될 갖가지 다른 질병과도 연관을 가진다는 사실을 알면 덜

컥 겁이 난다. 무엇보다 명백한 점은, 근육량이 줄어들수록 뼈에 걸리는 하중이 줄어들어 이것이 골다공증의 원인이 된다는 사실이다. 나도 모르게 슬그머니 다가오는 이 병은 뼈가 너무 약해져 하중을 견디지 못하게 되면 발생하며, 뼈가 부러지거나 제대로 서 있지 못하게 된다. 근육이 약해지면 신체 활동도 줄어들게 마련이므로, 근육위축증은 심장병과 제2형 당뇨병을 비롯해 몸을 움직이지 않을 때 생기는 여타 질환을 일으키는 위험 인자이기도 하다. 다행히도, 많은 연구에 따르면 극단적이지 않은 수준의 저항운동을 하면 근육의 당 사용 능력이 향상되는 한편 몸에 해로운 콜레스테롤 수치가 낮아지는 등, 신진대사 및 심혈관 건강 면에서 제법 큰 이익을 얻을 수 있다.[56] 적당히 과하지 않게 근력 훈련을 하면 부상을 예방하는 데도 도움이 된다.[57] 마지막으로 중요한 점은, 노년에 근육위축증이 안 생기도록 조심하면 우울증을 비롯한 다른 정신 건강 질환을 예방하는 데도 도움이 된다는 것이다.

딱 필요한 만큼의 근력

헬스장에 가서 시간과 노력을 들이는 게 영 내키지 않더라도, 그런 생각이 드는 것에 대해 괜히 맘 불편해하지는 않기 바란다. 헬스장에 가길 싫어하는 건 대부분의 슈퍼히어로도 마찬가지니까 말이다. 스파이더맨이 그 대단한 근력과 함께 갖가지 힘을 손에 넣을 수 있었던 것은 방사능에 쏘인 거미에 물리면서였고, 헐크와 캡틴아메리카도 어쩌다 과학자들 손에서 유전자가 변형돼 힘을 얻었으며, 원더우먼과 토르는 애초에 신의 몸에서 태어난 자식이었다. 슈퍼히어로 중 열심히 운동하는 이는 오로지 배트맨뿐이지만, 그도 상상을 초월하는 갑부에 자선사업가로 부모님이 악당에게 목숨을 잃은 것이 계기가 되어 범죄 세계 소탕에 평생을 바치겠다는 일념을 갖게 된 경우였다.[58] 하지만 나는 밥벌이를 위해 일하지 않으면 안 되고, 헬스장으로는 영 발길이 가지 않는, 그저 한낱 인간인 만큼 더도 말고 내가 세운 목표를 이루기에 충분한 저항운동의 양이 얼마큼인지 궁금할 뿐이다.

이와 관련해 치밀한 검토를 통해 통념에 부합하는 충고를 해줄 만한 곳으로 미국스포츠의학회를 꼽을 수 있다. 이 단체가 최근 전문가 패널을 주축으로 증거를 검토한 바에 따르면, 나의 경우에는 매주 정해진 양의 유산소운동을 하되 매주 2회 정도는 8~10가지 저항운동을 매 동작마다 10~12회씩 반복하는 근력 훈련을 힘에 부칠 정도로 병행해주는 게 좋다.[59] 이와 함께 65세에 접어든 뒤에는, 근력 훈련의 반복 횟수를 10~15회 정도로 늘릴 것도 권하고 있다.

이런 제안을 수백 세대 전에 살았던 우리 조상들이 접했다면, 과연 무슨 생각을 했을까. 근력이 별로 강하지 않아도 살아남을 수 있는 기계로 가득 찬 세상에 그들은 어안이 벙벙하겠지만, 그건 둘째치고라도 오로지 뭔가를 들어 올리겠다는 목적에서 굳이 필요도 없는 것을 돈을 들여가며 들어 올리는 모습을 보면 아마 무슨 영문인가 싶을 것이다. 우리 주변을 보면 출근길에 차를 타는 대신 일부러 걷는다거나 혹은 엘리베이터 대신 계단을 오르는 등 '정상적인' 환경 속에서 유산소 신체 활동을 찾아서 하는 이들도 일부 있지만, 오늘날 직업 중에는 저항을 심하게 받는 신체 활동을 해야 하는 경우가 거의 없다. 쇼핑카트, 유모차, 바퀴 달린 여행 가방, 지게차를 비롯한 갖가지 장치는 우리를 무거운 것을 들거나 운반하는 일에서 해방시켜주었다. 그러다 보니 이제 우리는 저항운동을 하려면 헬스장에서 똑같은 동작으로 역기를 반복해 들어 올리는 등의 기묘한 광경을 연출해야 한다. 다행스럽게도, 이러한 동작에서 일어나는 생물학적 반응은 아이들과 먹을거리를 안고 다니거나, 구덩이를 파거나, 바윗덩이를 들어 올리는 등 석기시대 사람들이 행했던 그 모든 저항운동 동작을 할 때와 별반 다르지 않다.

설혹 우리의 수렵채집인 조상들도 오늘날의 웨이트운동을 재밌게 즐길 수는 있겠지만, 근육위축증이나 골다공증 같은 여타 관련 질병을 막기 위해 근육을 과도하게 발달시킬 필요는 없다는 사실에 그들도 우리와 마찬가지로 적잖이 안도를 느낄 듯 싶다. 누차 이야기하지만, 인류 진화의 대부분 역사에서 지나치게 근육이 많은 것은 혜택보다 비용이 더 따르는 일이었다. 만일 내가 충분한 먹을거리를 구하려 늘 애써야 하는 수렵채집인이라면, 근육이 지나치게 많아서 생긴 이득은 근육에 들어가는 추가 비용 때문에, 즉 다른 필요에 쓸 수 있는 에너지를 줄여야 하기 때문에 어느덧 빛이 바래고 말 것이다. 따라서 그때건 지금이건, 나 같은 사람은 대체로 일상생활을 정상적으로 영위하는 데 딱 필요한 만큼만 근력을 가지면 충분하겠다는 생각이다.

바꿔 말하면 이는 이쯤에서 우리가 태곳적부터 강건한 몸을 가져야만 할 수 있던 두 가지 활동에 대해 함께 생각해볼 때가 되었다는 뜻이기도 하다. 스피드 및 파워는 물론 더러는 근력이 필요하며, 생식 성공에서 그야말로 관건이 되기도 하는 이 두 활동은 바로 싸움과 스포츠다.

제7장

———

싸움과 스포츠:
송곳니부터 축구까지

미신 #7 스포츠는 곧 운동이다

◇ ◇ ◇

아마도 워털루 전투는 이튼스쿨 운동장에서부터 이겼을 것이다. 하지만
그 이후 모든 전쟁의 개전 전투는 거기서 이미 패배했다.

조지 오웰, 《사자와 유니콘》[1941]

여느 때와 다름없이 무덥고 먼지가 풀풀 날리는 한낮의 탄자니아
타랑기레 국립공원, 50여 마리의 개코원숭이가 아카시아 숲 주변을
빙 둘러싸고 옹기종기 모여 있다. 내 시선은 엎치락뒤치락하며 노
는 깡마른 새끼 원숭이 두 마리에게 쏠려 있다. 기운을 주체하지 못
하는 이 작은 원숭이들은 서로의 꼬리를 탁 잡아채는가 하면, 레슬
링 선수라도 되는 듯 서로 몸을 꼬집고 툭 치기도 하며 먼지 속을
뒹군다. 근처에서는 성체 암컷 한 마리가, 한껏 신난 어린애들은 안
중에도 없다는 듯, 자기보다 몸집이 두 배는 큰 수컷의 털을 골라주
고 있다. 암컷은 수컷의 등줄기를 따라 빽빽하게 난 털을 가벼운 손
놀림으로 날쌔게 헤집으며 진드기를 잡는 데 여념이 없다. 진드기
가 한 마리 잡히자 자기 입 안에 툭 털어 넣는다. 덩치 큰 수컷은 더

할 나위 없이 평온한 모습이다. 다른 데서도 개코원숭이들이 자리 잡고 새끼 젖을 먹이고 돌보거나, 아니면 저들끼리 어울려 시간을 보내고 있다. 그때, 체구가 약간 작은 다른 수컷 한 마리가 털 고르기를 하고 있던 암수 한 쌍에게 다가간다. 새끼들이 안전한 데를 찾아 잽싸게 자리를 옮기는 순간, 덩치 큰 수컷이 몸을 일으키더니 울부짖으며 단도처럼 뾰족한 송곳니를 드러낸다. 그야말로 순식간에, 수컷 두 마리가 한 덩이로 뒤엉켜 이리저리 구르고 사납게 으르렁대면서 악다문 송곳니와 털, 꼬리를 사정없이 짓이기며 한바탕 싸움을 벌인다. 개코원숭이와 인간 할 것 없이 모두가 하던 일을 손에서 놓고 이후 10초 동안 두 마리 수컷이 악에 받쳐 싸우는 광경을 가만히 지켜본다. 그러고 난 뒤, 아까만큼이나 순식간에, 덩치 작은 수컷이 비명을 내지르며 도망가면서 싸움은 끝난다. 그 녀석이 앞다리를 혀로 핥고 있는 걸 보건대 팔 위쪽을 물린 모양이다. 이 모든 게 끝나자 마침내 놀이와 털 고르기 등의 평화로운 활동들이 다시 시작된다.

혹시 개코원숭이 무리를 지켜볼 일이 있다면, 여러분도 아마 위에서와 같은 장면을 숱하게 볼 수 있을 것이다. 개코원숭이는 수컷과 암컷이 수십 마리씩 큰 무리를 지어 살아가는 동물이다. 수컷과 암컷 모두 지배 위계가 정해져 있는데, 새끼 때 놀이를 통해 처음 생겨나는 이 위계는 시간이 흐르면 거듭되는 공격성 행동으로 탈바꿈한다. 폭력은 수컷과 암컷 모두에게서 나타나지만, 공격에 먼저 나서는 것은 보통 수컷이다. 젊은 성체 수컷들이 최고 서열을 차지하려면 싸움을 벌이는 수밖에 없다. 그래서 지배자로 군림하는 수컷들은 자신의 입지를 기를 쓰고 방어하는 동시에 다른 수컷이 짝짓기를 못하게 하는 데 일과의 상당 시간을 할애한다. 수컷들은 신경이 날카롭게 곤두서 있고 스트레스 수치도 높으며 툭하면 싸움을 벌인다. 싸움에서는 투지와 전략도 중요하지만, 승리의 관건은 대체로 스피드, 근력, 몸집, 민첩함이다. 더욱이 개코원숭이는 영장류 가운데서는 보통에 해당한다. 여러분이 침팬지 무리와 함께 일주일을 지내보면, 싸움을 다반사로 볼 수 있으며 더러는 언짢을 만큼 잔혹한 상황이 벌어지기도 한다. 수컷 침팬지는 지배력을 얻고 짝짓기 기회를 통제하기 위해 암컷은 물론이고 다른 수컷을 공격하기 일쑤다. 이따금 목숨을 앗는 일까지 불사하면서 말이다.[1]

그에 비하면 우리 인간은 점잖은 편이다. 이 사실은 우리가 아무 소도시의 공원을 하나 찾아가 동료 인간들 무리를 관찰해보면 알 수 있다. 아이들이 뛰노는 모습은 볼 수 있을지언정 누구 하나라도 어른들이 맞붙어 싸우는 광경을 볼 가능성은 지극히 낮다. 어른들은 싸우기는커녕 평온하게 아이들을 곁에서 지켜보며 한가로이 여유를 즐기거나 또는 축구나 야구 같은 스포츠 시합을 벌이고 있을 것이다. 성인 인간은 여타 동물 종(種)의 성체에 비해 놀이를 더 많이 하는 편이며, 개코원숭이나 침팬지 등의 여타 영장류에 비해 훨씬 덜 싸운다. 이제껏 연구된 인간 집단 중 가장 호전적인 곳에서조차 폭력 사태에 휘말리는 빈도가 침팬지에 비해 250~600배나 적다.[2] 그렇다면 성인 인간이 이렇게나 비공격적인 것은, 앞에서 함께 살펴봤듯, 우리 인간은 속도가 느리고 힘이 약한 존재가 되도록 진화했기 때문일까? 이와 함께, 특히 스포츠의 맥락에서 봤을 때 우리는 놀이를 택하고 싸움은 버린 것일까?

이 질문에 세간의 통념은 '그렇다'라고 답한다. 우리 인간은 강인한 체력을 내주고 대신 뇌를 얻었다. 아울러 스피드, 파워, 근력에 의지하는 대신, 서로 협동하고, 갖가지 연장을 활용하고, 문제들을 창의적으로 해결하도록 진화했다고 말한다.

하지만 내가 보기에 세간에 널리 퍼진 이 관점은 일부만 옳다. 바로 앞의 5, 6장에서 인간이 비교적 느리고 힘도 약하다는 사실을 강조했지만, 스피드와 근력은 그 중요성을 잃은 적이 거의 없었다. 오히려 강인함을 대표하는 이 특징들은, 다소 누그러지기는 했어도, 인간 활동의 대서사시 안에서 막중한 역할을 도맡아왔다. 대체로 인간은 자기들끼리 혹은 자기 먹잇감과 몸으로 치고받고 싸울 때는 스피드와 근력을 유난히 잘 발휘한다. 그렇다. 우리 인간이 하루하루 일상에서는 침팬지를 비롯한 다른 영장류에 비해 폭력을 덜 쓰고, 맨몸 파워와 근력을 이용하는 능력도 떨어지는 것은 맞다. 하지만 대신 우리는 싸우는 방식과 싸우는 횟수를 변화시켜왔다. 더욱이 지금도 사냥에 나서는 인간을 종종 찾아볼 수 있지 않은가. 따라서 우리가 송곳니나 맨주먹으로 누군가와 싸우거나 사냥하는 일은 이제 좀처럼 없지만 스피드와 근력은 여전히 진화상 중대한 결과들을 불러올 수 있으니, 힘을 발휘하지 못해 목숨을 위협받는 심각한 부상을 입을 수도 있음을 생각할 때 특히 그렇다. 목숨을 잃으면 아기를 낳거나 이미 태어난 아이들의 생존을 도울 수 없는 만큼, 싸움 및 사냥 능력과 관련된 유전상의 장단점이 자연선택에 막강한 영향을 미쳐왔을 가능성이 있다.[3]

아울러 스피드와 근력은 여전히 스포츠에서는 물론, 운동에서도 중요한 요소다. 모든 포유동물은 어린 시절 놀이를 통해 싸움에 유용한 운동 기술을 발달시키는데, 인간은 어느 문화나 노소를 불문하고 스포츠를 비롯한 여타 형태의 놀이에 적극적으로 참여한다. 그뿐만이 아니라, 대부분의 게임이나 스포츠가 놀이인지 싸움인지 더러는 사냥인지 분간하기 힘들 정도로 뛰어난 스피드와 근력을 강조하는 것도 그저 우연의 일치라고는 할 수 없다. 곰곰이 생각해보면, 우리가 동경해 마지않아 기꺼이 상을 안기려 하는 운동선수들도 대체로 강인함을 금과옥조로 삼는 올림픽의 모토인 "키티우스, 알티우스, 포르티우스"(더 빨리, 더 높이, 더 강하게)에 부응해 경기에서 다른 이들을 제친 선수들이다.

따라서 스피드, 근력, 파워를 진화 및 인류학의 측면에서 함께 탐구해보는 여정의 맨 마지막은, 싸움과 스포츠가 (이와 함께 정도는 덜하지만 사냥도) 인간의 신체 능력 진화에 어떤 식으로 영향을 끼쳤는지 탐구해보는 것으로 마무리하고자 한다. 다만 부디 한 가지 양해해주길 바란다면, 이번 장의 몇몇 주제는 어쩔 수 없이 여자들보다는 남자들에게 초점을 맞추어 진행되었다는 것이다. 그 이유는 여자보다는 남자가 (대체로 테스토스테론으로 인해) 싸움을 더 벌이기 때문이다. 하지만 앞으로 함께 살펴볼 내용에서 알게 되듯, 여자들도 인간의 싸움과 더러는 사냥에서 나름의 역할을 담당하며, 현재도 수많은 스포츠에 분명 적극적으로 참여하고 있다. 일단 이번 장에서는 첫 단계로 우리가 애초에 싸움을 벌이는 근본적 이유라고 여겨지는 행동인 공격성에 대해 살펴보자.

인간은 공격성을 타고나는가

만일 내가 어린 시절을 한창 전쟁통인 나라나 혹은 폭력을 일삼는 이웃 곁에서 보냈다면, 어쩌면 나도 인간이 침팬지나 개코원숭이보다는 싸움을 덜 한다는 말을 그렇게 쉽게 입 밖으로 내지 못할지도 모른다. 아닌 게 아니라, 이 7장을 작업하면서 내가 폭력성에 대해 별로 아는 것도 없고 경험도 일천하다는 사실을 절절히 깨달았다. 나는 무술은 물론이거니와 레슬링처럼 공격적인 스포츠를 배울 생각을 단 한 번도 해보지 않았다. 거기에다 권투 시합이나 투우 경기를 즐겁게 관람하는 헤밍웨이 같은 부류의 사람도 아니다. 싸움 구경이라면 평생토록 내 두 눈으로 목격한 게 손가락으로 꼽을 정도인 데다, 싸움이 심각한 지경까지 간 경우도 전혀 없었다. 그러다 문득 호기심이 일어 싸움판을 한번 찾아가보자고 결심했다. 하지만 아무리 그래도 너저분한 술집에서 누군가와 직접 한판 붙을 만큼 간이 크지는 못했기에, 보스턴 외곽의 한 소도시에서 열리는 케이지 격투를 관람하기로 했다. 함께 가주기로 한 박사후과정의 내 제자 이언만이 유일하게 믿을 구석이었다.

격투 클럽에 도착했을 때만 해도 나는 의구심에 가득 차 있었다. 할리우드 격투 영화를 몇 편 본 터라, 그 격투장이 소도시 귀퉁이의 흉물스러운 폐공장 같은 데겠거니 했지만, 막상 이언과 찾아나서 다다른 곳은 다 허물어져가는 쇼핑몰 안쪽의 볼링장 뒤편이었다. 하지만 얼근하게 술 취한 사람들 수백 명(시끌벅적하게 고함을 내지르는 젊은 남자들 틈에 여자들도 몇몇 드문드문 끼어 있었다)이 철책을 둘러쳐 만든 팔각형의 케이지를 빽빽이 에워싸고 있는 틈을 간신히 비집고 들어가는 순간, 별것 없으려니 하던 생각은 싹 사라졌다. 이후 몇 시간 동안 이언과 나는 총 6번의 종합격투기mixed martial arts, MMA 경기를 지켜보았다. 침팬지와 개코원숭이의 싸움과 비교하자면, 인간의 격투기 경기는 꼭 슬로우모션으로 치러지는 듯했다. 시작할 때 하나같이 빙빙 원을 돌며 서로를 노려보던 선수들은, 본격적인 경기에 들어가자 대체로 주먹을 날리고 때로 발길질을 하더니, 막바지에 가서는 백이면 백, 둘 모두 마룻바닥에 나동그라져 자기 머

246

리를 보호하고, 상대방 몸에 올라타고, 펀치와 엘보 잽, 킥, 바디슬램으로 사정없이 상대방을 내려치려고 사력을 다해 몸싸움을 벌였다. 한 선수가 상대방의 목을 양다리로 졸라 승리를 거머쥐었고, 경기가 끝났을 때 진 선수는 케이지 바닥에서 다 죽어갈 듯 숨을 몰아쉬고 있었다.

어떤 이들에게 무술이란 몸과 근육으로 열성을 다해 써내는 일종의 시詩와도 같다. 조이스 캐롤 오츠의 말을 빌리자면, "내가 권투를 얼마든지 스포츠와 나란한 위치에 놓을 수 있는 것은, 단 한 번도 권투를 스포츠로 생각한 적이 없기 때문이다. 권투에는 근본적으로 재미있다고 할 구석이 전혀 없으며, 그것은 대낮의 밝은 빛, 마냥 즐거운 일과는 거리가 멀다. 오히려 경기가 가장 치열하게 펼쳐지는 순간에는, 그것이 (삶의 아름다움, 연약함, 절망, 그리고 종종 스스로를 파멸로 내모는 어마어마한 용기와 같은) 삶의 이미지를 너무도 완전하고 힘차게 담아내는 듯해서, 권투는 삶 그 자체라면 모를까 한낱 게임으로 보기 어렵다."[4] 나는 권투, 레슬링, MMA(종합격투기)를 비롯한 여타 폭력적인 스포츠에서 여간해선 아름다움을 찾지 못하는 사람이지만, 그런 나도 잘 싸우는 것이 얼마나 힘겨운 도전인지 잘 안다. 그 격투기 선수들을 지켜보면서, 살아남기 위해 얼마나 그악스럽게 힘을 짜내야 하는지 똑똑히 깨달았다. 특히 선수들이 경기장 바닥에 쓰러져 몸부림치면서, 자기는 어떻게든 심각한 부상을 피하되 상대방에게 최대한 큰 타격을 입히기 위해 그야말로 온몸의 근육을 거의 하나도 빼놓지 않고 혹사시키는 광경을 봐야 했을 때 그랬다. 나는 그 와중에도 누구 하나 목이 부러진 사람이 없다는 게 신기할 뿐이었다. 이런 생각은 경기장 벽에 사망한 MMA 선수들의 포스터가 죽 붙어 있는 걸 보고 더욱 굳어졌는데, 내가 찾아갔던 바로 그 케이지에서 작년에 경기를 벌이다 목숨을 잃은 사람도 한 명 있었다. 아닌 게 아니라, 경기에서 승리자를 결정하는 데 더 중요한 인자는 힘보다도 기술과 투지인 것처럼 보인다. 전투원이 전장에서 사투를 벌이는 것과 똑같이, 격투기 선수 역시 자신의 몸만큼이나 마음과도 힘겨운 싸움을 벌이며 고통과 피로를 극복해내고 동시에 어떻게 해야 이길지 그 수를 찾아내야만 한다.

이런 자질을 빼고 나면, 격투 경기의 폭력성과 적나라한 공격성을 포장할 적당한 구실이 더는 없다. MMA 시합에서 선수가 부상을 입는 일은 거의 네 경기당 한 번꼴로, 자료를 입수 가능한 스포츠 중 가장 부상이 빈번한 것이 MMA다.[5] 가령 그날 저녁 마지막 경기에서 맞붙었던 두 선수를 미꾸라지 스티브와 맨주먹 밥이라 부르기로 하자. 이 두 경량급 선수가 시합에서 얼마나 지독하게 맞붙었는지는 차마 말로 다 표현할 수 없다. 둘은 킥과 주먹을 사정없이 날리고 바닥에 누워 맹렬히 몸싸움을 벌이며, 상대에게 부상 입힐 기회가 오기만을 기다렸다. 서 있을 때는 틈을 노려 상대방 발을 밟아 뭉개는가 하면, 경기장 바닥을 뒹굴면서는 무릎, 발, 팔, 주먹을 써서 수단 방법을 가리지 않고 최대한 강하게 일격을 날리려 했다. 그러다 어느 순간 맨주먹 밥의 공격에 미꾸라지 스티브의 팔이 부러진 듯했고, 그 순간 경기는 종료되었다. 스티브는 축 늘어진 자기 팔을 부여잡고 고통 속에서 몸부림치며 정신없이 케이지를 빠져나가면서도 고래고래 소리를 내질렀다. "젠장, 아직 난 안 끝났다구!" 관중도 질세라 그 못지않게 소리를 내지르며 화답했다.

격투기를 비롯한 다른 폭력적인 스포츠를 보고 있으면 우리 인간도 지독한 폭력성을 즐기고 폭력을 몸소 쓸 줄 안다는 생각이 고개를 든다. 하지만 그것이 우리도 침팬지나 개코원숭이만큼 공격적이라는 뜻일까? 맨주먹 밥과 미꾸라지 스티브는, 사정이 어쨌건 돈을 받고 대중의 여흥을 위해 싸우는 직업 선수들이다. 비록 상대방을 곤죽이 되도록 두들겨 패야만 하는 동기를 가졌을지언정, 이들은 공식적으로 정해진 경기 규정을 반드시 지켜가며 싸워야 했다 (상대방을 물어뜯거나 생식기를 가격하는 일은 절대 없어야 했다). 맨주먹 밥과 미꾸라지 스티브는, 올림픽 종목으로까지 채택될 만큼 정당한 규칙을 가진 스포츠인 권투나 레슬링 선수와 하등 다를 게 없다. 그렇게 따지면 MMA 선수라고 해서, 역시 돈을 받고 부상의 위험 속에서 경기를 뛰는 미식축구 선수와 무엇이 다를까? 보호대와 헬멧을 착용하고 운동장에서 뛴다는 것만 다를 뿐 서로 맞붙어 싸우는 것은 똑같은데 말이다.

권투를 비롯해 인간의 공격성이 드러나는 갖가지 다른 형태를 접하다 보면 인간의 본성을 둘러싼 해묵은 논쟁이 일어나게 마련이다. 우리 인간은 원래 저 깊은 본성이 평화롭고 협동을 잘하는 생명체이지만, 문명의 때가 타서 공격성을 띠게 된 것일까? 아니면 원래 공격적인데 문화 덕에 교양을 갖추게 된 것일까? 인간 본연의 틀에서 더 벗어나 있는 것은 누구일까? 겁쟁이인 나일까, 아니면 공격성이 다분한 미꾸라지 스티브일까?

이쯤에서 내가 가진 편향을 솔직히 털어놓자면, 이제껏 살면서 얻은 경험과 가르침을 통해 나는 인류에게 폭력을 저지르는 경향과 능력이 분명 있지만, 동시에 인간이 일차적으로는 도덕적이고, 평화롭고, 협동적 존재가 되도록 진화했다는 믿음도 함께 갖고 있다. 나는 유인원으로 태어나지 않고, 웬만하면 폭력을 쓰지 않는 인간으로 태어나 무척 다행이라고 생각한다. 만일 내가 침팬지로 태어났더라면, 아마 다른 침팬지에게 언어맞지 않거나 죽임을 당하지 않으려 애쓰는 데 내 일과의 상당 시간을 보냈을 것이다. 일면식도 없는 누군가나 혹은 반려동물을 구하려고 목숨을 걸고 불난 건물 안으로 뛰어드는 것은 오직 인간밖에 없을 것이다. 심지어 우리는 케이지 격투 같은 격한 스포츠에도 규칙과 심판을 따로 정해두고 경기 참가자들이 너무 많은 위해를 당하지 않도록 보호한다. 이런 점에서 보면, 나는 장 자크 루소와 그 추종자들의 철학에 이끌리는 셈인데, 이들은 도덕적으로 행동할 줄 아는 것이 우리 인간의 자연스러운 경향이며 인간의 수많은 폭력적 행동은 부패에 찌든 문화적 태도와 여건들에서 그 연원을 찾을 수 있다고 본다.[6]

한편 인간은 무척 협동적일 수도 있지만, 더러 서로 싸우기도 한다. 특히 남자들이 그렇다. 그뿐만 아니라 화살, 표창, 총, 폭탄, 드론 등 목숨에 치명적인 위해를 가할 수 있는 물건을 발명해낸 것도 동물 세계에서 인간이 유일하다. 심지어는 힘이 변변찮고 별 기술도 없는 인간조차 방아쇠를 당기거나 버튼을 한번 꾹 누르는 것으로 수많은 사람을 불구로 만들거나 목숨을 앗을 수 있다. 폭력은, 수렵채집사회를 비롯해 모든 문화에 얽혀 들어가 있어서, 우리 인간이 정말 온순하고 비공격적인 성향을 타고난 게 맞는지 의문이 들게 한다.[7] 그렇게 생각하면 나는 토머스 홉스와 그 추종자들의 견해에도 귀를 기울이는 것인데, 이들은 공격성을 띠는 인간의 경향이 아득한 옛날부터 본능적으로 존재했으며, 때로는 그것이 적응의 결과였다고 본다.[8] 스티븐 핑커가 광범한 영역에 걸쳐 상세히 논구했듯, 아주 최근에 들어서야 우리 인간 종은 갖가지 사회적 및 문화적 구속(그중 상당수는 계몽주의에 힘입어 발전했다)에 묶이면서 폭력성을 기하급수적으로 덜 띠게 되었을 뿐이다.[9]

그렇다면 (루소가 말한) 협동하고 갈등을 회피하는 데 유달리 뛰어난 우리의 능력을 어떻게 하면 (홉스가 말한) 공격성 능력과 화해시킬 수 있을까?

리처드 랭엄은 이 해묵은 논쟁에 아주 그럴싸한 해법을 내놓은 이로, 그의 지적에 따르면 공격성은 주도적 공격성proactive aggression과 반응적 공격성reactive aggression의 종류로 나뉘는데 우리는 이 둘을 하나로 뭉뚱그려 사용하는 우를 범하고 있다.[10] 랭엄에 따르면, 인간이 다른 동물들(특히 유인원 사촌들)과 구별되는 점도 인간은 반응적 공격성이 지극히 낮은 반면, 주도적 공격성은 그에 비해 훨씬 높다는 것이다. 한마디로 우리 인간은 반응적 공격성 면에서 루소의 견해에 들어맞으나 주도적 공격성 면에서는 홉스의 견해에 들어맞는다.

이 둘이 어떤 차이가 있는지 확실히 그려보려면, 내가 지금 막 이 책을 여러분 손에서 양해도 없이 홱 낚아채갔다고 상상해보자. 그러면 아마 여러분은 발끈해 언성을 높이며 책을 되찾으려 애쓰겠지만, 그렇다고 나를 공격할 가능성은 별로 없다. 어떤 식이든 반응적 공격성 행동을 행하려는 순간, 아마 여러분의 뇌가 즉각 제지할 것이기 때문이다. 하지만 여러분이 만일 침팬지라면, 내가 여러분의 책을 훔쳐간 것에 곧장 거리낌 없는 폭력으로 반응할 공산이 크다. 내가 무리의 지배자 정도 된다면 모를까, 그렇지 않다면 여러분은 아마 더 생각할 것도 없이 내 몸을 당장 쿵 들이박고 책을 도로 가져갈 것이란 이야기다. 침팬지들 사이에서는 일상다반사나 다름없는 이런 반응적 공격성에서 비롯된 사건 때문에 한때 세간이 떠들썩했던 적이 있다. 이 사태의 장본인인 트래비스라는 성체 침팬지는 그전까지만 해도 샌드라와 제롬 헤럴드 부부와 함께 가족의 일원으로 평생 평화롭게 살고 있었다. 그러다 2009년 2월의 어느 날 (당시 트래비스는 15살이었다), 샌드라의 친구 찰라가 트래비스가 애지중지하는 인형 하나를 집어 들었다가 트래비스의 부아를 돋우고 말았다. 트래비스는 곧바로 찰라를 무자비하게 공격해 그녀의 두 팔과 코, 양 눈, 입술을 비롯한 얼굴의 상당 부분에 흉측한 상처를 입혔다.[11]

로드 레이지road rage(운전 중에 치미는 분노를 참지 못하고 난폭한 말과 행동을 하며 다른 운전자를 방해, 위협, 공격하는 일—옮긴이)가 나타나는 것을 보면 인간도 때로는 트래비스처럼 반응적 공격을 한다고 하겠지만, 인간 사이에서 저런 사고가 터지는 일은 아주 드문 데다 무척 충격적이다. 우리 인간의 경우에는 반응을 억누르는 법을 어린 시절에 재빨리 습득하기 때문이다. 하지만 좀처럼 반응적 공격을 하지 않는 인간 성인도 뚜렷한 목적을 갖고 계획에 따라 원한을 되갚는 데는 무척 뛰어난 능력을 보이기도 한다. 이 같은 주도적 공격의 특징은 목표가 미리 정해져 있고, 행동 계획이 사전에 마련되며, 목표에만 집중하고, 감정적 동요를 찾아볼 수 없다는 것이다. 침팬지도 더러 주도적 공격을 행하지만, 계획적이고 고의적인 형태의 싸움을 매복, 유괴, 모살謀殺, 나아가 당연히 전쟁 같은 새로운 차원으로 끌어올린 것은 다름 아닌 인간이다. 사냥이나 권투처럼 승부가 걸린 스포츠도 주도적 공격성의 형태라고 충분히 말할 수 있다. 이와 함께 중요한 사실은, 사냥을 비롯한 여타 형태의 계획적인 공격성은 심리적인 면에서도 반응적 공격성과 그 양상이 전적으로 다르다는 것이다. 폭력을 일삼는 범죄자, 무자비한 독재자, 고문관 같은 주도적 공격자도 한편으로는 배우자와 자녀를 살뜰히 챙기는 가장이자, 충직한 친구이자, 애국적인 동료 시민일 수 있으며, 이들은 침팬지나 어린 아기라면 쉽사리 부아가 날 상황에서도 지극히 평온하고 유쾌한 상태를 유지한다. 또한 이들이 신체적으로 반드시 막강한 힘을 가져야 하는 것도 아니다.

어떻게 해서 우리는 반응적 공격성이 높고 주도적 공격성은 낮은 힘세고 위험천만한 유인원 같은 동물에서 반응적 공격성이 낮고 주도적 공격성은 높은 겁 많고 협동 잘하고 놀이를 좋아하는 인간으로 진화할 수 있었을까? 아직 논쟁의 여지는 있으나, 이와 관련해 줄기차게 개진되는 논변 중 하나는 이런 이행이 우리 진화 역사의 초반, 즉 우리가 유인원에서 갈라져 나와 직립보행을 시작한 직후에 일어났다는 것이다.

살인자 대 협력자

석기시대에도 살인이 벌어졌음을 입증하는 증거를 찾기는 어렵지 않다. 예를 들면, 이라크의 유적지에서 발견된 한 네안데르탈인은 지금으로부터 6만 년 전 목숨을 잃었는데 그의 척추에 박힌 창촉으로 보아 누군가의 창에 찔린 게 분명하며, 꽁꽁 언 채 알프스산맥 빙하에 5천 년을 갇혀 있어 일명 '아이스맨'이라고도 불리는 외치Ötzi는 등에 화살이 박혀 있었다.[12] 케냐의 나타루크Nataruk 유적지는 이 대목에서 특히 충격적으로 다가오는 곳이다. 오늘날 나타루크는 뜨겁고 먼지가 날리는 관목지대지만 1만 년 전에는 물이 차 있는 석호潟湖였는데, 여기서 한 무리의 수렵채집인(총 27명의 남자, 여자, 아이들)이 몰살당했던 것이다. 마르타 라르 박사와 그녀가 이끄는 연구팀이 이들의 뼈를 가져다 연구한 끝에 복원해낸 광경은 처참했다.[13] 유골 일부에 부러진 손가락뼈도 끼어 있었던 것으로 보아 이들은 결박을 당한 것은 물론, 하나같이 끔찍한 죽음을 맞았다는 흔적이 유골에 남아 있었다. 광대뼈가 산산조각 났는가 하면, 머리 덮개뼈를 세게 얻어맞았고, 무릎뼈와 갈비뼈는 골절됐으며, 날카로운 물건에 찔린 자상도 있었다. 이런 사실을 비롯한 다른 단서들(희생자 가운데 갓난아기와 산모도 포함돼 있다는 사실 등)로 미루어, 이들 수렵채집인은 주도적 공격을 통해 대량학살당한 뒤 어딘가에 묻히지도 못한 채 석호에 유기된 것으로 보인다.[14]

나타루크 같은 유적지가 발견되면 학계에서는 논쟁이 불붙곤 하는데, 인류학자 중에는 이 정도 규모의 집단 내 폭력은 농경 발생 이후에나 일어났다고 믿는 이가 많기 때문이다. 나 역시 수렵채집인에 대해 처음 공부할 때만 해도, 수렵채집인은 평등한 관계이고, 싸움의 빌미가 될 재산 같은 게 없으며, 이동 생활의 비중이 높기 때문에 일반적으로 평화로운 삶을 영위한다고 배웠다. 집단 내 갈등이 불거지면 수렵채집인은 훌쩍 떠나버리면 그만이라는 것이다. 수렵채집인 사이에서 집단 내 폭력과 대규모 공격의 강도가 점점 높아진 것은 농부들 및 서양인과의 접촉에서 비롯된 폐해라고 여겨졌다.[15] 하지만 농경 이전 사회에도 폭력이 존재했다는 증거는 얼마든지 찾을 수 있다.[16] 따라서 리처드 랭엄이 주장한 것처럼, 우리는 인간이 언제부터 폭력성을 덜 띠게 되었는가를 물을 게 아니라, 언제부터 반응적 폭력성이 줄고 주도적 폭력성은 늘었는지를 물어야만 한다.

이와 관련해 오랜 세월 자리를 지켜온 한 생각(그 연원은 다윈까지 거슬러 올라간다)에서는 이미 오래전에 인간 혈통은 유인원보다 잔인함이나 공격성을 지극히 덜 띠게 되었다고 말한다. 루소와 달리 다윈은 낭만주의적인 데라곤 없었지만 인간 본성에 대해서만큼은 관대한 견해를 갖고 있었다. 1871년에 쓰인 그의 걸작《인간의 유래》에서 다윈은 인간 안에서 공격성이 감소한 것이 초기 인간의 진화를 이끈 핵심 추동력이었음을 (다소 장황한 논지로) 이렇게 추론했다.

신체 크기 혹은 힘의 면에서… 인간이 자기 시조들과 비교해봤을 때 과연 몸집이 더 커지고 힘이 세졌는지, 아니면 몸집이 더 작아지고 힘도 약해졌는지에 대해서는 뭐라 말할 수 없다. 다만 여기서 우리가 염두에 두어야 할 점은, 몸집, 힘, 포악함이 대단했던 짐승은 (고릴라 같은 경우처럼) 모든 적으로부터 자기 한 몸은 능히 지켜냈을 것이나, (반드시는 아니라도) 사회성을 가진 동물이 되지 못했을 공산이 크다는 것이다. 아울러 그 같은 점은, 인간이 지닌 공감 능력 및 동료 인간에 대한 사랑 등과 같은 더 고차원적인 정신적 자질이 생겨나지 못하게 막는 제일 커다란 걸림돌이었을 것이다…

인간은 신체 힘이 미약하고, 속도를 거의 내지 못하며, 천부적으로 타고난 무기가 부족한데도 이를 충분히 상쇄해주고 남는 다른 것들이 있으니, 첫째로 인간은 지적인 힘을 갖추어 여전히 야만적인 단계에 머물러 있는 동안에도 자신이 쓸 무기와 연장 등을 만들어 낼 수 있었으며, 둘째로 훌륭한 사회성 자질을 통해 동료 인간에게 도움을 주고 자신도 그런 도움을 돌려받을 줄 알았다.[17]

유인원과 갈라진 이후 인간의 협동성, 지성, 근력 약화, 공격성 감소가 함께 진화했다는 다윈의 견해는 세간에 표명된 이래 많은 지지를 받아왔다. 하지만 몇 차례의 세계대전으로 끔찍한 공포가 덮치면서 홉스의 사상에 치우쳐 인류의 진화를 해석하는 견해도 생겨났다. 이 '초기 인류는 살인자' 진영의 기치를 가장 큰 목소리로 대변한 이는 레이먼드 다트였다. 그는 오스트레일리아 태생이지만 1922년 해부학 교수가 되면서 남아프리카의 요하네스버그로 부득이 이사하게 되었다. 그런데 이때 남아프리카공화국으로 건너간 일은 횡재나 다름없었던 것으로 판명이 난다. 그로부터 2년 뒤 거의 완전하게 보존된 오스트랄로피테쿠스의 어린아이 두개골(다트는 이 두개골에 '타웅 아이'라는 별칭을 붙였다)이 그에게 굴러들어왔기 때문이다. 덕분에 1년 만에 다트는 일약 유명인사가 됐다. 그는 이 두개골로 보아 인간은 뇌가 컸던 유럽의 조상보다는 뇌가 작았던 유인원 같은 아프리카 조상으로부터 진화했으리라 주장했는데 이 말은 실제로도 옳았다. 하지만 다트가 성급한 결론을 내린 부분도 있었으니, 타웅 아이를 비롯해 다른 화석들이 발견된 그 석회암 구덩이들 속에서 부러진 뼈가 상당수 발견된 걸 보고 이들이 초기 호미닌에게 사냥당했다고 여겼던 것이다. 다트의 애초 견해는 다윈의 이론에서 크게 벗어나지 않아서, 그 역시 초기 호미닌이 양족보행으로 양손이 자유로워지면서 사냥용 연장을 제작하고 사용할 수 있었고, 이것이 다시 큰 뇌가 선택받고 그 덕에 더 나은 사냥 기술을 갖추는 결과로 이어졌다고 보았다.

그러다 시간이 흘러 전쟁 경험에 영향을 받은 흔적이 역력한 1953년의 논문에서 다트는 최초의 인간이 단순히 사냥꾼이 아니라 살인을 일삼는 포식자였다는 주장을 내놓기에 이른다.[18] 거기에 담긴 다트의 말은 참으로 놀라운 내용이니, 여러분도 다음을 꼭 읽어봐야 한다.

인류의 사람에 대한 그 진저리쳐지는 잔혹성이야말로 인류의 피할 수 없는 특성이자 인류만의 뚜렷한 특징 가운데 하나다. 거기에 다 이 잔혹성은 애초에 인간이 육식성에다 동족을 잡아먹는 습성 을 가졌다고 할 때만 비로소 설명된다. 역사상 가장 오랜 이집트 및 수메르의 기록부터 가장 최근 벌어진 제2차 세계대전의 참극에 이르기까지, 피를 흠뻑 뒤집어쓴 듯한 살육 본능이 감도는 인간 역 사 사료의 내용은 역사 초기에 횡행한 식인풍습, 공식 종교들 안에 서 갖가지 형태로 대체된 동물 및 인간 희생제, 전 세계에서 자행 된 머리 가죽 벗기기, 사람 사냥, 신체 훼손 및 인류의 시간屍姦 풍 습과 일맥상통하는 바, 이는 영양적 면에서 인간은 유인원으로 볼 게 아니라 육식동물 가운데에서도 가장 극악한 동물과 한패라는 것을 분명히 보여주는 징후다.

다트의 이 살인자-유인원 가설은, 세간에 잘 알려져 있다시피 언론인 로버트 아드리가 베스트셀러《아프리카 창세기》를 써내며 널리 알려졌다. 양차 세계대전과 냉전, 한국전쟁 및 베트남 전쟁, 정 치권의 암살, 광범한 정치적 소요에 환멸을 느낀 당시 세대에게 이 가설은 무척 그럴싸하게 다가왔다.[19] 이 살인자-유인원 가설은 영화 〈혹성탈출〉, 〈2001: 스페이스 오디세이〉를 비롯해 대중문화에도 지 워지지 않는 흔적을 남겼다.

하지만 루소주의도 아직 그 명맥이 다한 것은 아니었다. 연구자 들이 타웅 아이와 비슷한 화석이 나온 석회암 구덩이들에서 가져 온 뼈를 재분석해본 결과, 이들을 살해한 것은 초기 인류가 아니라 표범이었던 것으로 밝혀졌다.[20] 추가 연구를 통해 이들 초기 호미닌 이 대부분 채식주의자였다는 사실도 드러났다. 이와 함께 수십 년 을 호전성만 붙들고 있던 데 대한 반작용으로, 1970년대에는 수많은 과학자가 인간에게는 더 근사한 면(특히 모임, 먹을거리 나눔, 여성의 역할 등)도 있음을 입증하는 증거를 적극 수용하게 되었다. 그중 가장 폭넓게 논의된 동시에 가장 대담했던 가설은 오언 러브조이가 내놓은 것으로, 최초의 호미닌은 양족보행을 계기로 더 협동적이되 덜 공격성을 띠도록 선택이 일어났다는 것이다.[21] 러브조이에 따르면, 초기의 호미닌 암컷이 선호한 수컷은 몸을 똑바로 세우고 더 잘 걸었던 이들, 그렇게 해서 자신들이 비축할 식량을 더 잘 나를 수 있던 이들이었다. 직립보행이 서툴렀던 당시에 암컷은 수컷이 계속 먹을거리를 들고 귀가할 수 있도록 꾀는 차원에서, 자신의 월경 주기를 숨기고 젖가슴을 계속 커다랗게 하는 방법을 통해 오직 그 수컷하고만 장기간 잠자리를 갖는 일부일처 관계를 맺는 분위기를 조성했다(이에 비해 암컷 침팬지는 가임기가 되면 신체 특정 부위를 눈에 띄게 부풀려 자신이 가임 상태임을 광고하며, 새끼에게 젖을 물리지 않을 때는 젖가슴이 쪼그라든다). 거칠게 말하면, 이는 결국 암컷이 음식을 성교와 교환하는 식으로 협동적인 수컷을 선택했다는 이야기다. 그렇다고 하면, 반응적 공격성 및 빈번한 싸움을 피하는 선택이 일어난 것은 호미닌 대(代)만큼이나 오래되었다는 뜻이다.[22]

최근 40년 동안 인류학자들(루소 진영에 속한 이들이 많다)은 이 음식을 위한 성교sex for food 가설을 논박하는 데 노력을 쏟아왔다. 이 가설이 안고 있는 제일 큰 문제는, 호미닌 수컷의 몸집이 암컷보다 최소한 50퍼센트는 더 컸을 것으로 보인다는 점이다.[23] 루시(320만 년 전의 그 유명한 오스트랄로피테쿠스 아파렌시스)만 해도 몸무게가 30킬로그램에 약간 못 미쳤지만, 같은 종의 수컷은 약 50킬로그램에 이르렀다. 이 같은 성별 간 신체 크기 차이를 성적이형성性的異形性, sexual dimorphism이라고 하는데, 해당 종의 수컷들 사이에서 경쟁이 일어났다고 볼 만한 신빙성 있는 징표로 여길 수 있다. 별다른 무기 없이 다른 사내들과 싸움을 벌여야만 여자친구나 아내를 차지할 수 있는 상황에서는, 덩치가 최대한 클수록 막강한 이점이 따를 것인 한편 체구가 왜소하면 자신의 유전자를 후대로 전할 가능성이 거의 없다고 봐야 할 것이다. 당연한 얘기지만, 종 안에서 수컷-수컷의 경쟁이 치열할 때는 백이면 백 수컷들만 신체 크기가 커지도록 선택의 힘이 작용한다. 고릴라나 개코원숭이처럼, 수컷이 많은 암컷을 하렘harem(포유류의 번식 집단 형태의 하나로, 수컷 한 마리와 암컷 여러 마리로 구성된다—옮긴이)으로 두는 경우에는 수컷의 덩치가 암컷보다 두 배는 크지만, 암수가 한 쌍의 관계를 맺고 살아가 싸움이 훨씬 덜 일어나는 긴팔원숭이의 경우에는 수컷이 암컷보다 몸집이 불과 10퍼센트밖에 크지 않다.[24] 침팬지는 이 둘의 중간 정도로, 수컷이 30퍼센트 정도 덩치가 더 크다.[25]

우리의 오스트랄로피테쿠스 조상들, 특히 수컷들은 침팬지 이상은 아니라도 그만큼 많이 싸웠을 가능성이 큰 만큼, 인간의 공격성은 사람속, 즉 호모Homo가 생겨난 지난 200만 년 사이의 어느 시점에 줄어들기 시작했을 게 틀림없다. 이제 우리에게 풀어야 할 질문은 그게 과연 언제냐는 것이다.

호모속 가운데 더 착한 천사들

호모속이 애초에 언제 생겨났는지는 갈피를 잡을 수 없지만, 지금으로부터 200만 년 전 무렵 호모 에렉투스가 진화해 나와서 살고 있었던 것만은 분명하다. 인류 진화에서 중대 전환이 된 이 종은 앞선 시대의 호미닌과 비교했을 때 뇌가 더 크고, 치아는 더 작았으며, 신체가 인류와 거의 흡사했다. 호모 에렉투스 역시 수컷이 암컷보다 체구가 20퍼센트 정도 더 컸던 듯하다.[26] 성적이형성의 정도가 줄어들었다는 것은 수컷-수컷의 충돌도 줄어들었음을 시사하는 만큼, 우리 인류의 혈통도 호모 에렉투스 이후 더 친절해지고 점잖아졌을 수 있다. 우연찮게도, 호모 에렉투스야말로 진정한 의미의 수렵채집인이었다는 사실이 고고학적 기록에서도 드러난다. 즉 이들에 와서야 인류는 덩치 큰 동물을 사냥하고, 수많은 종류의 식물을 채집하며, 정교한 형태의 석기를 제작하고, 야영지에서 음식을 나눌 줄 알게 되었다.

사냥과 채집은 중요한 의미를 지닌다. 증거에 따르면 수렵채집인들도 절대 천사는 아니지만(일부 추정치에 따르면, 이런 사회에서도 폭력으로 말미암아 남자들이 목숨을 잃는 경우가 전체의 3분의 1에 달한다[27]), 수렵채집을 하며 살면서 고도의 협동성을 (침팬지를 훨씬 능가하는 정도로) 발휘하지 못한다면 아예 생존 자체가 불가할 수도 있다. 성별에 따른 노동 분화는 그러한 협동의 한 형태로, 여자들이 야생에서 식물 채취에 더 노력을 기울이는 한편 남자들은 생활을 영위하는 데 가장 중차대한 부분인 사냥과 꿀 채집을 담당한다. 보통은 채집한 식물에서 안심하고 섭취할 대부분의 칼로리를 얻지만, 고기와 꿀은 그야말로 상급의 음식으로, 집단의 기본적 필요를 지속적으로 충족시키는 데 필요한 칼로리와 영양소가 풍부해 아기에게 젖을 물리는 엄마들에게 특히 중요하다. 실제로도 수렵채집인 사회의 엄마들은 남자들과 할머니가 따로 챙기지 않으면 자신과 자식들이 먹을 칼로리를 충분히 손에 넣지 못한다.[28] 수렵채집인 사회의 남자들은 다른 종의 수컷에 비해 반드시 더 많이 협력해야 한다.

남자들은 소규모로 무리 지어 사냥에 나서지만 빈손으로 집에 돌아오기 일쑤이기 때문이다. 사냥꾼들은 사냥에 성공하면 잡은 고기를 서로 나누어 갖는데, 그렇게 하면 매일 얼마큼씩 먹을 식량이 충분히 확보된다. 수렵채집인은 아이들을 돌보고 포식자를 방어할 때도 서로 힘을 합친다. 이상을 종합하면, 체구의 성적이형성이 감소하고, 같은 성별 및 다른 성별 간에 협동이 증가하며, 수렵채집인 사회에서 여성의 역할이 중요했다는 점으로 미루어, 인류의 공격성도 호모속이 출현한 이래로 덜해졌으리라는 것이 인류학자들의 추측이다.[29]

호모 에렉투스 시절에도 수렵채집인은 아마 광범위한 영역에서 협동했겠지만, 이것이 싸움을 하지 않았다는 뜻은 아니다. 만일 우리가 타임머신을 타고 100만~200만 년 전의 지구를 구경할 기회가 있다면 그들 사이에서 폭력이 불거지는 광경을 아마 오늘날보다 더 많이 볼 수 있을 것이다. 그렇게 생각할 근거는 한둘이 아니다. 현대의 수렵채집인 사이에서도 주도적 폭력이 행사된다는 점은 차치하고도, 수렵채집인이 된 이래 우리가 싸움을 그만두었다는 견해는 다음의 두 가지 골치 아픈 사실들과 아귀가 잘 맞지 않는다.

첫 번째 사실은 근육이다. 오늘날 평균 성인 남자는 평균 성인 여자보다 12~15퍼센트 더 무겁지만, 근육량에서는 훨씬 더 차이 난다. 여자의 몸 안에 높은 비율의 체지방이 자리 잡고 있어서 근육량의 근본적인 차이가 덮어 가려진다. 남녀의 전신을 스캔한 영상에 따르면 남자는 여자에 비해 근육량이 평균 61퍼센트 더 많은데, 이 차이는 대체로 상체에 쏠려 있다.[30] 뿐만 아니라 남자의 체력은 사춘기 동안 차츰 더 강해지는데, 이때 테스토스테론 분비가 치솟으면서 팔, 어깨, 목 부위의 근육 성장에 속도가 붙는다.[31] 이 점에서 보면 인간 남자는 캥거루 수컷과 닮았다고 하겠으니, 캥거루도 사춘기 동안 상체가 커지면서 싸우기에 좋은 몸이 되기 때문이다.[32] 인간 남자에게서 나타나는 상체의 남성성 증대는 어쩌면 사냥을 위한 선택일 수도 있으나, 공격성도 아주 배제할 수는 없다.

두 번째 사실은 말 그대로 우리 얼굴을 뚫어지게 바라보면 드러난다. 여러분을 위해 도판 16에서 여러 종류의 호모속 남자 얼굴들을 가지런히 정리해놨으니 한번 살펴보도록 하자. 여기서 특기할 점은, 10만 년 전까지는, 심지어 가장 초기 호모 사피엔스조차 남자들의 얼굴이 넓적하고 우람하며 눈썹뼈가 우악스럽게 불거져 있다는 것이다. 가장 초기의 호모 사피엔스 남자 얼굴은 네안데르탈인 및 여타 비현생 인류보다 작고 덜 묵직하지만, 진정 날렵한 형태의 '여성화된' 얼굴이 출현한 지는 지금으로부터 10만 년이 채 되지 않았다.[33] 여기서 자못 흥미로운 사실은, 이렇게 커다란 얼굴은 사춘기 동안 테스토스테론 수치가 더 높았다는 뜻이기도 하다는 것이다. 오늘날 남자들도 테스토스테론 수치가 올라가면 리비도가 높아지고 충동성 및 반응적 공격성이 더 많이 나타날 뿐 아니라, 눈썹뼈와 얼굴이 더 커다랗다.[34] 얼굴의 남성화에 영향을 미칠 만한 또 다른 분자로는 신경전달물질인 세로토닌을 꼽는데, 이 물질은 공격성을 감소시키는 역할을 한다. 다시 말해, 남성성이 덜한 얼굴은 더 높은 세로토닌 수치와 연관이 있다는 뜻이다.[35]

이렇듯 공격성과 연관된 남성적 특징의 감소는 생물학자들도 줄기차게 관심을 가져온 부분인데, 다른 동물들(특히 길들인 종 doemsticated species)에게 일어난 많은 변화에서도 같은 양상을 찾아볼 수 있기 때문이다. 가령 농장에서 기르는 돼지나 이웃집에서 키우는 개에게 다가간다고 할 때는 겁날 일이 거의 없겠지만, 멧돼지나 늑

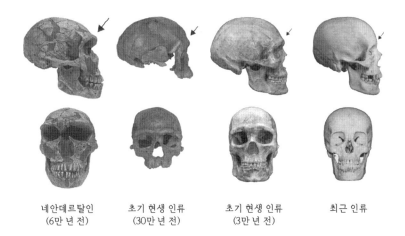

네안데르탈인   초기 현생 인류   초기 현생 인류   최근 인류
(6만 년 전)   (30만 년 전)   (3만 년 전)

도판 16   서로 다른 시기에 출토된 네안데르탈인 및 호모 사피엔스 남자의 정면 및 측면. 얼굴 모습이 최근 들어 얼마나 작아졌는지(더 가냘파졌는지) 눈여겨보자. 화살표가 가리키는 것은 눈썹뼈로, 얼굴이 더 작은 인간의 눈썹뼈가 덜 불거져 있다. (사진 출처: Lieberman, D. E. [2011], *The Evolution of the Human Head*, Cambridge, Mass.: Harvard University Press)

대에게 그런 식으로 다가가는 것은 꿈도 못 꿀 일이다. 농부들은 수 세대의 교배를 거쳐 테스토스테론 수치가 더 낮고 세로토닌 수치는 더 높은 종을 택하는 식으로 돼지와 개를 비롯한 여타 동물의 공격성을 차츰 줄여왔다.[36] 이에 상응해, 길든 동물은 얼굴이 더 작아지는 결과가 나타났다. 흥미로운 사실은 몇몇 야생종 가운데에도 이른바 자기 길들이기self-domestication라는 또 다른 선택을 통해 스스로 공격성과 텃세를 줄이고 관용을 더 키우는 방향으로 진화한 동물이 있다는 것이다.

이 자기 길들이기의 가장 좋은 실례로 보노보를 들 수 있다. 보노보는 침팬지의 사촌 격으로 침팬지보다 개체수가 적고 덜 유명하며, 사는 곳이 아프리카 콩고강 남쪽의 외진 숲속 단 한 군데뿐이다. 그런데 수컷 보노보는 침팬지나 고릴라와는 달리, 걸핏하면 가차 없는 반응적 공격성을 보이는 일이 거의 없다. 수컷 침팬지는 지배자로 군림하기 위해 곧잘 맹렬하게 서로를 공격하는가 하면 암컷들을 때리는 것도 다반사지만, 수컷 보노보는 거의 싸우지 않는다.[37] 보노보들은 주도적 공격을 행하는 일도 훨씬 드물다. 전문가들의 가설에 따르면, 보노보들이 이렇게 스스로를 길들이게 된 것은 암컷들이 동맹을 맺어 안드로겐 수치가 더 낮고 세로토닌 수치는 더 높은, 협동적이고 비공격적인 수컷을 선택할 수 있었기 때문이라고 한다.[38] 여기서 눈에 띄는 사실은 보노보도 인간과 마찬가지로 침팬지에 비해 눈썹뼈와 얼굴이 더 작다는 것이다.[39]

인간 역시 스스로를 길들였으리라는 생각은 현재 많은 과학자를 통해 검증이 이뤄지고 있다.[40] 만일 인간도 스스로를 길들였다면, 내 생각에 그 과정은 두 단계를 밟으면서 진행되지 않았을까 한다. 첫 번째 공격성 감소가 일어난 것은, 호모속 출현 초기에 수렵과 채집의 탄생으로 말미암아 협동이 증대되게끔 선택이 이뤄지면서였다. 두 번째 감소는 현생 인류인 호모 사피엔스에 이르러 여자들이 반응적 공격을 덜 하는 남자들을 선택하면서 일어나지 않았을까 생각된다.

이제 근력과 싸움의 문제로 다시 돌아가보자. 여러분도 아마 눈치챘을 듯하지만, 지난 200만 년 사이에 대해 내가 풀어놓은 이야기에는 상충하는 두 맥락이 함께 들어 있다. 우선 한쪽 맥락에서 보면 우리 조상은 이제 사냥꾼이 된 만큼 체력을 잔뜩 쌓는 것이, 특히 남자들 사이에서 분명 이득이었을 것이다. 하지만 다른 한편에서 보면 우리 인류는 점점 더 반응적 공격성이 줄고 협동성은 강해졌으며, 짐작건대 이 때문에 크고 강한 것에 대한 선택은 줄어들었을 것이다. 우리는 이 모순을 해결할 묘책을 인간이 똑바로 일어서서 무기를 손에 든 채로 싸우고 사냥한다는 데서 찾을 수 있다.

맨몸으로 싸우기

내가 맨주먹으로 누군가와 한판 맞붙은 건 11살 때가 마지막이었다. 싸움은 영 내 생각대로 풀리지 않았다. 그 이후로 줄곧 좋은 게 좋은 거라며 평화롭게 살아오고 있지만, 내 간절한 바람과는 달리 만에 하나 누군가와 다시 맞붙을 일이 생긴다면, 아마 그땐 나도 무기의 혜택을 이용할 것 같다. 수렵채집인을 비롯해, 인간의 모든 문화는 수시로 무기의 힘을 빌리곤 한다. 인류학자 리처드 리는 칼라하리에서 3년을 산족 수렵채집인과 함께 생활한 적이 있는데, 당시 그가 남긴 글에는 산족이 무기 없이 싸운 경우가 34번, 무기를 들고 싸운 경우가 37번이라고 기록돼 있다.[41] 창, 화살, 곤봉 등의 무기가 동원된 싸움은 보아하니 사전에 계획된 주도적 공격인 경우가 많았던 반면, 무기 없이 벌어졌다고 묘사한 그 모든 싸움은 짧은 시간에 급작스레 벌어진 반응적 공격들이었다. 다른 데서도 이런 서술들이 나타나는 것으로 보면, 이는 보편적으로 나타나는 패턴이라는 게 내 생각이다. 만일 누군가를 공격해야겠다고 모의를 하고서도 정작 무기를 안 쓴다면 그만큼 어리석은 짓도 없을 테지만, 사전 계획 없이 싸움을 벌일 때는 어쩌다 손에 쥐고 있을 때만 무기를 사용할 수 있다. 따라서 반응적 공격성에서 비롯된 싸움은 무기 없이 벌어질 때가 더 많고, 그런 만큼 극으로 치닫는 일도 별로 없다.[42]

하지만 그야말로 아득한 옛날에는 반응적이든 주도적이든 모든 싸움이 무기 없이 벌어졌다. 물론 미꾸라지 스티브와 맨주먹 밥의 싸움이 증명하듯 훈련받은 격투기 선수들은 맨몸으로도 상대에게 심각한 해를 입힐 수 있지만, 제아무리 최고의 무술인이라도 침팬지와 맨몸으로 붙었다가는 온몸이 갈가리 찢기고 말 것이다. 침팬지의 싸움은 번개처럼 재빠를 수 있거니와, 이 동물은 강력한 양팔과 양다리도 쓰지만 아주 날카롭고 커다란 송곳니로 공격을 해온다. 침팬지는 이따금 양발을 딛고 선 채 상대를 발로 차거나 때리거나, 손을(손바닥을 편 채, 혹은 주먹을 쥔 채) 날리지만, 양손과 양다리를 바닥에 다 짚은 채로도 얼마든 잽싸게 움직인다. 대체로 말하자면 침팬지의 싸움은 빠르고, 악에 받쳐 있으며, 온몸을 동원한다는 이야기다.

인간의 싸움은 다르다. 일단은 무엇보다 일명 무기학hopology(갑옷을 입은 동물을 뜻하는 그리스어 'hoplos'에서 파생한 말이다)이라 하여 무술, 무대 전투stage combat, 무기 활용 등을 연구하는 탐구영역이 버젓이 자리 잡고 있지 않은가.[43] 인간의 싸움이 다르다는 것은, 유튜브에 들어가 사람들이 길거리 싸움을 구경하며 휴대전화로 찍은 수없이 많은 볼썽사나운 영상만 봐도 알 수 있다. 이것들을 비롯한 다른 계통의 증거들을 통해 보면, 인간의 싸움이 유달리 튀는 것은 우리가 땅에 두 다리만 딛고 싸움을 벌인다는 데 대체로 그 이유가 있음을 알 수 있다. 생물학자 데이비드 캐리어도 지적했듯, 일어서서 싸울 때의 장점은 양팔을 무기나 방패로 삼을 수 있다는 것과, 양팔을 있는 힘껏 아래로 내리칠 수 있다는 것이다. 유인원과 곰, 캥거루도 더러 선 채로 싸우지만, 침팬지를 비롯한 대부분 동물은 공격하거나 물러날 때 네 다리를 모두 땅에 디디길 선호한다. 그 편이 두 다리만 쓸 때보다 더 빠르고 더 안정적이어서다. 인간은 두 다리로 땅을 딛고 서므로 당연히 느리고 불안정하지만 그렇다고 사지로 땅을 다 짚었다간 운신의 폭이 훨씬 줄어든다. 그렇기 때문에, 인간 전투원은 양발을 딛고 서서 싸우되 몸을 움츠린 자세에서 거의 춤을 추듯 양팔을 머리 앞쪽으로 내뻗었다가 오므리는 훈련을 받곤 한다. 선 채로 싸우는 인간은 주로 상대를 치고, 타격을 피하고, 움켜잡는 동작들을 취하는 동시에, 더러는 발길질도 하는데 이 동작은 상당한 파워를 낼 수 있지만 고꾸라질 위험이 더 커진다는 단점이 있다. 그러나 한번 바닥에 나동그라지고 난 뒤 일어서지 못하고 상대의 몸을 부둥켜안고 싸우는 인간들이야말로 특히 각종 위험에 속수무책이라 하겠다. 이런 자세로는 싸움에서 내빼거나 스스로를 지키기가 더욱 어려워지기 때문이다. 이 상태에서는 말 그대로 누구든 상대방 위에 올라가 있는 자가 승세를 잡았다고 보면 된다.

무기 없이 싸우는 인간에게서 나타나는 또 한 가지 뚜렷한 특징은 머리에 초점을 맞춘다는 것이다. 스포츠에서 박치기는 할리우드 액션의 단골 메뉴지만, 현실 속 인간의 난투에서는 머리를 공격에 활용하는 일이 좀처럼 없다. 그 이유는 첫째, 인간의 이는 무기로서 별 효과가 없다. 인간은 송곳니나 튀어나온 주둥이가 없기 때문에, 기껏 이빨을 써봤자 상대방의 손가락이나 귀를 물어뜯는 게 고작이다. 두 번째의 더 결정적인 이유는, 인간은 자신의 커다랗고 연약한 뇌를 지켜내는 일이 급선무이기 때문이다. 침팬지와 그 외 동물들은 싸울 때 아주 날카로운 송곳니로 상대방의 뼈를 부러뜨리거나 살을 갈가리 찢는 등 머리도 활용하지만, 훈련을 통해 싸움에 숙달된 인간은 일단 양손과 양팔을 앞으로 내밀어 머리를 보호할 방패막으로 삼는 걸 볼 수 있다. 그뿐만 아니라 침팬지는 싸움이 나면 온몸 구석구석을 서로 공격하지만, 인간은 넉아웃이나 턱을 골절시킬 양으로 제일 흔히 머리를 노린다.[44] 데이비드 캐리어와 마이클 모건의 다소 논쟁적인 주장에 따르면, 초기 인류가 엄지손가락이 길고 나머지 손가락은 짧았던 일부 원인도 주먹질하기 좋게 단단히 손을 쥐려는 데 있었으며 우리의 턱과 광대뼈가 쑥 불거져 있는 것도 마찬가지 맥락에서 주먹질을 잘 견디기 위한 적응의 결과라고 한다.[45]

이렇듯 양족보행은 자세를 어정쩡하게 만든다는 점에서 싸움의 핸디캡이 되고, 양팔을 써서 주먹을 날리고 머리를 보호할 수 있다는 점에서는 득이 된다. 그런데 양족보행을 고려하지 않고 그저 무기 없이 싸우는 상황만 생각해보면 인간도 몸집, 근력, 기술, 투지를 잘 접목해야만 재대로 힘을 발휘할 수 있다는 점에서 다른 동물과 별반 다르지 않다. 당연한 얘기지만, 몸집이 더 큰 사람이 싸움에서 이기기 쉬운 건 몸집이 클수록 힘이 더 세고 더 무거우며 더 기다란 팔에 더 큰 주먹이 달려 있기 때문이다.[46] 하지만 다른 종들과 마찬가지로, 몸집과 근력은 승패의 결정적 요소가 아니다. 이와 관련해 전문가들은 싸움이 대체로 숙련된 기술에 달려 있다고 하나같이 말한다.[47] 모든 형태의 무술에서 하나같이 강조되는 것도 균형, 자세, 방어 반사protective reflex 동작 계발, 적절한 기술을 구사해 효과적으로 힘을 만들어내기 같은 것들이다.[48] 이와 함께 기꺼이 위험을 무릅쓰고 끝까지 굴하지 않으려는 싸움 당사자의 투지 역시 아무리 강조해도 지나치지 않은 요소다.[49] 샌드위치 하나를 두고는 절대 누군가와 싸움을 벌이지 않겠지만, 가족을 지켜야 하는 상황이라면 아마 이야기가 달라질 것이다. 싸움 당사자의 동기가 얼마나 크고 얼마나 전의에 불타느냐는 승패를 결정짓는 데 너무도 막강한 영향을 미치는 요소라서, 다른 동물처럼 인간도 자신의 그런 자질을 잠재적인 적에게 광고하고 부풀리는 데 많은 노력을 쏟아 붓곤 한다.[50] 사납게 으르렁대는 개처럼, 서로 다투는 인간도 막상 싸움에 뛰어들지 말지 결정하기 전에 곧잘 거드름을 떨고, 고함을 지르고, 가슴에 한껏 힘을 주곤 한다. 진화의 관점에서 보면 이런 행동이 나오는 데는 다 그만한 까닭이 있다. 승자든 패자든 애초에 승부가 결정되어 있다 싶을 때는 아예 싸움을 단념하는 편이 거의 백이면 백 최선의 방책일 것이다.

그런데 이 같은 승패의 예상과 결정에 일대 혁명이 일어나는 순간이 찾아오니, 바로 무기가 발명된 것이다.

무기를 들고 싸우기

영화 〈레이더스: 잃어버린 성궤를 찾아서〉 속의 무척 인상 깊은 한 장면을 보면, 해리슨 포드가 북새통을 이룬 시장에서 사람들 틈을 헤치고 정신없이 도망치다가 무지막지한 언월도를 휘두르는 거구의 자객에게 앞을 가로막히는 대목이 있다. 서로 맞붙은 상대도, 그런 둘을 지켜보는 좌중 사이에도, 이제 뭔가 대단한 결투가 벌어지려니 기대감이 높아지던 사이, 포드가 어이없다는 듯 픽 웃으며 총을 꺼내 그 검객에게 한 발 쏜다.[51] 폭력적이지만, 웃긴 데다 우리 이야기의 정곡을 제대로 찌르는 장면이다. 활, 화살 등의 발사 무기가 발명되고부터는 왜소한 다윗이라도 엄청난 거구의 골리앗을 무찌르기가 더 수월해졌음을 보여주기 때문이다. 그렇다면 인류는 어떻게 무기를 갖게 되었으며, 무기는 인류의 운동 능력, 특히 근력에 어떤 영향을 미쳤을까?

1960년대에 제인 구달은 야생의 침팬지가 연장을 만든다는 증거를 책으로 펴내 사람들을 깜짝 놀라게 했다. 그 이후로 진행된 연구들에도 침팬지가 각양각색의 단순한 연장을 (이를테면 막대기를 다듬어 자그마한 창을 만든 뒤 나무 구멍 안에 숨어 있는 조그만 포유류를 찌르는 식으로) 만들어 쓴다는 내용이 줄곧 담겨 있었다.[52] 이와 함께 침팬지는 자기 힘을 과시하거나 싸움이 붙을 때도 바위나 나뭇가지 같은 물건을 내던진다. 하지만 이런 무기들은 인간의 기준에서 보면 그다지 치명적이지 못하다. 특히 오버핸드overhand(팔을 어깨 위에서 아래로 내리면서 던지는 것—옮긴이)로 목표물을 맞추는 데는 지독히 젬병인 침팬지의 손에 들어가면 더욱 그렇다.

침팬지와 마찬가지로 초기 호미닌도 분명 단순한 목재 연장을 만들어 썼을 테지만, 지금으로부터 330만~260만 년 전 석기가 발명되면서 이 방면에 대대적인 지각변동이 일어났다(인류가 고기를 먹은 최초의 증거가 발견되는 시점과 대체로 일치한다).[53] 연장에 남은 마모 흔적과 고대 뼈에 남은 절단 흔적으로 미루어보건대, 우리는 초기 호미닌이 연장의 힘을 빌려 동물의 살을 발라냈음을 알 수 있다.[54] 이런 연장이 무척 훌륭한 성능을 가지고 있음은 내가 장담할 수 있는데, 우리 과에서는 매년 학생과 교수가 함께 염소 고기를 구워 먹으며 간단한 석기로 염소의 살을 발라내는 실습을 하기 때문이다(물론 우리 손으로 직접 염소를 사냥하거나 죽이지는 않는다). 또한 이들 연장의 날에 보이는 미세 마모의 정도로 미루어, 개중에는 나무를 포함해 식물을 자르는 데 사용된 것도 있음을 알 수 있다.[55] 따라서 200만 년 전 무렵에는 호모속의 초기 성원들이 조야하나마 나무창을 (그저 끝을 날카롭게 깎은 기다란 나무 막대기 정도에 불과했다 하더라도) 만들어 쓸 줄 알았다고 가정해도 그리 심한 비약은 아닐 것이다. 그렇다면 이런 창들이 싸움이나 사냥에는 과연 얼마나 쓸모가 있었을까? 아울러 창을 비롯한 여타 발사 무기의 발달이 인체를 정말 변화시킨 면이 있을까?

지니지 않는 것보다야 낫겠지만, 사실 창은 사용하기 수월한 물건이 아니다. 지극히 단거리를 던진다 해도, 창을 정확하고 힘차게 던지려면 몇 시간을 연습해야만 필요한 기술을 익힐 수 있다. 뿐만 아니라 촉이 없는 창으로는 돌촉이 달린 창만큼 근섬유에 큰 손상을 입히지 못하는데, 창촉을 다는 혁신이 일어난 지는 불과 50만 년밖에 되지 않았다.[56] 거기에다 내가 가진 창이 하나인데 그게 목표물을 빗나간다면, 나 자신이 무방비가 되어 적에게 속수무책으로 당할 위험이 있다. 창으로 상대의 목숨을 빼앗는 더 확실한 방법은 그것으로 상대를 찌르는 것이지만, 이 대안도 자칫 잘못했다간 심각한 곤경에 처하기는 마찬가지다. 일단 창으로 찌르려면 내가 노리는 먹잇감이나 희생양에 바싹 붙어야 하는데, 그러면 나도 위험에 처하기 때문이다. 유럽의 네안데르탈인들이 창을 찔러 동물을 사냥했다는 증거가 있지만, 이들의 유골에 남은 부상의 빈도와 패턴을 보건대 이들도 먹잇감에 가까이 다가갔다가 커다란 대가를 치렀던 것 같다.[57] 그러니 여러분이 혹시 사파리에 가더라도, 차에서 불쑥 뛰쳐나와서는 야생영양에게 덤벼들어 그 녀석 옆구리에 창을 찔러 넣을 생각은 부디 관두길 바란다….

어쨌거나 창을 힘껏 던지는 것이 그렇게 나쁜 생각만은 아니지 않을까? 오늘날 우리 대부분은 게임이나 스포츠 경기를 할 때만 던지기를 하지만, 어떤 경우가 되었건 인간은 거의 백이면 백 오버핸드 방식으로 던진다. 침팬지나 여타 영장류는 물건을 정확히 던지고 싶을 때면 언더핸드(팔을 어깨 밑에서 위쪽으로 추어올리면서 던지는 방식—옮긴이) 방식을 쓰는데 말이다.[58] 가령 여러분이 동물원에서 남몰래 유인원이나 원숭이를 지켜보고 있는데, 그 녀석이 언더핸드로 여러분을 향해 배설물을 던질 준비를 하고 있다면 얼른 도망가야 한다! 하지만 만일 그 동물이 힘을 더 들여 그걸 오버핸드로 던지려 한다면, 오버핸드로 목표물을 겨냥하는 데는 영 어설프니 어느 정도 안심해도 된다. 현존하는 생물 종 가운데 오버핸드로 재빨리 목표물을 맞출 수 있는 동물은 인간이 유일하다. 좀 더 바른대로 말하면, 꾸준히 연습한 인간(남자와 여자 모두)만이 가능하다고 해야겠지만. 닐 로치와 함께 던지기의 생체역학에 대해 이런저런 실험을 진행했을 때, 나는 세기와 정확도 모두에서 실력이 제일 형편없는 것으로 단연 두각을 나타냈다. 하지만 이런 나조차도 그 어떤 유인원보다 던지기 실력이 나았으니, 이는 약 200만 년 전 처음 일련의 적응이 일어나 그것이 인간의 던지기 능력에 근간이 되어준 덕분이다.

우리가 진화 덕에 어떻게 창 같은 발사 무기들을 잘 던지게 됐는지 제대로 알려면, 먼저 일급 던지기 기술의 두 가지 핵심 요소인 속도와 정확성에 대해 살펴봐야 한다. 자, 우리가 자리에서 일어나 꾸깃꾸깃 구긴 종이처럼 가볍고 별 해를 입히지 않는 무언가를 목표물을 향해 최대한 세게 던진다고 생각해보자. 여기서 던질 때의 속도는 도판 17에서 보듯 여러분이 몸을 채찍처럼 비틀어야 나온다. 온 힘을 모아 종이공을 던지려 한다면, 아마 던지는 쪽으로 한 발을 디딘 뒤 엉덩이, 등, 어깨, 팔꿈치, 마지막에는 손목 순으로 몸을 하나하나 회전시키게 될 것이다. 이때 각 관절에서 다음 관절로 에너지가 전달돼야 하며, 특히 어깨에서 생겨난 에너지가 중요하다.[59] 그리고 그 에너지 일부가 여러분이 손에서 그것을 놓는 순간

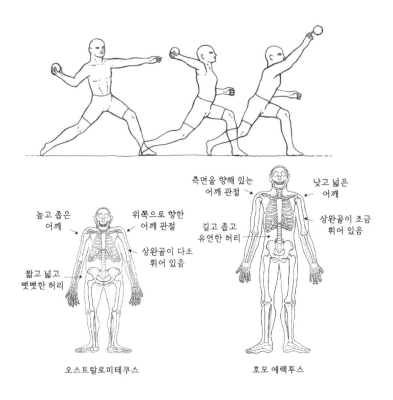

측면을 향해 있는
어깨 관절

낮고 넓은
어깨

높고 좁은
어깨

위쪽으로 향한
어깨 관절

길고 좁고
유연한 허리

상완골이 조금
휘어 있음

상완골이 다소
휘어 있음

짧고 넓고
뻣뻣한 허리

오스트랄로피테쿠스

호모 에렉투스

도판 17　던지기의 해부학 및 생체역학. 맨 위쪽 그림이 보여주듯 던지기는 채찍의 움직임과 비슷해서, 양다리에서 엉덩이, 몸통, 어깨, 팔꿈치, 마지막으로 손목으로 차례로 에너지가 전달되며 더해진다. 호모 에렉투스(오른쪽 아래)는 오스트랄로피테쿠스(왼쪽 아래)에게는 없는 이런 움직임을 가능하게 하는 여러 신체적 특징을 가지고 있다. (다음의 내용을 수정하여 실음: Roach, N. T., Lieberman, D. E. 공저 [2014], Upper body contributions to power generation during rapid, overhand throwing in humans, *Journal of Experimental Biology* 217:2139-49; Bramble, D. M., Lieberman, D. E. 공저[2004], Endurance running and the evolution of Homo, *Nature* 432:345-52)

종이공으로 전달된다. 그렇다면 종이공을 얼마나 정확히 던질 수 있느냐는 결국 여러분이 그것을 던지려는 방향으로 팔을 얼마나 잘 움직이느냐, 그리고 딱 정확한 순간에 그 공을 손에서 놓을 수 있느나에 달렸다고 하겠다.

무언가를 세게, 정확히, 자신 있게 던질 줄 아는 것은 인간의 고유한 능력으로 여러 시간 끈질기게 연습해야만 발휘된다. 이 기술은 우리 몸의 신경 제어를 통해 발휘되는 면도 있지만, 도판 17에도 나와 있듯 인간은 유인원과 달리 특별한 해부학적 적응을 몇 가지 발달시킬 수 있었다. 무척 유연한 허리와 위로 꺾이는 손목도 여기에 해당하지만, 오버핸드 던지기를 하게끔 해주는 인간의 여러 특징은 주로 어깨에서 찾아볼 수 있으며, 던지는 힘의 절반이 어깨에서 발생한다. 유인원의 몸을 보면 어깨가 좁고 높은 데다 관절면이 위를 향하고 있다. 하나같이 무언가를 타고 오르기에 유용한 특징들이다. 반면 인간의 어깨는 낮고 넓으며 관절면이 측면을 향하고 있다. 닐 로치가 선봉을 맡아서 내 실험실에서 진행한 연구에서는, 이런 특징들을 비롯한 갖가지 특징이 한데 결합해 인간이 무언가를 던질 때 자신의 어깨를 일종의 투석기처럼 활용한다는 사실이 밝혀졌다.[60] 던지기 초반부에서는 상완upper arm(어깨에서 팔꿈치까지의 부분─옮긴이)을 구부리는 것이 주가 되는데, 이때 상완을 옆으로 들어 뒤로 회전시킨다. 이렇게 상완을 구부리는 동작을 통해 어깨를 가로지르는 근육들 및 근섬유에 상당량의 탄성 에너지가 저장된다. 그런 다음 구부렸던 팔을 펴는 순간 팔이 정반대 방향으로 스프링처럼, 정말로 믿기 힘들 만큼 빠른 속도로 재빨리 회전한다. 프로야구 투수는 이 회전속도가 자그마치 초당 9천 도까지 나오기도 하는데, 현재 기록된 인체 움직임 중 단연 제일 빠르다.[61] 던지기 동작의 마무리는, 팔꿈치를 쭉 펴고 손목을 구부려 손에서 발사물을 놓는 식으로 이루어진다.

나는 닐과 함께 화석 기록을 살펴보기도 했는데, 그 결과 200만 년 전 무렵 호모 에렉투스 종에게서 던지기를 수월하게 해주는 이 모든 특징들을 찾아볼 수 있었다.[62] 인류가 처음 사냥을 시작한 것이 그즈음이라는 사실을 감안하면, 던지기는 식탁에 고기를 더 잘 올리려는 목적에서 선택된 능력일 가능성이 높다. 하지만 그렇다고 초기 호미닌이 서로에게 창이나 바위 던지는 일 따위는 없었으리라 여긴다면 너무 순진한 발상일 것이다. 내 생각이지만, 호모 에렉투스의 아이들 역시 몇 시간이고 던지기 기술을 연습하며 상체 근력을 발달시키지 않았을까.

이런 전통은 지금도 지구 구석구석에서 이루 헤아릴 수 없이 많은 어린이가 줄기차게 이어나가는 중이다. 우리 동네에서도 오후가 되면 어린 이웃들이 길거리에 나와, 훌륭한 운동선수가 된 자신의 모습을 머릿속에 그리며 야구공을 던지고 축구를 하는 광경을 심심 찮게 볼 수 있다. 그렇게 멀지 않은 세대 때만 해도 이 또래 아이들은 똑같이 던지기 기술을 연습하되 훌륭한 사냥꾼이나 전사가 되겠다는 꿈을 꾸었는데 말이다. 우리가 던지기를 더는 싸움이나 사냥과 결부시키지 않게 된 건 그동안 기술이 발전을 거듭해왔기 때문이다. 한때는 촉도 달리지 않은 창이나 새총 따위가 상대에게 치명상을 입힐 유일한 발사 무기였지만, 전례 없는 가속도가 붙으며 갖가지 혁신이 일어난 결과 먼 거리에서 목숨을 앗을 방법도 계속 변모해왔다. 여기서 관건이 된 첫 번째 혁신으로는 약 50만 년 전 창 끝에 달 수 있는 돌촉이 발명된 것을 꼽는다. 그러고 나서 지난 10만 년 새에 인간은 활과 화살, 투창기atlatl(고대 멕시코에서 쓰이던 창 발사기—옮긴이), 작살, 그물, 취관吹管(남미 인디언이 사용했던 입으로 불어 화살을 쏘아 보내는 장치—옮긴이), 사냥개, 독화살, 덫 같은 것들을 고안해냈다.[63] 그 이후 발명된 것들로서 훨씬 손쉽고 안전하게 먼 거리에서 목숨을 빼앗는 무기로는 뭐가 있을지 여러분도 얼마든지 생각해낼 수 있을 것이다.

문화적 진화로 말미암아 던지기와 같은 신체 활동이 싸움에서 치명적 부상을 입히던 본래의 성격을 벗게 되었다면, 혹시 우리 인체도 거기에 맞물려 변화한 면이 있지 않을까? 문화적 진화와 생물학적 진화는 별개가 아닌 만큼, 아마도 그럴 가능성이 크다. 가령 불과 옷에 대해 생각해보자. 이들 발명품이 있었기에 호미닌은 더 한랭한 새로운 환경으로 이주할 수 있었고, 그로 인해 열대 지방을 벗어나게 되면서 더 밝은 피부색 같은 특징이 선택될 수 있었다.[64] 음식을 통상 요리해 먹게 된 이후로는, 요리에 의지하지 않으면 살아남지 못하게끔 인간의 소화 생리가 진화했다.[65] 철기시대 이후 발명된 무기들은 아직 인간의 진화에 영향을 끼칠 만큼 오랜 세월을 거쳤다고 할 수는 없겠지만, 창을 비롯한 여타의 발사 무기는 과연 어떨까?

먼저 창에 대해 생각해보자. 던지기를 잘하게끔 우리 몸에 여러 적응들이 일어났다는 사실 외에도, 한때 여자보다 50퍼센트 정도 컸던 호모속 남자의 체구가 그동안 부쩍 줄어 지금은 여자보다 불과 15퍼센트밖에 크지 않다는 사실을 한번 떠올려보자. 이렇듯 체구가 줄어든 까닭은 상당 부분 남자-남자 경쟁이 줄었기 때문으로 설명되겠지만, 싸움이나 사냥에서 커다란 체구가 가졌던 이점이 창을 쓰면서 덩달아 줄어들었을 가능성도 배제할 수 없다. 아울러 비록 체구 차이가 크게 줄었지만 지금도 상체 근육량은 남자가 여자보다 평균 75퍼센트 많다.[66] 앞에서도 함께 살펴봤듯 던지기에서 중요한 역할을 하는 것은 어깨, 팔, 몸통이며, 이는 레슬링을 비롯한 다른 경기에서도 마찬가지다.

이와 관련해 추측성이 더 강한 가설을 하나 말하자면, 활과 화살을 비롯한 이른바 첨단 발사 무기 기술의 발명으로 인해 반응적 공격성에 따르는 비용과 혜택에 일대 변혁이 일어났으리라는 것이다. 인류 역사상 처음으로 나처럼 호리호리한 체형의 다윗 부류 사람들이 골리앗을 거꾸러뜨릴 수 있게 되었고, 이와 함께 여자들도 남자 공격자를 상대로 더 효과적인 방어를 펼칠 수 있었다. 활과 화살 같은 무기에 힘입어 체격이 고만고만한 이도 먼 거리에서 위험을 덜 무릅쓰고 효과적으로 사냥할 수 있었다. 따라서 지금으로부터 10만 년 전 활과 화살이 발명된 이후로는 체구가 크고 반응적 공격성을 보여봐야 예전보다 얻는 게 덜해졌을 가능성이 크다.[67] 발사 무기의 진화가 인간을 온순하게 길들이는 데 도움이 되었다니 어쩐지 아이러니하지 않은가? 그런데 내가 보기에는 이렇듯 반응적 공격성이 덜해진 것은 인간에게 두루 나타나는 또 한 가지 현상의 진화에 박차를 가해준 듯하다. 바로 스포츠 말이다.

스포츠의 진화

스포츠란 결국 조직적인 형태의 놀이이며, 펜싱이나 권투 같은 일부 스포츠는 의례를 갖춘 싸움의 한 형태임을 굳이 감추지 않지만, 만일 여러분이 싸움과 스포츠에 모종의 연관이 있음을 진정 적나라하게 두 눈으로 확인하고 싶다면 6월에 이탈리아 피렌체에 가서 피렌체 전통 축구Calcio Storico Fiorentino를 관람하면 된다.

나는 폭력이 난무하는 이 구경거리를 몇 십 년 전 피렌체를 찾았다가 생각지도 않게 접했다. 그날 아침 비행기로 피렌체에 도착한 나는 시차증을 털어내려 산책에 나섰다. 피렌체의 대광장 중 하나로 손꼽히는 산타 크로체 광장을 향해 무심코 걷다가, 모래로 뒤덮인 축구장 크기의 운동장을 빙 에워싸고 자리한 관람석으로 사람들이 줄줄이 들어가는 광경을 목격하게 되었다. 이게 무슨 일일까 자못 궁금해져, 하나같이 녹색 옷을 빼입은 시끌벅적한 피렌체인들이 인산인해를 이룬 틈에 나도 간신히 자리를 하나 차지하고 앉았다. 나중에 알게 된 사실이지만, 그 연원이 15세기까지 거슬러 올라가는 이 경기는 피렌체의 네 구역을 대표하는 팀들이 연달아 몇 차례 맞붙는 식으로 치러진다. 당시 경기 참가자들은 대부분 상의를 다 벗어 던진 채 르네상스풍 바지를 입고 있었다. 심판들은 칼까지 차고 있었다. 이후 약 한 시간 동안 참가팀들이 보여준 경기는 럭비와 엄청나게 규모가 큰 무자비한 격투기가 마구잡이로 뒤섞였다고밖에 달리 표현할 길 없는 것이었다. 총 27명씩으로 구성된 각 팀이 경기를 벌이면서 내거는 표면적인 목표는 축구공만 한 공을 경기장 양 끝의 좁다란 구멍에 던져 넣는 것이지만, 팀 동료들이 골 지점으로 치고 나가게 하는 반면 적들의 돌격을 막으려면 한바탕 난투를 피할 수 없었다. 머리를 발로 차서는 안 된다와 같은 몇몇 금지사항을 제하면, 경기에 나선 사내들은 서로를 묵사발로 만들어놓는 데 권투, 레슬링, 박치기, 다리걸기, 목조르기 등 갖은 수단을 총동원할 수 있었다. 골이 하나 들어갈 때마다, 그리고 선수의 코가 부러지고 갈비뼈가 나갈 때마다, 내 주위 사람들은 다 같이 자리에서 벌떡 일어서서 환호했다. "베르디Verdi! 베르디!" 경기 막바지에 접어들었을 때쯤엔 많은 선수의 얼굴에서 피가 줄줄 흘러내리는 것은 물론, 이미 들것에 실려 경기장 밖으로 나간 선수도 한둘이 아니었다. 이건 말 그대로 전투였다.

스포츠는, 피렌체 전통 축구 같은 극단적인 경기들조차, 애초에는 놀이에서 발달했다. 포유류의 젖먹이 새끼들은 거의 전부, 어른이 되어 사냥이나 싸움을 할 때 필요한 기술과 신체 능력을 놀이를 통해 발달시킨다.[68] 놀이의 혜택은 이뿐만이 아니어서, 어려서부터 사회 위계에서 자신의 위치를 알거나 변화시킬 수 있다는 것, 협

도판 18　피렌체 전통 축구의 경기 장면들. (사진: Jin Yu/Xinhua)

동적 유대를 다져나갈 수 있다는 것, 긴장을 풀 수 있다는 것도 포함된다. 인간도 이와 전혀 다르지 않지만, 다만 우리는 놀이에 공이나 막대기를 사용할 때가 많고, 개를 비롯한 몇몇 길들여진 종과 마찬가지로 어른이 되어서까지 놀이를 계속한다.[69] 갖가지 게임이나 스포츠에서 뒤쫓기, 다리 걸어 넘어뜨리기, 물건 던지기 등 싸움 및 사냥에 유용한 기술을 강조하는 것은 어느 문화에서나 마찬가지다. 하지만 스포츠는 한 가지 핵심적인 면에서 놀이와 확실히 구분되며 이는 많은 이들이 두루 인정하는 바다. 즉 놀이는 특정한 규칙이나 결과를 좇지 않기 때문에 조직적이거나 체계적이지 않다. 그런 한편, 스포츠는 경기 참가자들이 신체 활동으로 치열한 경쟁을 벌이되 정해진 규칙과 승리의 기준을 한 뜻으로 따른다.[70] 이러한 정의에 따른다면, 다트 던지기나 볼링처럼 근력이나 건장한 몸이 별반 필요치 않은 몇몇 오락성 게임도 스포츠로 분류될 수 있다.

솔직히 나 같은 사람이야 다트 던지기나 볼링을 스포츠로 치는데 반대할 이유가 전혀 없지만, 스포츠에 대한 위와 같은 전통적인 정의에는 진화인류학적 관점에서 보면 명백히 드러나는 한 가지 근본적이고 중대한 특성이 빠져 있다. 바로 스포츠에 반응적 공격을 억제하는 면이 있다는 점이다. 심지어 하키나 축구처럼 거칠게 몸싸움을 벌이는 스포츠에서조차, 순간 발끈해서 상대방을 난폭하게 패대기치는 것은 규칙으로 금하고 있다.

이 같은 사실을 호메로스는 《일리아드》에서 극적으로 그려낸다. 이 서사시는 대체로 트로이의 성벽 밑에서 그리스인이 벌이는 알력 다툼과 유혈 소동을 담고 있다. 수컷 침팬지가 그러듯, 이들 그리스인 사이에서는 권력과 지위, 그리고 여자를 서로 차지하려는 난투가 끊이지 않는다. 그러다가 이야기가 막바지에 거의 다다른 제23권에 이 시의 백미가 등장하는데, 사람들이 싸움을 멈추고 일종의 미니 올림픽을 개최하기로 하는 대목이다. 이런 시합을 개최하게 된 것은 그리스인 영웅 아킬레우스가 누구보다 아끼던 동료 파트로클로스가 죽임을 당했기 때문이다. 자신의 애통함을 어쩌지 못하면서도, 아킬레우스는 하루 동안 장례식 경기들을 열어 죽은 이를 추모하고, 스포츠 경기를 보면 분명 즐거워할 신들을 기쁘게 해주기로 했다. 그래서 권투, 도보 경주, 전차 경주, 던지기 시합 등이 열렸는데, 그중에서도 단연 압권은 아이아스와 오디세우스가 맞붙은 레슬링 시합이다. 둘의 대결은 그야말로 고전적인 구도다. 아이아스는 무지막지한 힘을 자랑하는 엄청난 장사인 데 반해, 오디세우스는 그보다 체구는 작지만 투지가 넘치고 아주 약삭빠르다. 역시 예상대로 싸움은 좀처럼 승부가 나지 않는다. 극적으로 상대를 들어 올리고, 갈비뼈가 나가도록 내동댕이치고, 영악한 수를 쓰는 등 손에 땀을 쥐는 승부가 회를 거듭한 끝에, 돌연 아킬레우스가 끼어들어 무승부를 선언한다. "더는 붙들고 싸울 것 없다. 구태여 스포츠에서 너희 자신의 목숨을 잃지 말라! 승리는 둘 모두에게 돌아가는 것으로 한다. 상은 나누어 갖거라."[71]

호메로스가 왜 이 대목에서 난데없이 트로이 공성전을 멈추고 레슬링 등 다른 스포츠를 끼워 넣었는지는 오랜 세월 독자들을 궁금하게 했지만, 아킬레우스의 이 메시지는 리처드 랭엄의 주장을 그대로 담고 있다. 즉 10년이나 이어진 공성전을 끝내고 싶다면, 그리스인은 골육상쟁을 이쯤에서 멈추고 하나로 힘을 합쳐야 한다는 것이다. 서로에 대한 반응적 공격을 관두고, 트로이인을 상대로 한 주도적 공격에만 온 힘을 쏟아야 한다는 이야기였다. 전쟁에서도 그렇듯, 대부분 스포츠에서 가장 기본적인 원칙은 반응적 공격을 억누르고 규칙을 따르는 것이다. 아닌 게 아니라, 어쩌면 애초에 스포츠가 발달한 것도 사냥을 비롯해 통제된 주도적 싸움에 유용한 기술과 함께, 충동을 조절하는 법을 가르치기 위한 하나의 방편이었을지 모른다. 만일 상대방이 득점했다거나, 아니면 그보다 훨씬 꼴사납게, 같은 팀 동료가 나를 제치고 득점했다고 주먹을 날린다면 그보다 더 스포츠맨답지 못한 행동이 있을까? 심지어 프로 테니스 선수는 코트에서 무례한 말을 내뱉는 것조차 허용되지 않는다.

네안데르탈인을 비롯한 다른 호미닌 역시 나름대로 놀이를 했을 게 분명하지만, 아마도 스포츠는 인간이 스스로를 길들이게 되었을 때 진화했으리라는 게 내 가정이다. 위에서도 지적했듯, 어른이 되어서도 놀이를 하는 현상은 주로 길들여진 종 사이에서만 나타나며, 모든 문화에서 인간이 스포츠를 하는 수많은 이유 중 하나도 다름 아닌 협동심을 배우고 반응적 공격성을 제어하기 위해서다. 격투기장에서 상대방을 곤죽이 되도록 때리든, 아니면 수중발레 심판에게 감명을 주어 점수를 따고자 하든, '훌륭한 스포츠'가 되려면 규칙을 따르고, 화를 다스리고, 다른 이들과 원만히 어울리는 일이 필요하다. 스포츠는 전쟁과 같은 주도적 공격에서 무엇보다 관건인 기강과 용기 같은 습관을 길러주기도 한다. 어쩌면 워털루 전쟁의 승리는 이튼스쿨의 운동장에서부터 일궈졌다는 말도 정말 맞을지 모른다.

스포츠가 단순히 보편적일 뿐만 아니라 사람들 사이에서 열광적 인기를 끄는 강력한 이유는 이 말고도 더 있다. 스포츠는 직접 뛰어도 재미있고, 구경만 해도 즐거우며, 공동체 의식을 심어주고, 그야말로 어마어마한 돈벌이가 돼준다. 인간이 벌이는 활동 중에 수십억 시청자와 함께 관람을 위해 정기적으로 10만 명 이상의 관중을 현장으로 끌어 모으는 것은 스포츠 말고는 거의 없다. 진화의 관점에서 봤을 때, 사람들이 스포츠에 이끌리는 또 다른 이유는 스포츠가 생식 성공을 높여주기 때문이다. 소규모 사회에서 훌륭한 사냥꾼이나 전사가 자식을 더 많이 낳는 것과 마찬가지로, 훌륭한 운동선수는(남자, 여자 모두 마찬가지다) 자신의 신체적 위용을 과시하고, 사회적으로 높은 지위에 올라 사람들에게 매력적인 짝으로 비친다.[72]

마지막으로 짚고 넘어갈 또 한 가지 중요한 사실은, 스포츠가 사람들을 운동하게 만들고, 나아가 신체 및 정신 건강을 증진할 훌륭한 방편으로 자리매김한 것이 근래에 들어서였다는 점이다. 이따금 그리스도교도들은 나름의 편견을 갖고 육체의 쾌락을 마뜩찮아 했지만(칼뱅파를 비롯해 후대의 청교도주의 추종자들이 특히 스포츠를 달갑지 않게 보았다), 수 세기 동안 교육자와 철학자들은 귀족을 비롯해 스포츠라도 하지 않으면 달리 몸을 움직일 필요가 없는 엘리트층에게 스포츠를 적극적으로 권해왔다. 루소 자신의 말을 빌리면 이렇다. "당신 학생의 지성을 키워주고 싶다는 이야기인가? 그렇다면 그 지성이 마땅히 다스려야 할 힘부터 길러주도록 하라. 그의 몸을 계속 운동시켜라. 그의 몸을 튼튼하고 건강하게 만들고 그것을 밑바탕으로 지혜롭고 합리적인 사람이 될 수 있게 하라. 그가 계속 노력하고, 활동하고, 달리고, 소리 지르고, 항상 몸을 움직이게 하라. 그 제자가 자신의 원기를 발휘하는 남자가 되게 하라. 그러면 그는 곧 자기의 이성을 발휘하는 자가 될 것이다."[73] 우리 대학도 이 전통을 따르고 있으며, 감사하게도 여자와 남사를 가리지 않는다. 하버드대 체육과에서 후원하는 대표팀만 40개이며, 전체 학생의 거의 20퍼센트가 이들 대표팀에 소속돼 활동한다. "체육을 통한 교육"

을 증진한다는 체육과의 공식 사명문에 담긴 내용도, 스포츠야말로 "학생들이 더 잘 성장하고, 더 잘 배우고, 자신의 삶을 더 즐길 수 있게 해주며, 동시에 개별적, 신체적, 지적 기술을 활용하고 계발하게 끔 한다."[74]

———

요컨대, 인류가 자기 조상보다 신체적으로 더 약해진 것은, 우리가 덜 싸우도록 진화했기 때문이 아니라 *다른 식으로* 싸우도록, 즉 주도적 공격에 더 힘을 기울이고, 무기를 들고, 스포츠의 맥락 안에서 싸우도록 진화했기 때문이다. 이와 마찬가지 맥락에서, 우리가 스포츠를 하도록 진화한 것도 운동을 하기 위해서는 아니다. 각 문화가 조직화된, 정해진 규칙을 따르는 놀이의 한 형태인 스포츠를 발달시킨 것은, 누군가를 죽이고 자신은 죽지 않는 데 유용한 기술을 가르치는 동시에, 함께 협동하되 반응적 공격은 줄여나가는 법을 가르치기 위해서였다. 스포츠가 사람들을 운동시키는 역할을 도맡게 된 것은 귀족들, 나중에는 사무직 노동자들이 일상적인 일로는 더는 신체 활동을 하지 않게 된 시대에나 이르러서였다. 지금은 현대의 산업화한 세상에서는 스포츠가 운동을 시켜 우리를 건강하게 살게 해준다며 스포츠를 상품화하고 있지만 말이다(그래도 내가 보기엔 다트 던지기는 아무래도 아닌 것 같다). 하지만 스포츠는, 그 진화론적 뿌리가 무색치 않게, 근력, 스피드, 파워, 던지기 능력 등을 잘 발휘해야 하는 싸움과 사냥에 유용한 기술도 여전히 매우 중요하게 생각한다.

마지막으로 전 세계에서 가장 큰 인기를 누리는 스포츠인 축구

를 생각하는 것으로 이 부분을 갈무리해보도록 하자. 축구도 협동
과 반응적 공격 억제 등 여타 팀 스포츠에 유용한 행동 기술들 대부
분을 필요로 한다. 하지만 축구를 하려면 그 외에도 건강에 특히 중
요한 또 다른 특징이 요구되니, 우리 인간이 유독 뛰어난 기량을 보
이는 이 능력은 우리를 동물 세계의 나머지와 확실히 구분 지어주
는 특징이기도 하다. 그것은 바로 지구력이다.

PART 3

지구력

제8장

걷기: 늘 하는 일

미신 #8 걷기로는 살을 뺄 수 없다

◇ ◇ ◇

급여가 높고, 걸어서 출근할 수 있어서요.

—존 F. 케네디

먼 옛날에는 평범한 하루 동안 어떻게 걸었는지 대강이나마 엿보기 위해, 내가 겪은 일화 하나를 들려주고자 한다. 하드자족 수렵채집인인 하사니와 바가요에게 그들의 사냥길에 나와 내 동료를 데려가 달라고 부탁했던 때의 일이다. 둘은 흔쾌히 승낙했지만, 다만 우리 둘은 최대한 조용히 있어야 하며, 필요할 때는 그들의 요구에 따라 뒤에 머물러야 하고, 우리 때문에 그들의 속도가 처지는 일이 없어야 한다는 단서를 달았다.

출발한 시각은 새벽 동이 튼 직후, 아직은 삽상한 바람이 불고 풀잎에는 이슬이 송골송골 맺혀 있었다. 하사니는 노란색과 검은색 줄무늬 상의에 허리춤에는 울긋불긋한 천을 질끈 동여맨 차림이었고, 바가요는 반바지에 후줄근한 맨체스터 유나이티드 유니폼 상의를 입고 있었다. 두 사냥꾼 모두 손수 만든 샌들을 신었고, 챙긴 물건이라곤 활과 화살 한 통, 단도 하나가 전부였다. 반면에 나는 모험이라도 떠나는 사람처럼 단단히 채비를 갖추었다. 넓은 챙이 달린 모자를 쓰고, 경량輕量 부츠를 신고, 수분을 흡수하고 자외선은 차단하는 하이테크 상의에 산행용 바지도 챙겨 입었다. 그뿐인가, 내 손엔 휴대전화와 함께 GPS 시계가 채워져 있었고, 배낭에는 물 두 병, 선크림, 살충제, 비상용 안경, 사과와 에너지 바, 맥가이버 칼, 그리고 만일을 대비해 손전등과 자그만 구급상자도 챙긴 참이었다.

야영지를 떠나는 그 순간부터 나는 정신을 집중하지 않으면 안 됐다. 하사니와 바가요는 발걸음도 가볍게 앞으로 쑥쑥 걸어 나갔지만, 따로 길이 나 있지 않은 탓에 어디다 발을 디뎌야 할지부터가 여간 어려운 게 아니었다. 무성하게 자라난 풀들(하필 우기였다) 아래로는 커다란 바위들이 어디에나 도사리고 있었고 한 걸음이라도 잘못 디뎠다간 발목을 삐끗하기 십상이었다. 저 멀리 에야시 호수의 물이 어른어른 반짝이는 숲이 울창한 계곡을 향해 경사가 심한 비탈길을 터벅터벅 내려가는 길이 나오자, 하사니와 바가요는 수시로 멈춰 서서 발자국을 비롯해 사냥감이 남긴 다른 흔적을 열심히 살폈다. 이제 그들은 거의 말이 없어졌고, 드문드문 짧게 낮은 소리로 대화를 나누었다. 처음에 우리는 집채만 한 너럭바위의 갈라진 틈에서 바위너구리를 찾을까 했는데, 고양이만 한 몸집의 이 동물은 생김새가 꼭 설치류 같지만 알고 보면 코끼리와 친척뻘이다. 그런 뒤 우리는 쿠두가 남긴 자취를 따라갔는데 그날 아침 새로 찍힌 발자국이 나 있었다. 우리는 쿠두는 코빼기도 보지 못했지만, 아침나절 즈음 임팔라를 몇 마리 마주칠 수 있었다. 하사니는 몸짓으로 우리에게 자세를 낮추라고 이르고는, 상의를 벗은 뒤 샌들까지 벗고, 맨발인 채 바닥을 기어 임팔라를 향해 다가갔다. 그러는 동안 바가요는 반대편으로 빙 돌아갔다. 나와 내 동료는 입을 꾹 다물고 앉은 채, 이 사냥꾼들에게 찾아온 절호의 기회를 우리가 망치지 않기만을 바랐다. 한 15분쯤 흘렀을까, 화살 하나가 핑 날아가는 소리가 들리더니, 이윽고 하사니가 수틀린 기색으로 돌아왔다. 굳이 말하지 않아도 사냥감을 놓쳤음을 알 수 있었다. 그래서 우리는 다시 길을 나섰고 그사이 날은 점점 더 무더워졌다.

그러다 꿀잡이새를 만난 덕에 우리의 노정도 바뀌었다. 이 조그만 갈색 새는 수천 년, 아니 어쩌면 수백만 년을 아프리카에 살면서 인간과 협업해온 사이다.[1] 사람을 만나면 으레 그러듯, 이 길잡이 새도 우리를 만나자 특유의 그 끊임없이 재잘대는 듯한 노래를 "쩩, 쩩, 쩩, 쩩, 쩩, 쩩!" 요란하게 지저귀더니, 이 나무 저 나무 사이를 요리조리 날아다니며 한두 번씩 우리가 잘 따라오고 있는지 확인했다. 10분도 채 지나지 않아 이 조그만 친구는 우리를 벌집으로 데려다주었다. 하사니와 바가요는 신이 나서 불을 피우더니 모락모락 연기가 나는 풀로 구멍을 메워 꿀벌들을 쫓아낸 후(그러다가 몇 방 쏘였다) 벌집을 크게 한 덩이 떼어냈다. 둘은 그 자리에서 꿀을 정신없이 빨아 먹었고, 밀랍은 뱉어내 우리의 날개 달린 길잡이에게 보답으로 주었다.

그날의 산행은 이내 꿀 채집 원정으로 바뀌었다. 하사니와 바가요는 야영지로 향하는 방향을 크게 벗어나지 않으면서 근방 여기저기를 돌며 벌집을 차례차례 찾아내 같은 과정을 되풀이했다. 불을 피워 그 연기로 꿀벌들을 쫓아내고, 달콤한 밀랍 벌집을 우적우적 씹어 먹는 식으로 말이다. 그렇게 벌집을 다섯 개 찾고 나자 오후로 접어들며 날이 무더워졌다. 하사니와 바가요는 실컷 떠드는 데다 당이 잔뜩 차 기분이 좋아져 이제 사냥할 마음을 아주 접은 게 분명했다. 우리가 야영지로 돌아온 시간은 출발하고 5시간이 넘게 지난 오후 1시 30분, 비록 빈손이었지만 우리 뱃속엔 꿀이 그득했다. GPS에 따르면, 그날 하루 나는 1만 8,720보를 걸으며 약 12킬로미터를 누볐다.

얼마쯤 시간이 흘러 저녁 시간, 바가요를 비롯한 몇몇 다른 사냥꾼과 함께 이야기할 자리가 마련되었다. 그들은 하나같이 다토가족 목축민과 그들이 키우는 소가 사냥감의 서식지를 망쳐놓으면서 살기가 영 힘들어졌다고 입을 모았다. 사냥하기 좋았던 건 이제 다 옛일이 됐다고 했다. 사냥을 나갔다가 고기 한 점 손에 들지 못하고 돌아오기가 부지기수여서, 그들은 점점 꿀이나 교역으로 얻은 음식, 여자들이 채집하는 식물에 더 많이 의지하는 형편이었다. 그래도 남자들은 여전히 거의 하루도 빠지지 않고 우리가 했던 일을 그대로 해오고 있다. 열악한 상황에서도 꿋꿋이 야영지를 떠나 곳곳에서 사냥하고, 꿀을 모으고, 자기 손(혹은 치아)을 써서 뭐든 먹을거리가 될 것을 구해온다. 여자들도 매일 많이 걷기는 마찬가지지만, 그들을 따라나서본 경험으로 보건대, 남자들보다는 여자들 쪽 노정이 더 재미있는 것 같다. 평상시 같은 하루라면 여자들과 아이들은 수 킬로미터를 걸어 덩이줄기 캐기 좋은 데를 찾아낸다. 마음에 드는 곳이 나오면 그 자리에 털썩 주저앉아 흙을 파내며 수다를 떨기도 하고, 아이 젖도 먹이고, 때로는 딱딱하고 돌투성이인 흙 사이에서 덩이줄기를 차례로 뽑아내며 노래를 부르기도 한다. 그렇게 캐낸 덩이줄기는 그 자리에서 먹어 치우기도 하고, 점심으로 요리해 먹기도 하며, 나머지는 보따리에 싸매 집으로 챙겨온다. 이와 함께 덩이줄기를 찾으러 오가는 도중에도, 여자와 아이들은 이따금 잠시 멈춰 산딸기류를 비롯한 다른 먹을거리를 채집하곤 한다.

하지만 이 노정의 대부분을 차지하는 것은 걷기다. 우리 인간은 운동하도록 진화한 게 아니라, 필요할 때 몸을 움직이도록 진화했다는 이 책의 핵심 생각을 가장 정곡으로 찌르는 신체 활동을 하나 꼽으라고 한다면, 바로 걷기다. (하드자족을 포함해) 평균적인 수렵채집인 남자와 여자는 각각 하루에 14킬로미터와 10킬로미터가량을 걷는데, 이들이 이렇게 걷는 것은 건강이나 몸매 관리를 생각해서가 아니라 다름 아닌 생존을 위해서다.[2] 평균적인 수렵채집인이 1년 동안 걷는 거리는 뉴욕에서 로스앤젤레스까지 이른다. 인간은 끈기를 갖고 걷는 동물인 것이다.

탈산업사회 세상을 살아가는 대부분 사람에게 걷기는 여전히 삶에서 필수지만, 끈기와는 거리가 먼 일이 됐다. 신체장애를 안고 있는 경우가 아니라면, 아마 여러분은 출퇴근할 때(차와 사무실을 오가는 정도뿐이라고 해도) 약간은 걷는다. 또 화장실을 가거나 점심을 먹으러 가거나 가게에 들르는 등, 일상적으로 해야 하는 수없이 자질구레한 일들을 처리할 때도 걸어야 한다. 어쩌면 머리를 식히기 위해 가볍게 산책을 하거나, (그보다 훨씬 사서 고생으로) 러닝머신에 올라 한 자리에서 하염없이 걸을 수도 있지만, 오늘날 여러분이 걷는 걸음은 선택에 의한 것이라기보다 꼭 필요한 일이기에 어쩔 수 없이 내딛는 경우가 대다수다. 여러분과 바가요, 하사니의 큰 차이점은, 그들은 목숨을 부지하기 위해 하루에 최대 2만 보까지도 걸어야 하는 반면, 휴대전화에서 끌어 모은 자료에 따르면 평균적인 미국인은 하루에 4,774보(약 2.7킬로미터), 평균적인 잉글랜드인은 5,444보, 평균적인 일본인은 6,010보를 걷는다는 것이다.[3] 거기다 이 수치는 평균치라는 점도 생각해야 한다. 그 말은 미국인 중에는 하루에 4,774보도 채 걷지 않는 사람들이 이루 헤아릴 수 없이 많다는 뜻이다. 걸음 수만이 아니라, 걷는 방식에서도 몇 가지 차이

점을 찾아볼 수 있다. 수렵채집인은 투박한 샌들을 신거나 아예 맨발인 채로, 보통은 먹을거리나 아기를 품에 안고 걷는 데다, 덤불 사이를 헤치며 각양각색의 지형에 겨우 나 있는 길을 따라 걷곤 한다. 불과 몇 세대 전까지만 해도, 쿠션을 덧대어 발바닥이 편한 신발을 신고 단단하고 평평한 보도 위를(러닝머신 위는 말할 것도 없다) 걸을 수 있었던 사람은 아무도 없었다.

이런 변화를 살피다 보면 숱한 질문이 떠오른다. 가령 우리는 어떻게, 왜, 얼마나 많이 걷도록 진화했고, 또 걷기는 노화와 건강에 어떤 영향을 미칠까 하는 것들이다. 우리가 좋은 운동 습관을 이야기할 때 줄기차게 듣는 처방 중 하나는, 바로 하루에 1만 보 정도는 걸어야 한다는 이야기다. 한 대중서에 적힌 말을 빌리면, "수시로 걷는 것은, 계획을 정해 일정 시간을 빠른 속도로 걷든 아니면 매일 틈틈이 짬을 내 더 많이 걸으려 노력하든, 몸무게와 허리둘레를 줄이는 데 도움이 되며, 무엇보다 중요한 점으로, 그 상태를 지속적으로 유지하도록 해준다."[4] 아니면 다음과 같이 두 명의 운동학자가 학계의 조심스러운 어투로 이야기하는 바에 따르면, "1만 보/1일은 건강한 성인이 매일 행하기 좋은 합리적인 운동량일 것으로 보이며, 이와 비슷한 수준의 운동량에 도달할 경우의 건강상 이득을 다루는 연구가 속속 나오는 중이다."[5] 거의 모든 체중 감량 프로그램이 매일 걷기를 운동처방으로 내놓고 있지만, 일부 전문가는 장시간 걷기가 칼로리를 별반 소모하지 못하고 오히려 허기만 지게 만드는 만큼 걷기로는 살을 뺄 수 없다고 주장한다. 2009년 〈타임〉지에 실려 널리 세간의 이목을 끈 "운동에 관한 근거 없는 믿음"이라는 기사에는 이런 말도 실려 있었다. "물론 매일 걷는 게 우리에게 좋기는 하다. 하지만 살은 안 빠진다."[6]

사람을 헷갈리게 하고 모순되기까지 하는 이 주장들을 자세히 들여다보려면 그 첫 단계로서 인간이 걸음을 걷는 특이한 방식, 즉 두 다리만으로 어렵사리 걸음을 떼는 그 모습부터 함께 살펴봐야 할 것이다.

우리는 어떻게 걷는가

대부분 사람은 걷는 능력을 당연시하지만, 우리 집에서 불과 1.6킬로미터 떨어진 스폴딩 재활병원에서는 자신의 몸으로 다시 걸을 수 있도록 재활에 들어가는 환자를 누구보다 반겨준다. 이 보행 클리닉은 조명을 밝게 켠 커다란 방 같은 구조인데, 구석구석에 보행로, 러닝머신, 역기 등을 갖추고 있는 만큼 병원시설이라기보다는 헬스장에 가까워 보인다. 내가 마지막으로 이곳을 방문했을 때, 클리닉에는 약 10명의 환자가 각기 물리치료사를 한 사람씩 두고 재활을 하고 있었다. 신경퇴행성 질환에 맞서 싸우는 이가 있는가 하면, 뇌졸중이나 사고를 당해 고생 중인 이도 있었다. 그런 환자 중 메리(가명이다)라는 한 30대 여성은 차 사고로 척추를 다치는 바람에 이곳에 오게 되었는데, 친절하게도 자신이 물리치료를 받는 과정을 곁에서 지켜볼 수 있게 해주었다.

내 뇌리에 가장 인상 깊게 박힌 부분은 메리가 발휘한 집중력이었다. 휠체어를 뒤로 밀어내고 몸을 일으켜 양손으로 보행로 난간을 붙잡고 일어선 뒤, 메리는 온정신을 집중해 자기 몸을 잘 가누는 채로 한 발을 다른 발 앞에 놓는 그 단순한 과제를 해내기 위해 갖은 애를 썼다. 왼발도 말썽이었지만, 오른발은 아예 움직일 생각조차 하지 않았다. 한 걸음 한 걸음 내디딜 때마다 메리는 당최 말을 듣지 않는 근육들에 의식적으로 명령을 내려, 예전 같으면 본능적으로 행해졌을 기본 동작을 해내야 했다. 먼저 엉덩이를 최대한 늘인 뒤 무릎을 구부리고, 그러고는 다시 무릎을 펴는 등의 동작 말이다. 그 곁을 재활 치료사가 따라다니면서 메리가 한 걸음 내디딜 때마다 격려와 조언을 아끼지 않았다. 메리의 보행이 한결 나아지고 자신감이 붙을수록, 재활 치료사는 메리가 인체의 기본적인 움직임을 다시 습득할 수 있게 8센티미터 높이의 야트막한 허들을 앞에 두는 식으로 도전 강도를 차차 높여갔다. 남은 물리치료 시간 동안 메리와 재활 치료사는 일련의 재활 훈련을 거쳐 특정 근육의 힘을 강화하는 동시에 근육의 통제력을 되찾고자 노력했다. 치료사는 메리의 기운을 북돋워주려는 듯 "점점 더 나아지는 중이에요"라고 말했지만, 그들 둘 다 알고 있었다. 메리가 다시 무언가의 도움 없이 걷게 되기까지는 아직 갈 길이 멀다는 사실을 말이다.

메리와 비슷한 상황이 아니라면, 여러분은 아마 돌을 지나 아장아장 걸음마를 시작한 이후로 걷는다는 행위에 대해 따로 생각해본 적이 거의 없을 것이다.[7] 별 노력 없이 걸을 수 있는 것은 우리의 놀라운 신경계가 이룩한 대단한 업적 덕분이다. 신경계의 역동적 제어를 통해 우리는 천차만별에다 때로는 바위투성이 산길을 오르거나 빙판인 보도 위를 걷는 등 위험천만한 상황에서도 한 발을 다른 발 앞에 놓는 순간 움직여야 하는 수십 개 근육의 움직임을 뜻대로 조절할 수 있다. 안타깝게도 우리는 사고나 뇌졸중을 겪지 않으면 이 정형화된 움직임과 반사 동작이 얼마나 중요한지 잘 모른다. 원활히 걷기 위해서는 다음의 두 가지가 잘 이루어지는 것이 관건이다. 첫째는 우리 몸을 효율적으로 움직여야 한다는 것, 둘째는 넘어지지 말아야 한다는 것이다.

걸을 때 효율적으로 몸을 움직이는 것은 인간에게 그리 대단한 일은 아니다. 두 다리로 걷든 네 다리로 걷든, 다리를 일종의 추처럼 기능하게 하면 되는 것이기 때문이다. 이는 도판 19에 잘 나와 있지만, 사진 한 장이 천 마디 말보다 낫다면, 아마 한 번 해보는 것은 그보다 훨씬 가치 있을 것이다. 그러니 이참에 일어나 방 안을 몇 발짝 걸으면서 여러분의 오른쪽 다리가 어떤 일을 하는지 주목해보자. 바닥에 놓여 있지 않을 때 오른쪽 다리는 마치 괘종시계에 달린 진자처럼 엉덩이를 회전 중심축으로 삼아 앞을 향해 흔들린다. 보행의 일부를 구성하는 이 '진동 단계swing phase'는 주로 엉덩이 근육들에서 동력을 얻는다. 하지만 진동 단계 맨 마지막에 가서 발이 땅과 충돌하면, 진자와 비슷하던 다리의 움직임이 순식간에 뒤바뀐다. 이 순간, 다리는 거꾸로 뒤집힌 진자처럼 되고 회전 중심도 발목으로 옮겨간다. 보행의 일부를 구성하는 이 '디딤 단계stance phase'에서는 다리가 일종의 기둥 노릇을 한다고 보아도 무방하다.

이 디딤 단계에서 다리가 일종의 기둥 역할을 한다는 사실은, 우리가 걸을 때 에너지를 어떻게 이용하는지를 이해하는 핵심 열쇠이기도 하다. 디딤 단계 전반부에는 근육들이 디딤 다리를 축으로 몸을 위쪽으로 밀어 올리면서, 신체의 무게 중심도 위쪽으로 5센티미터 정도 올라간다. 인체를 위로 밀어 올리는 이 동작은 칼로리를 소모하지만 동시에 위치 에너지도 저장하게 되는데, 여러분 손에 들린 이 책을 높이 들어 올리면 위치 에너지가 저장되는 것과 똑같은 이치다. 그런 다음 디딤 단계 후반부에 들어가면, 우리 몸이 앞쪽과 아래쪽으로 동시에 나아가면서 위치 에너지가 운동 에너지로 바뀐다. 여러분이 이 책을 아래로 떨어뜨릴 때와 마찬가지 이치다. 마

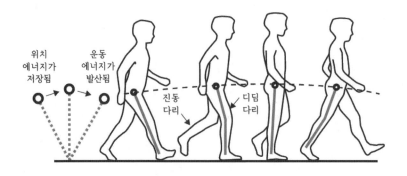

위치
에너지가
저장됨

운동
에너지가
발산됨

진동
다리

디딤
다리

도판 19 걷기 역학. 두 다리가 하나씩 바닥에 닿아 있는 동안에는, 그 다리가 거꾸로 뒤집힌 진자의 역할을 해 디딤의 전반부에 위치 에너지를 저장하고, 그 후 이 에너지 일부가 디딤 후반부에 운동 에너지로 변환돼 돌아온다.

지막으로, 진자처럼 흔들리던 여러분의 다리가 땅바닥과 충돌하면, 몸이 아래로 떨어지는 동작이 멈추면서 다음 보행 주기가 시작된다. 따라서 걷기에 칼로리가 들어갈 수밖에 없는 것은, 디딤 단계 전반부에 신체 무게 중심을 위로 올려야 하고, 이어서 다음 발을 내디딜 때에도 무게 중심을 위와 앞으로 다시 옮겨야 하며, 걸을 때 팔과 다리도 함께 흔들어주어야 하기 때문이다.[8] 우리가 보통 걸을 때 그렇듯이 최소한 발 하나가 늘 바닥에 닿아 있는 상황이라면, 결국 다리를 진자처럼 사용해 위치 에너지를 운동 에너지로 바꾸는 것이 우리를 앞으로 나아가게 해주는 핵심 에너지 원리라고 할 수 있다. 개와 침팬지 같은 네발동물 역시 네 발을 이용하되 이와 똑같은 원리로 움직인다.[9]

매 보행에서 일어나는 다리의 이 진자식 움직임에서 순서를 잡고, 움직임을 조율하고, 동력을 공급하는 것도 중요하지만, 메리를 비롯해 걷기 능력을 상실한 다른 이들이 생생히 증명하듯 걸을 때의 가장 큰 난관은 다름 아닌 넘어지지 않는 것이다. 적어도 발 두

개가 항상 땅바닥에 닿아 있는 네발동물과 달리, 양족보행을 하는 인간은 매 보행 대부분 동안 땅바닥에 한쪽 발만 닿아 있다. 인간은 몸통이 수직으로 뻗어 있어서, 우리의 불안정한 상체는 앞뒤로는 물론 양옆으로도 흔들린다. 거기에다 인간은 다리가 두 개뿐이라 순간의 동요에도 넘어지기가 십상이다. 개나 고양이가 걷다가 중간에 발을 헛디디거나 넘어지는 일이 있던가? 양족보행 동물이, 특히 울퉁불퉁하거나 표면이 미끄러운 데서 얼마나 불안정해지는지 입증하는 증거가 이 말고도 더 필요하다면, 네발동물이 뒷다리만 이용해서 걸으려 하는 모습을 잘 지켜보면 된다. 침팬지와 고릴라는 심심찮게 직립보행을 하는데도, 이런 동물들조차 뒷다리로 일어서서 걸을 때는 비틀거리며 영 어설프게 걷는다. 희극 배우 그루초 막스처럼 엉덩이와 무릎이 계속 구부정하고, 양팔은 사정없이 흔들리며, 엉덩이 움직임에 맞춰 몸통 전체가 마구 돌아가 영락없이 술 취한 사람 꼴이다.[10]

천만다행으로, 우리 인간은 자연선택을 통해 두 발로 걸으면서도 넘어지지 않을 수 있는 여러 독특한 특성을 부여받을 수 있었다. 그중에서도 가장 결정적이라 할 적응 중 하나는, 도판 20에서 보듯 우리의 골반이 독특한 형태를 취하고 있다는 점이다. 유인원이나 개 같은 네발동물은 길고 평평한 골반뼈가 뒤쪽을 향하고 있는 반면, 커다란 사발 형태의 인간 골반은 짧고 넓으며 측면을 향해 틀어져 있다. 골반이 이렇게 틀어지다 보니, 네발동물의 몸에서는 엉덩이 뒤쪽에 자리한 근육들이 인간 몸에서는 엉덩이 측면을 따라 죽 늘어서게 되었다. 근육들이 이렇게 측면을 따라 늘어선 까닭에, 다리가 하나만 바닥에 닿을 때도 이 근육들이 수축해 골반과 상체가 진동 다리를 향해 측면으로 기울어지는 것을 막아준다. 여러분도 간단한 실험 하나로 이 기능(일명 고관절 외전^{hip abduction})을 얼마든지 검증해볼 수 있다. 즉 양 엉덩이를 수평으로 맞추고 한 다리로 서서 최대한 오래 버텨보는 것이다. 이 상태로 30초가 지나면 엉덩이 옆쪽 근육들에 불타는 듯한 자극이 올 텐데, 우리 몸이 넘어지지 않게 하느라 진을 쏙 빼고 있는 탓이다.

인간이 직립보행할 수 있도록 해주는 또 다른 뚜렷하고도 본질적인 적응은 유난히 길고 휘어진 허리다. 침팬지는 허리가 뻣뻣하고 짧으며 보통 요추가 세 개인 데 반해, 인간은 일반적으로 요추가 다섯 개이며 뒤쪽으로 만곡이 일어난다. 이 만곡부로 인해 상체는 엉덩이 위쪽에 자리 잡게 되었다. 이 만곡부가 없다면 몸통이 늘 앞으로 기울어져 반드시 엉덩이와 등의 근육을 이용해야만 상체를 똑바로 세울 수 있었을 것이다.

인간이 양족보행을 위해 물려받은 적응은 그밖에 더 많다. 이를테면 발바닥의 아치형 장심, 앞쪽을 향한 큰 엄지발가락, 안정된 두 발목, 긴 다리, 지지대가 있는 무릎, 안쪽으로 약간 휘어 돌아간 허벅지, 넓어진 고관절, 아래쪽을 향한 대후두공 등이 그렇다. 이와 함께 동료들과 나는 또한 맨발로 자주 걸음으로써, 진화상으로 정상적인 인간은 발바닥에 굳은살을 두텁게 발달시킬 수 있다는 사실, 그리고 이 굳은살이 신발과 마찬가지로 우리 발을 보호해주면서도 신발과 달리 땅바닥에서 전해지는 감각을 온전히 느끼게 해준다는 사실을 입증해보였다.[11] 어딘가를 걸어가면서 신체의 이 같은 여러 특징을 염두에 둘 사람은 거의 없겠지만, 이들 특징은 뒤에서 묵묵히 효율적으로 작동하고 있다. 우리는 어딘가를 다치거나 병에 걸려서 이런 기능들이 원활히 작동하지 못할 때 비로소 그 중요성을 절감하게 된다. 새끼발가락 하나만 어디에 채여도 걷는다는 단순한

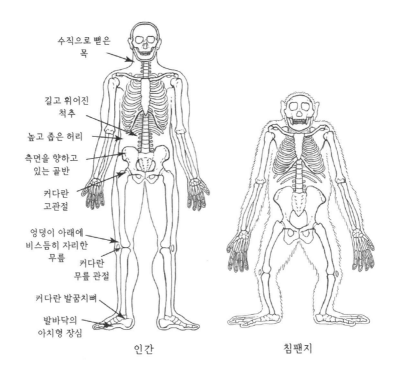

수직으로 뻗은 목

길고 휘어진 척추

높고 좁은 허리

측면을 향하고 있는 골반

커다란 고관절

엉덩이 아래에 비스듬히 자리한 무릎

커다란 무릎 관절

커다란 발꿈치뼈

발바닥의 아치형 장심

인간

침팬지

도판 20 효율적이고 효과적인 양족보행을 위해 인간에게 나타난 여러 적응을 침팬지에게 서는 찾아볼 수 없다. (Bramble, D. M., Lieberman, D. E. 공저 [2004], Endurance running and the evolution of *Homo, Nature* 432:345-52의 내용을 수정하여 실음.)

행위가 지옥이 따로 없는 사투가 되기도 하니 말이다. 그런데 우리가 두 다리로 아슬아슬하게 비틀대며 걸을 때 신체의 안정을 유지하게끔 해주는 수많은 적응을 살피다 보면 한 가지 흥미롭고도 해묵은 질문 하나가 고개를 든다. 왜 우리는 네 다리를 쓰는 게 뻔히 나은데도 굳이 두 다리로만 걸을까?

너클보행에서 직립보행으로

2006년, 유전적 돌연변이로 말미암아 걸을 때 사지를 다 쓰는 튀르키예의 한 안타까운 가족 이야기가 수백만 명에게 전해졌다. BBC 다큐멘터리를 비롯한 갖가지 영상에는 이 가족이 양손과 양발로 땅을 짚는 엉거주춤한 자세로 느릿느릿 자신의 집과 길거리, 논밭을 오가는 광경이 담겼는데, 하나같이 엉덩이를 공중으로 치켜들고 가고자 하는 데를 향해 목을 쭉 뽑고 있었다. 이 가족을 처음으로 연구한 우네르 탄 박사는 이 유전적 증후군에 자신의 이름을 붙이고는 유인원과 비슷한 이 가족의 보행이야말로 인간의 '역진화devolution'를 보여주는 사례이며, 인간이 양족보행을 하게 된 과정 및 이유와 관련해 새로운 실마리를 던져준다고 주장했다.[12] 그러나 사실을 명백히 따져보면, 이들의 보행은 그 어떤 영장류와도 비슷하지 않을 뿐만 아니라, 사지를 모두 써서 걷게 된 것은 이들에게 나타난 돌연변이가 균형감각을 조절하는 두뇌영역인 소뇌를 손상시켰기 때문이었다.[13] 만일 두 다리로는 균형을 잡을 수 없지만 어딘가를 꼭 가야 한다면 여러분이나 나도 이 가족과 비슷하게 걷는 수밖에 없을 것이다. 그렇다면 이렇게 걷는 것은 당장 몸을 움직여야 한다는 단순한 생체역학적 이유에서지 인간이 본래 사지를 쓰는 습성이 있어서는 아닐 것이다.

우네르 탄 증후군은 정작 진화에 대해 별반 알려주는 게 없지만, 이 증후군이 광범위한 지역에서 두루 초미의 관심사로 부상한 것을 보면 유달리 우리 인간에게서 나타나는 양다리 보행이 어떻게 시작되었는가에 대한 추측이 다윈 시절 이후 줄곧 멈추지 않았음을 알 수 있다. 이와 관련한 가설을 몇 개 꼽자면, 먹을거리를 들고 다니기 위한 적응으로 양족보행이 진화했다고 보는 견해가 있는가 하면, 똑바로 선 채 식량을 채취하기 위해, 에너지 절약을 위해, 연장을 만들고 사용하기 위해, 몸을 식히기 위해, 높이 자란 풀 너머를 보기 위해, 수영하기 위해, 생식기를 자랑하기 위해서라고 보는 견해도 있다. 이들 가설은 꽤 그럴싸하기도 하고 다소 미심쩍기도 하지만, 애초에 우리가 어떤 동물에서 진화했는지, 즉 인류와 침팬지와의 마지막 공통조상은 어땠는지를 알아야 한다는 점에서는 모두 같다. 이 '잃어버린 연결고리'라 할 우리의 조상은 과연 침팬지처럼 중지中指에 체중을 싣고 걷는 식의 너클보행을 했을까? 아니면 긴팔원숭이처럼 줄을 타듯 휙휙 나무를 타고 다녔을까? 아니면 그냥 원숭이처럼 사지 모두를 써서 나뭇가지를 잡고 조심스럽게 나무를 탔을까?

애석한 일이지만, '잃어버린 연결고리'는 이 수수께끼에 싸인 우리 조상을 가리키기에 적합한 용어다. 우리가 잃어버린 게 무척 많기 때문이다. 오늘날 유인원의 서식지인 아프리카 열대우림은 토양이 비옥하고 습하며 산성이라서 동물이 죽고 나면 그 뼈가 순식간에 흔적도 없이 사라진다. 그래서 현재 이곳에는 우리와 가장 가까운 친척은 물론이거니와 (우리의 잃어버린 연결고리를 비롯해) 이들 조상의 화석 기록도 거의 남아 있지 않다. 이 종種에 대한 증거가 전무한 상황을 자양분 삼아 각종 추측과 언쟁이 무성하게 자라날 수 있기는 하지만, 여러 계통의 증거들이 똑같이 어느 한 방향을 제시하는 것도 사실이다. 만일 우리가 타임머신을 타고 700만~900만 년 전의 아프리카로 여행을 간다면, 침팬지와 우리의 마지막 공통조상은 침팬지하고 비슷한 어떤 모습을 하고 있을 가능성이 그렇지 않을 가능성보다 높으며, 따라서 그 조상은 너클보행을 하되 숲이 울창한 서식지에서는 이따금 나무를 타기도 했으리라는 것이다.[14] 이 점이 중요한 이유는 과학자들이 너클보행의 비용을 측정해본 결과, 에너지의 면에서 매우 비효율적인 것으로 나타났기 때문이다. 기름을 잔뜩 잡아먹는 차량처럼, 너클보행을 하는 침팬지는 칼로리를 과도하게 소모한다.

침팬지의 걷기에 고비용이 든다는 첫 증거는 1973년 C. 리처드 테일러와 빅토리아 로운트리의 실험까지 거슬러 올라간다. 두 과학자는 훈련시킨 어린 침팬지 몇 마리에게 산소마스크를 씌운 채 러닝머신 위를 걷게 해서 이들의 에너지 소비량을 측정했다.[15] 그 결과 침팬지는 두 다리로 걸을 때도 네 다리로 걸을 때만큼 칼로리를 많이 소비하는 것으로 밝혀졌으며, 이와 함께 테일러와 로운트리는 침팬지가 걷는 데 소비하는 칼로리는 인간을 비롯한 여타 비슷한 체구의 포유류보다 세 배 가까이 많다는 사실을 알 수 있었다. 이러한 연구 결과는 한 세대 뒤 마이클 소콜, 허먼 폰처, 데이비드 레이츨런이 더욱 현대적인 방법들로 성체 침팬지를 실험한 결과, 옳다는 사실이 입증되었다.[16]

체중에 차이가 없다고 했을 때, 평균적인 인간은 개를 비롯한 다른 대부분 네발동물과 똑같은 양의 에너지를 소비하면서 주어진 거리를 걷지만, 침팬지는 두 배가 약간 넘는 칼로리를 소비한다.[17] 침팬지가 너클보행을 할 때 이렇게 에너지를 낭비하게 되는 건, 그루초 막스처럼 무릎과 엉덩이가 항상 구부정한 자세로 비틀비틀 걷다 보면 몸을 지탱하기 위해 다리 근육들을 더 열심히 움직여야 하기 때문이다.[18]

비용이 많이 드는 침팬지의 너클보행이 어떻게 양족보행의 탄생을 설명해주는지 그 까닭을 더 잘 이해하려면, 대부분 침팬지가 도처에 과일이 널려 있는 열대우림에 서식한다는 사실을 생각할 필요가 있다. 이들 침팬지가 하루에 보통 3~5킬로미터를 걷는다면, 비효율적인 보행에는 대략 170칼로리의 에너지가 들어간다. 이 정도면 능숙하게 나무를 탈 기력은 남아 있을 테니까 보행에 그 정도 에너지를 들이는 것은 충분히 감당할 만한 일인 데다, 이 사실을 알면 왜 침팬지가 고작 정적인 미국인만큼만 걷는지도 이해할 수 있다. 리처드 랭엄에 따르면, 그가 본 것 중 침팬지가 가장 먼 거리를 걸었던 경우는 한 무리의 수컷이 이례적으로 기나긴 정찰에 나서 거의 11킬로미터 가까이 이동했을 때였다. 분명 당시 그 녀석들은 장거리 이동에 완전히 진이 빠져버려서 다음 날 거의 꿈쩍도 하지 않았다.

너클보행의 지독한 비효율성은 깊은 숲속에 사는 침팬지에게는 별 문제가 되지 않지만, 약 700만~900만 년 전에 살았던 일명 우리의 잃어버린 고리 조상들에게는 꽤 커다란 난관이었을 게 틀림없다. 기후가 급격히 바뀐 이 시기 동안에는, 아프리카 상당 부분을 뒤덮고 있던 열대우림이 훅 줄어들고 지대가 그야말로 수천 개로 쪼개지며 사이사이에 더 건조하고 휑한 삼림지가 듬성듬성 자리하게 되었을 것이다. 열대우림 깊숙이에서 살던 유인원은 종전과 별다를 것 없이 살아갔지만, 숲의 가장자리에서 살던 유인원은 위기에 맞닥뜨렸을 게 틀림없다. 빽빽하게 우거진 숲이 사라지고 군데군데 휑한 삼림지가 생겨나면서 이들이 주식으로 삼던 과일은 이전만큼 풍족하지 않은 것은 물론 더욱 여기저기 흩어지게 되었다. 이제 유인원들은 전에 먹던 양의 먹을거리를 구하기 위해 더 멀리까지 다녀야만 했다. 삶이란 근본적으로 보면 희소한 에너지를 손에 넣고 그걸 사용해 더 많은 생명을 만들어내는 것인 만큼, 결국은 에너지를 더 잘 비축할 수 있던 이들이 생식 면에서 더 유리했을 것이다. 하지만 이들 유인원은 여전히 기다란 팔과 손가락, 발가락을 이용해 나무를 오르는 데서도 얻는 것이 있었기 때문에, 자연선택은 분명 나무타기를 곧잘 하는 능력은 해치지 않으면서도 효율적으로 걷는 개체를 선호했을 것이다. 이들 개체가 택한 해법이 바로 양족보행이었다. 나무를 날렵하게 오르내릴 수 있으면서도 엉덩이와 척추, 발의 힘을 빌려 직립보행을 행했던 유인원은 하루에 수백 칼로리를 절약할 수 있었고, 결국 이들 개체가 생식 성공이 더 높았으리라는 이야기다. 두 다리로 걸으면 비록 속도나 안정성은 떨어졌지만, 이들 유인원은 수많은 세대를 거치면서 차츰 직립보행에 더 능숙해졌고, 마침내 새로운 종으로 거듭나게 되었다. 우리는 바로 이들에게서 나온 후손이다.[19]

유인원처럼 너클보행을 하는 대신 직립보행을 하는 것이 얼마나 유리할지 헤아리기 위해, 내가 바가요, 하사니와 함께 했던 그날 오전으로 돌아가보자. 그날 나는 총 11.9킬로미터를 걸었으니 325칼로리가량의 적지 않은 에너지를 소비했을 공산이 크다. 하지만 내가 만일 침팬지처럼 비효율적이었다면, 그 거리를 걷는 데 대략 700칼로리는 들어갔을 것이다. 이 말은 바가요와 하사니 같은 수렵채집인은 너클보행 대신 직립보행을 함으로써 일주일에 2,400칼로리 이상을 절약할 수 있다는 뜻으로, 꾸준히 1년이 쌓이면 자그마치 12만 5천 칼로리가 된다. 이는 마라톤을 대략 45번은 뛸 수 있을 정도다.[20]

그런데 양족보행을 설명하는 다른 이론들은 어떨까? 양족보행은 갖가지 물건을 나르고, 똑바로 서서 먹을거리를 채취하고, 갖가지 연장을 사용하고, 몸을 식히는 데 도움을 주기는 하지만, 이 가운데는 애초에 양족보행이 어떻게 진화했는지 그 까닭을 속 시원히 밝혀줄 만한 설명이 단 하나도 없다. 우선 침팬지도 마음만 먹으면 얼마든지 똑바로 일어서서 걸으며 물건을 나를 수 있다. 다만 그 방식이 다소 비효율적일 뿐이다. 거기에다 유인원이 똑바로 선 자세로는 식량 채취를 효과적으로 하지 못한다는 증거 역시 어디에도 없다. 또한 가장 오래된 석기는 양족보행이 탄생하고 수백만 년 후에나 등장했으며, 직립보행이 몸을 식혀주는 것은 탁 트인 서식지에서나 가능한데 애초에 호미닌은 그런 데서 살지 않았다.

탈산업사회가 도래하기까지 수백만 년 세월 동안 우리 조상은 매일 생존을 위해 8~14킬로미터의 거리를 걸어야만 했다. 그야말로 아득히 먼 옛날 직립보행을 하도록 우리 조상들을 몰아붙인 그 힘은 오늘날에는 별것 아닌 것처럼 보이지만, 실제로는 전혀 그렇지 않았다. 그 결과 우리는 끈기 있게 걷는 동물로 진화할 수 있었다. 하지만 우리 조상들이 그랬듯, 필요할 때만 걷는 식으로 에너지를 되도록 덜 쓰려는 충동 역시 아직 우리 안에 깊숙이 자리 잡고 있다. 칼로리를 최대한 비축하려는 이 본능은 오늘날과 옛날의 보행 사이에 어떤 식의 중대한 차이가 또 있는지를 눈여겨보게 한다. 즉 우리가 걸으며 들고 나르는 아기, 음식, 연료, 물 등의 무게에 그 차이가 있다.

짐 나르는 동물

우리가 살면서 필요로 하는 그 모든 것 가운데에서도, 물은 생명과 직결된 가장 중요한 요소 중 하나다. 하지만 여러분이 나와 비슷하다면, 물이 어떻게 나한테까지 다다르는지 평상시에는 별 신경을 쓰지 않을 것이다. 물이 필요할 땐 어디서고 수도꼭지를 하나 찾아 힘들지 않게 그걸 돌리면, 그야말로 순식간에 깨끗한 물이 콸콸 쏟아지니 말이다. 하지만 먼 옛날 우리 조상들이 이걸 봤다면 마법이라도 부린 줄 알지 않았을까. 과거 수백만 년 동안, 사람들은 호수나 시냇물 혹은 샘 옆에 야영지를 마련하지 않는 한 매일 먼 거리를 걸어 물을 날라 와야 했다. 심지어 산업혁명기 초기만 해도, 크고 작은 도시의 사람들은 매일 공동 펌프에서 물을 길어다 썼다.

수돗물이 없으면 과연 어떨까를 제대로 이해하기 위해, 내가 지금도 제자들과 함께 연구를 진행하고 있는 케냐의 펨야에 자리한 시골 공동체로 돌아가보자. 아름다운 풍광을 자랑하는 이 지역은 야트막한 산들이 구불구불한 능선을 이룬 가운데 화강암 노두가 곳곳에 비죽이 솟아 있고 대체로 옥수수를 키우는 작은 밭뙈기들이 점점이 박혀 있다. 산 사이사이 계곡에 물이 흐르긴 하지만, 우물이나 펌프처럼 가옥과 농작물로 물을 공급해주는 시설은 눈을 씻고 봐도 없다. 사람들은 시냇물이나 샘을 공동구역으로 삼아 거기서 목욕하고, 빨래하고, 요리용 물과 식수를 떠간다. 하루에 한 번씩 여자들은 엄청나게 큰 플라스틱 물통에 물을 가득 채운 뒤, 그것을 머리에 이고 가파른 돌투성이 길을 올라 집까지 나르곤 한다. 나 같으면 그런 물통을 들고 100미터도 못 갈 테지만, 펨야의 여인들은 어찌나 힘이 세고 이런 통을 나르는 데 얼마나 도가 텄는지 그들만 봐서는 물통 나르기쯤은 식은 죽 먹기로 보인다.

그런데 그렇지가 않다. 18~27킬로그램 무게의 물을 지고 나르는 일은 고될 뿐 아니라, 고도의 기술과 연습도 필요하다. 물을 나르는 데 어떤 고생이 뒤따르는지 체감하기 위해, 예전 내 학생으로 지

도판 21　펨야에서의 물 나르기. 왼쪽의 여인은 물 나르기에 능숙해, 한 손만으로 물통의 균형을 잡고 있다. 반면 오른쪽의 앤드루는 물통을 양손으로 잡은 채 고투를 벌이고 있다. (사진: Daniel E. Lieberman)

금은 나르기 관련 생체역학을 연구 중인 앤드루 예기안(나보다 훨씬 힘이 세다)이 계곡물이 가득 찬 10갤런들이 물통을 머리에 이고 오랜 시간 가파른 산길을 걸어 마을 공동체 한가운데의 학교까지 나르는 일에 나선 적이 있었다. 외국인 젊은이가 자기를 대신해 물을 날라주겠다는 황당한 제안을 해오자 30살 정도의 여인은 웃음을 머금으며 방금 물을 가득 채운 노란색 통을 기꺼이 그에게 건넸다. 그러자 앤드루 뒤로 삼삼오오 무리 지은 사람들이 따라붙어 그가 자기보다 나이가 두 배나 많은 여인과 보조를 맞추어 물통을 인 채 꼬불꼬불한 돌투성이 길을 낑낑대며 오르는 광경을 구경했다. 도판 21에서 볼 수 있듯, 여인은 머리 위 물통을 한 손으로만 받치고 오르막길을 우아하게 사뿐사뿐 걸어간 반면, 앤드루는 양손을 다 쓰는 어정쩡한 자세로 비틀비틀 길을 오르며 물통이 머리에서 떨어지지 않게 하려고 기를 썼다. 앤드루는 자주 비틀거렸고, 비 오듯 땀을 흘렸으며, 점차 언덕의 경사가 더 가팔라지면서 물이 철렁대며 다 넘치는데도 웬일인지 물통은 점점 더 무겁게만 느껴져 입에서 나직한 신음마저 흘러나왔다. 하지만 이 소식을 전하는 나 역시 정말 기쁘게도, 앤드루는 끝내 물통 나르기에 성공했다. 그가 비척비척 운동장으로 들어서자 사람들은 요란한 박수로 그의 노고에 화답했다.

이렇게 물 나르기를 날마다, 해마다 계속한다고 상상해보자. 짐을 날라주는 동물이나 수레가 없는 세상에서는, 땔감, 아이들, 그리고 손수 채집하고 사냥한 모든 것을 사람이 일일이 직접 들고 날라야 했다. 장담컨대, 쿠두의 사체를 8킬로미터나 짊어지고 다니는 일은 분명 진 빠지는 일일 것이다. 그뿐인가, 수렵채집인은 한두 달에 한 번은 어김없이 이주를 하는데 그렇게 야영지를 옮길 때마다 소지품을 전부 날라야만 한다. 따라서 나르기는 걷기와 관련된, 지구력을 발휘해야 하는 일상적이고도 중요한 또 다른 신체 활동인 셈이다. 나르기는 힘과 기술을 필요로 하는 것은 물론, 추가로 에너지를 소모한다.

이론상으로 보면, 무언가를 나를 때 드는 칼로리는 대략 그 물건의 무게에 비례해야 맞다. 가령 여러분이 자기 몸무게의 10퍼센트에 해당하는 아기를 안고 있다면 여러분 몸무게가 10퍼센트 불어난 것과 비슷해야 할 테고, 따라서 걸을 때도 10퍼센트의 칼로리가 더 들어가야 맞을 것이다. 하지만 일이 그렇게 쉬우면 얼마나 좋겠는가. 그간 이루어진 수십 건의 연구에 따르면, 자기 몸무게의 절반이 안 되는 물건을 들 때는 보통 추가되는 무게의 20퍼센트에 해당하는 칼로리가 더 소비되며, 짐이 정말로 무거울 때는 이 비용이 그야말로 기하급수적으로 증가한다.[21] 걷는 동안 물건을 들고 나르는 데는 대체로 많은 칼로리가 드는데, 더 많은 무게를 들려면 디딤의 첫 단계에서 에너지가 더 들기 때문이기도 하지만, 걸음의 마지막 단계에서 우리 몸 전체를 다시 위와 앞으로 움직이는 데에도 에너지가 더 들어가기 때문이다. 그뿐만이 아니라 물건을 나를 때 우리 몸과 짐을 함께 안정된 상태로 움직이기 위해 우리 근육들도 더 열심히 일해야만 한다.

에너지는 더없이 소중한데 옛날엔 뭔가를 날라야 할 일이 빈번하고 꼭 필요했기 때문에, 그간 인간은 최대한 경제적으로 짐을 나를 여러 방법을 창안해왔다. 하지만 이런 방법들도 근력, 연습, 기술이 필요하기는 다 마찬가지다. 그중 하나로 물건을 머리에 이는 방법을 들 수 있다. 앤드루나 나 같은 초보는 머리에 이고 나르는 실력이 형편없지만, 우리 두 사람과 다른 연구자들이 밝혀낸 바에 따르면 아프리카의 여인들은 물을 비롯한 갖가지 무거운 짐을 머리에 이고 나르는 일이 다반사여서 추가 비용을 발생시키지 않고도 자기 몸무게의 최대 20퍼센트까지 머리에 이고 나를 수 있다.[22] 그 비결은 머리 위 물건이 안 움직이게 잘 균형을 잡되, 몸체로 짐을 위로 밀어 올릴 때마다 각 다리에 힘을 꽉 주어 더 많은 위치에너지를 저장했다가 나중에 그만큼 많은 운동에너지를 돌려받는 데 있다. 에너지 비용을 절약하는 또 다른 방법은 일종의 멜빵을 이용하는 것인데, 넓적한 끈을 짐에 붙들어 맨 뒤 이마에 두르고 물건을 나른다. 이런 멜빵을 이용하려면 목 근육들의 힘이 강해야 할 뿐 아니라, 목과 등을 함께 앞쪽으로 굽혀야 한다. 나는 멕시코와 에티오피아에서 여자들이 이런 멜빵을 써서 무지막지한 양의 땔감을 나르는 것을 본 적이 있으며, 히말라야산맥의 짐꾼들은 무거운 짐을 나를 때 배낭을 이용하는 서양인보다 힘을 20퍼센트 더 효율적으로 쓴다고 하는데 그때 이들도 바로 이런 멜빵을 이용한다.[23] 짐을 나르는 또 하나의 기발한 기술로는 대나무처럼 잘 휘어지는 재질의 장대를 양 어깨에 걸치고 무거운 물건의 균형을 잡는 방법이 있다. 에릭 카스 티요와 나는 중국의 짐꾼들이 이런 방식으로 에너지를 절약한다는 사실을 알아낼 수 있었으니, 막대기가 아래로 떨어지는 순간 몸체 를 위로 밀어 올리고 막대기가 올라가는 순간에는 몸을 낮추는 식 으로 걸음을 맞추어 수직 방향의 진동을 줄인다.[24] 아울러 여러분도 이미 잘 알겠지만, 무거운 것들은 배낭에 넣어 위쪽으로 올려 맬수 록, 그리고 이와 함께 상체를 앞으로 약간 숙여주면, 엉덩이 부근에 걸쳐 맬 때보다 높은 데로 가져갈 때 에너지가 약간 덜 든다.[25]

　어떤 문화에서건 다양한 물건을 저마다 다양한 방식으로 나르 지만, 이 대목에서 내가 받은 인상은 많은 문화에서 나르기를 대체 로 여자들 전담으로 여긴다는 것이다. 예를 들어, 펨야에서 물과 땔 감을 나르는 일은 거의 여자들 몫이다. 이런 상황은 이들이 임신했 을 때 그 불공평함이 배가되는데, 이는 오늘날 걷기와 옛날의 걷기 의 차이를 확연히 드러내는 대목이기도 하다. 오늘날 미국의 여성 들은 임신하면 신체 활동을 줄이는 경향이 있지만, 최근까지만 해 도 안정을 취하는 것은 대부분의 임신부에게 생각할 수 없는 일이 었다.[26] 인류학자 마저리 쇼스탁에 따르면, 칼라하리의 수렵채집인 여성들은 임신을 '여자들 소관'이라 여기고 출산 직전까지도 평상 시만큼 짐을 들고 여느 때처럼 먼 길을 다닌다.[27]

　양족보행을 하는 어미는 임신한 몸이 되면 나르기를 하기가 여 간 어려워지지 않는다. 임신한 네발동물은 복부가 옆과 아래로 확 장돼 태아와 태반으로 인해 불어난 몸집과 무게를 넉넉히 품을 수 있다. 또한 도판 22에서 보듯, 네발동물은 그 불어난 무게가 네 다

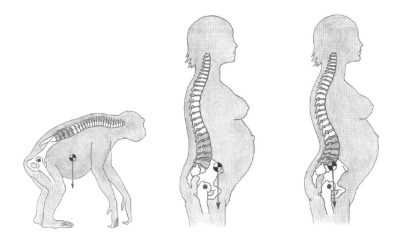

도판 22   임신한 침팬지(왼쪽)와 임신한 인간의 몸(가운데 및 오른쪽)을 비교한 모습. 침팬지의 무게 중심(동그란 점)은 네 다리가 지탱해주지만, 임신 상태에서 직립해 있는 인간 엄마의 무게 중심은 평상시대로 서 있으면 상체가 앞으로 쏠릴 수밖에 없다(가운데). 몸을 뒤로 기대면(오른쪽) 무게 중심을 안정시킬 수 있지만 허리에 더 만곡을 주어야 하며, 이 때문에 요추에 더 무리가 간다. 하지만 이 요추 관절은 더욱 튼튼하게 강화되어 있으며, 남자는 허리 만곡부의 요추가 두 개인 데 반해 여자는 이 부분이 확장돼 허리 만곡부가 요추 세 개에 걸쳐 있다. (Whitcome, K. K., Shapiro, L. J., Lieberman, D. E. 공저 [2007], Fetal load and the evolution of lumbar lordosis in bipedal hominins, *Nature* 450:1075-78에서 발췌.)

리로 지탱되는 직사각형의 공간 안에 안정적으로 자리 잡는다. 하지만 임신한 두발동물은 공간을 만들고 균형을 잡기가 쉽지 않다. 골반저pelvic floor에 내리누르는 듯한 압박이 가해질 뿐 아니라, 날이 갈수록 커지는 태아와 태반도 신체의 무게 중심 앞쪽에 자리 잡고 있다. 그래서 임신한 여자는 언제든 앞으로 고꾸라질 위험을 안고 있다. 또한 아기가 점점 커갈수록, 서 있거나 걷는 중에 몸을 똑바로 세우려면 등과 엉덩이 근육을 더 써야만 한다. 이런 결점을 보완하고자 임신한 엄마는 더러 몸을 뒤로 기대지만, 임신부 특유의 이 자세는 허리 만곡부에 더 심한 압박을 가해 요통으로 이어질 수 있다.

허리 통증은 오늘날에도 꽤 심각한 문제이지만, 이런저런 물건을 들고 먼 거리를 걸어야만 하는데 허리가 저릿저릿 아픈 상황에서는 오죽하겠는가. 분명히 이는 꽤 심각한 문제라서 여자의 척추에 선택이 일어나도록 만들기에 충분했을 것이다. 캐서린 휘트컴과 리자 사피로와 내가 함께 입증했듯 남자는 허리에서 요추 두 개가 만곡부를 형성하지만, 여자는 300만 년 전 무렵 오스트랄로피테쿠스 여자들에게서 진화가 일어나 이 만곡부가 요추 세 개에 걸쳐 완만하게 형성되도록 확장되었고, 그렇게 해서 더 커다랗고 더 효과적으로 맞물린 관절들이 생겨났다.[28]

거기에다 임신이 다가 아니다. 아기가 일단 태어나면, 우리 조상들은 물론이고 오늘날 수많은 사람들도 자신이 가는 곳이라면 어디든 아기를 안고 다녀야 하는데 그때마다 매번 유모차, 카시트를 비롯한 최신 장비의 도움을 받을 수는 없다. 수렵채집인 여자는 야영지를 나설 때, 어린 갓난아기를 보따리에 싸서 등에 들쳐 메고 걸음마를 뗀 아기는 업고 다닌다. 일과를 마치고 집으로 돌아올 때는 등에 들쳐 멘 보따리나 머리에 인 바구니에 먹을거리까지 함께 담겨 있다. 결국 갓난아기에 음식까지 들쳐 멘 수렵채집인 여자는 종종 자기 몸무게의 무려 30퍼센트에 맞먹는 무게를 나르는 셈이 된다.[29]

이상을 종합하면, 우리는 옛날에 비해 덜 걸을 뿐 아니라, 걸으면서 날라야 하는 것도 확실히 줄었다. 걷기와 나르기를 이토록 안하니 오늘날 사람들은 우리 조상에 비해 틀림없이 꽤나 많은 칼로리를 절약하고 있을 텐데, 일각에서 주장하는 것처럼 걷기가 살을 빼는 데 별 효과가 없다는 말은 정말 맞을까?

걸어도 걸어도

만일 운동학자들이 들어찬 방에서 한판 싸움을 붙고 싶다면, 여러분은 큰 목소리로 이렇게 외치면 된다. "운동을 한다고 살이 빠지지는 않아요!" 그러고는 걸음아 날 살려라 도망쳐라. 최근까지도 걷기 같은 중강도 운동이 살 빼기에 필수적이라는 건 보편적 진리로 여겨졌다. 하지만 비만이라는 전염병이 우후죽순처럼 퍼지고, 수십억 사람들이 군살을 빼기 위해 이를 악물고도 번번이 실패하면서, 이 문제를 두고 두 진영이 생겨나 대결을 벌이게 됐다. 즉 일부 전문가는 걷기를 비롯한 여타 운동을 모든 체중 감량 프로그램에 꼭 넣어야 할 필수요소로 열렬히 옹호하는 한편, 다른 한편에는 그런 노력은 별 소용없다는 생각을 갖게 된 이들이 포진하고 있다. 양자 대결이 대체로 그렇듯, 이 논쟁은 그렇다 아니다로 딱 잘라 답하기 어려운 복잡다단한 문제를 너무 단순화하는 경향이 있다.

표면적으로 봐서는, 걷기가 체중 감량에 별 도움이 안 된다는 생각은 얼토당토않은 것처럼 보인다. 먼저 우리가 소화하는 칼로리와 소비하는 칼로리 사이의 차이를 에너지 균형energy balance이라고 한다는 점부터 유념해보도록 하자. 여러분이 똑같은 거리를 이동하되 차를 몰고 가는 대신 2천 보를 걷는다면 대략 50칼로리를 더 태울 수 있을 것이다. 따라서 평상시 걸음으로 하루 1만 보 정도(약 8킬로미터)를 걷는다면, 1일당 250칼로리라는 적잖은 양의 에너지를 추가로 쓰게 된다.[30] 당연히 그렇게 1만 보를 더 걸으면 배는 더 고파지겠지만, 여러분이 간식을 먹을 때 이성의 끈을 놓지 않고 걷기에 소비된 것보다 100칼로리를 덜 먹을 수 있다면, 이 추가 걷기로 인한 에너지 부족분이 한 달 뒤에는 3천 칼로리에 달하게 된다. 이 정도면 지방 450그램에 들어 있다고 하는 3,500칼로리(1958년의 한 연구에 근거한 것인데, 흔히 인용되지만 단순화가 심하고 내용도 부정확하다)에 약간 못 미치는 양이다.[31] 그뿐만이 아니라, 걷기 같은 저~중 강도 활동은 상대적으로 탄수화물보다 지방을 더 태우는 경향이 있다(그래서 일부 운동 기기는 걷기를 '지방 연소 운동'으로 표시하기도 한다).[32] 이 때문에 평상시의 느린 걷기로 몸의 군살을 빼보겠다고 나서는 이들이 많은 것이다.

인체와 같은 생물학적 체제는 워낙 골치 아프게 돌아가는 데다, 살을 빼려고 이를 악물어본 사람은 누구나 알겠지만 단순한 이론들은 복잡하게 뒤엉킨 체중 감량의 현실에 거의 들어맞지 않는다. 누군가에게는 효과 있는 방법이 다른 누군가에게는 아무 소용없기도 하고, 새로 체중 감량 계획에 돌입할 때만 해도 쑥쑥 빠지던 살이 갈수록 속도가 나지 않다가 급기야 도로 붙으면서 많은 이들이 만족감에 들떠 있다가도 곧잘 절망감에 빠지곤 한다. 연달아 행해진 여러 연구에 따르면, 과체중이나 비만을 안고 있는 이들이 몇 개월 동안 운동 표준량을 처방받아 실행해도 보통은 기껏해야 몇 킬로그램 정도만 감량할 수 있는 것으로 드러났다. 예를 들어, 머리글자 조합이 참 마침맞다 싶은 DREW^{Dose Response to Exercise in Women}(여성의 운동에 대한 정량 반응. 영단어 'draw'에 '뽑아내다'라는 뜻이 있다—옮긴이)라는 한 실험에서는 총 464명의 여성에게 일주일 동안 천천히 걷기를 그룹별로 각각 0, 70, 140, 210분씩 실시하도록 해보았다(140분이면 약 8킬로미터를 더 걷게 된다). 할당된 운동 외에도, 이들은 평상시 활동에 5천 보를 추가했다. 6개월 후 표준량인 140분 걷기를 처방받은 여성들은 많아야 2킬로그램을 감량할 수 있었고, 210분을 처방받은 이들은 고작 1킬로그램 정도를 감량할 수 있었을 뿐이었다

(이런 의외의 결과가 나온 이유는 뒤에 나와 있다).[33] 그 외에 과체중 남성 및 여성을 대상으로 한 여러 대조군 연구에서도 위와 비슷하게 미미한 체중 감량만 이루어진 것으로 보고되고 있다.[34]

몸무게가 20킬로그램 더 나가는 사람에겐 반년 동안 1~2킬로그램을 빼도 마음고생만 할 뿐 체중 감량은 티도 나지 않는다. 그래서 이런 연구들이 나오면 사람들은 으레 역시나 운동은 허리둘레 줄이는 데는 아무 소용없다고 선언하곤 한다. 하지만 끈기를 요하는 신체 활동 중 가장 기본인 걷기가 체중 조절에 아무 효과도 없다고 일축해버리기 전에, 이 주장 뒤에 깔린 주요 주장들을 진화인류학의 렌즈로 자세히 들여다보도록 하자.

그 첫 번째는 *보상 기제*compensatory mechanisms라는 망령인데, 특히 피로와 배고픔이 여기에 해당한다. 평상시 안 걷던 1만 보를 추가로 걸으면, 나는 더 피로해지고 배가 고파져 잃어버린 칼로리를 되찾기 위해 휴식을 취하고 더 많이 먹으려 할 것이다. 진화의 관점에서 이런 충동은 충분히 일리가 있다. 자연선택은 결국 생식에 가장 많은 에너지를 할당할 수 있는 사람을 선호하기 때문에, 우리의 생리는 수백만 세대를 거치며 에너지를, 그중에서도 특히 지방을 비축하도록 조정돼왔다. 여기서 더 나아가, 최근까지만 해도 과체중이나 비만이 될 수 있는 사람은 거의 없었기 때문에, 우리 신체는 일차적으로 지금 살이 찌고 있는지 아니면 빠지는지만 감지하며, 잉여 지방을 얼마나 갖고 있는가는 신경 쓰지 않는다. 여러분이 깡말랐든 통통하든, 에너지 수지가 마이너스로 떨어지면(다이어트 중일 때를 비롯해) 기아 반응이 일어나 에너지 평형을 회복하도록, 즉 살을 찌워 더 많은 에너지가 생식에 돌아갈 수 있게 한다.[35] 불공평한 일이 아닐 수 없지만, 살이 5킬로그램 빠지면, 깡말랐건 통통하건 우리 몸에서는 식탐과 함께 몸을 움직이지 않으려는 욕구가 일어난다.

바로 여기에 오늘날 걷기와 먼 옛날 걷기 사이의 또 하나 핵심적인 차이가 자리하고 있다. 만 보를 더 걸어 내 몸의 에너지 수지를 마이너스로 떨어뜨릴 경우, 나는 그만큼 걷는 데 추가로 들어간 비용을 말 그대로 케이크 한 조각을 먹어치우는 것으로 단번에 만회할 수 있다. 이렇듯 도넛 한 개나 게토레이 한 병, 혹은 남은 하루를 줄곧 책상에 앉아 있는 식으로 손쉽게 에너지를 재충전할 수 있다는 사실을 알면, 우리가 방금 DREW 실험에서 살펴본 직관에 반하는 결과, 즉 왜 제일 많이 운동한 여성이 예상보다 살이 덜 빠졌는지도 설명할 수 있다. 운동을 제일 많이 한 여성이 먹기도 더 많이 먹은 것이다.[36] 그나마 반가운 사실은, 십여 건 이상의 연구에서 운동 효과, 음식 섭취, 비운동 신체 활동이 체중 감량에 미치는 영향을 연구한 결과, 중강도 운동을 처방받는다고 해서 사람들이 하루의 나머지 시간을 카우치 포테이토로 빈둥대며 애써 운동한 효과가 그냥 사라지게 놔두는 일은 거의 없었다는 것이다.[37] 하지만 (하프마라톤 완주를 위한 훈련에 참여시키는 등) 많은 양의 운동을 해야 했던 몇몇 실험에서는 사람들이 운동 때문에 더 많이 먹는 결과가 나타났다.[38] 우리의 신체가 에너지 균형을 자동 온도조절 장치와 비슷하게 조절할 때는, 신체 활동보다 식단을 통해 에너지 수지를 조절하는 면이 더 많은 것처럼 보인다.

결국 이 이야기는 걷기로 살을 뺄 수 없다는 두 번째 통념과 맥이 닿는다. 이 주장에 따르면 걸어서 단 몇 킬로그램이라도 빼려면 그야말로 터무니없이 긴 거리를 걸어야 한다. 앞에서도 함께 살펴봤듯, 우리는 진화를 통해 장거리를 효율적으로 걸을 수 있는 유산을 물려받은 만큼 이 비판이 틀리다고는 할 수 없다. 표준 처방에 따라 하루 30분을 속보速步로, 즉 거의 3킬로미터를 더 걷는다면, 하루에 100칼로리의 에너지를 더 소비해 이론대로라면 반년에 대략 2킬로그램의 몸무게를 뺄 수 있다(대부분 연구는 대략 이 정도 감량이 일어나는 것으로 보고한다). 비쩍 마른 수렵채집인 엄마가 6개월 만에 살이 2킬로그램 빠진다면 문제겠지만, 비만인 미국인은 보통 25킬로그램 정도 감량을 목표로 잡는 경우가 많다.[39] 이만큼이나 많은 무게를 오로지 운동만으로 단기간에 빼려면 이론상 헤라클레스를 방불케 하는 노력을 쥐어 짜내 아마도 매일 13킬로미터씩은 달려야만 할 것이다. 따라서 무척 힘든 일이긴 하지만, 역시 몸무게를 한꺼번에 많이 빼는 데는 운동보다 다이어트가 더 효과적임은 두말할 나위도 없다.

하루 30분 걷는다고 단기간에 눈에 확 띄는 체중 감량이 일어나지는 않겠지만, 진화론 및 인류학의 관점을 취하면 걷기가 칼로리를 지극히 적게 쓰는 활동이라서 군살을 빼기에 적합하지 않다는 주장을 살짝 다른 방향으로 틀어볼 수 있다. 보통 처방되는 하루 3킬로미터 걷기로는 평균 성인의 1일 에너지 수지 2,700칼로리에서 미미하게(단 4퍼센트만) 소비될 뿐이지만, 그 양이 그렇게 미미할 수밖에 없는 것은 운동 목표치를 그만큼 낮게 잡은 데에도 일부 원인이 있다. 누차 이야기하지만, 현재 미국의 표준 국민건강 운동 권장량은 일주일에 중강도 운동 150분이다. 이 정도면 하루 운동량이 고작 21분으로, 하드자족 같은 비산업사회 사람들에 비하면 6분의 1에 불과한 신체 활동이다.[40] 업무와 통근 등 우리가 짊어진 갖가지 의무로 인해 하루 일과를 정적인 활동으로 채울 수밖에 없는 사정도 있지만, 평균적인 미국인이 최소 8배 많은 시간(하루에 170분)을 TV 시청에 들이는 것도 사실이다.[41] 이렇듯 여러 연구에서 운동량을 근소하게 설정하니까 체중 감량도 근소하게 일어난다는 보고가 나오는 것은 당연하다.

자, 그런데 보시라. 그보다 운동량을 높게 설정한 연구에서는, (걷기도 포함해) 운동량이 진화적으로 더 정상적인 수준일수록 체중 감량도 더 효과적으로 이루어질 가능성이 있다고 나타난다. 한 흥미로운 연구에서는 과체중이고 건강하지 못한 남녀 14명에게 일주일에 5회 속보로 걸어 150분 운동량을 채우게 한 반면, 다른 16명에게는 그 두 배를 걷도록 했다. 정해진 운동량을 채우는 것 외에는 양쪽 집단 모두 먹는 양이나 앉아 있는 시간을 원하는 대로 조절할 수 있었다. 그렇게 12주가 흐르자, 일주일에 150분 운동한 이들은 체중이 거의 빠지지 않았지만, 일주일에 300분 운동한 이들은 평균 2.7킬로그램이 빠졌다.[42] 계속해서 이 정도로 살이 빠진다면 이들은 1년 안에 11.7킬로그램까지도 감량할 가능성이 있었다. 이보다 훨씬 혹독하게 진행된 연구도 있었는데, 비만인 남성들에게 하루 700칼로리를 태우는 운동(조깅으로 약 8킬로미터 뛰기)을 하게 하고 다른 남성들에게는 똑같은 양의 칼로리를 식단 조절로 덜 섭취하게 한 뒤 둘을 비교한 것이었다. 3개월이 지나는 동안, 이 실험의 두 집단은 모두 거의 17.5킬로그램씩 감량했지만, 운동으로 감량한 이들은 더 많이 먹었는데도 건강에 안 좋은 장기지방이 더 빠졌다.[43]

이와 함께 시간도 중요한 문제다. 다이어트를 하는 이들 대부분이 빨리 살을 빼기를 원하는 만큼, 운동이 체중 감량에 미치는 효과를 연구하는 이들도 시간에 쫓기기는 마찬가지다. 갖가지 현실적이유로 인해 이들 연구자는 중도 하차 참가자가 너무 많이 나오지 않게 하면서 비교적 빨리 실험을 진행해, 거기서 나온 결과를 분석해 출간해야만 한다. 이렇다 보니 운동 기간이 몇 달 이상일 경우의 결과를 수치화한 연구는 거의 찾아볼 수 없다. 그런데 단기간에 진행되는 이런 연구에서는 한 가지 문제가 생길 수밖에 없다. 걷기는 지극히 에너지 효율적인 운동이라, 소소한 운동량이 차곡차곡 쌓여 상당한 체중 감량으로 이어지려면 몇 달 혹은 몇 년까지도 시간이 걸린다는 것이다. 걷기가 쌓여 살이 빠지는 것은 분명 충분히 가능하다. 스타벅스에서 매일 사먹는 4달러짜리 커피 한 잔이 꼬박 1년간 쌓이면 1,500달러 가까이 되듯, 하루 한 시간 매일 걷고도 더 먹는 보상을 하지 않겠다는 결심을 용케 지킨다면 이론상 2년 안에 20킬로그램 정도 체중을 줄이는 게 가능할 것이다.

하지만 신진대사라는 것은 워낙 단순하지 않은바, 걷기로 살을 빼려 할 때 마지막으로 걸리는 중대 난점으로 일명 신진대사 보상 metabolic compensation이라는, 인간이 아직 제대로 이해하지 못한 현상이 있다. 다시 한 번, 하드자족에 관한 연구가 이 현상을 이해하는 데 한 역할을 한다. 허먼 폰처는 그의 동료들과 함께 하드자족의 1일 에너지 소비량을 측정했을 때 깜짝 놀랄 수밖에 없었다. 하드자족이 무척이나 활동적인데도 그들처럼 날씬해 체중이 비슷한 산업사회의 정적인 사람들과 1일 소비 총 칼로리가 거의 비슷했기 때문이었다.[44] 뿐만 아니라 폰처와 동료들이 미국, 가나, 자메이카, 남아프리카공화국 등 각국 성인의 에너지 자료를 수집했을 때도, 더 활동적인 사람의 1일 소비 칼로리는 체중이 같으면서 더 정적인 사람보다 약간 더 높을 뿐이라는 사실을 알 수 있었다. 여기에 더해, 신체활동이 더 많은 사람의 총 에너지 수지는 몸 활동량에 따른 예상 수치만큼 높지 않았다.[45] 어떻게 운동에 하루 500칼로리를 더 쓰는 사람이 총 에너지 수지는 500칼로리 더 높지 않을까? 이 질문에 내놓을 수 있는 한 설명은 사람들의 총 에너지 수지에 제약이 있다는 것이다. 이 설명에 따르면 내가 걷기에 500칼로리를 추가로 쓴다면, 나는 그렇게 몸을 움직인 값을 치르기 위해 휴식기 대사에 에너지를 덜 쓰게 된다.[46]

여전히 논쟁 중인 이 생각(일명 제한된 에너지 소비량 가설constrained energy expenditure hypothesis)은, 체중 감량과의 연관성 문제에서도 보듯 여전히 검증을 거치는 중이다. 만일 이 가설이 옳다면, 많은 이의 예상과 반대로, 열심히 운동하는 이들은 몸을 움직이는 데 더 많은 에너지를 쏟아 붓는데도 비슷한 체구의 더 정적인 사람들과 비교했을 때 하루에 쓰는 총 칼로리가 거의 똑같을 수도 있다. 이 현상에 담긴 함의를 제대로 이해하려면, 먼저 하드자족이 걷기, 땅파기, 나르기 같은 활동에 총 에너지 수지의 15퍼센트 정도를 더 쓴다는 사실부터 알아야 한다.[47] 이와 더불어, 나중에 가서 함께 살펴보겠지만, 운동은 신체 보수保守 및 유지 기제를 자극하는데, 이 기제로 인해 운동 후 몇 시간 내지 길게는 2일까지 사람들의 휴식기 대사율이 높아지기도 한다. 이를 일명 '사후연소afterburn'라고 한다.[48] 그런데 활동량이 무척 많은 하드자족 수렵채집인이나 운동을 열심히 하는 산업사회 사람들이, 자신과 체구는 비슷하지만 신체 활동은 별반 안 하는 산업사회 사람들과 엇비슷한 총 에너지 수지를 가졌다고 하면, 당연히 이들은 신체 유지나 생식 같은 여타 활동에 에너지를 덜 쓸 수밖에 없다. 믿기 어려운 이야기로 들릴 수 있겠지만 우리는 이미 체중이 많이 줄어든 사람들에게서 이 현상이 나타난 걸 본 적이 있으니, 미네소타 기아 실험의 참가자들이 극단적인 식단 조절로 인해 휴식기 신진대사율이 큰 폭으로 떨어졌던 게 바로 그런 경우다.

과연 어떤 상황에서 얼마나 신체 활동을 해야 신진대사에 변화가 일어나 우리가 체중 감량에 쏟아 붓는 노력을 상쇄시키는가는 아직도 명확히 밝혀지지 못한 문제지만, 걷기를 비롯한 운동이 체중 감량으로 이어지기도 한다는 점은 수많은 연구를 거친 지금도 여전히 사실로 남아 있다. 하지만 그러기 위해서는 매일 30분 이상 몇 달간 꾸준히 걸어야 한다. 이와 함께, 운동을 더 많이 하는 사람은 신진대사로 보상을 할 수도 있으니, 그렇게 되면 몸을 더 움직여 생기는 일부 효과가 무용지물이 된다. 마지막으로 운동보다 다이어트로 살을 빼는 게 훨씬 빠르고 더 쉬운 경우가 많다. 밥은 누구나 꼭 먹어야 하지만 운동은 모두가 꼭 해야 하는 것은 아닌 데다, 하루에 8킬로미터 걷는 것보다 에너지가 잔뜩 든 음식 500칼로리(베이컨 4조각)를 먹지 않는 편이 시간과 노력이 덜 들기 때문이다. 하지만 부디 오해하지 않길 바란다. 건강하지 못하고 과체중일 때 운동하기 힘들다는 사실은 절대 하찮게 볼 일이 아니라는 건 나도 잘 안다. 그런 상태에서 운동하기란 매우 불편하고, 재미없고, 주눅 드는 일일 수 있다. 장애를 안고 있을 때는 운동이 무척 벅차거나 아예 불가능해지기도 한다. 하지만 달리기, 수영 등 다른 격한 운동을 할 마음이 없거나 할 수 없는 상황에서도, 걷기는 여전히 중강도 운동을 별 비용 들이지 않고 유쾌하게 양껏 할 수 있는 한 방법이다.

그런데 이보다 훨씬 중요한 사실은, 애초에 체중을 감량한 방법이 무엇이든, 그렇게 빠진 체중을 유지하려면 거의 백이면 백 신체활동을 해야만 한다는 것이다. 운동을 하지 않고 다이어트만 한 사람들 대다수는 1년 안에 빠진 몸무게 절반 정도가 도로 몸에 붙으며, 보통은 그 후로 나머지 체중도 서서히 그러나 어느 틈엔가 반드시 다시 몸에 붙게 마련이다. 하지만 운동을 하면 감량한 몸무게를 계속 유지할 수 있는 확률이 크게 높아진다.[49] 운동이 주는 이런 혜택의 한 본보기는 내가 사는 이곳 보스턴에서 진행된 실험에서 나왔다. 의사들은 과체중인 경찰관 16명에게 8주간 저칼로리 식단으로 음식을 섭취하게 하면서 일부에게는 운동을 시키고 일부는 시키지 않았다. 그랬더니 모든 경찰관이 7~13킬로그램 살이 빠졌으며 운동을 병행한 이는 조금 더 빠진 것으로 나타났다. 하지만 이 단기 집중 다이어트가 끝나고 평상시 식단으로 돌아가자, 그 후에도 계속 운동을 한 경찰관만 몸무게가 다시 불지 않았다. 나머지는 하나같이 애초에 뺀 살이 대부분 혹은 전부 도로 쪘다.[50] 이 외에도 많은 연구를 통해 걷기 같은 신체 활동이 살이 빠진 뒤에 몸을 유지하는 데 도움을 주는 것으로 입증되었다.[51]

그렇다면 어쨌거나 하루 만 보 걷기도 그렇게 나쁜 생각은 아니지 않을까…

만 보 걷기에 대하여

1960년대 중반, 야마사 도케이라는 일본 회사가 사람들의 걸음 수를 측정해주는 간단하고 저렴한 계보기를 하나 만들어냈다. 이 앙증맞은 장치에 회사는 '1만 걸음 계량기'라는 뜻의 '만보계'라는 이름을 붙이기로 했다. 만萬이라는 글자에 복의 뜻이 담긴 데다 귀에도 착 붙는 듯했기 때문이다. 실제로도 그랬다. 이 계보기는 그야말로 날개 돋친 듯 팔려나갔고, 이후 만 보는 전 세계적으로 사람들이 매일 해야 하는 최소한의 신체 활동량 기준으로 채택돼왔다.[52] 매일 만 보씩 걸을 때의 장점은 한둘이 아니지만, 뭐니 뭐니 해도 기억하기 쉽고 대부분 사람에게 그다지 벅찬 일도 아니라는 게 제일 큰 장점이다. 거기에다 운동이건 아니건 허드렛일을 하거나 집과 사무실 주변을 오가는 등 모든 신체 활동도 만 보에 포함된다.

그런데 우연히 만들어진 이 하루 만 보 걷기는 뜻밖에도 실제로 우리가 목표로 삼기에 좋은 운동량인 것으로 드러났다. 의료 기관들은 대부분 성인이 최소 30분 이상의 '중~고강도' 유산소운동을 일주일에 적어도 5회, 즉 최소 150분 이상은 해야 한다고 이야기한다. 다만 여기서 관건은, 이 150분 이상의 운동은 집안을 슬슬 다니거나 차에서 가게까지 걸어가는 등 대체로 정적인 생활방식의 통상적 활동에 *더해서* 해야 한다는 것이다. 어떤 것이 '중강도' 운동인지 정의하는 방법은 다양하지만, 어떤 방법을 쓰더라도 1분에 100보 정도를 걷게 되는 속보가 중강도 운동에 들어가는 것만은 확실하다. 이 속도로 30분 걸으면 보통 3천~4천 보는 걷게 되고, 어떤 식이든 하루에 5천 보 미만을 걷는 것은 '정적인' 생활밖에 안 되기 때문에, 결국 매일 걸어야 하는 적정 걸음 수를 전부 더하면 약 8천~9천 보라고 할 수 있겠다. 여기에 몇 걸음만 더 추가해도, 보시라, 마법의 걸음 수인 만 보가 채워지지 않는가! 우연에 불과할 수도 있지만, 대부분의 수렵채집인 여자가 걷는 하루 8킬로미터 정도 거리를 걸음 수로 환산하면 대략 1만 보에 해당한다.

하지만 여기까지 와서도 나는 한 가지 질문이 계속 마음에 걸린다. 우리가 하루에 걷도록 진화한 만 보의 걸음 수가 그토록 알맞고 충분히 달성할 수 있으며 합리적이라면, 나아가 걷기 자체가 별 비용이 안 드는 일이라면, 왜 우리 중에는 지극히 걷지 않는 사람이 그렇게 많을까? 자연선택은 우리 조상 중 걷기를 좋아했던 이들, 즉 몇 천 걸음 더 걸으면 비용은 좀 들지만 거기서 오는 혜택이 더 크다는 걸 알았던 이들을 선호하지 않았다는 이야기인가?

이 질문에 대한 답은 이번에도 에너지다. 표 8.1를 보면, 침팬지, 수렵채집인, 서양인이 각기 걷기에 들이는 칼로리의 평균치가 정리돼 있다. 이 표를 통해 알 수 있다시피, 정적인 서양인은 하루 동안 걷는 데 침팬지만큼 에너지를 들이지만, 하드자족 같은 수렵채집인은 평균적인 서양인보다 약 세 배 더 걸으며 몸무게는 훨씬 적게 나가는데도 거의 두 배에 가까운 에너지를 걷기에 소비한다. 전체적으로 봤을 때, 침팬지와 수렵채집인은 총 에너지 수지의 약 10퍼센트를 걷는 데 소비하는 한편, 서양인은 불과 4퍼센트만을 소비한다.

집단	몸무게 (kg)	1일당 걸은 거리 (km)	걷기에 소비한 에너지 (칼로리)	걷기에 소비한 총 에너지 수지 비율
침팬지	37	4.0	125	10%
하드자족	47	11.5	216	10%
서양인	77	4.1	126	4%

표 8.1　　침팬지, 수렵채집인, 서양인이 걷기에 소비하는 에너지(남녀 평균치).

21세기 미국인의 관점에서 이 정도 수치는 하찮아 보인다. 마음만 먹으면 풍성하고 편하게 에너지를 얻을 수 있는 세상인데 여기저기서 100칼로리쯤 나가는 걸 누가 신경이나 쓰겠는가? 다시 말해, 8킬로미터를 파워워킹(살을 빼거나 건강해질 목적으로 팔다리의 동작을 크게 하며 빨리 걷는 운동—옮긴이)으로 걸을 경우 나는 대략 250칼로리를 추가로 쓰게 되는데, 이 정도는 내 배낭 속에 들어 있는 그래놀라바 하나면 충분히 얻는 열량이다. 만약 내가 에너지를 정말로 많이 쓰고 싶다면 그 8킬로미터의 거리를 달려야 하며, 목표가 체중 감량이라면 나는 그래놀라바는 물론 우리 집 식품 선반을 차지하고 있는 모든 고열량 음식을 싹 치워야 할 것이다. 이런 식으로, 하드자족을 연구하는 일부 연구자를 비롯해 수많은 전문가가 비만이라는 전염병은 활동량이 아니라 산업사회의 식단 탓이라고 못박아버린다.

식단의 중요성을 깎아내리려는 것은 아니지만, 내 생각에 이런 견해는 걷기 같은 중강도 신체 활동의 역할을 과소평가하는 면이 있다. 특히 진화론의 렌즈를 끼고 보면 더욱 그렇다.

첫째, 오늘날에는 1일 에너지 수지의 5~10퍼센트가 하찮아 보일 수 있으나, 하드자족(혹은 침팬지)에게는 이 정도 차이도 시시한 변화로 보기 힘들다. 몇 가지 예외는 있지만, 대부분의 장기 및 신체 기능은 총 에너지 수지에서 얼마 안 되는 비율의 에너지를 사용할 뿐이다. 하지만 생명 유지에 꼭 필요한 이들 비용은 순식간에 쌓인다. 체온조절, 소화, 혈액순환, 손상된 신체조직 보수, 면역체계 유지에 들어가는 에너지를 허리띠를 바싹 졸라매듯 줄이면, 우리는 순식간에 곤경에 처할 수 있다. 게다가 에너지가 제한적일 때는, 쓸데없이 거니는 데 하루에 100여 칼로리만 들인다 해도 그것이 시간이 가며 차곡차곡 더해지면 귀중하고 희소한 에너지가 수천 칼로리까지 쌓이게 된다. 만일 평균적인 하드자족 엄마가 여느 산업사회의 여성 수준으로 걸음 수를 극히 적게 줄일 수 있다면, 1년에 가히 엄청난 양이라 할 3만~6만 칼로리를 절약할 수 있을지 모른다. 모유 수유하는 엄마는 젖을 만들어내기 위해 하루에 많게는 600칼로리도 쓴다. 이런 사실을 안다면, 1년에 3만~6만 칼로리로는 아기를 더 우람하고 건강하게 키울 수 있을 뿐만 아니라 잉여 지방을 저장해두었다가 곤궁한 때를 헤쳐 나갈 때 도움을 받을 수도 있다.[53] 이와 똑같은 맥락에서 만일 평균적인 산업사회 사람들이 하드자족만큼 많이 걷는다면, 그들 역시 하루 350칼로리 정도를 걷는 데 소비하게 될 것이다. 이렇게 쓴 칼로리를 더 먹는 식으로 보상하지 않는다면, 그들도 비록 더딘 속도나마 확실히 살을 몸에서 떨어낼 수 있을 것이다.

―――

18세기에 들어서면서 '보행'이라는 단어는 단조롭고 흔하며 기운 없는 어떤 일을 가리키게 됐지만, 여기까지 온 이상 여러분도 이제는 걷기를 단순히 보행이라는 주제로만 보지 않기를 바란다. 우리 인간은 특유의 이상하고 어정쩡한 직립 자세로, 하지만 나름의 효율적인 방식으로 하루에 몇 킬로미터도 걸을 수 있도록 진화했다. 그리고 그런 식의 걷기에 많은 칼로리가 소모되지 않는다는 사실을 우리는 단순한 우연이 아닌 심오한 의미가 담긴 것으로 봐야 한다. 커다란 뇌, 언어, 협동, 정교한 도구 제작, 요리 등 우리를 인간답게 만드는 여러 특별한 자질 가운데에서도, 효율적인 양족보행이야말로 우리가 제일 먼저 갖게 되었으며, 지금까지도 가장 중요한 특징 중 하나로 남아 있다. 만일 우리 조상들이 하루에 최소 1만 보 이상 걷기를 마다했다면, 우리는 지금 이 자리에 있지 못했을 것이다. 하지만 지금은 그 유산이 더는 필수로 통하지 않는다. 최근까지만 해도 걷기는 운동이 아니었고, 분명 걷기가 경제적인 일인데도 우리는 되도록 적게 걷게끔 진화했다. 따라서 뒤죽박죽이 돼버린 오늘날 세상에서는 많은 이가 필요 이상으로 많이 걷기 위해 스스로를 몰아붙이거나, 정원 손질, 집안일, 탁구, 사이클, 수영 같은 다른 재

믾는 대안적 활동을 찾아내야 하는 형편이다.[54]

이렇듯 오늘날 우리는 이를 악물고 결심하지 않으면 걷기 같은 중강도 활동조차 웬만해선 하지 않는데, 하물며 특히 장거리 달리기처럼 강도 높은 지구력이 필요한 신체 활동은 얼마나 적게 하고 있는지 한 번 생각해보자.

제9장

달리기와 춤추기
: 다리에서 다리로 뜀뛰기

미신 #9 달리기는 무릎에 나쁘다

◇ ◇ ◇

이제 더 말할 것 없이— 도시를 향해 그는 내달렸다
전투에서의 대단한 공적 생각에 심장은 요동치는데, 쉼 없이 달리는 모습이
마치 마차를 끌고 전속력으로 질주하는 최고의 종마 같아,
성큼성큼 맹렬한 기세로 발을 놀리며 들판을 가로질렀다—
그렇게 아킬레우스는 양다리의 무릎을 몰아치며 돌진해나갔다.

–호메로스, 《일리아드》 제22권, 26-30행

우리 어머니가 달리기를 시작한 건 1969년, 내가 다섯 살 때였다.
그 무렵 어머니는 30대로 썩 건강하지 않았던 데다 코네티컷대학의
새 일자리가 여간 녹록치 않아 이를 악물고 버텨야 했다. 그 학교에
서는 "여자가 종신 재직권을 얻으려면 두 배 더 잘해야만 한다"는
소리를 듣곤 했다. 하지만 어머니의 인생이 바뀐 것도 바로 그해였
으니, 학교의 여성 차별과 불공평한 처우 종식을 위해 결성된 소규
모 여성단체에 가입한 게 계기였다. 이 단체는 새로 지은 체육관을
모두가 자유롭게 이용할 수 있어야 한다는 목표도 내걸었는데, 당
시만 해도 여자는 오로지 관중으로서만 게임에 참여할 수 있었다.

이제 어머니는 스포츠를 뭐라도 하나 배워야 했고, 그래서 친구의 권유에 따라 해보자고 결심한 것이 달리기였다.

혹시 모를까 싶어 얘기하지만, 1969년은 아직 조깅 붐이 일기 전이었다. 상점에서 운동화를 팔지도 않았고, 잡지 《러너스 월드》도 전단지 정도에 머물러 있던 때라 우리 어머니 같은 아마추어 조거jogger들은 그야말로 각자 알아서 하는 수밖에 없었다. 그래서 어머니도 어찌어찌 찾아낸 유일한 브랜드의 운동화 끈을 질끈 동여매고, 야외 운동장 트랙 위를 최대한 빨리 달리고자 무거운 다리를 이끌고 애를 썼다. 처음에는 0.4킬로미터 이상 달릴 수 없었다. 하지만 어머니는 달리다 힘들면 걷고 다시 달리는 식으로 차츰 1.6킬로미터를 다 채울 만큼 지구력을 충분히 길러나갔다. 그리고 나자 이제는 3.2킬로미터를 뛸 수도 있게 되었다. 달리는 일이 즐겁지는 않았지만, 지금은 즐겁고 말고가 중요한 게 아니지 않은가? 그러던 중 어머니와 친구들은 드디어 체육관에 들어가 달리기를 하려 했지만, 인정사정 없이 쫓겨났다. 하지만 그분들은 굴하지 않고 계속 달렸고, 대학 측에 여자용 라커룸을 만들어달라고까지 요구했다. 학교는 불가능한 일이며 설령 그런 공간을 만들어도 어차피 여자들이 쓰지 않아 무용지물이 될 게 뻔하다고 했다. 게다가 라커룸이 생기면 여자들이 헤어드라이어까지 갖다놓으라고 할 것이란다.

그랬던 코네티컷대학이 우리 어머니, 그리고 함께 달린 친구들 덕에 1970년에는 여자들에게도 체육관을 개방했다고 하니 나도 자랑스럽다. 그런데 어머니가 달리기를 통해 대학을 바꾼 만큼이나 달리기도 어머니를 바꾸어놓았다. 달리기를 시작한 후 전부터 겪던 두근거림palpitations(흥분, 과로, 심장병 따위로 말미암아 심장 박동이 빠르고 세지는 증상—옮긴이)이 싹 사라지는가 싶자 어머니는 차츰 달리

332

기에 중독되었다. 어머니는 또한 아버지도 달리기에 푹 빠지게 했다. 이후 40년 넘게 거의 매일 어머니는, 종종 아버지와 함께, 겨울에도 아랑곳없이 약 8킬로미터를 조깅했다. 이제 여든이 넘은 데다 몇 년 전엔 무릎까지 크게 상했지만 어머니는 아직도 거의 매일 헬스장에 나가신다.

어렸을 적 나는 우리 엄마가 여성과 달리기 혁명의 선봉에 서 있으리라곤 생각도 못했다. 하지만 걱정이 많고, 기운을 주체 못하고, 불안하던 10대 시절 내게 달리기를 시작하라며 용기를 불어넣었을 때도 그랬지만, 나는 다름 아닌 어머니를 통해 진화론 및 인류학의 관점에서 더없이 타당한 갖가지 중대한 가르침을 자연스레 흡수하게 되었음을 깨달았다. 그 첫 번째이자 가장 중요한 가르침은, 우리 어머니는 자신의 건강을 위해 달리기를 시작한 게 아니었다는 점이다. 어머니가 달리게 된 건 그 일이 꼭 필요하다고 느꼈기 때문이었다. 그뿐만 아니라, 어머니에게 달린다는 것은, 친구들이나 아버지를 비롯해 다른 이들과 어울리는 것을 의미할 때가 많았다. 이와 함께 어머니에게 있어 달리기의 관건은 속도가 아니라 지구력이었다. 어머니는 전력 질주하는 일이 절대 없었고, 얼마가 됐든 자신이 즐길 만한 속도로 느긋하게 뛰며 결코 8킬로미터 이상은 달리지 않았다.

나로서는 우리 어머니가 영웅이자 선구자로 여겨지지만, 몇몇 운동인(운동 좀 한다고 으스대며 잔소리하는 이들)은 가소롭다는 듯 '조깅하는 사람jogger'이라는 꼬리표를 어머니에게 붙이고 진짜 '달리기를 하는 사람runner'은 못 된다고 구분 지으려 한다. 이런 구분이 나는 온당치 않다고 본다. 공원에서 픽업 농구 경기를 펼치는 아마추어 선수나, 점심시간을 내어 활기차게 한낮의 산책을 하는 이를 우리가 어디 비웃는가? 그리고 정작 자신은 달리지도 않으면서 달리는 이를 탐탁지 않아 하는 부류는 또 어떤가? 우리 장인은(무슨 일이 있어도 절대 달리지 않는 사람이 있다면 바로 우리 장인이다) 때로 차를 타고 가다가 달리기를 하는 사람 옆을 지나치면 내 옆구리를 쿡 찌르며 이렇게 단언하신다. "저기 달리기로 저승길을 재촉하는 조거가 하나 더 있군그래." 우리 장인 같은 이른바 달리기 혐오자는 달리기를 무릎이 망가질 뿐 아니라 심장에도 무리가 가게 하는 일종의 고문으로 여기며, 그래서 승전보를 전하려 마라톤의 전장에서 아테나까지 내달렸다가 기진맥진한 채 쓰러져 그대로 목숨을 잃었다는 페이디피데스의 전설을 곧잘 입에 올리곤 한다. (이 사료를 바로잡자면, 페이디피데스의 죽음은 실제 전투가 있은 지 700년 후에 창작되었으며 19세기 시인 로버트 브라우닝이 자기 시의 절정부에 페이소스를 더하기 위해 갖다 쓰면서 대중적으로 널리 알려졌다. 당시 사건을 사료로 남긴 헤로도토스나 여타 고대 역사가는 이를 단 한 번도 언급한 일이 없다.)

공평하게 말하면, 달리기를 하는 이들도 그만큼 편향을 가질 수 있다. 몇몇 '달리기 애호자'는 달리기를 덕행으로 치기까지 하는데, 그중 제일 참기 힘든 부류는 누가 귀를 기울인다 싶으면 그를 붙잡고 자기 경주 경험을 구구절절 풀어놓거나, 자기가 경기 중 부상당한 일을 몸서리쳐지게 세세히 묘사하는 이들, 일주일에 고작 100킬로미터밖에 안 달린다고 토로하며 은근히 자기 자랑을 하거나, 아니면 "그런데 20킬로미터를 달리고 나니까 말이지…" 하는 문장으로 말문을 여는 사람들이다. 사람을 극도로 짜증나게 하는 또다른 부류는 이른바 '달리기 위해 태어난 이들'이다. 이 열성파는 우리가 달리기 위해 어떤 식으로 진화했는지 책까지 찾아 읽고는(여기에는 일정 부분 내 잘못도 있다) 달리기야말로, 특히 맨발로 달리는 것이야말로 건강과 행복에 이르는 핵심이라고 설교를 늘어놓는다. 그나마 다행은, 달리는 이들의 대다수가 그저 달리기에 순수한 열정을 품고 있다는 것이다.

달리기가 열정과 논쟁을 낳는다는 사실과 함께, 몇 시간을 내리 뜀뛰어야 하는 중고강도 유산소 활동이 달리기 말고도 하나 더 있음을 기억하도록 하자. 바로 춤이다. 춤은 달리기보다 훨씬 큰 인기를 누리는 보편 문화로, 인간의 존재에 있어 아득한 옛날부터 중요한 의미를 지녀왔다고 할 수 있다. 달리기와 마찬가지로 춤에 대해서도 극단적인 열성파가 존재하며, 춤 역시 부상의 위험을 안고 있고, 나름 마라톤 종목에 비견될 만한 것도 있다.

지구력을 요하는 이런 신체 활동은 왜 그렇게 인기가 많으며, 왜 그토록 대단한 열정을 불러일으킬까? 우리는 이런 신체 활동의 이점을 얼마나 찬양해야 하며, 그로 인해 부상당하는 것을 얼마나 걱정해야 할까? 가장 근본적인 차원의 질문으로, 우리는 정말 수없이 많은 시간을 내리 춤추거나 혹은 달리기 위해 진화했을까? 이와 관련하여 가장 얼토당토 않아 보이는 주장을 꼽으라면, 속도가 느리고 자세도 불안정한 인간이 달리기로 말을 앞지를 수 있다는 것이다.

인간과 말의 대결

1984년, 대학원생으로 공부하던 데이비드 캐리어는 "인간의 달리기와 호미니드 진화의 에너지학적 역설"이라는 제목으로 무척 독창적인 주장이 담긴 논문을 출간했다. 그 내용은 무더위 속에서는 어쩌면 달리는 인간이 영양을 비롯한 속도가 매우 빠른 여타 포유류를 제칠 수도 있다는 것이었다.[1] 캐리어는 논문에서 인간과 여타 동물의 땀 흘리기 및 달리기와 관련해 당시 알려져 있던 사실들을 검토하는 한편, 현대엔 잘 그려지지 않는 아득한 옛날의 사냥법, 즉 동물들이 지쳐 쓰러질 때까지 달리면서 쫓아다닌 사냥 방식에 대해서도 묘사했다. 캐리어의 이 논문은 안타깝게도 인체의 움직임을 다루던 당시 학자들에겐 거의 아무 영향도 끼치지 못했다. 1980년대에만 해도 논쟁의 화두는 주로 인간이 언제부터 어떻게 해서 걷기를 잘하게 되었는가에 맞춰져 있었으며, 인간을 달리기 잘하는 동물로 생각하는 이는 아무도 없었다. 나를 가르치던 한 교수에게 캐리어의 논문에 대해 어떻게 생각하는지 묻자, 그는 그게 말이나 되느냐는 투로 이렇게 답했다. "인간이 달리도록 진화했다고 생각하는 건 어리석은 일 아니겠나. 우리는 느리고, 자세도 불안정하며, 비효율적인 동물이니 말이야." 그러면서 예전에 자신이 쓴, 인간은 달리기에 있어서는 펭귄만큼이나 비효율적임을 입증하는 논문을 내게 일러주었다.[2] 나는 그대로 꼬리를 내리고 물러나 인간이 달리도록 진화했다는 생각을 머릿속에서 몰아내기 위해 애썼다.

그로부터 32년이 흐른 10월의 어느 날 아침 6시 정각, 애리조나주 프레스콧에서 나는 40명의 주자와 43마리의 말 및 그들의 기수騎手와 출발선에 서서 대기하는 동안 내가 지금 제정신인가 생각하고 있었다. 공교롭게도 이 '인간 대 말' 경주가 탄생한 것은 캐리어의 논문이 출간되기 바로 전해인 1983년 이 도시의 한 선술집에서였으니, 게럴 브라운로우라는 한 달리기 열성파가 스티브 래프터스라는 말 타는 친구에게 제법 달릴 수 있으면 장거리에서는 인간이 말을 이길 수 있다고 내기를 건 것이 그 시작이었다. 그보다는 겸손할 줄 알기에, 나는 딸과의 내기에서 40킬로미터 경주(2,350미터의 밍거스 산을 오르는 여정)에서 딱 한 마리를 제치리라 호언장담했다. 하지만 경주가 시작되고 몇 분도 안 돼, 나는 이 내기에서 졌다는 확신이 들었다. 아직 1.5킬로미터도 안 지났는데 기수들은 우리를 슥 앞질러나가면서, 터벅터벅 달리는 나와 다른 주자들에게 "이따 봅시다!"라며 신난다는 듯 소리쳤다. 여러분도 맨몸으로 나선 마라톤에서 빠른 속도로 치고 나오는 말에게 초반부터 따라잡혀봤다면, 탄력적으로 흔들리는 그 거대한 근육과 늘씬하고 긴 다리들 때문에 엄습하는 불안감을 떨칠 길이 없을 것이다. 내가 지금 여기서 뭐하는 짓일까?

그 후 한두 시간 동안 말이라곤 보지 못하면서, 한 마리는 분명 제치겠다던 바람을 나는 접었다. 해가 떠오르자 말라버린 강바닥을 만나 끊겼던 길이, 탁 트인 평지를 지나 다시 선인장, 덤불, 소나무를 옆에 낀 바위투성이 길로 이어지는 광경이 눈에 들어왔다. 날이 무더워지고 고도가 높아질수록 나는 달리기를 멈추지 않고 산을 오르기 위해 더욱 애를 써야만 했다. 이제는 운명이려니 하고, 입이 떡 벌어지게 아름다운 풍광을 즐기는 데 만족하자고 마음먹었다. 그런데 32킬로미터 정도를 주파하며 정상에 가까워진 바로 그때, 기수가 더위에 지친 말을 쉬게 하려고 잠시 멈춰 있는 틈을 타 나는 첫 번째 말을 제쳤다. 정상 부근에서 더 많은 말을 제친 데 이어 산 반대편의 가파른 갈지자 길을 마냥 신나서 있는 힘껏 재빨리 내리닫자, 나는 심장이 고동치며 새로운 에너지가 샘솟는 듯했다. 그렇게 가파르고 구불구불한 내리막길에서는 그 어떤 말도 날 따라잡을 수 없으리라 확신이 들었다. 그러다 산 아래를 향해 길이 쭉 뻗는 지점에 이르렀을 때, 말 두 마리가 내 뒤로 바싹 붙는 소리가 들렸다. 딸그락대는 말발굽 소리와 함께 히잉거리는 말의 거센 콧소리가 순간순간 더 크게 들려왔다. 운동을 하면서 한 번도 경쟁심에 불탄 적이 없었지만, 그 두 마리 말이 오래된 흙먼지 길을 달려 나를 제치자 내 뇌는 내게 있는 줄 몰랐던 스위치를 켰고, 내 두 다리에 저 두 마리 말을 따라 잡으라고 명했다. 1킬로미터도 남지 않았을 때, 무더운 평원을 달리느라 속도가 느려진 사이 나는 어찌어찌 그 두 마리를 제쳤고, 덕분에 두 번 다시 경험 못할 짜릿한 주자의 쾌감을 느끼며 결승선을 통과했다. 여기서 자랑을 좀 해도 된다면, 비록 4시간 20분이라는 형편없는 기록이지만 나는 말 43마리 중 40마리를 이겼다.

만일 1984년 혹은 1994년의 나에게 나중에 당신은 말들과 맞붙어 마라톤을 뛰게 된다고 했다면, 무슨 말도 안 되는 소리냐며 웃음을 터뜨렸을 것이다. 명망 높은 내 교수님이 캐리어의 주장에 의구심을 던졌던 것은 둘째치고라도, 나는 단 한 번도 스스로를 잘 달리는 사람으로 생각한 적이 없었다. 물론 어머니의 독려에 힘입어 일주일에 몇 번 몇 킬로미터씩 조깅을 했지만, 육상경기 팀에서 뛴 적도 전혀 없을 뿐 아니라 8킬로미터 이상 달려본 일이 살면서 없었던 것 같다. 하지만 대학원생 시절의 어느 날, 달리기에 대한 내 사고관과 밍거스 산을 향한 내 노정은 영영 뒤바뀌게 된다. 유타대학 출신의 뛰어난 동료 데니스 브램블 덕분이었다.[3] 물론 러닝머신을 달리던 돼지 한 마리도 빼놓을 수 없겠다.

그때의 상황을 그려보면 이러했다. 당시 나는 뼈들이 하중에 어떻게 반응하는가에 관한 실험의 일환으로 돼지를 러닝머신에서 달리게 하고 있었는데, 학교를 찾아온 브램블이 지나다가 우연히 실험실에 들렀다. 브램블은 팔짱을 끼고 고개를 갸웃하더니 거기 서 있는 내게 이렇게 한마디 던졌다. "댄, 자네도 알겠지만 저 돼지는 머리를 딱 고정시키지 못하네." 솔직히 나는 돼지가 머리를 어떻게 고정시키는지는 한 번도 눈여겨보지 않은 터였는데, 브램블의 말을 듣고 다시 보니 과연 그가 맞았다. 달릴 때도 미사일처럼 머리를 한 자리에 고정시키는 개나 말과는 달리, 그 돼지의 머리는 해변에 나온 물고기처럼 파닥대고 있었다. 순식간에 우리의 대화는 시선 안정화가 얼마나 중요한지, 그리고 달리기에 적응한 동물(생물학 용어로 이런 동물을 '커서cursor'라고 한다)은 머리 뒤쪽에 특수 고무밴드 같은 신체 부위, 즉 경인대nuchal ligament가 있어서 스프링처럼 머리를 한 자리에 고정시키는 게 아닌가 하는 가설로 넘어갔다. 그 돼지를 우리로 돌려보내자마자 나는 브램블과 함께 돼지, 개를 비롯해 경인대의 흔적이 뚜렷한 동물들의 두개골을 들여다보았다. 그러고는 곧이어 호미닌의 화석 주물을 살펴보았다. 브램블은 개, 말, 영양을 비롯한 다른 커서에게는 경인대가 있지만, 돼지를 비롯한 여타 달리지 않는 동물에게는 없음을 입증해 보였다. 우리를 훨씬 흥분하게 만든 건, 고릴라와 침팬지, 초기 호미닌에게는 경인대가 없지만, 호모속 화석 종에게 있다는 사실을 알 수 있었다는 것이다. 만일 경인대가 달리는 동안 머리를 안정시키기 위해서 생겨난 적응이라면, 인류가 수백만 년 전 달리도록 선택되었다는 증거가 바로 여기 있었다.

그 후로 일이 년, 브램블과 나는 협동작업으로 일련의 실험을 진행해 인간과 여타 동물이 달릴 때 머리를 어떤 식으로 안정시키는지 연구했다. 그런 한편, 인간과 여타 달리기를 많이 하는 다른 동물에게서만 별개로 진화한 갖가지 특성을 모아 분석하기 시작했다.

이와 함께 우리는 이런 적응들이 언제 그리고 어디에서부터 화석에 나타나기 시작했는지도 기록해두었다. 마침내 우리는 이들 내용 및 다른 계통의 증거를 한데 정리해 논문을 쓰기로 결정했다. 2004년 《네이처》지에 실린 우리 논문에는 "지구력 달리기와 호모의 진화"라는 제목이 붙었고, 이를 특집으로 실은 잡지 표지는 "달리기 위해 태어나다"라는 문구로 장식됐다.[4] 우리가 펼친 기본 논지는, 우리 조상인 호모 에렉투스가 200만 년 전 무렵에 더위 속에서 장거리를 달리는 데 필요한 해부학적 특성을 진화시켰으며, 그 목적은 활과 화살 및 다른 발사 무기가 발명되려면 아직 멀었던 시절에 동물 사체를 청소하고 사냥을 하려는 데 있었다는 것이었다. 캐리어의 주장에 따라, 내가 애리조나 프레스콧의 뜨거운 아침나절에 그랬듯이 우리 조상들도 때로는 영양이나 쿠두 같은 발 빠른 동물을 따라잡아 사냥했으리라는 것이 우리의 주장이었다.

여기에 회의가 든다면, 당연하다. 평소 여러분이 문을 열고 나섰을 때 보는 인간 대부분은 걷고 있지 뛰고 있지는 않을 테고, 제아무리 빠른 이도 대부분 동물에 비해서는 느리고 어설프게 달릴 것이기 때문이다. 동물 세계에서 우리는 토끼보다는 거북이에 가깝다. 그런데 어떻게 인간이 자연 안에서 제일 잘 달리는 동물을 이길 수 있다는 말인가? 게다가 이런 장거리 달리기가, 특히 그렇게 진을 빼지 않고도 더 손쉽게 저녁거리를 마련할 방법이 있을 경우, 어떻게 인간의 사냥에 도움이 된다는 것일까? 이들 질문에 답하는 첫 걸음은 먼저 인간과 다른 동물들이 어떤 식으로 달리는지, 그리고 우리의 특징 가운데 무엇이 달리기에 도움이 되는지부터 살펴보는 것이다.

달리기 위해 진화한

만일 지금 가능하다면 이 책을 손에서 내려놓고 몇 걸음을 걷다가 갑자기 달리기를 해보도록 하자. 걷기와 달리기 모두 똑같은 해부학적 구조를 이용하지만, 달리기의 역학은 걷기와는 분명히 다르며, 더 버겁다. 걸을 때는 적어도 한 다리가 늘 땅에 닿아 있으면서 매 걸음 몸이 위쪽으로 올라갈 때마다 그 다리가 뒤집힌 진자 노릇을 한다. 하지만 달리기로 넘어가는 순간, 여러분의 다리는 도판 23에 그려진 것처럼 포고스틱(이른바 스카이콩콩—옮긴이) 노릇을 하기 시작한다. 처음에는 매 걸음을 내딛기 시작할 때마다 몸의 무게중심이 *위로* 올라갔지만, 이제는 여러분이 엉덩이, 무릎, 발목을 구부리면서 몸의 무게 중심이 *아래로* 내려가게 된다. 이들 부위의 관절을 구부리면 다리의 힘줄(특히 아킬레스건)이 늘어나고, 마치 스프링처럼 여기에 탄성 에너지가 저장된다. 그런 다음 디딤 후반부에서는 똑같은 힘줄이 움츠러들고 근육들 역시 수축하는데, 그러면 관절들이 펴지면서 몸을 위쪽의 공중으로 밀어 올린다. 이 모든 일이 일어나는 동안, 여러분은 본능적으로 몸을 앞으로 약간 기울이고, 양 팔꿈치를 구부리며, 양 무릎은 다리를 들어 치고 나가는 순간 더 구부리고, 양팔을 다리와 반대로 번갈아 움직이게 된다. 본질적인 면에서 보면 달리기는 양다리로 번갈아 뜀뛰기를 하는 것이라 할 수 있다.

여러분이 어쩌다 전속력으로 달리는 말 옆에서 달리게 되었다고 하자. 말 역시 더 길고 더 크며 개수가 두 배 많은 다리를 스프링처럼 이용해 뜀뛰기를 하고 있을 것이다. 실제로도, 두 발로 달리는 것은 네 다리로 빨리 걷는 것과 원리가 같다. 여러분이 한쪽 팔을 반대쪽 다리에 맞추어 움직이는 것과 마찬가지로(여러분의 왼팔과 오른다리가 함께 앞으로 치고 나간다), 말도 빨리 걸을 때는 한쪽 앞다리와 반대쪽 뒷다리를 함께 써서 뜀뛰기를 한다. 하지만 우리 양발 동물이 하지 못하는데 말은 할 수 있는 뭔가가 있다. 바로 전력 질주다. 네발동물은 전력 질주를 할 때 양 앞다리와 양 뒷다리를 차례로 번갈아 땅에 착지시키며, 이때는 단지 두 다리만이 아니라 척추까지 스프링처럼 활용한다.[5]

달리기에 대한 이 기본적 이해를 밑바탕에 깔고, 평범한 인간이 달리기로 말을 제칠 수 있는 방법과 이유를 탐구해보도록 하자. 이를 위해서는 먼저, 마라톤 정도의 장거리에서 인간이 낼 수 있는 최대 속도를 그레이하운드, 조랑말, 다 자란 종마의 속보 속도와 비교한 흰 막대를 살펴보는 게 좋다.[6] 이런 비교를 하는 까닭은 말 같은 네발동물은 장거리를 오로지 속보로만 주파할 수 있기 때문이다. 따라서 말, 개, 얼룩말, 영양은 전력 질주에서는 단거리를 질주하는 그 어떤 인간보다 빠를 수 있지만(회색 막대), 전력 질주할 수 있는 거리는 단 몇 킬로미터일 뿐이고 그 뒤부터는 속도를 낮추어 걷거나 속보를 해야 한다. 더울 때 특히 더 그렇다.[7] 심지어 몇몇 중년에 접어든 교수들조차 그레이하운드, 조랑말, 다 자란 종마의 속보 속도를 훌쩍 넘어 마라톤을 달릴 수도 있는 것이다.

인간은 장거리를 비교적 빨리 달리는 능력도 있지만, 무엇보다 장거리를 습관적으로 달린다는 점에서도 여느 동물과 다르다. 야생동물이 별 이유도 없이 자발적으로 몇 킬로미터를 달리는 것을 본 적이 있는가? 늑대, 개, 하이에나처럼 사회성이 발달한 육식동물은 예외로 치더라도, 궁지에 몰리지 않는 한 1킬로미터 이상을 자진해서 달릴 동물은 거의 없다.[8] 영양을 비롯한 사바나의 여타 피식자

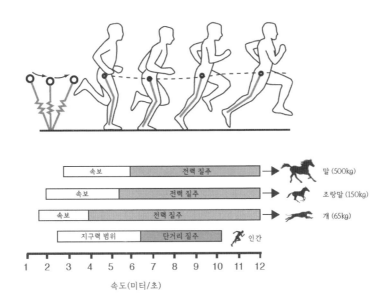

도판 23 달리기 역학과 속도. 위: 디딤 전반부에서 신체의 무게 중심이 떨어지는 것이 스프링과 같은 효과를 내면서 다리의 힘줄과 근육에 탄성 에너지가 저장된다. 그런 다음 디딤의 후반부에서는 이 신체 부위들이 수축하면서 몸을 다시 공중으로 밀어 올려준다. *아래:* 개(그레이하운드), 조랑말, 말의 속보 및 전력 질주 범위와 비교한 인간의 지구력 및 단거리 질주 범위. 여기서 특기할 것은, 인간이 장거리 달리기에서 개, 조랑말, 때로는 말의 속보 속도 이상을 낼 수 있다는 점이다.(Bramble, D. M., Lieberman, D. E. 공저 [2004], Endurance running and the evolution of *Homo, Nature* 432:345-52를 수정한 내용.)

동물은 자신을 쫓아오는 사자와 치타를 따돌리려 단거리를 질주하기도 하지만, 이런 식의 정신없는 돌진은 길어야 몇 분이 고작이다. 개나 말 같은 동물은 몇 킬로미터도 달리지만, 이들도 채찍이나 박차를 가해서 몰아야만 달린다. 이와 관련해 1930년대 이후로 꺼림칙한 실험들이 행해진 바 있는데, 개들은 강제로 몰아붙이면 러닝머신 위를 최대 96킬로미터까지 속보로 걸을 수 있으며, 특수 훈련을 받은 말은 기수를 태우고 최대 160킬로미터를 속보로 갈 수 있는 것으로 나타났다.[9] 이 같은 기준에서 보면, 인간은 확실히 대단한 면이 있다고 하겠다. 우리 어머니처럼 운동화 끈을 질끈 동여매고 하루 8킬로미터 조깅을 일주일에 몇 번씩 하는 일반인도 헤아릴 수 없이 많은 데다, 매년 마라톤을 완주하는 미국인은 최소 50만 명에 달하니 이들은 보통 일주일에 50킬로미터 이상 달리는 훈련을 몇 달씩 한다.[10]

비용 면에서 보면 인간이 펭귄만큼 비효율적이라던 내 교수님의 생각은 틀렸던 셈이다. 대규모 인구 표본을 조사하고 체구 차이를 보정해본다면, 인간도 말이나 영양처럼 달리기에 잘 적응한 다른 종에 못지않게 킬로그램당 효율성을 보이며 달린다는 것을 알 수 있다.[11]

그렇다면 발이 평평한 유인원의 후손인 우리 평범한 인간들이 지구력 달리기에서 발군의 실력을 발휘하게 된 건 무엇 덕분일까?

이와 관련해 가장 확실히 눈에 띄는 것은 우리의 길고 스프링 같은 두 다리다. 그 끝에 뭉툭한 발이 달려 있기는 하지만, 인간의 다리는 체구가 비슷한 동물에 비해 긴 편이다. 이 사실은 침팬지, 양, 혹은 그레이하운드 등 보통의 인간과 몸무게가 같거나 약간 덜 나가지만 다리가 더 짧은 동물 옆에 인간을 세워보면 잘 알 수 있다.[12] 또 그만큼 중요한 특징으로, 인간의 다리에는 아킬레스건 같은 길고 탄성 좋은 힘줄이 자리 잡고 있다는 점을 들 수 있다. 심지어 인간의 발에는 장심 아래를 따라 스프링과 비슷한 근섬유도 자리 잡고 있다. 이런 힘줄은 걸을 땐 별 필요가 없지만, 달리는 동안에는 스프링과 같은 기능을 한다. 여러분이 달리면서 땅바닥에 다리와 발을 착지시킬 때마다 엉덩이, 무릎, 발목이 구부러지고 장심은 평평해지는데 그때 이들 힘줄이 늘어난다. 그런 뒤 이 힘줄들이 수축하면 거기 저장됐던 에너지가 도로 방출되면서 몸이 다시 공중으로 치솟도록 돕는다. 캥거루에서 사슴까지 달리기에 적응한 모든 동물의 다리에는 이같이 길고 스프링 같은 힘줄이 발달해 있는 반면, 우리의 가까운 친척인 아프리카 유인원은 이들 힘줄이 짧게 발달해 있다. 이 말은 아킬레스건처럼 우리를 잘 달리게 해주는 기다란 힘줄은 인간이 따로 진화시켰다는 뜻이다. 한 추정치에 따르면, 아킬레스건과 장심의 스프링 같은 근섬유가 함께 작동하면 우리 몸이 땅에 닿을 때의 역학 에너지 절반 정도가 되돌아온다고 한다.[13]

이다음에 숨이 턱에 차도록 달리면서 난 참 느려 터졌다는 생각이 든다면, 도판 24를 떠올려보자. 속도는 여러분이 두 다리를 얼마나 빨리 움직이느냐(보속)에 두 다리를 얼마나 멀리 내딛느냐(보폭)를 곱한 값이기 때문에, 달리기를 잘하는 인간과 비슷한 체구의 그레이하운드 및 몸무게가 6배인 말을 나란히 놓고 봤을 때 속도는 보폭과 보속 모두에 반비례하는 것으로 나타난다. 데니스 브램블과 함께 이 자료를 처음 표로 나타내봤을 때, 우리는 어안이 벙벙할 수밖에 없었다. 주어진 지구력 속도에 대해, 달리기를 잘하는 인간은 다 자란 말보다 보속은 낮지만 보폭은 비슷한 것으로 나타났기 때문이다. 반면에 개는 보폭이 훨씬 짧고 보속이 빠른 것으로 나타났다. 다시 말해 지구력 속도 범위에서는 인간도 말만큼 뜀뛰기를 잘한다는 이야기다. 하지만 말이 속도를 높이면, 인간은 그야말로 죽기 살기로 뛰어야 한다. 인간은 질주 중에 보폭을 더 늘리지 못하고 오로지 보속을 높여서만 속도를 높일 수 있는데, 이는 비용이 많이 들 뿐 아니라 비효율적이다. 몇 초도 지나지 않아 말은 뿌연 흙먼지를 일으키며 인간을 치고 나갈 것이다. 하지만 이런 말도 마침내 속도를 늦출 수밖에 없는데, 그 이유는 더위 때문일 때가 많다.

고성능의 두 다리 외에도 인간을 1킬로미터라도 더 달리게 해

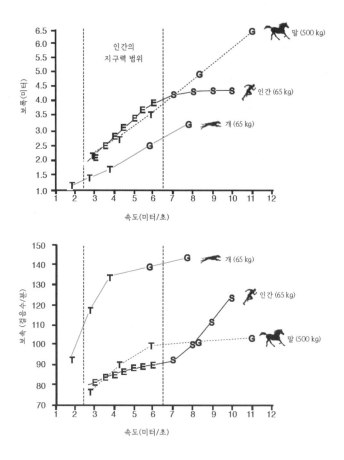

도판 24 잘 달리는 인간과 개(그레이하운드), 말의 보폭(위) 및 보속(아래). E는 지구력 범위, S는 단거리 질주 범위, T는 속보, G는 전력 질주. 몸집이 7배 더 작은 인간이 말과 근접한 속도를 낼 수 있다는 점을 주목하라. (Bramble, D. M., Lieberman, D. E. 공저[2004], Endurance running and the evolution of Homo, *Nature* 432:345-52)

주는 적응 중 가장 필수적이고 독특한 특징은, 다름 아닌 인간이 호흡을 실컷 할 수 있다는 점이다. 달리기를 하면 신체에 열이 다량 발생하는데, 추울 때는 몸을 따뜻하게 덥혀주지만 온도와 습도가 높을 때는 위험한 상황을 초래한다. 이 열을 떨쳐내지 못한다면 우리는 달리기를 멈추거나 열사병으로 쓰러질 수밖에 없다. 체온이 섭씨 41도 이상으로 올라가면 뇌를 비롯한 인체의 세포가 익어버리기 때문이다. 모든 포유류와 마찬가지로, 우리 인간이 열을 식히게 되는 건 증발이라는 기적을 통해서다. 즉 열이 물을 수증기로 바꾸면, 이때 에너지가 소실되면서 아래쪽 피부를 차갑게 만들어주는 것이다. 대부분 동물은 이 자연 냉장법을 숨을 헐떡이는 방식을 통해 활용한다. 짧고 얕은 호흡으로 목이나 혀에 있는 침을 증발시키는 것이다. 수분이 증발하면서 피부가 차가워지면, 그 바로 아래 정맥을 흐르는 피도 함께 차가워진다. 이렇게 차가워진 피가 몸을 돌아다니면서 신체의 나머지 부분을 식혀주는 것이다. 하지만 숨을 헐떡이는 방식은 두 가지의 제약 때문에 힘든 면이 있다. 첫째, 어떤 식으로 침을 흘리든 간에 혀, 입, 코가 식혀줄 수 있는 표면은 신체의 극히 일부에 불과하다. 이보다 더 큰 문제는, 개를 비롯한 여타 네발동물은 전력 질주할 때 숨을 헐떡일 수 없게 되는데, 이는 전력 질주가 무척 불안정한 보행방법으로 발을 내디딜 때마다 내장이 피스톤처럼 횡경막을 치기 때문이다.[14] 네발동물은 속보에서 전력 질주로 전환하면 헐떡거림을 멈추고 보행과 호흡을 동시에 맞추어 하지 않으면 안 된다. (여러분도 개에게 달리기를 시켜서 이를 시험해볼 수 있으나, 찜통 같은 무더위 속에 너무 오래 전력 질주를 시키면 개의 몸에서 열이 너무 많이 날 수 있으니 조심하도록 하자.)

어느 시점엔가 인간은 진화를 통해 대부분 동물에게는 발바닥에만 있는 특수한 물 분비선汗을 이용해 대규모 냉각 시스템을 발달시켰다. 원숭이와 유인원도 신체 다른 부분에 외분비선이라는 이런 기관이 소량 있지만, 피부 구석구석(특히 머리, 팔다리, 가슴)에 500만~1,000만 개의 땀 분비선이 있는 종은 오직 인간밖에 없다.[15]

효과적으로 땀을 흘리게 된 덕분에 몸 전체가 하나의 거대하고 축축한 혀가 된 셈이다. 이와 함께 우리 몸에서는 털이 빠져버리면서, 공기가 무엇에도 걸리지 않고 피부 표면을 매끄럽게 지나다니게 되었고 그 결과 어마어마한 양의 열을 순식간에 떨어낼 수 있게 되었다. 낙타를 비롯해 말 계통의 동물 몇 종도 땀(일명 거품 땀)을 흘린다. 하지만 이들 동물은 덜 효과적으로 땀을 흘리며, 인간에게도 겨드랑이와 사타구니에 있는 지방 분비선을 통해서만 땀을 흘린다. 모두를 통틀어 봐도 동물계의 땀 흘리기 챔피언은 단연 인간인 셈이다. 더위 속에서 달릴 때 인간은 시간당 1리터의 땀을 흘릴 수 있는데(이보다 훨씬 많이 흘릴 때도 있다), 이 정도면 섭씨 32도의 날씨에도 몸을 식혀가며 마라톤 경기를 뛰기에 충분한 양이다. 이런 일은 인간 외에는 그 어떤 동물도 못한다.[16]

인간이 발달시킨 적응은 이 말고도 훨씬 더 많다. 휴식기에 인간의 심장은 매분 4~6리터의 피를 펌프질하는데, 달리는 중에는 부지런히 움직이는 근육에 피를 공급하고 몸까지 식히기 위해 그보다 다섯 배 많은 피를 펌프질해야만 한다. 일반인은 달릴 때 심장이 1분에 20~24리터의 피를 펌프질하는 한편, 최고 기량의 달리기 선수는 그 양이 1분에 자그마치 35리터에 이르기도 한다. 나는 동료인 롭 셰이브, 에런 배기시와 함께 평범한 사람도 말을 비롯해 지구력 발휘에 적응한 다른 동물과 마찬가지로 용적이 크고 탄성이 좋은 심실을 발달시킬 수 있었음을 입증해 보였다. 우리의 심실은 더 작고 두껍고 딱딱한 유인원의 심장과는 확연히 다르며, 그 덕분에 매 심장 박동마다 다량의 피를 효율적으로 쥐어짤 수 있다.[17] 우리 인간은 또한 뇌로 통하는 정교한 혈액 공급망도 갖추고 있어서 생명 유지에 필수적인 이 기관을 운동 중에도 계속 식혀준다.[18] 거기에다 평범한 사람의 다리 근육에는 피로를 잘 견디는 지근섬유가 50~70 퍼센트 포함되어 있는데, 그 비율이 11~32퍼센트밖에 되지 않는 침팬지에 비하면 훨씬 많은 양이다.[19] 인간도 스피드 향상 훈련을 통해 속근섬유의 크기를 더 키울 수 있지만, 어떤 인구군에서든 일반인 사이에서는 여전히 지근섬유의 비율이 두드러지게 높으며, 그 덕에 유인원보다 지구력을 더 많이 발휘할 수 있다.[20]

위에서 살펴본 인간을 잘 달리게 하는 특징은 거의 모두가 생물학자들이 말하는 이른바 수렴진화에 속하는데, 이는 인간을 비롯해 달리기에 적응한 동물만이 별개로 발달시킨 특징이라는 뜻이다. 하지만 우리는 나무를 타던 유인원으로부터 진화한 불안정한 자세의 두발동물이기도 한 까닭에, 달리는 중에 유달리 잘 넘어지기도 한다. 달리는 중인 인간은 살짝만 떠밀리거나 혹은 멋모르고 바닥에 떨어져 있던 바나나 껍질만 밟아도 그 어떤 네발동물보다 쉽게 앞으로 고꾸라지곤 한다. 석기시대에는 발목을 삐거나 손목이 부러지기만 해도 사형선고일 수 있었던 만큼, 인간이 자세를 안정시키기 위해 독특하고 중대한 여러 가지 특성을 한꺼번에 진화시켰으리라는 생각은 충분히 일리가 있다. 이런 적응들 가운데서도 제일 훌륭한 것으로 나는 대둔근이 커진 것을 꼽는다. 대둔근이 인체의 근육 가운데 가장 크고 근사하게 모양이 잡힌 데는 그만한 이유가 있는 셈이다. 양손을 엉덩이에 올려놓고 몇 걸음을 떼어보면, 걷는 동안에는 이 근육이 대체로 별반 움직이지 않지만, 달리기를 시작하는 순간부터 매 걸음 내디딜 때마다 힘차게 꽉 조여지는 것을 느낄 수 있다. 내 연구실에서 이뤄진 실험들에 따르면, 이 무척 인상적인 근육의 제1차적인 역할은 매번 발을 착지하고 나서 우리 몸통이 앞으로 쏠리는 것을 막아주는 것이다.[21] 그 외에 달리는 동안 자세를 안

정적으로 유지하게 해주는 적응으로는 두 다리와 팔을 반대로 세차게 흔들 때 몸통을 회전시킬 수 있는 능력과 함께,[22] 앞서 이야기한 달리는 도중에 머리가 너무 제멋대로 흔들리지 않도록 하는 경인대를 꼽을 수 있다.[23]

설령 여러분이 달리기를 싫어하더라도, 여러분의 몸에는 장거리를 효율적이고 효과적으로 달리게 해주는 갖가지 특성이 머리부터 발끝까지 가득 들어차 있는 셈이다. 이런 특징 중 많은 것은 걷거나 그 외 다른 무언가를 할 때는 별 도움이 되지 않으므로, 결국 달리기 위한 적응으로서 진화한 것처럼 보인다. 한마디로 일반인이 마라톤에서 말과 대결을 벌일 수 있는 건 그저 요행만은 아니라는 이야기다. 그렇게 된 이유는 과연 무엇일까?

사체청소와 끈질긴 사냥

우리 조상들이 지독히 유별나게 먼 거리를 달리는 데 그토록 많은 적응을 발달시킨 이유를 설명해보고자 나는 수십 년 동안 머리를 싸매고 고심했다. 그런 내가 내놓을 만한 유일하게 그럴싸한 답은 다름 아닌 고기를 손에 넣기 위해서였다는 것이다.

오늘날처럼 농업이 발달하고 마트가 흔한 시대에는 채식주의자로 살아도 무방할 뿐 아니라, 그렇지 않더라도 길을 가다 어쩌다 마주친 동물 사체를 굳이 먹으려고 하지는 않을 것이다. 어디 그뿐인가, 혹시 사냥을 한다 해도 그것은 스포츠가 주된 목적일 공산이 크다. 그런데 이런 사고방식은 사실 무척 근래에 들어 생겨난 것이다. 수렵채집인은 그다지 신선하지 못하다고 해서 고기를 거저 손에 넣을 기회를 그냥 날리는 법이 없으며, 사냥은 영양가 풍부한 음식과 높은 지위를 차지하는 무척 훌륭한 방법이다. 하지만 비교적 최근까지만 해도 사체청소나 사냥은 어렵고 위험한 데다, 달리지 않으면 거의 할 수 없는 일이었다.

둘 중 먼저 생겨난 것은 아마 사체청소였을 것이다. 여러분이 지금으로부터 200만 년 혹은 300만 년 전 지구에 살았던 배고픈 초기 호미닌(아마 호모 하빌리스^{Homo habilis})이라고 상상해보자. 체구도 작고 느리고 힘도 약할 뿐만 아니라, 막대기나 돌덩이 말고는 치명적인 해를 입힐 무기도 뾰족이 없다. 여러분은 먹을거리를 찾아 아프리카의 산야를 여기저기 쏘다니지만 어쩌다 사체청소를 할 만한 죽은 동물을 마주칠 확률은 별로 높지 않다. 동물 사체는 귀한 데다 순식간에 사라져버리는 자원이기 때문이다. 동물이 죽거나 혹은 사자 같은 포식자가 잡아먹고 남은 사체를 버리면, 그와 거의 동시에 독수리, 하이에나 등 사체청소부 동물이 뭐든 남아 있는 것에 탐을 내고 달려들면서 그야말로 아수라장이 된다. 따라서 사체에 눈독을 들이는 사체청소부는 빨라야 함은 물론 서슬을 시퍼렇게 세우고 악에 받쳐 다른 사체청소부와 경쟁을 벌일 각오가 돼 있어야 한다.

이런 상황에서 힘은 미약하나 중장거리 달리기를 잘했던 호미닌으로서는 이른바 파워 사체청소라는 전략을 썼을 가능성이 높은데, 이는 지금도 하드자족과 산족 같은 야생채취인이 실생활에서 활용하는 방법이다.[24] 이 시나리오는 보통 저 멀리서 독수리들이 맴도는 광경이 보이는 것으로 시작되는데, 그것이야말로 그 아래에 동물 사체가 있다는 더없이 명확한 신호다. 만일 그때가 너무 더운 한낮이더라도 그곳을 향해 달려간다면, 아마 여러분은 더위 속에서 달리는 데 적응이 덜 된 하이에나보다 한 발 앞서 사체가 있는 곳에 다다를 확률이 높다. 그러고 나서 여러분이 독수리를 쫓아버릴 수 있다면, 사자가 미처 먹어 치우지 못한 골수가 잔뜩 든 뼈를 비롯해 뭔가 먹을거리를 손에 넣을 가능성도 커진다.

호미닌이 처음 고기를 입에 댄 것은 아마도 이런 식의 사체청소를 통해서였을 텐데, 현재 나와 있는 명확한 고고학적 증거에 따르면 지금으로부터 200만 년 전 무렵에는 호미닌이 영양이나 쿠두 같은 덩치 큰 동물도 사냥한 것으로 나타난다.[25] 이렇다 할 무기가 없는 상황에서 덩치 큰 동물을 사냥하기는 여간 어려운 일이 아니다. 활과 화살은 10만 년 전까지도 아직 발명되지 않은 상태였고, 창끝에 돌촉을 다는 기술도 지금으로부터 50만 년 전에야 발명된 것으로 보인다.[26] 이런 무기가 아직 없던 시절, 호미닌 사냥꾼은 먹잇감에 바싹 붙어 더러는 동물의 몸에 창을 푹 찔러 넣는 것밖에는 다른 도리가 없었을 것이다. 부탁건대 이런 일을 실제로 시도하지는 않길 바란다. 고기가 제아무리 영양가 풍부한 음식이라도, 성난 영양에게 바싹 다가갔다가 뒷발로 걷어 채이거나 뿔로 들이받힐 위험을 생각하면, 우리 수렵채집인 조상 중 채식주의자가 더 많지 않았던 게 신기할 정도이니 말이다.

초기 호미닌의 사냥방식은 아마 여러 가지였을 듯싶지만, 1984년에 데이비드 캐리어가 내놓아 이목을 끌었던 주장대로, 끈기 사냥persistence hunting도 분명 그 전략 중 하나였을 것이다. 이 고대의 사냥법은 현재 세간에는 잘 알려져 있지 않지만, 그간 꽤 많은 인류학자와 탐험가가 남극을 제외한 모든 대륙의 다양한 문화와 환경 속에서 사람들이 어떻게 끈기 사냥을 했는지 서술해놓은 바가 있다.[27] 그중에서도 세부 묘사가 가장 돋보이는 설명 몇 가지는 루이스 리벤버그를 통해 접할 수 있는데, 환경보호론자인 그는 칼라하리의 산족 수렵채집인 곁에서 수십 년을 지내며 이 끈기 사냥꾼들과 함께 사냥터를 뛰어다니곤 했다.[28] 나 역시 동료들과 함께 멕시코의 타라우마라족 노인들을 인터뷰해, 그들이 젊었을 적 행했던 비슷한 종류의 사냥 경험을 기록해 둔 게 있다.[29] 이 외에도 아마존강의 사냥꾼들이 페커리(아메리카대륙에 분포하는 돼지와 비슷한 동물—옮긴이)를 달리기로 뒤쫓는 광경을 설명한 동료들도 있다. 많은 서양인은 이런 사냥법으로 과연 동물을 잡겠느냐며 못 미덥다는 눈치지만, 이상의 내용과 여러 다른 계통의 증거를 보면 과거에 이런 끈기 사냥을 광범위하게 행했음을 알 수 있다.

　끈기 사냥도 그 방식은 여러 가지다. 그 하나는 달리는 중에도 몸이 과열되지 않는 인간만의 독특한 능력을 십분 활용하는 것이다. 이 방식에서는 한 무리의 사냥꾼이 하루 중 가장 더운 때를 골라 동물 한 마리를 뒤쫓는다. (이때 동물은 덩치가 클수록 좋은데, 덩치 큰 인간이 그렇듯 더 금방 열이 올라 더 빨리 피로해지기 때문이다.) 초반에 이 먹잇감은 전력으로 질주해서, 보통 때라면 느긋한 속도로 조깅하듯 뛰는 사냥꾼들을 단숨에 따돌린다. 얼마 뒤 이 불쌍한 동물은 숨을 헐떡이며 몸을 식히는데, 그동안에도 사냥꾼들은 종종 걷기도 하면서 그 동물을 쉼 없이 추적한다. 그러면 동물의 몸이 채 식기 전에 다시 사냥감을 뒤쫓을 수 있다. 이 고양이와 쥐 사이에서 벌어질 법한 뒤쫓기와 그 뒤의 추적은 이후에도 몇 차례 더 되풀이된다. 동물의 몸이 완전히 식기 전 사냥꾼들이 다시 동물을 뒤쫓는 상황이 반복되면, 동물은 체온이 서서히 올라 마침내 열사병에 걸려 쓰러지는 상황에 이르게 된다. 이때 한 사냥꾼이 곁으로 살금살금 다가가 딱히 복잡한 무기를 쓰지 않고도(더러는 돌덩이 하나만 갖고도) 무사히 그 동물을 해치운다. 리벤버그가 칼라하리에서 십수

번 넘게 해낸 사냥을 조목조목 기록해둔 바에 따르면, 이런 사냥에서 평균 이동 거리는 하프마라톤보다 약간 더 길며, 사냥의 절반 정도는 걷기로 채워지고, 달리는 속도는 중강도 조깅 속도인 1마일당 10분의 속도라고 한다. 리벤버그는 이들 사냥에서 가장 힘에 부치는 부분은 달리는 일 자체보다도, 동물의 발자국과 똥자국, 나아가 그 동물이 했으리라 짐작되는 행동에 대한 지식 같은 추적 능력을 갖추는 데 있다고 강조한다.[30]

이런 식으로 동물을 뒤쫓고 추적하는 방법은 한랭한 기후대에서도 동물을 완전히 맥 빠지게 하거나 부상 입히는 방식을 통해 나름의 효과를 거둘 수 있다. 타라우마라족도 겨울철이면 더러 장거리를 달리면서 사슴을 뒤쫓으며, 칼라하리의 산족은 그들의 먹잇감인 대규모 영양 무리를 모래투성이 땅으로 몰아 기진맥진하게 만든다. 스칸디나비아 북부의 사미Saami족 사냥꾼들은 크로스컨트리 스키를 타고 소복이 쌓인 눈 위에서 순록을 쫓았다고 전해지는데, 동물들은 눈 위에서 특히나 맥을 못 추는 만큼 마침내 나가떨어질 수밖에 없다.[31]

이와 관련해 더러 장거리를 달려야 하는 사냥 유형 중 하나로 자연을 이용하거나 인위적으로 함정을 만들어 먹잇감을 손쉽고 안전하게 해치우는 방법이 있다. 그 흔한 전략 하나는 북미 원주민 사이에 기록이 잘 남아 있는데, 사슴을 비롯한 여타 먹잇감을 달리기로 뒤쫓아 산골짜기, 벼랑, 늪지나 사람이 만든 함정, 이를테면 도랑, 철책, 그물 혹은 사냥꾼이 매복해 있는 막다른 데로 모는 것이다. 더위 속 사냥과 마찬가지로, 먹잇감을 이런 식으로 뒤쫓을 때는 사냥꾼 여럿이 함께 참여해 전략적으로 공조하는 것은 물론 주변 환경과 먹잇감에 대한 지식을 다 같이 활용한다.[32] 인류학자 노먼 틴데일은 오스트레일리아 원주민 사냥꾼들이 둘씩 짝지어 캥거루를 뒤쫓는 효과적인 방법을 이렇게 설명한 바 있다. "이 동물은 항상 커다란 원의 호를 그리듯 뛴다는 사실을 이용하는 것이 비결이다. 한 사람이 캥거루를 뒤쫓다가 기진할 때쯤 기력이 팔팔한 젊은이 하나가 중간에 끼어들어 계속 이어달려 캥거루를 뒤쫓는 것이다."[33]

이제는 알렉산더 셀커크(로빈슨 크루소의 탄생에 영감을 준 인물로, 남아메리카의 섬에 갇혀 지내는 동안 일대를 달리기로 누비며 야생염소들을 쫓아가 잡았다)처럼 부득이한 상황이 아닌 이상, 끈기 사냥에 나서는 이를 거의 볼 수 없는 게 그리 놀랄 일은 아닐 것이다.[34] 오늘날 사냥꾼들은 총과 개를 비롯해 사냥에 쓸 갖가지 획기적인 물건들을 가진 데다, 야생동물이 더 희귀해지고 있기 때문이다. 산족도 법에 묶여 더는 사냥을 하지 못한다. 그렇긴 해도 만일 우리가 시간여행을 통해 몇 천 년 전으로 돌아갈 수 있다면, 아마 전 세계 어디서든 사람들이 달리기를 포함한 사냥법을 쓰고 있는 광경을 볼 수 있을 것이다.

지금 우리가 옛날보다 더 안전하고 손쉽고 믿을 만한 방법으로 고기를 손에 넣게 된 것은(혹은 채식주의자가 된 것은) 다행스러운 일이지만, 우리 조상들로서는 고기를 얻는 것 외에도 장거리 달리기로 취할 수 있는 혜택들이 있었다. 사람들은 전쟁을 벌이고, 신을 숭배하고, 다른 성별의 사람에게 뚜렷한 인상을 남기기 위해, 나아가 그저 재미 삼아 달리기를 했다. 북미 원주민 중에는 도보경주와 라크로스 같은 스포츠를 통해 장거리 달리기의 가치를 기렸던 이들도 있으며, 달리기의 몇몇 형태는 타라우마라족의 남자 도보경기인 라라히파리나 여자 경기인 아리웨테처럼 일종의 기도 형태를 띠기도 한다.[35] 이 같은 전통을 통해 우리는 달리기가 결코 남자만의 전유물이 아니었음을 알 수 있다. 오늘날 대규모 육상대회에 나가봐도, 바비 깁과 캐서린 스위처 같은 선구자들 덕에 참가자의 절반을 여자가 차지한다.[36] 수렵채집인 사회에서 사냥은 대부분 남자의 몫이지만, 여자들도 때로는 끈기 사냥에 나서는 것은 물론 신성한 차원과 세속적 차원의 달리기 경주 모두에 참여한다.[37]

그런데 인간을 잘 달리게 한 진화의 역사를 살피다보면 수수께끼 같은 질문 하나가 고개를 든다. 인간이 달리도록 진화했다는데, 왜 달리다 부상 입는 사람이 그토록 많을까?

부상 없이 잘 달리는 법

중년의 위기가 찾아왔을 때, 나는 아내를 떠나 스포츠카를 사지는 않았다. 그 대신 생애 최초로 마라톤에 도전하고자 훈련을 받으며 위기를 극복했다. 그러고 났더니, 살을 에는 통증이 찾아왔다. 침대에서 뒤척이다가 간신히 몸을 일으켜 화장실까지 한두 걸음 떼는 동안, 내 양발에는 눈에 보이지 않는 어떤 악령이 속을 파고들어 메스로 발바닥을 후비는 듯한 느낌이 들었다. 몇 분 뒤 이 찌릿찌릿한 통증이 가라앉나 싶었지만, 잠시 뒤 통증은 복수의 칼날처럼 돌아왔다. 평소 달리기를 하는 많은 이가 그렇듯 나도 족저근막염에 걸린 것인데, 발바닥 장심 아래 활처럼 이어지는 부분의 두툼한 결합조직 층에 염증이 생긴 결과였다. 인터넷에서 찾아 읽은 조언에 따르면, 나는 운동화를 더 자주 교체할 필요가 있었다. 운동화의 탄성이 떨어지면서 운동화에 장착된 장심 지지대가 제 효과를 내지 못한 결과, 족지근막에 더 큰 압박을 받는다는 것이었다. 그래서 나는 당장 동네 가게로 달려가 새 운동화를 샀고, 내 문제도 서서히나마 말끔히 사라지는 듯했다. 그 이후 나는 다소 비용이 들더라도 3개월에 한 번씩은 꼭 새 운동화를 샀다. 하지만 그렇게 1년이 지나자 이번에는 아킬레스건에 염증이 생긴 것은 물론, 이 고통을 평생 달고 살면 어쩌나 싶은 다른 영문 모를 통증 때문에 한바탕 고투를 벌여야 했다.

아이러니한 얘기지만, 이렇듯 강박적으로 새 운동화를 사들이던 때 나는 사람들이 어떻게 운동화를 신지 않고 달리는지도 함께 연구하기 시작했다. 이 연구는 데니스 브램블과 함께 작업한 "달리기 위해 태어나다" 논문이 《네이처》지에 실리고 얼마 뒤, 폭풍우가 몰아치는 어두컴컴한 저녁나절의 대중강연이 발단이었다. 당시 강의실 앞쪽 줄에는 수염이 텁수룩한 친구 하나가 강력 접착테이프를 칭칭 감은 양말을 신고 앉아 있었다. 강연이 끝나자 그 친구는 자신을 제프리라고 소개한 뒤 아주 훌륭한 질문을 던졌다. "저는 평소에도 그렇고 달릴 때조차도 운동화를 별로 안 신고 싶은데 왜 그런 걸까요?" 내 입에서는 자동적으로 이런 반응이 튀어나왔다. "세상에, 맨발로 달리는 정신 나간 짓을 하는 사람이 바로 당신인 거죠! 그런데 그렇게 생각하는 게 당연합니다. 지금까지 우리는 맨발로 달리도록 진화해온 게 틀림없으니까요." 마침 제프리도 보스턴에 살고 있어서 나는 그에게 언제 한 번 내 연구실에 와줄 수 있겠느냐고 부탁했다. 며칠 뒤 제프리는 고맙게도 굳은살이 잔뜩 박인 발로 내 연구실을 찾았고, 나는 덕분에 그가 달리는 방식을 자료로 기록할 수 있었다. 제프리는, 나를 포함해 내가 달릴 때의 수치를 측정한 대부분 사람과는 달리, 달릴 때 발볼을 깃털처럼 가볍게 착지시켰는데

(일명 '앞발 착지forefoot strike'라고도 한다) 그렇게 하면 발꿈치로 착지할 때 통상 발생하는 충격 정점 및 그에 따르는 충격파를 피할 수 있었다. 유레카가 터져 나오는 순간이었다. 신발이 발명되기 전에도 인간은 이미 수백만 년 동안 달리기를 해왔으니, 어쩌면 우리는 쿠션이 장착된 신발 없이 이런 식으로만 달려도 발꿈치로 착지할 때의 고통을 피할 수 있도록 진화하지 않았을까? 만일 그렇다면 이 깨달음이 혹시 달릴 때 흔히 발생하는 부상을 막는 데도 도움이 되지 않을까?

이후 몇 년에 걸쳐 나는 학생들과 함께 맨발 달리기에 관한 연구를 진행했다. 제프리는 한 미국인 달리기 공동체에 소속돼 있었는데, 그전까지는 있는 줄도 몰랐던 이 단체의 회원들은 하나같이 신발을 멀리했다. 베어풋 제프리('베어풋Barefoot'은 '맨발'이라는 뜻—옮긴이)는 내게 베어풋 프레스턴, 베어풋 켄 밥 등 자랑스레 '베어풋' 별칭을 달고 있는 다른 여러 사람을 내게 소개해주었다. 덕분에 우리는 미국 전역의 맨발인을 대상으로 연구를 진행하며 그들의 달리기 방식에 대해 갖가지 수치를 측정하는가 하면 발꿈치와 발볼로 착지할 때의 생체역학이 각각 어떻게 다른지 밝혀낼 수 있었다. 그러고는 케냐까지 찾아가 평생 달릴 때 운동화를 신어본 일이라곤 없는 사람들을 연구해 또 한 번《네이처》지에 우리의 연구를 실을 수 있었으니, 그 논문을 특집으로 다룬 표지에는 "사뿐사뿐 걷기: 신발을 신기 전 우리는 어떤 식으로 편안하게 달렸는가"라는 제목이 붙었다.[38] 우리의 논문에는 발볼로 착지하면 발뒤꿈치로 착지할 때 생기는 충격력을 어떤 식으로 피할 수 있는지 모형을 제시하고 검증한 내용과 함께, 제프리처럼 맨발이 습관인 이들은 달릴 때도 보통(항상은 아니다) 이런 식으로 달린다는 것을 입증하는 내용이 실렸다. 우리가 추측하기로 인간은 달릴 때 일차적으로는 앞발 착지를 하도록 진화한 듯했고, 이와 관련해 엘리트 주자 사이에서 흔히 나타나는 이런 달리기 스타일이 과연 부상 방지에 도움을 줄지 검증하는 연구가 나와야 할 것으로 보였다.

달리기에 열심이거나 혹은 장차 달리기 선수가 되려는 많은 이는 달리는 행위 자체가 본질적으로 몸을 상하게 할 수 있다는 우려를 떨치지 못한다. 앞으로 고꾸라지거나 갖가지 충격적인 사고를 겪을 위험도 그렇지만, 주기적으로 포장도로를 쿵쿵 디디며 달리다 보면 마모가 점점 심해질 텐데, 그러면 주행거리가 너무 많이 쌓인 차를 모는 것과 별반 다르지 않겠냐고 생각하는 이들을 도처에서 만날 수 있다. 그로 인한 손상을 우리는 종종 남용 부상^{overuse injury}이라 일컫는다. 여러 연구의 주장에 따르면, 특정 해^年에 이런 식의 부상으로 고통을 당한 주자가 전체의 20~90퍼센트에 이른다고 하니, 이 말은 어쩌면 수백만에 달하는 달리기 인구가 분명 달리기를 너무 많이 하고 있다는 뜻일 수 있다.[39] 이런 부상이 가장 일반적으로 나타나는 부위는 바로 무릎이다. 그 외의 흔한 부상으로 정강이통, 경골 스트레스 골절, 아킬레스건염, 종아리 근육 결림, 족저근막염, 발가락 스트레스 골절, 요통을 꼽을 수 있다.[40] 하지만 달릴 때 가장 부상을 많이 입는 곳은 바로 무릎이다. 달리기를 너무 많이 하는 바람에 무릎이 나갔다고 하소연하는 사람을(의사를 포함해) 얼마나 많이 만났는지 이루 헤아릴 수조차 없다. 달리기는 정말 그토록 많은 부상을 일으킬까? 우리가 장거리를 달리도록 진화했다면, 왜 우리 몸은 달리기에 더 적응돼 있지 않은 것일까?

이에 관한 한 가설은 달리기에서 발생하는 부상은 제2형 당뇨나 근시처럼 현대식 환경에 우리 몸이 제대로 적응하지 못해 생기는 이른바 불일치mismatch 증상이라는 것이다. 이런 관점에서는, 우리가 지금껏 진화해온 방향에 맞추어 맨발로 달린다면 달리기로 인한 부상이 지금처럼 흔치 않을 것이라고 이야기한다. 물론 달리기로 인한 몇몇 부상이 정말 잘못된 적응의 사례일 수도 있으나, 이런 이상주의적 관점이 지닌 문제점은 신체 활동을 비롯한 거의 모든 일에 맞교환과 리스크가 따른다는 사실을 간과하고 있다는 점이다. 가령 우리는 임신을 하고, 먹고, 걷도록 진화했지만, 임신 중인 엄마들은 종종 요통으로 고생하고, 음식을 먹다가 더러 사레가 들리며, 걷다가 발을 헛디디거나 발목을 삐는 사람도 어디에나 있게 마련이다. 달리기라고 해서 왜 다르지 않겠는가?

또 다른 가설에서는 우리 몸은 사실 달리기에 굉장히 잘 적응한 것이며, 그간 달리기로 인한 위험이 과장돼왔다고 이야기한다. 만약 전 세계의 수백만 달리기 인구 가운데 80퍼센트 정도가 달리기 부상으로 줄줄이 나가떨어지고 있다면, 병원의 진료실은 달리기 부상을 입은 사람으로 발 디딜 틈이 없을 것이고, 길에서 조깅하는 사람 역시 눈 씻고 찾아봐도 만나기 힘들 것이다. 소규모 연구 수백 건의 종합 증거를 분석한 바에 따르면, 달리기 부상 비율은 U자형 곡선을 그리는 것으로 나타난다. 즉 달리기 거리를 급속히 늘려가는 초보 선수, 경쟁심에 불타는 속도광, 마라토너 같은 이들 사이에서 부상이 일어날 확률이 가장 높은 반면, 이들 양극단 사이에 자리하고 있는 평범한 달리기 인구는 부상으로 곤란을 겪는 경향이 훨씬 적다.[41] 예를 들어, 동료들과 내가 밝혀낸 바에 따르면 하버드대학 크로스컨트리 팀의 중장거리 주자 중에서 매년 꽤 심한 부상을 당하는 사람은 4명에 1명꼴이지만, 이들은 1년에 거의 320킬로미터씩 발이 짓무르도록 빨리 뛰는 선수들이다.[42] 반면에 중거리를 합리적인 조깅 속도로 뛰는 네덜란드의 초보 선수들은 어떤 식이든 부상 당하는 경우가 5명 중 1명에 불과했으며, 그중 상당수가 경미한 부상이었다.[43]

달리는 동안 다치는 것을 방지하기 위해 할 수 있는 모든 것을 해야 하지만, 달리기 부상과 관련해 세간에 널리 퍼진 몇몇 근거 없는 믿음도 이제는 확실히 깨트릴 필요가 있다. 그중에서도 가장 큰 것은 지나치게 먼 거리를 신나게 달리다 보면 마모 때문에 무릎과 엉덩이의 물렁뼈가 깎여 골관절염이 생긴다는 믿음이다. 그런데 그렇지는 않다. 의사를 비롯해 그 외 많은 이들의 가정과는 달리, 비전문적으로 달린다고 해서 달리지 않는 이들보다 골관절염이 생길 확률이 더 높지는 않다는 사실이 십수 건의 정밀한 연구를 통해 밝혀졌다.[44] 오히려 달리기를 비롯한 다른 신체 활동은 물렁뼈를 더 튼튼하게 만들어 골관절염 발생을 막아주기도 한다. 내 연구실의 한 실험 결과, 특정 연령대 및 몸무게에서 봤을 때 무릎 골관절염 발병 확률이 두 배 높아진 것은 우리가 옛날보다 *더* 움직여서가 아니라 *덜* 움직이기 때문임이 입증되었다.[45] 그렇다고 해도 부상은 여전히 일어나고 있고, 그중 제일 잦은 것이 무릎 부상이다. 발목을 삐끗하는 등의 뼈아픈 경험은 말할 것도 없고, 달리기 부상을 예방할 수 있는 방법이 없을까?

부상을 입지 않으며 달리기를 할 확실한 방법 하나는, 달리기가 요구하는 신체 수준에 자신의 몸을 맞추는 것이다. 우리 어머니처럼 일주일에 다섯 번씩 8킬로미터 조깅을 뛰는 사람도 1년이면 걸음 수만 200만 보에 달하는데, 땅을 쿵 딛거나 발로 땅을 세차게 미는 이 중강도의 움직임을 수없이 반복하다 보면 일명 '반복적 스트레스 부상'repetitive stress injuries'('남용 부상'보다 나은 표현이다)을 입을 가능성이 있다. 이런 동작에서 비롯되는 스트레스는 처음엔 잘 감지되지 않는 미세한 손상을 일으킬 소지가 있다. 하지만 감당할 수 있는 것보다 더 많은 하중을 정강이뼈에 계속 가하면, 미세한 골절이 서서히 쌓여 치명적인 수준에 이른다. 결국에 가서 종아리가 저려오고 나중에는 정강이통으로 고생하게 되며, 이를 무시했다간 완전한 피로 골절로 발전할 수 있다. 이와 비슷한 손상은 다른 뼈는 물론, 물렁뼈, 힘줄, 인대, 근육에도 마찬가지로 쌓일 수 있다. 근섬유가 이런 스트레스를 별다른 손상 없이 견딜 만큼 충분히 강하다면, 부상을 당할 일이 없다. 문제는 뼈, 인대, 힘줄 같은 결합조직은 근육이나 체력에 비해 적응 속도가 상당히 느리다는 점이다. 초보 달리기 선수, 특히 난생처음 마라톤에 나가는 선수가 부상 위험을 안는 것도, 자신의 정강이, 발뼈, 아킬레스건, 장경인대가 적응할 수 있는 것보다 더 빠르게 달리는 거리와 속도를 늘리기 때문이다. 수많은 전문가가 달리는 거리를 일주일에 10퍼센트만 늘려야 한다고 권하는 것도 그래서다.[46]

그 외에 또 중요한 부분은 근육의 힘이다. 우리는 근육을 단순히 몸을 앞쪽으로 밀 때만 사용하는 게 아니라, 갖가지 동작을 제어하고 스트레스로 인해 인체 조직이 다칠 수도 있는 하중을 줄이는 데도 사용한다. 체력이 아무리 좋아도 코어 근육을 비롯해 양발과 두 다리의 안정화 근육stabilizing muscle이 약하면, 달리는 사람은 무릎을 비롯한 다른 부위에 부상을 입을 가능성이 더 크다.[47] 엉덩이 주변을 따라 자리한 근육들(이를 전문용어로 외향근이라고 한다)은 매 걸음 동안 무릎이 안쪽으로 내려앉을 위험을 막아주는데 이 부위는 연결이 특히 약하기로 악명이 높다.[48]

하지만 인체가 적응을 잘하는 것도 분명 사실이다. 2015년 나는 이 원칙이 실제로 증명되는 모습을 지켜볼 수 있었다. 아마추어 달리기 선수 8명이 아동비만 퇴치 모금을 위해 미 전역을 누비며 총 4,956킬로미터를 달리는 국토 순례를 따라다녔던 것이다. 총 6개월 동안, 20대부터 70대까지 다양한 연령대로 구성된 이들 선수는 하루에 마라톤 1회에 해당하는 거리를 달리면서 일주일에 단 하루만 쉬었다. 나는 그들의 생체역학 수치를 측정하는 것은 물론, 이 용감한 영혼들에게 자신이 입은 부상을 빠짐없이 일지에 기록해달라고 부탁했다. 처음 1~2주 동안 이들은 무릎 통증부터 물집에 이르기까지 달릴 때 으레 겪는 부상을 당한 것으로 보고했다. 하지만 그로부터 한 달 뒤에는, 몸이 적응하며 부상도 미미한 수준으로 떨어졌다. 8명의 선수가 통틀어 입은 총 50번의 부상 중 4분의 3이 첫 달에 있었고, 맨 마지막 달에는 단 한 건도 없었다.

　우리가 *얼마나 많이* 달리는가도 중요하지만, *어떻게* 달리는가도 부상 확률을 줄일 수 있는 또 하나의 방법이다. 반복적 스트레스 부상이 힘을 써야 하는 동작을 수없이 되풀이하는 데서 비롯된다면, 다른 것에 비해 스트레스를 덜 유발하는 여러 달리기 방법이 틀림없이 있을 것이다. 그런데 가뿐하게 살살 달린다는 것이 말은 쉽지만 어려운 데다, 내 경험에 비추어보면 정작 달리는 사람은 자신이 어떤 자세로 달리는지를 미처 모를 때가 많다. 우리는 대부분 편안한 운동화를 찾아서 끈을 질끈 졸라매고 뛰러 나가면 그만이라고 생각한다. 감독도 선수의 달리는 자세에는 거의 신경을 쓰지 않는 경우가 많다. 이 같은 개인주의적 접근법의 가장 단적인 예가 바로, 각자의 보속, 신체 기울기, 착지 시 발 부위, 엉덩이, 무릎, 발목이 구부러지는 정도에 따라서 각자가 선호하고 또 각자에게 제일 효율적인 달리기 방식이 있다고 가정하는 것이다. 이와 함께 그런 자세

를 줄곧 유지할 수만 있다면, 부상을 입을 가능성도 줄어든다고 보는 것이다.[49]

그런데 달릴 때의 생체역학에 대한 우리의 지식에 인류학적 접근법을 접목해보면 그와는 다른 관점을 얻게 된다.[50] 다양한 문화에서 달리기를 하는 이를 만나서 달리는 데 제일 좋은 방법이 있는지 물으면, 한결같이 달리기는 배워서 터득하는 기술이라고 입을 모은다. 인류학자 조지프 헨릭이 입증한 바 있듯, 어느 문화에서건 중대한 기술을 섭렵할 때 인간은 그 기술을 잘 쓰는 사람을 흉내 내는 법이다.[51] 테니스공을 받아치며 로저 페더러를 따라하는 게 전혀 이상한 일이 아니듯, 달리기를 하며 엘리우드 킵초게나 여타 훌륭한 선수를 따라하는 것이 뭐 이상한 일이겠는가? 타라우마라족 달리기 선수들도 달리는 법을 제대로 알려면 공 차며 달리기 경주의 우승자들을 따라해봐야 한다고 내게 이야기하곤 한다. 케냐의 달리기 선수들도 마찬가지여서 이들은 종종 함께 모여 달리기 기술을 연마하곤 하는데, 케냐에 머물 때 나도 엘도레트 도시 외곽에서 열리는 이 모임에 몇 번 나가본 적이 있다. 아침 해가 밝은 직후, 10~20명의 달리기 선수가 동네 교회와 근방의 어딘가에 모인다. 이윽고 조깅이 시작돼 우리가 시내를 차츰 벗어나는 동안 선수는 늘 한 사람이 리드하는데, 그를 뒤따르면서 나는 속으로 이렇게 생각한다. "좋아, 나도 할 수 있어!" 하지만 서서히 속도가 높아져 숨이 턱 끝까지 차오르면 나는 중도 포기하는 수밖에 없고 다른 주자들은 그런 나를 보고 웃으며 행운을 빌어준다. 이렇듯 참가자들은 그렇게 다 같이 달리며 서로에게서 계속 달려야 할 동기를 끌어내기도 하지만, 달리는 자세를 배우기도 한다. 만일 미국인 10명이 한 자리에서 훈련받는 것을 본다면 대체로 달리는 스타일이 10가지로 제각각인 광경을 볼 테지만, 무리지어 달리는 케냐인은 꼭 무리지어 나는 새들처럼 보일 것이다. 선두의 리더가 단순히 달리는 속도만 설정하는 게 아니라 어떻게 달려야 하는지 본보기를 보이기에 다 같이 똑같은 리듬, 똑같은 팔 동작, 똑같이 우아한 발놀림에 맞추어 일사분란하게 달리는 것이다.

그런데 그 자세란 과연 무엇일까? 반복적 스트레스 부상은 몇 달 혹은 몇 년에 걸쳐 천천히 쌓이고, 사람의 몸은 제각기 다 다른 데다, 후향 연구에서는 누군가의 자세가 과거의 부상 때문인지 아니면 그런 자세 때문에 부상이 생겼는지 알 길이 없는 만큼, 부상과 달리는 자세 사이의 관계를 연구하기란 좀처럼 쉬운 일이 아니다. 그래서 많은 연구에서는 달리는 자세와 부상을 일으킨다고 가정되는 요소들(달리는 사람이 바닥을 얼마나 세게 구르느냐 등) 사이에 어떤 관련이 있는지만 측정하곤 한다. 이상의 난점을 염두에 둔다 해도, 네 가지 핵심이 중요하다는 데는 가장 노련한 달리기 선수와 감독도 의견 일치를 보이지 않을까 한다. 도판 25에도 잘 나타나 있듯 이들 요소는 나름대로 관련이 있다. ① 보폭을 너무 벌리지 않는 것, 즉 양발을 몸의 너무 앞쪽에 착지시키지 않는 것. ② 1분에 170~180보 정도로 달릴 것. ③ 몸을, 특히 허리 쪽에서, 너무 앞으로 기울이지 말 것. ④ 발은 거의 수평으로 착지시켜, 땅과 닿을 때 급격하게 커다란 충격력이 발생하지 않도록 할 것.[52]

1. 보폭을 너무 벌리지 않는다. 다리를 앞으로 내디딜 때는 무릎을 위로 들어 올려, 착지 시 정강이가 바닥과 수직이 되고 발은 무릎 아래 오도록, 즉 발이 엉덩이 앞으로 너무 나가지 않도록 한다. 이렇게 하면 양다리가 너무 뻣뻣하게 착지하지 않게 되는 동

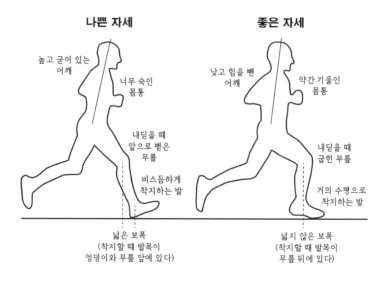

나쁜 자세

높고 굳어 있는
어깨

너무 숙인
몸통

내딛을 때
앞으로 뻗은
무릎

비스듬하게
착지하는 발

넓은 보폭
(착지할 때 발목이
엉덩이와 무릎 앞에 있다)

좋은 자세

낮고 힘을 뺀
어깨

약간 기울인
몸통

내딛을 때
굽힌 무릎

거의 수평으로
착지하는 발

넓지 않은 보폭
(착지할 때 발목이
무릎 뒤에 있다)

도판 25　　일반적인 나쁜 달리기 자세(왼쪽)와 좋은 달리기 자세(오른쪽).

시에 달리는 속도를 떨어뜨리는 제동력breaking force이 과하게 걸리지 않는다.

2. 보속step rate은 보통 속도가 증가하면 함께 올라가지만, 노련한 지구력 달리기 선수들은 일반적으로 속도와 상관없이 1분에 170~180보를 뗀다. 이렇게 하면 점프하는 거리가 더 늘어나(달리기는 양발을 번갈아 점프하는 하는 것이나 다름없다) 경제적으로 속도를 높일 수 있으며, 보속이 높아지면 보폭이 지나치게 넓어지는 일도 없어진다.

3. 몸을 앞으로 약간 기울이되, 허리 부분에서 너무 많이 꺾이지 않게 한다. 상체를 너무 많이 앞으로 기울이면, 몸통이 앞으로 넘어가지 않게 막느라 더 많은 에너지가 들어가게 되며, 이렇게 되면 보폭이 너무 넓어질 가능성도 커진다.

4. 양발을 거의 수평으로 착지시켜야 한다. 여러분이 맨발로 달리며 보폭을 너무 넓게 하지 않는다면, 일명 앞발 혹은 가운뎃발 착지법, 즉 발볼을 먼저 착지시키고 그 뒤에 발뒤꿈치를 내려놓는 식으로 달리지 않기가 오히려 힘들 것이다. 앞발 혹은 가운뎃발 착지를 하면 보통 땅바닥에 충격 정점(충돌 시 발생하는 급격하고 커다란 힘으로, 신발을 신지 않으면 고통스럽다)이 발생하지 않는다. 이와 함께 앞발 착지 및 가운뎃발 착지를 하면 회전력(전문용어로는 토크^{torque})이 발생하는데, 무릎에서 더 낮아지고 발목에서는 더 높아지는 이 힘을 이용하려면 종아리 근육과 아킬레스건이 강해야 하고, 달리기 방식을 앞발 착지 및 가운뎃발 착지로 바꾸려다 보면 갖가지 문제를 겪게 되기도 한다. 따라서 발 착지 방식을 바꾸려 한다면, 시간을 갖고 천천히 근력을 쌓으며 진행해야 한다.

도판 25에 나와 있는 좋은 자세의 여러 측면이 어떻게 세계의 다양한 지역에서 맨발 달리기를 일상으로 하는 이들을 관찰한 모습의 특징이 되는지를 알고 나는 거듭 놀랐다.[53] 바로 여기서 부상 방지를 위한 마지막이자, 가장 논쟁적인 방법이 등장한다. 즉 우리가 무엇 위에서, 즉 어떤 것을 신고 어떤 표면 위에서 달리는지도 중요하다는 이야기다. 달리기에 천부적 재능을 가진 몇몇 사람은 쿠션이 들어 있는 현대식 신발이 백이면 백 부상을 일으킨다고 주장하지만, 그건 과장이다. 물론 신발을 신으면 발의 힘이 약해져 발뒤꿈치를 바닥에 세게 내려놓게 될 수 있다는 말도 분명 맞지만, 신발을 신고 달리면서 그런 식으로 착지하더라도 몸에 아무런 이상이 없는 사람도 헤아릴 수 없이 많다. 그뿐인가. 몇몇 사람의 주장과 달리,

신발을 벗어던진다고 해서 반드시 달리기를 잘하게 되는 것은 아니며, 신발을 신고도 근사한 동작으로 달리는 이는 얼마든지 많다. 그렇지만 확실히 신발을 신었을 때보다는 맨발일 때 감각적으로 느껴지는 게 많기는 하다.[54] 만일 여러분이 딱딱한 표면을 신발을 신지 않고 중간 속도로 멀리까지 달린다면, 가볍고 부드럽게 달리는 것밖에는 다른 도리가 없을 텐데, 이를 위해 보통 취하는 방식이 바로 맨발로 달리면서 보속을 높이고, 보폭은 너무 벌리지 않으며, 발볼을 착지시키는 것이다. 1970년대에 현대식 운동화가 발명될 때까지만 해도 대부분 사람이 몇 백만 년간 이렇게 달렸을 테니, 이런 방식이 아마도 달리기에 더 나으리라는 건 그저 우연의 일치라고 생각되지 않는다. 우리 조상들은 결코 딱딱하고 평평한 도로 위를 달리지 않았으며, 모든 보행이 천편일률로 똑같지도 않았다는 사실, 나아가 그들은 오늘날의 열성적인 달리기 애호가들보다 달리는 일이 더 적었을 뿐 아니라 달리는 속도도 더 느렸음을 우리는 기억해야만 하겠다.

더구나 그들은 훈련 같은 것은 한 번도 받지 않았다. 여러 번 함께 살펴봤듯 운동은 지극히 현대적인 현상이다. 석기시대에는 페인트로 선을 죽 그어놓고 일렬로 대기하다가 21.0975킬로미터나 42.195킬로미터를 누가 더 빨리 달리나 경주하는 일은 절대 없었을 것이다. 그렇지만 여러분이 별도로 연습하지 않아도 어쩌면 마라톤을 완주할 수 있을지도 모른다고 한다면 엉뚱한 소리라고 생각할 사람이 많다. 그렇다면 타라우마라족처럼 운동이라곤 일절 않는 끈기 사냥을 하는 수렵채집인은 어떻게 장거리 달리기를 위한 '훈련'을 거뜬히 해내는 것일까? 그 핵심은 필시 아마도 몇 시간이고 계속되는 장거리 걷기를 비롯해 여타 근력과 지구력을 길러주는 다른 형태의 노동 덕분일 것이다. 여러분에게는 이상하게 들릴지 모르겠지만, 나는 달리기에 큰 도움이 될 수 있는 또 하나의 훈련이 바로 춤이라고 생각한다.

쉘 위 댄스

1950년, 레이시온사(1922년에 설립된 미국의 대표적 군수업체—옮긴이)에서 일하며 얼마쯤 재산을 모은 로런스 마셜은 이제 퇴직해 가족과 시간을 보내기로 마음먹고는 그들을 데리고 모험을 떠났다. 로런스는 하버드대학 인류학자에게 상담을 받아본 뒤, 아내 로나와 두 자녀 엘리자베스와 존을 데리고 세상 반대편에 자리한 외진 칼라하리 사막으로 여행을 떠났다. 이후 8년에 걸쳐 마셜 가족은 몇 번이고 칼라하리 사막을 다시 찾아(한번은 내리 18개월을 머물기도 했다), 당시만 해도 여전히 수렵채집인이었던 산족의 삶을 관찰하고 기록했다.[55] 마셜 가족은 이 경험을 토대로 산족에 대한 책을 여러 권 써냈고, 그와 함께 세세한 기록이 담긴 노트와 갖가지 물건, 사진들을 품에 안고 돌아왔다. 촬영에 남다른 재능이 있던 존은 수천 시간 분량의 영상까지 찍을 수 있었다.

　존 마셜이 이때 찍어둔 놀라운 영상은 산족이 몇 킬로미터고 쉼 없이 걸어 야생에서 식량을 채취하고 사냥하는 모습을 상당수 담고 있었다. 중간중간 달리기를 하며 끈기 사냥을 펼치는 광경을 담은 영상도 몇 편 있었다. 그런데 그중 한 영상(도판 26)에는 이 둘과 전적으로 다르지만 중요성은 결코 뒤지지 않는 또 다른 지구력 신체활동, 그러나 운동학자에게 종종 무시당하곤 하는 활동에 대한 기록을 담고 있었다. 바로 춤이다.

이야기를 풀어갈 멍석을 까는 차원에서 이런 세상을 한 번 상상해보자. 의사, 조직화한 종교, TV, 라디오, 책 등 우리가 신체적 및 영적 요구를 채울 때나 함께 즐기고 교육을 받을 때 의지할 여타 제도나 발명품을 일절 찾아볼 수 없는 그런 세상 말이다. 그런데 산족을 비롯해, 지금껏 우리가 연구해본 모든 비산업사회에서는 춤이 위에서 말한 일은 물론이고 그 이상의 일까지 할 수 있도록 돕는다. 마셜 가족을 비롯한 여타 관찰자에 따르면, 춤은 단순히 집단 내 모든 성원을 하나로 뭉치게 하는 신나는 사교 모임일 뿐만 아니라, 악귀를 몰아내고 병자를 치료하는 역할도 하는 중요하고, 빈번하며, 격렬한 신체 활동이 필요한 하나의 의례였다.[56]

산족이 주술 춤을 추는 것은 일주일에 한 번 정도다. 땅거미가 깔리고 모든 부족민이 모닥불 주위로 모여들면 대개 춤이 시작된다. 남자와 여자가 다 함께 흥겹게 목청을 높여 먼 옛날 뜻 모를 노래를 박수에 맞춰 부르는 동안, 남자 대여섯이 구불구불하고 배배 꼬이기도 하는 선을 따라 무리 주변을 돌면서 춤을 추기 시작한다. 노래의 리듬에 맞춰 쿵쿵 발을 내딛다가 종종 가볍게 발을 굴러 추임새를 넣기도 한다. 대부분은 남자들이 춤을 추지만, 여자들도 분위기에 취하면 한두 차례 낀다. 밤이 이슥해져 무엇에라도 취한 듯 춤추는 분위기가 차츰 무르익으면 더 많은 남자가 춤에 끼어들고, 그렇게 해서 밤이 지나 새벽 동이 틀 때쯤에는 그들 말로 '반죽음'이라는 최면 상태에 들어간다. 춤을 추며 최면에 빠진 이들의 입에서 이승의 것이 아닌 듯한 소리가 흘러나오고, 그들의 몸은 이제 제멋대로 움직인다. 양손이 계속 파르르 떨리고, 머리는 흔들거리며, 더러는 주변을 내달리거나 땅바닥에 누워 온몸을 떨기도 한다. 산족은 이 같은 반의식^{半意識}에 들어가면 위대한 힘이 깃든다고 믿는다. 이때 주술사의 영혼은 자유롭게 이승과 저승 사이를 오가며 그 뜻을 전하고, 이미 확실한 징후가 있는 병은 물론 아직 드러나지 않은 아픔까지 함께 몰아내며, 어딘가에 도사린 채 보이지 않는 갖가지 위험으로부터 사람들을 지켜준다.

산족이 다부진 몸을 만들기 위해 춤을 추는 것은 아니지만, 일주일에 한 번 밤새 춤을 추기 위해서는 대단한 지구력이 필요하기에 반드시 그것을 길러야만 한다. 뿐만 아니라, 산족의 춤은 기본으로 통하는 규칙이지, 어떤 이례적인 일이 아니다. 내가 알기로 비산업사회 문화에서 남자들이 일정한 시기에 맞춰 몇 시간이고 춤을

도판 26   산족의 춤, 나미비아. (Laurence K. Marshall 및 Lorna J. Marshall이 기증한 사진. © President and Fellows of Harvard College, Peabody Museum of Archaeology and Ethnology, PM2001.29.14990)

추지 않은 곳은 단 한 군데도 없었다. 예를 들어, 하드자족은 때로 저녁 식사를 마치면 밤이 이슥해지도록 신나게 춤을 추는데, 그렇게 열을 맞춰 추는 춤 속에서 그들은 이제껏 어디서도 보지 못한 여러 관능적인 동작을 선보이기도 한다. 달빛도 없는 어두컴컴한 밤이면 하드자족은 신성한 에페메^{epeme} 춤을 춤으로써, 사람들 사이의 균열을 메우고 사냥에 행운이 따르기를 기원한다.[57] 타라우마라족도 서너 가지 춤을 추는데 12~24시간 동안 이어지는 경우가 많으며, 어떤 공동체에서는 이런 춤 행사가 1년에 많게는 30번까지 열린다.[58] 노르웨이 탐험가 카를 룸홀츠가 1905년 타라우마라족에 대해 언급한 것처럼, "이 사람들과 함께 춤을 추는 것은 매우 진지하고 의례적인 일로, 그것은 여흥이라기보다 일종의 예배이자 주술이다."[59] 심지어 욕구를 억누르며 살기로 악명 높은 잉글랜드인조차 옛날에는 지금보다 춤을 훨씬 많이 췄다. 제인 오스틴의 시대에는 무도회가 열리면 밤을 꼬박 새우도록 끝나지 않곤 했다. 소설《이성과 감성》에 등장하는 윌러비 씨는 "저녁 8시부터 새벽 4시까지 자리에 한 번 앉지도 않고" 춤을 췄다.[60]

춤은 분명 달리기는 아니지만, 대개 더 재밌는 데다 지극히 보편적이고 가치 있게 여겨지는 신체 활동으로 통하는 만큼 우리는 춤을 달리기와 흡사한 또 다른 형태의 보행으로 생각해야 하지 않을까 싶다. 실제로도 사람들은 걸을 때처럼 더러 춤출 때도 다리를 일종의 기둥으로 활용하는데, 달리는 사람이 양발로 번갈아 뜀뛰기를 하듯 춤추는 이도 두 다리를 이용해 점프하는 것을 무엇보다 흔히 볼 수 있다. 이와 함께 장거리 달리기와 마찬가지로 춤 역시 몇 시간씩 추기도 하는 만큼, 춤에도 체력과 기술, 근력이 필요하다.

사람들이 거의 생각지 못하는 달리기와 춤의 유사점 하나는, 이

둘이 어떻게 우리를 다른 차원의 세계로 이끄는가 하는 것이다. 오랜 시간 동안 격렬한 운동을 하면, 오피오이드, 엔도르핀, 그리고 무엇보다 마리화나에 들어 있는 활성화합물과 비슷한 엔도카나비노이드처럼 사람의 기분을 좋아지게 하는 뇌 속의 화학물질이 자극을 받는다. 달리기를 하거나 춤을 추는 사람이 고조된 기분을 맛보는 것도 그래서다. 나는 밤을 새워가며 춤을 취본 일은 없지만, 이따금 오래도록 열심히 달리다 보면 나도 모르게 행복감에 젖어들며 마음이 편안해지곤 한다. 그럴 때면 사물, 소리, 냄새에 대한 내 인식도 한층 강해진다. 파란 것은 더욱 파랗게 보이고, 새의 노랫소리, 자동차 경적, 발소리 하나하나가 깜짝 놀랄 만큼 또렷하게 들려오는 것이다. 내 가정이지만, 이처럼 집중된 인식 상태는 달리는 사냥꾼이 동물을 잘 추적하는 데 도움이 되도록 진화한 듯하다. 울트라마라토너들이 전하는 바에 따르면, 그들은 몇 킬로미터 정도를 달리고 나면 산족이 주술 춤을 출 때와 마찬가지로 때로 최면 상태에 들어간다고 한다. 루이스 리벤버그도 칼라하리 사막에서 산족 사냥꾼들과 함께 끈기 사냥에 나섰다가 자신이 정말 수컷 쿠두라도 된 듯한 느낌을 받았다고 술회한 적이 있다.[61]

수백만 년 동안 인간은 달리거나 춤을 추며 몇 시간씩 두 다리를 번갈아 뜀뛰는 동작을 정기적으로 해왔다. 물론 이런 격한 신체 활동을 건장한 몸을 만들거나 건강하게 살려는 목적에서 운동으로 한 적은 결코 없지만, 그럼에도 이를 통해 사람들은 과거 자신의 달리는 방식에, 즉 오랜 시간에 걸쳐 띄엄띄엄 걷기도 하면서 그리 빠르지 않은 속도로 달리는 데 딱 알맞은 지구력을 키울 수 있었다.

　달리기와 춤은 사람이 평생 동안 할 수 있는 활동이기도 하다. 지금도 전 세계에서 노령의 커플이 무도장을 사뿐사뿐 누비며 춤추는 광경을 볼 수 있으며, 나 자신만 해도 80대 타라우마라족 노인들이 느린 속도로나마 1킬로미터씩 끝까지 달리는 광경을 볼 수 있었으니(에르네스토가 그렇지 않았던가), 그들이 21세부터 시작해 84세까지 보스턴마라톤에 참가한 보스턴의 전설 조니 켈리와 무엇이 다르겠는가. 몇 년 전, 뉴욕마라톤에 참가해 결승선에 거의 다다랐을 즈음에 90세의 한 할아버지가 어디서도 본 적 없는 함박웃음을 만면에 머금고, 경주로에 늘어선 수천 명 관중의 열화와 같은 환호성을 즐기면서 결승선을 향해 힘껏 달리는 광경을 보기도 했다. 그 옆을 지나칠 때 그분의 노력에 힘찬 박수를 보내면서, 나도 복이 있어 저 나이까지 살 수 있다면 과연 저분처럼 할 수 있을까 생각했던 기억이 난다. 나이 아흔에 마라톤을 뛸 수 있는 그분의 노력은 그저 요행에 불과할까, 아니면 평생 헤아릴 수 없이 긴 거리를 달린 내공에서 비롯된 것일까?

제10장

지구력과 노화:
활동적 조부모와 값비싼 보수 가설

미신 #10 나이 들수록 몸을 덜 움직이는 게 정상이다

◇　◇　◇

"윌리엄 아버지, 이젠 당신도 늙으셨어요." 젊은이가 말했다.
"머리도 다 허옇게 세셨잖아요.
그런데도 쉴 새 없이 물구나무서기를 하시니—
그게 아버지 나이에 맞는 일이라고 생각하세요?"

—루이스 캐롤, 《이상한 나라의 앨리스》

누구나 오래 살고 싶어하지만, 누구도 늙고 싶어하지는 않는다. 수많은 세월 동안 사람들이 노화를 늦추고 죽음을 미룰 방법을 열심히 찾고자 했던 것도 그래서다. 이런 간절함을 바탕으로 수익성 좋은 사업 기회가 생겨난다. 불과 얼마 전까지만 해도 담배를 태우거나 수은, 개 고환을 빻은 가루 따위를 복용하면 영원한 안식에 이르는 시간을 늦출 수 있다며 사기꾼들이 우리 귀를 혹하게 하지 않았던가. 오늘날의 영생 판매상은 주로 성장호르몬, 멜라토닌, 테스토스테론, 비타민 메가도스^{megadose}(세계보건기구의 하루 권장량보다 50~100배 많은 비타민을 복용하는 방식—옮긴이), 알칼리성 식품 등을 내놓고 팔고 있고 말이다.[1] 하지만 수천 년 동안 이 방면의 제일 그럴싸한 충고 속에 어김없이 들어 있던 것은 다름 아닌 운동이었다. 헤아릴 수 없이 많은 연구를 통해 입증되는 이 사실, 즉 규칙적인 신체 활동은 노화 과정을 늦춰줄 뿐만 아니라 수명 연장에 도움이 된다는 점을 오늘날 모르는 이는 거의 없다. 2,500년 전 히포크라테스가 이렇게 썼을 때 당시 사람들 역시 그러려니 하지 않았을까. "사람은 밥을 먹는 것만으로는 건강해지지 않는다. 반드시 운동을 해야 한다."[2] 인내는 결국 인내를 통해서 길러지는 법이다.

하지만 우리가 결코 운동하도록 진화하지 않았다면, 왜 운동에서 얻는 혜택이 그토록 큰 것일까? 이와 함께, 운동을 해야 더 오래산다는 조언을 거의 누구나 하는데도, 운동을 하고도 오래 못 사는 사람이 그토록 많은 것은 또 어떻게 설명해야 할까? 예를 들어 우리는 이 대목에서 제2차 세계대전 막바지에 태어나 똑같이 도널드라고 이름 지어진 두 남자의 운명을 살펴볼 수 있는데, 이 둘의 운동 습관은 달라도 그렇게 다를 수 없었다.

도널드 트럼프는 따로 소개가 필요 없는 인물이다. 1946년 부유한 부모 밑에서 태어난 그는 10대에 부모의 강권으로 군사학교에 보내졌고 아마 여기서는 마지못해 스포츠에 참가해 뛰어야 했을 것이다. 술과 담배는 일절 입에 대지 않는 트럼프는 많은 양의 정크푸드와 큼지막한 스테이크 요리를 즐기고, 다이어트 콜라를 마시며, 잠은 거의 안 자고, 골프 외에는 아예 운동을 안 하는 것으로 유명하다. 전기 작가에 따르면, "트럼프는 사람 몸이 배터리와 비슷하다고 믿어서, 운동을 하면 에너지만 닳을 뿐이라고 생각했다. 그래서 그는 운동 따위는 하지 않았다."[3] 중년에 접어들자 트럼프는 몸이 불어 과체중이 되었고, 콜레스테롤과 혈압 수치를 떨어뜨려야 한다는 의학 처방도 받았다. 하지만 2018년 대중에게 공개된 의학적 증거에 따르면, 당시 트럼프는 혈압도 정상이고(116/70) 콜레스테롤 수치도 안심할 수치일 만큼 건강이 양호했다.[4] 여러분이 트럼프에 대해 어떤 생각을 가졌건, 그를 보면 굳이 수십 년간 격렬한 운동을 하지 않더라도 나이 70세에 미국의 제45대 대통령 자리에 오르는 것이 불가능한 일이 아님을 알 수 있다.

도널드 리치는 트럼프보다 2년 앞서 대서양 저 건너편의 스코틀랜드에서 태어났다. 꼬마 때부터 경기에 나가 뛰었던 그는 10대에 0.4킬로미터를 달린 것을 시작으로 차근차근 거리를 늘려 어른이 돼서는 울트라마라톤까지 뛸 수 있게 되었다. 그에게 마라톤 뛰기는 딱히 어렵지 않은 일이어서, 1977년에 161킬로미터를 11시간 30분 51초에 주파하는 등(1.6킬로미터를 평균 7분 미만의 엄청난 속도로 내달렸다는 의미다) 세계 기록을 세운 것만도 한두 번이 아니었다. 한번은 스코틀랜드 북단에서 잉글랜드 남서부 끝단까지 총 1,358킬로미터를 단 열흘 만에 달리기도 했는데, 지독한 기침감기를 달고도 평균적으로 하루에 마라톤 세 번에 해당하는 거리를 달린 셈이었다. 리치 자신의 계산에 따르면, 그가 일평생 달린 거리를 모두 합하면 33만 4,743킬로미터가 넘었다.[5] 그런데도 그는 51살이 되었을 때 당뇨병에 걸렸다. 당뇨병은 건강하고 다부진 운동선수라면 좀처럼 걸리지 않는 병이다. 그의 병은 성인 발병성의 제1형 당뇨로, 이 병에 걸리면 인슐린을 만들어내는 췌장 속 세포들을 면역체계가 파괴해버린다. 이런 상태에서도 그는 어쨌거나 달리기를 계속했다. 그가 56세에 뛴 어느 지루하기 짝이 없는 경기에서는, 219킬로미터를 24시간 새에 멈추지 않고 달리기도 했다. 하지만 마침내 그는 멈출 수밖에 없었는데, 높은 혈당수치 때문에 경동맥 폐색, 부정맥, 고혈압, 다발적인 일과성허혈증ministroke 같은 심장 관련 질환이 잇따라

발병했기 때문이다. 리치는 2018년 73세의 나이로 숨을 거두었다.

이 두 도널드가 맞이한 확연히 대비되는 의학적 운명을 우리는 어떻게 잘 정리할 수 있을까? 여기서 내가 운동이 노화를 늦추거나 장수할 확률을 높이는 건 아니라고 주장한다면 아마도 정신 나간 사람으로 비치겠지만, 혹시 운동이 노화를 막는 만병통치약으로서 그 효능에 비해 지나치게 많이 팔리고 있는 것은 아닐까? 아니면 단순히 도널드 트럼프는 운이 좋았고, 도널드 리치는 운수가 사나웠던 걸까? 아니면 도널드 리치가 그렇게 활동적으로 살지 않았다면 73세보다도 더 일찍 세상을 떠났을지도 모르고, 도널드 트럼프 역시 운동을 했더라면 70대에 신체적으로나 정신적으로 더 건강하지 않았을까?

아마도 트럼프에게는 일하는 게 곧 운동일 것이다. 꽉 들어찬 많은 사람들 앞에 서서 연설하고 제스처를 취하는 중에도 비록 격렬한 운동까지는 아니지만 신체 활동이 이뤄질 뿐 아니라, 트럼프는 역사상 그 어떤 미국 대통령보다 골프에 많은 시간을 할애했다 (물론 골프 코스를 돌 때는 늘 카트를 이용했지만).[6] 또한 알고 보면 트럼프는 많은 이들이 은퇴하는 나이를 훨씬 지나서까지 계속 활발하게 활동한 편이었다. 그런데 잘 생각해보면 마음 놓고 느긋이 지낼 수 있는 시간이 있어야 그걸 은퇴라고 할 수 있는 것 아닌가 싶다. 65살 정도 되었으면 이제 두 다리 쭉 펴고 쉬거나, 골프장에 다니거나, 브리지 게임을 하거나, 낚시를 가거나, 크루즈 여행을 하는 등 무엇이든 맘 편한 일을 해야 하지 않을까?

그런데 전문가들에 따르면 그렇지 않다고 한다. 전문가들은 두 도널드의 변칙적인 사례는 무시하고, '젊음의 분수Fountain of Youth'가 땀을 통해 흐른다는 사실을 입증하는 산더미 같은 증거에 집중해야 한다고 다그친다. 뿐만 아니라 그 땀은 나이가 들수록 더 많이 흘릴 필요가 있다.

운동이 노화에 미치는 영향을 다룬 가장 명망 높은 연구 중 하나는 댈러스에서 진행된 쿠퍼센터 종단연구로, 1970년에 '유산소운동aerobics'이라는 말을 고안해낸 케네스 쿠퍼 박사의 주도로 처음 시작되었다. 이 연구에서 나온 한 분석에서는, 35세가 넘은 남자 1만 명 이상과 여성 3천 명을 추적 조사해 운동으로 신체를 건장하게 유지하는 이가 장수하고 더 건강한 삶을 사는지 검증해보았다. 그 결과는 전반적으로 그렇다는 것이었다. 나이 차이를 반영했을 때 (아무래도 노령인이 젊은이보다 해당 연도에 세상을 떠날 가능성이 더 높으므로), 쿠퍼는 신체적으로 가장 건장한 남성 및 여성이 가장 쇠약한 이에 비해 사망률이 3분의 1에서 4분의 1까지 낮다는 사실을 밝혀낼 수 있었다.[7] 뿐만 아니라, 애초에는 몸이 부실했으나 실험을 통해 운동을 시작해 건장해진 부표본 집단의 경우, 계속해서 비활동적이고 몸이 부실했던 이들에 비해 나이 차이를 반영한 사망률이 절반으로 떨어지는 것으로 나타났다.[8] 이 연구는 단순한 연명보다 건강에 더 역점을 둔 만큼, 쿠퍼센터의 연구진은 수십 년에 걸쳐 총 1만 8천 명 이상의 중년들을 추적 조사해 어떤 이가 당뇨병이나 알츠하이머 같은 만성 질환에 걸리는지 살폈다. 남녀 모두 몸이 더 건장한 이가 만성 질병에 걸릴 확률은 절반 정도에 그쳤으며, 설령 병에 걸리더라도 다른 이보다 더 나이가 든 뒤였다.[9] 이상의 연구 결과 및 비슷한 부류의 연구를 보면, "사람은 늙어서 그만 놀게 되는 게 아니라, 놀이를 그만두기 때문에 늙어간다"는 게 정말 맞는 말이구나 싶다.

똑같이 도널드라는 이름을 지닌 두 사람을 비교했을 때를 돌아본다면, 왜 사람들이 바로 위에서 인용한 통계수치에 신경도 쓰지 않거나 회의를 품는지 나는 십분 이해한다. 열심히 운동하고도 젊은 나이에 안타깝게 세상을 떠났거나, 정적으로 생활하는데도 오래 사는 이가 주변에 다들 몇 사람쯤 있기 때문이다. 그뿐인가, 이 책이 한결같이 주장하는 것처럼, 이 세상을 트럼프 식대로 사는 이들, 즉 특히 나이 들수록 쓸데없는 신체 활동은 피하는 이들은 그저 진화의 원리를 따르고 있는 게 아니겠는가? 마지막으로, '운동이 약'이라고 하더라도, 신체 활동은 *왜* 그리고 *어떻게* 신체 노화에 영향을 끼치는가? 앞선 장들에서도 함께 살펴봤듯, 이들 질문에 답하려면 우리는 단순히 서양인에 국한된 연구를 벗어나 인류학의 관점을 취해야 한다. 아울러 일단은 우리가 나이를 먹는 이유와 관련된 해묵은 질문을 붙들고도 씨름을 한번 해봐야 하겠다. 말이 나왔으니 하는 얘기지만, 늙어가는 인간의 모습에는 아주 독특한 데가 있다.

할머니 할아버지가 부지런한 까닭

조부모님을 생각하면 우리 형제에게 무엇이든 먹이려 하시던 기억이 참 많이 떠오른다. 그중 단연 일등은 아침상 차리기가 주특기셨던 외할머니다. 매주 주말이면 아침 첫 끼니를 코스 요리로 한 상 거나하게 차리셨는데, 보통 자몽 반 개로 시작해 핫 시리얼, 크림치즈를 바른 베이글, 훈제 연어가 차례로 테이블에 올랐다. 이 정도 요리 실력을 발휘하지는 않으셨지만, 친할머니 또한 손주들을 보러 오실 때마다 어김없이 할머니의 대표작인 무설탕 오트밀 쿠키를 안겨주셨다. 우리 할아버지들도 마찬가지로 손주들 먹이기에 한몫 하셨다. 외할아버지는 일요일 아침이면 브루클린 곳곳을 돌며 한 델리 가게에서는 최상급 훈제 연어를, 다른 데서는 흰살 생선을, 또 다른 가게에 들러서는 더할 나위 없이 맛있는 베이글을 사오곤 하셨다. 친할아버지도 우리를 보러 오실 때면 늘 엄청나게 큰 살라미 소시지와 더치 코코아를 품에 안고 계셨다.

지금 와서 드는 생각이지만, 우리 조부모님들은 지난 수백만 년 동안 수많은 동물 종種 중에서도 유독 인간 조부모만이 해왔던 일, 즉 손주들 먹이는 일을 자신들이 사는 브루클린의 실정에 맞추어 하셨던 것이었다. 이 독특한 행동은 우리 인간 종이 다른 동물과 다르게 유달리 장수하는 것, 즉 우리 인간은 생식 활동을 멈추는 나이를 훨씬 지나서까지 삶을 이어가는 것과도 강력한 연관이 있다. 동물계에서는 우리처럼 후後생식 수명이 긴 경우를 좀처럼 찾아보기 힘들다. 예를 들어 침팬지는 50세가 지나서도 연명하는 경우가 거의 없다. 50세면 암컷은 폐경기가 지난 직후이며 수컷도 더는 새끼를 낳지 않게 되는 나이다.[10] 이렇게 더는 새끼를 낳지도 키우지도 않게 된 직후 세상을 하직하는 것은 진화의 관점에서 보면 충분히 일리 있는 일이다. 이 단계에서 유기체는 생물학자 피터 메더워가 명명한 이른바 "자연선택의 그림자shadow of natural selection" 속으로 들어가게 된다.[11] 이론상으로 보면, 개체가 이 암울한 그림자 안에 일단 발을 들이면 생물학적으로나 진화론적인 면에서 퇴물이 되는 셈이다. 이 순간 이후로는 자연선택이 더는 노화에 결부된 갖가지 자연적 과정들과 맞서 싸우는 역할을 하지 않을 것이기 때문이다.

하지만 감사하게도, 노령의 인간은 결코 생물학적 면에서 퇴물로 전락하지 않는다. 우리만의 특별한 생식 전략이 어떤 식으로 우리를 선택의 비정한 그림자로부터, 최소한 일부라도 구해줬는지 이해하려면 유인원 암컷은 어미가 돌봐야 하는 새끼를 한 번에 딱 한 마리만 낳아 주변으로부터 별 도움을 받지 않고 키운다는 사실을 생각해보면 된다. 예를 들어, 침팬지 어미는 새끼를 새로 낳으려면 적어도 5~6년은 지나야 한다. 침팬지는 자신이 쓸 칼로리 필요량에 더해 배고픈 새끼 한 마리의 칼로리 필요량을 채울 만큼의 먹을거리만 매일 야생에서 채취하기 때문이다. 어린 새끼가 어느 정도 나이 들어 완전히 젖을 뗀 후 제 힘으로 야생에서 먹을거리를 구하게 된 뒤에야 어미는 이제 다시 새끼를 배기에 충분한 칼로리를 모을 수 있다. 이와는 반대로 수렵채집인은 보통 3년 만에 아기의 젖을 떼고, 아기가 스스로 위험에서 벗어나기는커녕 제 힘으로 먹을 것을 먹거나 구하기 훨씬 전에 다시 임신한다. 예를 들어 보통의 수렵채집인 엄마에게는 생후 여섯 달 된 갓난아기에, 네 살배기에, 여덟 살짜리 아이까지 줄줄이 딸려 있을 수 있다. 엄마는 대개 하루에 2천 칼로리 정도의 먹을거리만 모을 수 있기 때문에, 자기 한 몸에 필요한 2천 칼로리를 웃도는 상당량의 칼로리에 다들 아직 너무 어려 제 힘으로 야생에서 먹을거리를 구하지 못하는 여러 자식을 먹이는 데 필요한 칼로리까지 채울 만큼 충분한 먹을거리를 구하기는 아무래도 역부족이다.[12] 엄마에게는 도움이 필요하다.

이때 엄마의 손을 덜어주는 이들 중에 바로 중년 및 노년에 접어든 사람들이 있다. 그간 인류학자의 연구를 통해 밝혀진 바에 따르면, 오스트레일리아부터 남미 대륙에 이르기까지 야생채취 인구군에서는 할머니, 할아버지, 이모, 삼촌 등 나이 지긋한 어른이 평생을 줄곧 활동적으로 지내면서, 매일 자신이 소비하는 것보다 더 많은 칼로리를 채집하고 사냥해 어린 세대에게 내어준다고 한다.[13] 이 잉여 식량은 자식, 손주, 조카에게 충분한 칼로리를 제공하는 데 도움이 될 뿐만 아니라, 엄마가 해야만 하는 갖가지 일의 양도 줄여준다. 이와 함께 나이 많은 수렵채집인은 출산 후 약 20~30년 뒤까지 갖가지 지식, 지혜, 기술을 전수하는 식으로도 젊은 세대에게 도움을 주기도 한다. 수렵채집인이 일찍 죽는다는 세간의 통념과는 반대로, 이들 야생채취인은 갓난아기 때 찾아오는 1~2년의 위험한 고비만 잘 넘기면 68~78세까지 삶을 이어갈 가능성이 무척 높다.[14] 이 정도면 현 시점에 76~81세라고 알려진 미국인의 기대수명과도 별반 차이가 없는 셈이다.

수렵채집인이 자식을 더 낳지 않게 된 후로도 몇 십 년 활발히 신체 활동을 한다는 사실은 인간의 노화가 어떤 것인지를 이해하는 데 근본적인 밑바탕이 돼준다. 그중에서도 특히 우리 인간은 세대간 협동(특히 식량 공유)이 유달리 잘 이뤄지며, 이는 메더워가 말한 음울한 그림자가 드리우는 시기를 늦춰준다. 중년 및 노년의 수렵채집인은 나이가 들어 퇴물이 되기는커녕, 자식과 손주들에게 물자를 대주고, 육아를 하고, 식량을 가공하고, 전문기술을 전수하는 등 갖가지 방식으로 젊은 세대를 도우며 번식 성공에 힘을 보탠다. 수렵채집 생활의 본질적 특성인 이 기발한 협동 전략이 석기시대를 거치는 동안 등장하기 시작하자, 자연선택은 장수하는 인간을 선택할 기회를 갖게 됐다. 이 이론에 따르면, 다른 이들을 보살피면서 복이 많게도 장수에 유리한 유전자까지 타고난 이들 부지런하고 기꺼이 도움을 주는 조부모는 더 많은 자식과 손주를 두게 되고, 그렇게 해서 자신들의 유전자를 자손에게 물려줄 수 있었다.[15] 시간이 갈수록 인간은 더 오래 살면서 더 아량을 베풀고 주변에 쓸모 있는 조부모가 되도록 선택되었음이 분명하다.[16] 이러한 생각을 내세운 것 중하나가 이른바 '할머니 가설'로, 인간의 삶에서 할머니들이 특히 막

중한 역할을 맡는다는 사실을 중요하게 여긴다.[17]

운동과 노화 사이의 연관성을 명확히 밝히고자 이 할머니 가설에 뒤따르는 추론을 하나 제시하고자 하는데, 내가 활동적 조부모 가설이라는 이름을 붙인 이론이다. 여기에 담긴 생각에 따르면, 인간이 장수하게 된 것은 단순히 선택에 의해서만이 아니라, 노년에도 중강도의 일을 함으로써 되도록 많은 수의 자녀, 손주를 비롯한 나이 어린 친척들을 살리고 잘 자라게 도왔기 때문에 가능해졌다는 것이다. 다시 말해, (아직 그것이 무엇인지 정확히 밝혀지지는 않았지만) 인간이 50세를 넘어서도 살 수 있는 유전자에 대한 선택도 일어났을 수 있지만, 그와 함께 우리가 신체 활동을 하는 동안 우리 몸을 보수하고 유지해주는 유전자도 함께 선택되었으리라는 이야기다. 그 결과, 현재 노화를 늦추고 수명을 연장해주는 기제 중에는 신체 활동이 이루어질 때 작동을 시작하는 것이 많다. 그렇게 보면 인간의 건강과 장수는 신체 활동을 방편이자 목적으로 삼아 더욱 늘어나는 것이라고 할 수 있다.

활동적인 조부모 가설을 또 다른 식으로 설명하면, 인간이 장수하도록 진화한 것은 노년의 인간이 은퇴 후 플로리다로 이사해 수영장 옆에 앉아 시간을 보내거나, 골프 카트를 타고 돌아다니기 위해서는 아니었다는 것이다. 오히려 석기시대에 노년에 접어들었다고 하면 곧 걷기, 땅파기, 들고 나르기 등 갖가지 형태의 신체 활동을 많이 하게 됐다는 뜻이었다. 그에 뒤따른 결과로, 자연선택도 똑같이 나이 든 개체라도 이런 활동에서 발생하는 스트레스에 반응해 보수 및 유지 기제를 활성화하는 신체를 가진 이를 선호하게 되었고 말이다. 더욱이 그 옛날에는 중년 및 노년 인구가 직장에서 은퇴해 마음껏 놀면서 지낼 기회가 전혀 없었던 만큼, 신체 활동에 따르는 스트레스가 없을 때에도 이들 기제가 똑같은 강도로 활성화되게 끔 강력한 선택이 이루어진 적도 전혀 없었다고 하겠다.

석기시대에 조부모가 과연 어떤 종류의 신체 활동을 얼마나 했을지 어렴풋하게라도 그림을 그려보는 차원에서 다시 한 번 하드자족의 땅으로 여행을 떠나보자. 하드자족 할머니의 여느 하루는 새벽 동이 튼 직후, 불씨를 살피고 어린 자손들을 먹이고 돌보는 것으로 시작된다. 몇 시간 후에는 이 할머니를 비롯해 야영지의 다른 여자들이 무리 지어 숲속으로 길을 떠난다. 여자들이 2살 미만의 갓난아기를 포대기에 싸서 등에 업고 길을 나서면, 예닐곱 살이 안 된 어린아이들이 따라 나서고, 더러는 무장한 남자 하나 혹은 10대 소년 두엇이 함께 나서 이들을 엄호한다. 땅파기에 적당한 자리를 찾으려면 더러 한 시간씩 걸리는 먼 길을 가야 할 때도 있다. 하드자족이 주식으로 삼는 뿌리나 덩이줄기가 묻혀 있을 만한 덩굴이 눈에 들어오면, 여자들은 그곳에 자리 잡고 앉아 흙을 파내기 시작한다. 이때 주 연장으로는 파내기용 막대를 쓰는데, 지팡이 길이의 가느다랗고 딱딱한 나무를 구해다가 그 끝을 날카롭게 다듬고 불에 달구어 단단하게 만든 것이다. 땅파기는 바위 몇 미터 밑에 숨어 있는 수많은 덩이줄기를 캐내는 일이라 고되기 짝이 없지만, 수다를 떨며 일하다 보면 어느새 훌쩍 한낮이 돼 있다. 별일이 없을 때는 한낮에 다 함께 쉬며 점심을 먹는다. 하드자족의 진미가 대개 그렇듯이, 이때도 하드자족은 힘들게 캐낸 덩이줄기를 아무렇게나 불에 던져 넣고 몇 분간 구워 즉석에서 먹어치운다. 점심 식사가 끝나면 또 한 차례 땅파기가 이어지고, 이 작업이 끝나면 마침내 한데 무리 지어 즉석에서 해치우지 않은 덩이줄기를 모조리 보따리에 싸서 짊어지고 집으로 돌아온다.

땅파기는 하드자족 여자라면 누구나 하는 일이지만, 엄마들보다는 할머니들이 더 많이 하는 편이다. 아무래도 할머니가 어린것을 돌보거나 젖을 먹이는 데 시간을 덜 쓰는 것도 한 이유일 것이다. 크리슨 혹스와 그의 동료들이 측정한 바에 따르면, 보통의 하드자족 엄마가 하루에 4시간 정도 야생에서 식량을 채취하는데, 할머니는 하루 평균 5~6시간 정도를 야생식량 채취에 할애한다.[18] 땅파기를 덜 하고 산딸기류 열매 채집에 더 시간을 들이는 날도 있지만, 전반적으로 할머니들이 엄마들보다 일하느라 보내는 시간이 더 길다. 거기에다 할머니들이 매일 7시간을 야생식량 채취와 식사 준비에 할애하는 것과 마찬가지로, 할아버지들 역시 나이 들어서도 사냥은 물론 꿀을 모으고 바오밥 열매 따기를 멈추지 않으며 별일이 없는 한 젊은 세대 남자만큼이나 먼 데까지 길을 나선다. 인류학자 프랭크 말로우에 따르면, "나이 든 남자는 무엇보다 높은 바오밥나무에서 떨어져 목숨을 잃을 확률이 가장 높은데, 노년에 들어서도 꿀 채집을 멈추지 않기 때문이다."[19]

맨몸으로 나무를 타거나 동물을 사냥하는 것은 둘째치고라도, 하루에 몇 시간씩 땅을 파는 노령의 미국인은 과연 얼마나 있을까? 이 대목에서 우리가 비교할 수 있는 것이 바로 미국인과 하드자족이 걷는 양이다. 수천 명을 대상으로 한 연구에 따르면, 21세기의 평균적인 18~40세 미국 여자는 하루에 5,756보(3~5킬로미터)를 걷는데, 나이가 들수록 이 수치는 급격히 떨어져 70대가 되면 그 절반 정도가 되는 것으로 나타났다. 이처럼 미국인은 70대에 접어들면 활동성이 40대의 절반으로 뚝 떨어지는 반면, 하드자족 여자는 미국인보다 하루 두 배 정도를 더 많이 걸으면서도 나이가 들어도 활동량이 그다지 많이 떨어지지 않는다.[20] 뿐만 아니라, 심장박동률을 모니터한 결과 노년의 하드자족 여자는 아직 자식을 곁에 두고 있는 젊은 세대 여자보다 중~고강도 신체 활동을 오히려 더 *많이* 하는 것으로 나타났다.[21] 노년의 미국 여자들이 자식과 손주에게 줄 물건을 구하려고 하루에 8킬로미터를 걸어야 한다면, 그것도 모자라 선반 위 물건을 끌어다가 카트에 담는 대신 딱딱한 돌투성이 땅을 몇 시간씩 판 끝에야 시리얼 몇 상자와 냉동 콩, 프루트 롤업 젤리 같은 먹을거리를 구할 수 있다고 하면 과연 어떨지 한번 상상해보자.

당연한 얘기겠지만, 노년의 수렵채집인이 그 나이에도 계속 탄탄한 신체를 유지하는 것은 힘든 일을 하는 덕분이다. 연령별 신체 단련 정도를 가늠하게 해주는 가장 신빙성 있는 수치 중 하나가 바로 보행 속도다. 이 수치는 기대수명과도 강력한 상호연관성을 지닌다.[22] 50세 미만의 평균적인 미국인 여자는 초당 0.92미터의 속도로 걷지만, 60대에 이르면 초당 0.67미터로 현저히 떨어진다.[23] 한편 은퇴가 따로 없이 활동적으로 생활하는 덕에, 하드자족 여자들은 나이가 들어도 보행 속도가 별달리 떨어지지 않으며 70대까지 초당 1.1미터라는 제법 빠른 속도를 꾸준히 유지한다.[24] 노령의 하드자족 할머니를 따라잡기 위해 애면글면했던 경험이 있는 만큼, 이들이 찜통 같은 더위에도 날쌔게 잘 걷는다는 사실은 나 자신이 증언할 수 있다. 하드자족 남자들 역시 나이가 들어도 재빠르게 잘 걸어다닌다.

노령의 수렵채집인이 나이 들어서도 계속 활동적이기는 하지만, 그럼에도 그들 역시 나이를 먹는다. 한번은 연구자들이 아프리카 및 남아프리카의 수렵채집인을 대상으로 악력 강도, 푸시업 및 풀업의 최대 개수를 측정해 노화가 근력 및 신체 단련에 어떤 영향을 미치는지 정량화한 적이 있었다. 이 미니 올림픽을 수 차례 치른 결과, 남자들은 20대 초반에 운동 능력이 정점에 이르렀다가, 60대 중반이 되자 근력과 속도가 20~30퍼센트 감소하는 것으로 나타났다. 여자들은 남자에 비해 근력과 속도가 떨어지지만, 나이가 들어도 속도나 근력이 줄어드는 정도가 덜한 것으로 나타났다. 아마 존강에서 생활하는 야생채취 부족인 아체족의 경우, 여자들의 최대 유산소 능력peak aerobic capability(최대 VO_2)은 성인기 내내 대단히 높게 유지되며 나이가 더 들었다고 해서 이 능력이 떨어진다는 증거가 없다. 남자들은 나이가 들수록 VO_2가 떨어지지만, 유산소 능력은 심지어 65세의 아체족 남자가 45세의 미국인 남자에 비해 훨씬 낫다.[25] 전반적으로 봤을 때 수렵채집인은 탈산업사회의 보통 서양인보다 근력이나 신체 단련 수준이 더 높으며, 이들 능력을 상실하는 속도가 더 느려서 나이가 들어도 계속 활발히 활동할 수 있다. 야생채취인 사이에서는 몸을 약하게 하는 근손실을 걱정할 일이 없다.

그런데 활동적인 조부모 가설을 살피다보면, 닭이 먼저냐 달걀이 먼저냐 하는 고전적 문제가 머리에 떠오른다. 과연 얼마나 늙은 나이까지 살아야 인간은 젊은 세대에게 도움이 되는 활동적인 조부모가 될 수 있을까, 즉 얼마나 힘들게 일해야 일단 오래 살기부터 할 수 있을까? 인간의 장수는 신체 활동에 뒤따른 *결과*일까, 아니면 계속 활동적으로 지내는 데 대한 *적응*일까? 이와 함께, 우리의 수렵채집인 조상들은 더는 사냥과 채집을 못하게 되었을 때 자신에게 닥쳐온 피치 못할 선택의 그림자에 어떻게 대응했을까? 오늘날 몇몇 국가에서는 노령의 시민을 돌보는 문제를 해결하기 위해 요양원, 연금, 국가지원 의료 서비스 등을 마련해놓는다. 수렵채집인의 경우 노인들은 집단 내에서 큰 존경을 받기는 하지만, 이들이 장거리를 걷지도, 덩이줄기를 캐지도, 꿀을 모으지도, 갖가지 자재를 집으로 나르지도 못하게 되면, 먹을거리가 일정량밖에 없는 상황에서 짐이 되는 것도 사실이다. 그렇게 보면 인간은 더는 아기를 갖지 않게 되고도 한참 뒤까지 살도록 선택되었을지언정, 만성적인 장애를 안은 채 오래 살도록 선택되지는 않았으리라는 결론이 나온다. 다원주의 관점에서 봤을 때, 이처럼 활동적으로 오래 살다가 몸을 못 움직이게 됐을 때는 빨리 죽는 게 최선의 전략이다. 하지만 이보다 훨씬 나은 전략은 다름 아닌, 나이 들어도 기능이 퇴화하는 것을 피하는 일이리라.[26]

나이는 들지만 노화는 피하기

이따금 거울을 들여다볼 때면, 웬 반백에 머리도 점점 벗어지는 녀석 하나가 날 빤히 쳐다보고 있나 싶다. 다행히도 나는 아직 겉보기처럼 늙었다는 느낌이 들지는 않는다. 나이 드는 것은 돌이킬 수 없는 일이지만, 노화 즉 세월이 흐르며 기능도 함께 퇴화하는 현상은 사실 나이 드는 것과 상호연관성이 별로 없다. 오히려 노화는 식단, 신체 활동, 복사열과 같은 환경적 요인에 강한 영향을 받으며, 따라서 그 속도를 늦출 수 있고, 더러는 방지할 수도 있으며, 심지어 일부는 본래 상태로 되돌릴 수도 있다. 얼핏 생각하면 나이 드는 것과 노화 사이에는 분명한 차이가 있을 것 같지만, 이 두 과정은 곧잘 혼동되곤 한다. 나이가 들수록 더 흔히 발병하는 병증이 많은 것은 사실이지만, 실제로 나이 *때문에* 일어나는 병증은 몇몇에 불과하다. 예를 들어, 폐경은 나이가 들어 여자의 난소에서 더 이상 난자가 만들어지지 않을 때 발생하는 정상적인 일이다. 이와 반대로 제 2형 당뇨병은 나이가 든 일부에게만 발생하는 질환으로, 나이 자체가 원인이기보다 비만과 신체 활동 등에서 비롯된 갖가지 치명적인 악영향이 나이가 들수록 점점 쌓이는 데 일부 원인이 있다.

달리 말하면, 노화의 어떤 측면은 피하려면 피할 수 있는 데다 누구에게나 다 나타나지도 않는다.[27] 가령 나이가 든다고 해서 모두가 고혈압, 치매, 요실금 같은 병에 걸리는 것은 아니지 않은가. 그뿐만 아니라, 일부 생물종은 아예 노화 자체에 면역을 지닌 것처럼 보이기도 한다. 북극고래, 코끼리거북, 가재, 거북이, 몇몇 조개류는 태어나 수백 년이 지나도 계속 살아 있는 것은 물론 생식까지 한다. (이 분야의 세계 기록 보유 동물은 명明, Ming이라는 이름이 붙은 조개인데, 이런 잔혹한 아이러니가 또 있을까 싶게도, 연구자들이 굳이 바다 밑에서 건져 올려 죽여서는 나이가 507세임을 확인했다.)[28] 그렇다면 특정 동물이나 사람들은(운동하는 이들도 여기 포함된다) 어떻게 그리고 왜 노화가 더 늦게 진행되는 것일까?

기계론적인 차원에서 본다면, 우리가 노화하는 것은 우리의 세포, 조직, 기관들에 해를 입히는 갖가지 고약한 과정이 진행되기 때문이다. 우리 몸이 상하리라는 걱정을 품게 하는 작용 하나는 다름아닌 우리를 살아 있게 만드는 화학반응에서 비롯된다. 우리가 숨쉴 때 이용하는 산소는 세포 안에서 에너지를 발생시키지만, 그러고 나면 자유로운 홀전자를 가진 산소 분자가 남는다. 이들 활성산소reactive oxygen species(자유라디컬이라는 아주 그럴싸한 이름으로도 불린다)는 다른 분자의 전자를 가차 없이 훔쳐, 그 분자들을 '산화'시킨다. 이 절도를 기화로 느린 연쇄 반응이 일어나, 다른 불안정하고 전자에 굶주린 분자들이 또 다른 분자에게서 전자를 훔치는 과정이 반복된다. 산화는 사물을 차츰차츰 꾸준히 태우는 과정이다. 금속이 녹슬고 사과 과육이 갈변하는 것처럼, 산화가 일어나면 DNA가 파괴되고, 동맥 내벽에 상처가 나며, 효소가 활성화되지 못하고, 각종 단백질이 망가지며, 몸 구석구석의 세포들이 손상을 입는다. 역설적인 이야기지만, 산소를 많이 쓸수록 우리는 더 많은 활성산소를 만들어내고, 따라서 이론으로면 보면 많은 양의 산소를 소비하게 마련인 격렬한 신체 활동은 노화를 더욱 빨라지게 한다고 해야 맞을 것이다.

이와 관련해 노화를 부추기는 다른 동력으로 *미토콘드리아 기능 이상*mitochondrial dysfunction을 꼽을 수 있다. 미토콘드리아는 세포 안의 자그만 발전소로, 산소를 갖고 연료를 태워 에너지를 발생시킨다(ATP). 근육, 간, 뇌처럼 에너지가 늘 모자란 신체 기관은 세포 안에 이런 미토콘드리아가 수천 개씩 들어 있기도 하다. 미토콘드리아는 자신만의 DNA를 가지고 있는 만큼 세포의 기능 조절에서 나름의 역할을 담당하는가 하면, 당뇨병이나 암 같은 질병으로부터 신체를 보호하는 각종 단백질도 생산한다.[29] 하지만 산소를 태워서 그야말로 제멋대로인 활성산소를 만들어내 제 몸에 손상을 입히는 게 또 이 미토콘드리아다. 따라서 미토콘드리아가 제 기능을 더는 못하게 되거나 그 숫자가 줄어들면, 이로 말미암아 노화와 병이 발생하기도 한다.[30]

우리가 살아 있는 상태에서 에너지를 쓰는 바람에 일어나는 또 하나의 자기파괴 반응으로 갈변을 들 수 있다. 이를 전문용어로 *당화*glycation라고 한다. 갈변은 당과 단백질이 열의 도움을 받아 반응할 때 일어난다. 빵이나 고기를 굽는 등 음식을 요리하면 표면의 색깔이 진해지면서 좋은 향과 맛이 나는 것도 다 당화 덕분이지만, 이는 쿠키에는 좋을지언정 신장에는 확실히 나쁘다. 이 같은 반응들은 신체조직을 손상시킬 수 있는 것은 물론, 당화에서 만들어지는 합성물질(최종당화산물 advanced glycation end products)로 인해 혈관이 뻣뻣해지고, 피부는 주름지며, 눈의 수정체가 딱딱해지고, 신장이 막히는 등의 증상이 일어날 수 있기 때문이다. 이를 비롯한 여타 종류의 손상이 나중에는 염증을 유발한다.

앞에서도 살펴봤지만, 면역체계는 병원균을 막기 위해서는 물론이고 우리가 신체 활동으로 말미암아 스스로 입히는 손상으로부터 신체를 보호하기 위해서도 염증반응을 활성화한다. 단번에 불붙는 염증은 우리 목숨을 구하지만, 몇 달 혹은 몇 년씩 지속되는 저강도 염증은 우리 신체를 서서히 공격하는 셈이기에 치명적인 위험을 안고 있다. 만성적으로 뭉근히 끓는 염증의 파괴적인 효과는 시간이 흐를수록 점점 쌓여 머리부터 발끝의 세포와 조직에는 물론, 뇌 속의 뉴런, 관절 연골, 동맥 내벽, 근육과 지방 세포 속의 인슐린 수용체에까지 영향을 미친다.

산화, 미토콘드리아 기능 이상, 돌연변이, 갈변, 염증으로는 충분치 않은 모양인지, 세포를 손상하고 기능 저하를 일으키며 노화에 일조하는 과정은 이것들 말고도 많다. 일례로 시간이 흐를수록 세포 속 DNA에 미세한 분자들이 엉겨 붙는 일이 그렇다. (게놈 맨 윗부분에 일어나는) 이른바 이 후성 유전자 변형은 특정 세포 안에서 어떤 유전자가 발현될지에 영향을 미칠 수 있다.[31] 이 후성 유전자 변형에는 식단, 스트레스, 운동 같은 환경적 요소가 부분적으로 영향을 미치기 때문에, 나이가 들수록 우리 안에는 점점 더 많은 후성 유전자 변형이 쌓이게 된다.[32] 이런 변형은 대부분 별다른 해를 끼치지 않지만, 나이가 같을 때 몸 안에 이런 유전자 변형이 많을수록 사망 위험도 높아진다.[33] 이 외에도 노화에 포함되는 현상으로 세포가 손상된 단백질을 더는 재생해내지 못하는 것,[34] 영양분을 충분히 감지하고 획득하지 못하는 것,[35] (확률은 떨어지지만) 염색체가 풀어지지 않게 막아주는 말단 소립(텔로미어)이 지나치게 짧아져 분열하지 못하는 것을 들 수 있다.[36]

이렇게 노화의 기제들을 줄줄이 접하니 왠지 정신이 번쩍 드는 것 같다면, 그러는 게 당연하다. 이들 기제가 하나로 의기투합해 우리 몸을 서서히 망가뜨리고 있는 참이니 말이다. 우리의 혈관 안에는 점차 플라크가 쌓여 혈관이 뻣뻣해지고 피가 잘 통하지 않게 된다. 세포 안의 수용체에도 갖가지 침전물이 쌓여 꽉 막힌다. 근육의 신기한 힘mojo도 사라진다. 신경을 비롯한 다른 핵심 세포들 주변에도 점차 오물이 쌓여간다. 뇌세포는 죽고, 막이 찢어진다. 뼈는 작아지고 갈라지며, 힘줄과 인대는 해진다. 우리의 면역체계도 이제 그 전만큼 전염병에 맞서 싸우지 못한다. 이런 것을 비롯해 다른 갖가지 형태의 손상을 보수해주지 않으면, 우리 몸은 점점 더 맥없이 약해져 주행거리가 너무 길어진 자동차처럼 언제라도 고장 나기 쉬운 상태가 된다.

그래도 희망은 있다. 나이 드는 것과 노화는 불가분의 관계까지는 아니어서, 우리 신체를 망가뜨리는 이들 과정은 각기 천차만별이지만 어느 정도 예방하거나 늦출 수 있고, 뿐만 아니라 이들 과정에서 일어나는 손상을 복구할 수도 있기 때문이다. 예를 들어, 산화는 항산화물질을 통해 멈출 수 있는데, 이들 화합물은 활성산소와 결합해 무해한 물질로 만든다. 비타민 C, E 같은 몇몇 항산화물질은 식품에서 얻기도 하지만, 그 외의 많은 항산화물질이 우리 몸 안에서도 다량으로 합성된다. 비슷한 맥락에서, 미토콘드리아도 재생될 수 있으며, 당화에서 생기는 몇몇 물질도 효소들이 이들 합성물을 청소하고 파괴하면 손상을 바로잡을 수 있다.[37] 염증 역시 백혈구와 근육에서 만들어내는 항염증 단백질을 통해 작용을 억제할 수 있고, 텔로미어 길이도 늘어날 수 있으며, DNA도 손상이 복구될 수 있고, 세포들을 잘 유도하면 수십 가지 기능을 원상태로 복구하거나 고칠 수 있다. 아닌 게 아니라, 거의 모든 조직에서 일어나는 거의 모든 노화의 원인은(안구 수정체가 딱딱해지는 등 확연히 눈에 띄는 예외도 있지만) 이런저런 기제를 통해 방어하고, 고치고, 예방할 수 있다.

우리 신체의 다양한 노화 방지 기제들을 살피다 보니 수수께끼 하나가 머리에 떠오른다. 방금까지 함께 살펴봤듯 인간은 대부분 동물보다 더 오래 살도록 선택되었는데, 왜 더 많은 인간이 더 일찍, 더 자주 그 기제들을 활용하지 않는 것일까? 그렇게 한다면 노화를 늦추고, 갖가지 도움을 주는 조부모도 훨씬 더 오래 더 건강하게 살 수 있을 텐데 말이다.

이는 진화생물학자들이 수세대에 걸쳐 고민을 거듭해온 문제로, 단도직입적으로 말하면 우리가 나이 들수록 자연선택의 힘도 점차 약해진다는 게 지금껏 나온 설명 중 가장 그럴싸하다.[38] 질병, 포식자, 악천후를 비롯한 여타 자연의 무자비한 위력들(생물학자들이 전문용어로 완곡하게 '외인성 사망요인extrinsic mortality'이라 칭하는 것들)로 말미암아, 어차피 나이 든 개체는 점점 찾아보기 어려워지게 된다. 그 결과 노년 인구의 몸속에서는 자연선택이 생명 연장 및 기능 회복을 돕는 유전자에 더는 막강한 위력을 발휘하지 못한다. 따라서 중년 및 노년 인구가 젊은 세대를 있는 힘껏 돕고, 그 덕에 메더워가 말한 자연선택의 그림자를 어느 정도 미룰 수 있더라도, 나이

들어 낡고 해지는 데가 쌓일수록 자연선택도 그것을 막는 싸움에 신경을 덜 쓰는 것이다.[39] 좋든 싫든 그림자는 마침내 드리울 수밖에 없다. 하지만 다행히도, 그림자가 드리우는 시간을 늦추거나 그 어둡기를 줄일 수는 있으니 바로 신체 활동을 통해서다.

왜 운동은 건강에 좋을까

1960년대 중반, 댈러스에서 연구하는 일군의 생리학자들은 정적인 생활과 운동이 각각 건강에 미치는 영향을 비교해보는 실험을 행했다. 건강한 20대 남성 5명에게 일정액의 보수를 지급하고 첫 3주간은 침대에서 지내게 한 후 이어진 8주간 고강도 운동 프로그램을 실시했다. 침대 위 휴식은 몸을 망가지게 할 뿐이었다. 마침내 자리를 털고 일어나 돌아다녀도 좋다는 허락을 받았을 때, 자원자들의 몸 상태는 이런저런 측정치로 봤을 때 40대에 가까웠다. 전보다 살이 더 찐 데다, 혈압도 올라갔고, 콜레스테롤 수치가 높아졌으며, 근육량이 줄고, 체력은 떨어졌다.[40] 하지만 그 후 이어진 8주간의 운동을 통해 부실해진 몸 상태는 원상복구되었을 뿐 아니라, 어떤 경우에는 수치가 향상되기도 했다. 이 실험의 수석 연구원 벵트 살틴에게 있어, 여기서 얻은 메시지는 간단했다. "인간은 움직이도록 만들어졌다." 하지만 세월 앞에 장사 없는 법이니, 연구자들은 나이 드는 것이 비활동성에 어떤 영향을 끼치는지 평가해보고자 당시 자원자 5명을 30년 뒤 다시 연구해보자는 기발한 아이디어를 내게 된다.

이 실험의 원년 멤버에게 보통 미국인으로 30년 산다는 것은 호락호락한 일이 아니었다. 참가자들은 각기 체중이 20킬로그램 정도 불어났고, 혈압이 높아지고, 심장은 약해졌으며, 여러모로 봤을 때 체력과 건강이 모두 옛날보다 부실했다. 그런데도 이들은 또 한 번 연구에 참가해 30년간의 정적인 생활에서 비롯된 결과를 걷기, 사이클링, 조깅으로 구성된 6개월짜리 프로그램을 통해 만회해보기로 다짐했다. 다행히도, 이렇듯 인생 후반부에 두 번째로 운동이 끼어든 덕에 참가자들은 체중을 5킬로그램가량 줄일 수 있었으며, 무엇보다 놀랍게도 저하되었던 심혈관 건강이 대체로 예전 상태로 돌아갈 수 있었다. 6개월간 중강도 운동을 마친 자원자들은 평균 혈압, 휴식기 심박수resting heart rate, 심박출량cardiac output(심장이 1분간 박출하는 혈액의 리터 단위 분량—옮긴이)이 모두 20대 수준으로 원상복구되었다.[41] 이외에도 운동이 노화 방지에 갖가지 도움을 준다는 사실을 밝혀낸 연구는 많다.[42] 다만 *왜* 그런지 그 까닭을 설명해주는 것이 거의 없을 뿐이다.

차츰 나빠지는 건강을 왜 운동이 늦추고 때로는 되돌리기까지 하는지와 관련해 가장 흔히 제시되는 설명은, 운동이 노화를 빨라지게 하는 여러 원흉을 사전에 차단하고 개선해준다는 것이다. 그 원흉 가운데 가장 나쁘다고 손꼽히는 것은 지방이다. 운동은 체지방이 과다하게 쌓이는 것을 막는 동시에 때로는 체지방을 줄이기도 하는데, 그중에서도 복부 지방은 염증을 비롯해 우리 몸에서 갖가지 문제를 일으키는 주범이다. 운동은 당과 지방을 비롯해 건강에 나쁜 콜레스테롤의 혈중 수치를 낮춘다. 이 수치가 올라가면 차츰 동맥이 딱딱하게 굳고 단백질이 손상되는 등 여러 골치 아픈 문제가 일어날 수 있다. 댈러스 침대 휴식 및 트레이닝 연구 같은 실험을 통해서도 알 수 있듯, 운동은 심혈관 기능을 향상시키며, 스트레스 호르몬 수치를 낮추고, 신진대사를 활성화하고, 뼈를 강하게 만드는 등의 효과도 가져다준다. 하지만 이런 것들을 비롯해 운동이 지닌 수많은 유익한 효과는 여전히 신체 활동이 노화와 싸우는 *방식*만 설명할 뿐, 그 *이유*까지 설명하지는 못한다. 신체 활동이 어떻게 신체 안에서 갖가지 과정을 활성화시켜 몸이 제 기능을 유지하는 동시에 나이가 들면서 쌓인 몇몇 손상을 보수하는지 그 *이유*를 알기 위해서는, 내가 일명 값비싼 보수補修 가설이라 이름 붙인 내용부터 함께 자세히 살펴볼 필요가 있다.

　그 가설에 담긴 생각을 소개하고자, 내 아내가 헬스장에서 힘든 운동을 여느 토요일의 일과 중 하나로 넣었을 때 무슨 일이 일어나는지 함께 추적해보자(이 내용은 아내에게 허락을 구한 뒤 실었으며, 도움을 주고자 도판 27을 함께 실었다). 도판 27의 x축은 시간의 흐름, y축은 아내가 소비한 칼로리 양을 나타낸다. 나는 아내의 총에너지 소비량TEE을 휴식기대사에 소비한 칼로리RMR와 활동기에 소비한 칼로리AEE의 두 가지로 나누었다. 도판에도 잘 나타나 있듯, 아내는 잠에서 깨고 한두 시간은 정적이거나 가벼운 신체 활동을 했다. 그러다 10시 정각에 헬스장에 나가 고강도 유산소운동을 45분 한 뒤, 이어 힘든 웨이트운동을 추가로 45분 했다. 당연한 일이지만, 운동을 하는 이 90분 동안 아내의 AEE는 크게 치솟았다. 아내는 운동 후에 노곤해진 것은 물론, 약간의 몸살 기운까지 느꼈다. 그런데 여기서 무엇보다 중요한 점은, 운동을 멈춘 후에도 아내의 RMR이 곧장 예전 수준으로 떨어지지 않았다는 것이다. 오히려 아내의 RMR은 이후 몇 시간 동안 종전보다 약간 높은 수준을 몇 시간 유지해, 전문용어로는 운동후초과산소소비량excess post-exercise oxygen consumption, EPOC, 세간에서 흔히 사후연소라 부르는 상태에 머물러 있었다.

　그런데 이 사후연소는 신체 활동이 노화를 늦추는 방식과 이유

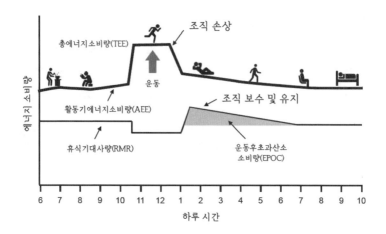

도판 27 값비싼 보수 가설. 하루 동안의 총에너지소비량(TEE), 휴식기대사량(RMR)과 활동기에너지소비량(AEE)을 나타낸 것으로, 운동 전, 운동 중, 운동 후 에너지 사용이 어떻게 변화하는지를 보여준다. AEE는 운동 전에는 낮지만, 운동 중에 올라갔다가 이후 다시 떨어진다. 하지만 RMR은 몸이 회복하고, 비축된 에너지를 다시 채우고, 손상을 보수하면서 운동후에도 계속 수치가 올라간 상태가 유지된다.

를 설명하는 열쇠가 될 수 있다. 이때 무엇보다 중요한 점은, 운동을 하는 동안 아내가 칼로리 비용을 많이 들였을 뿐 아니라 생리적 스트레스도 많이 받았다는 것이다. 아내가 이를 악물고 유산소와 웨이트운동을 끝까지 해내려 애쓰는 동안, 몸속에서는 '투쟁-도피' 체계가 활성화되어 코르티솔과 에피네프린 등 스트레스에 관련된 호르몬이 쏟아져 나와 심장 박동률을 높이는 한편 비축돼 있던 에너지를 죄다 쓰게 했다. 또 근육들이 에너지를 순식간에 소모하면서 세포의 원활한 기능을 막는 쓰레기 합성물들이 쏟아져 나오는가 하면, 미토콘드리아에서는 DNA를 비롯해 몸 구석구석의 다른 분자들을 손상시키는 해로운 활성산소가 다량 방출되었다. 설상가상으로, 아내가 중량의 역기를 들기 위해 애쓰는 동안 근육들에 무리가 가면서 곳곳이 미세하게 찢어졌다. 결국 위의 내용을 정리하면, 아내가 불굴의 의지로 해내는 운동은 단순히 몸에 불편을 주는 정도가 아니라, 몇몇 단기적인 손상까지도 일으킨다는 이야기다.

운동이 이렇게나 몸을 망가뜨리는데 왜 건강에 좋다는 것일까? 그 이유는 운동을 멈추고 난 뒤 아내의 몸이 나름의 반응을 일으켜 운동으로 일어난 그 모든 손상을 보수하는 것은 물론, 무엇보다 중요하게는, 과거에 운동하지 않을 때 생긴 일부 손상까지도 고쳤다는 데 있다. 그 결과 아내는 수많은 조직을 예전 상태로 회복시킬 수 있었다. 이런 보수 및 유지 반응에는 여러 가지가 있으나, 대표적으로 '휴식 및 소화' 체계를 통해 심장 박동이 느려지고, 코르티솔 수치가 떨어지고, 사용되지 않은 에너지를 근육과 지방 세포로 도로 날라주고, 에너지 비축량을 다시 채워준 것을 꼽을 수 있었다. 운동으로 인해 조직이 손상된 문제를 해결코자, 아내의 몸은 첫단계 염증반응을 일으킨 뒤 나중에는 항염증반응까지 일으켰다. 이와 함께 강력한 항산화물질도 듬뿍 만들어 미토콘드리아가 방출한 활성산소를 말끔히 청소했다. 이외에도 일련의 과정도 함께 가동해 자기 몸의 세포들에서 갖가지 폐기물을 싹 제거하고, DNA 돌연변이 및 손상된 단백질, 후성유전자 변형을 보수하는가 하면, 뼈의 갈라진 틈을 메우고 부족한 미토콘드리아 수를 채우기도 했다.[43] 이런 식의 유지 및 보수 과정에는 아내가 운동할 때만큼 많은 칼로리가 들어가지 않지만, 얼마간의 칼로리는 쓰이기 때문에 한동안 아내의 휴식기 신진대사량은 아주 약간이나마 높아진 상태가 지속된다. 연구들에 따르면 신체 활동의 강도 및 지속시간에 따라 이 사후연소는 최소 2시간에서 최대 2일까지 지속될 수 있다.[44]

운동을 통해 원래의 구조 대부분이 원상복구되기는 하지만(생물학자의 용어로는 항상성homeostasis이라고 한다), 어떤 경우 이 과정에서 몸 상태가 전보다 훨씬 더 좋아지기도 한다(이를 생체적응allostasis이라고 한다). 예를 들어, 다소 벅찬 신체 활동을 하면 뼈와 근육의 힘이 증가하고, 세포들이 혈액에서 포도당을 가져오는 능력도 증대되며, 근육 안의 미토콘드리아가 늘어나는 동시에 더욱 신속하게 교체된다. 그뿐만이 아니라, 보수 기제는 때로 운동으로 인한 손상들을 필요 이상으로 메워 결국 순이익의 효과를 내기도 한다. 물을 엎지르는 바람에 주방 바닥을 닦다 보니, 마룻바닥 전체가 더 깨끗해지는 것과 비슷한 이치다. 하지만 운동의 가장 큰 효과는, 애초에 신체 활동이 (특히 근육들을 통해) 일으킨 염증반응을 계기로 나중에는 근육들이 더 강하고, 더 오래가며, 더 광범위한 항염증반응을 일으켜, 장기적으로는 운동으로 손상된 근육뿐 아니라 인체의 다른 부분에도 염증이 덜 일어나게 된다는 것이다.[45] 그 결과, 신체 활동이 활발한 이들은 염증의 기저 수치baseline level가 더 낮은 경향이 있다. 뿐만 아니라, 운동을 하면 신체가 항산화물질을 필요 이상으로 많이 만들어내면서 전반적인 산화 스트레스 수치가 떨어진다.[46] 이와 함께 운동을 하면 세포들은 손상된 단백질을 제거하고, 텔로미어를 늘이며, DNA를 보수하는 등의 일을 하게 된다. 이상의 내용을 정리해보면, 얼마간의 운동에서 비롯되는 적절한 생리적 스트레스는 회복 반응을 유발해 신체에 전반적 이익을 가져다주며, 이 현상을 호르미시스hormesis(유해한 물질도 소량이면 인체에 좋은 효과를 줄 수 있다는 것으로, '호르몬과 비슷한 작용을 한다'는 뜻에서 붙은 이름이다—옮긴이)라고도 한다.[47]

만일 여러분이 아주 약삭빠르거나 운동만은 질색이라면, 혹은 둘 모두에 해당한다면, 인체에 득이 되는 이들 반응 이야기를 듣는 순간 아이디어가 번쩍 떠올랐을지도 모르겠다. 구태여 힘들고 성가시게 운동할 것 없이, 똑같은 유지 및 보수 체계를 가동할 더 손쉬운, 이왕이면 단박에 해치울 수 있는 방법이 있지 않을까?[48] 그냥 알약을 하나 집어삼키는 것으로 그 반응을 일으킬 수 있다면 어떨까? 가령 굳이 땀까지 흘릴 필요 없이, 비타민 C, E와 베타카로틴을 사먹어서 항산화 수치를 확 끌어올리거나, 강황, 오메가3 지방산, 폴리페놀 등 염증과 싸우는 성분이 가득한 캡슐을 사먹으면 되지 않을까. 실제로도 이런 것을 비롯한 여타 삶의 영약이 시중에 나와 더러 의사와 과학자의 승인을 얻어 팔려나가곤 한다. 일례로 노벨상을 두 번 수상한 라이너스 폴링은《더 오래, 더 기분 좋게 사는 법》이라는 점잖은 제목의 책에서, 엄청난 양의 비타민 C를 복용하면 수명을 20~30년까지 늘릴 수 있다고 주장하기도 했다.[49]

폴링은 화학자로서 더할 나위 없이 뛰어난 인물이었지만, 그의 비타민 C 신봉은 돌팔이 처방이나 다름 없었다. 지금껏 이루어진 수십 건의 연구 결과, 항산화제 섭취로는 절대 신체 활동으로 노화에 맞서는 만큼의 효과가 나지 않는다고 밝혀졌기 때문이다. 2007년에 발표된 한 광범위한 검토에서는 총 68건의 임상실험을 조사하여, 23만 명 이상을 대상으로 비타민 C같이 일반적으로 처방되는 항산화제의 효과를 위약의 효과와 비교해보았다. 일반적인 항산화제가 다소 혜택이 있다고 보고한 연구는 서너 건에 그친 반면, 나머지 실험에서는 항산화제가 득이 되기는커녕 오히려 사망 위험을 높이는 것으로 나타났다.[50]

설상가상으로, 추가 연구들을 살펴보면 항산화제는 운동과 결합하면 득이 되기보다 더러 해를 입힐 수 있는 듯도 하다. 고개를 갸웃하게 만드는 이런 결론이 나온 것은 2009년 마이클 리스토가

행한 한 획기적인 실험을 통해서였다. 리스토의 연구진은 저마다 체력이 다른 건강한 남성 50명에게 타인의 감독 속에서 4주간 운동 프로그램을 수행해달라고 부탁했다. 참가자 절반에게 다량의 비타민 C와 E를 준 한편, 나머지 절반에게는 위약을 주고서 말이다. 힘 겨운 운동 전후 이뤄진 근육 생체검사에 따르면, 여러분도 예상하다시피 신체 활동이 다량의 산화 스트레스를 유발하지만, 산화 손상은 오히려 항산화제를 복용한 이들이 더 심한 것으로 밝혀졌다. 이들 몸이 스스로 만들어낸 항산화물질의 수치가 종전에 비해 훨씬 떨어졌기 때문이었다.[51] 이렇듯 항산화제가 신체의 정상적인 항스트레스 반응을 억누른 것은, 인체의 건강을 증진하는 항산화 방어 기제에 발동이 걸리려면 바로 운동이 유발하는 산화 손상이 필요하기 때문인 듯하다. 운동 도중에 탄수화물을 많이 섭취하면 인체의 항염증반응이 약해지는 것도 마찬가지 맥락에서 이해할 수 있다.[52]

우리는 운동 효과가 있는 척하는 제품들을 써서 사서 고생을 하지 않기도 하지만, 도리어 신체 활동이 아닌 격한 방식들을 써서 몸에 고통을 주기도 한다. 이러한 종류의 "고통 없이는 얻는 것도 없다"는 철학에서 영감을 얻어, 노화를 막고자(뭔가 대단해 보이는 위용도 덤으로 얻고자) 자기 몸을 괴롭히는 고생을 사서 하는 사람들을 우리는 숱하게 볼 수 있다. 이렇게 하면 더 오래 살 수 있으리라는 희망을 품고 차가운 물로 샤워를 하는가 하면, 칼로리 섭취를 일정량으로 제한하고, 장시간 음식을 아예 먹지 않고, 탄수화물을 끊고, 매운 음식을 먹어 위장을 뜨겁게 달구기도 한다.[53] 이러한 전략들 중 일부는 분명 미심쩍으며, 간헐적 단식을 제외하고는 이 중 어느 방법도 인간의 수명을 연장해준다는 점이 확실한 증거로 입증되지 않았다.[54]

그렇다면 왜 규칙적인 신체 활동이야말로 노화를 늦추고 수명을 연장하는 최선의 방책이 되는 것일까?

값비싼 보수 이론을 다시 떠올려보자. 이에 따르면 에너지 공급이 한정된 상황에서(최근까지만 해도 거의 누구나 다 그런 처지였다) 유기체들은 한정된 칼로리를 생식, 움직임, 자기 몸 돌보기 등의 활동에 적절히 할당해야 하지만, 자연선택은 궁극적으로 오로지 생식에만 관심이 있다. 그 결과 우리 몸은 칼로리가 많이 드는 유지 및 보수 작업에는 최대한 에너지를 덜 쓰도록 진화했다. 그래서 신체 활동을 통해 손상 및 회복 주기가 활성화되긴 하지만, 자연선택이 선호할 만한 개체가 되려면 항산화물질을 만들고, 면역체계 능력을 끌어올리고, 근육을 키우고 보수하며, 뼈를 아물게 하는 등의 일에 충분한 에너지를 쏟되 너무 많이 쏟지는 말아야 한다. 무엇보다 관건이 되는 것은, 신체 활동에서 비롯된 손상을 적당한 시기에 적재적소에서 딱 충분할 만큼만 유지하고 보수하는 것이다.

진화가 이 문제에 대해 내놓은 야박한 해결책은 바로 수요에 *따른 반응 맞춤 능력*match capacity in response to demand이다. 이 경우에 수요란 신체 활동이 일으킨 스트레스를 말하는데, 특히 동맥을 뻣뻣하게 하고, 유전자 돌연변이를 일으키고, 세포에 오물을 쌓는 활성산소를 비롯한 여타 인체 손상 과정이 이에 해당한다. 이 능력은, 종종 신체 보수를 통해 안정적인 내부 환경을 유지하고 이로써 생존 및 생식에 필요한 기능을 우리가 충분하고 효과적으로 발휘할 수 있게 하는 힘을 말한다. 이와 함께 중요한 사실이, 신체 활동을 통해 활성화되는 이 유지 보수 기제는 나이가 들어도 작동을 멈추지 않는다는 점이다. 물론 일부는 나이가 들면서 이전보다 반응성이 떨어지게 되지만, 이들 기제는 멈추지 않고 작동하며, 생식 이후에도 신체 활동이 활발한 개체의 노화를 늦추거나 미루어준다.

안타깝게도, 경탄이 절로 나오는 이 체계에는 한 가지 큰 결점이 있다. 지금까지 드러난 바로 보아, 우리는 규칙적인 신체 활동 없이는 이들 유지 보수 기제를 절대로 활성화할 수 없도록 진화했다는 것이다. 위에서도 살펴봤듯, 석기시대에는 걷기, 달리기, 땅파기, 기어오르기 등 매일 몇 시간씩 해야 하는 맨몸 노동을 거의 누구도 피하지 못했다. 모든 연령대의 수렵채집인은 그들의 생활방식에 따라 필요한 일을 해내느라 거의 매일 신체가 타고난 보수 기제를 활성화했을 것이다. 따라서 우리 인간 종이 다이어트를 하거나 시차를 극복하게끔 진화한 적이 결코 없었던 것과 똑같이, 우리는 결코 신체 활동 없이도 노화를 저지하게끔 진화하지 않았다. 그러므로 규칙적으로 신체 활동을 하지 않는 것은 결국 노화를 점점 더 빨라지게 한다는 점에서, 나이가 들수록 점점 부적응 조건mismatch condition 이 되어간다.

물론 이는 여러분이 도널드 트럼프 부류의 사람들, 즉 마라톤을 뛰거나 헬스장에서 쇳덩이를 들었다 났다 하기는커녕 하루에 만 보도 걷지 않는데도 늙은 나이까지 살아남은 수많은 이들 중 하나가 아닐 때의 이야기다. 굳이 운동을 하지 않는데도 누가 봐도 건강한 노령의 인구가 점차 세를 불려가는 것은, 혹시 우리가 신체 활동의 장기적 혜택을 너무 부풀리고 있다는 뜻은 아닐까?

질병 없이 오래 살려면

고등학생 시절, 우리 학교에서는 학생들이 한 학기 동안 체육 수업을 대체하는 보건 수업을 들어야 했다. 우리는 밧줄을 붙잡고 오르 거나 농구를 하는 대신 학교 체육관 아래의 어두침침한 교실로 보내져, 엄지손가락을 멜빵 뒤에 걸친 채 종종 줄지은 책상 사이를 왔다 갔다 하며 우렁찬 목소리로 건강에 대해 훈계하시던, 불콰한 얼굴에 몸집이 우둥통한 선생님의 수업을 들어야 했다. 그때 전해 들은 사실과 충고는 죄다 까먹었지만, 선생님이 우리 귓불만 봐도 대마초를 피우는지 알 수 있으며, 폐암에 걸리는 모든 흡연자의 90퍼센트가 사망한다고 당당하게 선언했던 기억은 난다. 아는 건 또박또박 대꾸해야 직성이 풀리는 한 친구가(나는 아니다, 정말로) 폐암에 걸린 사람은 결국 다 죽는 게 아니냐고 묻자, 선생님은 아니라고, 딱 90퍼센트만 죽는다고 맞받아 호통을 쳤다. 그러던 어느 날, 우리는 수업을 들으러 갔다가 충격적인 소식을 듣는데, 보강 선생님 말에 따르면 우리 보건 선생님이 심장마비로 세상을 떠나셨다는 것이었다. 그럴 뜻은 아니었겠지만, 죽음으로 가르침을 하나 남기신 셈이었다.

우리는 다들 어떤 이유로든 죽기 마련이다. 만일 여러분이 이번 10장의 내 주장에 대해 얼마간 회의를 품고 이 글을 읽고 있다면(당연히 그래야 옳다) 활발히 신체 활동을 하고 몸에 좋은 것만 먹고 그외 건강에 좋다는 것은 빠짐없이 하는 사람도 결국에는 어떤 이유로든 죽지 않느냐고 할 것이다. 아닌 게 아니라, 운동을 해야 한다는 이야기는 다들 귀에 못이 박히도록 듣지만, 도널드 트럼프처럼 그렇게 부지런히 몸을 움직이지 않아도 그 어느 때보다 오래 살며 양호하게 건강을 유지하는 일이 점점 더 많아지는 것도 사실이다.

이게 어찌 된 영문인지 알아보기 위해, 죽음(사망률)과 병(유병상태) 사이에 어떤 확률적 상관관계가 있는지부터 한번 살펴보자.

사실 노화에 관련된 통계들은 건강 수명health span(별다른 병에 걸리지 않고 건강한 상태로 살아 있는 시간)을 함께 고려하지 않고 오로지 수명life span 하나에만 초점을 맞출 때가 너무 많다. 그런데 이 수명과 건강 수명을 함께 생각해볼 아주 유용한 방법이 있으니, 도판 28에서 보듯 y축에 기능 수행 능력functional capacity(건강 척도의 하나)을 그리고, x축에는 시간을 표시하여 그래프를 그려보는 것이다. 일반적으로 건강한 사람은, 일시적으로 간혹 병에 걸리기도 하지만 대체로 거의 100퍼센트에 가까운 기능 수행 능력을 보인다. 그러다 어느 시점부터 나이가 들고 노화가 시작되면 위중한 병으로 인해 기능 수행 능력이 떨어지고, 마침내 죽음으로 이어진다.

수천 세대 동안, 보통의 수렵채집인은 영아 시절에 사망하지만 않으면 건강 수명과 수명이 도판 28의 위쪽 그래프처럼 될 확률이 높았다. 이 그래프는 수렵채집인을 대상으로 행한 의학 설문조사를 기반으로 한 것으로, 이들 대부분이 호흡기 질환이나 전염병, 폭력, 사고로 세상을 떠나며 장기간 만성적인 비전염성 질환을 앓는 비율은 상대적으로 낮았다.[55] 이상을 비롯한 여타 자료에 따르면, 나이 든 수렵채집인의 3분의 2는 죽기 직전까지 일정 수준의 유병 상태에서 고도의 기능 수행 능력을 유지하며, 70대에 사망하는 경우가 가장 많다. 따라서 이들은 건강 수명과 수명이 매우 엇비슷한 양상을 띤다.

도판 28의 아래 그래프에도 잘 나타나 있듯, 공중보건 및 의학의 발달은 건강 수명과 수명을 좋거나 나쁘거나 여러모로 변화시켰다. 나쁜 소식은 전염병 예방 및 치료 면에서 대단한 발전이 일어났는데도, 오늘날 많은 사람이 비전염성 만성질환에 걸려 오랜 세월 그 질환을 앓다가 세상을 떠난다는 것이다. 죽기 전에 이렇듯 오

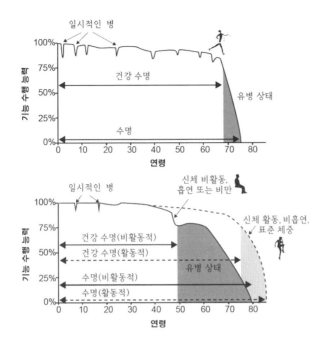

도판 28　신체 활동이 어떻게 수명(사망률)보다 건강 수명(유병 상태)에 영향을 미치는지를 보여주고 있다. 수렵채집인의 통상적인 건강 수명 및 수명(위)을 산업사회에서 신체 활동이 활발한 사람과 그렇지 않은 사람의 건강 수명 및 수명(아래)과 비교했다.

랜 기간 병을 앓게 된 것을 의학 용어로 *유병 상태의 연장*extension of morbidity이라 한다. 서구화된 삶을 사는 인구 중에는 죽기 전부터 심장병, 제2형 당뇨병, 알츠하이머, 만성 호흡기 질병에 걸려 장기간 앓는 사람이 많다. 이와 함께 골관절염, 골다공증으로 고생하는 이들이 있는가 하면, 그 종류가 점차 늘고 있는 자가면역 질환을 앓는 이도 있다.[56] 65세 이상 미국인의 최소 5명 중 1명은 건강이 보통이거나 나쁜 상태에 있다. 유병률이 이렇게 높은데도, 오늘날 우리는 농부 조상들보다 훨씬 오래, 수렵채집인보다는 약간 더 오래 살고

있다. 2018년 미국인의 평균 수명은 78세로, 100년 전에 비해 거의 두 배 길어졌다.[57]

사람들은 이 같은 급격한 변화, 즉 더 오래 살면서 전염병보다는 만성병에 걸려 죽으므로 유병 상태가 더 연장된 것은 의학이 발전하며 찾아온 전염병학적 과도기라며 환영해 마지않는 분위기다. 한창 젊은 나이에 천연두에 걸려 갑작스레 세상을 떠나는 일이 없어지고, 그 대신 더 늙어서 천천히 심장병으로 죽어가니 우리는 복받은 사람들이 아닌가? 하지만 이런 생각은 착각일 뿐이다. 내가 펴낸 《우리 몸 연대기》의 논지에서도 보듯, 오늘날 우리를 서서히 죽음으로 내모는 수많은 질병은 우리 몸이 흡연, 비만, 신체 활동 부족 같은 오늘날의 환경 조건에 제대로, 충분히 적응하지 못해 일어난 이른바 *부적응 질환*이다.[58] 이들 질병은 우리가 중년에 접어들어야 일어나는 만큼, 흔히 나이 듦에 따른 질병으로 분류되지만, 사실 이들 질병은 나이 *때문에* 일어나지 않을 뿐 아니라, 나이 듦에 따른 피치 못할 결과라고 생각해서도 안 된다. 이들 질병에 걸리지 않고도 늙은 나이까지 사는 이가 많으며, 노령의 수렵채집인과 자급자족 사회의 수많은 나이 든 이는 이런 병에 걸리는 일이 설령 있다고 해도 아주 드물다.

이른바 나이 들어서 생기는 수많은 질병을 우리가 예방할 수 있다고 하면, 삶의 막바지에 다다라 서서히 죽음을 맞는 일도 마음만 먹으면 충분히 피할 수 있다는 결론이 나온다. 스탠퍼드 의대 교수 제임스 프라이스는 한 유명한 연구에서, 이른바 *유병 상태 단축* compression of morbidity을 통해 예방의학이 사람들을 더 건강히 더 오래 살게 할 수 있다는 사실을 입증했다. 애초에 프라이스가 자신의 주장을 뒷받침하고자 이 연구에서 사용한 근거는 펜실베이니아대학 졸업생 2,300명 이상을 대상으로 수명, 장애, 질병의 3대 위험 요인 (높은 체중, 흡연, 운동 부족)을 측정한 방대한 연구였다. 여러분도 충분히 예상하겠지만, 이 연구에서 위험 요소를 두 개 이상 가진 졸업생은 위험 요소가 하나이거나 혹은 전혀 없는 이보다 3.6~3.9년 빨리 세상을 떠났다. 아마도 여기서 더 인상적인 사실은, 이들이 죽기 전 장애를 안고 산 기간도 5.8~8.3년 더 길었다는 것이다.[59] 간단히 말해, 건강하지 않은 생활방식은 유병 상태에 사망률보다 두 배가량 더 많은 영향을 끼친 셈이었다.

프라이스의 이 *유병 상태 단축* 모델은 도판 28에 잘 나타나 있듯, 신체 활동이 나이 듦에 어떤 영향을 미치는가를 살피는 아주 유용한 방법이 될 수 있다. 한마디로, 산업화 및 서구화된 구조 속의 대부분 사람들을 사망에 이르게 하는 주요 질병과 관련해, 그 발병 확률과 지속시간에 영향을 미치는 제일 주된 요인 세 가지는 바로 흡연, 과도한 체지방, 지속적인 신체 활동 부족이다.[60] 사망진단서에는 미국인 중 3명 중 2명이 심장병, 암, 뇌졸중으로 사망한다고 명시돼 있지만, 이들 질병의 밑바탕에 자리한 더 근본적인 원인은 흡연, 비만, 신체 활동 부족일 가능성이 무엇보다 크다.

잘 움직이지 않는 사람은 보통 과체중인 경우가 많은 데다 더러 흡연까지 하므로, 신체 활동이 사망률 및 유병 상태에 미치는 영향만 따로 고립시키기는 어려울 수도 있다. 그래도 그러한 노력이 이루어진 적이 있으니, 역시 제임스 프라이스가 이끈 '스탠퍼드 달리는 사람들 연구'를 통해서였다. 1984년 그는 제자들과 함께 500명 이상의 아마추어 달리기 동호회 회원과 건강하지만 별다른 신체 활동을 하지 않는 400명 이상의 대조군을 모아 실험을 시작했다. 당시 피험자들의 나이는 50세 이상이었고 다들 건강했다. 흡연자는 거의 없었고, 음주자나 비만은 아예 없었다. 그 후 21년 동안 프라이스와 동료들은 각 피험자의 신체 활동 습관을 끈질기게 추적했다. 매년 장애 관련 설문지를 나누어주고 걷기, 옷 입기, 일상 활동 등의 기능 수행 능력을 측정하는 한편, 사망자가 나온 해와 사망 원인을 빠짐없이 기록했다.

프라이스와 동료들은 연구 결과를 알기 위해 20년을 기다려야 했지만, 나는 여러분이 바로 알 수 있도록 도판 29에 그 내용을 정리해놓았다. 주의 깊게 살펴볼 가치가 있는 내용이다. 도판 29의 위쪽 그래프는 달리기를 하는 사람과 하지 않는 사람이 특정 연도에 죽지 않을 확률을 시간의 흐름에 따라 나타낸 것이며, 아래쪽 그래프는 장애 확률을 시간의 흐름에 따라 나타낸 것이다. 이 그래프를 보면 알 수 있다시피, 건강하지만 달리기를 하지 않는 사람은 달리기를 하는 사람보다 사망에 이르는 속도가 점점 빨라져, 연구가 끝날 무렵에는 특정 연도에 세상을 떠날 확률이 세 배 정도 높았다. 사망 원인을 놓고 보면, 달리기를 안 하는 이들이 심장병에 걸려 사망할 확률은 두 배 이상, 암으로 사망할 확률도 두 배 정도, 신경질환으로 사망할 확률은 세 배 이상 높았다. 뿐만 아니라 폐렴 같은 감염병으로 사망할 확률은 10배 이상 높았다. 그만큼이나 중요한 사실이, 아래쪽 표에 표시된 장애 수치에도 나타나듯, 달리기를 안 하는 사람은 기능 수행 능력을 상실할 확률이 달리기를 하는 사람의 두 배였다. 연구가 끝날 무렵에는 이들의 장애 수치가 달리기를 하는 사람의 두 배 이상으로 높아졌는데, 이 측정치에 따르면 달리기를 하는 이들은 신체가 대략 15년 정도 더 젊은 셈이었다. 이상을 정리하면, 결국 달리기는 유병 상태를 단축하며, 이를 통해 수명까지 연장한다고 볼 수 있다.

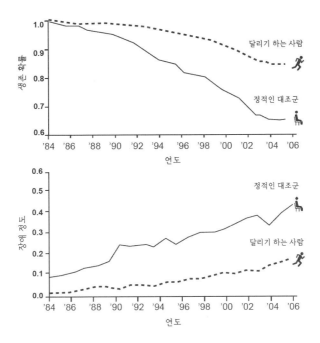

도판 29 스탠퍼드 달리는 사람들 연구. 1984년 당시 50세 이상의 아마추어 달리기 동호회 회원들과 건강하지만 정적으로 생활하는 대조군을 비교하되 20년 동안 해당 연도의 생존 확률(위)과 장애 정도(아래)를 측정했다. 20년 이상 세월이 흘렀을 때 달리기를 한 이들은 생존율이 20퍼센트 높았고, 장애 정도는 50퍼센트 낮았다. (다음 문헌의 내용을 허가를 얻어 수정해서 실음. Chakravarty, E. F., 외[2008], Reduced disability and mortality among aging runners: a 21-year longitudinal study, *Archives of Internal Medicine*, 168:1638-46)

　　일찍이 히포크라테스가 예측했듯, 신체 활동이 유병 상태와 사망률에 미치는 영향을 살펴본 수십 건의 여타 연구에서도 비슷한 결과가 도출되었다.[61] 그렇다고 해서 신체 활동이 무조건 '젊음의 분수'를 흐르게 한다고 장담할 수는 없으며, 나이 드는 것 자체를 막아 사망을 늦추는 것도 아님을 기억할 필요가 있다. 그보다는 신체 활동이 일련의 기제를 작동시킨다고, 즉 그 기제를 통해 노화를 억제하고 시간이 흐를수록 사망에 일조하는 여러 만성 질병을 막아 건강하게 지내게 해준다고 해야 할 것이다. 그런데 이 논리에 따르면 도널드 트럼프 같은 이들은 어떻게 정적인 생활로 과체중이 되었는데도 젊은 나이에 세상을 떠나지 않는지와 관련해 근본적으로 중요한 세 가지 통찰이 머리에 떠오른다.

첫 번째이자 가장 근본적인 이유는, 내가 지금껏 인용하고 있는 사망률 및 유병 상태 통계는 확률이라는 것이다. 음식을 가려 먹고 운동을 한다고 해서 반드시 오래 건강하게 사는 것은 아니며, 이런 생활 습관은 병에 걸릴 위험을 낮춰줄 뿐이다. 마찬가지 맥락에서 흡연자도 폐암에 걸릴 위험이 높고, 몸이 부실하거나 비만인 이들도 심장병에 걸리거나 당뇨를 앓을 확률이 더 높을 뿐, 실제로는 이들 병에 걸리지 않는 이도 많다.

두 번째는 의료 서비스의 발달로 사망률과 유병 상태 사이의 관계가 급격히 뒤바뀌고 있다는 것이다.[62] 예전과 달리 당뇨병, 심장병을 비롯한 몇 가지 암 등의 병증을 안고 있다고 해서 당장 사형선고를 받는 것은 아니다. 몇 년에 걸쳐 약을 처방받아 혈당수치를 유지하고, 해로운 콜레스테롤 수치를 떨어뜨리고, 혈압을 낮추고, 돌연변이 세포와 싸우면 이들 병증도 얼마든지 치료하거나 더 악화하지 않게 막을 수 있다. 예를 들어 도널드 트럼프가 혈압과 콜레스테롤 수치를 정상으로 유지하고 있다는 것은 그가 의료 서비스를 받아 이런 위험 인자들을 낮추고 있다는 뜻일 가능성이 높다.[63]

마지막으로, 어떤 병에 걸리는 데 일조하는 복잡한 환경적 및 유전적 요인들은 수두룩해서 그 얽히고설킨 인과관계를 풀기가 여간 어려운 게 아니다. 여러 건의 쌍둥이 연구를 통해 밝혀진 바에 따르면, 80세까지는 천차만별인 수명에서 유전자가 설명해주는 부분이 20퍼센트 정도에 불과하다. 하지만 80세 이후부터는 100세까지 생존 여부에 유전자가 담당하는 역할이 훨씬 커진다.[64] 그렇다고 유전자가 질병에 중요한 역할을 하지 않는다는 뜻은 아니다. 유전적 변형은 관상동맥 질환, 심장 부정맥, 제2형 당뇨병, 염증성 장 질환, 알츠하이머 같은 수많은 만성질환에 영향을 끼친다.[65] 이들 질병을 비롯한 여타 질병에서 유전자가 총알을 장전해준다면, 방아쇠를 당기는 건 환경이다. 뿐만 아니라 이들 질병 대부분에서 근저를 이루는 유전자는 극히 드물며, 설령 있다 해도 극소한 영향만 끼치는 경향이 있다. 즉 나는 심장병에 걸릴 확률을 높이는 유전자를 수백 개 물려받았을 수 있지만, 그 유전자 하나하나가 내가 병에 걸리는 데 이바지하는 정도는 측정이 거의 안 될 만큼 미미하다.

의학이 장족의 발전을 거듭한 덕에 우리는 나이가 들면서도 계속해서 생동감 있고 활기차게 지낼 수 있는 것이 사실이다. 하지만 실질적인 면에서 봤을 때 나이가 들면서도 계속 건강하게 지낼 수 있는 최상의 조언은 지난 수백 년 사이에도 그리 변하지 않았다. 즉 담배를 피우지 말고, 비만이 되지 않도록 조심하고, 음식을 가려서 먹고 마시며, 당연히 신체 활동을 꾸준히 해야 한다는 것이다. 이제 이어지는 장들에서는 우리의 보수 및 유지 기제를 활성화하는 운동에 어떠한 종류가 있으며, 그것들을 얼마나 해야 하는지 좀 더 면밀하게 살펴볼 것이다. 운만 따라준다면 이들 운동이 활동적인 조부모, 아니 잘만 하면 증조부모가 되는 걸 바라보도록 도와줄지도 모른다.

우리 장조모님은 증손주를 보고 싶은 마음이 어찌나 간절하셨던지 아내와 내가 아직 결혼하기도 전부터 천 달러를 줄 테니 아기를 가지는 게 어떻겠냐고 말씀하셨다. 우리는 그 제안을 공손히 물리쳤다가, 적절한 때를 골라 결혼식을 올리고 마침내 증손주를 낳아 할머니를 무척 기쁘게 해드렸다. 그 뒤로도 할머니는 천수를 누리다 94세에 세상을 떠나셨다. 만일 우리 장조모님이 수렵채집인이었다면 덩이줄기며 산딸기류 열매들을 잔뜩 가져다주셨을 테지만, 손주와 증손주들을 갖고 싶고 아기들을 챙겨주고 싶어 한 기본적 욕구만 봐도 장조모님 역시 수만 세대를 이어온 인간만의 깊고도 독특한 본능을 지니셨다고 할 수 있을 것이다.

그렇다면 종전의 질문으로 되돌아가보자. 아기를 갖지 않게 된 뒤에도 수십 년을 더 사는 우리 인간 종의 성향은 일부는 자식과 손주(나아가 증손주까지)를 챙기기 위한 적응의 산물일 수도 있지만, 동시에 이들 어린 세대를 챙기기 위해 내내 신체 활동을 게을리하지 않은 결과일 수도 있다.[66] 그 답이 어느 쪽이건 간에, 운동이 확실히 젊은이만의 전유물은 아니라는 결론을 내릴 수 있다. 우리는 나이가 들수록 신체 활동을 하도록 진화했고, 이는 다시 우리가 잘 나이 들도록 도와준다. 한발 더 나아가, 우리가 활동적으로 지내는 시간이 길어질수록 그에 따르는 혜택도 커지며, 신체를 단련해 거기서 득을 보는 데 너무 늦은 때란 거의 결코 없다고 하겠다. 이제부터라도 새사람이 되겠다고 마음먹고 예순이 넘어 몸을 만드는 이들은 계속 정적인 생활을 하는 다른 이와 비교해 사망률을 상당히 줄이게 된다는 이야기다.[67]

하지만 대부분 사람의 문제는 신체 활동이 주는 이런 혜택을 모르는 데 있지 않다. 나이가 얼마건 다들 운동이라면 마다하는 그 태생적 성향을 어떻게 극복할지, 그리고 어떤 운동을 얼마나 많이 해야 하는지 잘 모른다는 것, 바로 그것이 우리의 문제다.

PART 4

어떻게 운동할 것인가

제11장

운동을 몸에 배게 하는 법:
움직이거나 안 움직이거나

미신 #11 "그냥 해"는 효과가 있다

◇ ◇ ◇

다들 가질 가치도 없는 것을 갖겠다고 애를 쓰고 있어요!

—W. M. 새커리,《허영의 도시》

극작가이자 가수인 노엘 코워드는 생전에 농반진반으로 자신은 근친상간과 포크댄스 빼고는 다 해봤다고 말한 적이 있다. 그에 비하면 내 금기 목록은 긴 편이지만, 나도 새로운 경험이라면 득달같이 달려들어 해보려는 축에 속한다. 어느 날 아침 7시에 의료인들 틈에 끼어서 조던 메츨 박사(키가 크고, 날씬하며, 지칠 줄 모르는 운동 옹호자로, 여가만 주어지기라도 하면 철인 3종 경기를 뛴다)가 진행하는 '강철 정신력 운동Ironstrength Workout' 프로그램에 참가하기로 한 것도 그래서였다. 그때 우리는 다들 스포츠의학 콘퍼런스에 참석 중이었는데, 내가 그 운동에 나가겠다고 서명한 것은 단순히 호기심에서만이 아니라 들어보니 정말 재밌을 것 같기도 했기 때문이었다. 게다가 '운동이 왜 약이 되는지'를 논하는 콘퍼런스에 참가해놓고 혼자만 운동에서 쏙 빠진다면 그만큼 면이 안 서는 일도 없을 터였다.

그렇게 해서 우리는 아침 식사도 하지 않은 채로 콘퍼런스 참가자들에게 나눠준 단체 티셔츠를 똑같이 걸치고 호텔 정원의 야자수 아래에 다 같이 모였다. 해변으로 밀려드는 파도 소리는 휴대용 음향기기에서 큰 소리로 쿵쿵대는 운동용 전자음악에 파묻혀 잘 들리지 않았다. 신나는 리듬을 타고 흐르는 흥겹고 활기찬 음악 소리가 점점 최고조에 이르고 있었다. 그 속에서 우리는 여러 팀으로 나뉘어 45분 동안 플랭크, 스쿼트, 윗몸일으키기, 버피(스쿼트, 푸시업, 수직 점프를 결합한 것) 등 이런저런 운동을 차례차례 재빨리 해치워나갔다. 그 사이사이 끊임없이 하이파이브를 하며 큰 소리로 서로를 격려하는 것도 잊지 않았다. 막바지에 이르자 참가자 전원이 녹초가 됐지만, 우리는 다 같이 애써 운동한 것을 서로 축하하면서 정말 재밌는 운동이었다며 떠들썩하게 입을 모았다.

　　내게도 참 즐거운 경험이었지만, 운동이 정말 재밌었던가? 나는 최선을 다해 운동을 했지만, 정말로 즐거웠던 걸 꼽는다면 동료애와 아름다운 풍광, 하이파이브, 심지어 음악이었다. 나중에, 격렬하게 운동하고 난 뒤의 느낌도 좋았다. 하지만 솔직히 말해 플랭크, 스쿼트, 윗몸일으키기, 단거리 질주, 버피는 힘들기만 했다. 그 운동 루틴을 따라한 후 내 머릿속에는 달리기 분야의 구루로 꼽히는 조지 시핸의 운동에 관한 소견이 떠오를 뿐이었다. "운동은 마지못해 하는 것이자, 다른 대안이 더 형편없을 때만 계속하게 되는 것이다."

　　그날 아침 내가 운동에 참가한 갖가지 이유는 이 책에 주문처럼 계속 등장하는 사실과도 완전히 부합한다. 우리는 결코 운동하도록, 즉 건강과 신체 단련을 위해 자신이 선택한 신체 활동을 하도록 진화하지 않았다는 사실 말이다. 당시 내가 운동에 참가한 이유는 그것이 꼭 필요한 일이란 생각과 함께 한번 해보면 재밌지 않을까 생각이 들어서였다. 수없이 많은 세대를 거치는 동안 우리 조상들은 남녀노소를 막론하고 아침이면 살아 있는 것에 감사하며 눈을 떴고, 하루에 몇 시간씩 걷기와 땅파기 등 하루하루 연명하기 위한 신체 활동을 하지 않고는 달리 살아갈 방법이 없었다. 때로는 즐기거나 사람들과 어울리기 위해 놀이를 하거나 춤을 추기도 했다. 그런 경우가 아니라면 우리 조상들은, 꼭 필요하지 않은 신체 활동은 대체로 웬만하면 하지 않으려 했다. 진화의 진정 유일한 관심사인 생식에 쓸 에너지를 딴 데로 돌릴 뿐이니 말이다. 그 결과 발생한 역설이, 우리 몸이 평생 신체 활동을 하지 않으면 결코 최적의 기능을 할 수 없도록 진화했는데도, 우리 마음은 꼭 필요하거나 무척 즐겁거나 그 외의 보상을 주지 않는 한 결코 몸을 움직이지 않도록 진화했다는 것이다. 산업화 이후의 세상에 떨어진 우리는, 더는 하지 않게 된 신체 활동을 운동으로, 즉 자신이 선택했지만 썩 내키지는 않는 행동으로 메우려 고군분투한다. 의사, 트레이너, 헬스장 코치를 비롯한 수많은 이로부터 제발 운동하라는 이야기를 귀에 못이 박히게 듣는데도, 우리는 웬만하면 운동을 피하려 할 때가 많다.

2018년 미국 정부가 시행한 한 설문조사에 따르면, 거의 모든 미국인이 운동을 하면 더욱 건강해진다고 알고, 그래서 운동을 해야 한다고 생각하지만, 성인의 50퍼센트, 고등학생 73퍼센트가 최소한의 신체 활동 수준을 채우지 못하는 것으로 나타났으며, 성인은 전체의 70퍼센트가 여가시간에 절대 운동을 하지 않는다고 보고했다.[1]

그렇다면 진화인류학적 접근이 우리를 운동 면에서 더 나아지도록 도와줄 수 있을까? 우리가 필요하거나 혹은 *재밌을* 때는 신체 활동을 하도록 진화했다면, 내가 참여한 강철 정신력 운동 프로그램처럼 운동을 필요하고, 재밌는 것으로 만들면 되지 않을까?

일이 그렇게 간단하면 얼마나 좋겠는가. 운동의 정의가 자발적인 신체 활동인 것에서도 알 수 있듯, 운동은 원래 불필요한 활동이다. 게다가 수많은 이들, 특히 몸이 부실한 이들에게 운동은 재미있으려야 재미있을 수가 없다. 이런 상황에서도, 우리의 여러 사회 제도는 대부분 청소년에게 운동이 꼭 필요하고 재밌는 일이 되게끔 노력하고 있다. 전 세계적으로 여러 초등학교와 중등학교에서는 쉬는 시간, 체육 시간 또는 스포츠를 필수로 정해두었으며, 일부 학생들은 교실 밖에서의 이런 쉬는 시간을 실제로 재밌게 보낸다.[2] 하지만 어른은 사정이 달라서, 내가 아는 한 운동을 전 직원에게 필요한 재밌는 활동으로 만들고자 노력하는 곳은 세상에서 딱 한 군데, 스웨덴 스톡홀름의 한 유별난 회사밖에 없다. 스웨덴의 스포츠웨어 회사인 비에른보리사에서 두 눈으로 직접 확인하라며 나를 초청했을 때, 나는 호기심과 약간의 회의를 안고 덥석 응했다.

정기 운동이 근무 조건인 회사

만일 여러분이 스키로 북극까지 가는 미친 짓을 감행할 만큼 엄청난 위용의 바이킹족 영웅을 연기할 배우를 물색 중이라면, 아마 비에른보리 스포츠웨어사(스웨덴의 전설적인 테니스 선수를 따라 지은 이름이다)의 CEO 헨리크 분게만 한 사람이 없을 것이다.[3] (실제로 스키를 타고 북극까지 가는 진기록을 세운) 헨리크는 뚜렷한 이목구비와 금발, 날카로운 푸른 눈동자를 지닌 키가 크고 호리호리한 사내로, 스웨터를 입고 있어도 떡 벌어진 상체의 울룩불룩한 근육이 그대로 드러난다. 그런데 이 헨리크의 회사에서 일하고 싶으면, 필수로 정해진 '스포츠 시간'에 참여할 각오를 해야 한다. 이 시간에는 예외가 일절 없어서, 회사의 임원진은 물론 2018년 12월의 어두침침하고 추운 며칠간을 스톡홀름 시내의 비에른보리 본사에서 보내게 된 나 같은 방문객도 빠질 수 없다.

비에른보리사의 스포츠 시간은 매주 금요일 정확히 오전 11시에 시작된다. 일주일에 한 번씩 의무적으로 참여해야 하는 이 의례적 행사를 앞둔 시각, 회사 안은 으스스할 만큼 고요하다. 9시에서 10시 사이에 직원들은 잠자코 자리에 앉아 자신이 세운 목표를 곱씹으며 어떻게 하면 더 잘할 수 있을지 고민한다. 이 '조용한 시간 Quiet Hour'이 끝나면, 사람들은 커피 한 잔씩을 마시며 목소리 낮추어 이야기를 나눈 뒤 45분가량 다시 일로 돌아가고 그러면 차분했던 분위기는 언제 그랬냐는 듯 사라진다. 그러다 갑자기 회사 전체가 활기에 가득 찬다. CEO부터 우편물실 직원들까지, 건물 안에 있는 모든 이가 운동 가방을 하나씩 집어 들고 불과 몇 블록 떨어진 헬스장으로 우르르 몰려간다. 그 인파 속에 묻혀 따라가는 사이 직원 몇몇이 내 등을 두드리며 자신 있다는 듯 말한다. 당신도 이 스포츠 시간을 누구보다 좋아하게 될 거라고.

고맙게도 헨리크가 비에른보리 운동복을 (자사의 '고성능 속옷'과 함께) 몇 벌 내어준 덕에, 모두가 하나같이 회사 로고가 박힌 하이테크 셔츠, 반바지, 속옷을 입고 있는 그 커다랗고 활기찬 공간에서 나 자신은 물론 내 신체의 은밀한 부위도 전혀 어색하게 느껴지지 않았다. 직원 중에는 운동선수라도 되듯 헨리크만큼이나 나부진 몸을 가진 이도 있었지만, 대부분은 30대, 40대, 50대의 평범한 스웨덴인이었다. 과체중인 이도 몇몇 보였고, 임신해 많이 배가 부른 여성도 하나 있었다. 사람들은 잠시 스트레칭을 하며 잡담을 나누었고, 11시 정각이 되자 우리를 맡은 트레이너 요한나가 모습을 드러냈다. 요한나는 신나는 음악을 큰 소리로 틀고는 크로스핏 방식의 운동을 할 예정이니 다들 둘씩 짝을 지으라고 말했다.

정말 굉장한 운동이었다. 나는 헨리크만큼이나 필수 운동 프로그램에 대한 열정이 대단한 이 회사의 인사부장 레나 노르딘과 팀을 이루어 이후 한 시간 동안 유산소와 웨이트가 뒤섞인 운동을 녹초가 될 때까지 쉬지 않고 했는데, 재미있다고 인정할 수밖에 없는 운동이었다. (내가 질색하는 동작인) 평범한 플랭크 대신, 레나와 나는 일종의 줄다리기를 하듯 함께 플랭크를 했다. 그런 다음 요한나는 역기와 짐볼을 가져다 짝지어 하는 다른 운동을 시키더니 이어서 스쿼트, 런지, 컬 동작이 들어가는 게임을 시켰다. 피날레는 회사의 전 직원이 두 팀으로 나뉘어 벌이는 버피 콘테스트 시합이 장식

도판 30 비에른보리사의 스포츠 시간. 왼쪽 앞에 있는 사람이 CEO인 헨리크 분게. (사진 © Linnéa Gunnarsson)

했다. 이 운동을 하는 내내 우리는 쿵쿵 울리는 운동용 전자음악에 맞추어 끝없이 서로 하이파이브를 했다. (그 임산부를 포함해) 다른 이들만큼 열심히 하지 않는 이도 더러 있었지만, 참여하지 않는 이는 하나도 없었다. 그러다 12시 정각이 되자 음악이 꺼지고 다들 부리나케 라커룸으로 달려가 샤워를 한 뒤 각자의 책상 앞으로 일하러 돌아갔다.

만일 여러분 회사 사장이 운동을 필수 근무요건으로 정한다면 어떤 느낌일까? 헨리크의 말에 따르면 그는 직원들, 더 나아가 회사가 지닌 능력을 최대한으로 발휘했으면 하는 마음에서, 그러려면 운동이 꼭 필요하기에, 그들이 운동하기를 바란다고 한다. 비에른보리사에서 '조용한 시간' 같은 다른 유별난 기업문화와 함께 스포츠 시간을 필수로 규정하고 있는 것은 그래서다. 이 프로그램이 소기의 성과를 달성하고 있는지 파악하기 위해, 회사에서는 1년에 두 차례 전 직원을 대상으로 신체 단련 정도를 평가한다(이 정보는 개인별이 아닌 집단별로 취합돼 경영진에게 전달된다). 게다가 운동은 비에른보리사에 두루 자리 잡은 갖가지 신체 단련 문화의 일부에 불과하다. 크리스마스에는 진탕 먹고 마시는 파티 대신, 전 직원이 눈썰매장에 가서 썰매를 탄 뒤 다 함께 핫초콜릿을 마신다. 또한 매년 여름에는 스톡홀름 시내를 누비며 10킬로미터를 뛰는 '신나는 달리기fun run' 행사를 치른다.

솔직히 말해 나는 헨리크의 이런 방식이 썩 바람직하게 보이지는 않는다. 철학적인 면에서 나는 스스로를 '자유온정주의libertarian paternalism' 숭배자로 분류하는데, 이 기조에서 회사, 정부를 비롯한 여타 사회의 기관은 시민들이 자신에게 가장 득이 되는 쪽으로 행동하도록 돕되 선택의 자유를 존중해야 한다고 여긴다.[4] 자유온정주

의자는 강압보다 부드러운 개입^{nudge}을 선호한다. 자유온정주의자는 운동하라며 사람들을 강제로 등을 떠미는 대신 동기부여가 될 만한 인센티브를 제공한다. 또 '옵트인$^{opt\ in}$(사전 동의하고 가입하면 해당 상황에서 자동으로 실행되는 방식—옮긴이)'으로 장기기증을 하거나 웨이터에게 팁을 챙겨주라고 하는 대신, '옵트아웃$^{opt\ out}$(사전 동의 없이 가입했다가 나중에 거부 의사를 밝히면 실행되지 않는 방식—옮긴이)' 식으로 장기기증 프로그램에 가입하거나 팁을 주라는 자동 알림이 뜨는 신용카드를 쓸 것을 권한다. 또한 담배를 완전히 끊게 하는 대신, 담뱃갑에 끔찍한 경고문을 붙이고 무거운 세금을 물리는 방식을 선호한다. 운동이라고 흡연과 다를 게 무얼까? 건강에 해롭더라도 담배를 피울 권리가 있는 것처럼, 우리에게는 운동을 하지 않을 권리도 있지 않을까?

나는 이런 사고방식을 밑바탕에 깔고, 이후 며칠을 더 비에른보리사에 머물며 자신의 생각을 터놓을 용의가 있는 직원들을 모두 만나 인터뷰를 진행했다. 만일 헨리크가 담배를 끊게 하고 채식만 먹게 한다면 어떨 것 같습니까? 헨리크가 운동을 일주일에 2~3회로 늘리면 어떨 것 같습니까? 자신의 몸매나 체력이 형편없어서 스포츠 시간에 창피한 적은 없었습니까? 운동을 억지로 시킨다는 생각은 들지 않습니까? 장애가 있는 직원에게는 이 운동이 어떨 것이라고 생각합니까? 초근육질인 사장이 발가벗고 있는 헬스장에서 같이 샤워하는 것도 여간 고역이 아닐 텐데, 혹시 강제로 운동해야 하는 게 싫어서 회사를 그만둔 사람은 없습니까?

직원들에게서는 예상했던 답변과 놀라운 답변이 모두 나왔다. 2014년 헨리크가 비에른보리사의 일명 '수석 코치$^{Head\ Coach}$'로 부임했을 때, 일부 운영진은 심기가 완전히 뒤틀렸다. 장기 근속한 한 직원의 말에 따르면, 그도 처음에는 헨리크에게 이런 반응이었다고 한다. "젠장, 저 작자 좀 내 눈에 안 띄게 해줘!" 회사를 그만둔 이도 20퍼센트에 이르렀다. 하지만 지금 남아 있는 사람들은 거의 하나같이 운동에서 얻는 혜택이 거기에 드는 비용보다 훨씬 크다고 여기고 있었다. 다만 확실한 것은, 운동이 좋아서 이 회사에 들어온 직원도 더러 있긴 하지만, 많은 이가 '스포츠 시간'이 일주일을 통틀어 유일하게 운동하는 시간일 때가 많다고 털어놓았다는 점이었다. 한 여성은 어떤 동작을 하다가 부상당한 적이 있다고도 했다. 하지만 운동에 대한 각자의 열정이 얼마나 크건, 당시 내가 만난 이들은 하나같이 필수로 정해진 '스포츠 시간'이 더욱 건강에 도움이 되며, 경영진과 함께 운동을 하면 확실히 공동체 의식과 동료애, 하나의 목표를 갖게 된다고 말했다. 한 비에른보리맨은 그 점을 이렇게도 표현했다. "우리 스웨덴 사람들은 원체 숫기가 없어서 술잔을 들지 않으면 보통 속내를 터놓지 못하는데, 술보다 운동이 훨씬 낫더라고요. 이 운동은 특별한 데가 있어요."

며칠 뒤 지독한 몸살에 시달리며 비행기를 타고 집으로 돌아오는 동안, 헨리크의 운동 방침에 대한 내 생각은 둘로 갈렸다. 한편으로는 그가 용케도 내가 이른바 구석기식 운동 수칙이라 여기는 것에 부합하는 방식, 즉 운동을 꼭 필요하면서도 재밌는 것으로 만들어 직원들을 운동시키고 있다는 생각이 들었다. 거기에서 그치지 않고 그의 방침은 객관적인 지표를 통해서도 회사와 직원 모두에게 득이 되는 것으로 나타났다. 다른 한편으로는, 헨리크가 강제적으로 정한 '스포츠 시간'이 성인에게 강압을 행사해서는 안 된다는 세간의 통념에 위배되지 않는가 하는 생각도 들었다. 의무적으로 하는 운동은 내게 좋을 수 있지만, 자유를 침해하는 것도 사실이다. 내 생각이지만, 진화론적 및 인류학적 관점에서 보면 우리가 운동을 하도록 도와줄 수 있는 효율적이면서도 덜 권위적인 다른 방법이 있을 듯했다.

난 별로 안 하고 싶은데

여러분이 정적으로 일하는 직원이 많은 어떤 회사의 CEO라고, 나아가 직원들이 몸을 통 움직이지 않는 것이 한몫해 의료 서비스 비용이 치솟고 있지만, 헨리크처럼 운동을 강제로 시키고 싶지는 않은 처지라고 상상해보자. 아니면 여러분은 불뚝거리고 좀처럼 말을 안 듣는 10대 자식을 어떻게든 운동시키려 애쓰는 부모일 수도 있다. 어쩌면 여러분 자신이 소파에서 더 자주 자리를 털고 일어나고 싶은데 뜻대로 되지 않아 애를 쓰는 중일 수도 있겠다. 이럴 때 여러분은 어떻게 해야 그것에 성공할 수 있을까?

운동해야 한다는 압박을 뿌리칠 때는 다들 운동을 미루거나 피하는 방법을 쓰는 만큼, 신체 활동을 요구하지도 또 장려하지도 않는 환경은 백이면 백 몸을 덜 움직이게 만들기 마련이다.[5] 만일 의자에 편히 앉아 있기와 땀 흘리며 힘든 운동하기 중 하나를 선택해야 한다면, 나는 십중팔구 의자에 앉아 있는 쪽에 더 끌릴 것이다. 내 뇌의 느리고 이성적인 부분이 운동을 해야 한다는 사실을 알 테지만, 본능은 "난 별로 안 하고 싶은데"라고 뻗대면서, 이렇게 꾀듯이 물을 것이다. "운동이야 내일 하면 되잖아?"[6] 그러면 나는 아마 지금은 운동에 들일 시간이나 에너지가 없다거나, 시간 압박을 받는 상황에서 신체 활동을 하면 무리가 간다거나, 내가 사는 동네에는 보도가 안 깔려 있다거나, 내가 있는 건물의 계단은 너무 어두침침해서 오르내릴 마음이 나지 않는다는 등 수많은 핑계를 댈 것이다. 이런 숱한 장애물에 더해, 나는 원래부터 몸을 덜 움직이려는 유전자를 타고났을지도 모른다. 과학자들은 본능적으로 운동에 중독되거나 혹은 싫어하도록 실험용 쥐를 번식시킨 적이 있는데, 인간을 대상으로 한 연구에서도 우리 중에 남보다 운동을 약간 더 꺼릴 수 있는 성향을 유전적으로 물려받는 사람들이 있는 것으로 나타났다.[7]

이처럼 선천적인 운동 거부 성향을 극복할 방법을 찾고자 그동안 수백 번의 실험이 행해졌고, 비非운동인이 움직이게 유도할 수 있는 갖가지 개입을 그야말로 넌더리가 나도록 시험해보았다. 우선 사람들에게 정보를 제공할 때 나타나는 효과를 가늠해본 연구들이 있다. 여기에는 운동을 하는 이유와 방법을 알려주는 강연, 웹사이트, 동영상을 듣고 보게 하거나, 피트비트Fitbit 같은 장치를 제공해 피험자에게 자신의 현재 활동량을 알려주는 방법이 포함된다. 그런가 하면 사람들의 행동에 영향력을 행사해보는 실험들도 있다. 가령, 의사가 일정량의 운동을 피험자에게 직접 처방하거나, 무료로 헬스장 회원권을 끊어주거나, 운동 비용을 대주거나, 운동을 안 하면 벌금을 내게 하거나, 운동을 하도록 자신감을 한껏 북돋우거나, 아니면 전화를 걸거나 문자메시지 혹은 이메일을 보내 운동을 종용하는 식이다. 마지막으로, 일부 연구에서는 피험자의 환경을 변화시켜 더 많이 운동하게끔 독려하기도 했다. 예컨대 엘리베이터 대신 계단을 이용하도록 유도한다든가, [차를 타지 않고] 건물 옆의 보도나 자전거 도로를 이용해보도록 하는 식으로 말이다. 하여간 우리가 거론할 수 있는 방법은 모두 누군가 한 번은 시도해본 것들이다.[8]

좋은 소식은 이런 식의 몇몇 개입이 사람들의 운동 습관을 변화시킬 수 있으며 실제로도 그런다는 사실이다. 그 전형적 사례로 2003년의 한 연구가 있는데, 매우 정적으로 생활하는 40~79세의 뉴질랜드인 약 900명이 참여한 실험이었다. 이들 피험자 가운데 절반은 통상적인 의료 서비스를 받았지만, 나머지 절반은 의사에게서 개인적으로 운동을 처방받았고 이후 3개월 동안 전문가로부터 3회의 전화와 함께 분기별로 메일을 받았다. 1년 후, 운동을 처방받은 사람은 표준 서비스를 받은 대조군에 비해 평균적으로 신체 활동이 일주일에 34분 더 늘어났다.[9]

나쁜 소식은 이런 개입이 대성공으로 이어지는 일이 좀처럼 없다는 것이다. 이들 뉴질랜드인이 운동을 처방받고 일주일에 34분 운동을 더 하게 된 것은 분명 발전이지만, 그 정도면 하루에 신체 활동을 고작 5분 더 하려 노력하게 된 것과 같았다. 수백 건의 고급 연구를 치밀하게 살핀 광범위한 검토 자료에 따르면, 위와 같은 식의 개입은 실패하는 경우가 허다하며, 성공한다 해도 다들 엇비슷하게 미미한 효과를 내는 데 그치는 경향이 있다고 밝혀졌다.[10] 또한 이 연구에서는 효과가 있었던 개입들이 다른 연구에서는 효과가 없는 경우도 많았다. 2018년도에 미국 보건복지부에서 내놓은 한 철저한 검토보고서는 이제껏 시도된 운동 개입의 종류를 거의 빼놓지 않고 다루었는데, 이 보고서의 근간이 된 연구들을 쌓아놓고 하나하나 읽어나가다 보면 여러분도 "소소하지만 긍정적인 효과"라는 어구가 되풀이된다는 사실을 깨달을 수 있을 것이다.[11] 그렇다고 이 모든 노력을 관둬야 한다고 주장하는 것은 아니니 오해는 말길 바란다. 외려 그 반대다. 소소한 변화로도 사람들의 건강은 얼마든지 개선될 수 있으며, 이런 개입을 계기로 정말로 삶이 180도 뒤바뀌는 일도 있다. 내 친구 한 명은 40대에 제2형 당뇨병으로 진단받고 이러다 손주도 못 보고 죽는 것 아닌가 걱정이 들었다. 그런 친구에게 의사는 엄격한 운동 요법을 처방했는데, 이를 얼마나 성실하게 지켰는지 지금은 하프마라톤을 뛰는 것은 물론 더는 약도 먹을 필요가 없어졌다. 하지만 내 친구의 이런 성공 스토리가 하나라면, 실패담은 그야말로 수두룩하다. 비운동인을 설득하거나 구슬려 운동을 웬만큼 하게끔 완전히 보장할 방법은 없다.

하지만 우린 벌써 알고 있지 않은가? 만일 정적인 사람들을 규칙적인 운동인으로 변화시킬 수 있는 어떤 효과적이고 믿을 만한 방법이 있었다면, 이미 삽시간에 퍼졌을 것이다. 왜 이런 개입들은 대개 작심삼일으로 끝나는 우리의 새해 다짐만큼이나 성공적이지 못할까?

그 이유 중 하나는 인간의 성격이 복잡하고 다양하다는 데서 찾을 수 있다. 서구화하고 산업화한 사회에서도, 사람들은 심리, 문화, 생물학적인 면에서 정신이 아찔할 만큼 다양하다. 어째서 로스앤젤레스의 대학생에게 통하는 전략이 런던에 사는 노년의 여성이나 도쿄 외곽에 살며 늘 시간에 쫓기는 부모에게도 똑같이 통하리라고 생각할 수 있겠는가? 생각해보면 과체중이거나 마른 사람, 내향적이거나 외향적인 사람, 불안감이 높은 사람이나 자신감이 넘치는 사람, 남자나 여자, 대학원생이나 학업 수준이 낮은 사람, 부자나 가난한 사람, 도시인이나 시골 사람, 성격이 엄한 사람이나 나긋나긋한 사람, 이 모두에게 똑같이 하나의 실행 방안이 통하리라고 여기는 것은 말이 안 되지 않을까? 아닌 게 아니라, 누가 규칙적으로 운동하는지를 알아내고자 한 연구들은, 몇 가지 지극히 뻔한 점을 제외하면 운동인 사이에서 공통적인 인자를 거의 찾아내지 못했다. 그 몇 가지란, 한때 운동을 했던 이력, 건강하며 과체중이 아님, 운동 능력에 대한 자신감, 더 많은 교육을 받음, 운동을 좋아하고 하려는 의지를 모두 가지고 있음 같은 것이었다.[12] 하지만 이런 특성들을 나열해서는 사람들이 어떻게 운동을 좋아하게 되는지 거의 알 수 없다. 이미 미술을 좋아하는 사람들이 미술관에 다니는 경향이 있다고 말하는 것과 별반 다르지 않기 때문이다.

내가 보기에, 효과적으로 사람들이 더 운동하도록 만들고 싶다면, 우리는 다음과 같은 문제를 붙들고 고심해야 할 듯하다. 즉 건강과 건장한 몸을 위해 자발적인 신체 활동을 하는 것은 현대에 들어 생겨난 괴상망측하고 선택적인 행동이라는 점이다. 좋든 싫든, *필요하지도* 않고 *재밌지도* 않은 신체 활동을 강제로 해야 할 때면 우리의 뇌 안에서 이런 활동은 피하는 게 좋다는 목소리가 나직이 울린다. 그러니 우리 함께 이 두 특성을 진화론 및 인류학의 관점에서 다시 생각해보기로 하자.

첫 번째는 필요성이다. 운동을 더 하는 게 자신에게 좋다는 사실을 모르는 사람은 이 세상에 없다. 충분한 운동을 규칙적으로 하지 않는 수억 명도 그렇기는 마찬가지다. 이들 비운동인 가운데는 자신에게 절망감을 느끼거나 스스로를 형편없다고 생각하는 이도 많지만, 운동 좀 한다고 잔소리와 자랑을 늘어놓는 꼴사나운 운동인이 아무리 조깅을 하고, 오래 걷고, 헬스장에 나가고, 계단을 이용하라고 일깨워도 문제는 좀처럼 나아지지 않는다. 이렇게 되는 건 '해야 하는 것'과 '할 필요가 있는 것'이 엄연히 다르다는 데 일부 원인이 있다. 나는 더 건강하고, 더 행복하며, 장애를 덜 안고, 더 오래 살 확률을 높이려면 운동을 *해야 한다*는 사실을 알지만, 이와 함께 내가 운동할 필요 없다고 정당화해주는 이유도 도처에 널려 있다.

실제로, 운동 없이도 충분히 건강한 삶을 영위해나갈 수 있음은 누가 봐도 명백하다. 오늘날 도널드 트럼프 부류의 사람들이 그렇듯이, 미국인의 50퍼센트는 운동을 전혀 안 하고 맘 편히 지내도 일찍 쓰러져 죽을 운명이 아니다. 분명히 말해두건대 운동을 충분히 하지 않으면 심장병, 당뇨병을 비롯한 여타 질병에 걸릴 확률이 높아지지만, 이들 질병은 대부분 중년까지는 발병하지 않는 경향이 있고, 그 후에도 어느 정도는 치료가 가능한 경우가 많다. 미국인 가운데 운동을 거의 안 하는 이가 50퍼센트 이상이지만, 그런 상황에서도 미국의 평균 기대수명은 약 80세에 이른다.

운동이 본래부터 불필요한 데다, 거기에 더해 현대의 기계화된 세상에 살게 된 결과, 운동까지는 아니지만 우리 생활에 꼭 필요했던 여타 신체 활동마저 사라져버렸다. 나는 심장박동수를 높이거나 땀 한 방울 흘리지 않고도 얼마든지 며칠을 지낼 수 있다. 출근할 때 차를 몰면 되고, 사무실로 올라갈 때는 엘리베이터를 타면 되며, 종일 의자에 앉아 일한 뒤 다시 차를 몰고 집으로 돌아오면 된다. 물과 음식을 구하고, 저녁을 만들고, 빨래를 하는 등 예전에는 때 맞춰 부지런히 해내야 했던 힘겨운 집안일도 이제 버튼을 누르거나 수도꼭지만 돌리면 간단히 해결된다. 심지어 거실 바닥을 청소하는 로봇청소기도 구입할 수 있다. 노동력을 덜어주는 이러한 장치들은 때로 인간을 퇴보하게 만드는 세기말의 원흉으로 매도당하기도 하지만, 실제로는 사람들이 좋아하는 만큼 그 인기가 좀처럼 가라앉지 않는다.

불필요하게 여겨지는 것에 더하여, 운동은 더 우선시되는 다른 활동을 할 귀중한 *시간*을 우리에게서 빼앗아가기도 한다. 운 좋게도 나는 통근 거리가 짧고 업무 시간도 자유로워서, 거의 맘만 먹으면 짬을 내어 달리기도 하고 집까지 걸어가면서 개를 산책시킬 수 있다. 하지만 내 친구들만 봐도 장거리 통근을 하는가 하면, 워낙 정적인 사무 탓에 몇 시간을 한 자리에 붙박여 있기도 하고, 자녀 양육이나 노인 돌봄처럼 시간을 많이 잡아먹는 다른 여러 의무를 짊어지고 있다. 오늘날처럼 부유층이 노동층 빈민보다 신체 활동을 더 많이 하는 역설적인 상황은 역사 시대에 들어선 이후로 유례없는 일이다.[13] 게다가 일상에 치여 자유시간을 갖기 힘들 때는 운동 같은 선택적 활동을 주말로 몰아놓게 마련인데, 그러다 막상 주말이 되면 일주일치 피로가 한꺼번에 몰려들어 운동에 쏠 에너지를 끌어 모으기가 힘들어진다. 무엇 때문에 운동을 못 하느냐고 물었을 때, 사람들이 거의 백이면 백 주된 장애물로 꼽는 것이 시간이다.

여기서 우리는 자연스레 *재미*의 문제로 넘어가게 된다. 시간 부족은 참 스트레스를 많이 받는 일이지만, 누구보다 바쁜 이들조차 어떻게든 짬을 내어 TV를 보거나, 웹 서핑 또는 수다 떨기처럼 자신에게 즐겁거나 보상이 되는 일을 하곤 한다. 지금의 수많은 비운동인도 막상 운동을 해보고 생각보다 훨씬 즐겁다는 사실을 안다면 운동을 훨씬 우선순위에 둘 수 있을 것이다. 하지만 여전히 그들에게 운동은 정서적 보상도 없고 신체적으로도 썩 유쾌하지 않은 일로 여겨질 때가 많다. 이런 부정적 반응은 먼 옛날 이루어진 적응의 결과일 가능성이 크다. 대부분 유기체와 마찬가지로 우리 인간도 성교, 먹기를 비롯해 생식의 성공에 도움이 되는 여타 행동을 간절히 원하고, 단식처럼 아기를 더 갖는 데 도움이 되지 않는 행동은 싫어하도록 선택되어온 것이다. 만약 우리의 석기시대 조상이 8킬로미터 조깅처럼 불필요한 신체 활동을 해보았더니 썩 재밌지도 않았다면, 그들은 생식에 쏠 수 있는 한정된 에너지를 굳이 거기에 낭비하지 않았을 것이다.

이런 설명이 그럴싸하게 끼워 맞춘 이야기로 들릴 수 있지만, 비운동인을 분별이라곤 전혀 없는 사람으로 취급하기 힘들다는 데는 아마 거의 다 동의할 것이다. 운동이 현대에 들어 나타난 행동으로, 그 뜻부터가 삶에 꼭 필요하지도 않고 신체적으로나 정신적으로 별 보상이 없는 일인 것은 맞기 때문이다. 거기에다 많은 이에게 운동은 불편하고 엄두조차 낼 수 없는 일이기도 하다. 그렇다면 운동을 필요하고 재밌는 일로 만들 수 없다면, 혹시 운동을 *더* 필요하고, *더* 재밌는 일로 만드는 것은 가능할까?

이렇게 운동하면 기분이 좋거든요

내가 이제껏 해본 운동 경험 중 제일 재미없었던 것은 2018년도의 보스턴마라톤이다. 이렇게 얘기하면 왠지 자랑이나 황당한 말로 들릴 테지만(어떻게 마라톤이 재미있을 수 있겠냐고 생각할 테니 말이다), 그날은 정말 여러 가지로 경기 여건이 최악이었다는 점에서 내가 하려는 이야기의 요점이 잘 드러나는 만큼 부디 끝까지 참고 읽어주길 바란다. 보스턴의 4월 말 날씨는 때론 화창하고 쌀쌀하고 따뜻하고 비가 내리기도 한다. 하지만 그날따라 보스턴을 강타한 북동풍이 유달리 인정사정 없이 몰아쳤다. 경기 시작 시각인 오전 10시에는 이미 몇 시간째 비가 추적추적 내린 뒤였다. 기온이 영하 아래 몇 도까지 떨어져 있었으며, 맹렬한 기세의 맞바람이 시간당 56킬로미터의 속도로 불었다. 평소 같으면 그런 혹독한 날씨에는 누가 억만금을 준다 해도 달리기는 하지 않을 터였다. 또한 경기 전 틈틈이 기상 상황을 확인하다 보니 몇 개월의 훈련이 무용지물이 되더라도 경기에 나가지 말고 집에 있을까 하는 생각이 들었다. 하지만 경기 당일, 나는 온몸에 바셀린을 처덕처덕 바르고, 방수 옷을 몇 겹 껴입고, 머리에는 샤워캡을 쓴 뒤 모자를 두 개 더 쓰고, 방수가 될 듯한 장갑을 손에 끼고, 경기도 하기 전에 젖는 일이 없도록 비닐봉지에 운동화를 꽁꽁 싼 후, 한 마리의 나그네쥐 같은 몰골로 버스에 올랐고, 보스턴 시내까지 갔다가 거기서 다시 긴 여정을 거쳐 홉킨턴이라는 소도시로 향했다. 이제 여기서 마라톤은 곧 시작될 참이었다.

홉킨턴에 도착했을 때 내 눈앞에 펼쳐진 광경은 전쟁영화의 한 장면 같았다. 마치 제1차 세계대전을 앞두고 참호에 들어가 있는 병사들의 모습을 방불케 했다. 출발 전 선수들이 대기하고 있던 홉킨턴고등학교 운동장은 추위에 떨며 비를 쫄딱 맞은 2,500명의 불쌍한 마라토너로 이미 진창이 돼 있었다. 원래도 나는 경기 전에 우려와 불안, 흥분이 뒤섞여 늘 신경이 곤두서는 편이지만, 이번만큼은 정말로 근심이 앞섰다. 어떻게 해야 저체온증에 걸리지 않고 무사히 집으로 돌아갈 수 있을까? 그 와중에도 정해진 시간이 되자, 나는 퍼붓는 비와 살을 에는 듯한 바람 속에서 어깨를 움츠리고 출발선 뒤에 섰다. 그런 뒤 내가 잘할 수 있길 빌며 뚱한 표정으로 블루베리 머핀(마라톤을 뛸 때 행하는 하나의 의례다)을 우적우적 먹은 뒤, 출발 총성이 울리기만 기다렸다. 그러다가 수심 가득한 다른 불쌍한 수천 명의 선수들과 함께 터벅터벅 뛰어나갔다.

이후 이어진 42.195킬로미터는 정말이지 지긋지긋했다. 맞바람과 빗줄기가 얼마나 거센지 이따금은 앞으로 발을 내딛기조차 힘들었다. 운동화가 물을 잔뜩 머금어 한 걸음 뗄 때마다 코끼리가 걷는 듯한 소리가 났으며, 몸 구석구석 쑤시지 않는 데가 없었다. 몇 킬로미터도 채 못 갔을 때 억수로 쏟아지는 비와 곳곳의 물웅덩이, 잦아들 줄 모르는 바람 속에서 나는 내가 끝까지 뛰어야 하는 단 하나의 이유를 찾을 수 있었다. 중간에 멈추지 않는 것만이 가장 빨리 집에 갈 수 있는 길이자 더한 추위를 겪지 않을 방법이었다. 내 머릿속엔 되도록 빨리 침대로 기어들어가 몸을 따뜻하게 덥혀야겠다는 일념뿐이었다. 실제로도 나는 이 원하던 바를 행하는 데 성공했다.

나는 이후 며칠 동안 몸과 정신을 추스르면서 왜 나를 비롯한 2,500명의 정신 나간 사람들이 폭풍우를 뚫고 달렸는지 그 이유를 곱씹어보았다. 단순히 42.195킬로미터를 달리는 게 목표라면 하루를 기다렸다가 다음 날에 더할 나위 없이 좋은 날씨를 즐길 수도 있었을 것이다. 여기서 내가 내놓을 수 있는 유일한 설명은 그때 나가서 달린 게 사회적인 이유 때문이라는 것이다. 전투에 나간 병사처럼, 그때 나는 혼자가 아니라 무언가 어려운 일을 함께하는 집단의 일원이었다. 보스턴마라톤은 1897년부터 하나의 훌륭한 전통으로 자리 잡았고, 2013년 대회 때 테러 공격을 받은 이후로 훨씬 큰 의미를 지닌 행사가 되었다. 당시 나는 단순히 나 자신만이 아니라 다른 사람들을 위해서도 뛰고 있다고 느꼈다. 우리를 응원하기 위해 폭풍우까지 뚫고 와준 수만 명의 관중도 외면할 수 없었다. 마지막으로, 인정하자니 창피한 생각이 들지만, 겁쟁이나 중도 포기자가 될 경우 마주하게 될 사회적 반감도 두려웠다. 동료 압력peer pressure(동료 집단으로부터 동일 행동을 하도록 가해지는 사회적 압력—옮긴이)은 막강한 동기부여 요인이다.

바로 여기서 우리가 왜 운동을 하는지와 관련한 중요한 가르침을 찾을 수 있다. 운동은 그 정의부터가 원래 불필요한 일인 만큼 우리 대부분은 정서적 및 신체적 보상을 얻기 위해 운동을 한다고 볼 수 있다. 그 고약했던 2018년 4월에 내가 얻을 수 있는 유일한 보상은 정서적인 것이었다. 이때의 보상은 전부 그 행사가 지닌 사회적인 성격에 뿌리를 두고 있었다. 지난 수백만 년 동안 인간은 혼자서 몇 시간씩 중~고강도로 힘을 쓴 일이 없었다. 수렵채집인 여자들은 보통 무리를 지어 야생에서 식량을 구했다. 여기저기 거닐며 먹을거리를 채집하고, 덩이줄기를 캐고, 산딸기류 열매를 딸 때는 수다를 떠는 등 함께하면 뭔가 즐거운 일을 했다. 남자도 사냥을 하거나 꿀을 딸 때면 두 명 이상이 무리 지어 다니는 일이 많다.[14] 농부들도 밭을 갈거나, 농작물을 심거나, 잡초를 뽑거나, 곡식을 거둘 때는 조를 이루어 일한다. 따라서 친구들이나 크로스핏 운동인이 헬스장에 모여 함께 운동을 하거나, 팀을 이뤄 사이좋게 축구 경기를 하거나, 여러 명이 모여 함께 재잘거리며 몇 킬로미터를 걷거나 뛰는 것은 오래전 행해지던 사회적인 신체 활동이 계속 이어지고 있는 것이라 하겠다.

책이나 웹사이트, 기사, 팟캐스트 등에서 운동을 더 하는 법을 일러줄 때는 거의 하나같이 함께 모여 운동하라고 권한다. 여기에는 진화론적으로 더 뿌리 깊은 이유가 있다고 여겨진다. 인간은 지극히 사회적인 생물체이며, 아무 연고 없는 낯선 이와 협동하는 데 있어서 그 어떤 종보다 뛰어나다. 옛날에도 우리는 사냥과 채집을 함께 했으며, 지금도 남들에게 음식과 주거지를 비롯한 여타 자원을 나눠주는 것은 물론, 남의 집 아이를 함께 키우고, 함께 싸움을 벌이며, 함께 어울려 논다. 그 결과 우리는 집단으로 모여 행동하는 것을 즐기고, 서로 도와주고, 남이 우리를 어떻게 생각하는지 신경 쓰도록 선택돼왔다.[15] 운동 같은 신체 활동도 예외가 아니다. 운동을 하다가 녹초가 되거나 기술이 딸려 고투를 벌일 때면, 우리는 서로를 응원하고 돕는다. 목표 달성에 성공하면 서로 칭찬해준다. 중도 포기하고 싶다는 생각이 들 때도, 함께한다는 사실 때문에 선뜻 그만두지 못하기도 한다. 내가 지금껏 해본 운동 중 제일 힘든 것은 항상 단체로 하는 운동이었고, 달리기나 운동에 나가는 것도 단지 거기서 친구를 만나기로 미리 약속해놨기 때문인 경우가 많다. 물론 사람들과 어울려 하지 않아도 운동이 재밌을 때도 있다. 홀로 걷거나 달리면 곰곰이 생각에 잠길 수 있고, 헬스장에서 팟캐스트나 TV를 보면서 운동하면(유독 오늘날에만 볼 수 있는 현상이다) 나름 기분전환이 되기도 한다. 하지만 대부분 사람은 남들과 함께 운동할 때 더 큰 정서적 보상을 얻는다. 각종 스포츠, 게임, 춤을 비롯한 갖가지 놀이가 무엇보다 가장 큰 인기를 끄는 사회활동인 것도, 규칙적으로 운동하는 이들이 동호회, 팀, 헬스장에 가입돼 있는 경우가 많은 것도 바로 그래서다. 저 건너편 길거리에 있는 헬스장만 해도 회원을 끌기 위해 "절대 혼자 운동하지 마세요!"라는 문구를 대문짝만 하게 써붙여놓지 않았던가. 사람들 사이에서 제일 인기 있고 효과적인 운동 방법을 몇 가지 꼽으라고 하면 크로스핏, 줌바, 오렌지시어리Orangethoery(그룹 피트니스 운동 브랜드—옮긴이) 같은 단체 운동 경험이 들어가곤 한다.

이와 함께 운동 자체가 우리 기분을 좋아지게도 하는데, 이 사실이 운동을 더 즐거운 것으로 만들어줄 수도 있다. 나는 운동을 잘하고 나면 정신이 또렷해지고, 행복감이 차오르며, 마음이 고요해지고, 고통에서 해방되는 듯한 느낌이 한꺼번에 든다(이는 오피오이드 진통제를 복용할 때의 느낌과는 다르다). 실제로도 자연선택은 우리 몸에 마약을 밀어넣는 전략을 써왔다. 신체 활동이 일어나면 그에 대한 반응으로 우리 뇌가 기분전환용 약물을 기막힌 비율로 혼합해 생성하도록 한 것이다.[16] 이 내인성 약물 중 가장 중요한 네 가지가 도파민, 세로토닌, 엔도르핀, 엔도카나비노이드로, 진화의 고전적인 설계상 오류에 따라 이들 약물은 신체 활동이 이미 활발한 이들에게 주로 보상을 해주도록 되어 있다.

도파민. 이 분자는 우리 뇌에서 가동되는 보상 체계의 핵심 고갱이다. 뇌 깊숙한 영역에 "그것을 다시 해"라고 이르는 것이 바로 이 분자이기 때문이다. 이런 식으로 진화는 우리가 성교, 맛난 음식 먹기, 그리고 (놀라지 마시라) 운동 같은 생식 성공을 높이는 행동을 하면 그에 대한 반응으로 도파민을 만들어내도록 우리 뇌를 조정해 왔다. 그런데 이 보상체계는 오늘날 비운동인에게는 불리한 세 가지 결점을 안고 있다. 첫째, 도파민 수치는 우리가 운동하는 동안에만 올라간다는 것이다. 따라서 도파민은 우리를 소파에서 일으켜주는 일까지는 하지 못한다. 더 안타까운 사실은, 뇌 속의 도파민 수용체는 규칙적으로 활동하는 튼튼한 사람보다 지금까지 별 운동을 하지 않은 사람 안에서 활동성이 떨어진다는 것이다.[17] 설상가상으로, 비만인은 도파민 수용체의 수마저 더 적다.[18] 그 결과 비운동인과 비만인은 다른 이들보다 더 힘겹게, 더 오래 애써야만 자신의 수용체를 정상 수준으로 활성화할 수 있다. 그렇게까지 하다 보면 더러 '운동 중독'이라고 여겨지는 것이 일어날 수도 있다. 여러분이 규칙적으로 운동한다면 아마 운동을 며칠 못했을 때의 느낌이 어떤지 잘 알 것이다. 몸이 근질거리고, 왠지 신경질이 나고, 굶주린 도파민 수용체를 만족시킬 신체 활동을 갈구하게 된다. 극단으로 치닫게 되면 운동 중독도 심각한 의존증이 될 수 있지만, 보통 이 말은 정상적이고, 무해하며, 대체로 득이 되는 보상체계에 적용된다.[19]

세로토닌. 여전히 신비에 싸여 있는 이 신경전달물질은 우리가 쾌감을 느끼고 충동을 조절하도록 도와주지만, 그와 함께 기억이나 잠을 비롯한 다른 기능에도 영향을 미친다. 우리의 뇌는 사랑하는 이와 몸을 맞댈 때, 아기들을 돌볼 때, 자연광을 쬐며 바깥에서 시간을 보낼 때, 그리고 운동할 때처럼 우리에게 득이 되는 행동을 할 때 세로토닌을 만들어낸다.[20] 세로토닌 수치가 상승하면 행복감이 차오르는데(엑스터시류의 마약은 세로토닌 수치를 극도로 끌어올려 이 느낌을 과장한다), 그러면 비적응성 충동nonadaptive impulse을 제어하기가 한결 나아진다. 낮은 세로토닌 수치가 불안, 우울, 충동성과 연관 있는 것도 그래서다. 우울증이 있는 사람은 세로토닌의 기능을 정상으로 유지하기 위해 약을 복용하기도 하는데, 이와 관련해 운동이 그 어떤 처방보다 효과적일 때가 많은 것으로 나타나고 있다.[21] 하지만 도파민과 마찬가지로, 비운동인은 세로토닌 활동성이 다른 이들에 비해 떨어질 위험이 있고, 그래서 더 쉽게 우울증에 걸리고 운동을 피하려는 충동을 뿌리치기도 더 힘들어한다. 이렇게 되면 세로토닌 수치가 계속 낮게 유지될 수밖에 없다.

엔도르핀. 엔도르핀은 자연이 만드는 오피오이드로, 엔도르핀이 나오면 운동할 때의 불편을 참기가 한결 수월해진다.[22] 우리 몸에서 자체적으로 만들어지는 이 오피오이드는 헤로인, 코데인, 모르핀만큼 강하지는 않지만, 그것들과 마찬가지로 고통에 무뎌지게 하고 행복감을 차오르게 한다. 우리가 근육이 쑤시거나 발에 물집이 잡혀도 별 신경 쓰지 않고 장거리를 하이킹하거나 달릴 수 있는 것도 오피오이드 덕분이다. 오피오이드는 운동 중독이 일어나는 데 일정 부분 일조하기도 한다. 엔도르핀은 한번 만들어지면 그 효과가 몇 시간 지속되지만, 격렬한 고강도 운동을 20분 이상 한 뒤에야 비로

소 생성된다. 그렇기 때문에, 그 정도로 힘들게 운동할 만큼 이미 몸이 튼튼한 사람들에게 더 많은 보상을 가져다준다.[23]

엔도카나비노이드. 한때는 악명 높은 러너스 하이runner's high(30분 이상 뛰었을 때 밀려오는 행복감—옮긴이)를 일으키는 물질이 엔도르핀이리라 여겨졌으나, 현재는 엔도카나비노이드(마리화나에 들어 있는 활성 성분이 인체에서 자연적으로 만들어지는 것이라고 보면 된다)가 이 현상에 훨씬 막중한 역할을 한다는 사실이 명확히 밝혀졌다.[24] 이 물질이 분비되면 정말로 유쾌한 도취에 빠지게 되지만, 사실 대부분의 운동인에게 이 물질은 별로 중요하지 않다. 보통 격렬한 신체 활동을 몇 시간은 해야 기분 및 감각을 끌어올리는 이 약물 성분이 뇌에서 분비되기 때문이다. 뿐만 아니라, 러너스 하이가 일어날 유전자를 모든 사람이 다 갖고 있지는 않다.[25] 내 생각이지만 러너스 하이가 진화한 것은, 사냥꾼들이 끈기 사냥을 할 때 동물을 끝까지 뒤쫓을 수 있도록 그들의 감각 인지 능력을 끌어올리기 위해서가 아니었을까 한다.

이상을 비롯해 운동을 통해 분비되는 화학물질은 우리가 운동을 하도록 도와주지만, 이들 물질 대부분은 선순환을 통해 기능한다는 결점을 안고 있다. 가령 우리가 10킬로미터를 걷거나 뛰는 등의 활동을 하면, 우리 몸에서는 도파민이나 세로토닌 등 우리를 기분 좋게 만들어 그걸 또 하고 싶다는 생각이 더 나게끔 하는 화학물질이 만들어진다. 하지만 우리 생활이 정적일 경우에는 악순환이 이어진다. 몸이 부실해질수록, 운동을 했을 때 뇌가 우리에게 보상해주는 능력도 떨어진다. 이는 고전적인 부적응의 사례라 할 수 있다. 우리 조상 중에는 몸을 안 움직이거나 몸이 부실한 이가 거의 없었기 때문에, 운동에 대한 뇌의 이 쾌락 반응은 줄곧 정적으로 생활하는 이들 안에서는 잘 작동하도록 진화한 적이 결코 없었다.

그렇다면 사회적 그리고 개인적 차원에서 과연 우리는 무엇을 해야 할까? 어떻게 해야 우리는, 특히 몸이 별로 튼튼하지 못할 때 운동을 더 재밌고 더 보상을 많이 받는 활동으로 만들 수 있을까?

첫 번째로 가장 중요한 것은, 비운동이 몸에 밴 이들이라면 특히, 운동이 반드시 재밌지 않다는 사실을 이쯤 그만 인정하고, 자신이 가장 즐길 수 있거나 혹은 가장 덜 싫은 운동을 골라 그것을 해야 한다는 점이다.[26] 또 그만큼 중요한 것은, 운동 중에 자신이 재밌다고 느끼는 다른 것들로 생각을 분산시키는 법을 찾아내야 한다는 점이다. 그렇게 생각을 분산시키면 적어도 운동에 대한 거부감을 다소 줄일 수 있다. 운동을 더 재밌게(혹은 덜 지루하게) 만드는, 많은 이에게 공통적으로 추천할 만한 합리적인 방법은 다음과 같다.

- 사람들과 어울려서 하라: 친구, 모임, 혹은 일정한 자격을 갖춘 좋은 트레이너와 함께 운동하라.[27]
- 자신에게 재밌는 시간으로 만들어라: 운동하며 음악, 팟캐스트, 오디오북을 듣거나, 영화를 시청한다.
- 풍광이 아름다운 야외에서 운동한다.
- 춤을 추거나 스포츠나 게임식으로 운동한다.
- 다양한 것이 즐거운 만큼, 이런저런 것들을 실험하고 혼합하며 운동해본다.
- 수행 능력이 아닌 시간을 기준으로 현실적인 목표를 세워야 자신에게 실망하는 일이 없다.
- 운동을 하면 자신에게 보상을 해주어라.

두 번째로, 여러분이 지금 어떻게든 운동하려 애쓰는 중이라면, 운동이 즐겁고 덜 꺼려지는 일이 되기까지 왜 시간이 걸리는지 그 이유와 과정을 알아두면 좋다. 우리는 몸을 안 움직이거나 몸이 부실해지게 진화한 적이 결코 없기 때문에, 신체 활동의 보상을 느끼고 그것을 습관화하는 적응이 이뤄지려면 먼저 몇 개월 노력 끝에 튼튼한 몸부터 만들어야 한다는 사실을 기억해야 한다. 불편하고 보상도 없어서 운동 자체를 안 하게 되는 부정적 피드백 고리에서, 운동에서 점점 만족감을 느끼는 긍정적 피드백 고리로 넘어가는 일은 차츰차츰 진행되는 더딘 과정이다.

그렇다. 운동을 더 많은 보상을 얻으며 더 재밌게 할 수 있다는 말은 결코 틀리지 않았다. 그래도 스스로나 남을 속이는 일은 없도록 하자. 우리가 운동을 어떻게든 더 즐거운 것으로 만들려 해도, 몸을 움직여야 한다고 생각하면 가만히 있는 것보다 대부분 마음이 덜 나고 몸도 안 편한 게 사실이다. 운동 계획을 세울 때마다 나는 우선 어김없이 운동을 안 하려는 본능부터 억눌러야만 한다. 운동을 마치고 나서 괜히 했다고 후회한 적은 한 번도 없지만, 타성을 떨쳐내기 위해 나는 보통 어떻게 해야 운동을 꼭 필요한 것으로 여기게 될지 방법을 찾아내야만 한다.

부드러운 개입과 거친 개입

내게는 몇 년째 규칙적으로 운동하려 노력하고도 끝내 단 한 번도 운동 습관을 들이지 못한 친구가 하나 있다. 그녀는 운동 습관을 만들기 위해 새해 다짐에 운동을 넣기도 하고, 헬스장 회원권을 끊기도 하고, 운동 시간표를 짜보기도 했다. 하지만 새로운 각오로 열정에 불타 운동한 것은 잠시뿐, 번번이 정적인 생활로 돌아가 벗어날 줄 몰랐다. 이런 일이 반복되자 절망감에 빠진 그녀는 완전히 다른 방식을 시도해보기로 결심했다. 당근 대신 채찍을 쓰기로 한 것이다. 그렇게 해서 성공한 사연을 소개하자면 이렇다. 우선 그녀는 StickK.com이라는 웹사이트에 1천 달러를 보내며 하루에 6.4킬로미터를 걷겠다고 다짐하고 자기 남편을 공식 심판으로 지정했다. 그러고는 일주일마다 한 번씩 남편에게 점검을 받았는데, 목표를 달성하지 못할 때는 그 웹사이트에서 전미총기협회^{National Rifle} Association, NRA(총기 규제에 반대하는 논란이 많은 미국의 단체)로 25달러를 보내도록 설정해놓았다. 그녀의 말에 따르면, "걷기 싫은 날이 정말 많았지만, NRA에 내 돈이 단돈 1페니라도 들어가는 것은 죽기보다 싫었어. 그러니 선택의 여지가 없었지." 이 방법은 효과가 있었다. 1년 동안 그녀는 단 한 차례도 목표 성취에 실패하지 않았고, 지금은 누구보다도 걷는 일에 열성적인 사람이 되어 있다. 내 친구와 비에른보리사 직원들 사이의 주된 차이는, 친구는 자신을 강압할 방법을 찾아낸 반면 직원들은 헨리크 분게에게 강압을 받는다는 것이다.

여러분은 강압에 대해 어떻게 생각하는가? 나와 비슷한 부류라면 아마 타인에게 강압을 행사하는 데 대체로 반대할 것이다. 사람들을 운동하라고 강제로 떠미는 것은 자기 삶의 결정을 스스로 할 권리를 존중하지 않는 것이나 다름없다. 이는 황금률을 어기는 일이다. 나에게는 비타민을 복용하지 않거나, 채소를 잘 안 먹거나, 치실을 사용하지 않을 권리가 있듯, 운동하지 않을 권리도 있다.

그런데 사람들에게 운동을 강제해서는 안 된다는 이 원칙에는 이론의 여지가 없는 몇몇 예외가 존재한다. 응급의료요원과 군인이 그중 하나로, 이들은 특정 수준 이상으로 신체 단련이 돼 있지 않으면 자신의 직무를 수행할 수 없다. 예를 들어, 전장에 나가 싸울 만큼 충분히 강한 힘과 체력을 갖추기 위해 군인이 운동해야 한다는 것은 누가 봐도 명백하다. 입대를 하면 연병장에서 교관들로부터 호통을 들으며 푸시업, 윗몸일으키기, 풀업, 오래달리기 등을 억지로 해내야 한다는 사실을 군인들 자신도 잘 알고 있다. 운동을 제대로 하지 못할 땐 벌을 받고 말이다. 운동 강제 금물의 원칙이 적용되지 않는 또 다른 주요 예외는 어린이다. 우리는 아이들에게 좋다는 이유로 종종 운동을 강제한다. 아이들은 중~고강도 운동을 최소 하루에 1시간 이상 해야 한다고 전문가들이 입을 모으는 만큼, 전 세계의 거의 모든 나라에서는 학교의 체육 시간을 의무로 정해두고 있다.[28] 그렇다면 도대체 어떤 차이가 있기에 아이들에게는 좋다는 명목으로 운동을 강제해도 되지만, 나처럼 군인이나 소방관이 아닌 성인에게는 왜 그래선 안 되는 것일까?

그 근거 중 하나는 어린이는 성인과 달리, 아직 자신을 위하는 방향으로 결정을 내리는 능력을 갖추지 못했다는 것이다. 그래서 아이들에게 몸에 좋은 음식을 먹으라거나, 얼른 잠자리에 들라거나, 학교에 가라거나, 카시트에 앉으라거나, 백신을 맞으라거나, 담배나 술을 입에 대지 말라는 식으로 온갖 일을 강제하는 것은 대체로 용인된다. 그러다 어느 시점에 이르러 성인이 되면 알아서 그런 결정을 내리도록 하는데, 이때에도 몇몇 예외가 존재한다. 미국에서는 성인이 되면 운동하지 않을 권리와 함께 자신이 원하는 담배는 무엇이든 피울 권리를 갖지만, 코카인을 흡입해선 안 되며 여전히 안전벨트는 반드시 매야 한다.

그렇다면 오로지 공리주의의 관점에서 봤을 때, 운동을 필수로 정하는 것과 안전벨트 사용을 의무로 정하는 것은 어떻게 다를까? 미국연방교통안전위원회에 따르면, 미국에서 안전띠 착용이 사망을 막아주는 경우는 1년에 대략 1만 건에 이른다고 한다.[29] 이와 함께 미국질병통제예방센터에 따르면, 미국에서 신체 활동 부족으로 인한 사망은 1년에 약 30만 건에 이른다. 안전벨트 착용으로 살아남는 사람의 30배 이상이다.[30] 전 세계적으로 보면, 신체 활동 부족으로 일어나는 사망만 1년에 530만 건에 달한다. 이는 거의 흡연으로 인한 사망자만큼이나 많다.[31] 그런데 이 두 경우의 죽음은 심리적으로 크게 차이가 난다. 가령 강제로라도 안전띠를 매는 것이 그렇지 않은 것보다 훨씬 낫다는 사실을 실감하려면, 더도 말고 차를 몰고 달리다 사고가 난 현장을 지나치거나 누군가가 차 안에서 목숨을 잃어 몸이 문드러지는 모습을 TV에서 보면 되지만, 울혈성 심부전이라든가 제2형 당뇨병으로 인한 죽음은 우리 눈에 보이지 않는 병원 한구석에서 조용히 일어나는 게 보통이다. 뿐만 아니라, 대체로 70세 노인이 대장암이나 심장마비로 죽는 것보다는 20대 청년이 차 사고로 세상을 떠나는 것이 훨씬 더 비극적으로 여겨지곤 한다. 이와 함께 우리는 강제로 안전띠를 매는 것을 이미 습관화하기도 했다. 처음으로 안전띠 착용이 법제화됐을 때만 해도, 우리 장인어른은 자신의 자유를 명백히 침해하는 짓이라며 거부하셨지만, 우리 딸 세대는 안전띠를 착용하라는 요구를 지극히 정상적인 일로 받아들인다.

하지만 공리주의적인 면에서 아무리 이런 혜택이 있다 해도 나는 전 국민의 운동 의무화에는 반대한다. 그래도 성인에게는 건강에 해로운 결정을 내릴 권리가 있다고 믿기 때문이다. 진짜 딜레마는, 규칙적으로 운동하려고 애써도 실패하는 사람 대부분은 운동을 하고 싶은 마음도 한쪽에 함께 갖고 있다는 것이다.[32] 유전적으로 불필요한 신체 활동을 피하려는 경향을 물려받고도(이런 경향이 다른 이보다 더 많이 나타나는 이도 있다[33]), 통근, 사무업무, 엘리베이터, 쇼핑카트, 보도步道 없는 대로大路, 출입이 어려운 건물 계단 등의 환경 때문에 운동이 더는 필요치 않고 하기도 어려워진 시대에 태어난 것은 사실 그 누구의 잘못도 아니다. 따라서 우리는 움직이지 않는 것을 부끄러워하며 자책감을 느끼기보다, 운동을 좀 더 필요한 일로 만들 수 있도록 하는 배려가 담긴 도움을 받을 자격이 있다. 그중 가장 해볼 만한 것은, 제반 사항을 미리 정해두는 *부드러운 개입*nudge과 *거친 개입*shove을 통해 자신에게 강압을 넣을 방법을 찾는 것이다.

부드러운 개입은 무력을 쓰거나, 우리의 선택을 제한하거나, 경제적 인센티브를 변동시키지 않고도 우리의 행동에 영향을 미치는 방법을 말한다.[34] 전형적인 부드러운 개입으로는 디폴트옵션(옵션을 지정하지 않을 때 자동으로 할당되는 옵션―옮긴이)을 바꾸거나(장기 기증을 옵트인 방식에서 옵트아웃 방식으로 전환하는 등) 주변 환경에 작은 변화를 주는 것(눈에 잘 띄는 샐러드바 앞쪽에 건강에 더 좋은 음식을 배치하는 것 등)을 들 수 있다. 여러분도 예상하다시피 장차 운동인이 되고자 하는 이들은 이런저런 방식의 부드러운 개입을 통해 운동을 선택하는 행위 자체를 자동실행의 성격이 더 강하고, 더 단순하며, 덜 귀찮은 일로 만들어야 한다는 충고를 듣곤 한다. 그 실례를 들어보면 다음과 같다.

• 운동 가기 전날 밤에 미리 운동복을 꺼내놓는다. 아침에 일어나

면 제일 먼저 그 옷부터 입고 운동 갈 준비가 되게 한다(대안으로, 아예 운동복을 입고 자는 방법도 있다).

- 운동을 하루 일정에 짜 넣어, 자동적으로 실행할 수 있게 한다.
- 친구나 앱의 힘을 빌려 운동해야 한다는 사실을 자신에게 일깨우도록 한다.
- 엘리베이터나 에스컬레이터보다 계단으로 다니는 것이 더 편리한 일이 되도록 한다.

거친 개입은 이보다 과감한 자기 강압으로, 내 친구가 전미총기협회에 돈을 보내지 않기 위해 걷기 운동을 했던 것이 이 부류에 속한다. 이 방식도 스스로를 상대로 자발적으로 행하는 것이기에 토를 달 수는 없지만, 부드러운 개입보다는 더 강압적인 면이 있다.

- 친구나 동아리와 함께 미리 운동 일정을 잡는다. 그러면 사람들에 대한 의무감 때문에라도 운동에 참여하게 된다.
- 크로스핏 같은 단체 운동을 하라. 중도 포기의 순간이 오더라도, 함께하는 사람들이 계속할 수 있게 도와줄 것이다.
- StickK.com 같은 단체와 약정계약을 맺어 운동을 안 할 경우 내가 싫어하는 단체에 돈을 보내거나(채찍) 운동을 하면 내가 좋아하는 단체에 돈을 보내도록 한다(당근).
- 운동 시합 등 뭔가 트레이닝을 받을 만한 일에 (비용을 지불하고) 참여하라.
- 운동하는 모습을 온라인에 올려, 여러분이 어떤 운동을 하고 있는지(혹은 안 하고 있는지) 다른 사람들도 볼 수 있게 하라.
- 친구나 친척, 혹은 존경하거나 두려워하는 누군가를 심판으로

정해 여러분의 운동 진척 상황을 체크하게 하라.

여기서 주목해야 할 부분은 이 모든 방법에 한 가지 본질적 특징이 공통적으로 나타난다는 사실인데, 바로 사회적 약속이다. 여러분이 친구와 둘이서 운동하든, 요가 수업을 듣든, 팀을 짜서 운동하든, 크로스핏 군단의 일원이 되든, 동료 주자들과 함께 5K 경주(5킬로미터 도로 달리기—옮긴이)에 나가든, 아니면 여러분의 운동 성과를(혹은 성과 없음을) 누군가에게 보고하든, 그 순간 여러분은 앞으로 나는 이런 신체 활동을 하겠다고 남들 앞에서 맹세하는 것이다. 그렇게 약속을 하면 격려와 지지라는 형태의 당근과 함께, 망신 또는 못마땅함이라는 형태의 채찍이 뒤따른다. 이런 사회적 약속이 실효가 있다는 증거는, 우리가 뜻한 바를 행동으로 옮기도록 도와주는 가장 대중적이고 가장 오랜 사회 제도인 결혼, 종교, 교육을 보면 알 수 있다. 저마다 정도의 차이는 있지만, 이 세 가지 모두 공적인 자리에서 해당 제도와 그 원칙에 따를 것을 약속하고 그에 대한 보답으로 사회적 지지 및 검열과 함께 몇몇 혜택을 얻는 것이다. 결혼과 종교는 여기서 별로 좋은 본보기가 못 될 테지만, 운동의 경우엔 교육과 좀 더 비슷하게 다루어야 한다는 게 나의 생각이다.

이미 아동 운동에서는 이런 방식을 취하고 있다. 우리가 학교를 아이들이 꼭 다녀야 할 곳으로 만들어놓았듯, 운동도 아이들이 필수로 해야 하는 것으로 만들어놓았다(충분히 운동을 시키는 곳은 찾아보기 힘들지만). 또한 학교생활과 마찬가지로, 우리는 아이들이 함께 어울려 운동하도록 함으로써 운동을 재밌게 만들고자 노력하고 있다. 그렇다면 어른들에게도 똑같이 하면 안 될까? 운동을 대학과 비슷하게 다루는 방법을 통해서 말이다. 대학에 다닌다는 것은 본질적인 면에서 성인이 맺는 사회적인 약정계약 성격이 무척 강한 일로, 여기서도 당근과 채찍이 모두 쓰인다. 가령 우리 대학의 학생들은 학교에 거금을 지불하고 나 같은 교수에게서 이런저런 책을 읽고 공부하라며 강제당하는 것은 물론, 공부를 제대로 하지 않으면 형편없는 성적이나 낙제 같은 불이익을 당할 각오를 해야 한다. 내 학생들은 경쟁을 벌이며 그런 조건 속에서 공부하겠다고 동의한다. 학교의 그런 부드러운 개입과 거친 개입, 필수요건들 없이는 그만큼 배우는 것도 많지 않으리라는 사실을 알기 때문이다. 대신 그렇게 함께 공부하면서 학생들은 사람들과의 사이에서 여러 경험을 하게 된다. 이런 경험은 보통 재밌고, 학생들은 그 속에서 친구들과 교직원으로부터 도움을 받기도 하며, 자신보다 커다란 대의에 참여하게 되기도 한다. 그렇다면 이런 방식의 약정계약 모델이 사람들, 특히 젊은이들이 운동을 더 할 수 있도록 도울 수 있지 않을까?

운동을 박탈당하는 학생들

나이 어린 이들은 움직여야 할 필요가 있다. 에너지를 아껴 쓰는 우리의 생리는 수요에 맞추어 나름의 능력을 쌓도록 진화했기 때문에, 생애 초반에 반드시 신체 활동을 충분히 해두어야만 건강한 신체를 발달시킬 수 있다. 하루 최소 1시간 중~고강도의 신체 활동은 아동의 비만 위험을 낮춰줄 뿐 아니라, 근육, 뼈, 심장, 혈관, 소화기관, 심지어 뇌까지도 건강히 자라나는 데 도움이 된다. 또한 신체 활동을 더 하는 아동은 더 많이 배워서, 더 똑똑해지고 더 행복해지며, 우울증을 비롯한 다른 기분장애에 걸릴 경향도 줄어든다.

그런데도 지금 우리는 아이들을 본의 아니게 처참히 망가뜨리고 있다. 미국에서만 해도 신체 활동을 하루에 최소 1시간 하는 아동은 4명 중에 1명도 되지 않는다.[35] 여자아이들은 남자아이들보다 훨씬 운동을 하지 않으며, 낮은 연령대보다 높은 연령대의 아이들이 더 정적으로 생활한다.[36] 세계보건기구에 따르면 매일 운동을 1시간 하지 않는 아이들이 81퍼센트를 넘는 만큼, 전반적으로 전 세계의 상황은 날로 악화하는 셈이다.[37] 우리가 탓할 수 있는 요인은 많다. 오늘날 어린이들은 크고 작은 화면에 딱 붙어 보내는 시간이 더 길어졌고, 학교까지 걸어가는 일은 더 적어졌으며, 집 근처 공원과 거리 군데군데에 위험이 도사리고 있고, 체육을 있으나 마나 한 시간으로 제쳐두는 학교가 점점 늘고 있다. 대부분 학군에서 일정 시간의 체육을 필수로 규정해두고 있긴 하지만, 체육 시간을 충분히 가질 수 있는 학교는 눈을 씻고 봐도 찾기 힘들다. 미국 초등학교 중 교실 신체 활동, 쉬는 시간을 수업일에 정규로 넣은 경우는 11퍼센트에 불과하며, 고등학교로 가면 이 수치가 2퍼센트로 뚝 떨어진다.[38] 이와 함께, 나 자신도 그러기는 마찬가지였지만, 학생들은 체육 시간의 절반 이상을 벤치에 앉아 있거나 배팅 또는 드리블 차례를 기다리며 가만히 있는 게 보통이다.[39] 가뜩이나 안 좋은 상황이 더욱 꼬이게도, 수많은 학교의 경쟁적 스포츠는 배타적인 성격을 띠어서, 더 높은 단계로 올라갈수록 학생들이 경기에 나가지 못하거나 탈락당할 가능성이 높아지는, 브래들리 카디널이 말한 이른바 '본말이 전도된' 체계가 나타나는 결과가 빚어진다.[40] 이상을 종합하면, 현재 젊은이들 사이에 안 움직이는 것이 지독한 전염병처럼 번져 있는 상황이다.

지금 내가 사는 매사추세츠주도 예외가 아니다. 매사추세츠주

일반법 71.3조에 따르면, "모든 학년의 모든 학생은 체육을 필수로 배워야 한다." 하지만 1996년 매사추세츠주 교육위원회에는 학교에서 정규 시험 준비에 더 많은 시간을 들일 수 있도록 체육 시간 최소 편성 규정을 없앴다. 지방지 보도에 따르면, 매사추세츠주의 학생들이 일주일 수업에서 평균적으로 갖는 체육 시간은 하루에 고작 18~22분에 불과하다.[41]

이는 우선순위와 정책을 잘못 설정한 결과다. 아동기에 몸을 잘 움직이지 않으면 장기적으로 어떤 일이 일어나는지 대체로 모른다는 것은 둘째치고라도, 학부모와 교육자는 오로지 학생들의 시험 점수나 규율, 안전만을(이 세 가지는 모두 적당히 몸을 많이 움직이게 되면 악화되기는커녕 더 향상될 수 있는데도) 염두에 두고 있는 것처럼 보인다.[42] 몸과 정신이 얼마나 뿌리 깊이 얽혀 있는지를 까맣게 잊기라도 한 듯 말이다.

건강한 몸에 건강한 정신이 깃든다는 먼 옛날의 지혜를 우리가 다 같이 잊고 또 무시하고 있다는 사실은 안타깝게도 곳곳의 대학에서도 여실히 드러난다. 학생들이 몸을 움직여 얻는 것이 많다는 사실을 교육자들도 늘 모르지 않았기에, 예전만 해도 미국의 4년제 대학에는 거의 하나같이 중급의 체육 시간이 필수로 정해져 있었다.[43] 그런데 지금은 이런 내용이 대부분 규정에서 빠져 있고, 그나마 남아 있는 극소수도 강도가 점점 더 약해지고 있다. 내 모교인 하버드대학은 1920년에 가장 먼저 체육을 의무로 규정했으나, 1970년에 관련 규정을 전면 폐지했다. 그래서 우울증과 불안증 같은 정신 건강 문제를 겪는 학생 비율이 치솟고 있는데도, 대부분 대학에서 그렇듯이, 우리 학생 중 기초 수준의 규칙적 운동을 하는 이는 4분의 1 정도에 불과하다. 나는 후배들을 위해 신체 활동 프로그램을 일부라도 복구하고자 노력했지만 수포로 돌아갔다. 그때 내가 마주 했던 가장 흔한 비판을 꼽자면, 운동을 의무화하는 것은 강압적이 고, 우리의 일은 학생들의 몸이 아닌 정신을 교육하는 것이며, 학생 들은 시간이 별로 없고, 운동을 권하는 것이 장애를 가진 이나 과체 중이거나 혹은 자기 몸을 불편하게 여기는 이에게는 트라우마와 차 별로 인식될 수 있다는 것이었다.

이런 우려 가운데 몇몇은 충분히 현실적이지만, 전부 해결할 수 있는 문제들이다. 그중 가장 설득력이 떨어지는 것은 강압에 대한 우려다. 앞서 이미 함께 살펴봤지만, 대학들이 원활히 돌아가는 것 은 약정계약이 밑바탕에 있기 때문이다. 학생들이 대학에 입학 등 록을 한다는 것은 대학이 내거는 수많은 요건을 충족하기 위해 교 수나 학장이 강제적으로 가하는 압박도 얼마든지 감내하면서 공부 하겠다는 뜻이다. 학교에서 내거는 요건이 맘에 들지 않으면, 그런 것을 강제하지 않는 다른 학교에 지원하면 된다. 학생들에게 신체 활동을 하도록 하는 것이 우리의 소임에서 벗어나는 일이라는 생각 에도 나는 동의하지 않는다. 우리의 일차적인 소임은 교육인데, 신 체 활동은 학생들이 지적, 사회적, 개인적 면에서 원활히 성장하도 록 돕는다. 운동은 젊은 성인의 정신 건강 유지에도 도움이 될 뿐 아니라, 운동을 통해 길러진 좋은 습관은 이후에도 지속되는 것으 로 보인다. 한 연구에 따르면 대학에서 규칙적으로 운동한 학생의 85퍼센트는 더 나이가 들어서도 계속 운동을 한 반면, 대학 시절에 별다른 신체 활동을 하지 않은 학생의 81퍼센트는 계속해서 정적으 로 생활한 것으로 나타났다.[44] 그러나 역효과가 나지 않게 하려면, 운동의 의무화도 중요하지만 그와 함께 운동이 긍정적인 것으로 인 식될 필요가 있다. 다수의 연구에 따르면, 신체 활동을 각자의 선택에 맡기면 학생들은 오히려 더욱 몸을 안 움직이는데, 그런 식으로 는 이미 활동적이고 운동 동기를 가진 학생들만 신체 활동에 더욱 끌어들이게 되고, 그리하여 부정적인 체육 경험(늘 맨 나중에 선택되거나, 항상 벤치에서 워밍업만 하는 등)을 하게 되면 그 학생이 나중에 성인이 되어 운동할 가능성은 줄어든다.[45]

한때는 나도 학생들이 안쓰러워서 운동을 시키는 것이 맞는지 확신하지 못한 적도 있었다. 학생들이 정말 눈코 뜰 새 없이 바쁘게 살기 때문이다. 그래도 보고서 제출 기한이 코앞에 닥쳤거나 시험 기간처럼 이따금 닥치는 위기 때를 제하고 학생들이 일주일에 35분의 시간을 내지 못하는 것은 운동이 다른 비교과 활동(가령 소셜미디어에 몇 시간을 할애하는 것 등)에 비해 우선순위가 밀리기 때문이다.[46] 알고 보면, 시간에 쫓기는 경우라도 운동을 건너뛰는 게 때로 생산성을 떨어뜨리기도 한다. 대학생을 대상으로 이루어진 임의대조군 연구를 보면 우리가 이미 본능적으로 알고 있는 사실이 대부분 맞는다는 확신이 든다. 즉 중~고강도 운동을 잠깐 힘이 부치게 하는 것만으로도 기억력과 집중력이 향상된다.[47]

마지막으로, 장애를 안고 있거나 운동하는 것이 영 불안하고, 안 맞고, 불편한 학생들을 세심하게 배려해야 한다는 데는 나도 전적으로 동의한다. 세상에는 저마다 다양한 필요를 가진 다양한 학생들이 있게 마련이고, 몸매나 체력을 갖고 망신을 주는 일은 그릇되고 생산적이지도 못하다. 하지만 몸이 부실한 학생이라고 해서 운동을 통한 도움을 마다하는 것은 최선의 해결책이 아니다. 운동은 모든 사람, 특히 그 누구보다 몸이 부실한 이에게 상당한 혜택을 가져다주기 때문이다. 우리가 풀어야 할 숙제는 모든 사람이 각자의 수준에 맞춰, 판단을 내리지 말고, 자신이 충분히 감내할 수 있고 거기서 나름의 보상을 얻을 수 있는 방법과 강도로 운동할 방법을 찾아내는 것이다.

한마디로, 지금 우리 모두에게는 부드러운 개입이 필요하다. 자, 어떻게 해야 그렇게 좀 더 운동하게 될 수 있을지 방법을 찾아냈다면, 이제 남은 문제는 어떤 종류의 운동을 얼마나 많이 해야 하는가일 것이다.

제12장

어떤 운동을, 얼마나 많이?

미신 #12 운동의 종류와 양에는 최적의 수준이 있다

◇ ◇ ◇

모든 것이 독이며 독이 들지 않은 것은 아무것도 없다. 다만 독이 얼마나
들어 있느냐에 따라 어떤 것은 독성을 품지 않는다.

−파라켈수스, 1493−1541

멀리 떨어진 한 나라에 외동딸을 세상 그 누구보다 사랑하는 위대
한 왕이 있다고 상상해보자. 공주는 다정하고 마음씨가 고운 데다,
철학, 수학, 역사, 언어 실력까지 아주 뛰어나다. 하지만 아버지와
마찬가지로 정적으로 생활하는 탓에 공주는 몸이 튼튼하지 못하다.
이렇듯 약골인 왕과 공주를 운동하게 만들고자 상담사, 트레이너,
간호사, 가정교사가 달려들었지만 모두 허사였다. 왕은 이것이 문제
라는 사실을 알았고, 따라서 딸이 혼기가 찼을 때 멀고 가까운 나라
의 왕자들 수십 명을 초청해 하루 동안 특별 경연을 벌여 우승자를
공주의 배필로 정하기로 했다. 왕은 구혼자들을 모아놓고 마상 창
시합이나 펜싱, 레슬링 경기를 하는 대신, 궁궐의 커다란 홀에 앉혀
놓고 필기시험을 치르게 했다. 오전 9시 15분 땡 소리와 함께, 왕자
들은 구술식 답안지를 펼친 뒤 세 시간 안에 하나의 똑같은 질문에

답해야 했다. "운동을 하게 만드는 최선책은 과연 무엇인가?"

왕국은 이때껏 그렇게 조용한 적이 없었다. 우람한 체격의 왕자들이 열심히 펜을 굴리며 답안을 적어가는 동안, 개 짖는 소리나 말이 히잉거리는 소리는 물론, 문 삐걱거리는 소리조차 들리지 않았다. 궁궐 근방 수 킬로미터 안의 모든 것이 숨을 죽이고 지켜보는 듯했다. 그러다 오후 12시 15분에 왕자들이 펜을 내려놓자, 시험관은 일제히 시험지를 걷어가 죽 훑어본 후 그 내용을 웹에 게시해 누구라도 다 읽어보고 댓글을 달 수 있게 했다. 그사이 왕이 선정한 심사위원들이 밀폐된 방에 모여 우승자를 정하는 작업에 들어갔다.

답안은 천차만별에다 기발한 아이디어들을 담고 있었다. 그중 가장 인기가 높았던 것은 '암사자처럼 강해져라'라는 12단계 프로그램으로, 저강도 웨이트운동을 여러 차례 반복하되 그 사이에 더 무거운 웨이트운동을 그보다 적은 횟수로 반복하는 식이었다. 그 외에 기발한 발상을 한 어느 왕자는 '걷고, 달리고, 영원히 살자'라는 10단계 프로그램을 내놓았다. 장거리 걷기를 한 뒤 단거리를 달리되 그 거리를 차츰 16킬로미터까지 늘려나가는 방식이었다. 일반 대중이 좋아했던 다른 방식으로는 '7분 혹은 당신 목숨'이 있었는데, 하루에 고강도 인터벌 트레이닝interval training(속도와 강도가 다른 활동을 교차시키며 하는 훈련—옮긴이) 7분으로 '최상의 건강'을 약속받아 '동굴인보다 오래 살게 된다'는 것으로, 맨발 걷기, 나무 오르기, 바위 타기 등 구석기시대 신체 단련법을 그대로 따라하는 방식이었다. 하지만 이런 것보다는 스트레칭, 수영, 자전거 타기, 조깅, 춤, 복싱, 요가, 심지어는 포고스틱 타기를 권하는 답안이 더 많았다. 이러한 처방들 가운데는 유전적 변형을 고려한 것이 있었는가 하면, 남녀별로 각기 다른 방안을 제시한 답안도 있었으며, 체중 감량 극대화를 위해 고안된 방법도 많았고, 여성의 월경 주기 리듬을 맞출 수 있게끔 아주 세심하게 만들어진 것도 있었다. 심사위원들이 고심을 거듭하는 동안, 저널리스트, 블로거, 유명인, 열성팬, 악플러들은 자기들끼리 각 답안의 장점을 두고 열띤 논쟁을 벌였다. 하루가 지날 때마다 사람들이 좋아하는 답안도 매번 새로이 바뀌는 듯했다.

마침내 일주일간의 기다림과 토론 끝에 결정의 순간이 찾아왔다. 12시 정각, 왕실 웹사이트에 올라온 게시물에는 두 문장만 덩그러니 적혀 있었다. "많은 숙의 끝에, 심사위원들은 운동을 하는 최선책은 없다고 결론을 내렸습니다. 다음 해에 더 훌륭한 문제를 갖고 돌아오겠습니다."

11장에 걸친 내용을 지금까지 읽어온 만큼, 여러분도 이 동화 속 심사위원들은 솔로몬의 결정을 내렸고 시험문제가 그야말로 우문愚問이었다고 생각했으면 한다. 세간에 이런저런 주장이 나와 있지만, 생각해보면 어떻게 운동의 양과 종류에 최선이나 최적의 수준이 있을 수 있겠는가? '최선'이라는 말조차도 무슨 뜻인지 애매하지 않은가? 수명을 몇 년 늘려준다는 면에서 최선이라는 것일까, 시간 효율 면에서 최선이라는 것일까? 아니면 심장병을 막아준다는 면에서 최선일까? 혹은 체중 감량의 면에서? 부상을 입지 않게 한다는 면에서? 알츠하이머에 안 걸리게 해준다는 면에서? 이들 목적 가운데 어느 하나를 이루기 위한 최선책을 하나 고를 수는 있겠지만, 나이, 성별, 몸무게, 신체 단련 수준, 부상 이력과 상관없이 모두에게 최선인 하나의 방안이 과연 있을 수 있을까?

최적의 운동 처방은 있을 수 없지만, 신체 활동이 성장, 유지, 보수 기제를 활성화해 갖가지 능력을 갖추게 하고 더 천천히 나이 들게 하는 것은 사실이다. 의학적 치료 차원의 운동이 있는 것도 그래서다. 따라서 비록 다소 이상한 종류의 약이긴 해도, 우리는 특정한 운동 종류와 운동량을 처방해주기도 한다. 그런데 과연 어떤 종류의 운동을 얼마큼 해야 할까? 재미 삼아서든 혹은 신체 단련을 위해서든, 우리의 운동 목표 및 상황에 따라 건강에 확실히 더 좋거나 혹은 나쁜 운동의 종류와 양이 있기는 하다. 가령 웨이트운동은 근육을 단련하려고 하는 것이고, 유산소운동은 심장 건강을 위해 하는 것이며, 번지 점프는 부모님을 기겁하게 만들려고 하는 것이다. 이 책의 마지막 장이자 다음 장인 13장에서는 우리가 죽거나 장애를 입는 것과 가장 흔히 결부되는 질병들에 각양각색의 운동 처방이 어떻게, 왜 영향을 미치는지 함께 살펴볼 것이다. 하지만 그전에 우선은 어떤 종류의 운동을 얼마나 해야 하는가 하는 일반적인 문제부터 생각해봐야 한다.

　　그 어떤 잣대를 들이대봐도, 운동량과 건강 사이의 관계는 영 헷갈리기만 한다. 내가 알기로 노벨상을 수상한 과학자들조차 상충하는 운동 추천법이 쏟아져 나오는 데 대해서는 어쩔 줄 몰라하곤 한다. 많은 전문가는 어떤 것이든 자신이 즐거운 운동을 하라고 조언하는데, 어떤 종류의 운동이든 아예 안 하는 것보다는 하는 게 낫기 때문이다. 그런가 하면 짧게 고강도 인터벌 트레이닝을 하는 것이 본전을 가장 많이 뽑는 방법이라고 하는 이들도 있다. 유산소운동의 경우에는 달리기, 하루 1만 보 걷기, 수영 또는 일립티컬 같은 저충격 머신 등을 저마다 열광적으로 옹호하는 이들을 볼 수 있다. 또한 웨이트운동과 관련해서는, 자기의 체중을 이용해서 운동해야 한다고 말하는 이가 있는가 하면, 프리웨이트를 권하는 이도 있고, 웨이트 머신을 힘껏 밀어야 효과가 있다고 하는 이도 있다. 하지만 이 모든 처방 가운데서도 가장 흔하고 널리 홍보되고 있는 것을 꼽자면(세계의 거의 모든 주요 건강기구가 옹호하는 방법이기도 하다) 바로 일주일에 중강도 운동을 최소 150분 이상, 혹은 고강도 운동을 75분 이상 하되, 거기에 웨이트운동을 2회 병행하라는 것이다.[1]

1주일에 150분?

운동계의 구루로 손꼽히는 잭 라레인(그는 96세까지 살았다)은 이런 말을 즐겨 했다. "사람들은 나이가 들어서 죽는 게 아닙니다. 몸을 안 움직여서 죽죠."[2] 이 말엔 과장이 없지 않지만, 문명의 태동 이래, 아니 어쩌면 그전부터 신체 활동이 건강을 증진해온 것은 분명한 사실이다. 하지만 '파프'라는 애칭으로도 알려져 있는 랠프 S. 파펜바거 주니어 박사의 선구적인 연구가 나오기 전까지는, 우리가 운동하는 양이 수명과 어떤 관련을 맺는지를 의학다운 방법으로, 즉 용량-반응 곡선으로 밝혀낸 이가 하나도 없었다. 1922년생인 파펜바거는 미국 정부 주관의 소아마비 예방접종으로 첫 이력을 쌓았는데, 이후 연구의 초점을 전환해 하버드와 스탠퍼드 의대에서 강연하며 만성질병 연구에 매달렸다. 파펜바거가 책으로 펴낸 걸출한 연구 성과는 한둘이 아니지만(초콜릿을 정기적으로 먹으면 수명이 거의 1년까지 늘어난다고 주장한 연구도 있다[3]), 그의 중대한 획기적 연구가 나온 것은 대학들이 돈을 내라고 들볶기 위해 졸업생 연락처를 업데이트하며 관리한다는 사실을 어쩌면 연구에 활용할 수도 있겠다는 기발한 생각을 하면서였다. 파펜바거는 1962년부터 하버드대학과 펜실베이니아대학을 설득해 졸업생 5만 명에게 연구의 취지를 설명하고 그들의 신체 활동 습관 및 건강에 대한 정보를 달라고 부탁했다. 그런 다음 인내심을 갖고 이들 졸업생이 나이가 들고 상당수는 사망할 때까지 수십 년을 기다렸다. 기나긴 기다림 끝에 그는 마침내 1만 7천 명 이상의 사람들로부터 얻은 자료를 연구에 활용할 수 있었다.

도판 31(왼쪽)은 파펜바거가 1986년 《뉴잉글랜드 의학저널》지에 펴낸 기념비적 논문의 핵심 결과를 간추려 표로 그린 것이다.[4] 여기서 x축은 운동량으로, 일주일의 신체 활동에 쓰인 칼로리 수치로 표시돼 있다. y축은 졸업생의 사망률을 나타낸 것이다. 각 점 위에 쓰인 숫자는 *상대위험도* relative risks(각 연령 집단 안에서 정적인 사람들과 비교한 사망 확률)를 나타낸다. 여러분도 충분히 예상하다시피, 가장 나이 많은 졸업생의 사망률은 가장 젊은 졸업생보다 10배 높지만, 여기서 주목해야 할 사실은 나이 범주마다 용량-반응 관계 dose-response relationship의 경사도가 다 다르다는 점이다. 즉 연령대가 더 높은 집단일수록 경사도도 더 커진다. 일주일에 2천 칼로리 이상을 운동에 쓰는 중년의 졸업생은 정적인 동급생에 비해 사망 위험이 21퍼센트 낮았으며, 70세 이상이면서 그만큼 운동을 한 졸업생의 경우에는 해당 연도의 사망 확률이 비활동적인 동급생의 딱 절반이었다. 그렇다, 무려 절반으로 줄어드는 것이다. 출간 당시만 해도 이 연구는 운동과 사망률 사이에 강력한 용량-반응 관계가 성립한다는 명백한 첫 증거였다. 운동이 절대 만병통치약은 아니지만, 운동을 많이 하면 할수록 오래 살 가능성도 높아지며, 신체 활동이 장수에 미치는 영향 역시 우리가 나이 들어갈수록 더욱 광범위해진다.

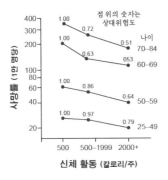 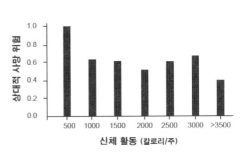

도판 31　　하버드대학 졸업생의 사망 위험에 운동이 미친 용량-반응 효과. 연령대 및 신체 활동별로 묶은 하버드대 졸업생의 사망률(왼쪽)과 연령대를 고려하지 않은 신체 활동량별 사망률(오른쪽). (다음 내용을 수정하여 실음. Paffenbarger, R. S., Jr. 저 [1986], Physical activity, all-cause mortality, and longevity of college alumni, *New England Journal of Medicine* 314:605-13; Paffenbarger, R. S., Jr., 외 공저 [1993], The association of changes in physical-activity level and other lifestyle characteristics with mortality among men, *New England Journal of Medicine* 328:538-45)

　　그 뒤로 세월이 더 흘러가는 사이에도 파펜바거와 동료들은 멈추지 않고 이들 결과를 계속 누적시켜나갔다. 그리하여 1993년에는 충분히 자료를 모아, 장수와 신체 활동 사이의 관계가 도판 31의 오른쪽 그래프에서 보듯 직선이 아님을 입증할 수 있었다.[5] 이 그래프는 똑같은 졸업생 집단의 활동량별 상대적 사망 위험을 연령대를 구분하지 않고 나타낸 것이다. 여기서 주목해야 할 것은, 낮은 수준의 신체 활동조차(1주일에 1천 칼로리) 사망률을 거의 40퍼센트까지 낮춰주며, 신체 활동이 그 두 배가 되면 사망률은 더 낮아진다는 것이다. 하지만 운동량이 거기서 더 늘어나면 혜택은 외려 줄어든다. 이 그래프에서 볼 수 없지만 연구에서 밝혀진 또 하나의 사실은, 중강도나 고강도로 운동한다고 보고한 졸업생의 사망률이 저강도로만 운동한다고 보고한 동급생에 비해 낮았다는 점이다. 마지막으로, 인생의 중반을 지나서 뒤늦게 운동을 시작한 졸업생도 평생 동안 활동적으로 살아온 동급생과 비슷하게 사망률을 낮출 수 있는 것으로 나타났다. 한마디로, 운동을 시작하기에 너무 늦은 때란 결코 없다.

파펜바거의 선구적인 연구 이후로도, 미국 같은 서구화된 국가들에서는 건강과 운동량 사이의 연관성을 면밀히 따진 수십 건 이상의 연구가 진행되었다. 그중 상당수는 파펜바거가 했듯이, 운동량이 다양한 인구군을 대규모 견본으로 삼아 사망률과 유병률을 살피는 데 초점을 맞추었다. 그런가 하면 임의대조군 실험을 통해 천차만별로 처방된 운동량이 혈압, 콜레스테롤, 혹은 당^糖소화능력처럼 건강 상태를 예측해주는 인자에 어떤 영향을 미치는지 측정한 연구들도 있었다. 1990년대에 이르러 수많은 관련 연구가 쌓이자, 세 곳의 주요 건강기구는 각기 전문가 패널을 구성해 관련 증거를 검토하고 각종 권고를 내놓기로 결정했다. 1995년과 1996년, 세 패널이 내놓은 조언은 대동소이했는데, 그 핵심은 만성 질병의 전반적 위험을 낮추기 위해 성인은 최소 30분의 중강도 운동을 일주일에 최소 5회는 해야 한다는 것이었다.[6] 이와 함께 아동의 경우 하루에 60분의 신체 활동을 해야 한다고도 결론 내렸다. 그 이후로는 이 처방들(성인은 일주일에 150분, 아이들은 하루에 60분)이 재논의를 거쳐 정설로 확인된 후 수 차례 약간의 수정만 이루어졌다.

그러면 여기서 가장 최근에 업데이트된 2018년도 미국보건복지부^{HHS}의 자료를 한번 살펴보도록 하자. 치밀하고 포괄적인 이 보고서에서 내린 수많은 결론 가운데, 파펜바거의 유명한 운동과 사망률 사이 용량-반응 관계를 수정된 방식으로 분석한 내용이 있는데

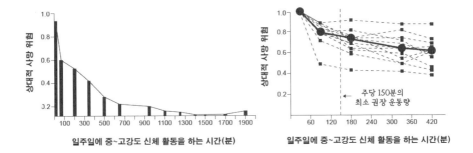

도판 32 일주일 동안의 신체 활동과 상대적 사망 위험 사이의 용량-반응 관계에 관한 대규모 연구. 왼쪽: 총 100만 명 이상을 대상으로 한 수많은 연구 결과를 취합한 것. 약간의 운동으로도 상당한 혜택을 얻을 수 있으나, 그 혜택은 결국 평준화된다. 주당 1,900분(극단적인 수준으로, 30시간 이상)에서 일어나는 약간의 상승은 통계적으로 유의미하지 않다. 오른쪽: 12개의 서로 다른 연구들과 용량-반응 관계의 중간값(굵은 선). (다음 내용을 수정하여 실음. Activity Guidelines Advisory Committee [2018], *Physical Activity Guidelines Advisory Committee Scientific Report* [Washington, D.C.: U.S. Department of Health and Human Services]; Wasfy, M. M., and Baggish, A. L. [2016], Exercise dosage in clinical practice, *Circulation* 133:2297–313)

그것을 나타내면 도판 32와 같다(왼쪽 그래프).[7] 이 그래프를 만들기 위해서 무려 100만 명 이상의 성인으로부터 자료를 취합했다! 파펜바거의 연구와 비슷하게, 이 그래프의 x축은 일주일 동안 분 단위의 유산소 활동 누적량으로 운동량을 표시한 것이다. y축은 해당 연도의 상대적 사망 위험을 성별, 흡연, 알코올 섭취, 사회경제적 지위 같은 인자들을 반영해 나타냈다. 그래프에서 잘 볼 수 있듯, 사망률의 가장 큰 감소(약 30퍼센트 정도)는 정적으로 생활하는 이들과 일주일에 60분 운동하는 이들 사이에서 볼 수 있다. 하지만 운동량이 많아질수록 사망 위험도 계속해서 떨어진다. 일주일에 3시간과 6시간을 운동한다고 보고한 이들은 사망 위험을 각각 10퍼센트와 15퍼센트 줄이는 것으로 나타났다. 이 분석은 운동 강도의 면에서도 운동량을 살펴봤기 때문에, 30분의 고강도 운동과 1시간의 중강도 운동도 마찬가지 혜택을 가져다준다고 추가로 결론 내렸다.[8]

마침내 2018년도에 미국보건복지부 패널이 내린 결론은, 신체 활동을 얼마라도 하는 것이 안 하는 것보다 낫고, 신체 활동이 늘어날수록 건강상 혜택을 추가로 얻게 되며, '상당한 건강상 혜택'을 얻으려면 성인은 중강도 운동을 일주일에 최소 150분, 혹은 고강도 유산소 신체 활동을 일주일에 75분, 혹은 이 둘을 반반씩 조합해서 해야 한다는 것이었다. (중강도 유산소 활동은 최대심박수의 50~70퍼센트 수준으로 운동하는 것을 말하며, 고강도 유산소 활동은 최대심박수의 70~85퍼센트 수준으로 운동하는 것을 말한다.) 이와 함께 패널은 오랜 세월 줄기차게 이루어진 권고, 즉 아동이 하루에 1시간 운동해야 하는 것 역시 옳다고 보았다. 마지막으로 이들은 또한 남녀노소를 막론하고 누구나 일주일에 두 번은 얼마간 웨이트운동을 할 것도 권했다.

그러니 파펜바거가 옳았던 셈이다. 하지만 성인의 최소 운동 권장량을 회의적인 시각에서 좀 더 자세히 살펴보자. 도판 32의 왼쪽에 있는 용량-반응 곡선은 수많은 연구 결과를 토대로 한 것인데, 내 동료인 메건 와스피와 에런 배기시는 그중 12개를 골라 도판 32의 오른쪽에서와 같이 저마다 따로 그래프를 그려보았다. 앞의 그래프와 마찬가지로, x축은 분 단위의 일주일 운동량을 중간값으로 표시한 것이고, y축은 일주일 운동시간이 1시간 미만인 이들과 비교한 상대적인 사망 위험을 표시한 것이다.[9] 굵은 선은 12개 연구의 가장 공통적인(중간) 값을 나타낸다.

이 부분에서 나는 여러분이 이 자료 안에 분명히 드러나는 몇몇 눈에 띄는 통찰에 주목했으면 한다. 첫째는 연구들 사이의 다양성이다. 어떤 인구군에서는 신체 활동이 사망 위험에 미치는 영향이 다른 인구군의 절반밖에 되지 않는데, 이는 나이와 운동 종류 같은 인자들 때문일 것으로 여겨진다. 둘째는, 이런 다양성이 나타나는데도 신체 활동과 사망률 사이의 용량-반응 관계는 일반적인 패턴을 따른다는 것이다. 우선 모든 연구에서 가장 큰 혜택은 운동을 일주일에 단 90분만 했을 때 얻어지는데, 즉 그럴 경우 사망 위험이 평균 20퍼센트 감소하는 것으로 나타났다. 그런 뒤 운동량을 늘려나가면 사망 위험도 함께 떨어지지만 감소 폭이 그만큼 크지는 않다. 우리가 이 연구들에서 나온 중간값을 합리적인 지침으로 가정한다면, 주당 90분 운동의 혜택에 더해 사망 위험을 20퍼센트 추가로 더 줄이고자 한다면, 운동시간을 5시간 30분 늘려 일주일에 총 7시간을 해야만 한다는 이야기가 된다.

결국 요는, 일주일에 최소 150분 운동은 여느 것 못지않은 훌륭한 처방이며, 명확하고 달성 가능한 운동량이라는 장점도 갖고 있다. 하지만 가장 많은 혜택을 가져다주는 최적의 운동량 같은 것은 존재하지 않는다. 다시 말해, 운동을 최소로 하는 사람이 노력을 약간 더할 때 가장 많은 것을 얻을 수 있고, 운동은 많이 할수록 더욱 좋으며, 운동을 추가할수록 거기서 얻는 혜택은 차츰 줄어든다는 이야기다. 그렇다면 우리는 운동을 너무 많이 할 수도 있을까?

과한 운동에 대한 걱정

2015년 2월 초의 어느 날, 내 받은편지함으로 이메일이 잔뜩 날아들었다. 명망 높은 《미국심장학회지》에 막 실린 한 논문이 곳곳에서 기사화된 내용을 인용한 그 메일들에는 "화가 난다", "황당하다", "과연 그런 거였어" 하는 반응이 뒤섞여 있었다.[10] 그 내용인즉, 덴마크 연구진이 2001년부터 코펜하겐에서 평소 달리기를 한다는 이들 1천 명 이상을 정적으로 생활하는 동일 연령대의 덴마크인 약 4천 명과 비교한 것이었다. 연구진이 이후 12년이 지나는 동안 이들 집단에서 일어난 사망을 표로 만들어본 결과, 중거리 이상을 천천히 조깅으로 달린 이들은 정적인 이들보다 사망률이 30퍼센트 낮지만, 달리기에 진지하게 임해 가장 장거리를 가장 빨리 달린 이들은 비운동인과 똑같은 사망률을 보이는 것으로 나타났다. 전 세계 신문이 이 논문을 표제로 삼아 요란하게 떠들었다. "빨리 달리기, 소파에 앉아 있기만큼 치명적", "카우치 포테이토에게 반가운 소식", "느리게 달리는 사람이 최후의 승자."

지금껏 우리는 몸을 너무 움직이지 않을 때의 위해를 정말 다양한 운동량(거의 어디서나 권해주는 일주일 150분 운동 등)을 통해 극복할 수 있다는 사실을 함께 살펴봤다. 그렇다면, 좋은 것을 너무 많이 하는 것도 가능할까? 진화의 관점에서 보면, 운동량과 사망률 사이의 관계가 U자형 곡선을 그리는 것은 충분히 그럴 법하다. 수렵채집인은 일반적으로 카우치 포테이토나 울트라마라토너가 되는 법 없이 오직 중강도 활동만을 한다는 점에서 볼 때, 우리도 아마 극단적 수준의 운동보다는 중강도 운동에 적응되어 있을 가능성이 크다. 달리기로 미국 전역을 누비거나 수영으로 대서양을 건널 생각을 하는 이는 거의 없어도, 소파에 가만히 있는 것이나 마라톤을 뛰는 것이나 건강에는 똑같다는 '코펜하겐시 심장 연구' 내용을 접하고 왠지 마음이 편안해지는 이들이 많은 것만 봐도 그렇지 않은가.

한때 조지 산타야나는 이렇게 말한 적이 있다. "회의주의도, 순

468

결과 마찬가지로, 너무 잽싸게 내던져서는 안 되는 법이다." 건강 관련 소식을 접할 때는 얼마쯤 의구심을 버리지 않는 게 특히 필요하다. 사람 하는 일이 허점투성이인 것은 과학이나 저널리즘도 인간의 노력이 들어가는 다른 분야에 못지않다. 달리기를 하기보다 운동을 안 하는 편이 건강에 더 좋다는 소식을 듣고 싶은 이들에게는 아쉽게도, 코펜하겐시 심장 연구는 진실보다는 사람들이 믿고 싶어 하는 바를 담은 것이라 하겠다. 연구진은 평소 달리기를 하는 1천 명 이상의 사람을 견본으로 삼았다고 했지만, 그중 무척 열심히 운동한 이들은 80명(전체의 7퍼센트)에 불과했을 뿐 아니라, 이 몇 안 되는 인원 가운데 연구 도중 사망한 이는 단 두 명뿐이었다. 뿐만 아니라, 연구진은 사망 원인을 전혀 살피지도 않았으니, 교통사고로 인한 사망과 심장마비로 인한 사망조차 구분하지 않았다. 이 연구의 결론이 의미 없고 오해의 소지가 있음은 굳이 통계학 학위가 없더라도 충분히 알 수 있다.

그나마 다행인 점은 이보다 더 훌륭한 연구들이 출간돼 있다는 것이다. 아울러 운동량과 사망률의 관계가 U자형 곡선을 그리리라는 예측과는 반대로, 극한의 운동이 몸에 해롭거나 혹은 몸을 더 건강하게 해준다는 생각에는 어떤 명백한 증거도 존재하지 않는다. 여러 건의 연구 결과, 최고 기량의 운동선수, 특히 지구력 스포츠를 하는 선수는 비운동선수보다 오래 살고 의료 서비스를 받아야 하는 일도 적은 것으로 나타났다.[11] 혹시 이걸 보고 운동선수는 우리 같은 일반인보다 유전자가 더 좋지는 않을까, 그 덕에 혹독하게 극한의 운동을 해도 몸이 무사한 건 아닐까 생각할 수 있는데, 비운동선수인 일반인 거의 2만 2천 명을 15년 동안 추적 연구한 결과를 봐도 운동량이 가장 높은 이들이라고 해서 심장병 등을 비롯한 사망률이 중강도로 운동한 이들보다 높거나 낮지는 않았던 것으로 나타났다.[12] 60만 명 이상을 대상으로 한 훨씬 대규모의 분석에서도 표준 권장량인 일주일 150분의 10배 이상 운동을 한 극단주의자도 표준량의 5~10배 운동한 이들보다 사망률이 현저히 높지는 않았다.[13] 메건 와스피와 에런 배기시는 이들 자료를 요약정리하며 이렇게 결론 내린다. "이 같은 연구 결과를 통해 더욱 확실해지는 것은 저~중강도의 운동량은 건강에 상당히 긍정적인 영향력을 미치지만, 운동량을 계속 늘려가는 것이 그만큼 건강을 점점 좋아지거나 나빠지게 하지는 않는 것처럼 보인다는 사실이다."[14]

솔직히 말하자면 극한의 운동은 분명 해를 입힐 것으로 보이지만, 극한에 해당하는 신체 활동을 해내는 사람이 지극히 소수여서 과(過)운동의 영향은 치밀하게 연구하기 어려운 면이 있다. 하지만 만에 하나라도 여러분 자신이, 혹은 여러분이 사랑하는 누군가가 울트라마라톤을 뛴다거나 투르 드 프랑스(프랑스에서 매년 7월 3주 동안 열리는 세계적인 프로 도로 사이클 경기—옮긴이)에 나간다고 하면, 아마 걱정이 앞서지 않을 수 없을 것이다.

그중에서도 사람들이 오래 품어온 무척 정당한 걱정 하나는, 운동을 너무 많이 하면 면역체계가 영향을 받지 않을까 하는 것이다. 1918년 스페인 독감이 전 세계를 휩쓸며 수많은 사람을 죽음으로 몰아넣을 때, 윌리엄 콜스 박사는 보스턴 바로 외곽의 그로톤 스쿨에서 자신이 교직원과 학생을 치료했던 경험을 밑바탕으로 '격렬한 운동'에서 비롯된 피로가 폐렴 확률을 높일 수 있다는 견해를 내놓았다.[15] 콜스 박사의 이 우려는 1980년대에 새로이 힘을 얻는데, 후속 연구 결과 마라토너와 울트라마라토너가 혹독한 경기를 치른 후 신체 건장한 중강도의 운동을 하는 이들보다 기도염에 걸렸다는 자기보고를 할 확률이 더 높은 것으로 나타난 것이다.[16] 이와 함께 추가 연구들에서도, 고강도 운동을 격하게 하고 난 바로 뒤에는 혈류 및 타액 안에서 병에 맞서 싸우는 백혈구 수치가 낮아지는 것으로 밝혀졌다.[17] 그리고 이들 및 여타 자료를 근거로 극한의 운동을 힘차게 해야 하는 상황에서는 전염병이 드나드는 이른바 '열린 창문'이 생긴다는 가설까지 나오기에 이르렀다.

이 열린 창문 가설은 상식적으로 통하는 내용이지만, 정확히 얼마큼 운동을 하는 게 너무 많은 것인지 알려면 추가 연구가 필요하다. 이와 함께 연구진이 자기보고식 진단이 아닌 의학적인 방법을 활용해 마라토너와 울트라마라토너 사이의 기도염에 대해 연구를 반복한 결과, 격심한 운동 후에도 기도염 사례가 더 늘어나지 않았다.[18] 뿐만 아니라, 새로운 방식의 정교한 실험을 통해 장시간 힘들게 운동한 후 단순히 혈류에 면역 세포가 얼마나 많은지가 아니라, 면역 세포가 몸 구석구석을 어떻게 돌아다니는지를 추적해볼 수 있었다. 이들 연구에 따르면, 장시간의 힘든 운동은 전염병에 맞서 싸우는 핵심 면역 세포의 혈류 수치를 떨어뜨리는 것이 사실이나, 그 덕에 이들 세포가 폐를 비롯한 여타 손상되기 쉬운 신체조직의 점액이 묻은 표면에 재배치되며, 그러면 감시와 보호 태세가 한층 강화될 수 있다.[19] 나중에 13장에도 나오듯, 규칙적인 중강도 신체 활동은 몇몇 전염성 질병을 막는 데 확실히 도움이 될 수 있지만, 얼마나 많은 양의 운동을 해야, 그리고 어떤 조건이 형성돼야 신체 면역체계가 전염병을 물리치는 능력에 압박이 생기는지 알려면 더 많은 임상 자료가 있어야 한다.[20] 그렇지만 누구든 중증의 전염병과 싸우는 중에는 과도하게 몸 쓰는 일을 피해야 한다는 것은 물을 것도 없는 사실이다. 한 실험에서 생쥐에게 치명적인 인플루엔자를 주입하고 증상이 발현되기 전 강제로 운동을 시킨 결과, 저수준의 중강도 운동(매일 달리기 20~30분)을 시킨 생쥐는 정적인 생쥐보다 생존 확률이 두 배 높아졌지만, 극도로 높은 수준(매일 달리기 2.5시간)으로 운동을 시키자 그로 인해 사망률이 훨씬 높아지는 것으로 나타났다.[21] 내가 아는 의사들도 하나같이, 전염병에 한창 맞서 싸워야 할 때, 특히 목 아래쪽에 병증이 있을 때는 쉴 것을 권한다.

과도한 운동과 관련해 사람들이 커다란 우려를 품는 또 하나는 바로 심장 손상이다. 이따금 한번씩 마라톤이나 여타 운동경기를 뛰다가 심장마비를 일으켜 너무도 안타깝게 목숨을 잃는 사람이 반드시 나오고, 이를 계기로 언론에는 과도한 운동의 위험성을 논한 섬뜩한 기사들이 올라오곤 한다. 그뿐인가, 극한 지구력 운동선수는 심장이 비정상적으로 비대해지거나, 관상동맥 석회나 섬유조직 과생성 같은 손상 증상이 나타난다는 기사도 접할 수 있다.[22] 운동을 비롯해 원래 모든 일은 얻는 만큼 잃기 마련이니, 극한 운동을 해도 심혈관계에 별 무리가 가지 않는다면 오히려 그게 이상할 것이다. 운동량이 무척 많으면 근골격 부상이 늘어나는 것은 둘째치고라도, 이와 관련해 가장 많은 증거가 나와 있는 위험은 아무래도 심방세동(심장 박동이 지나치게 빨라지는 증상)인 것으로 보인다.[23] 하지만 운동선수들에게서 나타난다고 보고되는 다른 수많은 걱정스러운 위험 인자는 증거에 대한 의사들의 잘못된 해석일 뿐이라고 보여지는데, 운동선수들의 심장을 질병 진단 이력이 전혀 없는 정적인 '일반인'과 비교하는 것이다. 앞에서도 여러 번 함께 살펴봤지만, 진화의 관점에서 정적인 상태는 절대 정상적인 상태가 아니며, 정적인 사람은 활동적인 사람보다 만성 질병에 걸려 더 젊은 나이에 사망할 확률이 높다. 정적인 사람을 '정상인' 대조군으로 놓고 실험하는 의

학계의 잘못된 관행으로 말미암아 그간 병원에서는 정상적인 보수 기제를 질병의 징후로 착각하는 진단 실수가 일어나곤 했다. 관상동맥 석회화가 그 대표적인 예다.

앰브로스 "앰비" 버풋이 정밀 심장 검사를 한번 받아봐야겠다고 마음먹은 것은 그가 예순다섯에 접어들었을 때였다. 버풋은 어느 모로 봐도 극한 운동인에 속한다. 2011년의 그날 검사를 받으려 진료실에 들어서기 전까지 그가 달린 거리는 기록된 수치로만 17만 7천 킬로미터가 넘었다. 그는 총 75회 이상 마라톤을 뛰었으며(1968년 보스턴마라톤에서는 우승하기도 했다), 중거리 경기를 뛴 것은 일일이 다 헤아릴 수조차 없었다. 또한 《러너스 월드》지의 명망 있는 편집자로서 달리기의 과학 및 달리기가 건강에 미치는 영향에 관해 자주 글을 써온 만큼, 그는 달리기로 인한 혜택과 위험성을 지구상 그 누구보다 잘 안다고 할 수 있었다. 하지만 그런 그라도 의사에게서 나쁜 소식을 전해 들을 준비는 아직 돼 있지 않았다. 그의 심장을 스캔해본 결과, 심장으로 피를 공급해주는 관상동맥에 밝게 빛나는 하얀 점이 숱하게 찍혀 있었다. 이 석회성 플라크가 동맥을 막으면 심장마비를 일으킬 수도 있다. 플라크에는 칼슘이 들어 있고 CT 스캔에서 이 칼슘 성분이 확연히 눈에 띄기 때문에, 의사들은 으레 플라크 안에 들어 있는 이 칼슘을 기준으로 플라크의 수를 계산한다. 이를 관상동맥칼슘coronary artery calcium, CAC 점수라고 한다. CAC 점수가 100점 이상이면 보통 우려할 만한 수준이라고 본다. 그런데 버풋의 CAC 점수는 자그마치 946점이었고, 여타 연구에 따르면 그는 같은 연령대의 남자 90퍼센트보다 더 많은 위험을 안고 있는 셈이었다.[24]

버풋은 자신의 CAC 점수를 듣고 잔뜩 겁에 질려 진료실을 나섰다. "10분 뒤 차를 몰고 《러너스 월드》의 내 사무실로 돌아오는데, 머릿속이 하얘지면서 어질어질했다. 운전대를 잡은 양 손바닥에 땀이 흥건하게 고였다." 하지만 그밖에 다른 면에서 그는 흠잡을 데 없이 건강했다. 콜레스테롤 수치는 더할 나위 없이 좋았고 다른 심장질환의 증거도 전혀 없었다. 나중에 알게 되었지만 CAC 점수가 높게 나오는 것은 극한으로 운동하는 운동선수에게는 아주 없는 일이 아니어서 크게 염려하지 않아도 되는 일이었다. 한동안 의사들이 달리기 선수 중 CAC 점수가 100 이상인 이들이 많다는 사실에 주목하고 이들 환자는 심장질환을 앓을 위험이 높다고 가정하기도 했다.[25] 하지만 이 위험 추정치는 운동선수가 아닌 사람을 기준으로 삼았을 뿐만 아니라, 플라크의 크기와 밀도, 플라크 주변 관상동맥의 굵기, 혹은 플라크가 더 자라나거나, 떨어지거나 혹은 심장마비로 이어질 수도 있는 여타 다른 것을 일으킬 확률은 고려하지 않고 있다. 이를 대신하는 진화의 관점에 따르면, 플라크 석회화는 신체의 수많은 정상 방어 기제의 하나로, 고열이나 메스꺼움과는 그 성격이 다르다. 이와 함께 연구자들이 좀 더 면밀히 들여다보자, 버핏과 같은 운동선수에게서 흔히 발견되는 관상동맥 석회화는 실제로 심장마비의 위험인자인 더 무르고 불안정한 플라크와는 다른 경향을 보였다. 운동선수에게 발견되는 플라크는 일종의 밴드처럼 힘든 운동으로 인한 높은 스트레스에서 혈관 벽을 보수하기 위해 생겨난 보호 차원의 적응인 것처럼 보인다.[26] 2만 2천여 명의 중년 및 노년 남성을 대상으로 한 방대한 분석 결과, 신체 활동 수준이 가장 높은 이들은 CAC 점수가 가장 높지만 심장질환 위험은 가장 낮은 것으로 나타났다.[27]

버핏이 CAC 점수에 지레 겁을 먹은 것만 봐도, 과량의 운동에 대한 두려움은 위험인자와 연관을 가지는 실질적인 사망을 근거로 일어나기보다는 위험인자에 대한 어설픈 이해를 바탕으로 일어나는 경향이 있음을 알 수 있다. 이와 비슷한 맥락의 또 다른 사례로 이른바 운동선수의 심장이라는 것이 있다. 버릇과 같이 지구력 종목을 뛰는 운동선수의 심장은 심실이 더 커다랗고 근육의 비중도 높아서, 매 수축마다 더 많은 피를 펌프질할 수 있다. 여기서 빚어지는 결과 중 하나가 휴식기 맥박이 낮다는 것이다(1분에 40~60회). 이런 크고 강한 심장은 얼핏 봐서는 울혈성 심부전이 있는 사람의 비대해진 심장과 비슷하기 때문에, 운동을 너무 많이 하면 심장의 병리적 확대가 일어나지 않을까 하는 우려를 떨치기 힘들다. 실제로 예전에는 큰 것을 나쁘다고 여겼다. 하지만 운동선수와 심부전을 앓는 이들은 심장 크기가 겉으로는 비슷하지만, 그 원인도 결과도 다 다르다. 부정맥(특히 심방잔떨림)이 일어날 수 있다는 사실을 제하면, 심장은 크고 강하더라도 어떤 식으로도 건강에 위험을 야기하지는 않는다.[28]

따라서 너무 많은 운동이 심장을 비롯한 다른 신체 기관에 영향을 미친다는 이런저런 우려에 계속해서 귀를 기울여봐도, 비록 새로운 우려가 고개를 들지언정, 과한 운동이 중대한 공중보건 문제로 부상하는 일은 절대 없을 것이다. 물론 그렇다고는 해도 높은 수준의 운동으로 인해 드러나는 한 가지 근본적인 역설이 있기는 하다. 앞에서도 이미 누차 살펴봤지만, (극단적인 수준으로 운동하는 이들도 포함해) 규칙적인 운동인은, 비록 비운동인보다 젊은 나이에 죽을 확률이 적기는 하지만, 한바탕 눈보라가 친 뒤 눈을 치운다거나 마라톤을 뛰는 등 신체 스트레스 강도가 매우 높은 활동을 할 때 돌연사 위험이 높아진다.[29] 하지만 이런 사망도 선천적 조건이나 후천적 질병을 바탕으로 일어나는 게 대부분이며, 그런 이들 가운데 일부는 운동을 하지 않았다면 훨씬 더 젊은 나이에 이미 세상을 떠났을지도 모른다.[30] 아마도 마라톤을 시청하는 것보다는 뛰는 동안 죽을 확률이 더 높겠지만, 마라톤에 나가기 위한 훈련이 여러분의 수명을 몇 년 정도 늘려줄 공산이 크다.

그렇다면 운동을 정말 너무 많이 할 수 있을까? 아마도 극단적인 수준까지 밀어붙인다면, 그리고 심각한 전염병을 앓는 중이거나 부상 때문에 회복이 필요하다면 운동은 확실히 과해질 수 있다. 또한 올림픽 수준의 역도나 하루 5세트의 테니스 경기, 마라톤 혹은 여러분을 사로잡은 다른 스포츠를 하면서 거듭 심한 압박을 느끼고 스트레스를 받는데, 뼈와 근육을 비롯한 여러분의 신체조직은 아직 그 스트레스에 적응하지 못한 상태라면 근골격 부상을 당할 위험도 높아진다. 하지만 달리 생각해보면, 운동이 너무 과할 때의 부정적인 영향은 너무 안 할 때의 부정적 영향에 비하면 터무니없이 적어 보인다. 내 아내가 입바른 소리를 하듯, 운동을 너무 많이 할 때의 가장 큰 위험이 결혼 생활의 파탄이라면, 나는 운동을 너무 안 할 때의 가장 큰 위험은 결혼 생활을 즐길 만큼 충분히 오래 살지 못하는 것이라고 덧붙이고 싶다.

여러 운동을 섞어서 하기

운동을 얼마나 해야 할지 선택하는 것도 문제지만, 도대체 어떤 종류의 운동을 얼마나 격렬히 해야 하는지 궁금해 하는 이도 많다. 그런데 이는 무척 최근 들어서야 생겨난 문제다. 물론 적어도 소크라

테스 시대 이래 (주로 특권 계층) 사람들은 건강을 위해 운동을 해왔지만, 최근까지만 해도 유산소와 웨이트운동을 매주 얼마큼 섞어서 할지 계획을 짠 이들은 거의 없었다. 대신 사람들은 보통은 야외에서 몸을 움직이며 재미를 느끼는 갖가지 방법을 찾아냈다. 생계를 위해 다양한 활동을 하듯 운동도 다양하게 할 때가 많았다. 가령 미국 건국의 아버지 중 하나인 벤저민 프랭클린은 수영, 걷기, 뜀뛰기, 역도, 그리고 찬 공기에 맨몸을 노출하는 '공기 목욕'을 좋아했다.[31] 미국의 26대 대통령 테디 루스벨트는 권투, 승마, 역기, 하이킹은 물론, 얼음장처럼 차가운 강물에서 수영하기로 유명했다. 그로부터 20년 뒤 허버트 후버는 대통령 업무에 쫓겨 걷거나 말 탈 시간마저 없으면 어쩌나 걱정하던 끝에 기발한 아이디어를 냈다. 대통령 비서실 직원들에게 날이 궂든 맑든 상관없이 매일 아침 정각 7시부터 7시 반까지 자신과 함께 게임을 하도록 한 것이다. 후버볼이라는 별칭이 붙은 이 게임은 테니스와 배구를 섞은 것으로, 백악관 잔디 위에서 2.7킬로그램의 메디신볼을 던져 올렸다가 잡는 식으로 진행됐다. 덕분에 후버의 참모들에게는 '메디신볼 내각'이라는 별명이 붙었고 후버는 대통령직에 머무는 동안 총 10킬로그램을 감량할 수 있었다.[32]

하지만 제2차 세계대전 이후, 운동은 서서히 의학적으로 취급되기 시작했다. 증거가 차차 쌓일수록 의사 및 의학자들은 정적인 생활을 점점 병리적 조건으로 바라보게 되었고, 운동은 치료의 한 형태를 띠게 되었다. 의학적 치료가 된 이상, 이제 사람들은 주로 의학적 증거를 밑바탕으로 자신의 선택이나 누군가의 처방에 따라 특정한 양, 강도, 종류(유산소 또는 웨이트)의 운동을 매일같이 하게 되었다. 운동은 약이 된 것이다. 그리고 상황이 이렇게 급변하는 데는 중강도 유산소 신체 활동을 대부분 운동의 기본 초석으로 만든 케네스 쿠퍼 박사가 누구보다 많은 영향을 끼쳤다.

중강도 유산소운동

쿠퍼는 오클라호마대학의 올스타 육상 및 농구선수로 활약했다. 그러나 의대에 들어가면서 운동을 그만두었고, 이후 비만이 너무 심해지고 몸도 심각하게 부실해져 20대 말에는 갖가지 심장 이상으로 고생했다. 겁에 질린 그는 식단부터 바꾸고 달리기를 시작했다. 그로부터 1년 뒤 체중이 20킬로그램이나 줄어든 쿠퍼는 난생 처음으로 마라톤에 나갔는데, 너무 느린 기록으로 꼴찌를 하는 바람에 그의 아내가 경기 심판들에게 결승선에 좀 더 머물러달라고 사정하고서야 겨우 6시간 24분이라는 기록을 남길 수 있었다. 예전의 몸을 되찾자 쿠퍼는 어떤 방법을 쓰면 사람들의 체력과 운동 효과를 측정할 수 있을까 하는 문제에 관심을 갖게 되었다. 마침 그는 이 문제를 해결하기에 더없이 좋은 일을 하고 있었다. 샌안토니오의 미 공군 항공우주의학연구소 소장이었던 쿠퍼는 우주인들을 훈련시켜 무중력 상태의 공간에서 근육이 손실되고 뼈가 마모되는 문제를 극복하게 할 책임을 맡고 있었던 것이다. 그는 우주인들에게 걷기, 달리기, 자전거 타기, 수영을 시키는 과정에서, 심폐 능력을 측정하는 12분짜리 테스트로 발전되는 점수제를 개발했다. 1968년 쿠퍼는 이 테스트와 그 밑바탕의 원리를 담은 책을《에어로빅》(유산소운동을 뜻하는 'aerobics'라는 용어도 쿠퍼가 만들었다)이라는 제목으로 출간했는데, 이 책은 세계적인 베스트셀러로 부상해 1970년대에 튼튼한 몸 만들기 붐을 일으키는 데 주된 원동력이 됐다.[33] 오늘날까지도 사람들은 운동이라고 하면 보통 일정 시간 지속적으로 하는 중강도 유산소운동을 떠올린다. 하지만 지속적인 중강도 유산소운동 이라는 말은 거추장스러우니, 이 책에서는 '유산소운동'이라는 말을 쓰도록 하자.

유산소운동은 산소를 태워서 나오는 힘으로 일정 시간 지속하는 신체 활동을 말한다. 유산소운동의 핵심 측정지표는 심장박동수와 산소 사용량이다. 통상적으로 유산소운동은 우리의 심박수를 최대심박수의 50~70퍼센트까지 끌어올린다(대부분 사람들의 최대심박수는 체력 및 연령에 따라 1분당 150~200회).[34] 운동 강도를 측정하는 또 다른 방법으로 최대산소섭취량(최대 VO_2)이 있다. 둘 중 어느 방법으로 재든, 유산소운동을 하면 호흡이 빨라지고 깊어져서 노래는 부를 수 없지만 일반적인 문장으로 대화하기 어렵지 않을 정도의 상태가 된다. 전형적인 유산소운동으로는 빨리 걷기, 조깅, 자전거 타기, 혹은 (잭 라레인이나 제인 폰다 같은 이들 이후로) TV를 틀어놓고 그 앞에서 하는 운동을 꼽을 수 있다. 만일 여러분이 체력이 좋은 편이라면, 오랜 시간 더욱 강도 높은 유산소운동, 즉 통상적으로 최대심박수의 70~85퍼센트로 정의되는 운동도 할 수 있다. 빨리 달리기(단거리 질주는 아니다)와 같은 고강도 유산소 활동을 할 때는 보통 단어 몇 개 정도를 말할 수 있어도 완전한 문장으로 말하기는 어렵다.

1968년 이후로 수천 건의 연구가 이루어진 결과, 유산소운동이 수많은 다양한 혜택을 가져다준다는 점은 명확한 사실로 굳어졌다. 유산소운동이 갖가지 질병에 어떤 영향을 미치는지는 뒤에 가서 함께 살펴보겠지만, 여기서 재빨리 요약하자면 유산소운동의 가장 분명한 혜택은 심혈관 기능이 향상된다는 것이며, 그래서 유산소운동을 '심장강화운동'이라고도 부른다. 유산소 활동에서는 근육을 비롯한 다른 신체 기관에 더욱 빠른 속도로 산소를 날라주는 것이 관건인데, 이런 작용에서 자극받아 심실은 그 힘이 더 세지고, 크기도 더 커지며, 탄성이 더 증가한다. 이런 적응들은 심장의 심장박출량, 즉 1회 수축에서 뿜어져 나오는 혈액의 양을 심박수에 곱한 값을 증가시킨다. 혈액 안에서도, 유산소운동을 하면 적혈구 수가 늘어나는 동시에 혈장의 양이 늘어나며, 혈액의 점도는 떨어져 심장이 혈액을 뿜어내기 더 쉬워진다. 심박출량 증가가 지속되면, 심장 근육은 물론 몸 구석구석에서 근육의 산소가 교환되는 소동맥과 모세혈관도 확장된다. 거기에다 유산소운동은 이른바 좋은 콜레스테롤HDL은 늘리고 나쁜 콜레스테롤LDL과 몸을 돌아다니는 지방을 줄여준다. 종합하면, 이 수많은 효과가 심장을 강하게 하고, 혈관을 깨끗하고 유연하며 막히지 않게 유지해준다는 이야기다. 여기에 휴식기 혈압까지 낮춰준다.

유산소운동은 여기에 그치지 않고 신체의 다른 모든 기관계가 잘 성장하고 기능을 유지할 수 있도록 자극하기도 한다. 근육 안에서는, 유산소운동을 통해 미토콘드리아의 수가 늘어나고, 근섬유가 더욱 잘 발달해 탄수화물을 저장하고 지방은 태우는 근육의 능력이 향상된다. 신진대사 면에서, 유산소운동은 몸에 해로운 장기 지방을 태우고, 당을 활용하는 신체의 능력을 키워주며, 염증 수치를 낮추는 한편, 에스트로겐, 테스토스테론, 코르티솔, 성장호르몬 등 수많은 호르몬의 수치를 신체에 좋은 방향으로 조절해준다. 체중의 부하를 받는 유산소운동을 (슬프게도 수영은 해당되지 않는다) 어릴 때 하면 뼈가 자극받아 뼈의 크기와 밀도가 더 커지고, 나이가 들어갈 때는 뼈를 보수해주며, 그 외 곳곳의 연결조직도 더욱 강하게 만들어준다. 유산소운동을 적정한 강도로 해줄 경우, 면역체계를 자극해 일부 전염병을 막는 능력도 향상시킨다. 마지막으로 중요하게 짚고 넘어가야 할 점은, 유산소운동을 하면 뇌로 가는 혈류가 많아질 뿐만 아니라, 뇌세포의 성장, 유지, 기능을 자극하는 분자가 더 많이 생겨난다는 것이다. 좋은 심혈관 강화 운동은 인지능력 향상 및 기분 전환의 면에서도 진정한 효과를 낸다.

고강도 유산소운동

우리가 하는 신체 활동은 대부분 지속적인 저~중강도 유산소운동에 해당한다. 그런데 알고 보면 완전한 유산소운동이 아니어도 심혈관 강화 활동이 되는 경우가 있다. 우리만 해도 절대 운동이라고는 할 수 없으나, 이따금 숨이 턱에 찰 정도로 최대한 힘을 쓰기도 한다. 가령 계단 몇 층을 단숨에 뛰어 올라가야 할 때가 그렇다. 아니면 기를 쓰고 기린을 뒤쫓아야 한다거나. 1957년에 제작된 독특한 다큐멘터리 〈사냥꾼들〉에서 존 마셜은 배고픔에 허덕이는 칼라하리 사막의 산족 사냥꾼들을 쫓아다니며 촬영했다. 그런데 이 사냥꾼들은 운수가 사나워 그날따라 동물을 한 마리도 잡지 못하다가 마침내 기린 떼를 마주치게 됐다. 그 덕에 차마 눈을 뗄 수 없는 기막힌 장면이 연출되었다. 한 사냥꾼이 맨발로 약 1분간 기린을 뒤쫓으며 수풀 사이를 전속력으로 질주해 독화살을 한 발 제대로 날린 것이다. 이 화살이 명중했지만, 이후 이 사냥꾼과 동료들은 부상당하고 몸에 독이 퍼진 채 도망 다니는 기린을 쫓아 50킬로미터 이상을 누벼야 했다. 이들은 대체로 걸어 다녔지만 이따금은 조깅을 하듯이 천천히 뛰기도 했다. 그런데 초반의 그 전력 질주를 들여다보면, 단시간의 집중적인 고강도 운동이 우리가 보통 하는 저~중강도 유산소 활동의 보완책으로서 더없이 중요하다는 사실을 절감하게

된다.[35]

　단시간의 집중적인 고강도 심혈관 운동을 하면 심박수와 산소 소비량이 상한선 가까이까지 올라 보통 최대치의 85~90퍼센트에 육박한다. 이미 오래전부터 운동선수들은 이런 식으로 고강도 운동을 여러 차례 빨리 반복하는 것(전문용어로 고강도 인터벌 트레이닝, 일명 HIIT라고 한다)이 운동 수행능력을 향상시키는 효과적인 방법임을 알고 있었다. HIIT는 보통 숨이 가빠질 만큼 최대한 힘을 짜내(하지만 위험할 만큼 숨이 가빠져서는 안 된다) 10~60초 정도 짧은 운동을 단번에 하고 그 사이사이에 휴식을 취하는 식으로 이루어진다. HIIT가 달리기 선수를 비롯한 다른 지구력 종목 운동선수 사이에서 특히 큰 인기를 끌게 된 것은 핀란드의 걸출한 중·장거리 육상선수 파보 누르미('날아다니는 핀족'이라고도 불린다)가 400미터 단거리 전력 질주를 되풀이하는 훈련을 통해 1920년대에만 총 9개의 올림픽 금메달을 따는 진기록을 세우면서였다.[36]

　최근 들어서는 HIIT가 대세로 자리 잡는 추세로, 이는 운동학자들이 HIIT를 연구해 그 진가를 알아보고 이 방법이 일반인에게도 수많은 건강상 혜택을 가져다줄 수 있다고 칭송을 아끼지 않은 결과다. 캐나다의 심리학자 마틴 기발라는 이러한 변화의 밑바탕을 마련한 학자 중 하나로, 그의 연구실에서 대학생들에게 HIIT를 (최대한 힘을 써야 하는 운동을 30초씩 6차례 하게 한 뒤 짧게 쉬게 하는 식으로) 2주 이상 하게 한 뒤 통상적인 장시간 유산소 훈련을 한 학생들과 비교하는 작업을 시작한 것이 계기였다. 그 결과는 그야말로 놀라웠다. HIIT는 학생들의 심혈관 건강을 증진하고 혈당을 활용하며 지방을 태우는 등 신진대사 기능을 향상시키는 데 유산소운동과 똑같거나 혹은 그 이상의 효과를 내는 것으로 나타났기 때문이다.[37]

그 이후 수백 건의 연구가 이루어져 HIIT가 나이, 체력, 비만, 건강과 상관없이 남녀 모두에게 효과 있음이 확인되었다. HIIT는 중강도 유산소운동에 비해 더 극심한 스트레스를 주기 때문에, 그만큼 급격하고 극적인 혜택을 얻을 수 있다. 제대로 수행되기만 하면, HIIT는 유산소 및 무산소 운동 능력을 상당히 올려주고, 혈압을 낮추며, 해로운 콜레스테롤 수치를 떨어뜨리고, 지방을 태우고, 근육 기능을 향상하며, 뇌 보호를 돕는 성장인자growth factor(비타민과 호르몬 등 미량으로 성장을 촉진하는 물질―옮긴이) 생성을 자극한다(이에 대해서는 13장에서 더 다룰 것이다).[38]

만일 여러분이 일주일 내내 느긋하게 30분 조깅하거나 자전거 타기 같은 운동만을 규칙적으로 하고 있다면, 운동 루틴에 HIIT를 조금 넣어보는 방안도 한번 생각해보기 바란다(다만 이 방법을 시도해봐야겠다는 생각이 든다면 꼭 의사와 상담하기 바란다). 몇 가지 측정치로 미루어보건대, HIIT 몇 분만으로도 통상적인 유산소운동 30분만큼(그 이상은 아닐지라도)의 혜택을 얻을 수 있다. 더구나 HIIT는 단순히 체력을 유지시키는 정도에 머물지 않고 향상시킨다는 장점이 있다. 게다가 HIIT는 감사할 만큼 짧은 시간이면 끝나서 몇 시간을 터벅터벅 뛰는 것보다 덜 지루하다. 운동할 시간이 영 없을 때는 단거리 전력 질주나 계단 뛰어오르기 등 여러분의 능력으로 해낼 수 있는 여타 운동을 HIIT로 재빨리 한번 해치우는 방식이 특히 유용할 것이다.

그렇다면 이 말은 여러분이 오로지 HIIT만 해야 한다는 뜻일까? 나는 그렇게는 못할 것 같다. HIIT는 제대로 해내려면 말 그대로 자신을 아주아주 심하게 몰아붙여야만 하는 데다, 무척 불편한 운동이다. 뿐만 아니라 몸이 부실하거나 관절통과 심혈관 기능 장애처럼 건강상 문제를 안고 있는 이들에게는 권할 만한 것이 못 된다. 여기에 더해 HIIT를 일주일에 두서너 번 이상 하는 것은 현명하지 못한 일로, HIIT는 유산소운동만큼 칼로리를 많이 태우지도 않을 뿐더러 자칫 잘못하면 부상당할 가능성이 더 커질 수 있기 때문이다. 무엇보다 HIIT로는 규칙적인 유산소 활동을 통해 얻을 수 있는 다양한 혜택을 전부 챙길 수도 없다. 격렬한 운동을 일주일에 고작 몇 분씩만 하고도 몸이 튼튼해졌다는 이야기를 들어본 적 있는가? 이상을 종합하면, HIIT는 더욱 빨리 체력을 향상시킬 수 있는 한 방법이자 중강도 유산소운동을 보강하는 핵심적인 활동이 될 수는 있어도, 체력을 키워 유지할 수 있는 유일한 방법이 되지는 못한다. 뿐만 아니라, 격렬한 유산소운동의 한 형태이다 보니 HIIT 운동에서는 (전부 그런 것은 아니지만) 역기를 거의 사용하지 않는 경우가 많다.[39]

저항운동

운동 중에는 근육과 반대 방향으로 무거운 역기를 들면 그것이 근육의 수축에 저항하는 것을 원리로 근육을 쓰는 운동이 몇 가지 있다. 누차 말하지만 근육은 상당한 하중을 이겨낼 때도 수축할 수 있지만(단축성 수축), 강력한 수축 속에서도 같은 길이를 유지하거나 (등척성 수축) 혹은 길이가 늘어나면(편심성 수축) 그에 대한 반응으로 스트레스를 받아 더욱 커지고 강해진다. 인류는 지금껏 살아오면서 이 세 종류의 수축이 일어나는 저항 발생 활동을 늘 얼마쯤은 해야 했다. 앞에서 이야기했던 산족 사냥꾼들을 기억하는가? 그들은 마침내 그 기린을 죽일 수 있었고, 그런 뒤 기린의 살을 발라야 했다. 그런데 기린은 무게가 많이 나가는 동물이다. 영상은 사냥꾼들이 갖은 고생 끝에 그 엄청난 동물의 몸을 부위별로 잘라 두꺼운 가죽을 벗기고, 그런 뒤 수백 킬로그램은 족히 되는 고깃덩어리를 들고 나르는 광경을 고스란히 담고 있다. 땅파기와 나무 타기도 석기시대에 흔히 행한 다른 저항성 운동으로 꼽을 수 있다.

오늘날 우리는 거대한 동물의 살을 바를 일은 물론이거니와, 무거운 짐을 나르거나 땅을 파는 등 저항력이 발생하는 여타 많은 일을 할 필요가 거의 없다. 그래서 이런 활동의 빈자리를 메우기 위해, 체중을 이겨내며 푸시업과 풀업 같은 운동을 하거나, 특정 부위를 강화하기 위해 만들어진 역기를 들어 올리는 운동을 해야만 하는 것이다. 18세기에는 교회 종에서 추를 떼어내 소리가 안 나게 (즉 '벙어리dumb'로) 만든 뒤 그것을 들어 올리는 힘 자랑이 유행했는데, 바로 여기서 '덤벨dumbbell'이라는 말이 생겨났다. 오늘날 헬스장에 가보면 갖가지 덤벨과 프리웨이트를 비롯해, 동작의 전 범위에 걸쳐 근육에 일정 수준의 저항을 주게끔 조정할 수 있는 갖가지 최신 장비들이 빼곡히 들어차 있다.

어떤 식으로 하든, 근육량, 그중에서도 특히 근력과 파워를 내는 속근섬유의 양을 유지하는 데는 무엇보다 저항운동이 중요하다. 저항운동은 이와 함께 골손실bone loss을 막아주고, 근육의 당 사용능력을 증진하며, 몇몇 신진대사 기능을 향상시키고, 콜레스테롤 수치도 개선해준다. 주요 의학 건강 단체에서 하나같이, 특히 나이가 들수록 웨이트운동으로 유산소운동을 보강하는 게 좋다고 권하는 것도 그래서다. 이들 단체에서는 통상적으로 주 2회 근육강화운동을 하되, 주요 근육군(다리, 엉덩이, 등, 코어, 어깨, 팔)을 빠짐없이 운동할 것을 권한다. 단 근육강화운동은 며칠 간격으로 띄엄띄엄 해서 회복할 시간을 주어야 하며, 반드시 무거운 무게를 들지 않아도 되지만 그만하고 싶다는 마음이 들 정도로 근육을 피로하게 하는 운동을 8~12회 반복해야 한다. 또한 그 동작을 딱 1세트만 하고 끝내기보다는 2세트 혹은 3세트 해주는 것이 더 효과가 있다.[40]

———

지금까지의 이야기를 종합해보면, 내가 아는 이들 가운데에도 유산소운동이 무슨 역병이라도 되듯 멀리하려 드는 헬스장 죽돌이가 있는가 하면, 거저 돈을 쥐어 준다 해도 바벨에는 손도 안 대려 하는 유산소운동 신봉자도 있다. 하지만 웨이트운동, 중강도 유산소운동, HIIT는 신체에 저마다 각기 다른 상보적인 영향을 미치므로, 섞어서 한다면 모든 이가 그 혜택을 얻을 수 있다. 결국 우리 각자는 배경이나 목표, 그리고 나이에 따라 선호하는 것이 저마다 다른 '하나의 실험'인 만큼, 최적의 운동량만큼이나 운동 종류의 최적 조합도 있을 수 없다.[41] 따라서 운동이 현대의 다소 이상한 행동이긴 해도, 용어는 다를지언정 진화의 관점에서도 수 세기 동안 사람들이 따라온 상식적인 수준의 신체 활동을 똑같이 추천한다. 즉 일주일에 몇 시간 운동을 하되, 유산소운동을 주로 하면서 웨이트운동을 약간 병행하고, 나이가 들어서도 계속 하라. 구체적인 처방을 원한다면, 검증을 거쳐 유효성이 입증된 2018년도 HHS의 추천이 합리적인 최소 수준의 운동이라고 생각된다.

궁극적으로 보면, 그리고 당연한 얘기지만, 앞으로 운동은 어느 정도 항상 치료 차원에서 이뤄질 수밖에 없을 것이다. 운동이 더 많은 활력, 원기, 재미를 갖게 할 수 있지만, 우리 대다수는 불어나는 체중과 함께 심장병이나 암, 알츠하이머와 같은 병에 걸리지 않을까 염려하기 때문에 운동을 한다. 이제 갖가지 운동 종류와 운동량이 사망이나 장애와 가장 많이 직결되는 병에 어떤 식으로, 또한 무슨 이유로 영향을 미치는지 함께 살펴보는 것으로 이 책을 마무리하도록 하자.

제13장

운동과 질병

◇ ◇ ◇

제가 하는 운동이라곤, 규칙적으로 운동하던 친구들 장례식에 가서 상여
꾼 노릇을 하는 게 전부입니다.

—마크 트웨인

운동은 약이 될 수 있다. 하지만 절대 만병통치약은 아니다. 이 진실
을 오명을 떠안으면서까지 단적으로 드러낸 경우로 제임스 "짐" 픽
스를 들 수 있다. 1932년 뉴욕에서 태어난 픽스는 잡지사 편집자로
일하며 '비상하게 머리가 좋은' 사람들이 도전해볼 만한 어려운 퍼
즐이 든 책을 몇 권 써냈다. 한창 젊은 나이에 그는 담배를 하루 두
갑씩 피우는가 하면, 햄버거, 감자튀김, 밀크셰이크 같은 정크푸드
를 실컷 먹어 몸무게가 100킬로그램까지 불어났다. 자기만큼 건강
하지 못했던 아버지가 35세에 찾아온 첫 심장마비 때는 용케 살아
남았지만 43세의 두 번째 심장마비로 목숨을 잃었다는 사실을 인식
한 픽스는 35세가 되자 이제 새사람으로 거듭나야겠다고 결심했다.
그는 담배를 끊고, 식단도 건강하게 바꾸었으며, 조깅을 시작했다.
3년 뒤에는 마라톤 경기에 나가서 결승선을 꼴찌로 통과했다. 이후
에도 픽스는 훈련에 매진해 마라톤 선수가 됐고, 끝내 살을 27킬로
그램이나 뺐다. 달리기는 사람을 더욱 건강하고 오래 살게 만드는

힘이 있다고 열정적으로 믿었던 그는, 1977년 《달리기 전서》라는 책을 출간했다. 이 책은 일약 베스트셀러에 올라 달리기 열풍에 불을 지폈으며, 동시에 픽스를 유명인사로 만들어주었다. 그러나 그로부터 7년 뒤, 픽스는 버몬트주의 한 도로를 홀로 달리다 중증 심장마비를 일으켜 52세에 숨을 거두었다.[1]

그 후 몇 년 동안, 나는 픽스의 죽음이야말로 달리기가 건강에 위험하다는 증거가 아니냐는 날선 비판을 얼마간 들어야 했다. 하지만 픽스는 과거에 비만과 흡연 이력이 있던 데다 선천적인 심장 장애를 안고 있었을 가능성도 있었다. 그런 만큼 그의 심장마비는 제아무리 달리기가 몸에 좋더라도 나쁜 식단과 수십 년 동안 하루에 담배를 두 갑씩 피운 데서 생긴 지속적인 손상의 영향까지는 어쩔 수 없다는 슬픈 사실만 일깨울 뿐이다. 어쩌면 생전에 달리기를 시작하지 않았다면 픽스는 아마도 더 젊은 나이에 세상을 떠났을지도 모른다.[2]

픽스가 이런 식으로 죽긴 했지만, 정말로 구제불능의 회의론자가 아니라면 운동이 건강을 더욱 좋아지게 한다는 사실을 의심하는 사람은 거의 없다. 다만 여기서 우리가 유념해야 할 것은, 운동이 참 별난 데가 있는 약이라는 사실이다. 신체 활동을 하지 않으면 건강이 나빠지므로, 대체로 운동은 약이 된다. 뿐만 아니라, 운동은 진화의 관점에서 비정상적이기도 하지만, 애초부터 절대 치료를 목적으로 진화하지 않았다. 그보다 우리 인간은 필요와 그 외의 사회생활을 위한 신체 활동에 (우리의 유인원 사촌보다 훨씬 더 많은) 에너지를 주로 쓰며, 이런 활동을 하지 않을 때는 자연선택이 가장 염두에 두는 급선무, 즉 나중의 생식 성공에 쓰기 위해 부족한 칼로리를 잘 비축해두도록 진화했다. 이렇듯 에너지를 최대한 아껴 쓰려다 보니, 우리의 신체 기능을 유지하는 유전자 중에는 활동적일 때 생기는 스트레스를 바탕으로 작동하는 것이 많다. 신체 활동은 우리가 어릴 때는 튼튼한 뼈와 향상된 기억력 같은 능력의 발달을 유도한다. 한편 나이가 점점 들면서 신체 활동을 통해 갖가지 유지·보수 체계가 활성화되어 중년과 노년에 들어서까지 기운차게 살아가도록 해준다. 헤아릴 수 없이 많은 누대에 걸쳐, 우리 조상들은 최대한 많은 시간을 쉬기도 했지만 일과의 많은 시간을 걷기, 나르기, 땅파기에 할애한 것은 물론, 이따금 달리고, 기어오르고, 던지고, 춤추고, 싸우는 등의 활동을 했다. 이들의 삶은 녹록치 않았으며 많은 이가 젊어서 세상을 떠났지만, 신체 활동은 어린 시절을 용케 살아남은 많은 이가 활동적이고 생산적인 조부모가 될 수 있도록 도와주었다.

그러다가 그야말로 눈 깜짝할 사이에, 우리는 현대의 탈산업사회를 발명해냈다. 갑자기 우리 중 일부는 과거 조상들은 상상치도 못했던 방식으로 매일 24시간 내내 편히 지낼 수 있게 되었다. 우리는 걷고, 나르고, 파고, 달리고, 던지는 대신, 일과의 대부분을 인체공학적으로 설계된 의자에 앉아 화면을 뚫어지게 바라보고 버튼을 누르며 일한다. 유일한 문제점은, 활동적이었던 조상들의 절약하기 좋아하는 유전자를 우리가 여전히 물려받았다는 것이다. 이들 유전자는 신체 활동에 의지해서만 우리 몸을 성장시키고, 그 기능을 유지하며 보수한다. 그리하여 줄곧 앉아 지내는 생활은 현대의 식습관 및 다른 특이한 생활방식과 결합해 진화상 부적응이 나타나는 데 이바지한 셈이니, 이 진화상 부적응은 우리 몸이 새로운 환경 조건에 잘 적응하지 못하면서 과거보다 오늘날 더 흔하고 심각해진 갖가지 병증으로 정의된다.[3] 물론 21세기에도 이 시기에만 얻을 수 있는 특별한 혜택이 없지는 않다. 오늘날 거의 70억에 달하는 인류는 석기시대의 그 어떤 조상보다 더 오래 더 건강하게 살아가고 있으며, 우리 중 상당수는 먼 옛날 파라오와 황제들이 상상도 못할 만큼 안락한 생활을 누리고 있다. 하지만 우리는 시차를 잘 극복하거나 탄산수를 벌컥벌컥 들이마실 수 있게 진화한 것이 결코 아니듯, 지속적으로 몸을 움직이지 않아도 되게끔 진화한 것도 아니다. 나이가 들수록 일상에서 (주로 의자에 앉아 있는 식으로) 최소한의 신체 활동만을 하게 되면 심장질환, 고혈압, 각종 암, 골다공증, 골관절염, 알츠하이머 같은 옛날에는 희귀하거나 잘 알려지지 않았던 각종 만성 질병 및 장애를 더 쉽게 떠안게 된다. 사람들은 흔히 이런 병증이 현대에 들어 더 오래 살게 된 사람들이 많아지면서 생겨나는 피치 못할 결과라고 생각하는 경향이 있다. 하지만 이는 전적으로 옳지 않다. 운동은 만병통치약이 될 수는 없지만, 성장, 유지, 보수 체제를 자극해 이런 수많은 부적응이 일어날 가능성을 줄일 수 있기 때문이다. 운동이 약이 된다고 하는 것은 바로 이런 의미에서다. 더구나 다른 약과는 달리, 운동은 공짜에다 부작용도 없으며 이따금 재미있기까지 하다. 그래서 많은 이들이 건강한 삶과 튼튼한 몸을 위해 그렇게 운동을 하는 것이다.

그렇다면 어떤 식으로 얼마나 많이 운동을 해야 질병을 쫓는 데 도움이 될까? 앞선 12장에서 우리는 운동이 노화, 신진대사, 몸무게, 근육 기능, 무릎 부상, 그리고 건강과 관련된 다른 여러 문제에 어떤 식으로 영향을 미치는지 함께 살펴보았다. 하지만 운동이 사망 및 장애와 가장 많이 연관되는 질병에 어떤 식으로, 왜 영향을 끼치는지에 대해서는 아직 중점적으로 살펴본 바가 없다. 따라서 현실적이고도 다소 경각심을 담아 이 책을 마무리하는 차원에서,

다시 한 번 진화인류학의 렌즈를 끼고, 부적응이라고 여겨지는 주요 신체적·정신적 상태의 취약성에 다양한 양과 다양한 종류의 신체 활동이 어떤 식으로 왜 영향을 끼치는지 간단히 살펴보고자 한다. 그리고 각 질환에 대해서 다음의 세 가지 질문을 한 번씩 던져보기로 하자. *이 질환은 몸을 움직이지 않게 되면서 과거보다 오늘날에 더 흔해졌는가? 신체 활동은 이 질환을 예방하거나 치료하는 데 어떤 식으로 도움이 되는가? 어떤 종류의 운동을 얼마큼 하는 것이 가장 좋은가?*

그전에 몇 가지 일러둘 것이 있다. 우선 이번 장은 일종의 개요로서, 특정 질환의 항목을 찾아 신체 활동이 특정 질환에 어떤 영향을 미치며, 운동이 그 예방과 치료에 어떻게 도움이 되는지 읽어 볼 수 있도록 되어 있다. 이와 함께 운동을 통해 건강을 증진시키는 몇 가지 주요 방법을 탐구하지만, 운동 방법이나 운동량에 관한 구체적인 처방을 제시하지는 않는다. 만일 여러분이 운동 프로그램을 시작할 계획이라면, 특히 질병이 있거나 몸이 부실한 경우 의사와 상담하고 경험 많은 전문가에게 도움을 받길 적극 권한다. 마지막으로, 운동이 영향을 미치는 병증은 그야말로 수백 가지에 이르기 때문에, 이번 장에서는 관련 내용을 포괄적으로 살피지 못했다. 여기서는 그중에서도 가장 많은 우려를 낳고, 신체 활동 부족에 영향을 받는 것이 분명하다고 널리 인정되는 몇 가지 부적응 사례만을 간략히 집중적으로 다룬다. 이는 곧 세계에서 가장 비중이 크고 빨리 증가하고 있는 만성질환의 위험 인자에 가장 먼저 시선을 멈춰야 한다는 이야기이기도 하다. 바로 비만이다.

비만

2013년, 미국의학협회는 비만을 질병으로 분류함으로써 논쟁에 불을 지폈다. 의사들은 체질량지수$^{body\ mass\ index,\ BMI}$를 사용해 비만을 정의하는데, 이는 몸무게(킬로그램 단위)를 키(미터 단위)의 제곱으로 나눈 값이다. 체성분을 측정하는 데 있어 BMI가 항상 최선의 방법은 아니지만, 통상적으로 BMI 18.5~25.0는 정상, 25.0~30.0이면 과체중, 30.0 이상은 비만으로 본다.[4] 비만을 질병으로 분류하게 된 취지는 비만이 건강에 미치는 다방면의 위험에 경각심을 불러일으키고, 의료산업이 비만 치료에 돈을 들이는 방식에 변화를 주며, 비만이 안고 있는 오명을 벗겨내자는 것이었다. 이러한 바람직한 목표에도 불구하고, 비만을 질병으로 분류하는 것이 옳은지는 여전히 논쟁거리다. 비만은 많은 질병에 위험 인자로 작용하지만, 그렇다고 해서 모든 비만인이 건강상 문제를 겪는 것은 아니다. 더욱이 미국인 3분의 1이 질병을 갖고 있다고 보는 것은 그야말로 어불성설이며, 또한 비만을 질병으로 규정하는 것은 잠재적으로 이를 불변의 어떤 고정적 상태로 본다는 의미일 수 있다. 우리는 비만을 이유로 누군가를 책망하거나 망신 주는 일도 없어야겠지만, 그와 함께 배려 어린 방법을 찾아 체중이 더는 불지 않고 얼마쯤 감량할 수 있도록 서로 도울 필요가 있다. 운동은 과연 그런 방법에 포함될 수 있을까?

이론상 부적응은 무엇일까?

환경이 최근 바뀌었지만 유전자는 그대로인 상황에서 유전자와 환경 간의 해로운 상호작용으로 인해 발생하는 것을 부적응이라고 한다면, 비만보다 더 중대한 사례를 찾기 어려울 것이다. 물론 우리 중에는 비만이 될 확률이 높은 유전자를 가진 이도 있지만, 환경이 비만에 일정 역할을 한다는 점에는 이론의 여지가 없다. 야생채취인은 비만이라는 것을 거의 모르고 살며, 불과 몇 세대 전만 해도 비만을 찾아보기 훨씬 힘들었으나, 오늘날에는 과체중이거나 비만인 인구가 거의 20억 명에 달한다.

비만이 부적응 사례인 것은 명백한 사실이지만, 운동과 비만 사이의 관계는 여전히 논쟁거리다. 이 대목에서 기억해둘 것은, 비만과 신체 활동을 연결하는 고리는 에너지 수지라는 점이다. 즉 소비하는 칼로리보다 섭취하는 칼로리가 더 많아서 플러스 에너지 수지가 될 때, 우리는 남는 칼로리를 지방으로 바꿔 지방 세포에 저장한다. 반면 섭취하는 칼로리보다 소비하는 칼로리가 많아 마이너스 에너지 수지가 되면, 우리는 저장한 지방을 일부 태운다. 칼로리가 들고 나는 이 방정식은 각종 호르몬이 조절하는데, 이 호르몬은 다시 식단은 물론 심리적 스트레스와 장(腸) 내 미생물, 그리고 물론 신체 활동 같은 다른 요인의 영향을 강하게 받는다.

비만을 일으키는 주범이 식단, 특히 섬유소가 적고 당이 잔뜩 든 가공식품임은 두말할 나위 없지만, 운동이 체중 증가나 감량에 정말 효과가 있는지에 대해서는 논란이 있다. 많은 전문가와 각계에서는 운동이 체중 감량에 별다른 역할을 하지 않는다고 주장한다. 운동을 체중 조절의 방편으로 삼을 수 없다는 주장을 뒷받침하는 가장 흔한 논거는 식사에서 얻는 칼로리가 신체 활동에 들어가는 칼로리보다 월등히 많다는 점, 그리고 운동이 배고픔과 피로를 증가시키기 때문에 운동 후에 더 많이 먹거나 소파 위에 죽치고 있는 식으로 자신에게 보상할 여지가 생기리라는 점이다. 3.2킬로미터를 걷는 것은 앉아 있는 것보다 100칼로리를 더 소모하지만, 그 뒤에 마시는 상쾌한 콜라 한 병에 140칼로리가 들어 있다. 그러나 여러 연구 결과, 운동을 더 많이 하는 사람들은 반드시 더 많이 먹는 식으로 보상하지는 않으며, 대체로 나머지 일과 동안 활동량이 감소하지도 않는다.[5] 운동으로 살을 뺄 수 없다는 말은 사실이 아닌 셈이다. 다만 운동으로 살을 빼는 것은 식습관을 바꾸는 것보다 훨씬 오래 걸리고 더 점진적으로 진행된다. 예를 들어 하루에 3.2킬로미터를 더 걷는다면, 1년이 흐른 뒤에야 살이 2킬로그램 빠지는 결과로 이어질 가능성이 있다. 이와 함께 운동은 다이어트 이후 체중이 도로 늘어나지 않게 하는 데 분명 도움이 되며, 일단 체중 증가를 사전에 막아주는 데 큰 역할을 할 공산이 크다.[6]

사람들이 어떤 식으로 비만이 되건 간에, 비만이 해로운 영향을 끼친다는 것은 의심의 여지가 없다. 관절에 과부하가 걸리고 호흡이 곤란해지는 것은 물론, 과도한 지방 세포가 신진대사를 뒤바꾸는 호르몬을 과잉 생산한다. 이 세포가 부풀면 백혈구의 공격을 받게 되고 저강도 염증이 일어나 몸 구석구석의 조직을 손상시킨다. 비대해진 지방 세포가 장기의 내부와 주변에 잔뜩 쌓이는 것(이를 내장 지방, 복부 지방 혹은 장기 지방이라고도 한다)이 특히 위험한데, 이 세포들은 호르몬에 민감하게 반응하는 것은 물론 혈류와 더 직접적으로 연결되기 때문이다. 이상을 종합하면 비만, 특히 너무 많은 장기 지방은 심장마비나 뇌졸중 같은 심혈관 질환, 제2형 당뇨병, 몇 가지 암, 골관절염, 천식, 신장 질환, 알츠하이머를 일으키는 주요 위험 인자이며, 그 외 다른 많은 질환의 발병과 진행에도 핵심 역할을 한다.

신체 활동은 어떻게 도움이 될까?

얼마큼의 신체 활동이 체중 감량 또는 체중 증가의 방지를 돕는지는 논란거리였지만, 과연 얼마큼 운동해야 과체중이나 비만의 악영향을 방지할 수 있는지도 그간 학자들이 아낌없이 노력을 쏟아 부으며 연구해온 주제다. '뚱뚱하지만 건장한' 것은 정말 괜찮을까?

이 논란의 바탕에는 몇 가지 사실이 깔려 있다. 한편으로 수십 건의 연구에 따르면, 과체중이면서 운동을 하는 이들은 과체중이면서 운동을 안 하는 이들보다 더 건강하고 오래 산다고 한다.[7] 반면, 과체중 또는 비만이라고 해서 모두 병을 앓거나 빨리 죽는 건 아니다.[8] 몇몇 연구에 따르면 노년기에 약간 살이 찌는 (하지만 비만이나 극심한 과체중까지는 아닌) 이들이 약간 더 오래 사는 경향이 있다고 하는데, 이는 아마도 폐렴 같은 중증 질환에서 살아남는 데는 더 많은 에너지 비축량이 도움을 주기 때문인 듯하다.[9] 얼핏 보아서는 이 정도 사실들이 논쟁까지 불러올 정도는 아니다. 체중과 관계없이 운동이 건강에 좋다는 것이나, 살이 쩐다고 해서 반드시 젊은 나이에 세상을 떠나지는 않는다는 것, 그리고 (영국의 엘리자베스 2세 여왕이 그랬듯) 건강한 노인도 약간 살이 붙은 경우가 많다는 것은 웬만하면 다들 아는 사실이니까 말이다.

내가 아는 한 '뚱뚱하지만 건장하다'가 논쟁거리가 되는 것은, 과체중이어도 운동만 하면 비만을 건강 문제로 생각지 않아도 된다는 증거가 이따금 아주 그럴싸하게 제시될 때가 있어서다. 이는 사실이 아니다. 과체중이지만 운동을 해서 신체가 건장한 이들이 만성질환의 위험이 적기는 하지만, 만일 여러분이 신체가 건장하되 뚱뚱한 쪽과 빌빌대지만 날씬한 쪽 중 하나를 택해야 하는 상황이라면 후자를 택하는 게 좋다는 것이 압도적으로 많은 증거를 통해

드러나기 때문이다.[10]

　일명 간호사 건강 연구 Nurses' Health Study는 신체 활동 부족과 몸무게가 각기 가진 영향력을 어떻게든 분리하고자 노력했던 가장 대규모 연구 중 하나다. 1976년에 시작된 이 어마어마한 작업은 자신의 삶과 죽음의 경험을 하버드 연구진과 공유하겠다고 자원한 간호사 10만 명 이상을 대상으로 그들의 습관, 건강, 사망 실태를 추적하는 식으로 이루어졌다. 이 연구에서 얻은 대표적인 가르침 중 하나가, 똑같은 몸무게의 간호사라도 신체 활동이 활발한 이들은 비활동적인 이들보다 사망률(1년당 사망자 수)이 50퍼센트 정도 낮았던 한편, 비슷하게 활동적이지만 비만인 간호사는 날씬한 간호사에 비해 사망률이 90퍼센트 높다고 나타났다는 것이다.[11] 그렇다면 비만은 신체 활동 부족보다 사망률에 거의 두 배나 많은 영향을 미치는 셈이다. 물론 두 위험 인자를 모두 피하는 게 훨씬 좋다는 점은 말할 것도 없다. 다시 말해, 날씬하고 신체가 건장한 간호사는 비만이고 빌빌대는 간호사보다 사망률이 2.4배 낮았다.

　이상을 종합하면, 신체 활동을 많이 한다고 해서 비만과 연관해 높아진 사망 위험이 말끔히 상쇄되지는 않지만, 비만인의 경우에는 그래도 활동적인 편이 여전히 득이 된다. 여기에는 아주 중요한 메시지가 담겨 있다. 살을 빼려고 애쓰는데도 정작 살은 안 빠지고 운동만 계속하게 되는 경우가 너무도 많기 때문이다. 그렇지만 그러다 보면, 만성 염증 등 비만이 불러오는 갖가지 해로운 결과가 하나둘 줄어들거나 차단될 수 있다.

어떤 운동을 얼마큼 하는 것이 최선일까?
이 질문의 답은 쉽다. 비만 관리에는 웨이트운동보다 유산소운동이 낫다. 나중에 다시 살펴보겠지만, 웨이트운동은 비만에서 비롯되는 몇 가지 신진대사 문제를 막아주기도 하지만, 과도한 체중 증가를 막고 몸을 원상복구하는 데는 유산소운동이 더 낫다. 한 임의대조군 실험에서 과체중 및 비만인 성인을 대상으로 유산소와 웨이트운동의 영향을 비교한 결과, 웨이트운동만 처방받은 이들은 체지방을 거의 줄이지 못했지만, 일주일에 달리기 20킬로미터를 처방받은 이들은 지방, 특히 몸에 해로운 장기 지방을 상당량 줄일 수 있었다.[12] 하지만 체중 감량에 유산소운동의 강도가 얼마나 중요한가는 지금도 논란거리다. 개인별로 반응이 천차만별이기는 하나, 일반적으로 고강도 활동이 저강도 활동보다 칼로리를 많이 태운다. 그렇더라도 고강도 활동은 오랜 시간 지속하기가 더 어려워서 소비하는 총에너지가 결국 더 적을 때도 있다.[13] 여기서 가장 중요한 것은 아마 누적량일 것이다. 체중을 많이 줄이고자 한다면 일주일에 150분 걷기로는 충분치 않을 가능성이 높다.

대사증후군과 제2형 당뇨병

이런 걸 물어봐서 좀 미안하지만, 혹시 남의 소변을 홀짝여본 일이 있는가? 듣기에 무척 거북할 수 있지만, 만일 여러분이 옛날에 태어나 의사로 일했다면 아마 오줌 감정가 역할도 겸해야 했을 것이다. 환자의 '황금빛 액체'를 모아 그 맛과 색깔, 냄새, 농도를 면밀하게 살피는 것이 여러분의 일상 업무 중 하나였을 것이라는 이야기다. 당시 의사들이 소변에서 식별해낸 특성 중에는 터무니없는 것도 많았지만, 달콤함만은 예외였다. 현재 우리가 당뇨병diabets이라고 부르는 'diabetes mellitus'라는 병명은 애초에 잉글랜드의 의사 토머스 윌리스(1621~1675)가 지었는데, 소변에서 '꿀이나 설탕을 듬뿍 치기라도 한 듯 기막히게 달콤한 맛'이 난다는 사실 때문이었다(mellitus는 '달콤한 꿀'을 뜻하는 라틴어다).[14]

여러분이 좋건 싫건, 의사들은 더 이상 여러분의 소변을 마시지 않지만, 지금도 일상적으로 여러분의 피를 실험실에 맡겨 분석하며 여러분의 혈압과 몸무게, 키, 허리둘레를 잰다. 통상적으로 봤을 때, 누군가가 *대사증후군*이 있다면 대부분 높은 혈당수치, 높은 콜레스테롤 수치, 고혈압, 비대한 허리둘레와 같은 특징이 나타난다.[15] 흔히 지방간 및 다른 형태의 비만과 함께 나타나는 이들 특징은 신진대사에 문제가 생겼다는 명확한 징후다. 나아가 대사증후군은 제2형 당뇨병으로 이어지는 경우가 많다.

이론상 부적응은 무엇일까?

대사증후군과 제2형 당뇨병이 부적응 질환임은 두말할 나위도 없다. 이 두 질환은 수렵채집인에게는 나타난 기록이 사실상 없고, 자급자족 농부 사이에서도 찾아보기 힘들며, 오로지 최근 들어서야 사람들 사이에서 전염병처럼 퍼지기 시작했다.[16] 오늘날 전 세계 성인 가운데 대사증후군을 앓는 인구는 무려 20~25퍼센트인데, 앞으로 몇 십 년 사이에는 이 수치마저 두 배로 뛸 것으로 전망된다.[17] 대사증후군이 주된 위험 인자로 작용해 일어나는 무서운 질환으로는 심혈관 질환, 뇌졸중, 치매 같은 것이 있으며, 그중에서도 가장 대표적인 것은 제2형 당뇨병이다(성인발병성 당뇨병이라고도 한다). 제2형 당뇨병(제1형 당뇨병 및 임신성 당뇨병과는 다르다[18])은 현재 전 세계에서 가장 빨리 세가 커지고 있는 질병이기도 하다. 이 병의 유행은

1975년에서 2005년 사이에만 7배 이상 늘었고, 2030년이면 제2형 당뇨병 환자가 6억 명을 웃돌 것이다.[19]

　제2형 당뇨병의 징후는 소변과 혈액 안에 당이 과도하게 많은 것이지만, 이 병의 근본 원인은 이른바 인슐린 저항성이라고 하는 문제다. 가령 여러분이 쿠키 열두 개를 한꺼번에 우적우적 먹어치웠다고 해보자. 쿠키의 당 성분이 혈액 속으로 흘러 들어가면, 이제 혈당이 오르기 시작한다. 너무 많은 당은 많은 세포에 유독하기 때문에, 여러분의 췌장은 과도한 당에 자극받아 인슐린이라는 호르몬을 분비한다. 이 호르몬의 기본적인 기능은 신체가 에너지를 저장하도록 하는 것이다. 인슐린은 여러 가지로 작동하지만, 그중에서도 대표적인 것은 지방과 근육 세포의 표면에 있는 특수한 분자들에게 지시를 내려 혈액 속의 당을 세포로 운반하여 몸 안에 저장하거나 혹은 태우도록 하는 것이다. 제2형 당뇨병은, 대사증후군의 갖가지 영향으로 말미암아 이들 세포의 인슐린 수용체가 인슐린과 결합하지 못할 때 발생한다(이런 현상을 저항성이라고 한다). 이제부터는 악순환이 시작된다. 인슐린이 수용체와 결합하지 못하면, 포도당 수송체는 혈액에서 당을 받지 못한다. 그렇게 해서 혈당이 높아지면 뇌는 췌장에게 인슐린 생산을 더 늘리라고 절박하게 명령하지만, 이 명령이 점차 별 힘을 못 쓰면서 혈당수치는 결국 위험 수준까지 높아져 내려올 줄 모른다. 당뇨병의 증상으로는 잦은 갈증과 배뇨, 메스꺼움, 피부 따끔거림, 발 부종을 꼽을 수 있다. 종국에는 혹사당한 췌장이 기능을 멈추는 사태로 치닫고, 이 단계에서는 사망을 피하기 위해 인위적으로 인슐린을 주입하는 수밖에 없다.

　다른 부적응 질환들이 그렇듯 제2형 당뇨병에 걸릴 가능성을 높이는 유전자도 많지만, 이 병을 일으키는 가장 주요한 환경적 요인은 바로 과도한 플러스 에너지 수지다. 이렇듯 에너지가 넘치게 된 원인은, 현대의 서양화 및 산업화한 생활방식에 뿌리 깊이 배어 있는 네 가지 요인이 몇몇 방식으로 결합한 데 있다. 그 네 가지 요인은 비만, 나쁜 식단, 스트레스, 신체 활동 부족이다. 누차 말하지만 부풀어 오른 지방 세포가, 특히 간을 비롯한 다른 장기에 너무 많아지면 염증이 일어나며 트리글리세라이드 수치가 높아지는데, 이것이 인슐린 저항성을 유발해 다시 이들 문제를 더 악화시킨다. 나쁜 식단은 쉽게 비만이 되게 하며 혈액 속에 당과 지방이 가득 차게 한다. 마지막으로 중요하게 짚고 넘어갈 점은, 정적인 생활을 지속하면 혈당과 지방 수치가 올라가고 염증이 완화되지 않아 대사증후군 발생에 일조한다는 것이다.

신체 활동은 어떻게 도움이 될까?

제2형 당뇨병을 앓으면 경우에 따라 사망 위험이 약간 혹은 상당히 증가하지만, 그래도 이 병은 약, 식단, 운동으로 치료가 가능하다. 약이 도움을 주는 것은 분명하지만 그렇다고 늘 필요하지는 않다. 식단과 운동만으로도 신체 스스로 치료할 수 있다는 이야기다. 이 사실을 입증하고자 극적인 방식의 검증이 이루어진 적이 있다. 과체중으로 제2형 당뇨병을 앓고 있던 오스트레일리아 원주민 10명은 사냥하고 채집하는 활동적인 생활방식으로 돌아가자 불과 7주 만에 병이 없어졌다.[20]

　신체 활동이 어떻게 제2형 당뇨병을 예방하고 치료하는지 그 기제들에 대한 연구는 잘 이루어져 있다. 그중에서 가장 기본적인 것을 꼽자면, 운동이 (식단과 결합해) 과도한 장기 지방, 고혈압, 높은 혈당, 지방, 콜레스테롤 수치 등 대사증후군에서 나타나는 모든 특징을 개선해줄 수 있다는 것이다. 여기에 더해, 운동은 염증을 줄이고, 스트레스가 일으키는 여러 유해한 효과를 차단한다. 아울러 가장 주목해야 할 사실은, 운동이 막혀 있는 인슐린 수용체를 원상태로 복구하고, 혈액 속에서 당을 꺼내오는 수송 분자transporter molecule를 근육 세포들이 더 많이 만들어내게 할 수 있다는 것이다.[21] 그 효과는 침전물로 막힌 하수구를 뚫고 파이프를 싹 씻어내는 것과 비슷하다. 이상을 종합하면, 운동은 혈당의 배달, 전달, 활용을 동시에 개선시켜, 꿈쩍 않던 근육 세포에 다시 힘을 불어넣고 무려 50배나 많은 혈당 분자를 빨아들이게 할 수 있다. 이렇게 막강한 위력을 가진 약은 어디에도 없다.

어떤 운동을 얼마큼 하는 것이 최선일까?

신체 활동의 부족만으로는 절대 대사증후군과 제2형 당뇨병이 생기지 않기 때문에, 이 두 병이 운동만으로 충분히 치료되는 경우는 거의 없다. 하지만 중~고강도 운동은 식단과 의학적 치료에 강력한 보완책이다. 물론 여러 건의 임상실험 결과, 일주일에 150분 혹은 그 미만을 걷는 등 소량의 처방으로는 딱히 이렇다 할 성과가 없어 그간 의사나 환자들이 실망해온 것은 사실이다.[22] 하지만 중강도 운동을 일주일에 150분 이상 처방한 실험들에서는 더 큰 성과를 거둘 수 있었다.[23] 일례로 덴마크 연구진이 실시한 매우 설득력 있는 한 연구에서는, 임의로 선택한 제2형 당뇨병 환자들을 두 집단으로 나눠 실험을 진행했다. 두 집단 모두 건강한 식단을 어떻게 먹어야 좋은지 권고를 들은 것은 똑같았는데, 한 집단은 식단과 함께 비지땀을 흘려가며 일주일에 30~60분의 유산소운동을 5회 혹은 6회 하는 것과 더불어 일주일에 2회 혹은 3회의 웨이트운동까지 병행해야 했다. 그렇게 1년이 흐르자, 운동을 한 집단에서는 당뇨약을 끊을 수 있는 이들이 절반에 달했고 약 복용을 줄일 수 있는 이들도 20퍼센트에 이르렀다. 뿐만 아니라, 운동을 더 많이 할수록 이들은 정상적인 기능을 더욱 많이 회복할 수 있었다. 반면, 식단만 조절한 집단에서는 약 복용을 줄일 수 있는 이들이 4분의 1에 불과했고, 40퍼센트에 달하는 이들은 훌륭한 표준 의료 서비스를 받고도 오히려 약 복용을 늘려야 했다.[24] 지금까지 누차 함께 살펴봤듯, 운동은 안 하는 것보다 조금이라도 하는 게 낫고, 많이 하면 할수록 더욱 좋다.

운동의 종류에 대해 말하자면, 대사증후군과 제2형 당뇨병은 에너지 수지가 줄곧 플러스인 것과 지극히 강한 연관을 가지는 만큼, 이들 병의 치료 방안에서는 대부분 유산소운동이 아직도 기본 밑바탕을 이룬다. 하지만 매일 고문이라도 당하듯 러닝머신 위를 터벅터벅 걸어야 한다고 생각하기보다는, 운동을 얼마든지 섞어서 할 수 있으며 그래야 더 좋다는 사실을 유념한다면 운동할 마음이 더 샘솟을 것이다. 대사증후군에 맞설 때는 특히 HIIT 유산소운동이 효율적이고 효과적이다.[25] 여기에 더해, 웨이트운동 역시 인슐린에 대한 근육의 민감도를 원상 복구하고, 혈압을 내리며, 콜레스테롤 수치를 향상하는 데 효과적이라는 사실이 수많은 연구에서 밝혀졌다.[26] 한 기발한 연구에서도 드러났듯, 여러 종류의 운동을 결합하는 것이 운동 처방으로서 최선인 듯하다.[27]

심혈관 질환

확률로 보건대, 앞으로 여러분과 나는 모종의 심혈관 질환에 걸려 세상을 떠날 가능성이 제일 높다. 그래도 천만다행인 점은, 제러미 모리스 박사의 혁신적인 연구들이 나온 이래 우리는 생활방식이 얼마나 강력하게 이 위험을 상당히 줄일 수 있는지에 관한 명확한 증거를 갖고 있다는 것이다. 1910년에 태어난 모리스는 글래스고의 빈민가에서 성장기를 보낸 뒤 의사가 되어 제2차 세계대전 중에는 왕립육군의무군단에서 복무했다. 전쟁이 끝나고 런던으로 거처를 옮긴 그는 왜 근래에 들어 심장마비가 더 흔해졌는지 흥미를 갖게 됐다. 모리스에 따르면, 1946년만 해도 이 질환에 대해 거의 알려진 바가 없었다. "관련 문헌이 없다니, 기막힌 상황 아닌가! 왕립육군의무군단 도서관에 가면 차 마실 시간이 되기도 전에 관련 문헌을 다 읽을 수 있다."[28] 그래서 시체안치소와 병원을 돌며 자료를 수집하자 한 가지 사실이 모리스의 눈에 띄었다. 바로 똑같이 런던의 명물인 2층 버스에서 일하더라도, 통로와 계단을 오가며 차표를 받는 안내원보다 차를 모는 운전기사가 심근경색을 더 많이 앓는다는 것이었다. 호기심이 발동한 그는 대규모 연구를 시작했다. 그렇게 해서 1953년 멋진 글 솜씨로 출간된 2권의 논문에서 그는 더 정적인 업무를 하는 운전기사에게 심근경색이 일어날 확률이 안내원보다 두 배 높음을 입증했다.[29] 이와 함께 같은 우체부라도 온종일 사무실에 앉아 일하는 이들이 런던 시내를 걸어 다니며 편지를 배달하는 이들보다 심근경색 확률이 두 배 더 높다는 사실도 입증했다. 이후 모리스의 연구 결과들은 그 정당성을 입증받고 내용이 추가되어, (나쁜 식단과 흡연, 만성 스트레스, 특이한 환경 조건들과 함께) 신체활동을 충분히 하지 않으면 어떻게 그리고 왜 우리의 신체 배관에 문제가 생기는지 그 이유를 설명하는 근거가 되어주고 있다.

이론상 부적응은 무엇일까?

따지자면 심장은 결국 근육으로 만들어진 일종의 펌프로, 잔가지처럼 뻗어나간 관들의 정교한 망에 연결돼 있다. 심혈관 질환에는 여러 종류가 있지만, 거의 모든 질환은 이들 관과 펌프가 어딘가 잘못됐을 때 일어난다. 대부분 문제의 발단은 관에서 시작하는데, 주로 심장에서 몸 구석구석으로 피를 날라주는 동맥에 문제가 생긴다. 이들 동맥은 건물 안의 파이프처럼 필요치 않은 침전물이 쌓여 막힐 때 속수무책이 되기 쉽다. 이렇게 동맥이 딱딱하게 굳는 것을 동맥경화라고 하는데, 동맥 내벽 안쪽에 플라크(지방, 콜레스테롤, 칼슘이 찐득하게 뒤섞인 것)가 쌓이면서 증상이 시작된다. 그런데 문제는 플라크가 단순히 파이프 안에 오물이 가라앉는 식으로 쌓이지 않는다는 점이다. 고혈압인 상황에서 동맥의 벽을 자극하는 이른바 나쁜 콜레스테롤이 들어오면 보통 동맥에 손상이 일어나는데, 이때 동맥 안의 백혈구들이 손상에 반응해 염증을 일으키면서 플라크가 쌓인다. 백혈구는 손상을 보수하기 위해 콜레스테롤과 다른 물질을 섞어 거품이 나는 혼합물을 만드는데, 이것은 시간이 지나면 딱딱하게 굳는다. 플라크가 쌓일수록 동맥은 점차 뻣뻣하고 좁아져, 때로는 신체조직과 장기로 충분한 피가 흐르지 못하게 막는가 하면 나아가서는 혈압까지 높인다. 이런 상황에서 발생할 수 있는 하나의 치명적인 시나리오는 플라크가 동맥을 완전히 막거나 아니면 다른 곳의 더 작은 동맥을 분리해 막아버리는 것이다. 이런 일이 벌어지면 조직들은 피를 전혀 공급받지 못해(이를 국소빈혈이라고도 한다) 결국 죽는다. 또한 플라크는 동맥의 벽을 팽창시키고, 약화시키며, 부풀게 하고(동맥류), 찢어지게 할 수도 있으니(동맥 파열), 이 경우엔 대량 출혈로 이어질 수도 있다(체내 출혈).

동맥이 막히거나 파열되면 신체 어디서든 문제가 일어날 수 있지만, 그럴 때 가장 취약한 곳은 다름 아닌 심장근육에 피를 공급해주는 좁다란 관상동맥이다. 이 관상동맥이 막히면 심근경색이 일어나는데, 이는 심장근육에 손상을 일으켜 혈액 펌프질이 이전만큼 효과적으로 이뤄지지 못하거나 아예 전기 방전이 일어나 심장 전체가 멈추는 결과로 이어질 수 있다. 이외에도 동맥이 막히거나 파열됐을 때 무척 취약한 곳은 뇌다. 뇌의 동맥이 혈전으로 막히거나 파열되어 출혈이 일어나면 뇌졸중을 일으킨다. 뇌 외에도 이렇게 다른 곳에 비해 취약한 부위로는 망막, 신장, 위, 장을 꼽을 수 있다. 관상동맥 질환이 일으키는 가장 극단적인 결과는 심근경색이라 하겠는데, 고비를 넘기고 목숨을 건진다 해도 이미 심장이 약해진 뒤라서 예전만큼 효과적으로 혈액을 펌프질하지 못해 심부전으로 이어진다. 부정맥도 갖가지 심장질환 및 사망을 일으키는 공통 원인으로 꼽히며, 감염, 선천적 결함, 약물, 신경배선 결함도 심장에 손상을 입힐 수 있다. 하지만 동맥경화증이야말로 갖가지 심장질환과 사망을 일으키는 주범으로 손꼽히며, 만성적 고혈압과 고혈압이 그 뒤를 바짝 따른다.

고혈압은 소리 없는 질환으로, 심장, 동맥을 비롯한 다양한 기관에 끊임없이 압박을 가한다. 심장은 하루 최소 10만 번 이상 약 5리터의 피를 수천 마일에 달하는 동맥을 통해 몸 구석구석으로 보내는데, 매 수축이 일어날 때마다 동맥이 저항하면서 압력이 발생한다. 우리가 운동을 하면 혈압도 잠시 상승하는데, 그러면 근육질의 심실이 거기에 적응해 매 수축마다 더 많은 피를 펌프질할 수 있도록 힘이 더 세지고, 커지며, 탄성도 늘어난다.[30] 이 사실만큼이나 중요한 점은 운동을 하면 혈압을 낮게 유지하는 것에도 동맥이 적응한다는 것이다. 그렇게 되면 무엇보다 혈관이 팽창하고 개수가 늘어나며 탄성력이 유지된다.[31] 하지만 만성적으로 혈압이 높으면, 심장은 근육질의 벽을 더 두껍게 발달시키는 식으로 스스로를 방어하게 된다. 더 두꺼워진 벽은 딱딱해지는 동시에 반흔 조직이 가득 메워져, 마침내 심장이 약해지는 결과를 불러온다. 그 뒤로는 악순환이 이어진다. 심장이 피를 펌프질하는 능력이 줄어들면, 운동을 하기가 더 어려워지고, 그리하여 높은 혈압을 조절하기도 난망해진다. 심장이 점진적으로 약해지면서 혈압이 계속 오르면, 심장이 더는 정상 혈압을 지원하거나 유지할 수 없는 심부전 상태에 이르기도 한다. 그 뒤에는 보통 사망이 뒤따른다.

관상동맥 질환은 고대에 생겨난 병으로, 미라들도 이 병을 앓았다는 진단을 받은 바 있다.[32] 하지만 비산업사회의 인구를 대상으로 한 연구를 보면, 관상동맥 질환과 고혈압은 대체로 진화상 부적응이라는 강력한 증거를 찾아볼 수 있다. 수많은 의학 교과서는 나이가 들수록 혈압이 올라가는 게 정상이라고 가르치지만, 산족과 하드자족 같은 수렵채집인 사이에서는 그렇지 않다는 사실이 1970년대 이래 알려져왔다.[33] 70세의 하드자족 수렵채집인은 평균 혈압이 120/67로, 20세 젊은이와 아무런 차이가 없다. 평생 혈압이 낮은 것은 수많은 자급자족 농민 인구에게서 나타나는 특징이기도 하다. 나도 동료인 롭 셰이브, 에런 배기시와 함께 모든 연령대의 타라우마라족 농부 100명 이상을 대상으로 혈압을 측정해보았는데 10대와 80대 사이에 아무런 차이가 없었다.[34] 마찬가지 맥락에서 산업사회 사람이라도 음식을 분별 있게 먹고 활동적으로 지내는 이들은 노년에 들어서도 혈압을 정상으로 유지한다.[35]

혈압이 낮은 데다 콜레스테롤 수치도 건강하게 유지되다 보니 활동적인 비산업사회 인구는 관상동맥 질환이 발병하는 일이 없다. 힐라드 카플란과 마이클 거번이 동료들과 함께 아마존강에서 야생 채취인-농부로 살아가는 중년 및 노년의 치마네족 700명 이상의 심장을 CT 촬영해본 결과, 가장 나이 많은 이들조차 관상동맥 안에서 건강을 위협하는 플라크의 흔적이 전혀 발견되지 않았다.[36] 충분히 예상하다시피, 이 인구군도 산업화를 겪고 생활방식을 바꾸게 된다면 관상동맥 질환과 고혈압 사례가 급격히 치솟을 것이다.[37] 지난 120년 동안 관상동맥 질환은 2.5배 이상 폭발적으로 증가해 전 세계 사망의 주된 원인으로 자리 잡았다.[38] 제러미 모리스가 런던의 버스 안내원을 대상으로 한 획기적 연구에서 처음 지적했던 것처럼 관상동맥 질환은 대체로 예방 가능한 부적응으로, 과거에는 희귀했던 위험 인자들, 즉 높은 콜레스테롤 수치, 고혈압, 만성 염증이 한데 결합해 발생한다는 사실은 이제 더는 논박의 여지가 없어졌다.[39] 나아가 이 질환의 전조증상은 유전자에도 영향을 받지만, 대부분 우리가 생활에서 계속 마주치는 행동상 위험 인자들, 즉 흡연, 비만, 나쁜 식단, 스트레스, 신체 활동 부족이 마찬가지의 상호연관을 맺는 데서 비롯된다.

신체 활동은 어떻게 도움이 될까?

2018년, 뭇사람으로부터 사랑받는 보스턴마라톤의 경기 감독 데이브 맥길리브레이는 언제라도 덮쳐올 심근경색을 피하고자 3중 관상동맥 우회술을 받기로 했다. 수술은 성공했다. 종종 자선활동을 포함해 마라톤을 수백 번 뛰었지만, 수십 년 동안 이루 헤아릴 수 없이 많은 정크푸드를 먹어왔다고 인정한 사람은 데이브가 처음이었다. 픽스도 그랬듯, 데이브의 심장병은 아무리 신체 활동을 많이 해도 나쁜 식단의 영향은 어쩌지 못한다는 사실을 여실히 보여주는 듯하다. 그렇긴 하나 만일 데이브가 신체 활동을 그렇게 활발히 하지 않았다면 어쩌면 그는 더 젊은 나이에 진작 세상을 떠났을지도 모른다.

신체 활동이 심혈관 질환을 완전히 막지는 못하지만 도움은 준다는 사실을 면밀하게 살피려면, 이 질환을 일으키는 근본 원인인 세 가지 인자가 어떻게 단단히 얽혀 있는지부터 다시 들여다봐야 한다. 그 세 가지 인자는 바로 높은 콜레스테롤, 고혈압, 염증이다.

콜레스테롤. 콜레스테롤 검사를 하면 보통 혈액 안에 들어 있는 세 가지 분자의 수치를 측정한다. 첫 번째는 저밀도지단백질LDL로, 종종 나쁜 콜레스테롤이라고도 한다. 우리의 간은 풍선처럼 생긴 이 분자를 만들어내 지방과 콜레스테롤을 혈류 전체에 나르게 하는데, 일부 LDL은 특히 혈압이 높을 때 동맥벽을 파고 들어가는 경향이 있어 인체에 해를 끼친다. LDL이 이렇게 혈관벽을 비집고 들어오면 염증반응이 일어나고 여기서 플라크가 생성된다. 두 번째 콜레스테롤은 고밀도지단백질HDL로, 일명 좋은 콜레스테롤이라고도 불린다. 이 분자들은 혈관벽을 뒤져 LDL을 찾아내 다시 간으로 돌려보낸다. 세 번째 콜레스테롤은 트리글리세라이드로, 혈류 안에서 자유롭게 떠다니며 대사증후군이 있는지 여부를 알려주는 표지판 역할을 한다. 긴 이야기를 짧게 줄여서 말하자면, 당과 포화지방이 듬뿍 든 식단은 심혈관 질환 발생에 일조한다. 이런 식단은 플라크를 형성하는 LDL 수치를 더욱 잘 높이기 때문이다. 한편 이와 반대로 신체 활동은 심혈관 질환을 예방한다. 운동이 트리글리세라이드의 수치를 낮추고, HDL 수치는 높이며, 그보다 정도는 덜하지만 LDL을 낮춰주는 덕이다.

혈압. 혈압 검사를 하면 두 가지 측정값이 눈에 들어올 것이다. 더 높은 (수축기) 수치는 심장의 주요 부분이 피를 쥐어짜며 온몸에 혈액을 보낼 때 받는 압력이다. 반면 더 낮은 (이완기) 수치는 심장의 주요 부위가 피로 가득 찰 때 느끼는 압력이다. 통상적으로 130/90 혹은 140/90 이상의 수치가 나오면 고혈압이다. 이 수치를 넘어서는 혈압은 우려스러울 수밖에 없다. 이 정도로 높아진 혈압을 낮춰주지 않으면 동맥벽이 손상돼 플라크를 생성하는 LDL의 침략에 취약해지기 때문이다. 앞서 이미 살펴봤지만, 플라크가 일단 형성되기 시작하면 혈압이 올라갈 수 있고, 그로 인해 더 많은 플라크가 생기도록 자극이 일어날 수 있다. 만성적인 고혈압은 심장에도 압박을 가해, 심장을 비정상적으로 두꺼워지게 하는 동시에 약하게 만든다. 신체 활동은 강제로 더 많은 양의 피가 더 재빨리 동맥을 돌도록 해, 온몸에 새로운 동맥이 생겨나도록 자극하는 한편 기존 동맥의 탄력성을 유지시켜 고혈압으로부터 보호한다.

염증. 플라크는 난데없이 생겨나는 게 아니라, 혈류 안의 백혈구가 LDL 및 고혈압이 일으킨 염증에 반응하면서 형성된다. 이와 함께 만성 염증은 높은 콜레스테롤 수치 및 고혈압으로 인해 플라크가 생겨날 가능성도 높인다.[40] 그리고 앞에서도 살펴봤듯, 비만, 정크푸드 식단, 과음, 흡연 같은 인자들이 염증을 일으키는 장본인이라면, 신체 활동은 염증을 상당히 줄이는 역할을 한다.

어떤 운동을 얼마큼 하는 것이 최선일까?

우리 중에는 애초부터 심혈관 질환에 잘 걸리는 유전자를 타고난 이도 있지만, 그렇다고 이들 유전자가 우리의 운명을 완전히 결정 짓는 것은 아니다. 오히려 고혈압, 관상동맥 질환을 비롯한 다른 문제들을 예방하려면 먼저 담배부터 끊는 동시에, 당, 포화지방, 소금이 잔뜩 든 가공식품부터 너무 많이 먹지 않도록 주의해야 하는 게 상식이다. 이와 함께 신체 활동도 꼭 해줘야 하는데, 인체의 심혈관 체계는 절대 수요가 없는데도 자기가 알아서 능력을 개발하고 유지하도록 진화하지는 않았기 때문이다. 비활동 상태에서는 우리 몸이 고혈압과 심장질환에 취약해질 수밖에 없는 것도 그래서다.

유산소운동이 심혈관체계에 가장 좋다는 것은 주지의 사실이다. 유산소 신체 활동을 장시간 하기 위해서는 심장이 온몸 구석구석으로 많은 양의 피를 펌프질해야 하는데, 여기에 자극을 받아 혈압은 낮게 유지되고 심장이 강해지는 유익한 반응들이 일어난다. 그뿐만이 아니라 유산소운동은 심혈관 질환을 일으키는 다른 위험 인자들, 특히 고도 염증과 콜레스테롤에 맞서 싸우는 역할도 한다.[41] 심폐를 튼튼하게 하는 데는 유산소운동이 제일 좋으며, 심폐가 얼마나 튼튼한가는 심혈관 질환 위험을 예측해주는 강력한 지표이기도 하다. 약 1만 명을 대상으로 이루어진 한 방대한 연구에 따르면, 심폐가 아주 튼튼한 이들은 심폐가 약한 이들보다 심혈관 질환에 걸릴 위험이 네 배 낮으며, 심폐를 더욱 튼튼하게 만든 이들은 심혈관 질환 위험을 절반으로 떨어뜨릴 수 있었다고 한다.[42] 유산소운동은 질병을 막아줄 뿐만 아니라 치료와 병행할 때 도움이 되기도 한다. 고혈압이 있거나, 콜레스테롤 수치가 나쁘거나, 관상동맥 질환이 본격적으로 나타난 사람들은 일주일에 최소 150분의 신체 활동을 통해 근소한 혜택을 볼 수 있으며, 운동량이 많아질수록 그 혜택도 훨씬 더 많아진다.[43] 앞에서도 이미 살펴봤지만, 고강도 유산소운동을 짧게 하는 것은 저강도 유산소운동을 길게 하는 것만큼(그 이상의 효과는 내지 못하더라도) 좋은 것으로 보인다.[44]

유산소운동이 심혈관체계를 튼튼하고 강하게 만든다는 것은 두 말할 나위 없는 사실이지만, 웨이트운동 역시 콜레스테롤 수치를 개선하는(HDL을 높이고 LDL은 낮춘다) 동시에 휴식기 혈압을 낮춰 준다(유산소만큼 많이 낮추지는 못하지만).[45] 그렇다고는 해도, 웨이트운동만 해서는 심혈관체계에 좋은 유산소운동만 할 때보다 인체를 보호하는 효과가 덜 나타나는 것으로 보인다.[46] 이와 관련해 나는 동료인 롭 셰이브, 에런 배기시와 함께 의견을 제시한 바 있는데, 그런 보호는 심혈관체계가 웨이트운동 대 유산소운동의 상반되는 도전에 어떤 식으로 맞교환을 행하는가에 따라 일어난다는 내용이다.[47] 육상선수처럼 전문 운동선수 중에서도 오로지 지구력 운동만 하는 이들은 낮은 혈압을 유지하면서도 크고 탄력적인 심장을 발달시키는데, 이렇게 발달한 심장은 다량의 혈류를 다루는 데 더 뛰어나지만 무거운 역기를 드는 데 필요한 높은 압력을 잘 이겨내지는 못한다. 반면 미식축구의 라인맨(5명으로 구성되어 쿼터백을 상대 수비수로부터 보호하는 선수―옮긴이) 같은 저항력 위주의 운동선수는 더 두껍고 딱딱한 심장을 발달시키는데, 이런 심장은 높은 압력을 감당해내지만 유산소운동에 필요한 다량의 피를 처리하는 능력이 떨어진다. 따라서 어느 정도 유산소운동을 병행하지 않고 오로지 웨이트 훈련만 하는 운동선수는 정적인 생활을 하는 이들만큼이나 만성 고혈압과 심혈관 질환의 발병 위험이 높다. 이 같은 위험은 핀란드인을 대상으로 한 방대한 연구에서도 나타났는데, 당시 피험자에는 1920~1965년 올림픽에 출전한 운동선수들이 빠짐없이 포함돼 있었다. 크로스컨트리 스키 같은 지구력 종목을 뛰는 운동선수들은 평균적인 핀란드인에 비해 심근경색 위험이 무려 3분의 2 낮았던 반면, 역도나 레슬링 선수처럼 파워 종목 선수들은 심근경색이 일어날 확률이 외려 3분의 1 높았다.[48] 요지는 이것이다. 웨이트 트레이닝이 나쁜 것은 아니지만, 유산소운동도 빠뜨리지 말자.

기도감염을 비롯한 여타 전염병

이 부분의 교정을 보고 있는 2020년 3월 현재, 1918년의 스페인 독감 이래 최악의 전염병이 전 세계를 휩쓸며 엄청나게 많은 이를 몸 져눕게 하고 상당수의 목숨을 빼앗는 한편, 전 세계를 경제적 위기로 몰아넣고 있다. 이 바이러스를 보면 전염병이 가하는 근본적이고 끔찍한 위협에서 인류의 건강이 단 한시도 마음 놓을 수 없다는 사실을 뼈저리게 느낀다. 코비드-19에 걸린 사람들 대다수가 경증에서 보통의 증상만을 겪고 넘어가지만, 이번 전염병은 인플루엔자 등 대부분의 바이러스성 기도감염병보다 몇 배는 치명적이다. 미국 질병통제예방센터에 따르면, 평년에 인플루엔자로 목숨을 잃는 미국인은 약 5만 명이며 대부분 노년층이다. 그 외에 에이즈, 간염, 폐렴도 매년 전 세계에서 상당수 사람의 목숨을 앗아간다.

신체 활동이 기도감염[RTI] 같은 전염병과 어떤 관련이 있을까 싶을 수도 있다. 코비드-19 같은 전염병이 유행하는 동안, 보건 관계 자들은 손을 더 자주 꼼꼼히 씻고, 사회적 거리두기를 실천하고, 기침은 팔꿈치에 대고 하며, (가장 지키기 까다로운 것으로) 얼굴을 자꾸 만지지 않는 것이 무엇보다 중요하다고 적극 권고한다. 이러한 기본적이고 합리적인 방책들은 코비드-19 바이러스가 퍼지는 것을 효과적으로 막아주고 있다. 그밖에 효과가 입증된 핵심 방책으로는 특정 바이러스로부터 우리 몸을 보호하는 법을 면역체계에 알려주는 백신, 그리고 항바이러스제를 들 수 있다. 마지막으로 보완책이 지만 종종 간과되곤 하는 보호 방책은 면역체계를 강화하는 것이다. 바로 이러한 측면에서, 규칙적인 신체 활동은, 만병통치약까지는 못 되더라도 꽤 도움이 될 수 있다.

이론상 부적응은 무엇일까?

갖가지 바이러스, 박테리아를 비롯한 여타 병원균은 우리 몸을 침투하여 면역체계를 피하고, 스스로를 더 많이 복제해 콧물과 재채기 등의 방식으로 다른 이들까지 감염시키기 위해 끊임없이 진화한다. 우리의 면역체계도 이에 맞서 싸우기 위해 함께 진화를 거듭해왔다. 이 진화상의 군비 경쟁은 지난 수백만 년 동안 진행돼왔지만, 사실 농경의 발생 이래 우리는 스스로를 콜레라, 천연두, 기도감염처럼 사람 간 전파 전염병에 더욱 취약한 존재로 만들어왔다. 수렵채집인은 소규모 집단을 이루어 낮은 인구밀도 속에서 가축도 두지 않고 임시 거처에서 살아가지만, 농경이 발달하고 이후 산업화를 거치면서 사람들은 촌락, 성읍, 도시를 이루어 극도로 높은 인구밀도 속에서 살아가게 됐고, 가축은 물론 쥐 같은 다른 동물까지 지척에 두고 생활한다. 설상가상으로, 대부분 도시에 하수관과 깨끗한 물 공급체계가 갖추어진 것은 비교적 최근의 일로, 지금도 세계에는 공중위생 시설이 미비한 곳이 숱하다. 사람이 밀집한 비위생적인 환경에서는 전염성 병원균이 득실거리는데, 이는 특히 다른 종에서 인간으로 건너뜰 때 위험하다. 아직 이들 병원균을 접한 면역체계를 가진 이가 없는 상황이기 때문이다. 따라서 수렵채집인도 수많은 전염병으로 고생하기는 하지만, 코비드-19 같은 전염성이 강한 병은 일정 부분 문명이라는 조건에서 가능해진 부적응이라 하겠으며, 그렇기에 사회적 거리두기나 손 씻기 같은 방법은 이러한 전염병에 맞서 싸우는 핵심적인 도구가 된다.[49]

지속적인 신체 활동 부족은 면역체계와 관련해 부가적이고 부분적인 부적응이 될 수 있다. 마라톤 등 지나치게 혹독한 신체 활동이 면역체계를 저해할 수 있다는 우려가 이미 오래전부터 제기돼왔으나, 규칙적인 중강도 신체 활동은 기도감염을 포함한 특정 전염성 질환에 걸릴 위험을 줄여줄 수 있다는 사실이 여러 계통의 증거들을 통해 나타나고 있다.[50] 뿐만 아니라, 운동은 나이가 들수록 면역체계 기능이 떨어지는 속도를 늦춰주는 것처럼 보인다.[51] 그렇다고 운동이 만병통치약은 아니다. 면역체계는 미로처럼 종잡을 수 없어서, 보통은 갖가지 다양한 요소가 기막힌 조화를 이루어 작동하지만 이따금 충돌을 빚기도 한다. 알레르기나 루푸스 같은 자가면역 질환에서 잘 볼 수 있듯, 드물지만 무척 중대한 순간에, 원래는 우리 몸을 보호해야 할 면역반응이 되레 우리 몸을 공격하는 일이 일어나기도 하는 것이다. 여기에다 병원균은 우리의 면역방어를 피하기 위한 새로운 방법들을 늘 발달시킨다.

정적인 생활이 전반적인 건강 및 스트레스 수치(이미 살펴봤듯, 스트레스도 면역체계를 저하시킨다)에 대체로 부정적인 영향을 끼친다는 점은 둘째치고라도, 왜 신체 활동 부족이 면역체계에 대한 부적응이 될 수 있는지 그 이유도 아직 명확하게 밝혀지지 않았다. 유력한 한 가능성은, 우리 조상들이 사냥과 채집을 위해 숲에 들어섰을 때 병원균을 마주칠 확률이 더 높았을 것인 만큼, 우리의 면역체계도 활발히 활동할 때 더 단단히 방어막을 치는 식으로 보상하도록 진화했으리라는 것이다. 이와 연관될 만한 또 하나의 그럴싸한 설명은, 우리 몸이 칼로리 소비에 무척 인색하다는 사실에서 찾을 수 있다. 감기와 싸울 때 몸이 피로해지는 것만 봐도 우리의 면역체계는 에너지를 많이 들여야 돌아가는 경우가 많다. 그 결과, 우리의 면역체계는 덜 필요할 때 경계를 풀도록 진화했을 것이다. 산업사회의 대부분 사람과는 달리, 수렵채집인에게 이런 때란 곧 몸을 덜 움직이는 시간, 그래서 그만큼 병원균에 노출될 확률이 적은 시간이었을 것이다.

신체 활동은 어떻게 도움이 될까?

어떤 종류, 그리고 어느 정도의 신체 활동이 기도감염처럼 전파 가능한 특정 질병의 위험을 줄여줄 수 있는지는 측정이 어려운 문제다. 이를 해결할 방법 중 하나는, 다양한 수준으로 운동하는 이들 사이에서 기도감염을 비롯한 다른 감염병 사례를 비교해보는 것이다. 전반적으로 이런 연구에서는, 흠잡을 데 없이 좋은 소식까진 아니어도 어느 정도 긍정적인 소식을 접할 수 있다. 일례로 한 조사에서 연구진은 신체 활동을 하지 않는 시애틀의 여성 115명에게 두 가지 생활방식을 임의로 할당했는데, 이에 따라 이 여성들은 향후 1년간 계속 정적으로 생활하거나 아니면 일주일에 5회 45분 걷기를 해야 했다. 초반만 해도 두 집단 사이에는 아무런 차이가 나타나지 않았다. 그러나 6개월이 지나자 규칙적으로 걸은 이들이 기도감염으로 고생하는 비율은 대략 2분의 1에서 3분의 1에 머물렀다.[52] 이와 함께 연구진은 체중의 영향을 검증하고자 100명 이상의 여성(일부는 비만이었다)에게 기도감염이 제일 흔히 일어나는 겨울철에 12주 동안 일주일에 5회 45분 걷기를 실행해달라고 부탁했다. 그러자 걷기를 실행한 여성들은 체중에 상관없이 평상시에 기도감염을 경험한 일수가 대략 절반에 그쳤다.[53] 스트레스도 면역 기능을 저하하는 요소인 만큼, 또 다른 연구에서는 스웨덴인 1천 명을 4달간 추적하며 그들의 운동량, 스트레스 수준, 기도감염 사례와 관련해 자료를 수집했다. 그 결과 정적인 스웨덴인과 비교했을 때, 중강도 및 고강도 운동을 한 사람은 모두 기도감염에 걸릴 위험을 15~18퍼센트 줄일 수 있었으며, 자신이 스트레스를 받고 있다고 보고한 이들 사이에서는 더 큰 폭으로 위험이 줄어들었다.[54] 마지막으로 흡연, 체중, 알코올 섭취, 성별, 나이를 통제한 10만 명 이상의 간호사(3분의 2가 여성이었다)를 대상으로 한 연구에서는, 신체 활동 수준과 폐렴 위험 사이에 역의 용량-반응 관계가 성립한다고 나타났으며, 가장 활동적이고 가장 비활동적인 여성 사이에서 그 감소 폭은 30퍼센트 이상에 달했다(남자는 그렇지 않았다).[55] 이처럼 고무적인 연구 결과가 나와 있지만 모든 연구에서 운동인의 기도감염 확률이 더 낮게 나타나지는 않았는데, 이는 이런 식의 검증을 시행하기 어렵다는 데 일부 원인이 있다.[56] 대규모 표본 집단을 장기간 추적하면서 감염 사례를 정확히 진단하고, 동시에 신체 활동량과 스트레스 같은 위험인자까지 함께 측정하는 연구가 더 필요하다. 전염병에 맞서 싸우는 데 도움이 되는 운동량이 어느 정도인지 더 잘 검증하고 정량화하려면 더욱 치밀한 연구가 행해져야 하겠지만, 현재로서는 중강도 운동이 전염병 위험을 높인다는 증거를 전혀 찾아볼 수 없다.

이와 관련한 또 다른 연구 전략으로, 면역체계의 다양한 요소가 천차만별인 신체 활동의 양과 종류에 어떤 식으로 반응하는지 실험을 통해 검증하는 방법이 있다. 이런 식으로 검증을 행하는 가장 간단한 방법이, 사람 혹은 실험실 동물의 운동 전후 혈액을 뽑거나 타액을 채취해 백혈구, 항체, 그 외에 면역체계를 작동시키는 다른 동인의 농도를 측정해보는 것이다. 이런 연구들은 면역체계의 활동만 측정하고 임상 결과를 측정하지 못한다는 점에서 한계를 지니지만, 그렇더라도 일반적으로 중강도 운동을 규칙적으로 하는 이들, 그리고 고강도 운동을 장시간 격렬하게 힘에 부치도록 한 뒤 곧바로 운동 수준을 낮춘 이들은 병에 맞서 싸우는 세포의 기준치가 더 높다고 나타난다.[57] 한 명쾌한 실험에서는, 젊은 남자 13명을 불러 모아 고정식 사이클의 페달을 녹초가 될 때까지 밟는 테스트를 받게 한 뒤 이들을 두 집단으로 나누어, 한 집단은 운동을 일절 못하게 하고 다른 집단에게는 두 달 동안 매일 30분씩 중강도로 페달을 밟는 운동을 시켰다. 딱 두 달이 되었을 때 두 집단 모두에게 다시 녹초가 될 때까지 페달을 밟는 테스트를 똑같이 받게 했다. 두 달간의 중강도 운동은 강제로 운동한 이들의 백혈구 수치를 더 높이는 결과로 이어졌지만, 극심한 운동을 힘에 부치게 한 것은 특히 정적인 남자들 사이에서 정반대 효과를 냈다.[58] 이렇듯 중강도 운동을 한 뒤에는 면역활동이 증가하지만 격렬한 운동을 한 뒤에는 백혈구 수가 감소한다는 이들 연구와 다른 연구를 토대로, 이제는 운동량과 면역기능 사이에 J자형 관계가 성립한다는 가설이 나오기에 이르렀다.[59] 거기에 담긴 생각에 따르면, 장기간의 신체 활동 부족은 면역 능력을 저하하고, 중강도 운동이 면역체계를 증진하며, 무척 많은 양의 신체 활동은 일시적으로 면역기능을 저해해 특히 몸이 부실한 사람의 경우 감염병에 취약해질 확률을 높인다.[60]

풀코스 철인 3종 경기처럼 장시간 격렬한 신체 활동을 하면 감염병이 드나들 '열린 창문'을 내게 된다는 이 통념은 상식에 부합한다. 하지만 지나치게 많은 운동이 얼마큼이고 그것이 왜 많은지 정설을 세우려면 더 많은 연구가 필요하다. 여러분이 백혈구와 항체를 외부의 적과 맞서 싸우는 병사로 생각한다면, 이것들이 혈류 안에 들어 있는 수치보다는 어쩌면 이것들이 *어디에* 배치되느냐가 더 중요할지도 모른다. 이 감시 가설을 뒷받침하는 내용은 다수의 연구에서 얼마쯤 찾아볼 수 있다. 특히 규칙적인 신체 활동은 백혈구의 수치만 증가시키는 게 아니라, 혈류 속 특정 세포를 그것이 가장 필요한 곳(점액질로 뒤덮인 기도 및 소화관의 취약한 내벽 등)에 우선 배치하는 것처럼 보인다.[61] 뿐만 아니라, 재배치가 가장 잘 이루어지는 이들 세포 몇몇은 바이러스 퇴치에 가장 효과적이기도 하다(자연살해세포natural killer cells와 세포독성T세포cytotoxic T cells가 여기 포함된다).[62] 정적인 사람과 활동적인 사람의 백신 접종을 비교한 연구에서도, 운동이 항체를 더욱 빠르고 효과적으로 만들어내는 데 도움을 주는 것으로 나타난다.[63] 중요한 점은, 운동에 기반한 이 백신 효과의 증진 현상이 노년 인구에서도 나타난다는 사실이다. 아닌 게 아니라, 일반적으로 나이 든 이들은 감염 비율이 더 높고, 회복 속도는 더 느리며, 백신에 덜 반응하지만, 규칙적인 신체 활동을 하면 면역기능의 이런 측면에서 일어나는 노화가 늦춰지는 것처럼 보인다.[64]

이상을 종합하면, 규칙적인 중강도 신체 활동은 면역체계 능력을 증진하지만, 얼마큼의 신체 활동이 최적이고 또 그것이 어떤 전염병에 좋은가에 대해서는 이해가 빈약하다. 누차 말하지만, 면역체계는 그것이 퇴치하고자 하는 무수한 적대적인 병원균만큼이나 그 체제가 복잡하고 다양하다. 따라서 어떤 사람의 면역체계가 특정 전염병(그중에서도 코비드-19)에 얼마나 잘 맞서 싸우는지 정량화하는 작업은 인간, 세균, 그리고 신체 활동량을 비롯한 다른 수많은 인자 사이의 편차 때문에 결과가 명확하지 않을 수 있다. 뿐만 아니라, 치명적 위험을 안은 질병으로부터 면역체계가 인간을 얼마나 잘 보호하는가를 주제로 대조군 실험을 해볼 수도 없는 노릇이거니와,

생쥐 같은 동물을 인간으로 가정하고 실험실에서 면역기능을 추정 연구하는 것도 동물 종의 면역체계와 그것을 공격하는 적들이 다르기 때문에 복잡해질 수밖에 없다. 이런 사정에도 불구하고 한 괄목할 연구에서는 절대로 사람에게 행하지 못할 실험을 동물에게 행한 적이 있다. 연구진은 생명을 위협할 수도 있는 인플루엔자를 생쥐들에게 주입한 뒤 그중 몇 마리는 증상이 발현되기 전 3일 동안 운동을 시켰다. 그러자 중강도 운동을 한(하루에 20~30분을 너무 빠르지 않은 속도로 달리게 했다) 생쥐는 무려 82퍼센트가 살아남았지만, 정적으로 지낸 생쥐는 43퍼센트가 살아남았으며, 하루 2시간 반씩 강제로 운동을 한 생쥐는 단 30퍼센트만 살아남았다.[65] 이 생쥐들의 경우, 운동을 약간 하는 것이 안 하는 것보다 나았지만 너무 많이 하는 것은 치명적이었으니, 이는 곧 심각한 감염에 맞서 싸울 때는 휴식이 절대적으로 중요함을 확인할 수 있는 대목이다.

어떤 운동을 얼마큼 하는 것이 최선일까?

신체 활동이 면역체계에 미치는 영향을 다룬 연구는 거의 전부 유산소운동을 살핀 것들이고, 극소수나마 웨이트 훈련을 다룬 연구도 있지만 웨이트운동은 효과가 미미하거나 전혀 없는 것으로 나타난다(그렇다고 해를 끼치는 것도 아니다).[66] 여기서 우리가 아직 충분히 알지 못하는 것은 운동량이다. 신체 활동이 가져다주는 혜택이 그렇게 많은 만큼, 운동을 약간이라도 하는 게 전혀 안 하는 것보다 면역기능의 많은 측면에서 더 낫기야 하겠지만, 과연 얼마나 하는 게 너무 많은 것인지, 또 운동을 어느 정도까지 해야 면역체계가 일시적으로 저하되는지를 알기 위해서는 추가 연구가 필요하다. 12장에서도 이야기했듯, 이 문제에 대해서는 일명 '열린 창문' 가설이 중론으로 통한다. 면역체계가 온 힘을 다해 싸움을 벌일 때는 에너지가 많이 드는 만큼, 운동을 극단적으로 힘에 부치게 많이 하면 우리를 공격하는 병원균에 맞서 싸우는 데 필요한 칼로리가 줄어들 수 있다. 하지만 그렇게 격한 운동을 해야만 필요한 세포가 적재적소에 우선적으로 배치돼 그곳에서 최대한 효과를 낼 수 있다는 것이 면역 감시 가설의 내용이기도 하다. 이와 관련해서는, 수많은 인자가 개별 사람 및 질병에 제각기 영향을 미치는 만큼, 더 많은 연구가 필요하다. 하지만 중강도의 운동이 보통 해롭기보다는 득이 되며, 중증 감염에 맞서 싸울 때는 우리 몸에 들어오는 에너지가 모두 면역체계에 들어가야 하기 때문에 고강도의 운동은 되도록 하지 않는 게 좋다는 것에는 이견이 없다고 하겠다.

만성 근골격계 질환

나이는 근육, 뼈, 관절에 가차 없기로 악명이 높다. 천수를 누리는 복 받은 이들 사이에서도 근육이 줄어들고(근육위축증), 뼈가 손실되고(골다공증), 관절의 연골이 닳아 없어지는(골관절염) 등의 세 가지 질환에 걸려 몸을 잘 가누지 못하는 이들을 심심찮게 볼 수 있다. 근육이 약해진 노인은 계단을 오르거나, 식료품을 나르고, 걷는 것은 물론, 의자에서 일어나는 등 기본적인 활동만으로도 피로해진다. 뼈가 손실되면 척추가 제 형태를 유지하지 못해 큰 고통이 따르며, 또한 골절이 일어나 활동 자체가 아예 불가능해지기도 한다. 가장 끔찍한 시나리오는 잠자리에서 일어나는 것처럼 얼핏 보기에 별 것 아닌 일을 하다가 대퇴경부 골절을 당하는 것이다. 고관절 골절을 계기로 결국 임종을 맞는 노인도 있는데, 골절을 당한 이후 침대에만 누워 지내면 혈전이나 폐렴 등 신체 활동 부족으로 말미암아 추가적인 치명적 합병증에 취약해질 수밖에 없기 때문이다.[67] 마지막으로, 관절염에 걸려 관절이 욱신거리고 아프면 움직임이 둔해지며, 이는 더욱 심한 신체장애를 일으키는 동시에 노인들이 해야 하거나 하고 싶은 일을 못하도록 만들어 더 빨리 나이 들게 하며, 때로 고립과 우울증으로 이어지기도 한다.

다행스럽게도, 진화인류학적 관점을 취하면 왜 나이 드는 것이 근육, 뼈, 관절에 꼭 재앙만은 아닌지 그 과정과 까닭을 알 수 있다.

이론상 부적응은 무엇일까?

노년에 들어 생기는 질환 중 몇 가지는 도저히 피할 수 없지만, 나이 듦에 따른 일부 근골격계 질환은 부적응에서 비롯된다는 증거도 분명 존재한다. 앞에서 이미 살펴봤듯, 악력 테스트 결과 수렵채집인은 나이가 들어도 같은 연령대의 평균 서양인만큼 근력을 많이 잃지 않는 것으로 나타난다.[68] 수렵채집인 사이에 골다공증 비율이 얼마나 될지 제대로 된 추정치를 얻을 수는 없지만, 전 세계 인구의 골질骨質, bone quality 및 골절 비율을 연구한 결과 골다공증 비율은 탈산업사회 국가들에서 특히 치솟는 것으로 나타난다.[69] 오늘날 평생 골다공증을 앓는 위험은 여자가 40~50퍼센트, 남자는 13~22퍼센트이며, 골다공증 때문에 골절을 당하는 인구만 해도 선진국에서 1천만 명이 넘는다.[70] 마지막으로, 내가 동료인 이언 윌리스와 함께 50세 이상 인구 2,500여 명의 골격을 연구한 결과, 인류가 골관절염을 앓은 지는 수백만 년에 이르지만(심지어 네안데르탈인 중에도 있었다) 특정 연령에 이 병에 걸릴 확률은 제2차 세계대전 이후 두 배 이상 늘어난 것으로 밝혀졌다.[71] 오늘날 미국의 성인 가운데 어떤 형태로든 골관절염을 진단받은 이들은 25퍼센트에 달하며, 그중에서도 무릎이 아픈 경우가 가장 흔하다.[72]

늘 그렇지만, 우리가 어떤 유전자를 물려받았는가는 근육위축증, 골다공증, 골관절염에 걸릴 확률에 영향을 미친다. 하지만 우리 유전자는 한두 세대에 걸쳐서는 변하지 않으므로, 이 부적응을 일으키는 핵심 주범은 역시 환경 변화임이 틀림없다. 그런 면에서 오늘날의 가공식품과 비만이 그 주요 원인이겠지만, 근육과 뼈의 기본 기능을 생각하면 신체 활동 부족 역시 원인으로 지목된다 해도 그리 놀랄 일은 아니다. 하지만 운동의 보호 효과는 각각의 질병에 따라 다르다.

신체 활동은 어떻게 도움이 될까?

근육위축증은 운동의 혜택이 가장 분명한 병이다. 근육은 값비싼 조직이므로(지금 이 순간에도 단순히 근육을 유지하는 데만 여러분이 소비하는 칼로리의 5분의 1이 들어간다[73]), 근육이야말로 "써라, 안 그러면 없어진다"라는 에너지 할당 원칙의 고전적인 본보기다. 우리가 근육에게 더 많은 것을 요구할 때, 특히 저항력을 요하는 수축을 요구할 때, 우리는 근섬유의 크기를 키우는 동시에 근육 세포를 보수하고 유지하는 유전자를 활성화한다. 우리가 사용을 멈추는 순간, 근육은 바로 줄어들기 시작한다. 따라서 근육은 나이가 들수록 호르몬 수치와 갖가지 신경 특성에 영향을 받아 힘이 뚝뚝 떨어지지만, 신체 활동을 계속 활발히 해주면 이런 근력 감소를 막을 수 있다. 오늘날 은퇴자들에게는 늙어서 계속 활동적으로 지내는 것이 선택의 문제지만, 노령의 수렵채집인 조상들은 매일같이 많이 걷고, 나르고, 땅을 파고, 기어오르지 않고는 달리 살아갈 방도가 없었다. 앞에서도 살펴봤듯, 실제로도 오늘날 노령의 수렵채집인 조부모는 종종 젊은 부모보다 활동량이 더 많다. 다행스럽게도, 신체 활동(특히 체중 지지 등 저항을 발생시키는 일)을 통해 근무력증이 악화하지 않게 유지하는 것은 물론 호전시키기까지 하는 기제는 나이가 들어서도 계속 효과를 발휘한다. 80대 노인도 얼마든지 헬스장에서 벌크업을 할 수 있다.[74]

골다공증은 근육을 쓰지 않을 때 생기는 더 복잡한 질병으로, 운동은 그 일부만 예방해줄 수 있다. 뼈와 관련해 사람들이 흔히 갖는 오해 중 하나가, 건물을 떠받치고 있는 강철 빔과 별반 다르지 않게, 뼈도 우리 몸에서 꿈쩍하지 않는다고 생각하는 것이다. 하지만 알고 보면 뼈는 역동적인 조직이다. 생애의 초반 20~30년 동안은 우리의 골격 안에 뼈가 계속 채워지다가, 그 이후부터 서서히 골질량bone mass이 손실되며 골밀도도 느린 비율로(1년에 1퍼센트씩) 떨어진다.[75] 그렇다고 이때부터 반드시 골다공증을 앓게 되는 것은 아니다. 정상적인 상황일 경우 우리 뼈는 한계치 밑으로 떨어져 너무 힘이 약해지지만 않으면 이러한 점진적 손실을 충분히 이겨낼 만큼 튼튼히 쌓여 있기 때문이다. 그보다는 젊은 시절에 최대 골질량을 충분히 쌓지 못하거나, 나이 드는 데 따른 골 손실이 너무 급격할 때 골다공증을 앓게 된다.[76] 뼈가 충분히 강하지 못하면 척추가 무너지고, 손목을 삐며, 대퇴골 골절이 일어난다. 골다공증을 피하는 한 방법은 인생 후반부의 골 손실을 견뎌낼 수 있도록 젊은 시절에 강한 뼈를 더 튼튼히 발달시키는 것이다. 이 병을 피하는 다른 방법도 있는데, 나이가 들수록 골 손실이 일어나는 비율을 늦추는 것이다. 나이와 관련된 손실은 남녀 모두에게서 일어나지만 여자의 경우 폐경 이후 골다공증이 더욱 악화한다. 폐경기에 접어들면 뼈 흡수resorb를 막아주는 에스트로겐 수치가 떨어지기 때문이다.[77] 다량의 칼슘과 비타민 D를 비롯한 훌륭한 영양소는 어린 시절에 강한 골격을 발달시키고 노년에 뼈 흡수를 막아주는 면에서 중요하며, 뼈가 신체 활동으로부터 얼마큼의 힘을 경험하는가도 훌륭한 영양만큼 필수적인 요소다. 특히 체중을 지지하는 방식으로 골격에 하중을 가하면 어린 시절에는 뼈를 성장시키는 세포에서 더 많은 뼈를 만들어내며, 나이가 들어가는 중에는 뼈 흡수로 인해 뼈가 없어지는 일을 막아준다.[78] 따라서 평생에 걸친 체중 지지 운동은 골다공증을 막아준다고 하겠다.

산업화 국가의 노령 인구 수백만 명이 골관절염을 앓고 있지만, 이는 여전히 수수께끼에 싸인 이해가 빈약한 질환이다. 골관절염은 관절의 연골이 닳아 없어지면서 생기는 병인 만큼, 환자와 의사 중에는 나이가 들수록 마모가 일어나 이 병에 걸린다고 생각하는 이가 많다. 하지만 이 관점은 옳지 않다. 달리기처럼 관절에 되풀이해서 강한 하중을 가하는 신체 활동을 한다고 골관절염에 걸리는 비율이 높지 않은 데다, 더러는 달리기가 골관절염을 예방하기도 한다.[79] 정말로 신체 활동이 문제라면, 더 정적으로 생활하게 된 오늘날에는 이 질병이 *많아지기*보다 오히려 *적어져야* 맞을 것이다. 그보다 오늘날 이 질병이 우리가 나이 들수록 더 흔해지는 것은, 관절안의 염증이 연골을 갉아먹기 때문이다. 이러한 염증은 더러 관절의 반월판이 찢어지거나 인대가 끊어지는 사고로 인해 발생하기도 한다. 하지만 대부분의 경우 이 질환에 영향을 미치는 염증은 비만과 함께 신체 활동의 부족에서 비롯될 가능성이 크다.[80]

어떤 운동을 얼마큼 하는 것이 최선일까?

힘을 발생시키고 견디는 것은 근육, 뼈, 관절의 제일차적인 기능이다. 그러므로 원칙적으로 이들 신체조직은 고도의 힘이 가해지면 거기에 대응해 자신을 원래대로 유지하고 보수할 줄 안다. 특정 운동과, 질병에 대한 근육·뼈·관절의 취약성 사이에는 어떤 단순한 용량-반응 관계가 존재하지 않는다. 하지만 이와 관련해 몇 가지 일반화는 가능하다.

종류를 막론하고 모든 신체 활동은 근육에 좋지만, 근육이 가장 강하게 반응하는 것은 체중 지지 운동을 통해 근육을 길이 변화 없이 힘껏 수축하거나(등척성 수축) 늘려주는(편심성 수축) 움직임을 취할 때다. 그러므로 근육위축증을 예방하려면 웨이트운동을 해야 한다.

뼈 역시 체중 지지 운동을 통해 뼈세포를 활성화하기에 충분한 규모와 비율의 힘을 가해줄 필요가 있다. 이런 힘은 달릴 때 우리 몸이 땅바닥을 세차게 구르는 것처럼 갑작스레 충격이 가해질 때도 생기지만, 일반적으로 가장 큰 힘을 만들어내는 것은 다름 아닌 근육들이다.[81] 따라서 강한 골격을 발달시키고 유지하는 데는, 수영이나 일립티컬 같은 저충격 활동보다는 점핑, 달리기, 역도처럼 뼈에 버거운 하중을 실어주는 활동이 훨씬 많은 도움이 된다.[82]

연골퇴행 역시 신체 활동을 통해 어느 정도 막을 수 있겠지만, 다종다양한 운동을 어떤 식으로 얼마큼 해야 골관절염 예방에 좋은지는 아직 잘 알려져 있지 않다. 아마도 이와 관련해 신체 활동이 주는 가장 큰 혜택은 사전에 비만을 예방하고 비만 정도를 줄이는 것일 텐데, 그러면 염증은 물론 비정상적으로 높은 혈압도 어느 정도 제어된다.[83] 이와 함께 걷기, 심지어 아마 달리기 등의 활동으로 규칙적 하중을 가해주는 것도 관절에 들어 있는 연골의 양과 질을 높여주는 방법이 되는 듯하다.[84] 마지막으로 운동, 그중에서도 특히 웨이트운동은 관절 주변에 자리한 근육들을 강화해, 관절이 변칙적인 하중을 받아(예를 들면 무릎이 비틀리는 식으로) 손상을 입을 가능성을 줄여준다.[85] 하지만 매사에는 얻는 게 있으면 잃는 것도 있는 법이다. 일반적으로 신체 활동은 골관절염 예방에 도움이 되지만, 개중 몇 가지(특히 활강스키처럼 비교적 최신에 나온 스포츠)는 관절에 심각한 부상을 입힐 확률이 더 높고, 골관절염에 걸릴 위험을 되레 높일 수 있다.

암

암은 내가 그 어떤 것보다 무서워하는 질병이다. 현재 전 세계의 사망 원인 중 2위를 차지하는 암은(네 명 중 한 명은 암으로 목숨을 잃는다), 세포 차원에서 벌어지는 일종의 러시안룰렛으로 우리 몸에 마구잡이로 공격을 가하는 것처럼 보이는데, 50세가 넘어가면 이런 공격이 그 어느 때보다 빈번해진다. 최근 일이십 년에 걸쳐 의학계는 다양한 암의 이해와 치료에 있어 대단한 성과를 이룩했지만, 지금도 암 진단이 곧 사망선고나 다름 없을 때가 너무 많다. 아마 얼마 지나지 않아 암을 치료할 굉장한 새로운 방법들이 선보이기는 하겠지만, 지금 당장은 암을 *예방하는* 데 더 신경 쓰는 것 외에는 별다른 도리가 없다. 그 예방에는 단순히 운동만이 아니라, 이 병이 방향을 지독히 잘못 잡은 진화의 한 형태라는 사실을 제대로 아는 것도 포함된다.

이론상 부적응은 무엇일까?

암은 단순히 하나의 질병을 말하는 게 아니다. 그보다 암은 묘하게 꼬여버린 부자연스러운 선택 속에서 몸 안의 세포들이 서로 경쟁하다 벌어지는 일을 통칭한다.[86] 여러분의 몸이 하나의 어마어마하게 큰 생태계이고, 그 안에 200개가 넘는 다양한 세포계^{cell line}에서 만들어진 거의 40조 개의 세포가 있다고 생각해보자. 정상적인 상태에서는 세포들이 임의로 돌연변이가 생겨나는 상황에서조차도(이런 돌연변이들은 거의 아무 해도 끼치지 않는다) 조화롭게 협동한다. 하지만 세포들은 어쩌다 한 번씩 세포들의 원활한 기능을 방해하는 돌연변이를 만들어내기도 하는데, 이들 돌연변이 중 극히 일부가 세포들 사이에 경쟁을 유발할 때가 있다. 이런 식의 돌연변이가 생겨날 때 세포들은 악성이 된다. 사태가 여기까지 오면, 이제 세포들은 걷잡을 수 없이 분열해, 몸 전체로 이동해서는, 칼로리를 게걸스레 먹어치운다. 이 암성^{癌性} 세포들을 면역체계가 충분히 빨리 해치우지 못할 경우, 이 세포들은 곳곳의 신체 기관을 장악해 원활한 기능을 막고 다른 세포들까지 아사시킨다. 가장 흔한 암은 생식기, 장, 피부, 폐, 골수에서 발생한다. 이들 조직의 세포들은 자주 분열하는데다 방사선과 독소, 그리고 세포분열이나 돌연변이의 가능성에 영향을 미치는 호르몬 등 외부 영향력에 노출되곤 하기 때문이다.

다세포 생명체가 존재하는 이상, 암도 이 세상에서 사라지지 않을 것이다. 거기에다 점점 더 많은 이가 더 오래 살면서 몸에 해로운 돌연변이가 쌓일 가능성을 떠안게 된 만큼, 앞으로도 암 비율이 높은 수치에 머무는 것은 피할 수 없을 것이다. 하지만 몇 가지 암은 일부나마 부적응일 가능성이 있다. 현대식 병원에서나 접하는 정교한 첨단 기술 없이는 암 진단이 쉽지 않긴 하지만, 수렵채집인 및 비산업사회 인구에서 암 비율이 더 낮다는 증거가 제한적으로 존재한다.[87] 이는 최근까지의 산업사회에 마찬가지로 적용되는 사실이기도 하다. 1842년, 이탈리아 베로나에 소재한 한 병원의 수석 의사 도메니코 리고니 스테른은 자기 병원에서 발생한 암 비율 추정치를 책으로 펴내며, 1760년에서 1839년 사이 일어난 총 15만 673건의 사망 가운데 암에서 비롯된 경우는 1퍼센트도 채 되지 않는다고 추정했다.[88] 의사들이 상당수 암을 진단하지 못했으리라는 점과 당시에는 사망 연령이 훨씬 낮았던 점을 고려하더라도, 이는 오늘날의 암 비율보다 최소 10배는 낮은 수치다.[89] 뿐만 아니라, 그 어디를 살펴보더라도 수많은 암의 비율은 계속해서 올라가는 추세다. 예를 들어 영국의 유방암 비율은 1921년에서 2004년 사이에 두 배로 늘었다.[90] 경각심을 일으키는 한 추정치에 따르면, 매년 전 세계에서 새로 진단되는 암 사례가 2040년에는 총 2,750만 건에 달할 것인데, 그렇게 된다면 2018년보다 암이 62퍼센트나 늘어나는 것이다.[91]

암은 이 세상에서 사라지지 않을 것이기에, 우리는 단순히 암에 맞서 싸울 방법만이 아니라 암을 예방하고 다스릴 더 좋은 방법을 찾아야만 하는 형편이다. 다행히도, 몇 종류의 암에 대해서는 신체 활동이 그런 방법에 속한다.

신체 활동은 어떻게 도움이 될까?

나도 잘 안다. 나 같은 사람들의 이야기는 깨진 레코드판처럼 똑같은 소리만 계속 내는 것처럼 들린다는 것을. 이런저런 사실을 계속 들어가며 신체 활동이 주는 건강상의 혜택을 추켜 세우다보면 메시지가 주는 임팩트는 오히려 떨어질 수도 있다. 그래도 암에 대해서만은 제발 그런 생각을 거두길 바란다. 운동이 암에 맞서 싸우는 잠재력은 저평가되어 있을 뿐 아니라 아직 충분한 탐구가 이루어지지도 못했으니 말이다.

일단은 관련 증거부터 들여다보도록 하자. 지금까지 신체 활동과 암 사이의 관계를 면밀히 검토한 연구는 꽤 많으며, 상당수가 고급 수준의 연구다. 그중 6건의 전향적 연구(역학 조사에서 조사 내용을 분류하는 방법의 하나로, 역학 조사를 개시한 시점 이후에 조사한 내용을 자료로 사용한다—옮긴이)의 자료를 취합한 한 분석은 65만 명 이상의 노년 인구를 최소 10년간 추적한 내용을 담고 있다.[92] 이 분석에 들어 있던 11만 6천 건 이상의 사망 기록 가운데 암으로 인한 사망은 25퍼센트였다. 연구진이 (성별, 나이, 흡연, 알코올, 교육 등의 항목을 통제하고) 다양한 신체 활동량과 암 비율 사이의 관계를 살피자, 명확한 용량-반응 관계를 확인할 수 있었다. 정적인 이들과 비교했을 때, 소량의 운동을 하는 이들은 암 비율이 13~20퍼센트 낮았고, 중량 이상의 운동을 하는 이들은 암 비율이 25~30퍼센트 낮았다. 140만 명 이상을 대상으로 한 연구를 비롯해 다른 분석에서도 비슷한 결과가 나왔음을 볼 수 있다.[93] 암 중에서도 운동에 가장 강한 영향을 받는 것은 유방암과 대장암으로 나타났다. 한 추정치에 따르면, 일주일에 3~4시간 중강도 운동을 하면 여성이 유방암에 걸릴 위험은 30~40퍼센트 줄어들 가능성이 크며, 대장암에 걸릴 위험은 남녀 모두 40~50퍼센트 줄어들 수 있다.[94]

신체 활동이 어떤 식으로, 어떤 이유로 암을 막아주는지에 대해서는 부분적인 이해밖에 이루어지지 않은 상태지만, 진화론의 관점에서 충분히 예상되다시피 그 기제들은 에너지와 연관이 있을 것으로 보인다. 여러분이 온전한 인간이든 아니면 몸 안의 세포 하나일 뿐이든, 생명체는 에너지로부터 연료를 얻는다. 자연선택이 인간 중에서도 최대한 많은 칼로리를 얻어 그것을 생식에 소비하는 이를 선호하는 것과 꼭 마찬가지로, 암을 몰아가는 선택 역시 최대한 많은 칼로리를 확보해 그것을 스스로를 더 많이 복제하는 데 쓸 줄 아는 악성 세포를 선호한다. 높은 수준의 신체 활동이 암성 세포에 들어갈 에너지를 딴 데로 돌리는 방식에는 최소한 네 가지가 있는 것으로 보인다.

생식 호르몬. 신체 활동에 에너지가 쓰인다는 것은 그만큼의 에너지가 생식에 쓰이지 않았다는 뜻으로, 이 맞교환을 조절하는 것이 에스트로겐 같은 생식 호르몬이다. 중강도 운동을 하는 여자도 생식에 충분한 수준 이상의 호르몬을 만들어내지만, 정적으로 지내는 여자들은 자연스레 더 많은 에너지를 생식에 들이며, 그 결과 에스트로겐 수치가 25퍼센트 더 높아진다.[95] 에스트로겐 같은 생식 호르몬은 유방조직 내에서 세포분열을 유도하기 때문에, 비활동은 유방암 위험을 높이는 한편, 운동은 그 정반대의 효과를 낸다. 이와 함께 에스트로겐 수치가 높아지고 나아가 유방암 사례가 늘어난 것은, 비만을 비롯해 임신이 줄어든 데도 그 원인이 있다.[96]

당糖. 일부 암세포는 당이라면 사족을 못 쓴다. 실제로도 많은 암세포가 당에서 직접 에너지를 얻는 경향이 있는데, 이런 암세포들은 산소가 없이도 당을 태울 수 있다. 따라서 대사증후군으로 인한 높은 혈당수치는 암 비율의 증가와도 연관성이 있다.[97] 운동은 암세포가 언제든 쓸 수 있는 에너지를 빼앗는다는 점에서 암을 예방하고 막아준다고 할 수 있다. 여기서 더 나아가, 고강도 운동은 무산소 당대사를 억제하기 때문에 극도로 격렬한 운동은 특정 종류의 암을 예방하고 그것과 싸우는 데 특히 효과적일 수 있다.[98]

염증. 염증은 만성적인 플러스 에너지 수지 및 비만과 늘 붙어 다니는 것으로서, 수많은 암에 위험 요소로 작용한다. 앞에서도 이미 살펴봤지만, 염증은 다양한 종류의 세포 손상을 일으키는데, 그중 몇몇은 암으로 이어지기도 하는 돌연변이와도 연관이 있다.[99] 신체 활동은 직간접적으로 염증을 막거나 혹은 염증 수치를 낮추기 때문에, 간접적으로 암을 막아주는 효과가 있다.

항산화물질 및 면역기능. 신체 활동은 몸을 자극해 보수 및 유지 체계에 에너지를 써서 이 체계가 애초에 운동이 입혔던 손상을 말끔히 회복시키도록 한다. 이런 식의 투자 중 하나가 바로 항산화물질 생산이다. 이 정화淨化 분자들은 고반응성 원자를 억제하는 역할을 하는데, 고반응성 원자는 장차 암성癌性 돌연변이를 포함한 갖가지 손상을 일으키는 주범이다.[100] 이와 함께 극단적이지 않은 수준의 운동은 면역체계의 힘을 끌어올리며, 이는 암과 맞서 싸우는 데 중대한 역할을 담당한다. 이와 관련해 특히 희망적인 발견은 고강도 운동이 자연살해세포의 효과를 증진해준다는 것이다. 면역체계가 암성 세포를 인지하고 파괴할 때 활용하는 주무기가 다름 아닌 자연살해세포다.[101]

어떤 운동을 얼마큼 하는 것이 최선일까?

이 질문은 연구가 아직 미진한 부분으로, 암이 지극히 다양한 데다 개인 간 편차도 존재하는 만큼 답하기 어려운 문제이기도 하다. 중~고강도의 유산소 및 저항운동은 모두 특정 종류의 암, 특히 대장암과 유방암의 위험을 낮춘다는 사실이 입증되었으며, 보다 많은 양의 운동은 일반적으로 해당 암이 더 낮은 비율로 발생하는 것과 연관성이 있는 것으로 나타났다. 운동은 환자들이 무사히 암 치료

를 받도록 도와주는 역할을 하기도 한다.[102]

알츠하이머병

할머니의 단기기억이 처음 잘 돌아가지 않았을 때, 우리 가족은 할
머니가 병든 할아버지를 돌보느라 스트레스를 받아 그러신 것이려
니 했다. 하지만 할아버지께서 돌아가신 뒤에도 할머니의 정신은
서서히 줄기차게 계속 흐려지며 하나하나 기억을 잃어갔다. 처음에
는 자신이 어디에 물건을 두었는지, 방금 누구와 통화했는지, 점심
으로 뭘 먹었는지 따위를 까맣게 잊으셨다. 그러다 차차 알츠하이
머가 진행되면서 할머니는 가족과 친구들을 못 알아보는 것은 물론
기본적인 단어와 자기 삶의 핵심 사건들도 영 기억하지 못하셨다.
끝내 할머니는 현재와 과거가 무엇인지까지도 잊어버리셨다. 알츠
하이머가 할머니의 정신을 훔쳐가고 몸만 덩그러니 남겨놓은 것만
같았다.

이론상 부적응은 무엇일까?
알츠하이머는 우리가 충분히 이해하지 못한 복잡한 질환으로, 부분
적으로 진화상 부적응인 것은 틀림없다. 현재 비산업사회 인구의
치매 연구는 제한적인 실정이지만, 기대수명의 차이를 반영한 보수
적 연구들에서도 알츠하이머는 비산업사회보다 산업사회 인구에서
20배 더 흔한 것으로 나타난다.[103] 거기에다 이 병은 갈수록 더 흔해
지는 추세다. 21세기 전반부가 가기 전에 이 병이 네 배는 더 흔해
질 것이라는 예측까지 나와 있다.[104] 더욱이 이 병은 유전자만으로

는 설명되지두 않는다.

알츠하이머의 증상과 그 진행 경과가 어떤지는 이제 잘 알려져 있지만, 그 원인은 아직 명확히 밝혀지지 않았다. 가장 흔한 이론으로는 뇌 표면 근방의 신경세포(뉴런)를 신경반과 신경섬유다발이 억누르는 바람에, 마치 머리카락 때문에 하수구가 막히듯 세포들이 영양분을 공급받지 못하면서 알츠하이머가 발병한다는 가설이 있다.[105] 하지만 이들 신경반과 신경섬유다발을 치료한다고 해서 이 병이 호전되거나 예방되지는 않는 것으로 보이며, 신경반과 신경섬유다발을 갖고 있는데도 알츠하이머가 발병하지 않는 노년 인구도 많다.[106] 점점 쌓여가는 새로운 증거들에 따르면, 알츠하이머는 일종의 염증성 자가면역 질환으로, 성상세포라고 하는 세포가 뇌 안의 세포들에 영향을 미치면서 시작되는 것일 수 있다. 성상세포는 그 수가 수십억 개로, 정상적인 상황에서는 뉴런과 그 연결망을 보호하는 역할을 한다. 필요할 경우 이들 성상세포는 뇌를 감염에서 방어하기 위해 독소 비슷한 화학물질을 생산하기도 한다. 이 이론에 따르면, 알츠하이머는 감염이 없는데도 성상세포들이 이 독소를 만들 때, 그래서 그것이 뇌 안의 다른 세포들을 공격할 때 발병한다.[107]

이 가설에 대한 진화적 설명이자 잠정적 근거 하나는 아마존강의 야생채취인-농부, 즉 치마네족(이들 인구군은 관상동맥 질환에 걸린다는 증거가 없다는 사실도 기억해두자)을 다룬 연구들에서 찾아볼 수 있다. 서양인은 일명 ApoE4(혈류 안에서 지방을 수송하는 단백질)라는 2개의 유전자 복제본을 지니고 있을 경우 노년에 알츠하이머에 걸릴 확률이 3~15배 *더 높지만*, 똑같은 ApoE4를 가진 치마네족 노인은 설령 수많은 감염병에 걸리더라도 인지능력이 떨어지는 확률이 *더 낮은* 것으로 나타난다.[108] 따라서 알츠하이머는 일명 위생 가설hygiene hypothesis이라고도 하는 진화 현상의 한 사례일 수도 있다. 여기에 담긴 생각에 따르면, ApoE4는 뇌 안의 세포들을 통해 표현되기도 하는 것으로, 먼 옛날 도처에 감염병이 널려 있던 시절 우리의 뇌를 보호하기 위한 목적으로 진화했을 것으로 여겨진다. 그런데 오늘날 우리는 세균과 벌레가 그다지 득실대지 않는 유달리 청결한 환경에서 살다 보니, 과거에는 우리 몸을 보호하던 면역 기제가 도리어 우리 몸에 해를 끼치도록 작동할 가능성을 마주하게 되었다는 것이다. (이 위생가설은 오늘날 각종 알레르기 및 수많은 여타 자가면역 질환 비율이 늘고 있는 이유도 설명해준다.[109])

신체 활동은 어떻게 도움이 될까?

알츠하이머에 걸리는 원인이 무엇이건, 여러분도 알츠하이머 때문에 걱정이 든다면 그때는 운동을 하면 된다. 알츠하이머를 치료할 만한 효과적인 약은 아직 개발되지 못했지만, 머리 쓰는 게임들을 통해 정신을 예리하게 유지하면 치매에 걸리지 않을 가능성이 있다는 미확정의 증거가 나와 있다.[110] 지금까지 알츠하이머에는 운동이 단연 가장 효과적인 예방 및 치료 방법인 것으로 알려져 있다. 나아가 운동은 그 효과도 무척 뛰어나다. 16만 명 이상을 대상으로 한 연구를 비롯해 총 16건의 전향 연구 분석에 따르면, 중강도 신체 활동은 알츠하이머의 위험을 45퍼센트까지 줄이는 것으로 밝혀졌다.[111] 더욱 고강도 신체 활동은 알츠하이머 발병 위험의 감소와도 연관성을 가질 수 있다.[112] 이와 함께 신체 활동은 알츠하이머 환자들의 인지 및 신체 기능 저하를 늦추기도 한다.[113]

신체 활동이 알츠하이머를 어떤 식으로 예방하고 치료하는지에 대해서는 이해가 빈약하지만, 이와 관련해 몇 가지 기제가 진화했다는 증거는 확실히 존재한다. 그중에서도 가장 근거가 충분한 것으로는, 신체 활동이 (특히 더 오랜 시간의 더욱 고강도 활동일수록) 뇌로 하여금 BDNF^brain-derived neurotrophic factor(뇌유래신경영양인자)라는 막강한 힘을 가진 분자를 더 많이 만들어내도록 한다는 것이다. BDNF는 애초에 포유동물이 신체 활동 중 에너지를 얻도록 도와주기 위해 진화했다가, 어느 시점에 이르러서는 뇌에서 추가적인 역할을 담당하게 됐다.[114] BDNF는 뇌를 위한 일종의 성장영양제 같은 것으로, 다른 곳보다 특히 기억과 관련된 부위에 새로운 뇌세포가 생겨나게 유도한다. 하지만 우리 인간은 절대 줄곧 정적으로 지내도록 진화하지 않았기 때문에, 신체 활동 말고는 이 BDNF를 다량으로 만들어낼 기제가 따로 진화한 적이 결코 없다. BDNF는 기억 및 인지 능력을 향상하고 뉴런의 건강을 유지해준다는 면에서 알츠하이머를 예방하는 데도 도움을 줄 것처럼 보이나, 현대의 전형적인 부적응 사례인 운동 부재로 인해 우리는 BDNF를 다량으로 만들 기회를 잃은 셈이다.[115] 2천 명 이상을 몇 십 년 동안 추적 조사한 전향 연구에서는 BDNF 수치가 가장 높은 여자들은 알츠하이머 발병 위험이 BDNF 수치가 가장 낮은 이들의 절반에 그치는 것으로 나타났다.[116] BDNF는 성상세포가 뇌세포 및 세포 연결을 잘 관리하도록 돕기 때문에, 운동으로 인해 BDNF 수치가 상승하면 알츠하이머의 발병 원인으로 가정되는 성상세포로 인한 손상을 예방하는 효과가 있을 것으로 보인다.[117] 이와 함께 신체 활동은 뇌 쪽으로 가는 혈류를 늘리고, 염증을 억제하며, 산화 스트레스^oxidative stress의 손상 정도를 낮추는 식으로도 알츠하이머의 발병 위험을 줄일 수 있다.[118] 설치류는 러닝머신을 달리면 뇌 안에 신경반과 신경섬유다발이 덜 생겨 알츠하이머와 연관된 염증 수치가 더 낮아지는 것으로

나타났다.[119]

어떤 운동을 얼마큼 하는 것이 최선일까?

신체 활동이야말로 알츠하이머 발병 위험을 낮출 유일한 최선책임을 입증하는 증거들은 숱하게 나와 있다. 그러나 어떤 종류의 신체 활동을 얼마나 해야 가장 효과적인지에 대해서는 아직 이해가 빈약한 실정이다. 19건의 연구를 토대로 행해진 한 분석에 따르면 유산소운동이 가장 혜택을 주는 것으로 나타났으나, 웨이트운동을 비롯해 균형감과 신체 협응 능력을 길러주는 운동을 혼합하는 것이 좋다는 검토 결과도 있다.[120] 여기에 더해, 운동 강도 및 발병 위험 사이에 용량-반응 관계가 성립할 수 있음을 시사하는 증거도 제한적이나마 존재한다.[121]

우울증과 불안증

운동은 절대 만병통치약이 아니어서 모든 병을(마음이 고통을 당하는 병은 특히) 다 낫게 하지는 못하지만, 신체 건강과 정신 건강 사이에 모종의 관련이 있다는 사실은 운동 혐오자조차도 인정하는 사실이다. 이는 전후 문맥이 빠진 채 인용되는 로마시인 유베날리스의 이 한마디로 흔히 압축적으로 표현된다. "건강한 신체에 건강한 정신이 깃든다Mens sana in corpore sano."[122] 하지만 정신 건강 문제를 해결하는 데 운동을 활용하는 일은 아직 흔치 않다. 2018년의 한 연구에 따르면, 우울증이나 불안증을 앓는 환자에게 운동을 처방한 의사는 전체의 20퍼센트에 불과했다.[123] 의사들의 이런 태도에는 최근 심리

치료법 및 약품에 사상 유례없는 획기적 발전이 일어나 헤아릴 수 없이 많은 이들에게 도움을 주었다는 사실도 일정 부분 반영되어 있다. 그렇다 해도 우리에게는 신체 건강과 정신 건강 사이의 관계를 더욱 면밀히 살피고 십분 활용할 의무가 있지 않을까? 이 주제는 매우 방대한 만큼 이 책에서는 흔히 나타나는 두 가지 장애에만 간략히 초점을 맞춰보도록 하자. 바로 우울증과 불안증이다.

이론상 부적응은 무엇일까?

우리 중 앞으로 암이나 심장질환에 걸릴 사람은 몇몇에 그치겠지만, 이따금 난관에 빠져 근심에 차거나 기가 죽는 일은 누구나 겪을 것이다. 기분이 매일 오르락내리락하는 것은 살다 보면 으레 있는 일이지만, 그것을 우울증 및 불안장애와 혼동하는 일은 없어야 할 것이다. 우울증과 불안장애는 일상적인 감정 기복과 매우 다르며, 어떤 때는 다섯 명 중 한 명이 걸리기도 하는 심각한 임상 증후군이다. 우울증은 중증 우울장애를 포함해 갖가지 형태를 띤다. 극도의 슬픔이 2주 이상 지속되고, 과거에 열심히 하던 활동에서 더는 즐거움을 느끼지 못하고, 기력이 떨어지며, 식욕 및 수면에 변화가 오고, 집중을 못 하며, 자존감이 낮아지고, 전반적으로 목적을 상실하는 상태로 정의된다. 슬픔과 달리 우울은 한동안 지속되는 경향이 있으며, 낮은 자존감과 죄의식을 갖는다는 특징이 있다. 이와 함께 불안장애에도 여러 형태가 있다. 일부 불안장애는 특정한 무언가(대중 앞에서 말하기나 폭력행위 따위)를 몹시 무서워하는 형태로 나타나기도 하나, 일반적으로 나타나는 불안장애는 눈앞의 현실이 아닌 장차 일어날 가능성이 있는 불특정한 위협에 만성적으로 강박적인 근심을 갖는 것을 말한다. 우울증 및 불안장애는 장애와 사망을 일으키는 심각한 원인이기도 하다.

우울증과 불안장애의 이해에 있어 그간 우리는 엄청난 진전을 이루었지만, 랜돌프 네세를 비롯한 여러 인물이 규명해냈듯 진화의 관점을 통해 이들 질병을 엇나간 적응으로 본다면 우리 인간이 이들 질병에 왜 그렇게 취약해졌으며, 또 이들 질병이 왜 그렇게 다양해졌는지를 더 잘 설명할 수 있다.[124] 우리가 겁을 먹는 것은 확실히 적응의 산물인데, 가령 독사를 만나거나 낯선 자에게 공격당할 때는 두려움이 일어야만 그런 위협을 무사히 피할 수 있기 때문이다. 하지만 불안장애에서는 이런 정상적인 근심들이 비합리적이고 통제 불능의 양상을 띤다. 마찬가지 맥락에서, 낙심이나 의기소침도 때로는 적응의 산물이다. 어느 정도 주눅도 들 줄 알아야 우리를 죽일지도 모를 누군가와 한판 붙거나, 마음에 든다고 나를 퇴짜 놓을 사람에게 대놓고 구애하는 등 성공 확률이 낮은 일에 함부로 덤비는 경우가 없어지기 때문이다. 하지만 우울장애가 있는 경우에는, 이런 저조한 기분이 바깥 세계가 아니라 시종일관 자기 자신을 향한다. 다만 이런 종류의 적응 기제들이 어떻게 그리고 왜 병리적 성격을 띠는지에 대해서는 아직 이해가 빈약한 실정이다. 모든 질병이 그렇듯, 우울증과 불안증도 유전자와 여러 복잡한 환경 인자 사이의 상호작용으로 인해 발병한다. 그렇지만 진화적 관점을 취하면 무엇보다 환경의 막중한 역할을 다음과 같이 더욱 면밀히 따져보게 된다. 이들 질병 역시 부적응 질환이 아닐까? 우리가 이들 질병에 취약해진 것은 현재 우리가 마주한 환경 인자, 즉 우리가 신체 활동을 덜 요구하는 환경에 처했기 때문은 아닐까?(우리는 이런 환경을 다루도록 진화한 적이 단 한 번도 없다.)

이 가설을 평가하는 첫 단계는 우울증과 불안장애가 현대의 서구화된 사회에서 더 흔해졌는지 한번 따져보는 것이다. 먼 옛날의 글들만 봐도 명백히 드러나듯, 사실 우울증과 불안증은 오늘날 새롭게 생겨난 병은 아니다. 예언자 엘리야도 이렇게 절망에 빠진 적이 있지 않았던가. "자기 자신은 광야로 들어가 하룻길쯤 가서 한 로뎀나무 아래에 앉아서 자기가 죽기를 원하여 이르되 '여호와여 넉넉하오니 지금 내 생명을 거두시옵소서. 나는 내 조상들보다 낫지 못하니이다.'"(〈열왕기상〉, 19장 4절) 하지만 지금으로서는, 특히 비서양권 국가에서는, 신뢰성 있는 장기長期 자료들을 찾아볼 수 없는 데다, 다양한 문화의 진단을 비교한다는 것은 각 문화가 서로 다른 언어, 맥락, 인식, 믿음을 가진 만큼 무척 복잡한 문제다. 이런 몇 가지 애로사항을 충분히 유념하고 살펴보면, 근대화가 진행 중인 여러 사회에서 우울증 및 불안장애 비율이 높아지는 추세가 나타날 수 있음을 모든 연구까지는 아니라도 일부 연구에서 찾아볼 수 있다.[125] 이와 함께 최근 들어서는 미국을 비롯한 여타 선진국에서 우울증 및 불안장애 비율이 꾸준히 상승해왔다는 사실이 드러난다. 이 전염병이 특히나 경각심을 불러일으키는 것은 젊은이들 사이에서다. 심리학자 진 트웬지가 거의 8만 명에 달하는 미국의 대학생 및 고등학생의 70년치 설문조사 자료를 분석한 결과에 따르면, 2007년의 청년은 1938년의 청년에 비해 우울증을 비롯한 주요 정신 건강 장애를 앓을 확률이 6~8배 높다.[126] 2009년에서 2017년 사이에는 12~13세 청소년 사이의 우울증 비율이 47퍼센트 증가했고, 14~17세 사이에서는 60퍼센트 이상 증가했다.[127]

물론 이들 병증의 인지 및 분류 방식이 변화한 만큼 세간에 정신 건강 장애 관련 추세라고 알려진 것에 얼마간 회의를 품는 것도 충분히 온당하다. 하지만 이들 장애가 점점 더 흔해지는 데다, 급격하게 변화하는 사회 및 물리적 환경들에 강한 영향을 받는다는 사실은 아무도 부인하지 못한다. 우리 증조부모 세대만 해도, 소셜미디어와 일주일/24시간 내내 뉴스가 전해지는 환경은 물론, 비만이나 신체 활동 부족 같은 문제를 접한 적이 없었다. 물론 이런 변화들이 전부 우울증, 불안증 혹은 기타 정신 건강 문제를 일으키지는 않겠지만, 사람들이 이들 병증에 더 취약해지는 이유가 우리가 변화시킬 수 있는 우리 환경 속 인자에 있지는 않은지, 따라서 우리에게 이런 병을 예방하고 고치도록 도울 방법이 있지 않은지를 오늘날의 많은 이들이 함께 생각해봐야 할 것이다. 당연한 얘기지만, 그런 환경 인자들에는 아마 신체 활동 부족도 연관이 있으리라는 강력한 증거가 존재한다.

신체 활동은 어떻게 도움이 될까?

누구든 신체 건강과 정신 건강 사이의 관계를 의심하는 사람이 있다면, 100만 명 이상의 미국인을 대상으로 한 분석 하나를 눈여겨보는 게 좋을 것이다. 이에 따르면 성별, 나이, 교육, 소득을 동등하게 놓았을 때 규칙적으로 운동하는 이들이 정적으로 지내는 이들보다 정신 건강 문제를 12~23퍼센트 덜 겪는 것으로 보고되니 말이다.[128] 더욱 집중적인 수십 건의 고급 분석에서도(상당수가 전향적 무작위 대조군 연구였다) 운동이 우울장애의 예방과 치료는 물론, 정도는 덜하지만 범불안장애에도 도움을 준다는 사실이 확인되었다.[129] 분명 운동이 마법의 알약은 아니지만, 그렇기는 가장 흔히 활용되는 치료법인 갖가지 약물과 심리치료도 마찬가지다. 실제로 수많은 실험을 다룬 대규모 분석에 따르면, 운동은 약물 및 심리치료보다 더 낫지는 못해도 최소한 그 둘만큼의 효과를 내는 것으로 밝혀졌다.[130]

신체 활동에는 그 위에 여러 혜택도 있는 만큼, 왜 더욱 많은 정신 건강 임상의와 환자가 운동을 자신들의 의료품 목록에 추가하지 않는지 이해하기 어려울 뿐이다.

운동이 우울증과 불안증을 어떻게 완화하는지는 그리 명확하지 않으며, 이와 함께 우리는 신체 활동의 혜택 몇 가지는 과도하게 정적인 생활에 우리의 생리가 잘 적응하지 못한 탓에 생긴다는 점도 유념해야 할 것이다. 이와 같은 측면에서 봤을 때 운동이 약이 될 수 있다고 하는 건 오로지 지속적인 신체 활동 부족이 정신 건강 장애에 취약해질 가능성을 높인다는 점 때문이다. 인과 기제를 따지기는 어렵지만, 이 부분에서 몇 가지 가능한 기제는 확실히 존재하며, 그중 몇몇은 이미 우리도 익히 알고 있다.

첫째, 신체 활동은 뇌에 수많은 직접적 영향을 미친다. 그중 하나는 신체 활동을 하면 기분전환 화학물질이 뇌에 가득 차 흐른다는 것이다. 앞에서 한 이야기를 짚고 넘어가자면, 운동을 하면 뇌 안에서 특히 도파민, 세로토닌, 노르에피네프린 같은 분자의 활동이 더욱 활발해진다.[131] 이 신경전달물질들은 보상, 행복, 각성, 기억력 향상의 느낌을 끌어낸다. SSRI처럼 한때 우울증 및 불안증 치료에 쓰인 약품들도 대부분은 이런 신경전달물질 수치를 조절하는 역할을 한다. 이와 함께 운동은 글루타민산염과 GABA 등 우울증과 불안증을 안고 있는 이들은 고갈되고 없을 때가 많은 다른 신경전달물질 수치도 높여준다.[132] 운동을 계기로 작동을 시작하는 다른 기분 향상 분자로는 엔도르핀과 엔도카나비노이드처럼 고통을 억제하고 긍정적인 기분을 들게 하는 체내 생성 오피오이드도 포함된다.[133] 마지막으로 마치 이것만으로는 충분치 않다는 듯, 신체 활동은 BDNF 및 뇌 기능 유지를 돕는 다른 성장인자의 수치를 높인다는 사실도 기억하자. 요컨대 규칙적인 신체 활동은 뇌의 화학작용을 바꾸고, 전기적 활성을 향상하고, 뇌 구조를 개선한다. 신체 활동이 더 활발한 사람의 뇌의 대표적 차이는 무엇보다 이들은 뇌 안의 기억 영역이 확장돼 있고, 세포 수가 더 많으며, 혈액 공급도 증대된다는 것이다.[134] 진화적으로 정상인 이런 특징은 우리가 질병에 취약해질 확률을 줄여줄 수 있다.

운동에서 얻을 수 있는 정신 건강상 혜택은 그 외에도 많고 다양하다. 앞에서도 함께 살펴봤듯, 규칙적인 신체 활동은 스트레스가 많은 상황에 대한 전반적인 반응도를 낮춰, 뇌에 유해한 영향을 끼치는 만성 코르티솔 수치를 억제한다.[135] 이와 함께 규칙적인 신체 활동은 수면의 질을 높이며, 바깥으로 나가 사람들의 모임에 끼게 하고, 강박적이고 부정적인 생각에서 벗어나게 하며, 무언가 긍정적인 일을 할 수 있도록 한다. 운동은 자신감은 물론 우리가 설정한 목표를 우리 힘으로 이룰 수 있다는 믿음까지(이를 자기효능감이라고 한다) 함께 키워준다. 이런 효과들은 하나같이 건강을 지키는 데도 도움을 준다.

어떤 운동을 얼마큼 하는 것이 최선일까?

운동이 어떤 기제를 갖고 뇌의 기능을 끌어올리건 건에(이런 기제는 많고 다양하다), 지구가 평평하다고 믿는 사람이 아니고서야 운동이 정신 건강 질환의 예방과 치료에 정녕 아무 도움도 안 된다고 치부할 사람은 없을 것이다. 물론 운동은 뇌와 정신에 영향을 주는 수많은 인자 중 하나에 불과하며, 만병을 치료하는 기적의 약도 아니다. 또한 운동이 효과적인 다른 치료를 대체할 수 없지만, 현재로서는 세계 대부분 지역이 심리치료나 의약을 이용하기 어려운 형편이며, 항우울 치료를 받는 환자 가운데 증세가 호전되는 이는 단 50퍼센트에 불과하다.[136] 이러한 암울한 통계들을 고려하더라도, 규칙적으로 몸을 움직이지 않는 것은 일종의 부적응으로서 때로 사람들을 치매, 우울증, 불안증을 비롯한 수많은 마음의 병에 더욱 쉽게 걸리게 한다는 사실을 더욱 폭넓게 인지할 필요가 있다. 비슷한 이유에서, 운동은 ADHD부터 파킨슨병에 이르기까지 여타 신경 및 인지 장애에도 도움이 된다. 이와 함께 운동은 상당 수준은 아니라도 어느 정도는 기억력, 주의 집중 기간, 수학 및 읽기 능력을 비롯한 다양한 인지적 측면을 향상해주는 효과가 있는 것으로 입증되었다.[137]

하지만 어떤 종류의 운동을 얼마큼 해야 뇌에 좋은지는 아직 명확하지 않다. 여러분이 예방의 한 형태로서 뇌의 BDNF 수치를 최대로 늘리고 싶다면, 특히 고강도 운동의 경우 웨이트보다 유산소 운동이 더 효과적인 것처럼 보인다.[138] 우울증을 비롯한 다른 기분 장애 치료에 대해서는 연구별로 다양한 결과가 도출되어, 운동의 양 및 종류와 관련해 확고한 결론에 이르려는 노력에 애를 먹이고 있다. 운동량을 얼마큼씩 구체적으로 처방받기보다 스스로 양을 정하는 게 더 효과적이라는 연구 결과가 있는가 하면, 더 많은 양의 중강도 운동보다 고강도 운동이 좋다는 내용의 연구도 있으며, 기분, 행복감, 우울감에 미치는 영향이 저·중·고강도 운동 사이에 아무 차이가 없다는 연구도 있다.[139] 지금까지는 대부분 연구가 유산소운동에 초점을 맞춰왔지만, 웨이트와 유산소를 비교한 극소수 연구에서는 이 둘의 효과가 동일하다고 나타났다.[140] 우리가 더 훌륭한 지침을 얻으려면 앞으로 더욱 많은 연구가 이루어져야겠지만, 이것 하나만큼은 확실하다. 정신을 위해서라도 우리는 몸을 움직여야 한다는 것이다.

에필로그

운동에 늦은 때란 없다

◇ ◇ ◇

2019년, 나는 제자들과 동료들을 데리고 그 구불구불하고 미끄덩거리는 길을 차를 몰고 달려 이 책 서두에 등장했던 케냐 서부의 펨야 공동체를 또 한 번 찾았다(이번엔 러닝머신은 두고 갔다). 그곳은 처음 발을 들이고 나서 10년이 지나도록 대체로 딱히 변한 게 없었다. 여자들이 어마어마하게 크게 꾸린 땔나무 짐과 큼지막한 노란색 플라스틱 물동이를 머리에 지고 나르는 광경을 이번에도 매일같이 볼 수 있었다. 바위투성이 비탈의 밭뙈기를 지날 때면 남자 여자 할 것 없이 모두 등을 구부린 채 그 어떤 기계의 도움도 받지 않고 맨손으로 괭이질을 하며 옥수수와 기장을 거두는 광경을 볼 수 있었다. 사방에서는 아이들이 걷고 뛰어다니며, 학교에 갔다 돌아오고, 소와 염소를 돌보고, 그밖에 다른 집안일을 했다. 아이들이 쉬는 시간을 틈타 비닐봉지를 똘똘 말아 만든 공으로 흙먼지 땅에서 축구를 하는 것 말고는, 운동과 조금이라도 닮은 무언가를 하는 이는 전혀 볼 수 없었다.

하지만 주변을 돌아보고 사정을 물어보면, 펨야의 물정도 변화하기 시작하는 중임을 알 수 있다. 이제 송전선이 깔려서 공동체 몇 군데에는 전기가 들어온다. 비포장도로도 약간이나마 다니기 좋아졌다. 고등학교에 다니는 학생도 예전보다 더 많아졌다. 대다수 학생은 이제 전처럼 맨발로 다니지 않고 플라스틱 샌들을 신는다. 손가락으로 꼽을 정도지만 휴대전화를 가진 이들도 있다. 그렇다고 산업혁명의 물결이 펨야에까지 닿았다고 말하기엔 이르지만(그건 절대 아니다), 케냐의 변화가 계속되면서 인근 도시 엘도레트에서부터 도로를 타고 산업혁명이 야금야금 밀고 들어오는 것은 사실이다. 어느 시점에 다다르면 아마 현대화로 말미암아 펨야에도 수도 시설, 차량, 트랙터를 비롯해 노동을 덜어주는 각종 장치가 등장할 것이다. 그렇게 되면 펨야 사람들도 불필요함은 물론 해도 그만 안 해도 그만인 신체 활동을, 다시 말해 운동을 건강을 위해 선택할 수밖에 없는 상황이 올 것이다. 그때는 그들도 러닝머신을 탈지 또 누가 알겠는가. 하지만 그런다 해도 개중에 운동을 그렇게 많이 할 이는 별로 없을 것이다.

이렇듯 운동을 피하는 것은 충분히 합당한 일이다. 이 책의 맨 처음에서부터 죽 함께 살펴봤듯, 진화의 관점에서 운동은 근본적으로 이상하고 특이한 활동이기 때문이다. 13장까지 다 읽고 난 지금 여러분 역시 같은 생각이길 바란다. 아무리 운동이 이렇다 저렇다 해도, 그것이 무척 많은 혜택을 갖고 있음에도, 운동을 하려면 우리는 뿌리 깊은 자연적 본능부터 힘껏 억눌러야만 한다. 그러니 우리는 사람들이 굳이 운동에 힘을 쏟지 않으려 한다고 창피를 주거나 책망하기보다는, 스스로 운동할 수 있도록 서로를 도울 필요가 있다. 하지만 지난 일이십 년만 봐도 알 수 있듯, 운동을 의료화하고 상품화하는 것만으로는 성공을 거둘 수 없다. 그보다는 운동도 교육을 다루듯 해야 한다. 다른 이들과 함께 어울려 하는 재밌고 정서적 보상이 되는 무언가, 그래서 기꺼이 온 힘을 쏟을 무언가로 만들어야 한다.

서로에게 운동을 독려하고, 더 쉽게 할 새로운 전략을 찾는 것을 공통의 우선순위로 삼되, 단순히 개별적으로 서로를 돕는 데 그치지 않고 우리가 속한 공동체를 도울 수 있어야 한다. 신체 활동이 집단에게 주는 광범위한 혜택은 그것이 없어진 상황을 실제로 겪어보지 않고는 절감하기 힘든 게 사실이다. 아닌 게 아니라, 이 책을 마지막으로 손보고 있는 지금, 코비드-19 전염병이 전 세계를 휩쓸면서 수많은 이를 몸져눕게 하고 목숨까지 앗고 있다. 신체 활동이 이 특정 전염병으로부터 사람들을 보호해주는지, 또 얼마나 그러한지 지금 당장은 자료가 부족하다. 하지만 일반적으로 운동은 건강에 좋은 만큼 나도 그렇고 내 주변의 수많은 이들도 코비드-19를 계기로 정신과 몸 모두의 건강을 위해 운동을 꼭 해야겠다는 포부를 이참에 다지게 됐다. 이번 전염병을 통해 특히 명백히 드러났듯이, 활동적으로 지내려는 그 모든 노력은 유익한 집단적 효과를 가져온다. 건강에 관한 한 우리 누구도 절대 섬이 아니기 때문이다. 우리의 행복은 서로 연결돼 있다.

여기서 마지막 논점으로 넘어가보도록 하자. 이 책을 위해 연구하고 글을 쓰며 든 확신은, 삶을 어떻게 살아야 하는가와 관련된 철학도 쓸모 있지만 우리 몸을 어떻게 써야 하는가와 관련된 철학도 그 못지않게 유용하다는 점이었다. 멋진 삶을 누릴 기회는 누구에게나 단 한 번뿐이며, 삶을 잘못 살았다는 후회에 가득 차 죽음을 맞고픈 이는 하나도 없을 것이다. 삶을 잘못 살았다는 것에는 몸을 잘못 썼다는 것도 포함된다. 몸으로 힘을 쓸 때의 불편을 피하려는 먼 옛날의 그 뿌리 깊은 본능을 그냥 따르다 보면, 우리는 더 빨리 노화해 더 젊은 나이에 세상을 떠날 확률을 높이는 것은 물론, 수많은 질병과 만성적이고 장애를 일으키는 질환에도 더 취약해지게 된다. 이와 함께 몸과 정신 모두가 튼튼할 때 얻어지는 그 패기 넘치는 삶을 살아볼 기회도 영영 놓치게 된다. 물론 운동이 무슨 마법의 약이라도 돼서 운동만 하면 몸이 건강하고 장수하게 되는 것은 아니며, 굳이 운동을 하지 않아도 꽤 오랫동안 건강한 삶을 살기도 한다. 하지만 우리가 걸어온 진화의 역사가 있는 이상, 평생의 신체 활동은 우리가 70년 이상 건강히 살다가 죽을 확률을 극적으로 높여준다.

그래서 춥고 찌뿌드드한 아침, 운동해야 한다는 압박에 달리기를 하러 이를 악물고 현관문을 나설 때, 나는 내 뇌에게 이렇게 일깨우곤 한다. 내 뇌는 나머지 몸의 역할이 자기를 여기저기로 실어다주는 것이라고 여기는데, 뇌가 진화한 진정한 목적은 내 몸이 언제 어떻게 움직여야 할지를 조언해주는 데 있다고 말이다. 다행스럽게도, 다음의 몇 마디 안에 그 조언의 핵심 고갱이를 간단히 다 녹여낼 수 있다. 운동을 필요하고 재밌는 것으로 만들어라. 주로 유산소운동을 하되, 약간의 웨이트운동도 병행하라. 운동을 조금이라도 하는 건 전혀 안 하는 것보다 낫다. 나이 들어서도 운동을 계속하라.

감사의 말

◇　◇　◇

감사드릴 분들이 너무 많아서 모두 기억하지 못할까 걱정스럽다. 이 책을 읽고 의견과 비판, 그리고 여러 형태로 피드백을 보내준 가족, 친구, 동료, 학생들에게 깊이 감사드린다. 그중에서도 이 책을 처음부터 끝까지 꼼꼼히 읽고 능숙하게 편집해준 나의 사랑하는 아내 토니아에게 가장 깊은 감사를 표한다. 그녀는 내가 오랫동안 신체 활동에 집착할 때 묵묵히 참아주었고, 이 책을 위해 연구하고 집필하는 동안 인내심을 보여주었다.

또한 모든 장의 초고를 읽고 많은 생각을 나누어준 동료이자 러닝 파트너인 에런 베기시에게도 큰 감사를 전한다. 그의 조언에도 불구하고 세미콜론은 몇 개 남겨두었다.

책의 전체 또는 상당 부분을 읽고 친절하게도 귀중한 피드백을 보태준 마누엘 도밍게스-로드리고, 앨런 가버, 헨리 지, 스티븐 헤임스필드, 엘리너 리버먼, 크리스 맥도널드, 바버라 내터슨-호로비츠, 그리고 톰 티펫에게도 감사를 전한다.

특정 장을 읽고 의견을 주고, 데이터와 통찰을 제공해준 스티브 어스테드, 폴 배리에라, 브래들리 카디널, 마크 헤이카우스키, 니콜라스 홀로카, 캐럴 후번, 팀 키스트너, 미키 머해피, 새뮤얼 오셔, 키런 오설리번, 허먼 폰처, 데이비드 레이츨런, 크레이그 로저스, 벤 십슨, 제롬 시걸, 보 왜거너, 이언 월리스, 피터 웨이언드, 그리고 리처드 랭엄에게 깊이 감사드린다.

과학적 협력, 현장과 실험실에서의 지원, 토론, 이메일 등을 통해 도움을 주신 여러 분들께도 감사를 표한다. 그분들을 나열하자면, 브라이언 애디슨, 코렌 아피첼라, 메이르 바라크, 프랜시스 베렌바움, 클로드 부샤드, 데니스 브램블, 헨리크 분게, 앰브로스 버풋, 에이먼 캘리슨, 테런스 카펠리니, 레이철 카모디, 데이비드 카라스코, 데이비드 캐리어, 에릭 카스티요, 실비노 큐베사레, 애덤 다우드, 아이린 데이비스, 세라 데이리온, 모린 데블린, 피에르 뎀코트, 피터 엘리슨, 캐럴린 엥, 데이비드 펠슨, 폴 곰퍼스, 마이클 거번, 브라이언 헤어, 크리스틴 호크스, 에린 헥트, 조 헨리크, 킴 힐, 도로시 힌츠, 마이클 힌츠, 제니 호프만, 미코 이야스, 조지핀 제무타이, 조이스 젭키루이, 메테 윤 요한센, 야나 캄베로프, 에르완 르 코르, 크리스티 류턴, 루이스 리벤버그, 클레어 로, 자린 마찬다, 후이안 매트리, 크리스토퍼 맥두걸, 데이브 맥길브레이, 조던 메츨, 토머스 밀라니, 랜돌프 네세, 리나 노르딘, 로버트 오지암보, 폴 오쿠토이, 에릭 오타롤라-카스티요, 벤테 페데르센, 데이비드 필빔, 스티븐 핑커, 얀니스 피칠라디스, 메리 프렌더가스트, 아르눌포 키마레, 마이클 레인보우, 움베르토 라모스 페르난데스, 알론소 라모스 바카, 데이비드 라이히, 닐 로치, 캠벨 롤리언, 메리엘런 루볼로, 밥 샐리스, 메샥 상, 리 색스비, 롭 셰이브, 프레디 스티팅, 티모시 시게이, 마틴 서벡, 클리프 테이빈, 애덤 텐포드, 빅토리아 토볼스키, 벤 트럼블, 마두 벤카데산, 애나 워너, 윌리엄 워벌, 캐서린 휘트컴, 브라이언

552

우드, 가브리엘라 야녜즈, 앤드루 예기안, 그리고 캐서린 징크이다.

또한 케냐의 펨야, 코부요이, 엘도레트, 그리고 탄자니아의 에야시 호수와 멕시코의 시에라 타라우마라에서 우리를 도와주고 지원해준 학생과 교사를 비롯한 모든 분들께도 감사드린다. 이 책의 일부를 구상하고 집필하던 중 마드리드에서 멋진 안식처를 제공해준 마누엘 도밍게스-로드리고에게 특히 감사의 말씀을 전한다.

또한 이 책이 하나의 아이디어에 불과했을 때부터 집필을 마칠 때까지 현명한 조언과 지원을 아끼지 않은 나의 에이전트 맥스 브록만에게도 깊은 감사를 보낸다. 그리고 이 책에 대해 더 높은 기준과 비전을 제시함으로써 더 나은 작가가 될 수 있도록 나를 도와주신 뛰어난 편집자 에롤 맥도널드에게도 감사드린다. 로라 스티크니와 로언 코프의 편집적 지원과 열정에도 감사한다.

마지막으로, 부모님께 감사하다. 어릴 때는 달리기를 통해 체육관을 해방시킨 영웅적인 어머니가 있다는 것이 얼마나 큰 영감을 주는지 잘 몰랐고, 부모님 두 분이 모두 규칙적으로 조깅을 하고 매년 여름마다, 때로는 여름 내내 산으로 하이킹 여행에 셀 수 없이 많이 데려가주신 것이 얼마나 큰 행운이었는지도 깨닫지 못했다. 나는 운동을 잘하지는 못했지만, 이런 부모님 덕분에 신체 활동이 필요하고, 당연한 것이며, 재미있는 일이라는 생각을 가지고 성장할 수 있었다.

감사의 말

프롤로그 | 왜 운동은 건강에 좋은데 하기는 싫을까

1. *Oxford English Dictionary* (2016).

2. Cregan-Reid, V. (2016), *Footnotes: How Running Makes Us Human* (London: Ebury Press).

3. Marathon des Sables, www.marathondessables.com.

4. No, I didn't make this up. Hats off to John Oliver, who used this example in his brilliant, funny critique of science journalism: www.youtube.com/watch?v=0Rnq1NpHdmw. The paper in question was Dolinsky, V. W., et al. (2012), "Improvements in skeletal muscle strength and cardiac function induced by resveratrol during exercise training contribute to enhanced exercise performance in rats," *Journal of Physiology* 590:2783–99. It's an excellent, careful study, but sadly, few news reports noted that the subjects were rats, not humans, nor bothered to report the study's findings properly.

5. Physical Activity Guidelines Advisory Committee (2018), *2018 Physical Activity Guidelines Advisory Committee Scientific Report* (Washington, D.C.: U.S. Department of Health and Human Services).

6. This often-quoted phrase comes from Theodosius Dobzhansky, who wrote a famous essay with the same title just after he retired: Dobzhansky, T. (1973), Nothing in biology makes sense except in the light of evolution, *American Biology Teacher* 35:125–29.

제1장 | 설마 우리는 달리기 위해 태어난 걸까?

1. 내가 알기로, 타라우마라족 이야기를 맨 처음으로 꺼낸 서양인은 미국인 탐험가 프레더릭 슈왓카(Frederick Schwatka)로 1893년 *In the Land of Cave and Cliff Dwellers*(New York: Cassell)을 출간했다. 그 뒤를 노르웨이인 카를 룸홀츠(Carl Lumholtz)가 이었는데, 그가 1902년 써낸 *Unknown Mexico*(New York: Charles Scribner's Sons)에는 사진이 풍성하게 실려 있어 과거 타라우마라족의 놀라운 생활상을 접할 수 있다. 1935년에는 인류학자 W. C. Bennett와 R. M. Zingg가 포괄적인 내용의 논문 The Tarahumara: An Indian Tribe of Northern Mexico(Chicago: University of Chicago Press)를 펴냈는데, 이 책은 지금도 타라우마라족에 대한 중요한 정보원이 되고 있다. 이후 수십 년 사이에도 *Runner's World*를 비롯해 타라우마라족에 관한 서적과 잡지들이 계속 쓰이고 있지만, 오늘날 사람들 대부분은 McDougall, C., *Born to Run: A Hidden Tribe, Superathletes, and the Greatest Race the World Has Never Seen*(New York: Alfred A. Knopf, 2009)을 통해 타라우마라족에 대해 알게 된다.

2. 라라히파리 도보 경기가 얼마나 오래됐는지는 아무도 모르지만, 이런 전통들은 고대부터

남북 아메리카 대륙 전체에 널리 퍼져 있어서, 고대 동굴 벽화에도 그 모습이 묘사돼 있다. Nabokov, P.(1981), *Indian Running: Native American History and Tradition*(Santa Barbara, Calif.: Capra Press) 참조.

3. Letsinger, A. C. 외(2019), 신체 활동 수준과 연관된 대립형질이 존재해온 것은 해부학적 면에서의 현생 인류보다 더 오래되었다고 추정된다. *PLOS ONE*, 14:e0216155.

4. Tucker, R., Santos-Concejero, J., Collins, M.(2013), The genetic basis for elite running performance, *British Journal of Sports Medicine*, 47:545 – 49; Pitsiladis, Y. 외(2013), Genomics of elite sporting performance: What little we know and necessary advances, *British Journal of Sports Medicine*, 47:550 – 55.

5. 서양의 운동선수들이 만나는 이런 도전을 탐구한 훌륭한 연구로, Hutchinson, A.(2018), *Endure: Mind, Body, and the Curiously Elastic Limits of Human Performance*(New York: William Morrow)를 참조하라.

6. Lieberman, D. E. 외(2020), Running in Tarahumara (Rarámuri) culture: Persistence hunting, footracing, dancing, work, and the fallacy of the athletic savage, *Current Anthropology*, 6.

7. 이런 것들을 비롯해 운동인과 관련한 여타 편견에 관해 살펴보려면, Coakley, J.(2015), *Sports in Society: Issues and Controversies*, 11판(New York: McGraw-Hill)을 참조하라.

8. 설상가상으로, 이러한 미국인 및 유럽인 중 대학 학부생이 3분의 2 이상을 차지한다. Arnett, J.(2008), The neglected 95%: Why American psychology needs to become less American, *American Psychologist*, 63:602 – 14.

9. Henrich, J., Heine, S. J., Norenzayan, A.(2010), The weirdest people in the world?, *Behavioral and Brain Sciences*, 33:61 – 83.

10. Schrire, C. 편(1984), *Past and Present in Hunter Gatherer Studies*(Orlando, Fla.: Academic Press); Wilmsen, E. N.(1989), *Land Filled with Flies*(Chicago: University of Chicago Press).

11. 가장 광범위한 내용을 다룬 책은 Marlowe, F. W.(2010), *The Hadza: Hunter-Gatherers of Tanzania*(Berkeley: University of California Press)다. 아름다운 사진들로 꽉 차 있는 근사한 책으로 Peterson, D., Baalow, R., Cox, J.(2013), *Hadzabe: By the Light of a Million Fires*(Dar es Salaam, Tanzania: Mkuki na Nyota)를 들 수 있다.

12. Schnorr, S. L. 외(2014), Gut microbiome of the Hadza hunter-gatherers, *Nature Communications*, 5:3654; Rampelli, S. 외(2015), Metagenome sequencing of the Hadza hunter-gatherer gut microbiota, *Current Biology*, 25:1682 – 93; Turroni, S. 외(2016), Fecal metabolome of the Hadza hunter-gatherers: A host-microbiome integrative view, *Scientific Reports*, 6:32826.

13. 에야시호(Lake Eyasi)는 우기에만 생겨나는 염호로, 장기간의 뜨거운 건기에는 물이 말라 없어진다. 이 호수의 최상단 부근에 소수의 이라쿠(Iraqw) 부족 농민들이 생활하며, 그 밖에 주로 염소와 젖소를 쳐서 연명하는 다토가족이 이 지역을 거처로 삼는다. 그런데 현재 이 다토가족이 하드자족의 땅을 점점 잠식하고 있다. 이들의 염소와 젖소들이 자연 서식지를 파괴하고 야생동물을 몰아내 하드자족의 사냥을 점차 어렵게 하고 있다.

14. Raichlen, D. A. 외(2017), Physical activity patterns and biomarkers of cardiovascular

disease risk in hunter-gatherers, *American Journal of Human Biology*, 29:e22919.

15. Marlowe(2010), Hadza; Pontzer, H. 외(2015), Energy expenditure and activity among Hadza hunter-gatherers, *American Journal of Human Biology*, 27:628 – 37.

16. Lee, R. B.(1979), *The !Kung San: Men, Women, and Work in a Foraging Society*(Cambridge, U.K.: Cambridge University Press).

17. Hill, K. 외(1985), Men's time allocation to subsistence work among the Aché of eastern Paraguay, *Human Ecology*, 13:29 – 47; Hurtado, A. M., and Hill, K. R.(1987), Early dry season subsistence ecology of Cuiva (Hiwi) foragers of Venezuela, *Human Ecology*, 15:163 – 87.

18. Gurven, M. 외(2013), Physical activity and modernization among Bolivian Amerindians, *PLOS ONE*, 8:e55679.

19. Kelly, R. L.(2013), *The Lifeways of Hunter-Gatherers: The Foraging Spectrum*, 제2판(Cambridge, U.K.: Cambridge University Press).

20. James, W. P. T., Schofield, E. C.(1990), *Human Energy Requirements: A Manual for Planners and Nutritionists*(Oxford: Oxford University Press).

21. Leonard, W. R.(2008), Lifestyle, diet, and disease: Comparative perspectives on the determinants of chronic health risks, *Evolution, Health, and Disease*, S. C. Stearns, J. C. Koella 편(New York: Oxford University Press), 265 – 76.

22. Speakman, J.(1997), Factors influencing the daily energy expenditure of small mammals, *Proceedings of the Nutrition Society*, 56:1119 – 36.

23. Hays, M. 외(2005), Low physical activity levels of Homo sapiens among free-ranging mammals, *International Journal of Obesity*, 29:151 – 56.

24. Church, T. S. 외(2011), Trends over 5 decades in U.S. occupation-related physical activity and their associations with obesity, *PLOS ONE*, 6:e19657.

25. Meijer, J. H., Robbers, Y.(2014), Wheel running in the wild, *Proceedings of the Royal Society B*, 281:20140210.

26. Mechikoff, R. A.(2014), *A History and Philosophy of Sport and Physical Education: From Ancient Civilization to the Modern World*(New York: McGraw-Hill).

27. Rice, E. A., Hutchinson, J. L., Lee, M.(1958), *A Brief History of Physical Education*(New York: Ronald Press); Nieman, D. C.(1990), *Fitness and Sports Medicine: An Introduction*(Palo Alto, Calif.: Bull).

28. 이 주제를 훌륭히 풀어낸 역사책으로, McKenzie, S.(2013), *Getting Physical: The Rise of Fitness Culture in America*(Lawrence: University Press of Kansas)를 참조하라.

29. Sargent, D. A.(1900), The place for physical training in the school and college curriculum, *American Physical Education Review*, 5:1 – 7; Sargent, D. A.(1902), *Universal Test for Strength, Speed, and Endurance of the Human Body*(Cambridge, Mass.: Powell Press).

30. Vankim, N. A., Nelson, T. F.(2013), Vigorous physical activity, mental health, perceived stress and socializing among college students, *American Journal of Health Promotion*, 28:7 – 15.

31. Physical Activity Guidelines Advisory Committee(2018), *2018 Physical Activity Guidelines*

Advisory Committee Scientific Report(Washington, D.C.: U.S. Department of Health and Human Services).

32. 이 내용을 비롯한 다른 추정치에 대한 참고자료 및 더 자세한 정보를 알고 싶다면, 13장을 참조하라.

제2장 | 게으름의 중요성

1. Harcourt, A. H., Stewart, K. J.(2007), *Gorilla Society: Conflict, Compromise, and Cooperation Between the Sexes*(Hawthorne, N.Y.: Aldine de Gruyter).

2. Organ, C. 외(2011), Phylogenetic rate shifts in feeding time during the evolution of Homo, *Proceedings of the National Academy of Sciences USA*, 108:14555 – 59.

3. Goodall, J.(1986), *The Chimpanzees of Gombe: Patterns of Behavior*(Cambridge, Mass.: Harvard University Press); Pontzer, H., Wrangham, R. W.(2004), Climbing and the daily energy cost of locomotion in wild chimpanzees: Implications for hominoid locomotor evolution, *Journal of Human Evolution*, 46:317 – 35.

4. Pilbeam, D. R., Lieberman, D. E.(2017), Reconstructing the last common ancestor of chimpanzees and humans, *Chimpanzees and Human Evolution*, M. N. Muller, R. W. Wrangham, D. R. Pilbeam 편(Cambridge, Mass.: Harvard University Press), 22 – 141.

5. O_2 1리터를 사용할 때 여러분의 몸이 순탄수화물을 태워서 얻는 에너지는 5.1킬로칼로리(kcal), 순지방을 태워 얻는 에너지는 4.7킬로칼로리다. 호흡으로 내보내는 O_2/CO_2 비율을 통해 지방과 탄수화물을 몇 대 몇의 비율로 사용하는지 알 수 있다. 오로지 탄수화물만 태우고 있다면 O_2와 CO_2가 정확히 똑같은 양만큼 배출되고, 오로지 지방만 태우고 있다면 O_2 양의 70퍼센트에 해당하는 CO_2가 배출된다. 평상시에 우리는 지방과 탄수화물의 혼합물을 태워서 O_2 1리터당 평균 4.8킬로칼로리의 에너지를 만든다.

6. 물 1그램의 온도를 1℃ 올리는 데 필요한 에너지인 칼로리와 구분하기 위해 킬로칼로리는 공식적으로 (대문자 C를 넣어) Calory로 표시한다. 우리가 먹는 식품의 영양성분 표시처럼, 앞으로 이 책에서도 같은 관행에 따라 '칼로리'를 킬로칼로리의 뜻으로 사용하겠다.

7. Jones, W. P. T., Schofield, E. C.(1990), *Human Energy Requirements: A Manual for Planners and Nutritionists*(Oxford: Oxford University Press).

8. 이런 말을 전하게 되어 유감이지만, 온종일 뭔가를 열심히 생각할 때 들어가는 추가 에너지는 20~50cal에 불과하며, 이 정도 열량은 땅콩 대여섯 개만 집어먹어도 바로 얻을 수 있다. Messier, C.(2004), Glucose improvement of memory: A review, *European Journal of Pharmacology*, 490:33 – 57 참조.

9. '이중표시수'법("doubly labeled water" method)에 대해 더 자세히 설명하면 이렇다. 대부분의 물, 즉 H_2O는 분자량이 1인 수소원자(^{1}H, 양성자를 1개 갖고 있다)와 분자량이 16인 산소원자(^{16}O, 양성자 8개와 중성자 8개를 갖고 있다)로 만들어진다. 그런데 이른바 "중(重)"수소(^{2}H, 중성자를 하나 더 갖고 있다)와 '중'산소(^{18}O, 중성자를 두 개 더 갖고 있다)를 가지고도 무해한 형태의 물을 만들어낼 수 있다. 물에 들어 있는 수소와 산소가 어떤 종류건 간에, H와 O는 다양한 방식으로 우리 몸을 빠져나간다. 소변을 보고, 숨을 쉬고, 땀을 흘릴 때는 H와 O가 물의 형태로 빠져나가지만, O는 호흡으로 이산화탄소(CO_2)

558

를 배출할 때도 몸을 빠져나간다. 소변에 들어 있는 ^2H와 ^{18}O는 그 수치를 정확하고 정밀하게 측정할 수 있기 때문에, 며칠에 걸쳐 소변에 남아 있는 ^2H 대(對) ^{18}O의 비율 차이를 보면 호흡으로 내보내는 CO_2의 양이 얼마인지 계산할 수 있고, 이를 통해 다시 우리가 쓰는 에너지의 양을 제법 정확하게 계산할 수 있다. 이 방법을 이용하면 제지방량과 함께 몸에 들어오고 나가는 물의 양도 계산해낼 수 있다.

10. Pontzer, H., (2012), Hunter-gatherer energetics and human obesity, *PLOS ONE*, 7:e40503. 이 논문에 나오는 BMR 수치는 추정치다. 이들의 RMR 추정치도 아마 10퍼센트 정도 높아, 여자는 1,169칼로리, 남자는 1,430칼로리 정도일 것으로 보인다.

11. 하드자족 남녀의 평균 체지방량은 각각 13퍼센트와 21퍼센트다. 반면 산업사회 남녀의 평균 체지방량은 각각 23퍼센트와 38퍼센트다. 같은 책.

12. White, M.(2012), *Atrocities: The 100 Deadliest Episodes in Human History*(New York: W. W. Norton).

13. 이 실험과 관련된 이야기를 재미나게 풀어낸 책으로는, Tucker, T.(2006), *The Great Starvation Experiment: The Heroic Men Who Starved So That Millions Could Live*(New York: Free Press)를 참조하라. 키스와 동료들이 쓴 2권짜리 논문도 대단히 흥미로운 내용을 담고 있다. Keys, A. 외(1950), *The Biology of Human Starvation*(Minneapolis: University of Minnesota Press).

14. 실험이 시작될 때 자원자들의 지방량은 평균 9.8킬로그램이었다(전체 체중의 14퍼센트). 굶주림 단계를 거친 뒤에는 평균 2.9킬로그램이었다(전체 체중의 5.5퍼센트).

15. Elia, M.(1992), Organ and tissue contribution to metabolic rate, in Energy Metabolism: Tissue Determinants and Cellular Corollaries, J. M. Kinney, H. N. Ticker 공편 (New York: Raven Press), 61–77.

16. 2015년에 자원자를 모집해 똑같은 식단으로 2주일만 굶주리게 한 후, 현대의 첨단기술을 활용해 신체 기관이 얼마나 줄었는지 측정해보았는데, 그때 나온 결과도 비슷했다. Müller, M. J. 외(2015), Metabolic adaptation to caloric restriction and subsequent refeeding: The Minnesota Starvation Experiment revisited, *American Journal of Clinical Nutrition*, 102:807–19 참조.

17. 과학에서는 '이론'이라고 하면 미검증된 학설(가설)을 말하지 않는다. 이론 안에는 이 세상이 어떤 식으로 작동하는지에 대한, 충분한 근거와 정당성을 가진 이해가 담겨 있다. 자연선택 이론은 중력이론이나 판구조론만큼이나 충분히 정당성을 갖는다.

18. Marlowe, F. C., Berbesque, J. C.(2009), Tubers as fallback foods and their impact on Hadza hunter-gatherers, *American Journal of Physical Anthropology*, 140:751–58.

19. 이 부분의 자료는 Pontzer 외(2012), Hunter-gatherer energetics and human obesity; Pontzer, H. 외(2016), Metabolic acceleration and the evolution of human brain size and life history, *Nature*, 533:390–92에서 발췌했다.

20. 이 자료는 폰처(Pontzer)의 1일 에너지 소비량 측정치와 휴식기 대사량 및 기초대사량 추정치를 근거로 계산한 것이다. 한 연구에 따르면, 기초대사량은 체구 차이를 감안하면, 인간이 침팬지보다 10퍼센트 높다. Pontzer 외(2016), Metabolic acceleration and the evolution of human brain size and life history 참조.

21. Westerterp, K. R., Speakman, J. R.(2008), Physical activity energy expenditure has not declined since the 1980s and matches energy expenditures of wild mammals, *International Journal of Obesity*, 32:1256 – 63; Hayes, M., (2005), Low physical activity levels of modern Homo sapiens among free-ranging mammals, *International Journal of Obesity*, 29:151 – 56.

22. Pontzer, H. 외(2010), Metabolic adaptation for low energy throughput in orangutans, *Proceedings of the National Academy of Sciences USA*, 107:14048 – 52.

23. Taylor, C. R., Rowntree, V. J.(1973), Running on two or on four legs: Which consumes more energy?, *Science* 179:186 – 87; Pontzer, H., Raichlen, D. A., Sockol, M. D.(2009), The metabolic cost of walking in humans, chimpanzees, and early hominins, *Journal of Human Evolution*, 56:43 – 54.

24. Aiello, L. C., Key, C.(2002), Energetic consequences of being a Homo erectus female, *American Journal of Human Biology*, 14:551 – 65.

25. Wrangham, R. W.(2009), *Catching Fire: How Cooking Made Us Human*(New York: Basic Books).

26. Webb, O. J. 외(2011), A statistical summary of mall-based stair-climbing intervention, *Journal of Physical Activity and Health*, 8:558 – 65.

27. Rosenthal, R. J. 외(2017), Obesity in America, *Surgery for Obesity and Related Disorders*, 13:1643 – 50.

제3장 | 앉기

1. Nash, O.(1940), *The Face Is Familiar*(Garden City, N.Y.: Garden City Publishing).

2. Levine, J. A.(2004), *Get Up! Why Your Chair Is Killing You and What You Can Do About It*(New York: St. Martin's Griffin). 앉아 있는 것이 흡연만큼 해롭다는 주장이 맞는지 검증하기 위해, 두 명의 캐나다인 의사가 다음과 같이 주먹구구식으로 계산해놓은 것이 있다. 그들의 분석에 따르면, 신체적인 면에서 비활동적인 환자들은 활동적인 사람들에 비해 의료비용으로 300달러가 더 들어가는 반면, 흡연자는 비흡연자보다 최종적으로 5배 정도의 비용(즉 1년에 약 1,600~1,800달러 정도)을 더 부담하는 것으로 밝혀졌다. 평균적인 흡연자가 하루에 피우는 담배가 16대인 점을 감안하면, 몸을 움직이지 않는 사람은 대략 하루 담배 3대, 일주일에 담배 한 갑을 피우는 것과 같다고 볼 수 있다. Khan, K., Davis, J.(2010), A week of physical inactivity has similar health costs to smoking a packet of cigarettes, *British Journal of Sports Medicine*, 44:345 참조.

3. Rezende, L. F. 외(2016), All-cause mortality attributable to sitting time: Analysis of 54 countries worldwide, *American Journal of Preventive Medicine*, 51:253 – 63; Matthews, C. E.(2015), Morality benefits for replacing sitting time with different physical activities, *Medicine and Science in Sports and Exercise*, 47:1833 – 40. 이에 대한 반증으로는 Pulsford, R. M. 외(2015), Associations of sitting behaviours with all-cause mortality over a 16-year follow-up: The Whitehall II study, *International Journal of Epidemiology*, 44:1909 – 16 참조.

4. Kulinski, J. P.(2014), Association between cardiorespiratory fitness and accelerometer-derived physical activity and sedentary time in the general population, *Mayo Clinic*

Proceedings, 89;1063 – 71; Matthews(2015), Mortality benefits for replacing sitting time with different physical activities.

5. 우리가 궁금해 하는 값들을 계산해주는 프로그램들은 인터넷에서도 얼마든지 찾을 수 있지만, 서 있을 때와 앉아 있을 때의 에너지 소모를 측정한 면밀한 연구들도 다수 나와 있다. P. B. 외(2016), What is the metabolic and energy cost of sitting, standing, and sit/stand transitions?, *European Journal of Applied Physiology*, 116:263 – 73; Fountain, C. J. 외(2016), Metabolic and energy cost of sitting, standing, and a novel sitting/stepping protocol in recreationally active college students, *International Journal of Exercise Science*, 9:223 – 29; Mansoubi, M. 외(2015), Energy expenditure during common sitting and standing tasks: Examining the 1.5 MET definition of sedentary behavior, *BMC Public Health*, 15:516 – 23; Miles-Chan, J. 외(2013), Heterogeneity in the energy cost of posture maintenance during standing relative to sitting, *PLOS ONE*, 8:e65827

6. 하지만 이런 식의 수학은 사람들이 더 많이 서 있는 것을 (사과 한 개라도) 더 먹거나 몸을 덜 움직이는 것으로 보상하는 경우에 대해서는 설명하지 못한다.

7. 새들은 땅 위에 앉아 있을 때보다 서 있을 때 에너지를 16~25퍼센트 더 소모한다. van Kampen, M.(1976), Activity and energy expenditure in laying hens: 3. The energy cost of eating and posture, *Journal of Agricultural Science*, 87:85 – 88; Tickle, P. G., Nudds, R. L., Codd, J. R.(2012), Barnacle geese achieve significant energy savings by changing posture, *PLOS ONE*, 7:e46950 참조. 젖소와 무스의 경우는, Vercoe, J. E.(1973), The energy cost of standing and lying in adult cattle, *British Journal of Nutrition*, 30:207 – 10; Renecker, L. A., and Hudson, R. J.(1985), The seasonal energy expenditures and thermoregulatory responses of moose, *Canadian Journal of Zoology*, 64:322 – 27 참조.

8. 엉덩이와 무릎이 굽은 자세로는 유인원이나 쪼그려 앉은 인간이나 땅바닥으로 고꾸라지지 않으려면 햄스트링과 대퇴사두근을 계속 수축하고 있어야만 한다. Sockol, M. D., Raichlen, D. A., Pontzer, H.(2007), Chimpanzee locomotor energetics and the origin of human bipedalism, *Proceedings of the National Academy of Sciences USA*, 104:12265 – 69 참조.

9. Winter, D. A.(1995), Human balance and posture control during standing and walking, *Gait and Posture*, 3:193 – 214.

10. 수렵채집인에게 가구가 없는 것은 목공기술을 갖지 못해서가 아니다. 그보다 이들은 일년에 보통 일곱 번 정도 자주 거주지를 옮기는데, 그때마다 가진 물품을 전부 들고 다니기 때문에 가구를 만들지 않는다. 가구가 주는 이득보다 이동의 번거로움이 더 큰 것이다. 가구가 더 흔해진 것은 농부들이 영구 정착촌을 이루고 정착 생활을 하게 된 이후였다.

11. Hewes, G.(1953), Worldwide distribution of certain postural habits, *American Anthropologist*, 57:231 – 44.

12. 최근 인구와 관계해서는 Nag, P. K. 외(1986), EMG analysis of sitting work postures in women, *Applied Ergonomics*, 17:195 – 97; Gurr, K., Straker, L., Moore, P.(1998), Cultural hazards in the transfer of ergonomics technology, *International Journal of Industrial Ergonomics*, 22:397 – 404를 참조. 호모 에렉투스와 네안데르탈인과 관련해서는 Trinkaus, E.(1975), Squatting among the Neandertals: A problem in the behavioral interpretation of skeletal

morphology, *Journal of Archaeological Science*, 2:327 – 51; Pontzer, H. 외(2010), Locomotor anatomy and biomechanics of the Dmanisi hominins, *Journal of Human Evolution*, 58:492 – 504를 참조. 초기 현생 인류와 관련해서는 Pearson, O. M. 외(2008), A description of the Omo I postcranial skeleton, including newly discovered fossils, *Journal of Human Evolution*, 55:421 – 37; Rightmire, G. P. 외(2006), Human foot bones from Klasies River main site, South Africa, *Journal of Human Evolution*, 50:96 – 103를 참조.

13. Mays, S.(1998), *The Archaeology of Human Bones*(London: Routledge); Boulle, E.(1998), Evolution of two human skeletal markers of the squatting position: A diachronic study from antiquity to the modern age, *American Journal of Physical Anthropology*, 115:50 – 56.

14. Ekholm, J. 외(1985), Load on knee joint and knee muscular activity during machine milking, *Ergonomics*, 28:665 – 82; Eguchi, A.(2003), Influence of the difference in working postures during weeding on muscle activities of the lower back and the lower extremities, *Journal of Science Labour*, 79:219 – 23; Nag 외(1986), EMG analysis of sitting work postures in women; Miles-Chan, J. L. 외(2014), Sitting comfortably versus lying down: Is there really a difference in energy expenditure?, *Clinical Nutrition*, 33:175 – 78.

15. Castillo, E. R. 외(2016), Physical fitness differences between rural and urban children from western Kenya, *American Journal of Human Biology*, 28:514 – 23.

16. Mörl, F., Bradl, I.(2013), Lumbar posture and muscular activity while sitting during office work, *Journal of Electromyography and Kinesiology*, 23:362 – 68.

17. Rybcynski, W.(2016), *Now I Sit Me Down*(New York: Farrar, Straus and Giroux).

18. Aveling, J. H.(1879), *Posture in Gynecic and Obstetric Practice*(Philadelphia: Lindsay & Blakiston).

19. Prince, S. A. 외(2008), A comparison of direct versus self-report measures for assessing physical activity in adults: A systematic review, *International Journal of Behavioral Nutrition and Physical Activity*, 5:56 – 80.

20. 엄밀히 말하면 이 기계는 수직 방향의 속도 변화율인 가속도를 측정하는 것으로, 보통 은 양옆 그리고 앞뒤의 가속도도 함께 측정한다. 힘은 질량 곱하기 가속도이므로, 이러한 가속도 측정치는 우리가 몸을 움직이기 위해 발생시키는 힘이 얼마나 되는지와 관련해 훌륭한 추정치를 제시해준다. 물론 여기에도 문제점은 있다. 예를 들어, 가속도계를 엉덩 이에 차면 자전거를 탈 때의 활동량은 측정되지 못할 것이다.

21. Matthews, C. E. 외(2008), Amount of time spent in sedentary behaviors in the United States, 2003 – 2004, *American Journal of Epidemiology*, 167:875 – 81; Tudor-Locke, C. 외 (2011), Time spent in physical activity and sedentary behaviors on the working day: The American time use survey, *Journal of Occupational and Environmental Medicine*, 53:1382 – 87; Evenson, K. R., Buchner, D. M., Morland, K. B.(2012), Objective measurement of physical activity and sedentary behavior among US adults aged 60 years or older, *Preventing Chronic Disease*, 9:E26; Martin, K. R.(2014), Changes in daily activity patterns with age in U.S. men and women: National Health and Nutrition Examination Survey 2003 – 04 and 2005 – 06, *Journal of the American Geriatric Society*, 62:1263 – 71; Diaz, K. M.(2017), Patterns

of sedentary behavior and mortality in U.S. middle-aged and older adults: A national cohort study, *Annals of Internal Medicine*, 167:465 – 75.

22. Ng, S. W., Popkin, B.(2012), Time use and physical activity: A shift away from movement across the globe, *Obesity Review*, 13:659 – 80.

23. Raichlen, D. A. 외(2017), Physical activity patterns and biomarkers of cardiovascular disease risk in hunter-gatherers, *American Journal of Human Biology*, 29:e22919.

24. Gurven, M. 외(2013), Physical activity and modernization among Bolivian Amerindians, *PLOS ONE*, 8:e55679.

25. Katzmarzyk, P. T., Leonard, W. R., Crawford, M. H.(1994), Resting metabolic rate and daily energy expenditure among two indigenous Siberian populations, *American Journal of Human Biology*, 6:719 – 30; Leonard, W. R., Galloway, V. A., Ivakine, E.(1997), Underestimation of daily energy expenditure with the factorial method: Implications for anthropological research, *American Journal of Physical Anthropology*, 103:443 – 54; Kashiwazaki, H. 외(2009), Year-round high physical activity levels in agropastoralists of Bolivian Andes: Results from repeated measurements of DLW method in peak and slack seasons of agricultural activities, *American Journal of Human Biology*, 21:337 – 45; Madimenos, F. C.(2011), Physical activity in an indigenous Ecuadorian forager-horticulturalist population as measured using accelerometry, *American Journal of Human Biology*, 23:488 – 97; Christensen, D. L. 외(2012), Cardiorespiratory fitness and physical activity in Luo, Kamba, and Maasai of rural Kenya, *American Journal of Human Biology*, 24:723 – 29.

26. Raichlen, D. A. 외(2020), Sitting, squatting, and the evolutionary biology of human inactivity, *Proceedings of the National Academy of Sciences USA*, 117:7115 – 7121.

27. 활동량 분류는 어떤 방법을 쓰느냐에 따라 달라진다. 한 가지 표준적인 관행은 최대심박수 대비 퍼센트를 기준으로 삼는 것이다. 40퍼센트 미만은 정적이고, 40~54퍼센트는 저강도 활동이며, 55~69퍼센트는 중강도 활동이고, 70~89퍼센트는 고강도 활동, 90퍼센트 이상은 고도의 활동이다. 최대심박수는 이따금 직접 측정하기도 하나, 보통 연령을 근거로 추정한다. 최대심박수의 일반 공식은 220에서 나이를 빼는 것이지만, 건강한 성인의 경우 208 – 0.7×나이의 방정식을 이용하는 것이 더 낫다. 또 다른 분류는 METs(대사당량: 1MET는 조용히 앉아 있는 동안 사용되는 에너지의 양으로, 체중 1킬로그램당 1분에 보통 3.5밀리리터의 산소가 사용된다)를 사용해 산소의 양을 근거로 에너지 사용량을 측정하는 것이다. 이 통례에 따르면, 정적인 활동은 1~1.5METs, 저강도 활동은 1.5~2.9METs, 중강도는 3~6METs, 고강도는 6METs 이상이다. 활동량 수준은 다른 방정식을 사용한 가속도계로도 측정할 수 있다. 최대심박수 측정법과 관련해서는 Tanaka, H., Monahan, K. D., eals, D. R.(2001), Age-predicted maximal heart rate revisited, *Journal of the American College of Cardiology*, 37:153 – 56를 참조하라. 가속도계를 이용한 활동량 수준 측정과 관련해서는 Freedson, P. S., Melanson, E., Sirard, J.(1998), Calibration of the Computer Science and Applications Inc. accelerometer, *Medicine and Science in Sports and Exercise*, 30:777 – 81; Matthews 외(2008), Amount of time spent in sedentary behaviors in the United States, 2003 – 2004를 참조하라.

28. Evenson, K. R., Wen, F., Herring, A. H.(2016), Associations of accelerometry-assessed and self-reported physical activity and sedentary behavior with all-cause and cardiovascular mortality among US adults, *American Journal of Epidemiology*, 184:621 - 32.

29. Raichlen 외(2017), Physical activity patterns and biomarkers of cardiovascular disease risk in hunter-gatherers.

30. 이 숫자들을 실을 수 있게 해준 Dr. Zarin Machanda에게 감사를 전한다.

31. Aggarwal, B. B., Krishnan, S., Guha, S.(2011), *Inflammation, Lifestyle, and Chronic Diseases: The Silent Link*(Boca Raton, Fla.: CRC Press).

32. 예를 들어보면, 세계적 베스트셀러가 된 한 책에서는 밀을 비롯해 글루텐이 들어 있는 여타 식품이 뇌 염증을 일으킨다고 주장했다. 하지만 그 자료의 내용은, 셀리악병(글루텐 민감창자병증, 만성소화장애증, 비열대성스프루, 소아지방변증과 동의어다 - 옮긴이)을 갖고 있지 않고, 너무 많이 먹어 비만에 이르지 않는 한 밀(특히 통밀은 더욱 그렇다)이나 여타 곡물을 먹는다고 해서 뇌를 비롯한 우리 몸에 염증이 생기지 않는다는 것이다. 이와 관련한 신빙성 있고, 학계 동료의 심사를 거친 증거에 기반한 연구를 찾아보려면 다음을 참조하라: Lutsey, P. L. 외(2007), Whole grain intake and its cross- sectional association with obesity, insulin resistance, inflammation, diabetes, and subclinical CVD: The MESA Study, *British Journal of Nutrition*, 98:397 - 405; Lefevre, M., Jonnalagadda, S.(2012), Effect of whole grains on markers of subclinical inflammation, *Nutrition Review*, 70:387 - 96; Vitaglione, P. 외(2015), Whole-grain wheat consumption reduces inflammation in a randomized controlled trial on overweight and obese subjects with unhealthy dietary and lifestyle behaviors: Role of polyphenols bound to cereal dietary fiber, *American Journal of Clinical Nutrition*, 101:251 - 61; Ampatzoglou, A. 외(2015), Increased whole grain consumption does not affect blood biochemistry, body composition, or gut microbiology in healthy, low-habitual whole grain consumers, *Journal of Nutrition*, 145:215 - 21.

33. 지방세포가 염증에 어떻게 기능하고 어떻게 염증을 일으키는지 살펴본 탁월하고 가독성 좋은 책으로는 Tara, S.(2016), *The Secret Life of Fat: The Science Behind the Body's Least Understood Organ and What It Means for You*(New York: W. W. Norton)을 참조하라.

34. Shen, W.(2009), Sexual dimorphism of adipose tissue distribution across the lifespan: A cross-sectional whole-body magnetic resonance imaging study, *Nutrition and Metabolism*, 16:6 - 17; Hallgreen, C. E., Hall, K. D.(2008), Allometric relationship between changes of visceral fat and total fat mass, *International Journal of Obesity*, 32:845 - 52.

35. Weisberg, S. P. 외(2003), Obesity is associated with macrophage accumulation in adipose tissue, *Journal of Clinical Investigation*, 112:1796 - 808.

36. Levine, J. A., Schleusner, S. J., Jensen, M. D.(2000), Energy expenditure of nonexercise activity, *American Journal of Clinical Nutrition*, 72:1451 - 54.

37. Olsen, R. H. 외(2000), Metabolic responses to reduced daily steps in healthy nonexercising men, *Journal of the American Medical Association*, 299:1261 - 63.

38. Homer, A. R. 외(2017), Regular activity breaks combined with physical activity improve postprandial plasma triglyceride, nonesterified fatty acid, and insulin responses in healthy,

normal weight adults: A randomized crossover trial, *Journal of Clinical Lipidology*, 11:1268 – 79; Peddie, M. C. 외(2013), Breaking prolonged sitting reduces postprandial glycemia in healthy, normal-weight adults: A randomized crossover trial, *American Journal of Clinical Nutrition*, 98:358 – 66.

39. Boden, G.(2008), Obesity and free fatty acids (FFA), *Endocrinology and Metabolism Clinics of North America*, 37:635 – 46; de Vries, M. A. 외(2014), Postprandial inflammation: Targeting glucose and lipids, *Advances in Experimental Medical Biology*, 824:161 – 70.

40. Bruunsgaard, H.(2005), Physical activity and modulation of systemic low-level inflammation, *Journal of Leukocyte Biology*, 78:819 – 35; Pedersen, B. K., Febbraio, M. A.(2008), Muscle as an endocrine organ: Focus on muscle-derived interleukin-6, *Physiology Reviews*, 88:1379 – 406; Pedersen, B. K., Febbraio, M. A.(2012), Muscles, exercise, and obesity: Skeletal muscle as a secretory organ, *Nature Reviews Endocrinology*, 8:457 – 65.

41. Petersen, A. M., Pedersen, B. K.(2005), The anti-inflammatory effect of exercise, *Journal of Applied Physiology*, 98:1154 – 62.

42. Fedewa, M. V., Hathaway, E. D., Ward-Ritacco, C. L.(2017), Effect of exercise training on C reactive protein: A systematic review and meta-analysis of randomised and non-randomised controlled trials, *British Journal of Sports Medicine*, 51:670 – 76; Petersen, Pedersen(2005), Anti-inflammatory effect of exercise.

43. 저도 염증이 일어나는 무척 그럴듯한 또 하나의 원인은 어쩌면 살균된 환경일 수 있다. 최근까지만 해도, 인간은 다들 먼지, 세균, 벌레, 그리고 주기적으로 우리의 면역 체계에 도전을 가하는 여타 병원체에 둘러싸인 채 성장했다. 인류학자 토머스 맥데이드(Thomas McDade)의 연구에서 드러난 바에 따르면, 이렇게 진화적으로 '정상적인' 환경, 즉 살균되지 않은 환경에서 성장하는 사람들은 위생 수준이 높은 환경에서 살아가는 오늘날 우리와 다른 염증 면역 반응을 가진다. 병원체가 득실거리는 환경에서 성장한 인간은 감염이 되면 염증 반응이 갑작스럽고 강하게 일어나지만 단기간에 끝난다. 반면 위생 수준이 높은 환경, 즉 식기세척기, 옥내 화장실, 표백제, 수많은 세제가 갖춰진 곳에서 성장한 사람들의 면역 체계는 그와 다르다. 이들은 감염이 되면, 염증 반응이 훨씬 느리게 작용하고 강도도 약하며 기간은 훨씬 오래 지속되는 경향이 있다. 다시 말해, 특히 우리가 한창 자라나는 어린 시절의 환경이 지나치게 위생적이면, 나이가 들수록 만성 염증에 더욱 취약해질 수 있다. 이런 상황에서 너무 많이 앉아 있으면, 우리 몸은 끈질긴 저도 염증이 생기기 더 쉬운 상태가 된다. 이와 관련해 더 많은 정보를 알고 싶다면, 다음을 참조하라: McDade, T. W. 외(2013), Do environments in infancy moderate the association between stress and inflammation in adulthood? Initial evidence from a birth cohort in the Philippines, *Brain, Behavior, and Immunity*, 31:23 – 30.

44. Whitfield, G., Kelly, G. P., Kohl, H. W.(2014), Sedentary and active: Self-reported sitting time among marathon and half-marathon participants, *Journal of Physical Activity and Health*, 11:165 – 72.

45. Greer, A. E. 외(2015), The effects of sedentary behavior on metabolic syndrome independent of physical activity and cardiorespiratory fitness, *Journal of Physical Activity and*

Health, 12:68 – 73.

46. Matthews, C. E. 외(2012), Amount of time spent in sedentary behaviors and cause-specific mortality in US adults, *American Journal of Clinical Nutrition*, 95:437 – 45.

47. 400만 명 이상에게서 수집한 자료를 활용한 한 연구에서는 매일 앉아 있는 데 보내는 시간이 2시간 많아질 때마다 대장암에 걸릴 확률이 8퍼센트 높아진다고 추정했는데, 이는 일부 다른 암들도 마찬가지였다. Schmid, D., Leitzmann, M. D.(2014), Television viewing and time spent sedentary in relation to cancer risk: A meta-analysis, *Journal of the National Cancer Institute*, 106:dju098.

48. Healy, G. N. 외(2011), Sedentary time and cardio-metabolic biomarkers in US adults: NHANES 2003 – 06, *European Heart Journal*, 32:590 – 97.

49. Diaz, K. M. 외(2017), Patterns of sedentary behavior and mortality in U.S. middle-aged and older adults: A national cohort study, *Annals of Internal Medicine*, 167:465 – 75.

50. van Uffelen, J. G. 외(2010), Occupational sitting and health risks: A systematic review, *American Journal of Preventive Medicine*, 39:379 – 88.

51. Latouche, C. 외(2013), Effects of breaking up prolonged sitting on skeletal muscle gene expression, *Journal of Applied Physiology*, 14:453 – 56; Hamilton, M. T., Hamilton, D. G., Zderic, T. W.(2014), Sedentary behavior as a mediator of type 2 diabetes, *Medicine and Sports Science*, 60:11 – 26; Grøntved, A., Hu, F. B.(2011), Television viewing and risk of type 2 diabetes, cardiovascular disease, and all-cause mortality: A meta-analysis, *Journal of the American Medical Association*, 305:2448 – 55.

52. Healy 외(2011), Sedentary time and cardio-metabolic biomarkers in US adults; Dunstan, D. W. 외(2012), Breaking up prolonged sitting reduces postprandial glucose and insulin responses, *Diabetes Care*, 35:976 – 83; Peddie, M. C.(2013), Breaking prolonged sitting reduces postprandial glycemia in healthy, normal-weight adults: A randomized crossover trial, *American Journal of Clinical Nutrition*, 98:358 – 66; Duvivier, B. M. F. M. 외 (2013), Minimal intensity physical activity (standing and walking) of longer duration improves insulin action and plasma lipids more than shorter periods of moderate to vigorous exercise (cycling) in sedentary subjects when energy expenditure is comparable, *PLOS ONE*, 8:e55542.

53. Takahashi, M.(2015), Effects of breaking sitting by standing and acute exercise on postprandial oxidative stress, *Asian Journal of Sports Medicine*, 6:e24902.

54. Ansari, M. T.(2005), Traveler's thrombosis: A systematic review, *Journal of Travel Medicine*, 12:142 – 54.

55. Ravussin, E. 외(1986), Determinants of 24-hour energy expenditure in man: Methods and results using a respiratory chamber, *Journal of Clinical Investigation*, 78:1568 – 78.

56. Koepp, G. A., Moore, G. K., Levine, J. A.(2016), Chair-based fidgeting and energy expenditure, *BMJ Open Sport and Exercise Medicine*, 2:e000152; Morishima, T.(2016), Prolonged sitting-induced leg endothelial dysfunction is prevented by fidgeting, *American Journal of Physiology: Heart and Circulatory Physiology*, 311:H177 – 82.

57. Hagger-Johnson, G. 외(2016), Sitting time, fidgeting, and all-cause mortality in the UK Women's Cohort Study, *American Journal of Preventive Medicine*, 50:154 – 60.

58. 식량야생채취 사회를 다룬 다음의 몇몇 연구들을 보면 이 수치를 뒷받침할 근거를 찾을 수 있다. 파라과이의 아체족은 하루에 3.4~7.5시간 앉아 있고, 베네수엘라의 히위족은 하루에 4~6시간 앉아 있으며, 산족은 하루에 6.6시간 정도 앉아 있고, 하드자족은 하루에 최소 6.6시간 앉아서 지낸다. Hill, K. R. 외(1985), Men's time allocation to subsistence work among the Aché of eastern Paraguay, *Human Ecology*, 13:29 – 47; Hurtado, A. M., Hill, K. R.(1987), Early dry season subsistence ecology of Cuiva (Hiwi) foragers of Venezuela, *Human Ecology*, 15:163 – 87; Leonard, W. R., Robertson, M. L.(1997), Comparative primate energetics and hominid evolution, *American Journal of Physical Anthropology*, 102:265 – 81; Raichlen(2017), Physical activity patterns and biomarkers of cardiovascular disease risk in hunter-gatherers.

59. Raichlen, D. A. 외(2020), Sitting, squatting, and the evolutionary biology of human inactivity, *Proceedings of the National Academy of Sciences*, USA 117:7115 – 7121.

60. Møller, S. V. 외(2016), Multi-wave cohort study of sedentary work and risk of ischemic heart disease, *Scandinavian Journal of Work and Environmental Health* 42:43 – 51.

61. Hayashi, R. 외(2016), Occupational physical activity in relation to risk of cardiovascular mortality: The Japan Collaborative Cohort Study for Evaluation for Cancer Risk (JACC Study), *Preventive Medicine*, 89:286 – 91.

62. van Uffelen 외(2010), Occupational sitting and health risks.

63. Pynt, J., Higgs, J.(2010), *A History of Seating, 3000 BC to 2000 AD: Function Versus Aesthetics*(Amherst, N.Y.: Cambria Press).

64. 아커블롬이 주장한 바에 따르면, 앉을 때 허리 만곡을 유지하는 가장 좋은 방법은 등받이 아래가 거의 수직이어서 허리를 잘 받치고, 등받이 위는 뒤로 밀려 있어 등 상부가 볼품없이 앞으로 쏠리지 않게 해주는 의자를 사용하는 것이다. 일명 아커블롬 만곡에 더해 추가로 의자를 개조한 부분으로는, 좌석을 약간 경사지게 해서 허벅지 아래를 받치도록 한 것과 의자에 앉아 일어서기 더 수월하도록 팔걸이를 단 것, 의자 높이를 바닥에서부터 평균 46센티미터가 되도록 한 것, 의자에 약간의 쿠션을 덧댄 것을 들 수 있다. Åkerblom, B.(1948), *Standing and Sitting Posture: With Special Reference to the Construction of Chairs*(Stockholm: A.-B. Nordiska Bokhandeln)를 참조하라. 이와 함께 Andersson, B. J. 외(1975), The sitting posture: An electromyographic and discometric study, *Orthopedic Clinics of North America*, 6:105 – 20; Andersson, G. B. J., Jonsson, B., Ortengren, R.(1974), Myoelectric activity in individual lumbar erector spinae muscles in sitting, *Scandinavian Journal of Rehabilitation Medicine, Supplement*, 3:91 – 108.

65. O'Sullivan, K. 외(2012), What do physiotherapists consider to be the best sitting spinal posture?, *Manual Therapy*, 17:432 – 37; O'Sullivan, K. 외(2013), Perceptions of sitting posture among members of the community, both with and without non-specific chronic low back pain, *Manual Therapy*, 18:551 – 56.

66. Hewes, G.(1953), Worldwide distribution of certain postural habits, *American*

Anthropologist, 57:231 - 44.

67. 1970년대만 해도, 연구자들은 어마어마하게 큰 바늘을 사람들의 등에 찔러 넣고 다양한 자세가 척추뼈 사이 디스크에 얼마나 압박을 주는지 측정하곤 했다. 이 고통스러운 실험들을 통해, 앉기가 허리 디스크 압박을 3배 증가시키고, 허리를 펴는 구부정한 자세는 훨씬 더 심한 압박을 발생시켜 허리의 조직들에 스트레스를 주며, 이것이 허리 힘의 약화와 통증으로 이어질 수 있음이 밝혀졌다. 이후 더 새로운 첨단기술이 나와 연구자들은 작고 더 정확한 센서를 척추에 달아 몸에 상처를 내지 않고도 수치를 측정할 수 있게 되었고, 그 결과 종전의 연구 결과들은 과장된 것임이 드러났다. 그 대신 앉아 있기와 서 있기는 둘 다 비슷하게 부상 가능성이 적은 저강도 압박을 발생시키는 것으로 나타났다. 더 나아가, 수십 건의 실험 결과 수많은 전문가가 추천하는 이상적인 앉기 자세인 허리에 약간 굴곡을 주고 상체를 똑바로 펴는 자세가 실제로는 허리 근육을 더 많이 쓰게 만들어 척추에 더 많은 부담을 주는 것으로 나타났다. 과거 연구들에 대해 알고 싶다면 다음을 참조: Andersson, B. J., (1975), The sitting posture: An electromyographic and discometric study, *Orthopedic Clinics of North America*, 6:105 - 20; Nachemson, A., Morris, J.(1964), In vivo measurements of intradiscal pressure. Discometry, a method for the determination of pressure in the lower lumbar discs. Lumbar discometry. Lumbar intradiscal pressure measurements in vivo, *Journal of Bone and Joint Surgery of America*, 46:1077 - 92; Andersson, B. J., Ortengren, R.(1974), Lumbar disc pressure and myoelectric back muscle activity during sitting. II. Studies on an office chair, *Scandinavian Journal of Rehabilitative Medicine*, 6:115 - 21. 더 새로운 연구들에 대해서는 다음을 참조: Claus, A., (2008), Sitting versus standing: Does the intradiscal pressure cause disc degeneration or low back pain?, *Journal of Electromyography and Kinesiology*, 18:550 - 58; Carcone, S. M., Keir, P. J.(2007), Effects of backrest design on biomechanics and comfort during seated work, *Applied Ergonomics*, 38:755 - 64; Lander, C. 외(1987), The Balans chair and its semi-kneeling position: An ergonomic comparison with the conventional sitting position, *Spine*, 12:269 - 72; Curran, M., (2015), Does using a chair backrest or reducing seated hip flexion influence trunk muscle activity and discomfort? A systematic review, *Human Factors*, 57:1115 - 48.

68. Christensen, S. T., Hartvigsen, J.(2008), Spinal curves and health: A systematic critical review of the epidemiological literature dealing with associations between sagittal spinal curves and health, *Journal of Manipulative and Physiological Therapeutics*, 31:690 - 714; Roffey, D. M. 외(2010), Causal assessment of awkward occupational postures and low back pain: Results of a systematic review, *Spine Journal*, 10:89 - 99.

69. Roffey 외(2010), Causal assessment of awkward occupational postures and low back pain; Kwon, B. K. 외(2011), Systematic review: Occupational physical activity and low back pain, *Occupational Medicine*, 61:541 - 48.

70. Driessen, M. T. 외(2010), The effectiveness of physical and organisational ergonomic interventions on low back pain and neck pain: A systematic review, *Occupational and Environmental Medicine*, 67:277 - 85; O'Sullivan, K. 외(2012), The effect of dynamic sitting on the prevention and management of low back pain and low back discomfort:

A systematic review, *Ergonomics*, 55:898 – 908; O'Keeffe, M. 외(2013), Specific flexion-related low back pain and sitting: Comparison of seated discomfort on two different chairs, *Ergonomics*, 56:650 – 58; O'Keeffe, M., (2016), Comparative effectiveness of conservative interventions for nonspecific chronic spinal pain: Physical, behavioral/psychologically informed, or combined? A systematic review and meta-analysis, *Journal of Pain*, 17:755 –74.

71. Lahad, A.(1994), The effectiveness of four interventions for the prevention of low back pain, *Journal of the American Medical Association*, 272:1286 – 91; Tveito, T. H., Hysing, M., Eriksen, H. R.(2004), Low back pain interventions at the workplace: A systematic literature review, *Occupational Medicine*, 54:3 – 13; van Poppel, M. N., Hooftman, W. E., Koes, B. W.(2004), An update of a systematic review of controlled clinical trials on the primary prevention of back pain at the workplace, *Occupational Medicine*, 54:345 – 52; Bigos, S. J., (2009), High-quality controlled trials on preventing episodes of back problems: Systematic literature review in working-age adults, *Spine Journal*, 9:147 – 68; Moon, H. J., (2013), Effect of lumbar stabilization and dynamic lumbar strengthening exercises in patients with chronic low back pain, *Annals of Rehabilitative Medicine*, 37:110 – 17; Steele, J. 외(2013), A randomized controlled trial of limited range of motion lumbar extension exercise in chronic low back pain, *Spine*, 38:1245 – 52; Lee, J. S., Kang, S. J.(2016), The effects of strength exercise and walking on lumbar function, pain level, and body composition in chronic back pain patients, *Journal of Exercise Rehabilitation*, 12:463 – 70.

제4장 | 잠

1. Woolf, V.(1925), *The Common Reader*(London: Hogarth Press).
2. Lockley, S. W., Foster, R. G.(2012), *Sleep: A Very Short Introduction*(New York: Oxford University Press).
3. Soldatos, C. R. 외(2005), How do individuals sleep around the world? Results from a single-day survey in ten countries, *Sleep Medicine*, 6:5 – 13.
4. 대중적이고 세간에 널리 읽힌 이야기들에 대해서는, 다음을 참조: Huffington, A.(2016), *The Sleep Revolution: Transforming Your Life One Night at a Time*(New York: Harmony Books); Walker, M.(2017), *Why We Sleep: Unlocking the Power of Sleep and Dreams*(New York: Simon & Schuster). 수면 박탈이 미치는 영향에 관한 자료들은 다음을 참조: Mitler, M. M. 외 (1988), Catastrophes, sleep, and public policy: Consensus report, *Sleep*, 11:100 – 109.
5. 그 같은 실험 하나를 훌륭히 설명한 책으로는 다음을 참조하라: Boese, A.(2007), *Elephants on Acid, and Other Bizarre Experiments*(New York: Harvest Books).
6. Sharma, S., Kavuru, M.(2010), Sleep and metabolism: An overview, *International Journal of Endocrinology*, 2010:270832; Van Cauter, E., Copinschi, G.(2000), Interrelationships between growth hormone and sleep, *Growth Hormone and IGF Research*, 10:S57 – S62.
7. Capellini, I. 외(2010), Ecological constraints on mammalian sleep architecture, *The Evolution of Sleep: Phylogenetic and Functional Perspectives*, P. McNamara 편, R. A. Barton, C. L.

Nunn(Cambridge, U.K.: Cambridge University Press), 12 – 33에 실린 내용.

8. Schacter, D. L.(2001), *The Seven Sins of Memory: How the Mind Forgets and Remembers*(Boston: Houghton Mifflin).

9. 예를 들어, 이 경우 얼룩말은 자기 누이가 죽을 때 어떤 풀을 먹고 있었는지나 그 사냥꾼이 무슨 색 셔츠를 입고 있었는지, 날씨가 화창했는지보다는 인간이 누이를 쏘았다는 사실을 기억할 필요가 있다.

10. Stickgold, R., Walker, M. P.(2013), Sleep-dependent memory triage: Evolving generalization through selective processing, *Nature Neuroscience*, 16:139 – 45.

11. 잠이 우리가 기억을 잘 저장하고 분류하게 도와준다고 하지만, 과연 그 사실이 우리가 얼마큼 자는지를 설명해줄 수 있을까? 나는 잠을 자고 난 후에도 이해되지 않던 무언가를 이해하게 되곤 하지만, 샤워를 오래 하거나 산책을 하는 등 다른 방식으로 느긋이 휴식을 취하는 동안에도 그런 경험을 하는 만큼, 더 많이 잔다고 해서 기억 통합이 더 많이 일어나는지는 확실치 않다. 육상동물 중 뇌가 가장 크고 영리한 동물 중 하나인 코끼리는 야생에서 단 두 시간만 잠을 자는 반면, 지능이 훨씬 떨어지는 갈색 박쥐는 하루 20시간 잠을 잔다. See Gravett, N. 외(2017), Inactivity/sleep in two wild free-roaming African elephant matriarchs—does large body size make elephants the shortest mammalian sleepers?, *PLOS ONE*, 12:e0171903.

12. 유해성이 가장 큰 것은 유리기(free radical)로, 비공유 홀전자를 가진 이들 분자는 다른 분자들과 쉽게 결합해 온갖 종류의 세포 손상을 일으킨다.

13. Mander, B. A. 외(2015), β-amyloid disrupts human NREM slow waves and related hippocampus-dependent memory consolidation, *Nature Neuroscience*, 18:1051 – 57.

14. 인산염이 세 개 붙은 아데노신 분자, 즉 ATP(adenosisne triphosphate)는 신체의 주된 에너지 저장고다. 이 ATP가 깨져 에너지가 방출되면 아데노신 분자가 서서히 뇌에 쌓여 더 쉽게 졸리게 된다. 카페인이 우리를 계속 깨어 있게 하는 것은, 보통 아데노신과 결합하게 되어 있는 뇌의 수용체들에 달라붙어 아데노신의 효과를 막기 때문이다.

15. 뇌는 혈액이 뇌세포와 접하지 못하게 막아주는 뇌척수액에 젖어 있다. 이는 혈액이 직접 닿으면 뉴런이 파괴되기 때문이다(예를 들어 뇌출중이 일어날 경우). 뿐만 아니라 혈액뇌장벽은 혈액이 뇌에 직접 닿는 것을 차단해 혈액 속 감염원이나 독성물질이 뇌 안으로 들어오는 것을 막아준다.

16. Xie, L. 외(2013), Sleep drives metabolite clearance from the adult brain, *Science*, 342:373 – 77.

17. Sunstsova, N. 외 공저(2002), Sleep-waking discharge patterns of median preoptic nucleus neurons in rats, *Journal of Physiology*, 543:666 – 77.

18. American Automobile Association Foundation for Traffic Safety(2014), *Prevalence of Motor Vehicle Crashes Involving Drowsy Drivers, United States, 2009–2013*(Washington, D.C.: AAA Foundation for Traffic Safety).

19. Mascetti, G. G.(2016), Unihemispheric sleep and asymmetrical sleep: Behavioral, neurophysiological, and functional perspectives, *Nature and Science of Sleep*, 8:221 – 38.

20. Capellini(2010), Ecological constraints on mammalian sleep architecture.

21. 솔직히 말하자면, 이 시간대에 침팬지들이 얼마나 많이 자는지 확신할 수는 없다. D., Nunn, C. L.(2015), Sleep intensity and the evolution of human cognition, *Evolutionary Anthropology*, 24:225 – 37.

22. Ford, E. S., Cunningham, T. J., Croft, J. B.(2015), Trends in self-reported sleep duration among US adults from 1985 to 2012, *Sleep*, 38:829 – 32; Groeger, J. A., Zijlstra, F. R. H., Dijk, D. J.(2004), Sleep quantity, sleep difficulties, and their perceived consequences in a representative sample of some 2000 British adults, *Journal of Sleep Research*, 13:359 – 71; Luckhaupt, S. E., Tak, S., Calvert, G. M.(2010), The prevalence of short sleep duration by industry and occupation in the National Health Interview Survey, *Sleep*, 33:149 – 59; Ram, S. 외(2010), Prevalence and impact of sleep disorders and sleep habits in the United States, *Sleep and Breathing*, 14:63 – 70. 여기서 유념해야 할 것은, 전 세계 인구를 대상으로 하면 필수로 여겨지는 최소 7~8시간 잠을 자지 않는 사람의 비중은 이보다 약간 더 낮은, 4명에 1명꼴 정도다. Soldatos 외(2005), How do individuals sleep around the world? 참조.

23. 한 면밀한 연구에서 자기보고 수면 시간과 센서 측정 수면 시간을 비교한 것을 보면, 평균적으로 자신이 6.5시간 잔다고 보고한 개인은 실제 5시간밖에 자지 않았고, 7.5시간 잔다고 보고한 이는 실제 7시간 자는 것으로 나타났다. Lauderdale, D. S. 외(2008), Self-reported and measured sleep duration: How similar are they?, *Epidemiology*, 19:838 – 45.

24. Lauderdale, D. S. 외(2006), Objectively measured sleep characteristics among early-middle-aged adults: The CARDIA study, *American Journal of Epidemiology*, 164:5 – 16; Blackwell, T. 외(2011), Factors that may influence the classification of sleep-wake by wrist actigraphy: The MrOS Sleep Study, *Journal of Clinical Sleep Medicine*, 7:357 – 67; Natale, V. 외(2014), The role of actigraphy in the assessment of primary insomnia: A retrospective study, *Sleep Medicine*, 15:111 – 15; Lehnkering, H., Siegmund, R.(2007), Influence of chronotype, season, and sex of subject on sleep behavior of young adults, *Chronobiology International*, 24:875 – 88; Robillard, R. 외(2014), Sleep-wake cycle in young and older persons with a lifetime history of mood disorders, *PLOS ONE*, 9:e87763; Heeren, M. 외 (2014), Active at night, sleepy all day: Sleep disturbances in patients with hepatitis C virus infection, *Journal of Hepatology*, 60:732 – 40.

25. Walker(2017), *Why We Sleep* 참조.

26. Evans, D. S. 외(2011), Habitual sleep/wake patterns in the Old Order Amish: Heritability and association with non-genetic factors, *Sleep*, 34:661 – 69; Knutson, K. L.(2014), Sleep duration, quality, and timing and their associationswith age in a community without electricity in Haiti, *American Journal of Human Biology*, 26:80 – 86; Samson, D. R. 외 (2017), Segmented sleep in a nonelectric, small-scale agricultural society in Madagascar, *American Journal of Human Biology*, 29:e22979.

27. 하지만 이 같은 연구 결과와는 반대로, 한때 아르헨티나에서 야생채취 생활을 하던 토바족의 두 부류를 비교해본 결과, 겨울철에 전기 없이 생활하는 공동체의 사람들은 불빛이 있는 사람들보다 한 시간 더 자는 것으로 나타났다. de la Iglesia, H. O. 외(2015), Access to electric light is associated with shorter sleep duration in a traditionally hunter-

gatherercommunity, *Journal of Biological Rhythms*, 30:342 – 50 참조.

28. Youngstedt, S. D. 외(2016), Has adult sleep duration declined over the last 50+ years?, *Sleep Medicine Reviews*, 28:69 – 85.

29. 자신의 2017년도 베스트셀러 *Why We Sleep*에서 수면 전문가 매슈 워커(Matthew Walker)는 설령 이 측정치가 옳더라도 수렵채집인은 잠을 더 자야 하는 것이 옳다며 이들 자료를 일축했다. 워커는 그 증거로 수렵채집인의 기대수명이 58세이고 감염병에 걸리기 쉽다는 점을 들었는데, 그는 이 두 가지 모두 잠을 더 자면 개선될 수 있다고 보았다. 하지만 이 비판에는 문제가 있다. 영아 사망률이 높은 점을 감안하면 대부분 수렵채집인이 최소한 70년은 산다고 할 수 있으며, 그들이 감염병에 걸릴 확률도 알고 보면 농부나 산업사회에 살면서 현대 의료 서비스를 이용하지 못하는 사람들보다 상당히 낮은 것으로 나타나기 때문이다. 수렵채집인들은 칼로리가 충분치 못하기 때문에 스트레스가 심하고 따라서 잠도 잘 자지 못한다는 워커의 주장도 옳지 않다. 수렵채집인의 기대수명 및 사망 원인에 대해서는 다음을 참조하라: Gurven, M., Kaplan, H.(2007), Longevity among hunter-gatherers: A cross-cultural examination, *Population and Development Review*, 33:321 – 65.

30. Kripke, D. F. 외(2002), Mortality associated with sleep duration and insomnia, *Archives of General Psychiatry*, 59:131 – 36. 이는 그리 관심을 받지 못했던 1946년도 연구의 후속 연구였다: Hammond, E. C.(1964), Some preliminary findings on physical complaints from a prospectivestudy of 1,064,004 men and women, *American Journal of Public Health*, 54:11 – 23.

31. Tamakoshi, A., Ohno, Y.(2004), Self-reported sleep duration as a predictor of all-cause mortality: Results from the JACC study, Japan, *Sleep*, 27:51 – 54; Youngstedt, S. D., Kripke, D. F.(2004), Long sleep and mortality: Rationale for sleep restriction, *Sleep Medicine Reviews*, 8:159 – 74; Bliwise, D. L., Young, T. B.(2007), The parable of parabola: What the U-shaped curve can and cannot tell us about sleep, *Sleep*, 30:1614 – 15; Ferrie, J. E. 외(2007), A prospective study of change in sleep duration; associations with mortality in the Whitehall II cohort, *Sleep*, 30:1659 – 66; Hublin, C. 외(2007), Sleep and mortality: A population-based 22-year follow-up study, *Sleep*, 30:1245 – 53; Shankar, A. 외(2008), Sleep duration and coronary heart disease mortality among Chinese adults in Singapore: A population-based cohort study, *American Journal of Epidemiology*, 168:1367 – 73; Stranges, S. 외(2008), Correlates of short and long sleep duration: A cross-cultural comparison between the United Kingdom and the United States: The Whitehall II study and the Western New York Health Study, *American Journal of Epidemiology*, 168:1353 – 64.

32. Lopez-Minguez, J. 외(2015), Circadian system heritability as assessed by wrist temperature: A twin study, *Chronobiology International*, 32:71 – 80; Jones, S. E. 외(2019), Genome-wide association analyses of chronotype in 697, 828 individuals provides insights into circadian rhythms, *Nature Communications*, 10:343.

33. Ekirch, A. R.(2005), *At Day's Close: Night in Times Past*(New York: W. W. Norton).

34. Samson 외(2017), Segmented sleep in a nonelectric, small-scale agricultural society in Madagascar; Worthman, C. M.(2002), After dark: The evolutionary ecology of human sleep, in *Perspectives in Evolutionary Medicine*, ed. W. R. Trevathan, E. O. Smith, J. J.

McKenna(Oxford: Oxford University Press), 291–313; Worthman, C. M., Melby, M. K.(2002), Towards a comparative developmental ecology of human sleep, in *Adolescent Sleep Patterns: Biological, Social, and Psychological Influences*, M. A. Carskadon 편(Cambridge, U.K.: Cambridge University Press), 69–117.

35. Randler, C.(2014), Sleep, sleep timing, and chronotype in animal behaviour, *Behaviour*, 94:161–66.

36. 하지만 이 연구는 재시행해, 사람들이 자는 도중에 일어나 한 시간 정도 움직이는 경향이 있고, 그 시간에 꼭 사람들이 깨어 있는 것처럼 보인다는 사실을 반영할 필요가 있다. Samson, D. R. 외(2017), Chronotype variation drives night-time sentinel-like behaviour in hunter-gatherers, *Proceedings of the Royal Society of Science B: Biological Science*, 28:20170967.

37. Snyder, F.(1966), Toward an evolutionary theory of dreaming, *American Journal of Psychiatry*, 123:121–36; Nunn, C. L., Samson, D. R., Krystal, A. D.(2016), Shining evolutionary light on human sleep and sleep disorders, *Evolutionary Medicine and Public Health*, 2016:227–43.

38. Van Meijl, T.(2013), Maori collective sleeping as cultural resistance, *Sleep Around the World: Anthropological Perspectives*, K. Glaskin, R. Chenhall 공편(London: Palgrave Macmillan), 133–49.

39. Lohmann, R. I.(2013), Sleeping among the Asabano: Surprises in intimacy and sociality at the margins of consciousness, in Glaskin and Chenhall, *Sleep Around the World*, 21–44; Musharbash, Y.(2013), Embodied meaning: Sleepingarrangements in Central Australia, 같은 책, 45–60.

40. Worthman, Melby(2002), Towards a comparative developmental ecology of human sleep.

41. Reiss, B.(2017), *Wild Nights: How Taming Sleep Created Our Restless World*(New York: Basic Books).

42. Ekirch(2005), *At Day's Close*.

43. Worthman(2008), After dark.

44. Alexeyeff, K.(2013), Sleeping safe: Perceptions of risk and value in Western and Pacific infant co-sleeping, Glaskin, Chenhall, *Sleep Around the World*, 113–32.

45. Ferber, R.(1986), *Solve Your Child's Sleep Problems*(New York: Fireside Books).

46. McKenna, J. J., Ball, H. L., Gettler, L. T.(2007), Mother-infant cosleeping, breastfeeding, and sudden infant death syndrome: What biological anthropology has discovered about normal infant sleep and pediatric sleep medicine, *Yearbook of Physical Anthropology*, 45:133–61.

47. McKenna, J. J., McDade, T.(2006), Why babies should never sleep alone: A review of the co-sleeping controversy in relation to SIDS, bedsharing, and breast feeding, *Paediatric Respiratory Reviews*, 6:134–52; Fleming, P., Blair, P., McKenna, J. J.(2006), New knowledge, new insights, new recommendations, *Archives of Diseases in Childhood*, 91:799–801.

48. 진단 수준의 불면증에 대해서는, 다음을 참조하라: Ohayon, M. M., Reynolds,

C. F., III(2009), Epidemiological and clinical relevance of insomnia diagnosis algorithmsaccording to the Diagnostic and Statistical Manual of Disorders(DSM-IV) and the International Classification of Sleep Disorders(ICSD), *Sleep Medicine*, 10:952 - 60. 불면증을 겪는다는 자기보고식 주장들에 대해서는 다음을 참조하라: Centers for Disease Control and Prevention, 1 in 3 adults don't get enough sleep, 보도 자료, Feb. 18, 2016, www.cdc.gov.

49. Mai, E., Buysse, D. J.(2008), Insomnia: Prevalence, impact, pathogenesis, differential diagnosis, and evaluation, *Sleep Medicine Clinics*, 3:167 - 74.

50. Chong, Y., Fryer, C. D., Gu, Q.(2013), Prescription sleep aid use among adults: United States, 2005 - 2010, *National Center for Health Statistics Data Brief*, 127:1 - 8.

51. Borbély, A. A.(1982), A two process model of sleep regulation, *Human Neurobiology*, 1:195 - 204.

52. Czeisler, C. A. 외(1999), Stability, precision, and near-24-hour period of the human circadian pacemaker, *Science*, 284:2177 - 81.

53. 맞다, 이 부분은 해리 포터를 참조했다. 다음도 함께 참조: McNamara, P., Auerbach, S.(2010), Evolutionary medicine of sleep disorders: Toward a science of sleep duration, in McNamara, Barton, and Nunn, *Evolution of Sleep*, 107 - 22.

54. Murphy, P. J., Campbell, S. S.(1997), Nighttime drop in body temperature: A physiological trigger for sleep onset?, *Sleep*, 20:505 - 11; Uchida, S. 외(2012), Exercise effects on sleep physiology, *Frontiers in Neurology*, 3:48; Youngstedt, S. D.(2005), Effects of exercise on sleep, *Clinics in Sports Medicine*, 24:355 - 65.

55. Kubitz, K. A. 외(1996), The effects of acute and chronic exercise on sleep: A meta-analytic review, *Sports Medicine*, 21:277 - 91; Youngstedt, S. D., O'Connor, P. J., Dishman, R. K.(1997), The effects of acute exercise on sleep: A quantitative synthesis, *Sleep*, 20:203 - 14; Singh, N. A., Clements, K. M., Fiatarone, M. A.(1997), A randomized controlled trial of the effect of exercise on sleep, *Sleep*, 20:95 - 101; Dishman, R. K. 외(2015), Decline in cardiorespiratory fitness and odds of incident sleep complaints, *Medicine and Science in Sports and Exercise*, 47:960 - 66; Dolezal, B. A., (2017), Interrelationship between sleep and exercise: A systematic review, *Advances in Preventive Medicine*, 2017:1364387.

56. Loprinzi, P. D., Cardinal, B. J.(2011), Association between objectivelymeasured physical activity and sleep, NHANES 2005 - 2006, *Mental Health and Physical Activity*, 4:65 - 69.

57. Fowler, P. M. 외(2017), Greater effect of east versus west travel on jet lag, sleep, and team sport performance, *Medicine and Science in Sports and Exercise*, 49:2548 - 61.

58. Gao, B. 외(2019), Lack of sleep and sports injuries in adolescents: A systematic review and meta-analysis, *Journal of Pediatric Orthopedics*, 39:e324 - e333.

59. Hartescu, I., Morgan, K., Stevinson, C. D.(2015), Increased physical activity improves sleep and mood outcomes in inactive people with insomnia: A randomized controlled trial, *Journal of Sleep Research*, 24:526 - 34; Hartescu, I., Morgan, K.(2019), Regular physical activity and insomnia: An international perspective, *Journal of Sleep Research*, 28:e12745;

Inoue, S. 외(2013), Does habitual physical activity prevent insomnia? A cross-sectional and longitudinal study of elderly Japanese, *Journal of Aging and Physical Activity*, 21:119 – 39; Skarpsno, E. S. 외(2018), Objectively measured occupational and leisure-time physical activity: Cross-sectional associations with sleep problems, *Scandinavian Journal of Work and Environmental Health*, 44:202 – 11.

60. 스트레스 및 코르티솔이 유도한 스트레스가 인체에 어떤 영향을 미치는지를 대중적이고 훌륭하게 설명한 내용으로는 다음을 참조하라: Sapolsky, R. M.(2004), *Why Zebras Don't Get Ulcers: An Updated Guide to Stress, Stress-Related Diseases, and Coping* 3판 (San Francisco: W. H. Freeman).

61. 불면증은 이상적인 환경에서도 도무지 잠들지 못하거나 중간중간 계속 깨는 증세로 정의된다. Leproult, R. 외(1997), Sleep loss results in an elevation of cortisol levels the next evening, *Sleep*, 20:865 – 70; Spiegel, K., Leproult, R., Van Cauter, E.(1999), Impact of sleep debt on metabolic and endocrine function, *Lancet*, 354:1435 – 39; Ohayon, M. M. 외(2010), Using difficulty resuming sleep to define nocturnal awakenings, *Sleep Medicine*, 11:236 – 41

62. Spiegel, K. 외(2004), Sleep curtailment in healthy young men is associated with decreased leptin levels: Elevated ghrelin levels and increased hunger and appetite, *Annals of Internal Medicine*, 141:846 – 50

63. Vgontzas, A. N. 외(2004), Adverse effects of modest sleep restriction on sleepiness, performance, and inflammatory cytokines, *Journal of Clinical Endocrinology and Metabolism*, 89:2119 – 26.

64. Shi, T. 외(2019), Does insomnia predict a high risk of cancer? A systematic review and meta-analysis of cohort studies, *Journal of Sleep Research*, 2019:e12876.

65. Colrain, I. M., Nicholas, C. L., Baker, F. C.(2014), Alcohol and the sleepingbrain, *Handbook of Clinical Neurology*, 125:415 – 31.

66. Chong, Fryer, Gu(2013), Prescription sleep aid use among adults.

67. Kripke, D. F., Langer, R. D., Kline, L. E.(2012), Hypnotics' association with mortality or cancer: A matched cohort study, *BMJ Open*, 2:e000850.

68. Kripke, D. F.(2016), Hypnotic drug risks of mortality, infection, depression, and cancer: But lack of benefit, F1000 *Research*, 5:918.

69. Huedo-Medina, T. B. 외(2012), Effectiveness of non-benzodiazepine hypnotics in treatment of adult insomnia: Meta-analysis of data submitted to the Food and Drug Administration, *British Medical Journal*, 345:e8343.

70. 이 인용구는 Huffington(2016), *Sleep Revolution*, 48에 실려 있다.

71. Buysse, D. J.(2014), Sleep health: Can we define it? Does it matter?, *Sleep*, 37:9 – 17.

72. 여기서 한 걸음 더 나아가면, 잠에 든 사람들은 일반적으로 매일 밤 1시간 정도는 이리저리 뒤척이므로 수면 중에도 신체 활동을 한다고 할 수 있다. 이런 뒤척임은 욕창을 비롯해 몸을 너무 움직이지 않을 경우 일어나는 갖가지 문제를 예방한다. 수면 중 신체 활동 가운데는 몽유병이나 하지불안증후군을 포함해 병리적인 형태도 있다.

제5장 | 스피드

1. Bourliere, F.(1964), *The Natural History of Mammals* 제3판(New York: Alfred A. Knopf).

2. 보통의 수소는 1시간에 35킬로미터 달릴 수 있는 반면, 훈련은 받지 않았지만 건강한 신체를 가진 대부분의 인간은 1시간에 24킬로미터를 달릴 수 있다. 최정예 단거리 육상선수는 수소만큼 빨리 달릴 수 있다.

3. Fiske-Harrison, A. 외(2014), *Fiesta: How to Survive the Bulls of Pamplona*(London: Mephisto Press).

4. Salo, A. L. 외(2010), Elite sprinting: Are athletes individually step frequencyor step length reliant?, *Medicine and Science in Sport and Exercise*, 43:1055 – 62.

5. 단거리 경주 전문가 피터 웨이엔드(Peter Weyand)에 따르면, 볼트의 최고 보속은 초당 2.1~2.2보로, 초당 2.3~2.4보를 달리기도 하는 여타 단거리 선수들에 비해 약간 낮은 편이며, 키가 더 작은 단거리 선수들은 초당 2.5보에 달할 수 있다고도 한다.

6. Garland, T., Jr.(1983), The relation between maximal running speed and body mass in terrestrial mammals, *Journal of Zoology*, 199:157 – 70.

7. 한 유명한 실험에서 하버드대학 생물학자 C. 리처드 테일러(C. Richard Taylor)가 주장한 바에 따르면, 치타는 그 대단한 속도를 단 4분간 유지하고 이후로는 몸이 과열돼 멈출 수밖에 없다고 한다. 하지만 실험실 안에서 이루어진 이 실험은 자신의 최고 달리기 속도에 훨씬 못 미치는 속도로 달리는 치타를 대상으로 이루어졌으며(즉 위험하고 빠른 포식자를 러닝머신 위에 올려놓고 그 정도 빠르기로 작동시켜본 것이다), 다수의 정밀한 연구들에서 남아프리카의 야생 치타들에게 체온 센서를 부착하고 실험한 결과 치타들은 몸이 지나치게 더워지기 한참 전에 달리기를 멈추는 것으로 나타났다. Hetem, R. S. 외(2013), Cheetah do not abandon hunts because they overheat, *Biology Letters*, 9:20130472; Taylor, C. R., Rowntree, V. J.(1973), Temperatureregulation and heat balance in running cheetahs: A strategy for sprinters?, *American Journal of Physiology*, 224:848 – 51.

8. Wilson, A. M. 외(2018), Biomechanics of predator-prey arms race in lion, zebra, cheetah, and impala, *Nature*, 554:183 – 88.

9. 방향을 전환할 때 주자의 속도가 현저히 떨어지는 것은 원하는 방향으로 몸을 틀기 위해서는 측면 힘을 써야만 하기 때문이다. 또 방향을 전환할 때 동물들의 안정성이 떨어지는 것은 발을 무게 중심 아래 대신 측면에 놓기 위해 옆으로 움직여야만 하기 때문이다. 인간은 이 두 가지 면 모두에 있어 불리하다. 첫째로, 달리는 중일 때 인간은 지표면에 한쪽 다리만 놓고 있으므로, 적어도 두 다리를 바닥에 붙이고 어느 한쪽 다리 하나는 몸을 지탱하는 데 쓸 수 있는 네발동물에 비해 넘어질 확률이 더 높다. 인간은 마찰력도 부족하다. 오늘날 운동선수들은 미끄럼 방지 밑창이나 스파이크가 박힌 운동화를 신지만, 치타는 안으로 집어넣을 수 있는 커다란 발톱이 미끄럼 방지 밑창 같은 역할을 해서 방향 전환을 할 때 마찰력이 생긴다. Jindrich, D. L., Besier, T. F., Lloyd, D. G.(2006), A hypothesis for the function of braking forces during running turns, *Journal of Biomechanics*, 39:1611 – 20.

10. Rubenson, J. 외(2004), Gait selection in the ostrich: Mechanical and metabolic characteristics of walking and running with and without an aerialphase, *Proceedings of*

the Royal Society B: Biological Science, 271:1091 – 99. Humans versus ostriches: Jindrich, D. L. 외(2007), Mechanics of cuttingmaneuvers by ostriches (*Struthio camelus*), *Journal of Experimental Biology*, 210:1378 – 90. 여러분이 궁금해 할 것 같아 하는 이야기지만, 티라노사우르스 렉스*(Tyrannosaurus rex)*는 그리 빨리 달리지 못했을 가능성이 크다. 새로 나온 추정치에 따르면 티라노사우루스 렉스의 최대속도는 시간당 19킬로미터였을 것으로 보인다. Sellers, W. I. 외(2017), Investigating the running abilities of Tyrannosaurus rex using stress-constrained multibody dynamic analysis, *PeerJ*, 5:e3420 참조.

11. Gambaryan, P., Hardin, H.(1974), *How Mammals Run: Anatomical Adaptations*(New York: Wiley); Galis, F. 외(2014), Fast running restricts evolutionary change of the vertebral column in mammals, *Proceedings of the National Academy of Sciences USA*, 111:11401 – 6.

12. Castillo, E. R., Lieberman, D. E.(2018), Shock attenuation in the human lumbar spine during walking and running, *Journal of Experimental Biology*, 221:jeb177949 참조. 이 연구에서 나는 양족보행이 에너지 면에서 여러 가지로 불리하다는 사실에 초점을 맞추었지만 직립 자세는 여러 다른 문제도 일으키는바, 우리 머리가 심하게 흔들거린다는 것도 그중 하나다. 인간이 달릴 때는 머리가 아래위로 요동치지만, 전력 질주하는 개나 말은 몸의 나머지 부분이 움직여도 머리만큼은 놀라울 정도로 한 자리에 고정돼 있다. 네발동물의 머리는 마치 발사대 위에 올려놓은 미사일 같다. 이런 안정성은 달릴 때 무엇보다 중요하다. 반사신경은 안구를 안정화해 동물의 시야가 흐려지지 않게 하는데, 이 신경은 급속한 장면 전환을 따라잡을 만큼 충분히 빠르지 못하다. 실험 결과, 머리가 너무 빨리 회전하면 (인간을 포함해) 동물은 자신이 달리는 길 중간의 장애물을 비롯해 무엇이든 자신이 보고 있는 것에 더 이상 효과적으로 초점을 맞추지 못한다. 따라서 위아래로 흔들리는 머리는 주자에게 커다란 위험을 불러올 가능성이 있다. 네발동물은 흉부 앞쪽에서 머리 뒤쪽으로 목이 비교적 수평으로 뻗어 있는 덕에 이 문제를 해결할 수 있었다. 이 캔틸레버 같은 구조 덕에 몸이 아래로 떨어지거나 위로 올라갈 때도 동물은 목을 높이거나 낮추어 머리를 한 자리에 고정할 수 있다. 몇몇 동물은 여기서 한발 더 나아가 근육을 많이 쓰지 않고도 머리를 저항이 없게 안정시키는 탄성 구조를 더 만들어냈다. 그러나 인간은 짧고 작고 수직으로 뻗은 목이 두개골 맨 아래 정중앙에 붙어 있기 때문에, 마치 포고스틱처럼 달릴 수밖에 없다. 비록 우리도 머리가 지나치게 넘어가지 않도록 몇 가지 특별한 기제를 진화시키긴 했지만, 달릴 때 머리가 아래위로 요동치는 것을 막을 방법이 우리에게는 없다. 더 많은 정보를 알고 싶으면, Lieberman, D. E.(2011), *The Evolution of the Human Head*(Cambridge, Mass.: Harvard University Press)을 참조하라.

13. Weyand, P. G., Lin, J. E., Bundle, M. W.(2006), Sprint performanceduration relationships are set by the fractional duration of external force application, *American Journal of Physiology: Regulatory, Integrative, and Comparative Physiology*, 290:R758 – R765; Weyand, P. G. 외(2010), The biological limits to running speed are imposed from the ground up, *Journal of Applied Physiology*, 108:950 – 61; Bundle, M. W., Weyand, P. G.(2012), Sprint exercise performance: Does metabolic power matter?, *Exercise Sports Science Reviews*, 40:174 – 82.

14. 우리는 단백질도 분해해 연료로 사용할 수 있지만, 이런 일은 훨씬 드물며 우리 몸에 지방과 당의 공급이 달릴 때만 일어난다. 아울러 여러분이 궁금해 할 것 같아 하는 이야기

지만, ADP는 다시 AMP(아데노신 1인산)로 분해되어 더 많은 에너지를 방출할 수 있다. 하지만 이런 일은 그렇게 자주 일어나지 않는다.

15. Gillen, C. M.(2014), *The Hidden Mechanics of Exercise*(Cambridge, Mass.: Harvard University Press).

16. See McArdle, W. D., Katch, F. I., Katch, V. L.(2007), *Exercise Physiology: Energy, Nutrition, and Human Performance*(Philadelphia: Lippincott Williams & Wilkins), 143; Gastin, P. B.(2001), Energy system interaction and relative contribution during maximal exercise, *Sports Medicine Journal*, 10:725 – 41.

17. 이 과정은 보통 매우 느리지만, 근육 세포들이 그 이행과정을 5배 빨라지게 하는 효소 (크레아틴 인산)를 공급할 수 있다.

18. Boobis, L., Williams, C., Wootton, S.(1982), Human muscle metabolismduring brief maximal exercise, *Journal of Physiology*, 338:21 – 22; Nevill, M. E. 외(1989), Effect of training on muscle metabolism during treadmill sprinting, *Journal of Applied Physiology*, 67:2376 – 82. 여기서 우리는 고강도 훈련이나 크레아틴이 많이 들어 있는 육류 같은 음식을 섭취한다고 해도 이 비축량은 단지 미미하게 늘어날 뿐임을 유념해야 한다. Koch, A. J., Pereira, R., Machado, M.(2014), The creatine kinase response to resistance training, *Journal of Musculoskeletal and Neuronal Interactions*, 14:68 – 77.

19. 엄밀히 말하면, 당분해는 총 10단계의 과정으로, 당 1개에 ATP가 2개 필요하고 여기서 4개의 ATP가 나오므로 실질적으로 2개의 ATP가 얻어지는 셈이다.

20. Bogdanis, G. C. 외(1995), Recovery of power output and muscle metabolitesfollowing 30 s of maximal sprint cycling in man, *Journal of Physiology*, 482:467 – 80.

21. Mazzeo, R. S. 외(1986), Disposal of blood [1-13C]lactate in humans duringrest and exercise, *Journal of Applied Physiology*, 60:232 – 41; Robergs, R. A., Ghiasvand, F., Parker, D.(2004), Biochemistry of exercise-induced metabolic acidosis, *American Journal of Physiology: Regulatory, Integrative, and Comparative Physiology*, 287:R502 – R516.

22. 이 과정을 시트르산 회로라고도 하며, 산화적 인산화라고 하는 두 번째 단계가 동반되지만 여기서는 간단한 설명을 위해 그냥 하나로 묶어서 다루고자 한다.

23. Maughan, R. J.(2000), Physiology and biochemistry of middle distance and long distance running, *Handbook of Sports Science and Medicine: Running*, J. A. Hawley 편 (Oxford: Blackwell), 14 – 27.

24. 이 한계치는 이 책 9장의 주제로, 여러분의 유전자와 어떤 식의 훈련을 하는지를 비롯한 주변 환경에 강한 영향을 받는다.

25. 정확히 말하면, 우리가 사용한 ATP의 약 20퍼센트는 즉각적이지만 제한적으로 공급되는 크레아틴 인산염에서 얻었고, 약 50퍼센트가 단기 당분해에서 얻었으며, 약 30퍼센트만이 장기 유산소 에너지 체계에서 얻은 것이다. Bogdanis 외(1995), Recovery of power output and muscle metabolites following 30s of maximal sprint cycling in man 참조.

26. Steinmetz, P. R. H. 외(2012), Independent evolution of striated muscles in cnidarians and bilaterians, *Nature*, 482:231 – 34.

27. 가는 필라멘트를 액틴, 굵은 필라멘트를 미오신이라 하며, 미오신 필라멘트에서 액틴

필라멘트를 끌어당기게끔 돌출하는 부분을 미오신 머리라고 한다. ATP 하나가 미오신 머리와 결합할 때 그것은 근원섬유단위의 길이를 단 6나노미터, 즉 종이 한 장의 1만 5천분의 1도 안 될 정도만 줄일 뿐이다. 보통의 커다란 근육에는 근섬유가 최소 100만 개 이상 들어 있고, 각 근섬유는 나란히 늘어선 약 5천 개의 근원섬유마디를 갖고 있으므로, 보통의 근육 안에서 이것들 수십억 개가 함께 수축하면 수십억 개의 ATP를 소비하면서 엄청난 힘을 발생킨다. 흥미롭게도, 미오신 머리가 액틴 단백질에 가서 붙는 데는 ATP가 들지 않지만, ATP는 각각의 미오신 머리를 래칫으로 만들었다가 나중에 그것을 액틴에서 푸는 역할을 한다. 그 결과 우리 몸이 죽어 ATP가 다 떨어지면, 근육도 ATP가 없는 상태에서 사후경직에 들어가 미오신 머리를 액틴에서 풀게 된다.

28. 붉은 색조는 착색이나 요리를 해야만 분명히 나타나는 것으로, 미오글로빈 분자 비율이 높은 데서 발생하는 현상이다. 미오글로빈은 우리 혈액 속의 헤모글로빈과 유사한 단백질로, 근육 세포의 산소를 미토콘드리아로 옮겨주는 기능을 한다. 유산소 에너지를 많이 사용하는 근육일수록 당분해에 의존하는 근육보다 더 많은 미오글로빈을 필요로 한다.

29. McArdle, W. D., Katch, F. I., Katch, V. L.(2000), *Essentials of Exercise Physiology* 제2판 (Baltimore: Lippincott Williams & Wilkins).

30. Costill, D. L.(1976), Skeletal muscle enzymes and fiber composition in male and female track athletes, *Journal of Applied Physiology*, 40:149 – 54.

31. Zierath, J. R., Hawley, J. A.(2004), Skeletal muscle fiber type: Influence on contractile and metabolic properties, *PLOS Biology*, 2:e348.

32. Handsfield, G. G. 외(2017), Adding muscle where you need it: Nonuniformhypertrophy patterns in elite sprinters, *Scandinavian Journal of Medicine and Science in Sports*, 27:1050 – 60.

33. Van De Graaff, K. M.(1977), Motor units and fiber types of primary ankle extensorsof the skunk (*Mephitis mephitis*), *Journal of Neurophysiology*, 40:1424 – 31; Rodríguez-Barbudo, M. V. 외(1984), Histochemical and morphometric examination of the cranial tibial muscle of dogs with varying aptitudes (greyhound, German shepherd, and fox terrier), *Zentralblatt für Veterinarmedizin: Reihe*, C 13:300 – 312; Williams, T. M. 외(1997), Skeletal muscle histology and biochemistry of an elite sprinter, the African cheetah, *Journal of Comprehensive Physiology B*, 167:527 – 35.

34. Costa, A. M. 외(2012), Genetic inheritance effects on endurance and muscle strength: An update, *Sports Medicine*, 42:449 – 58.

35. 흥미로운 것은, 최대 유산소능력(최대 VO₂)을 향상시키는 데 훈련이 별 소용없는 사람과(일명 무반응자) 훈련을 받으면 확실히 향상되는 사람에게(고반응자) 영향을 미치는 듯한 유전자가 서로 다르다는 사실이다. Bouchard, C. 외(2011), Genomic predictors of the maximal O2 uptake response to standardized exercise training programs, *Journal of Applied Physiology*, 110:1160 – 70 참조.

36. 이를 훌륭하게 검토한 내용으로는, Epstein, D.(2013), *The Sports Gene: Inside the Science of Extraordinary Athletic Performance*(New York: Current Books)를 참조하라.

37. Yang, N. 외(2003), ACTN3 genotype is associated with human elite athleticperformance, *American Journal of Human Genetics*, 73:627-31; Berman, Y., North, K. N.(2010), A gene for

speed: The emerging role of alphaactinin-3 in muscle metabolism, *Physiology*, 25:250 - 59.

38. Moran, C. N. 외(2007), Association analysis of the ACTN3 R577X polymorphism and complex quantitative body composition and performance phenotypes in adolescent Greeks, *European Journal of Human Genetics*, 15:88 - 93.

39. Pitsiladis, Y. 외(2013), Genomics of elite sporting performance: What little we know and necessary advances, *British Journal of Sports Medicine*, 47:550 - 55; Tucker, R., Santos-Concejero, J., Collins, M.(2013), The genetic basis for elite running performance, *British Journal of Sports Medicine*, 47:545 - 49.

40. Bray, M. S. 외(2009), The human gene map for performance and health related fitness phenotypes: The 2006 - 2007 update, *Medicine and Science in Sports and Exercise*, 41:35 - 73; Guth, L. M., Roth, S. M.(2013), Genetic influence on athletic performance, *Current Opinions in Pediatrics*, 25:653 - 58.

41. Simoneau, J. A., Bouchard, C.(1995), Genetic determinism of fiber type proportion in human skeletal muscle, *FASEB Journal*, 9:1091 - 95.

42. Ama, P. F. 외(1986), Skeletal muscle characteristics in sedentary black and Caucasian males, *Journal of Applied Physiology*, 61:1758 - 61.

43. Wood, A. R. 외(2014), Defining the role of common variation in the genomic and biological architecture of adult human height, *Nature Genetics*, 46:1173 - 86.

44. Price, A.(2014), *Year of the Dunk: A Modest Defiance of Gravity*(New York: Crown).

45. Carling, C. 외(2016), Match-to-match variability in high-speed running activity in a professional soccer team, *Journal of Sports Science*, 34:2215 - 23.

46. Van Damme, R. 외(2002), Performance constraints in decathletes, *Nature*, 15:755 - 56. 또 다른 실례로 호주의 프로축구 선수들의 전반적인 운동 능력을 평가한 연구가 있는데, 이에 따르면 1,500미터 달리기 등에서 뛰어난 지구력을 보인다고 해서 해당 선수의 점프 높이 등 파워를 밑바탕으로 한 능력이 떨어지지는 않는다. Wilson, R. S.(2014), Does individual quality mask the detection of performance trade-offs? A test using analyses of human physical performance, *Journal of Experimental Biology*, 217:545 - 51 참조.

47. Wilson, R. S., James, R. S., Van Damme, R.(2002), Trade-offs between speed and endurance in the frog Xenopus laevis: A multi-level approach, *Journal of Experimental Biology*, 205:1145 - 52; Garland, T., Else, P. L.(1987), Seasonal, sexual, and individual variation in endurance and activity metabolismin lizards, *American Journal of Physiology*, 252:R439 - R449; Garland, T.(1988), Genetic basis of activity metabolism: I. Inheritance of speed, stamina, and antipredator displays in the garter snake *Thamnophis sirtalis*, *Evolution*, 42:335 - 50; Schaffer, H. B., Austin, C. C., Huey, R. B.(1989), The consequences of metamorphosis on salamander (Ambystoma) locomotor performance, *Physiological Zoology*, 64:212 - 31.

48. 일레인 모건(Elaine Morgan)의 1982년도 책, *The Aquatic Ape: A Theory of Human Evolution*(London: Souvenir Press)을 통해 인간이 수영을 하도록 진화했다는 생각이 널리 대중화되었는데, 여러 과학자가 많은 비판을 가했음에도 이 유사과학적인 생각은 종종 음모 이론으로 위장해 인터넷에서 여전히 인기를 누리고 있다. 민물과 해양의 자원들

이 때로는 인간의 진화에 중요한 요소가 되기는 하지만, 인간이 수영을 잘하도록 선택되었다는 주장에는 증거가 거의 없으며, 콧구멍이 아래로 향해 있는 것과 같이 수영을 위한 적응이라고 주장되는 수많은 특징은 현 상태를 설명하는 이야기일 뿐 오류로 판명되었다. 이 모든 특징에 대해서는, 더 엄밀한 검증을 거친 더 설득력 있는 적응 가설이 존재한다. 뿐만 아니라 최고의 올림픽 수영선수조차 그렇게 수영을 잘하거나 빨리 하지는 못한다. 바다사자나 돌고래는 한 시간에 40킬로미터 헤엄칠 수 있는 반면, 인간은 제일 빠르다는 수영선수가 오리발을 껴도 한 시간에 9.6킬로미터도 헤엄치지 못한다. 더 많은 정보를 원한다면, 다음을 참조하라: Langdon, J. H.(1997), Umbrella hypotheses and parsimony in human evolution: A critiqueof the Aquatic Ape Hypothesis, *Journal of Human Evolution*, 33:479‒94; Gee, H.(2013), *The Accidental Species: Misunderstandings of Human Evolution*(Chicago: University of Chicago Press).

49. Apicella, C. L.(2014), Upper-body strength predicts hunting reputation and reproductive success in Hadza hunter-gatherers, *Evolution and Human Behavior*, 35:508‒18; Walker, R., Hill, K.(2003), Modeling growth and senescence in physical performance among the Aché of eastern Paraguay, *American Journal of Human Biology*, 15:196‒208.

50. 이는 근육의 길이가 길어지면 근원섬유단위가 늘어나는데, 그로 인해 미오신과 액틴 필라멘트 사이의 겹치는 부분이 줄어들기 때문이다. 이런 식으로 늘어난 상태에서는 근육이 힘을 낼 능력이 줄어들기 때문에 더 열심히 일을 하지 않으면 안 된다.

51. Staron, R. S.(1991), Strength and skeletal muscle adaptations in heavyresistance-trained women after detraining and retraining, *Journal of Applied Physiology*, 70:631‒40; Staron, R. S. 외(1994), Skeletal muscle adaptations during early phase of heavy-resistance training in men and women, *Journal of Applied Physiology*, 76:1247‒55; Häkkinen, K. 외(1998), Changes in musclemorphology, electromyographic activity, and force production characteristicsduring progressive strength training in young and older men, *Journals of Gerontology Series A: Biological Sciences and Medical Sciences*, 53:B415‒B423.

52. Handsfield 외(2017), Adding muscle where you need it.

53. Seynnes, O. R., de Boer, M., Narici, M. V.(2007), Early skeletal muscle hypertrophy and architectural changes in response to high-intensity resistancetraining, *Journal of Applied Physiology*, 102:368‒73. 이 같은 현상을 크기 원리(size principle)라고도 한다. 힘을 내는 데 근육이 동원될 때, 근육은 먼저 크기가 더 작은 지속(1형) 근섬유를 활성화한 다음에 더 크고 힘이 강한 근속(2형) 근섬유를 활성화한다. 매우 무거운 무게를 드는 것과 같이 힘을 최대로 내야 하는 동작에는 모든 종류의 근섬유가 필요하기 때문에 근섬유는 모두 반응하지만, 이 동작이 반복되면 고강도의 힘을 내는 2형 근섬유가 더 선뜻 동원되고, 따라서 이 근섬유들이 가장 많이 반응하게 된다. Gorassini, Y. S. B.(2002), Intrinsic activation of human motoneurons: Reduction of motor unit recruitment thresholds by repeated contractions, *Journal of Neurophysiology*, 87:1859‒66 참조. 다음도 함께 참조: Abe, T., Kumagai, K., Brechue, W. F.(2000), Fascicle length of leg muscles is greater in sprinters than distance runners, *Medicine and Science in Sports and Exercise*, 32:1125‒29; Andersen, J. L., Aargaard, P.(2010), Effects of strength training on muscle fiber types

and size; consequences for athletes training for high-intensity sport, *Scandinavian Journal of Medicine and Science in Sports*, 20(S2): 32-38.

54. MacInnis, M. J., Gibala, M. J.(2017), Physiological adaptations to interval training and the role of exercise intensity, *Journal of Physiology*, 595:2915-30.

제6장 | 근력

1. Obituary of Charles Atlas, *New York Times*, Dec. 24, 1972, 40.

2. 이 부분의 세부사항들은 대부분 Gaines, C.(1982), *Yours in Perfect Manhood: Charles Atlas*(New York: Simon & Schuster)에 실린 내용이다.

3. 미국의 신체 활동 문화 역사를 알고 싶다면, Black, J.(2013), *Making the American Body*(Lincoln: University of Nebraska Press).

4. Eaton, S. B., Shostak, M., Konner, M.(1988), *The Paleolithic Prescription: A Program of Diet and Exercise and a Design for Living*(New York: Harper & Row).

5. 현재 구석기 식단은 로렌 코데인(Loren Cordain)이라는 이름으로 상표등록이 돼 있다.

6. 구석기 식단은 고기(물론 풀을 먹고 자란 동물), 채소, 과일을 많이 먹고, 유제품, 곡물, 콩류 등 원시인이 구할 수 없었던 현대의 음식은 피하라고 권한다. 원시인이 실제로 무엇을 먹었는지 정확히 모른다는 점 외에도, 이 식이요법의 큰 문제는 조상들의 식단이 반드시 건강하다는 잘못된 가정을 깔고 있다는 점이다. 자연선택은 오로지 번식 성공만을 염두에 두기 때문에, 우리는 건강보다는 번식에 제일차적이고 가장 도움을 많이 주는 음식을 더 많이 먹도록 진화했다. 수렵채집인들과 구석기 식단을 하는 이들이 먹는 붉은 고기 같은 수많은 음식이 건강에 좋다는 것도 미심쩍은 부분이며, 현대의 음식이 모두 건강에 나쁜 것도 아니다. 이와 관련해 더 많은 내용을 알고 싶다면, 다음 저작들을 참조하라: Lieberman, D. E.(2013), *The Story of the Human Body: Evolution, Health, and Disease*(New York: Pantheon). Zuk, M.(2013), *Paleofantasy: What Evolution Really Tells Us About Sex, Diet, and How We Live*(New York: W. W. Norton).

7. Le Corre, E.(2019), *The Practice of Natural Movement: Reclaim Power, Health, and Freedom*(Las Vegas, Nev.: Victory Belt).

8. Sisson, M.(2012), *The New Primal Blueprint: Reprogram Your Genes for Effortless Weight Loss, Vibrant Health, and Boundless Energy* 제2판(Oxnard, Calif.: Primal Blueprint), 46-50.

9. Truswell, A. S., Hanson, J. D. L.(1976), !쿵 부족을 대상으로 진행한 의학 연구, *Kalahari Hunter-Gatherers: Studies of the !Kung San and Their Neighbors*, R. B. Lee, I. Devore 공편 (Cambridge, Mass.: Harvard University Press), 166-94. 인용문은 170쪽에서 발췌.

10. O'Keefe, J. H. 외(2011), Exercise like a hunter-gatherer: A prescription for organic physical fitness, *Progress in Cardiovascular Diseases*, 53:471-79; Durant, J.(2013), *The Paleo Manifesto: Living Wild in the Manmade World*(New York: Harmony Books).

11. Ratey, J. J., Manning, R.(2014), *Go Wild: Free Your Body and Mind from the Afflictions of Civilization*(New York: Little, Brown), 8.

12. 미터법 환산 수치: 남자: 162센티미터, 53킬로그램; 여자 150센티미터, 46킬로그램, Marlowe, F. W.(2010), *The Hadza: Hunter-Gatherers of Tanzania*(Berkeley: University

of California Press); Hiernaux, J., Hartong, D. B.(1980), Physical measurements of the Hadza, *Annals of Human Biology*, 7:339 - 46.

13. 하드자족 남자 성인의 악력은 평균 53킬로그램이고, 여자는 평균 21킬로그램이다. Mathiowetz, V. 외(1985), Grip and pinch strength: Normative data for adults, *Archives of Physical Medicine and Rehabilitation*, 66:69 - 74; Günther, C. M. 외(2008), Grip strength in healthy Caucasian adults: Reference values, *Journal of Hand Surgery of America*, 33:558 - 65; Leyk, D. 외(2007), Hand-grip strength of young men, women, and highly trained female athletes, *European Journal of Applied Physiology*, 99:415 - 21.

14. Walker, R., Hill, K.(2003), Modeling growth and senescence in physicalperformance among the Aché of eastern Paraguay, *American Journal of Human Biology*, 15:196 - 208.

15. Blurton-Jones, N., Marlowe, F. W.(2002), Selection for delayed maturity: Does it take 20 years to learn to hunt and gather?, *Human Nature*, 13:199 - 238.

16. Evans, W. J.(1995), Effects of exercise on body composition and functional capacity of the elderly, *Journals of Gerontology Series A: Biological Sciences and Medical Sciences*, 50:147 - 50; Phillips, S. M.(2007), Resistance exercise: Good for more than just Grandma and Grandpa's muscles, *Applied Physiology, Nutrition, and Metabolism*, 32:1198 - 205.

17. Spenst, L. F., Martin, A. D., Drinkwater, D. T.(1993), Muscle mass of competitive male athletes, *Journal of Sports Science*, 11:3 - 8.

18. 근육질 몸을 가진 일부 사람들은 엄청난 양의 단백질을 섭취해서 점차 커지고 건장해지는 자신의 근육에 공급해야 한다고 생각한다. 하지만 면밀한 연구들에 따르면, 온몸이 근육으로 꽉 채워진 역도선수조차 늘어난 근육량을 위한 단백질 섭취를 장거리 육상선수 같은 지구력 종목의 운동선수보다 단 20퍼센트만 높이면 되는 것으로 나타났다. 몸무게가 90킬로그램인 보디빌더도 추가 섭취하는 단백질량이 약 113~141그램을 넘으면 별 혜택을 얻지 못하는 것으로 나타났다. 뿐만 아니라 우리 몸은 잉여 단백질을 저장하지 못하기 때문에 결국에는 단백질을 쪼개거나 배출해야만 한다. 따라서 단백질 과잉 섭취는, 특히 신장 관련 질환을 비롯해 그야말로 다양한 문제로 이어질 소지가 있다. 다음을 참조: Lemon, P. W. 외(1992), Protein requirements and musclemass/strength changes during intensive training in novice bodybuilders, *Journal of Applied Physiology*, 73:767 - 75; Phillips, S. M.(2004), Protein requirements and supplementation in strength sports, *Nutrition*, 20:689 - 95; Hoffman, J. R. 외(2006), Effect of protein intake on strength, body composition, and endocrine changes in strength/power athletes, *Journal of the International Society of Sports Nutrition*, 3:12 - 18; Pesta, D. H., Samuel, V. T.(2014), A high-protein diet for reducing body fat: Mechanisms and possible caveats, *Nutrition and Metabolism*, 11:53

19. 샤이유의 삶과 영향력에 대해 더 자세히 알고 싶다면, Conniff, R.(2011), *The Species Seekers: Heroes, Fools, and the Mad Pursuit of Life on Earth*(New York: W. W. Nortin)를 참조하라.

20. Paul du Chaillu (1867), *Stories of the Gorilla Country*(New York: Harper).

21. Peterson, D., Goodall, J.(2000), *Visions of Caliban: On Chimpanzees and People*(Athens: University of Georgia Press).

22. Wrangham, R. W., Peterson, D.(1996), *Demonic Males: Apes and the Origin of Human*

Violence(Boston: Houghton Mifflin).

23. Bauman, J. E.(1923), The strength of the chimpanzee and orang, *Scientific Monthly*, 16:432–39; Bauman, J. E.(1926), Observations on the strength of the chimpanzee and its implications, *Journal of Mammalogy*, 7:1–9.

24. Finch, G.(1943), The bodily strength of chimpanzees, *Journal of Mammalogy*, 24:224–28.

25. Edwards, W. E.(1965), *Study of Monkey, Ape, and Human Morphology and Physiology Relating to Strength and Endurance Phase IX: The Strength Testing of Five Chimpanzee and Seven Human Subjects*(Fort Belvoir, Va.: Defense Technical Information Center).

26. Scholz, M. N. 외(2006), Vertical jumping performance of bonobo (Pan paniscus) suggests superior muscle properties, *Proceedings of the Royal Society B: Biological Sciences*, 273:2177–84.

27. 두 종(種)의 근육 구조에 나타나는 핵심 차이는 침팬지는 근속 근섬유의 비율이 높아 더 많은 힘을 가지는 한편, 섬유도 더 길어 힘 단위당 더 많은 속도를 낸다는 것이다. 그 결과 더 많은 힘과 파워를 갖게 된다. 다음을 참조: O'Neill, M. C. 외(2017), Chimpanzee super strength and human skeletal muscle evolution, *Proceedings of the National Academy of Sciences, USA*, 114:7343–48.

28. 그간 네안데르탈인을 어떻게 생각해왔는지에 대한 역사는, Trinkaus, E., Shipman, P.(1993), *The Neanderthals: Changing the Image of Mankind*(New York: Alfred A. Knopf)를 참조하라.

29. King, W.(1864), The reputed fossil man of the Neanderthal, *Quarterly Journal of Science*, 1:88–97. 인용문은 96쪽에서 발췌.

30. 이누이트족의 체지방 비율은 남자가 약 12~15퍼센트, 여자가 19~27퍼센트다. Churchill, S. E.(2014), *Thin on the Ground: Neanderthal Biology, Archeology, and Ecology*(Ames, Iowa: John Wiley & Sons) 참조.

31. 한 고전적인 연구에서는 프로 테니스 선수들이 수없이 많은 공을 강타할 때 쓰는 팔이 공을 되받아칠 때만 쓰는 팔보다 3분의 1 더 두꺼울 수 있다고 나타났다. 근육들이 커다란 힘을 낼 때는 뼈들이 반드시 저항하기 때문에, 네안데르탈인 같은 구인류가 힘이 매우 셌다고 추론하는 것도 충분히 일리가 있다. 하지만 이 추론에서 반드시 염두에 두어야 할 것은, 운동이 근육에 하는 것만큼 간단하게 뼈에 영향을 미치지 않는다는 점이다. 내가 이듬해 1년 동안 헬스장에서 상체 운동을 할 경우, 이두근과 삼두근은 눈에 띄게 벌크업 되겠지만, 내 뼈는 굵어진다 해도 거의 티가 나지 않을 것이다. 근육과 달리 뼈는 오로지 어린 시절에만 하중에 반응해 가장 일차적으로 점점 더 커진다. 따라서 만일 네안데르탈인 같은 동굴인이 더 힘이 세고 더 활동적이라는 이유로 뼈가 두꺼워졌다면, 그들은 성인이 되기 전에 극도로 활동적이었을 게 틀림없다. 그런데 이 부분은 무척 헷갈리는 것이, 오늘날의 수렵채집인 아동들이 그다지 열심히 일하지는 않는 것으로 보고되기 때문이다. 이들은 농장에서 자라는 아이들보다 훨씬 덜 일한다. 다음을 참조하라: Pearson, O. M., Lieberman, D. E.(2004), The aging of Wolff's "law": Ontogeny and responses of mechanical loading to cortical bone, *Yearbook of Physical Anthropology*, 29:63–99; Lee, R. B.(1979), *The !Kung San: Men, Women, and Work in a Foraging Society*(Cambridge, U.K.:

Cambridge University Press); Kramer, K. L.(2011), The evolution of human parental care and recruitment of juvenile help, *Trends in Ecology and Evolution*, 26:533 – 40; Kramer, K. L.(2005), *Maya Children: Helpers at the Farm*(Cambridge, Mass.: Harvard University Press).

32. 뼈들은 하중을 받으면 더 두꺼워질 수 있지만, 윗얼굴은 심지어 딱딱한 음식을 씹는 경우에도 높은 하중을 경험할 일이 결코 없다. 따라서 하중 외에 얼굴뼈를 더 두껍게 만들 수 있는 유일한 방법은 호르몬을 이용하는 것이다. 한 가지 가능성으로 성장호르몬을 생각할 수 있지만, 성장호르몬은 거인증을 일으키는 만큼 땅딸막한 체구였던 네안데르탈인의 경우에는 확실히 적용되지 않는다. 성장호르몬은 근육량도 증대시키지 않는다. 다음을 참조: Lange, K. H.(2002), GH administration changes myosin heavy chain isoforms in skeletal muscle but does not augment muscle strength or hypertrophy, either alone or combined with resistance exercise training in healthy elderly men, *Journal of Clinical Endocrinology and Metabolism*, 87:513 – 23.

33. Penton-Voak, I. S., Chen, J. Y.(2004), High salivary testosterone is linked to masculine male facial appearance in humans, *Evolution and Human Behavior*, 25:229 – 41; Verdonck, A. M. 외(1999), Effect of low-dose testosterone treatment on craniofacial growth in boys with delayed puberty, *European Journal of Orthodontics*, 21:137 – 43.

34. Cieri, R. L. 외(2014), Craniofacial feminization, social tolerance, and the origins of behavioral modernity, *Current Anthropology*, 55:419 – 43.

35. Bhasin, S. 외(1996), The effects of supraphysiologic doses of testosterone on muscle size and strength in normal men, *New England Journal of Medicine*, 335:1 – 7.

36. Fox, P.(2016), Teen girl uses "crazy strength" to lift burning car off dad, *USA Today*, 2016년 1월 12일자. www.usatoday.com.

37. Walker, A.(2008), The strength of great apes and the speed of humans, *Current Anthropology*, 50:229 – 34.

38. Haykowsky, M. J. 외(2001), Left ventricular wall stress during leg-press exercise performed with a brief Valsalva maneuver, *Chest*, 119:150 – 54.

39. 폭넓은 움직임을 통해 힘을 내야 할 때의 한 가지 장점은, 근육들이 늘어나거나 수축하면서 더 열심히 힘을 써야 한다는 것이다. 근육이 발화하도록 신경이 자극하는 한, 두꺼운 미오신 필라멘트에 붙어 있는 머리가 액틴 필라멘트를 잡고 당기고 풀었다가 다시 당기는 과정이 마치 줄다리기를 하듯 되풀이된다. 수백만 개의 미오신 머리는 언제고 자신의 일을 되풀이해서 행하지만, 정반대의 하중에 저항해 과연 얼마나 힘을 낼 수 있느냐는 그 순간의 근육 길이에 따라 결정된다. 근육은 휴식기 길이에 가까운 상태에서 동일한 크기로 발화했을 때 최대의 힘을 낸다. 근육 길이가 줄어들면, 필라멘트들이 겹쳐서 미오신 머리가 액틴 필라멘트를 끌어당길 기회에 제약이 생긴다. 또한 근육이 길어지면 필라멘트들이 서로 겹치는 부분이 줄어드는데, 그러면 미오신 머리가 액틴 필라멘트를 붙들 기회도 줄어든다.

40. 훌륭한 검토 자료가 필요하다면 Herzog, W. 외(2008), Mysteries of muscle contraction, *Journal of Applied Biomechanics*, 24:1 – 13를 참조하라.

41. Fridén, J., Lieber, R. L.(1992), Structural and mechanical basis of exercise-induced

muscle injury, *Medicine and Science in Sports and Exercise*, 24:521－30; Schoenfeld, B. J.(2012), Does exercise-induced muscle damage play a role in skeletal muscle hypertrophy?, *Journal of Strength and Conditioning Research*, 26:1441－53.

42. MacDougall, J. D. 외(1984), Muscle fiber number in biceps brachii in bodybuilders and control subjects, *Journal of Applied Physiology: Respiratory, Environmental, and Exercise Physiology*, 57:1399－403.

43. MacDougall, J. D. 외(1977), Biochemical adaptation of human skeletal muscle to heavy resistance training and immobilization, *Journal of Applied Physiology: Respiratory, Environmental, and Exercise Physiology*, 43:700－703; Damas, F., Libardi, C. A., Ugrinowitsch, C.(2018), The development of skeletal muscle hypertrophy through resistance training: The role of muscle damage and muscle protein synthesis, *European Journal of Applied Physiology*, 118:485－500.

44. French, D.(2016), Adaptations to anaerobic training programs, in *Essentials of Strength Training and Conditioning* 제4판, G. G. Haff, N. T. Triplett 공편 (Champaign, Ill.: Human Kinetics), 87－113.

45. Rana, S. R. 외(2008), Comparison of early phase adaptations for traditional strength and endurance, and low velocity resistance training programs in college-aged women, *Journal of Strength and Conditioning Research*, 22:119－27.

46. Tinker, D. B., Harlow, H. J., Beck, T. D.(1998), Protein use and musclefiberchanges in free-ranging, hibernating black bears, *Physiological Zoology*, 71:414－24; Hershey, J. D. 외(2008), Minimal seasonal alterations in the skeletal muscle of captive brown bears, *Physiological and Biochemical Zoology*, 81:138－47.

47. Evans, W. J.(2010), Skeletal muscle loss: Cachexia, sarcopenia, and inactivity, *American Journal of Clinical Nutrition*, 91:1123S－1127S.

48. de Boer, M. D. 외(2007), Time course of muscular, neural, and tendinous adaptations to 23 day unilateral lower-limb suspension in young men, *Journal of Physiology*, 583:1079－91.

49. LeBlanc, A. 외(1985), Muscle volume, MRI relaxation times (T2), and body composition after spaceflight, *Journal of Applied Physiology*, 89:2158－64; Edgerton, V. R. 외(1995), Human fiber size and enzymatic properties after 5 and 11 days of spaceflight, *Journal of Applied Physiology*, 78:1733－39; Akima, H. 외(2000), Effect of short-duration spaceflight on thigh and leg muscle volume, *Medicine and Science in Sports and Exercise*, 32:1743－47.

50. Akima, H. 외(2001), Muscle function in 164 men and women aged 20－84 yr., *Medicine and Science in Sports and Exercise*, 33:220－26; Purves Smith, F. M., Sgarioto, N., Hepple, R. T.(2014), Fiber typing in aging muscle, *Exercise Sport Science Reviews*, 42:45－52.

51. Dodds, R. M. 외(2014), Grip strength across the life course: Normative data from twelve British studies, *PLOS ONE*, 9:e113637; Dodds, R. M. 외(2016), Global variation in grip strength: A systematic review and metaanalysisof normative data, *Age and Ageing*, 45:209－16.

52. Jette, A., Branch, L.(1981), The Framingham Disability Study: II. Physicaldisability

among the aging, *American Journal of Public Health*, 71:1211 – 16.

53. Walker, Hill(2003), Modeling growth and senescence in physical performance among the Aché of eastern Paraguay; Blurton-Jones, Marlowe(2002), Selection for delayed maturity; Apicella, C. L.(2014), Upper-body strength predicts hunting reputation and reproductive success in Hadza hunter-gatherers, *Evolution and Human Behavior*, 35:508 – 18.

54. Beaudart, C. 외(2017), Nutrition and physical activity in the prevention and treatment of sarcopenia: Systematic review, *Osteoporosis International*, 28:1817 – 33; Lozano-Montoya, I.(2017), Nonpharmacological interventions to treat physical frailty and sarcopenia in older patients: A systematic overview—the SENATOR Project ONTOP Series, *Clinical Interventions in Aging*, 12:721 – 40.

55. Fiatarone, M. A. 외(1990), High-intensity strength training in nonagenarians: Effects on skeletal muscle, *Journal of the American Medical Association*, 263:3029 – 34.

56. Donges, C. E., Duffield, R.(2012), Effects of resistance or aerobic exercise training on total and regional body composition in sedentary overweight middle-aged adults, *Applied Physiology, Nutrition, and Metabolism*, 37:499 – 509; Mann, S., Beedie, C., Jimenez, A.(2014), Differential effects of aerobic exercise, resistance training, and combined exercise modalities on cholesteroland the lipid profile: Review, synthesis, and recommendations, *Sports Medicine*, 44:211 – 21.

57. Phillips, S. M. 외(1997), Mixed muscle protein synthesis and breakdown after resistance exercise in humans, *American Journal of Physiology*, 273:E99 – E107; McBride, J. M.(2016), Biomechanics of resistance exercise, Haff, Triplett 공저, *Essentials of Strength Training and Conditioning*, 19 – 42의 내용.

58. 배트맨 같은 이들이 훈련하는 방법의 바탕이 된 과학에 대해 알고 싶다면, Zehr, E. P.(2008), *Becoming Batman: The Possibility of a Superhero*(Baltimore: Johns Hopkins University Press)을 확인하기 바란다.

59. Haskell, W. L. 외(2007), Physical activity and public health: Updated recommendation for adults from the American College of Sports Medicine and the American Heart Association, *Medicine and Science in Sports and Exercise*, 39:1423 – 34; Nelson, M. E. 외(2007), Physical activity and public health in older adults: Recommendation from the American College of Sports Medicineand the American Heart Association, *Medicine and Science in Sports and Exercise*, 39:1435 – 45.

제7장 │ 싸움과 스포츠

1. Wrangham, R. W., Peterson, D.(1996), *Demonic Males: Apes and the Origins of Human Violence*(Boston: Houghton Mifflin).

2. Wrangham, R. W., Wilson, M. L., Muller, M. N.(2006), Comparative rates of violence in chimpanzees and humans, *Primates*, 47:14 – 26.

3. 이 논리를 계속 전개해보면, 싸움은 그것이 매 세대 일어나는 일이 거의 없더라도 진화에 큰 영향을 미칠 수 있다. 내가 이번 생에 누군가와 대대적으로 싸움을 벌인 일이 없다고

해서, 때로 싸웠을 게 분명한 내 조상들에게 작용했던 강력한 선택의 영향이 내 몸에 미치지 않았다고 할 수는 없다. 그들이 싸움에서 이기지 못했다면, 아마 나는 이 자리에 있지 못했을 테니까. 뿐만 아니라 우리 몸은 수천 세대 동안 유전된 특성들로 가득 차 있으며 그 특성들은 우리에게 지금도 혜택을 주는가와는 상관없이 우리 몸 안에 존재한다.

4. Oates, J. C.(1987), On boxing, *Ontario Review*.

5. Lystad, R. P., Kobi, G., Wilson, J.(2014), The epidemiology of injuries in mixed martial arts: A systematic review and meta-analysis, *Orthopaedic Journal of Sports Medicine*, 2:2325967113518492.

6. 이 이론의 상세한 설명을 접하고 싶다면 다음을 참조하라: Fry, D. R.(2006), *The Human Potentialfor Peace: An Anthropological Challenge to Assumptions About War and Violence*(Oxford: Oxford University Press); Hrdy, S. B.(2009), *Mothers and Others: The Evolutionary Origins of Mutual Understanding*(Cambridge, Mass.: Harvard University Press); van Schaik, C. P.(2016), *The Primate Origins of Human Nature*(Hoboken, N.J.: Wiley and Sons).

7. Allen, M. W., Jones, T. L.(2014), *Violence and Warfare Among Hunter Gatherers*(London: Taylor and Francis).

8. Daly, M., Wilson, M.(1988), *Homicide*(New Brunswick, N.J.: Transaction); Wrangham, Peterson(1996), *Demonic Males*.

9. Pinker, S.(2011), *The Better Angels of Our Nature: Why Violence Has Declined*(New York: Penguin).

10. Wrangham, R. W.(2019), *The Goodness Paradox: The Strange Relationship Between Goodness and Violence in Human Evolution*(New York: Pantheon).

11. Morganteen, J.(2009), Victim's face mauled in Stamford chimpanzee attack, *Stamford Advocate*, Feb. 18, 2009; Newman, A., O'Connor, A.(2009), Woman mauled by chimp is still in critical condition, *New York Times*, Feb. 18, 2009.

12. Churchill, S. E. 외(2009), Shanidar 3 Neandertal rib puncture wound and paleolithic weaponry, *Journal of Human Evolution*, 57:163 – 78; Murphy, W. A., Jr. 외(2003), The iceman: Discovery and imaging, Radiology 226:614 – 29.

13. Lahr, M. M. 외(2016), Inter-group violence among early Holocene huntergatherersof West Turkana, Kenya, *Nature*, 529:394 – 98.

14. 이 유적지를 둘러싸고 얼마간의 논쟁이 있다. Stojanowski, C. M. 외(2016), Contesting the massacre at Nataruk, *Nature*, 539:E8 – E11, 라(Lahr)와 그의 동료들이 내놓은 답변을 참조하라.

15. Thomas, E. M.(1986), *The Harmless People* 제2판(New York: Vintage).

16. 일부 수렵채집인 사회에 토지 황폐화와 강제 재정착, 술이 광범위한 사회적 문제로 이어지긴 했으나, 이러한 문제들 이전에 존재한 증거들을 검토한 내용으로는 다음을 참조하라: Lee, R. B.(1979), *The !Kung San: Men, Women, and Work in a Foraging Society*(Cambridge, U.K.: CambridgeUniversity Press); Keeley, L. H.(1996), *War Before Civilization*(New York: Oxford University Press); Wrangham, Peterson(1996), *Demonic Males*; Boehm, C.(1999), *Hierarchy in the Forest*(Cambridge, Mass.: Harvard University Press); Gighlieri, M.(1999), *The*

Dark Side of Man: Tracing the Origins of Male Violence(Reading, Mass.: Perseus Books); Allen, Jones(2014), *Violence and Warfare Among Hunter-Gatherers*.

17. Darwin, C. R.(1871), *The Descent of Man and Selection in Relation to Sex*(London:J. Murray).

18. Dart, R. A.(1953), The predatory transition from ape to man, *International Anthropological and Linguistic Review*, 1:201 – 17.

19. Ardrey, R.(1961), *African Genesis: A Personal Investigation into the Animal Origins and Nature of Man*(New York: Atheneum Press).

20. Vrba, E.(1975), Some evidence of the chronology and palaeoecology of Sterkfontein, Swartkrans, and Kromdraai from the fossil Bovidae, *Nature*, 254:301 – 4; Brain, C. K.(1981), *The Hunters of the Hunted: An Introduction to African Cave Taphonomy*(Chicago: University of Chicago Press).

21. Lovejoy, C. O.(1981), The origin of man, *Science*, 211:341 – 50.

22. Lovejoy, C. O.(2009), Reexamining human origins in light of Ardipithecus ramidus, *Science*, 326:74e1 – 74e8.

23. Grabowski, M. 외(2015), Body mass estimates of hominin fossils and the evolution of human body size, *Journal of Human Evolution*, 85:75 – 93.

24. Smith, R. J., Jungers, W. L.(1997), Body mass in comparative primatology, *Journal of Human Evolution*, 32:523 – 59.

25. 무기를 방불케 하는 커다란 송곳니를 가진 것은 수컷들의 싸움에 도움이 되지만, 신체 크기 이형성이야말로 남-남 경쟁을 가장 잘 예측해준다. Plavcan, J. M.(2012), Sexual size dimorphism, canine dimorphism, and male-male competitionin primates: Where do humans fit in?, *Human Nature*, 23:45 – 67; Plavcan, J. M.(2000), Inferring social behavior from sexual dimorphism in the fossil record, *Journal of Human Evolution*, 39:327 – 44 참조.

26. Grabowski 외(2015), Body mass estimates of hominin fossils and the evolution of human body size.

27. Keeley(1996), *War Before Civilization*.

28. Kaplan, H. 외(2000), A theory of human life history evolution: Diet, intelligence, and longevity, *Evolutionary Anthropology*, 9:156 – 85.

29. Isaac, G. L.(1978), The food-sharing behavior of protohuman hominids, *Scientific American*, 238:90 – 108; Tanner, N. M., Zilhman, A.(1976), Women in evolution: Innovation and selection in human origins, *Signs*, 1:585 – 608.

30. Illner, K. 외(2000), Metabolically active components of fat free mass and resting energy expenditure in nonobese adults, *American Journal of Physiology*, 278:E308 – E315; Lassek, W. D., Gaulin, S. J. C.(2009), Costs and benefits of fat-free muscle mass in men: Relationship to mating success, dietary requirements, and native immunity, *Evolution and Human Behavior*, 30:322 – 28.

31. Malina, R. M., Bouchard, C.(1991), Growth, Maturation, and Physical Activity (Champaign, Ill.: Human Kinetics); Bribiescas, R. G.(2006), *Men: Evolutionary and Life History*(Cambridge, Mass.: Harvard University Press).

주

32. Watson, D. M.(1998), Kangaroos at play: Play behaviour in the Macropodoidea, *Animal Play: Evolutionary, Comparative, and Ecological Perspectives*, M. Beckoff, J. A. Byers 공편 (Cambridge, U.K.: Cambridge University Press), 61 – 95.

33. Cieri, R. L. 외(2014), Craniofacial feminization, social tolerance, and the origins of behavioral modernity, *Current Anthropology*, 55:419 – 33.

34. Barrett, R. L., Harris, E. F.(1993), Anabolic steroids and cranio-facial growth in the rat, *Angle Orthodontist*, 63:289 – 98; Verdonck, A. 외(1999), Effect of low-dose testosterone treatment on craniofacial growth in boys with delayed puberty, *European Journal of Orthodontics*, 21:137 – 43; Penton-Voak, I. S., Chen, J. Y.(2004), High salivary testosterone is linked to masculinemale facial appearance in humans, *Evolution and Human Behavior*, 25:229 – 41; Schaefer, K. 외(2005), Visualizing facial shape regression upon 2nd to 4th digit ratio and testosterone, *Collegium Anthropologicum*, 29:415 – 19. 커다란 눈썹뼈는 뇌하수체에서 만들어지는 성장호르몬이 과다해도 발달할 수 있으나, 우리는 초기 인류의 눈썹뼈가 높은 호르몬 수치로 인해 커졌을 리 없다고 본다. 이 호르몬은 신체 전체에 고루 작용해 거대증을 일으키며 이는 다시 큰 키와 커다란 손발을 갖게 되는 결과로 이어지기 때문이다.

35. Shuey, D. L., Sadler, T. W., Lauder, J. M.(1992), Serotonin as a regulator of craniofacial morphogenesis: Site specific malformations following exposureto serotonin uptake inhibitors, *Teratology*, 46:367 – 78; Pirinen, S.(1995), Endocrine regulation of craniofacial growth, *Acta Odontologica Scandinavica*, 53:179 – 85; Byrd, K. E., Sheskin, T. A.(2001), Effects of post-natal serotoninlevels on craniofacial complex, *Journal of Dental Research*, 80:1730 – 35.

36. 코스티솔 수치가 더 낮아지고 신경전달물질인 세로토닌의 수치가 증가하는 것도 다른 호르몬 변화에 포함될 수 있다. Dugatkin, L., Trut, L.(2017), *How to Tame a Fox (and Build a Dog)*(Chicago: University of Chicago Press) 참조.

37. Wilson, M. L. 외(2014), Lethal aggression in Pan is better explained by adaptive strategies than human impacts, *Nature*, 513:414 – 17.

38. Hare, B., Wobber, V., Wrangham, R. W.(2012), The self-domestication hypothesis: Evolution of bonobo psychology is due to selection against aggression, *Animal Behaviour*, 83:573 – 85. 다음도 참조하라: Sannen, A. 외(2003), Urinary testosterone metabolite levels in bonobos: A comparison with chimpanzees in relation to social system, *Behaviour*, 140:683 – 96; McIntyre, M. H. 외(2009), Bonobos have a more human-like second-to-fourth fingerlength ratio (2D: 4D) than chimpanzees: A hypothesized indication of lower prenatal androgens, *Journal of Human Evolution*, 56:361 – 65; Wobber, V. 외 (2010), Differential changes in steroid hormones before competition in bonobos and chimpanzees, *Proceedings of the National Academy of Sciences USA*, 107:12457 – 62; Wobber, V. 외(2013), Different ontogenetic patterns of testosterone production reflect divergent male reproductive strategies in chimpanzees and bonobos, *Physiology and Behavior*, 116 – 17:44 – 53; Stimpson, C. D. 외(2016), Differential serotonergic innervation of the amygdalain bonobos and chimpanzees, *Social Cognitive and Affective Neuroscience*, 11:413 – 22.

39. Lieberman, D. E. 외(2007), A geometric morphometric analysis of heterochronyin the cranium of chimpanzees and bonobos, *Journal of Human Evolution*, 52:647 – 62; Shea, B. T.(1983), Paedomorphosis and neoteny in the pygmy chimpanzee, *Science*, 222:521 – 22.

40. 관련 내용을 검토하려면, Wrangham(2019), *Goodness Paradox*를 참조하라.

41. Lee(1979), *The !Kung San*.

42. 다른 무엇보다도 이를 통해 미국 상원의원들이 심의에 들어갈 때 총기 소지를 못하는 이유가 설명된다. 1902년 상원의원 존 매클로린(John McLaurin)이 사우스캐롤라이나 출신의 동료 상원의원 벤 틸먼(Ben Tillman)이 "고의적이고, 악독하고, 치밀한 거짓말"을 일삼았다며 비방하자 틸먼이 그 자리에서 매클로린의 턱에 주먹을 날리면서, 심의에 참석한 수십 명의 상원의원 사이에 격한 몸싸움이 일어난 바 있다. 이때 틸먼이 총을 들고 있었다면 어땠을지 한번 상상해보자.

43. 무기학 연구가들은 잉글랜드의 모험가 리처드 버턴(Richard Burton)이 1884년에 출간한 고전적 논문인 *The Book of the Sword*(London: Chatto & Windus)가 자신들의 분야에 영감을 주었다고 주장한다. 싸움에 대한 묘사가 들어 있는 민족지는 너무 많아서 여기서 일일이 다 열거할 수 없지만 몇 가지를 꼽으면 다음과 같다: Chagnon, N. A.(2013), *Noble Savages: My Life Among Two Dangerous Tribes—the Yanomamo and the Anthropologists*(New York: Simon & Schuster); Daly, M., Wilson, M.(1999), An evolutionary psychological perspective on homicide, *Homicide: A Sourcebookof Social Research*, M. D. Smith, M. A. Zahn 공편(Thousand Oaks, Calif.: Sage), 58 – 71.

44. Shepherd, J. P. 외(1990), Pattern, severity, and aetiology of injuries in victims of assault, *Journal of the Royal Society of Medicine*, 83:75 – 78; Brink, O., Vesterby, A., Jensen, J.(1998), Pattern of injuries due to interpersonal violence, *Injury* 29:705 – 9.

45. 이 같은 가설들은 그야말로 '당연한' 이야기라며 격렬하게 논박당해왔는데, 인간의 얼굴과 손은 갖가지 도구를 사용하고, 말하고, 씹는 등 여타 기능을 위해서도 선택돼온 것이 틀림없기 때문이다. Morgan, M. H., Carrier, D. R.(2013), Protective buttressing of the human fist and the evolution of homininhands, *Journal of Experimental Biology*, 216:236 – 44; Carrier, D. R., Morgan, M. H.(2015), Protective buttressing of the hominin face, *Biological Reviews*, 90:330 – 46; King, R.(2013), Fists of fury: At what point did human fists part company with the rest of the hominid lineage?, *Journal of Experimental Biology*, 216:2361 – 62; Nickle, D. C., Goncharoff, L. M.(2013), Human fist evolution: A critique, *Journal of Experimental Biology*, 216:2359 – 60.

46. Briffa, M. 외(2013), Analysis of contest data, in *Injury*, I. C. W. Hardy M. Briffa 공편 (Cambridge, U.K.: Cambridge University Press), 47 – 85; Kanehisa, H. 외(1998), Body composition and isokinetic strength of professional sumo wrestlers, *European Journal of Applied Physiology and Occupational Physiology*, 77:352 – 59; García-Pallarés, J. 외(2011), Stronger wrestlers more likely to win: Physical fitness factors to predict male Olympic wrestling performance, *European Journal of Applied Physiology*, 111:1747 – 58.

47. Briffa, M., Lane, S. M.(2017), The role of skill in animal contests: A neglected component of fighting ability, *Proceedings of the Royal Society B*, 284:20171596.

48. 관련 내용을 치밀하게 살펴보고자 한다면, Green, T. A.(2001), *Martial Arts of the World*(Santa Barbara, Calif.: ABC-CLIO)를 참조하라.

49. 생물학자들은 이런 특성들을 잠재력을 가진 자원으로서 수량화하기도 한다. Parker, G. A.(1974), Assessment strategy and the evolution of animal conflicts, *Journal of Theoretical Biology*, 47:223 – 43 참조.

50. Sell, A. 외(2009), Human adaptations for the visual assessment of strength and fighting ability from the body and face, *Proceedings of the Royal Society B*, 276:575 – 84; Kasumovic, M. M., Blake, K., Denson, T. F.(2017), Using knowledge from human research to improve understanding of contest theory and contest dynamics, *Proceedings of the Royal Society B*, 284:2182.

51. 원래 예정대로였다면 이 배우들은 인디애나 존스의 채찍 대(對) 자객의 검 사이에 펼쳐지는 5분짜리 결투를 찍기 위해 며칠을 촬영해야 했다. 당시 이질로 고생하고 있던 포드는 스티븐 스필버그 감독에게 그 자객을 그냥 총으로 쏴서 죽이면 안 되겠느냐고 부탁했다고 한다.

52. Pruetz, J. D.(2015), New evidence on the tool-assisted hunting exhibited by chimpanzees (Pan troglodytes verus) in a savannah habitat at Fongoli, Senegal, *Royal Society Open Science*, 2:140507.

53. Harmand, S. 외(2015), 3.3-million-year-old stone tools from Lomekwi 3, West Turkana, Kenya, *Nature*, 521:310 – 15; McPherron, S. 외(2010), Evidencefor stone-tool-assisted consumption of animal tissues before 3.39 millionyears ago at Dikika, Ethiopia. *Nature*, 466:857 – 60; Semaw, S. 외(1997), 2.5-million-year-old stone tools from Gona, Ethiopia, *Nature*, 385:333 – 36; Toth, N., Schick, K., Semaw, S.(2009), The Oldowan: The tool making of early hominins and chimpanzees compared, *Annual Review of Anthropology*, 38:289 – 305.

54. Shea, J. J.(2016), *Tools in Human Evolution: Behavioral Differences Among Technological Primates*(Cambridge, U.K.: Cambridge University Press); Zink, K. D., Lieberman, D. E.(2016), Impact of meat and Lower Palaeolithic food processing techniques on chewing in humans, *Nature*, 531:500 – 503.

55. Keeley, L. H., Toth, N.(1981), Microwear polishes on early stone tools from Koobi Fora, Kenya, *Nature*, 293:464 – 65.

56. Wilkins, J. 외(2012), Evidence for early hafted hunting technology, *Science*, 338:942 – 46; Wilkins, J., Schoville, B. J., Brown, K. S.(2014), An experimental investigation of the functional hypothesis and evolutionary advantage of stone-tipped spears, *PLOS ONE*, 9:e104514.

57. Churchill, S. E.(2014), *Thin on the Ground: Neanderthal Biology, Archeology, and Ecology*(Ames, Iowa: John Wiley & Sons); Gaudzinski-Windheuser, S. 외(2018), Evidence for close-range hunting by last interglacial Neanderthals, *Nature Ecology and Evolution* 2:1087 – 92. Berger, T. D., Trinkaus, E.(1995), Patterns of trauma among the Neandertals, *Journal of Archaeological Science*, 22:841 – 52도 참조하라.

58. Goodall, J.(1986), *The Chimpanzees of Gombe: Patterns of Behavior*(Cambridge, Mass.: Harvard University Press); Westergaard, G. C. 외(2000), A comparative study of aimed throwing by monkeys and humans, *Neuropsychologia*, 38:1511 – 17.

59. Fleisig, G. S. 외(1995), Kinetics of baseball pitching with implications about injury mechanisms, *American Journal of Sports Medicine*, 23:233 – 39; Hirashima, M. 외(2002), Sequential muscle activity and its functional role in the upper extremity and trunk during overarm throwing, *Journal of Sports Science*, 20:301 – 10.

60. Roach, N. T., Lieberman, D. E.(2014), Upper body contributions to power generation during rapid, overhand throwing in humans, *Journal of Experimental Biology*, 217:2139 – 49.

61. Pappas, A. M., Zawacki, R. M., Sullivan, T. J.(1985), Biomechanics of baseball pitching: A preliminary report, *American Journal of Sports Medicine*, 13:216 – 22.

62. Roach, N. T. 외(2013), Elastic energy storage in the shoulder and the evolution of high-speed throwing in Homo, *Nature*, 498:483 – 86.

63. Brown, K. S. 외(2012), An early and enduring advanced technology originating 71,000 years ago in South Africa, *Nature*, 491:590 – 93; Shea(2016), *Tools in Human Evolution*.

64. Henrich, J.(2017), *The Secret of Our Success: How Culture Is Driving Human Evolution, Domesticating Our Species, and Making Us Smarter*(Princeton, N.J.: Princeton University Press).

65. Wrangham, R. W.(2009), *Catching Fire: How Cooking Made Us Human*(New York: Basic Books).

66. Fuller, N. J., Laskey, M. A., Elia, M.(1992), Assessment of the compositionof major body regions by dual-energy X-ray absorptiometry(DEXA), with special reference to limb muscle mass, *Clinical Physiology*, 12:253 – 66; Gallagher, D. 외(1997), Appendicular skeletal muscle mass: Effects of age, gender, and ethnicity, *Journal of Applied Physiology*, 83:229 – 39; Abe, T., Kearns, C. F., Fukunaga, T.(2003), Sex differences in whole body skeletalmuscle mass measured by magnetic resonance imaging and its distributionin young Japanese adults, *British Journal of Sports Medicine*, 37:436 – 40.

67. Boehm, C. H.(1999), *Hierarchy in the Forest: The Evolution of Egalitarian Behavior*(Cambridge, Mass.: Harvard University Press).

68. Fagen, R. M.(1981), *Animal Play Behavior*(New York: Oxford University Press); Palagi, E. 외(2004), Immediate and delayed benefits of play behaviour: New evidence from chimpanzees(Pan troglodytes), *Ethology*, 110:949 – 62; Nunes, S. 외(2004), Functions and consequences of play behaviour in juvenile Belding's ground squirrels, *Animal Behaviour*, 68:27 – 37.

69. Fagen(1981), *Animal Play Behavior*; Pellis, S. M., Pellis, V. C., Bell, H. C.(2010), The function of play in the development of the social brain, *American Journal of Play*, 2:278 – 96.

70. Poliakoff, M. B.(1987), *Combat Sports in the Ancient World: Competition, Violence, and Culture*(New Haven, Conn.: Yale University Press); McComb, D. G.(2004), *Sport in World History*(New York: Taylor and Francis).

71. Homer, *The Iliad*, Robert Fagles 역(1990)(New York: Penguin), 23권, 818 – 19행.

72. 소규모 사회에서 사냥과 싸움이 생식 성공에 미치는 영향에 관한 자료에 대해서는 다음을 참고하라: Marlowe, F. W.(2001), Male contribution to diet and female reproductive success among foragers, *Current Anthropology*, 42:755 – 59; Smith, E. A.(2004), Why do good hunters have higher reproductivesuccess?, *Human Nature*, 15:343 – 64; Gurven, M., von Rueden, C.(2006), Hunting, social status, and biological fitness, *Biodemography and Social Biology*, 53:81 – 99; Apicella, C. L.(2014), Upper-body strength predicts hunting reputation and reproductive success in Hadza hunter-gatherers, *Evolutionand Human Behavior*, 35:508 – 18; Glowacki, L., Wrangham, R. W.(2015), Warfare and reproductive success in a tribal population, *Proceedings of the National Academy of Sciences USA*, 112:348 – 53. 운동능력과 생식 성공의 관계를 다룬 연구에 대해서는 다음을 참조하라: De Block, A., Dewitte, S.(2009), Darwinism and the cultural evolution of sports, *Perspectives in Biology and Medicine*, 52:1 – 16; Puts, D. A.(2010), Beauty and the beast: Mechanisms of sexual selection in humans, *Evolution and Human Behavior*, 31:157 – 75; Lombardo, M. P.(2012), On the evolutionof sport, *Evolutionary Psychology*, 10:1 – 28.

73. Rousseau, J.-J., *Émile*, Allan Bloom 역(New York: Basic Books), 119.

74. Harvard Athletics Mission Statement, www.gocrimson.com.

제8장 | 걷기

1. Spottiswoode, C. N., Begg, K. S., Begg, C. M.(2016), Reciprocal signalingin honeyguide-human mutualism, *Science*, 353:387 – 89.

2. 정확히 말하면, 수렵채집인이 평균적으로 매일 이동하는 거리는 남자가 14.1킬로미터, 여자는 9.5킬로미터지만, 이 거리에는 야영지 안이나 주변을 돌아다니는 걸음 수가 포함돼 있지 않다. Marlowe, F. W.(2005), Hunter-gatherers and human evolution, *Evolutionary Anthropology*, 14:54 – 67.

3. Althoff, T. 외(2017), Large-scale physical activity data reveal worldwide activity inequality, *Nature*, 547:336 – 39.

4. Palinski-Wade, E.(2015), *Walking the Weight Off for Dummies*(Hoboken, N.J.: John Wiley and Sons).

5. Tudor-Locke, C., Bassett, D. R., Jr.(2004), How many steps/day are enough? Preliminary pedometer indices for public health, *Sports Medicine*, 34:1 – 8. 1페이지에서 인용.

6. Cloud, J.(2009), The myth about exercise, *Time*, 2009년 8월 9일자.

7. 절대시간의 면에서 인간은 대부분 동물보다 뒤늦게 걷기 시작하는 편이지만, 걷기가 늦어지는 데는 우리가 두 발로 걷느냐 네 발로 걷느냐는 아무 상관이 없다. 얼룩말처럼 하이에나와 사자에게 잡아먹힐 위험이 있어 태어난 지 하루 만에 걸을 줄 아는, 생태계 안에서 무척이나 입지가 취약한 네발동물을 제외하면, 대부분 동물이 걷기 시작하는 나이는 주로 뇌가 발달을 마치는 기간이 얼마나 오래 걸리느냐에 따라 결정된다. 짧은꼬리원숭이처럼 더 작은 뇌를 가진 원숭이는 출생 후 두 달쯤부터 걷기 시작하는 한편, 큰 뇌를 지닌 침팬지 아기들은 걷기 시작하기까지 약 6개월이 필요하며, 인간은 우리의 뇌 발달에서 예측되듯 1살부터 걷기 시작한다. Garwicz, M., Christensson, M., Psouni, E.(2011), A

594

unifying model for timing of walking onset in humans and other mammals, *Proceedings of the National Academy of Sciences USA*, 106:21889‒93.

8. Donelan, J. M., Kram, R., Kuo, A. D.(2002), Mechanical work for stepto‒steptransitions is a major determinant of the metabolic cost of human walking, *Journal of Experimental Biology*, 205:3717‒27; Marsh, R. L. 외(2004), Partitioning the energetics of walking and running: Swinging the limbs is expensive, *Science*, 303:80‒83.

9. Biewener, A. A., Patek, S. N.(2018), *Animal Locomotion* 제2판(Oxford: Oxford University Press).

10. Thompson, N. E. 외(2015), Surprising trunk rotational capabilities in chimpanzees and implications for bipedal walking proficiency in early hominins, *Nature Communications*, 6:8416.

11. Holowka, N. B. 외(2019), Foot callus thickness does not trade off protectionfor tactile sensitivity during walking, *Nature*, 571:261‒64.

12. Tan, U.(2005), Unertan syndrome quadrupedality, primitive language, and severe mental retardation: A new theory on the evolution of human mind, *Neuro Quantology*, 4:250‒55; Ozcelik, T. 외(2008), Mutations in the very low‒density lipoprotein receptor VLDLR cause cerebellar hypoplasia and quadrupedal locomotion in humans, *Proceedings of the National Academy of Sciences USA*, 105:4232‒36.

13. Türkmen, S. 외(2009), CA8 mutations cause a novel syndrome characterizedby ataxia and mild mental retardation with predisposition to quadru pedal gait, *PLOS Genetics*, 5:e1000487; Shapiro, L. J. 외(2014), Human quadrupeds, primate quadrupedalism, and Uner Tan syndrome, *PLOS ONE*, 9:e101758.

14. 우리의 잃어버린 연결고리 조상이 너클보행을 하되 때때로 나무를 올랐을 침팬지와 닮았으리라고 장담할 수 있는 이유는 두 가지다. 첫째는 인간과 침팬지 모두 고릴라보다는 서로와 더 밀접한 관계에 있다는 점이다. 그럼에도 침팬지와 고릴라는 (특히 크기 차이를 통제한 이후에는) 자신들 나름의 특이한 방식인 너클보행으로 몸을 움직이는 등 여러 가지 점에서 극도로 비슷한 면이 있기는 하다. 만일 너클보행을 비롯해 침팬지와 고릴라 사이의 그 모든 유사성이 별개로 진화한 것이 아니라면(통계적으로 불가능한 일이다), 이 둘의 마지막 조상은 침팬지와 매우 닮았을 게 틀림없다(아니면 고릴라와 닮았을 수도 있지만, 현재 덩치 큰 유인원이 드물게 남아 있는 만큼 그럴 가능성은 더 낮다). 두 번째 이유는 초기 호미닌 화석은, 양족보행을 제외하면 대부분 머리부터 발끝까지 수많은 특징이 침팬지를 닮았다는 점이다. 더 자세한 내용을 검토하려면 다음을 참조하라: Pilbeam, D. R., Lieberman, D. E.(2017), Reconstructing the last common ancestor of humans and chimpanzees, *Chimpanzees and Human Evolution*, M. N. Muller, R. W. Wrangham, D. R. Pilbeam 공편(Cambridge, Mass.: Harvard University Press), 22‒141.

15. Taylor, C. R., Rowntree, V. J.(1973), Running on two or four legs: Which consumes more energy?, *Science*, 179:186‒87.

16. Sockol, M. D., Pontzer, H., Raichlen, D. A.(2007), Chimpanzee locomotorenergetics and the origin of human bipedalism, *Proceedings of the National Academy of Sciences USA*,

104:12265 – 69.

17. 침팬지에 대해서는 Pontzer, H., Raichlen, D. A., Sockol, M. D.(2009), The metabolic cost of walking in humans, chimpanzees, and early hominins, *Journal of Human Evolution*, 56:43 – 54를 참조하라. 다른 동물의 자료에 대해서는 Rubenson, J. 외(2007), Reappraisal of the comparative cost of human locomotion using gait-specific allometric analyses, *Journal of Experimental Biology*, 210:3513 – 24를 참조하라.

18. 유인원은 앞으로 기운 몸통과 항시 굽어 있는 양어깨를 안정시키는 데도 추가로 에너지를 써야 한다. 개처럼 평범한 네발동물은 양어깨가 몸의 측면을 따라 자리하고 있지만, 유인원의 어깨는 등 위의 높은 곳에 자리하고 있는데 그래서 무언가를 타고 오르기에는 좋지만 안정을 유지하려면 그만큼 근육의 힘이 더 많이 든다. Larson, S. G., Stern, J. T., Jr.(1987), EMG of chimpanzee shoulder muscles during knuckle-walking: Problems of terrestrial locomotion in a suspensory adapted primate, *Journal of Zoology*, 212:629 – 55.

19. 내 시나리오는 물론 가설이지만, 가장 오래된 호미닌속(屬) 셋, 즉 사헬란트로푸스(Sahelanthropus, 700만 년 전), 오로린(Orrorin, 600만 년 전), 아르디피테쿠스(Ardipithecus, 580만~430만 년 전)에게서 나온 증거가 이 가설을 뒷받침한다. 이들 호미닌은 모두 양족보행의 신체 구조를 갖고 있지만 그 외의 다른 면에서는 유인원, 특히 침팬지와 외관이 무척 닮았다. 이와 함께 직립 자세를 취하면, 먹이 먹기, 나르기, 아마도 심지어 싸움에서도 다른 혜택이 있지 않았을까 한다. 어떻게 보면 침팬지와 고릴라도 직립한 채 물건을 나르지만, 우리가 그렇게 할 때보다 세 배 많은 칼로리와 시간이 든다. 더 자세한 내용은 Pilbeam Lieberman(2017), Reconstructing the last common ancestor of humans and chimpanzees를 참조.

20. 여러분이 수학에 흥미가 있을 경우에 대비해 말하자면, 내 몸무게는 68킬로그램이고 인간의 걷기에 드는 평균 비용은 0.08mlO_2/kg/m다. O_2 1리터는 5킬로칼로리의 에너지를 낸다. 침팬지의 걷기는 1킬로미터당 2.15배 에너지가 더 든다. 마라톤을 한 번 완주하는 데는 대략 2,600킬로칼로리가 든다.

21. Huang, T. W., Kuo, A. D.(2014), Mechanics and energetics of load carriageduring human walking, *Journal of Experimental Biology*, 217:605 – 13.

22. Maloiy, G. M. 외(1986), Energetic cost of carrying loads: Have African women discovered an economic way?, *Nature*, 319:668 – 69; Heglund, N. C. 외(1995), Energy-saving gait mechanics with head-supported loads, *Nature*, 375:52 – 54; Lloyd, R. 외(2010), Comparison of the physiological consequences of head-loading and back-loading for African and European women, *European Journal of Applied Physiology*, 109:607 – 16.

23. Bastien, G. J. 외(2005), Energetics of load carrying in Nepalese porters, *Science*, 308:1755; Minetti, A., Formenti, F., Ardigò, L.(2006), Himalayan porter's specialization: Metabolic power, economy, efficiency, and skill, *Proceedings of the Royal Society B*, 273:2791 – 97.

24. Castillo, E. R. 외(2014), Effects of pole compliance and step frequency on the biomechanics and economy of pole carrying during human walking, *Journal of Applied Physiology*, 117:507 – 17.

25. Knapik, J., Harman, E., Reynolds, K.(1996), Load carriage using packs: A review

of physiological, biomechanical, and medical aspects, *Applied Ergonomics*, 27:207 – 16; Stuempfle, K. J., Drury, D. G., Wilson, A. L.(2004), Effect of load position on physiological and perceptual responses during load carriage with an internal frame backpack, *Ergonomics*, 47:784 – 89; Abe, D., Muraki, S., Yasukouchi, A.(2008), Ergonomic effects of load carriage on the upper and lower back on metabolic energy cost of walking, *Applied Ergonomics*, 39:392 – 98.

26. Petersen, A. M., Leet, T. L., Brownson, R. C.(2005), Correlates of physical activity among pregnant women in the United States, *Medicine and Science in Sports and Exercise*, 37:1748 – 53.

27. Shostak, M.(1981), *Nisa: The Life and Words of a !Kung Woman*(New York: Vintage). 178쪽 에서 발췌.

28. Whitcome, K. K., Shapiro, L. J., Lieberman, D. E.(2007), Fetal load and the evolution of lumbar lordosis in bipedal hominins, *Nature*, 450:1075 – 78.

29. Wall-Scheffler, C. M., Geiger, K., Steudel-Numbers, K. L.(2007), Infant carrying: The role of increased locomotor costs in early tool development, *American Journal of Physical Anthropology*, 133:841 – 46; Watson, J. C. 외(2008), The energetic costs of load-carrying and the evolution of bipedalism, *Journal of Human Evolution*, 54:675 – 83; Junqueira, L. D. 외(2015), Effects of transporting an infant on the posture of women during walking and standing still, *Gait and Posture*, 41:841 – 46.

30. Hall, C. 외(2004), Energy expenditure of walking and running: Comparisonwith prediction equations, *Medicine and Science in Sports and Exercise*, 36:2128 – 34.

31. Wishnofsky, M.(1958), Caloric equivalents of gained or lost weight, *American Journal of Clinical Nutrition*, 6:542 – 46. 이보다 훨씬 훌륭한 분석을 보려면 Hall, K. D. 외(2011), Quantification of the effect of energy imbalance on bodyweight, *Lancet*, 378:826 – 37 참조.

32. 지방연소운동이라는 개념 뒤에는 더 열심히 운동할수록 더 많은 에너지를 태우게 된 다는 생각이 깔려 있지만, 사실 이때 태워지는 에너지의 태반은 탄수화물(글리코겐)이 다. 한 자리에 잠자코 앉아 있을 때는 지방만 태우지만 그 양이 그리 많지 않다. 한편 걷 거나 조깅을 하거나 달리거나 단거리를 전력 질주할 때는 더 많은 에너지를 태우는데, 운 동이 격렬해질수록 연소되는 글리코겐의 비율도 더 높아지고, 따라서 최대치로 운동할 때는 오로지 글리코겐만 태우게 된다. 그렇다면 지방연소운동은 글리코겐만큼 많은 지 방을 태우는 저~중강도 활동에 해당하는 말이겠으나, 지방을 더 낮은 비율이나마 최대 로 태우게 되는 중강도 활동량은 개인별로 천차만별이기에 지방연소운동의 개념은 일종 의 허구라고 해야 할 것이다. 이와 함께 얼마나 오랜 시간 운동하느냐도 중요하다. Carey, D. G.(2009), Quantifying differences in the "fat burning" zone and the aerobic zone: Implications for training, *Journal of Strength and Conditioning Research*, 23:2090 – 95.

33. 엄밀히 말하면 이 양은 주당 0, 4, 8, 12kcal/kg였다. Swift, D. L. 외(2014), The role of exercise and physical activity in weight loss and maintenance, *Progress in Cardiovascular Disease*, 56:441 – 47; Ross, R., Janssen, I.(2001), Physical activity, total and regional obesity: Dose-response considerations, *Medicine and Science in Sports and Exercise*, 33:S521 – S527;

Morss, G. M. 외(2004), Dose Response to Exercise in Women aged 45 – 75 yr (DREW): Design and rationale, *Medicine and Science in Sports and Exercise*, 36:336 – 44.

34. Kraus, W. E. 외(2002), Effects of the amount and intensity of exercise on plasma lipoproteins, *New England Journal of Medicine*, 347:1483 – 92; Sigal, R. J. 외(2007), Effects of aerobic training, resistance training, or both on glycemic control in type 2 diabetes, *Annals of Internal Medicine*, 147:357 – 69; Church, T. S. 외(2010), Exercise without weight loss does not reduce C-reactive protein: The INFLAME study, *Medicine and Science in Sports and Exercise*, 42:708 – 16.

35. Ellison, P. T.(2001), *On Fertile Ground: A Natural History of Human Reproduction*(Cambridge, Mass.: Harvard University Press).

36. Church, T. S. 외(2009), Changes in weight, waist circumference, and compensatory responses with different doses of exercise among sedentary, overweight postmenopausal women, *PLOS ONE*, 4:e4515.

37. Thomas, D. M. 외(2012), Why do individuals not lose more weight from an exercise intervention at a defined dose? An energy balance analysis, *Obesity Review*, 13:835 – 47. 다음도 참조하라: Gomersall, S. R. 외(2013), The ActivityStat hypothesis: The concept, the evidence, and the methodologies, *Sports Medicine*, 43:135 – 49; Willis, E. A. 외(2014), Nonexercise energy expenditure and physical activity in the Midwest Exercise Trial 2, *Medicine and Science in Sports and Exercise*, 46:2286 – 94; Gomersall, S. R. 외(2016), Testing the activitystat hypothesis: A randomised controlled trial, *BMC Public Health*, 16:900; Liguori, G. 외(2017), Impact of prescribed exercise on physical activity compensation in young adults, *Journal of Strength and Conditioning Research*, 31:503 – 8.

38. 관련 내용을 검토하려면, Thomas 외(2012), Why do individuals not lose more weight from an exercise intervention at a defined dose?를 참조하라. 하프마라톤 연구에 대해서는 Westerterp, K. R. 외(1992), Long-term effect of physical activityon energy balance and body composition, *British Journal of Nutrition*, 68:21 – 30을 참조하라.

39. Foster, G. D. 외(1997), What is a reasonable weight loss? Patients' expectationsand evaluations of obesity treatment outcomes, *Journal of Consulting and Clinical Psychology*, 65:79 – 85; Linde, J. A. 외(2012), Are unrealistic weight loss goals associated with outcomes for overweight women?, *Obesity*, 12:569 – 76.

40. Raichlen, D. A. 외(2017), Physical activity patterns and biomarkers of cardiovascular disease risk in hunter-gatherers, *American Journal of Human Biology*, 29:e22919.

41. 2013년 4사분기에서 2018년 2사분기까지 미국인이 일주일 동안 실시간 TV 시청에 들인 평균 시간, Statista, www.statista.com.

42. Flack, K. D. 외(2018), Energy compensation in response to aerobic exercise training in overweight adults, *American Journal of Physiology: Regulatory, Integrative, and Comparative Physiology*, 315:R619 – R626.

43. Ross, R. 외(2000), Reduction in obesity and related comorbid conditions after diet-induced weight loss or exercise-induced weight loss in men, *Annals of Internal Medicine*,

133:92 – 103.

44. Pontzer, H. 외(2012), Hunter-gatherer energetics and human obesity, *PLOS ONE*, 7:e40503.

45. Pontzer, H. 외(2016), Constrained total energy expenditure and metabolic adaptation to physical activity in adult humans, *Current Biology*, 26:410 – 17.

46. 비만이 심각한 사람이 다이어트와 운동으로 체중을 엄청나게 감량하여 기초신진대사율이 떨어진 뒤에도 이와 비슷한 현상이 나타날 수 있다. 하지만 여기서 우리가 눈여겨봐야 할 것은, 그렇게까지 극단적인 다이어트를 하지 않는 사람의 경우에는 이 같은 보상성 신진대사율 저하가 꼭 일어나지는 않는다는 것이다. 다음 두 연구의 사례를 비교해보라: Ross 외(2000), Reduction in obesity and related comorbid conditions after diet-induced weight loss or exercise-induced weight loss in men; Johannsen, D. L. 외(2012), Metabolic slowing with massive weight loss despite preservation of fat-free mass, *Journal of Clinical Endocrinology and Metabolism*, 97:2489 – 96.

47. 이 추정치는 총에너지소비량을 기초신진대사율로 나눈 신체활동량(PAL)에 근거한다. 출간 자료에 따르면, 하드자족의 PAL은 남자와 여자가 각기 2.03과 1.78이며 서양인은 남자와 여자가 각기 1.48과 1.66이다. 다음에서 입수한 자료: Pontzer 외(2012), Hunter-gatherer energetics and human obesity; Pontzer, H. 외(2016), Metabolic acceleration and the evolution of human brain size and life history, *Nature*, 533:390 – 92.

48. 이렇게 상승한 신진대사율을 전문용어로 운동후초과산소소비량(excess post-exercise oxygen consumption)이라고 하며, 신진대사율을 상승시키려면 보통 중~고강도 활동을 꾸준히 해주어야만 한다. Speakman, J. R., Selman, C.(2003), Physical activity and metabolic rate, *Proceedings of the Nutrition Society*, 62:621 – 34; LaForgia, J., Withers, R. T., Gore, C. J.(2006), Effects of exercise intensity and durationon the excess post-exercise oxygen consumption, *Journal of Sports Science*, 24:1247 – 64.

49. Donnelly, J. E. 외(2009), Appropriate physical activity intervention strategiesfor weight loss and prevention of weight regain for adults, *Medicine and Science in Sports and Exercise*, 41:459 – 71.

50. Pavlou, K. N., Krey, Z., Steffee, W. P.(1989), Exercise as an adjunct to weight loss and maintenance in moderately obese subjects, *American Journal of Clinical Nutrition*, 49:1115 – 23.

51. Andersen, R. E. 외(1999), Effects of lifestyle activity vs structured aerobicexercise in obese women: A randomized trial, *Journal of the American Medical Association*, 281:335 – 40; Jakicic, J. M. 외(1999), Effects of intermittentexercise and use of home exercise equipment on adherence, weight loss, and fitness in overweight women: A randomized trial, *Journal of the American Medical Association*, 282:1554 – 60; Jakicic, J. M. 외(2003), Effect of exercise duration and intensity on weight loss in overweight, sedentarywomen: A randomized trial, *Journal of the American Medical Association*, 290:1323 – 30.

52. Tudor-Locke, C.(2003), *Manpo-Kei: The Art and Science of Step Counting: How to Be Naturally Active and Lose Weight*(Vancouver, B.C.: Trafford).

53. Butte, N. F., King, J. C.(2005), Energy requirements during pregnancy and lactation,

Public Health and Nutrition, 8:1010 – 27.

54. 통념으로 널리 퍼진 이른바 수생유인원이론(aquatic ape hypothesis: AAH)은 인간이 수영을 하도록 진화했다고 주장한다. AAH를 옹호하는 이들은 인간의 몸에 털이 거의 없고, 콧구멍이 아래로 향해 있고, 피하지방을 갖고 있는 등의 특성을 우리 조상들이 물속에서 걷고 물에 뛰어들어 수영하도록 선택됐다는 증거로 보지만, 이는 다른 기능들을 위한 적응으로 보는 편이 더 타당하다. 이 이론과 그에 대한 비판을 살펴보려면, Gee, H.(2015), *The Accidental Species: Misunderstandings of Human Evolution*(Chicago: University of Chicago Press) 참조. 이에 더해 인간이 수영을 잘한다는 생각이 우스운 것임을 덧붙인다. 누구보다 수영을 잘하는 인간도 수달, 물개, 비버처럼 확실히 수영에 적응한 동물에 비하면 그리 잘하는 것이 아니기 때문이다. 이에 비해 인간은 세상에서 제일 빨리 수영할 수 있는 그 어떤 동물보다 빨리 걸으면서도 에너지를 그들의 5분의 1가량만 들인다. 이 비판에 마지막으로 덧붙이고자 하는 사실은, 나는 악어가 득실대는 아프리카의 호수와 강에서 절대 수영하고 싶지 않다는 것이다. Di Prampero, P. E.(1986), The energy cost of human locomotion on land and in water, *International Journal of Sports Medicine*, 7:55 – 72 참조.

제9장 | 달리기와 춤추기

1. Carrier, D. R.(1984), The energetic paradox of human running and hominid evolution, *Current Anthropology*, 25:483 – 95.

2. Taylor, C. R., Schmidt-Nielsen, K., Raab, J. L.(1970), Scaling of energetic cost of running to body size in mammals, *American Journal of Physiology*, 219:1104 – 7.

3. 데니스 브램블은 캐리어의 대학원 시절 멘토였고 나중에 솔트레이크시티에서는 그와 동료로 지냈다. 1983년 이 둘은 인간이 숨을 쉬는 방법을 주제로 중요한 연구를 출간한 바 있다. Bramble, D. M., Carrier, D. R.(1983), Running and breathing in mammals, *Science*, 219:251 – 56 참조.

4. Bramble, D. M., Lieberman, D. E.(2004), Endurance running and the evolution of *Homo*, *Nature*, 432:345 – 52.

5. 말의 열렬한 애호가라면 알겠지만, 보통 구보(canter)는 본질적인 면에서 보면 느린 습보(gallop)와 다르지 않다(엄밀히 말해, 구보는 습보의 4비트 보속 대신 3비트 보속을 취하는 것으로, 둘 모두 2비트 보속을 취하는 속보[trot]와는 확실히 다르다).

6. Alexander, R. M., Jayes, A. S., Ker, R. F.(1980), Estimates of energy cost for quadrupedal running gaits, *Journal of Zoology*, 190:155 – 92; Heglund, N. C., Taylor, C. R.(1988), Speed, stride frequency, and energy cost per stride: How do they change with body size and gait?, *Journal of Experimental Biology*, 138:301 – 18; Hoyt, D. F., Taylor, C. R.(1981), Gait and the energetics of locomotion in horses, *Nature*, 292:239 – 40; Minetti, A. E.(2003), Physiology: Efficiency of equine express postal systems, *Nature*, 426:785 – 86.

7. 장거리 말을 탈 때의 최대 추천 속도는 중간 속보로, 당나귀는 시간당 약 8~9.5킬로미터, 말은 시간당 9.6~12.8킬로미터를 달린다. 비교를 위해 말하자면, 2시간 약간 이상으로 경기를 완주하는 세계 최고 수준의 마라톤 선수들은 시간당 20킬로미터를 달리는 것이고, 3시간 30분에 경기를 완주하는 아마추어 선수들은(이 정도면 빠르지는 않아도 대단하다고

인정받을 만하다) 시간당 12킬로미터를 달리는 셈이다. 지구력 승마에 대한 각종 정보와 조언에 대해서는 다음을 참조하라: Old Dominion Equestrian Endurance Organization, www.olddominionrides.org.

8. Holekamp, K. E., Boydston, E. E., Smale, E.(2000), Group travel in social carnivores, *On the Move: How and Why Animals Travel in Groups*, S. Boinski, P. Garber 공편(Chicago: University of Chicago Press), 587 – 627; Pennycuick, C. J.(1979), Energy costs of locomotion and the concept of "foraging radius," *Serengeti: Dynamics of an Ecosystem*, A. R. E. Sinclair, M. Norton-Griffiths 공편(Chicago: University of Chicago Press), 164 – 84.

9. Dill, D. B., Bock, A. V., Edwards, H. T.(1933), Mechanism for dissipating heat in man and dog, *American Journal of Physiology*, 104:36 – 43.

10. 2004~2016년 미국의 마라톤 완주자 숫자, Statista, www.statista.com.

11. Rubenson, J. 외(2007), Reappraisal of the comparative cost of human locomotion using gait-specific allometric analyses, *Journal of Experimental Biology*, 210:3513 – 24.

12. Alexander, R. M. 외(1979), Allometry of the limb bones of mammals from shrews (Sorex) to elephant (Loxodonta), *Journal of Zoology*, 3:305 – 14.

13. Ker, R. F. 외(1987), The spring in the arch of the human foot, *Nature*, 325:147 – 49.

14. Bramble, D. M., Jenkins, F. A. J., Jr.(1993), Mammalian locomotor-respiratory integration: Implications for diaphragmatic and pulmonary design, *Science*, 262:235 – 40.

15. Kamberov, Y. G. 외(2018), Comparative evidence for the independent evolution of hair and sweat gland traits in primates, *Journal of Human Evolution*, 125:99 – 105.

16. Lieberman, D. E.(2015), Human locomotion and heat loss: An evolutionary perspective, *Comprehensive Physiology*, 5:99 – 117.

17. Shave, R. E. 외(2019), Selection of endurance capabilities and the tradeoff between pressure and volume in the evolution of the human heart, *Proceedings of the National Academy of Sciences USA*, 116:19905 – 10. Hellsten, Y., Nyberg, M.(2015), Cardiovascular adaptations to exercise training, *Comprehensive Physiology*, 6:1 – 32도 참조.

18. Lieberman, D. E.(2011), *The Evolution of the Human Head*(Cambridge, Mass.: Harvard University Press).

19. O'Neill, M. C. 외(2017), Chimpanzee super strength and human skeletal muscle evolution, *Proceedings of the National Academy of Sciences USA*, 114:7343 – 48.

20. Ama, P. F. 외(1986), Skeletal muscle characteristics in sedentary black and Caucasian males, *Journal of Applied Physiology*, 61:1758 – 61; Hamel, P. 외(1986), Heredity and muscle adaptation to endurance training, *Medicine and Science in Sports and Exercise*, 18:690 – 96.

21. Lieberman, D. E.(2006), The human gluteus maximus and its role in running, *Journal of Experimental Biology*, 209:2143 – 55.

22. 달리기의 매 걸음에서 공중에 붕 떠 있는 동안, 우리의 다리는 가위 모양으로 벌어지며 서로 반대 방향을 향하는데 이 때문에 배가 기울어지듯 몸이 양쪽으로 번갈아 기우뚱거린다. 이때 양팔을 다리와 반대 방향으로 힘껏 움직여주면 이 각운동량(angular momentum)을 어느 정도 줄일 수 있으나, 양다리에 비해 양팔의 무게가 훨씬 가볍기 때

문에 우리는 몸통도 함께 회전시키게 된다. 몸통을 회전시키며 동시에 팔을 흔들면 일직선으로 달리는 데 도움이 되는데, 인간이 달리기를 할 때 엉덩이와 머리는 두고 몸통만 따로 회전시키는 동작은 등이 뻣뻣한 다른 유인원들은 행하지 못한다. 참조: Hinrichs, R. N. (1990), Upper extremity function in distance running, *Biomechanics of Distance Running*, P. R. Cavanagh 편(Champaign, Ill.: Human Kinetics), 107 – 33; Thompson, N. E. 외 (2015), Surprising trunk rotational capabilities in chimpanzees and implications for bipedal walking proficiency in early hominins, *Nature Communications*, 6:8416.

23. 개나 말은 달리는 중에 거의 수평으로 달린 목을 구부리거나 늘려 머리를 미사일처럼 안정적인 상태로 유지한다. 이런 식의 조정으로 개와 말은 장애물이나 먹잇감 등 자신 앞에 놓인 것에 눈의 초점을 더 잘 맞출 수 있다. 양족보행을 하는 인간은 목이 수직인 데다 달릴 때 몸이 포고스틱처럼 위아래로 튀기 때문에, 머리가 몸과 함께 위아래로 튀는 것을 막을 방법이 없다. 대신 인간의 몸이 착지할 때마다, 양팔이 아래로 떨어지고 싶어하는 것과 동시에 머리는 앞쪽으로 나아가고 싶어한다. 그런데도 인간의 목과 양팔이 모두 제자리에 가만히 붙어 있는 것은 발이 땅바닥을 구르기 바로 직전, 어깨에 있는 연필만큼 가느다란 근육을 발화시키기 때문인데, 이 근육은 두개골 뒤쪽 정중선을 따라 자리한 조직막(경인대)을 통해 팔을 머리와 연결시킨다. 유인원과 비교했을 때 인간은 귀 안쪽에 균형을 담당하는 초예민 기관들이 있어 다양한 종류의 움직임을 감지하고 잘 대처하게 한다. Lieberman(2011), *Evolution of the Human Head* 참조.

24. O'Connell, J. F., Hawkes, K., Blurton-Jones, N. G.(1988), Hadza scavenging: Implications for Plio-Pleistocene hominid subsistence, *Current Anthropology*, 29:356 – 63.

25. Braun, D. R. 외(2010), Early hominin diet included diverse terrestrial and aquatic animals 1.95 Ma in East Turkana, Kenya, *Proceedings of the National Academy of Sciences*, 107:10002 – 7; Egeland, C. P. M., Domínguez-Rodrigo, M., Barba, M.(2011), The hunting-versus-scavenging debate, *Deconstructing Olduvai: A Taphonomic Study of the Bed I Sites*, M. DomínguezRodrigo 편(Dordrecht, Netherlands: Springer), 11 – 22.

26. Lombard, M.(2005), Evidence of hunting and hafting during the Middle Stone Age at Sibidu Cave, KwaZulu-Natal, South Africa: A multianalytical approach, *Journal of Human Evolution*, 48:279 – 300; Wilkins, J. 외(2012), Evidence for early hafted hunting technology, *Science*, 338:942 – 46.

27. 아프리카에 대해서는 다음을 참조하라: Schapera, I.(1930), *The Khoisan Peoples of South Africa: Bushmen and Hottentots*(London: Routledge and Kegan Paul); Heinz, H. J., Lee, M.(1978), *Namkwa: Life Among the Bushmen*(London: Jonathan Cape). 아시아에 대해서는 다음을 참조하라: Shah, H. M.(1900), *Aboriginal Tribes of India and Pakistan: The Bhils and Kolhis*(Karachi: Mashoor Offset Press). 호주에 대해서는 다음을 참조하라: Sollas, W. J.(1924), *Ancient Hunters, and Their Modern Representatives*(New York: Macmillan); McCarthy, F. D.(1957), *Australian Aborigines: Their Life and Culture*(Melbourne: Colorgravure); Tindale, N. B.(1974), *Aboriginal Tribes of Australia: Their Terrain, Environmental Controls, Distribution, Limits, and Proper Names*(Berkeley: University of California Press); Bliege-Bird, R., Bird, D.(2008), Why women hunt: Risk and contemporary foraging in a western desert

aboriginal community, *Current Anthropology*, 49:655 - 93. 아메리카에 대해서는 다음을 참조하라: Lowie, R. H.(1924), Notes on Shoshonean ethnography, *Anthropological Papers of the American Museum of Natural History*, 20:185 - 314; Kroeber, A. L.(1925), *Handbook of the Indians of California*(Washington, D.C.: Bureau of American Ethnology); Nabokov, P.(1981), *Indian Running: Native American History and Tradition*(Santa Fe, N.M.: Ancient City Press).

28. Liebenberg, L.(2006), Persistence hunting by modern hunter-gatherers, *Current Anthropology*, 47:1017 - 25.

29. Lieberman, D. E. 외(2020), Running in Tarahumara (Rarámuri) culture, *Current Anthropology*, 6(forthcoming).

30. Liebenberg, L.(1990), *The Art of Tracking: The Origin of Science*(Cape Town: David Philip).

31. Ijäs, M.(2017), *Fragments of the Hunt: Persistence Hunting, Tracking, and Prehistoric Art*(Helsinki: Aalto University Press).

32. 타라우마라족 사이에서 이런 사냥에는 보통 12~36킬로미터 이상의 거리를 오가며 2~6시간이 걸렸다.

33. Tindale(1974), *Aboriginal Tribes of Australia*, 106.

34. Kraske, R.(2005), *Marooned: The Strange but True Adventures of Alexander Selkirk, the Real Robinson Crusoe*(New York: Clarion Books).

35. Nabokov(1981), *Indian Running*; Lieberman 외(2020), Running in Tarahumara (Rarámuri) culture.

36. Burfoot, A.저(2016), *First Ladies of Running*(New York: Rodale).

37. 마조리 쇼스탁(Marjorie Shostak)이 한 산족 여성의 인생담을 기록해 펴낸 *Nisa*라는 책에는 여자들의 달리기를 잘 보여주는 한 예가 상세히 실려 있다. 이 책 101~102페이지에서 니사는 어린 시절 쿠두를 쫓아 달렸던 일을 이렇게 묘사한다. "그러던 어느 날 내가 벌써 꽤 컸을 때, 친구 몇몇과 함께 남동생을 데리고 마을을 떠나 숲으로 들어갔다. 우리가 함께 걸어가고 있는데, 모래에 새끼 쿠두의 발자국이 찍힌 것이 눈에 들어왔다. 내가 큰 소리로 말했다. '얘들아! 모두 이리 와봐! 여기 쿠두 발자국이 나 있어.' 다른 아이들이 와서 다 같이 그 발자국을 들여다보았다. 우리는 발자국을 따라 한동안 걷고 또 걸었는데, 그러다 작은 쿠두 한 마리가 풀 위에 누워서 죽은 듯이 자고 있는 게 보였다. 나는 쿠두에게 확 달려들어 잡으려 했다. '낑… 낑…' 그때껏 나는 쿠두를 제대로 잡아본 적이 없던 터라 쿠두는 몸부림쳐 내 품에서 벗어나 달아났다. 우리도 다 같이 쿠두 뒤를 쫓아 달리고 또 달렸다. 하지만 내가 얼마나 빨리 달렸던지 다른 아이들은 모두 뒤처지고 나 혼자만 온 힘을 다해 쿠두를 계속 뒤쫓았다. 마침내 나는 그 녀석을 잡을 수 있었고, 그 몸뚱이 위에서 뜀을 뛰어 그것을 죽였다…. 나는 그 동물을 사촌에게 건네 가져가게 했다. 돌아가는 길에 다른 여자애 하나가 자그만 스틴복을 한 마리 발견하고는 오빠와 함께 그것을 쫓아 달렸다. 둘은 끝까지 쫓아가 그애 오빠가 스틴복을 죽였다. 그날 우리는 고기를 많이 마을로 가지고 돌아와서 모두가 배불리 먹을 수 있었다." 이어 93페이지에서, 니사는 동물 사체를 차지하기 위해 달렸던 일을 이렇게 묘사한다. "또 다른 날로 기억하는데, 그때는 사자들이 얼마 전 죽인 영양이 숲속에 누워 있는 것을 내가 처음으로 발견했다. 엄마와 나는 먹을거리를 채집하러 길을 나서 함께 걷다가 엄마는 한쪽으로 가고 나는 거기서 약간

떨어진 데서 걷던 참이었다. 내가 영양을 본 것은 바로 그때였다. …엄마가 그 동물을 지키는 동안 나는 달려서 마을로 돌아갔는데, 몽곤고 숲 안으로 깊숙이 들어온 터라 이내 지치고 말았다. 나는 잠시 멈추어 숨을 돌렸다. 그리고 나서 다시 일어나 우리가 왔던 길을 따라 다시 달리기 시작했고, 그렇게 달리다 쉬다를 계속하다 마침내 마을로 돌아올 수 있었다. 그날은 무더워서 다들 그늘에서 쉬고 있었다. …아버지와 오빠를 비롯한 마을 모두가 [영양이 있는 곳으로 다시 가려고] 나를 따라왔다. 우리는 그곳에 도착해서 동물 가죽을 벗기고, 살점을 조각내서 나뭇가지에 꿰어 마을로 돌아왔다."

38. Lieberman, D. E. 외(2010), Foot strike patterns and collision forces in habitually barefoot versus shod runners, *Nature*, 463:531 – 35.

39. van Gent, R. N. 외(2007), Incidence and determinants of lower extremity running injuries in long distance runners: A systematic review, *British Journal of Sports Medicine*, 41:469 – 80.

40. 인용할 연구가 너무 많지만, 여기서는 증거를 요약해주는 몇 건만 나열하도록 하겠다: van Mechelen, W.(1992), Running injuries: A review of the epidemiologicalliterature, *Sports Medicine*, 14:320 – 35; Rauh, M. J. 외(2006), Epidemiology of musculoskeletal injuries among high school cross-country runners, *American Journal of Epidemiology*, 163:151 – 59; van Gent 외(2007), Incidence and determinants of lower extremity running injuries in long distance runners; Tenforde, A. S. 외(2011), Overuse injuries in high school runners: Lifetime prevalence and prevention strategies, *Physical Medicine and Rehabilitation*, 3:125 – 31; Videbæk, S. 외(2015), Incidence of running related injuries per 1000 h of running in different types of runners: A systematic review and meta-analysis, *Sports Medicine*, 45:1017 – 26.

41. Kluitenberg, B. 외(2015), What are the differences in injury proportions between different populations of runners? A systematic review and meta-analysis, *Sports Medicine*, 45:1143 – 61.

42. Daoud, A. I. 외(2012), Foot strike and injury rates in endurance runners: A retrospective study, *Medicine and Science in Sports and Exercise*, 44:1325 – 34.

43. Buist, I. 외(2010), Predictors of running-related injuries in novice runners enrolled in a systematic training program: A prospective cohort study, *American Journal of Sports Medicine*, 38:273 – 80.

44. Alentorn-Geli, E. 외(2017), The association of recreational and competitive running with hip and knee osteoarthritis: A systematic review and meta-analysis, *Journal of Orthopaedic and Sports Physical Therapy*, 47:373 – 90; Miller, R. H.(2017), Joint loading in runners does not initiate knee osteoarthritis, *Exercise and Sport Sciences Reviews*, 45:87 – 95.

45. Wallace, I. J. 외(2017), Knee osteoarthritis has doubled in prevalence since the mid-20th century, *Proceedings of the National Academy of Sciences USA*, 114:9332 – 36.

46. 사실대로 말하자면, 이 원칙을 검증할 유일한 연구에서는 이 원칙이 부상을 줄여주는 것으로 나타나지는 않았다. 더 많은 연구가 필요하다. Buist, I. 외(2008), No effect of a graded training program on the number of running-related injuries in novice runners: A

randomized controlled trial, *American Journal of Sports Medicine*, 36:33 – 39 참조.

47. Ferber, R. 외(2015), Strengthening of the hip and core versus knee muscles for the treatment of patellofemoral pain: A multicenter randomized controlled trial, *Journal of Athletic Training*, 50:366 – 77.

48. Dierks, T. A. 외(2008), Proximal and distal influences on hip and knee kinematics in runners with patellofemoral pain during a prolonged run, *Journal of Orthopedic and Sports Physical Therapy*, 38:448 – 56.

49. Nigg, B. M. 외(2015), Running shoes and running injuries: Myth busting and a proposal for two new paradigms: "Preferred movement path" and "comfort filter," *British Journal of Sports Medicine*, 49:1290 – 94; Nigg, B. M. 외(2017), The preferred movement path paradigm: Influence of running shoes on joint movement, *Medicine and Science in Sports and Exercise*, 49:1641 – 48.

50. 이 가설에 대한 반론으로는, 편안하다고 여기는 신발을 신고 자신이 바라는 방식대로 뛰어도 여전히 부상당하는 사람이 꽤 많다는 증거를 들 수 있다. 뿐만 아니라, 진정으로 자연스러운 뛰어난 방식 및 풋웨어가 있다면 그것은 다름 아닌 맨발일 것이다. 여기에 더해 어떤 사람의 습관적인 보속이, 특히 부상을 피하는 면에서 그 사람에게 최적의 보속이라는 증거는 거의 없다. 수영이나 레슬링을 할 때도 더 나은 방식이 있는데, 달리기라고 해서 왜 더 나은 방법이 없겠는가? 가장 중요하게는, 진화적 관점을 취하게 되면 우리가 행하는 모든 것에 맞교환이 따른다는 점과 그에 있어서 달리기도 예외일 수 없다는 사실을 떠올릴 수밖에 없다. 예를 들어, 자세 면에서 봤을 때 발볼로 착지하면 무릎에 스트레스가 덜 가지만 발목에는 스트레스가 더 간다는 사실이 여러 연구를 통해 나타난다. Kulmala, J. P. 외(2013), Forefoot strikers exhibit lower running-induced knee loading than rearfoot strikers, *Medicine and Science in Sports and Exercise*, 45:2306 – 13; Stearne, S. M. 외(2014), Joint kinetics in rearfoot versus forefoot running: Implications of switching technique, *Medicine and Science in Sports and Exercise*, 46:1578 – 87.

51. Henrich, J.(2017), *The Secret of Our Success: How Culture Is Driving Human Evolution, Domesticating Our Species, and Making Us Smarter*(Princeton, N.J.: Princeton University Press).

52. 더 많은 정보를 원한다면 다음을 참조하라: Lieberman, D. E. 외(2015), Effects of stride frequency and foot position at landing on braking force, hip torque, impact peak force, and the metabolic cost of running in humans, *Journal of Experimental Biology*, 218:3406 – 14; Cavanagh, P. R., Kram, R.(1989), Stride length in distance running: Velocity, body dimensions, and added mass effects, *Medicine and Science in Sports and Exercise*, 21:467 – 79; Heiderscheit, B. C. 외 공저(2011), Effects of step rate manipulation on joint mechanics during running, *Medicine and Science in Sports and Exercise*, 43:296 – 302; Almeida, M. O., Davis, I. S., Lopes, A. D.(2015), Biomechanical differences of foot-strike patterns during running: A systematic review with meta-analysis, *Journal of Orthopedic and Sports Physical Therapy*, 45:738 – 55.

53. Lieberman, D. E.(2014), Strike type variation among Tarahumara Indians in minimal sandals versus conventional running shoes, *Journal of Sport and Health Science*, 3:86 – 94;

Lieberman, D. E. 외(2015), Variation in foot strike patterns among habitually barefoot and shod runners in Kenya, *PLOS ONE*, 10:e0131354.

54. Holowka, N. B. 외(2019), Foot callus thickness does not trade off protection for tactile sensitivity during walking, *Nature*, 571:261 – 64.

55. Thomas, E. M.(1989), *The Harmless People*(New York: Vintage).

56. Marshall, L. J.(1976), *The !Kung of Nyae Nyae*(Cambridge, Mass.: Harvard University Press); Marshall, L. J.(1999), *Nyae Nyae !Kung Beliefs and Rites*(Cambridge, Mass.: Peabody Museum of Archaeology and Ethnology, Harvard University).

57. Marlowe, F. W.(2010), *The Hadza: Hunter-Gatherers of Tanzania*(Berkeley: University of California Press).

58. Pintado Cortina, A. P.(2012), *Los hijos de Riosi y Riablo: Fiestas grandes y resistencia cultural en una comunidad tarahumara de la barranca*(Mexico: Instituto Nacional de Antropología e Historia).

59. Lumholtz, C.(1905), *Unknown Mexico*(London: Macmillan), 558.

60. Mullan, J.(2014), The Ball in the Novels of Jane Austen, British Library, London, www. bl.uk.

61. Dietrich, A.(2006), Transient hypofrontality as a mechanism for the psychological effects of exercise, *Psychiatry Research*, 145:79 – 83; Raichlen, D. A. 외(2012), Wired to run: Exercise-induced endocannabinoid signaling in humans and cursorial mammals with implications for the "runner's high", *Journal of Experimental Biology*, 215:1331 – 36; Liebenberg, L.(2013), *The Origin of Science: On the Evolutionary Roots of Science and Its Implications for SelfEducation and Citizen Science*(Cape Town: CyberTracker).

제10장 | 지구력과 노화

1. 죽음을 피하려 사람들이 노력해온 역사에 대해서는 다음을 참조: Haycock, D. B.(2008), *Mortal Coil: A Short History of Living Longer*(New Haven, Conn.: Yale University Press).

2. Hippocrates, *Hippocrates*, W. H. S. Jones 역(1953)(London: William Heinemann).

3. Kranish, N., Fisher, M.(2017), *Trump Revealed: The Definitive Biography of the 45th President*(New York: Scribner).

4. Altman, L. K.(2016), A doctor's assessment of whether Donald Trump's health is "excellent", *New York Times*, 2016년 9월 18일자, www.nytimes.com.

5. Ritchie, D.(2016), *The Stubborn Scotsman—Don Ritchie: World Record Holding Ultra Distance Runner*(Nottingham, U.K.: DB).

6. Trump Golf Count, www.trumpgolfcount.com.

7. Blair, S. N. 외(1989), Physical fitness and all-cause mortality: A prospective study of healthy men and women, *Journal of the American Medical Association*, 262:2395 – 401.

8. 이들 수치는 흡연과 음주뿐만 아니라 높은 콜레스테롤 수치와 고혈압까지 통제한 '상대적 위험'을 나타낸 것으로, 이들 요소부터 신체 활동의 영향을 받는다. 따라서 운동의 유익한 효과는 보고되는 것보다 훨씬 높을 가능성이 크다. 다음을 참조: Blair, S. N. 외

(1995), Changes in physical fitness and all-cause mortality: A prospective study of healthy and unhealthy men, *Journal of the American Medical Association*, 273:1093–98.

9. Willis, B. L. 외(2012), Midlife fitness and the development of chronic conditions in later life, *Archives of Internal Medicine*, 172:1333–40.

10. Muller, M. N., Wrangham, R. W.(2014), Mortality rates among Kanyawara chimpanzees, *Journal of Human Evolution*, 66:107–14; Wood, B. M. 외(2017), Favorable ecological circumstances promote life expectancy in chimpanzees similar to that of human hunter-gatherers, *Journal of Human Evolution*, 105:41–56.

11. Medawar, P. B.(1952), *An Unsolved Problem of Biology*(London: H. K. Lewis).

12. Kaplan, H. 외(2000), A theory of human life history evolution: Diet, intelligence, and longevity, *Evolutionary Anthropology*, 9:156–85.

13. Hawkes, K. 외(1997), Hadza women's time allocation, offspring provisioning, and the evolution of long postmenopausal life spans, *Current Anthropology*, 38:551–77; Meehan, B.(1982), *Shell Bed to Shell Midden*(Canberra: Australian Institute of Aboriginal Studies); Hurtado, A. M., Hill, K.(1987), Early dry season subsistence strategy of the Cuiva Foragers of Venezuela, *Human Ecology*, 15:163–87.

14. Gurven, M., Kaplan, H.(2007), Hunter-gatherer longevity: Crosscultural perspectives, *Population and Development Review*, 33:321–65.

15. Kim, P. S., Coxworth, J. E., Hawkes, K.(2012), Increased longevity evolves from grandmothering, *Proceedings of the Royal Society B*, 279:4880–84.

16. 수렵채집인의 수명이 현대의 수준에 이른 것이 언제인지는 명문화하기 어려우나, 지금으로부터 4만~5만 년 전인 후기 구석기 시대에 이르자 인간이 더 오래 살게 되었다는 증거가 나타나고 있다. 다음을 참조: Caspari, R., Lee, S. H.(2003), Older age becomes common late in human evolution, *Proceedings of the National Academy of Sciences USA*, 101:10895–900.

17. 할머니의 중요성을 깎아내리는 것은 아니지만, 우리는 할아버지의 존재도 큰 가치를 지닐 수 있음에 주목해야 한다. 이와 관련한 가설이 자본 체화 가설이다. 이 생각에 따르면, 노년 인구가 젊은 세대에게 전수해주고 그들 대신 활용할 수 있는 지식과 기술이 장수의 추가적 선택이익(selective advantage)이라는 것이다. 다음을 참조하라: Kaplan et al.(2000), Theory of human life history evolution.

18. Hawkes, K., O'Connell, J. F., Blurton Jones, N. G.(1997), Hadza women's time allocation, offspring provisioning, and the evolution of long postmenopausal life spans, *Current Anthropology*, 38:551–77.

19. Marlowe, F. W.(2010), *The Hadza: Hunter-Gatherers of Tanzania*(Berkeley: University of California Press), 160. 다음도 함께 참조하라: Pontzer, H. 외(2015), Energy expenditure and activity among Hadza hunter-gatherers, *American Journal of Human Biology*, 27:628–37.

20. 노년의 하드자족 여자들이 걷는 거리와 관련한 표본은 그 사례가 너무 적어 확실한 근거로 삼기 힘들지만, Pontzer 외(2015), Energy expenditure and activity among Hadza hunter-gatherers에서는 노년의 하드자족 여자들이 젊은 엄마에 비해 20퍼센트 덜 걷는

다고 보고되었다. 하드자족의 에너지 소비에 관한 자료는 다음을 참조하라: Raichlen, D. A. 외(2017), Physical activity patterns and biomarkers of cardiovascular disease risk in hunter-gatherers, *American Journal of Human Biology*, 29:e22919. 미국 여자들에 대한 자료는 다음을 참조하라: TudorLocke, C. 외(2013), Normative steps/day values for older adults: NHANES 2005 – 2006, *Journals of Gerontology Series A: Biological Sciences and Medical Sciences*, 68:1426 – 32; Tudor-Locke, C., Johnson, W. D., Katzmarzyk, P. T.(2009), Accelerometer-determined steps per day in US adults, *Medicine and Science in Sports and Exercise*, 41:1384 – 91; Tudor-Locke, C. 외(2012), Peak stepping cadence in free-living adults: 2005 – 2006 NHANES, *Journal of Physical Activity and Health*, 9:1125 – 29.

21. Raichlen 외(2017), Physical activity patterns and biomarkers of cardiovascular disease risk in hunter-gatherers.

22. Studenski, S. 외(2011), Gait speed and survival in older adults, *Journal of the American Medical Association*, 305:50 – 58.

23. Himann, J. E. 외(1988), Age-related changes in speed of walking, *Medicine and Science in Sports and Exercise*, 20:161 – 66.

24. Pontzer 외(2015), Energy expenditure and activity among Hadza hunter-gatherers.

25. Walker, R., Hill, K.(2003), Modeling growth and senescence in physical performance among the Aché of eastern Paraguay, *American Journal of Physical Anthropology*, 15:196 – 208; Blurton-Jones, N., Marlowe, F. W.(2002), Selection for delayed maturity: Does it take 20 years to learn to hunt and gather?, *Human Nature*, 13:199 – 238.

26. 여러분이 궁금해 할 경우를 위해 말하자면, UN에 따르면 현재 100세 이상 인구는 전 세계에 30만 명이 넘는다. UNDESA(2011), *World Population Prospects: The 2010 Revision*(New York: United Nations), www.unfpa.org.

27. Finch, C. E. (1990), *Longevity, Senescence, and the Genome*(Chicago: University of Chicago Press).

28. Butler, P. G. 외(2013), Variability of marine climate on the North Icelandic Shelf in a 1357-year proxy archive based on growth increments in the bivalve *Arctica islandica*, *Palaeogeography, Palaeoclimatology, Palaeoecology*, 373:141 – 51.

29. Hood, D. A. 외(2011), Mechanisms of exercise-induced mitochondrial biogenesis in skeletal muscle: Implications for health and disease, *Comprehensive Physiology*, 1:1119 – 34; Cobb, L. J. 외(2016), Naturally occurring mitochondrial-derived peptides are age-dependent regulators of apoptosis, insulin sensitivity, and inflammatory markers, *Aging*, 8:796 – 808.

30. Gianni, P. 외(2004), Oxidative stre ss and the mitochondrial theory of aging in human skeletal muscle, *Experimental Gerontology*, 39:1391 – 400; Crane, J. D. 외(2010), The effect of aging on human skeletal muscle mitochondrial and intramyocellular lipid ultrastructure, *Journals of Gerontology Series A: Biological Sciences and Medical Sciences*, 65:119 – 28; Bratic, A., Larsson, N. G.(2013), *The role of mitochondria in aging*, *Journal of Clinical Investigation*, 123:951 – 57.

31. 우리의 세포는 모두 똑같은 게놈을 갖고 있기 때문에, 피부세포가 뉴런이나 근육세포와 다르게 기능하려면 후성 유전자 변형이 필요하다. 일부 후성 유전자 변형은 다음 세대로도 전달되는 것처럼 보이는데, 그렇게 되면 이는 비유전자성 유전이 된다.

32. Horvath, S.(2013), DNA methylation age of human tissues and cell types, *Genome Biology*, 14:R115; Gibbs, W. W.(2014), Biomarkers and ageing: The clock-watcher, *Nature*, 508:168 – 70.

33. Marioni, R. E. 외(2015), DNA methylation age of blood predicts all-cause mortality in later life, *Genome Biology*, 16:25; Perna, L. 외(2016), Epigenetic age acceleration predicts cancer, cardiovascular, and all-cause mortality in a German case cohort, *Clinical Epigenetics*, 8:64; Christiansen, L. 외(2016), DNA methylation age is associated with mortality in a longitudinal Danish twin study, *Aging Cell*, 15:149 – 54.

34. He, C. 외(2012), Exercise-induced BCL2-regulated autophagy is required for muscle glucose homeostasis, *Nature*, 481:511 – 15.

35. 이 기제가 특히 기막히게 훌륭한 것은 mTOR(mammalian target of rapamycin)라는 분자 때문인데, 이는 아미노산을 감지해 성장을 촉진하는 단백질이다. 보통 낮은 mTOR 수치는 장수와 연관이 있고 그래서 수명 연장 연구의 표적이 되기도 하지만, mTOR의 유익한 단기 증가는 운동이 일으키는 것으로 보인다. 다음 참조: Efeyan, A., Comb, W. C., Sabatini, D. M.(2015), Nutrient sensing mechanisms and pathways, *Nature*, 517:302 – 10.

36. 텔로미어가 짧아지는 것을 노화의 한 원인으로 보는 데는 논쟁의 여지가 있다. 태어날 때 텔로미어의 길이는 1만 염기쌍 정도인데, 35세가 되면 이 길이는 25퍼센트 짧아지고 65세에 접어들면 35퍼센트 짧아진다. 일부 연구에서는 텔로미어가 더 짧은 것을 질병에 걸릴 위험이 더 높아지는 것과 연관 짓기도 하지만, 그렇지 않은 연구도 있다. 운동이 텔로미어를 더 길어지게 하지만, 그러기는 암도 마찬가지다. 다음 참조: Haycock, P. C. 외 공저(2014), Leucocyte telomere length and risk of cardiovascular disease: Systematic review and meta-analysis, British Medical Journal 349:g4227; Mather, K. A. 외(2011), Is telomere length a biomarker of aging? A review, *Journals of Gerontology Series A: Biological Sciences and Medical Sciences*, 66:202 – 13; Ludlow, A. T. 외(2008), Relationship between physical activity level, telomere length, and telomerase activity, *Medicine and Science in Sports and Exercise*, 40:1764 – 71.

37. Thomas, M., Forbes, J.(2010), *The Maillard Reaction: Interface Between Aging, Nutrition, and Metabolism*(Cambridge, U.K.: Royal Society of Chemistry).

38. Kirkwood, T. B. L., Austad, S. N.(2000), Why do we age?, *Nature*, 408:233 – 38.

39. 사실 몇몇 생물학자들은, 실제로는 선택이 우리가 나이 들수록 역으로 작용한다는 이론을 내세우기도 한다. 이는 유전자들이 인생의 다양한 단계에서 저마다 다른 영향을 미친다는 이유에서다. 가령 적대적 다형질 발현('다형질 발현'은 다방면에 영향을 미치는 유전자를 가리키는 전문용어다)이라는 현상이 일어나면 젊은 시절에 우리의 생존과 생식을 돕는 유전자가 나이 들어서는 해를 끼치는 존재로 돌변할 수도 있다. 악명 높은 극단적인 한 사례로 생애 전반부에는 면역체계를 향상해주던 돌연변이가 중년에 접어들어 헌팅턴병(치명적 형태의 뇌 변성)을 일으키는 것을 들 수 있다. 다음 참조: Williams, G. C.

(1957), Pleiotropy, natural selection, and the evolution of senescence, *Evolution*, 11:398 – 411; Eskenazi, B. R., Wilson-Rich, N. S., Starks, P. T.(2007), A Darwinian approach to Huntington's disease: Subtle health benefits of a neurological disorder, *Medical Hypotheses*, 69:1183 – 89; Carter, A. J., Nguyen, A. Q.(2011), Antagonistic pleiotropy as a widespread mechanism for the maintenance of polymorphic disease alleles, *BMC Medical Genetics*, 12:160.

40. Saltin, B. 외(1968), Response to exercise after bed rest and after training, *Circulation*, 38 (supplement 5): 1 – 78.

41. McGuire, D. K. 외(2001), A 30-year follow-up of the Dallas Bedrest and Training Study: I. Effect of age on the cardiovascular response to exercise, *Circulation*, 104:1350 – 57.

42. Ekelund, U. 외(2019), Dose-response associations between accelerometry measured physical activity and sedentary time and all cause mortality: Systematic review and harmonised meta-analysis, *British Medical Journal*, 366:14570.

43. 이 수많은 과정(여기서 다 살펴보기에는 너무 많다)을 정리한 내용에 대해서는 다음을 참조하라: Foreman, J.(2020), *Exercise Is Medicine: How Physical Activity Boosts Health and Slows Aging*(New York: Oxford University Press).

44. LaForgia, J., Withers, R. T., Gore, C. J.(2006), Effects of exercise intensity and duration on the excess post-exercise oxygen consumption, *Journal of Sports Science*, 24:1247 – 64.

45. Pedersen, B. K.(2013), Muscle as a secretory organ, *Comprehensive Physiology*, 3:1337 – 62.

46. Clarkson, P. M., Thompson, H. S.(2000), Antioxidants: What role do they play in physical activity and health?, *American Journal of Clinical Nutrition*, 72:637S – 646S.

47. 호르메시스란 고용량일 때 유해할 수 있는 무언가를 소량 이용할 때 일어나는 유익한 반응을 말한다. 이 현상(재빠른 움직임과 열의를 뜻하는 그리스어가 어원이다)은 지금껏 여러 돌팔이를 탄생시킨 것은 물론이고 수많은 논란을 불러일으키곤 했다. 호르메시스의 옹호자들은 "죽지 않을 만큼의 고된 일은 우리를 더 강하게 한다"라는 금언을 즐겨 인용하지만, 니체로부터 의학적 조언을 얻는 것은 부디 삼가자. 방사능과 스트리크닌, 리신은 소량으로도 해를 끼칠 수 있다.

48. 이런 종류에 해당하는 약물의 사례로는 메트포르민(근육세포의 인슐린 민감도를 증가시킨다)과 레스베라트롤(신진대사에 관여하는 효소들의 작용에 영향을 미친다), AICAR-AMPK(더 많은 미토콘드리아를 생성하는 경로를 활성화한다), 이리신(뼈 성장을 촉진하고 백색지방을 갈색지방으로 바꾼다)을 들 수 있다.

49. Pauling, L. C.(1987), *How to Live Longer and Feel Better*(New York: Avon).

50. Bjelakovic, G. 외(2007), Mortality in randomized trials of antioxidant supplements for primary and secondary prevention: Systematic review and meta-analysis, *Journal of the American Medical Association*, 297:842 – 57.

51. Ristow, M. 외(2009), Antioxidants prevent health-promoting effects of physical exercise in humans, *Proceedings of the National Academy of Sciences USA*, 106:8665 – 70.

52. Akerstrom, T. C. 외(2009), Glucose ingestion during endurance training in men attenuates expression of myokine receptor, *Experimental Physiology*, 94:1124 – 31.

53. 수명 연장을 위해 노력하며 사기행각을 벌이는 이들과 진지하게 연구하는 과학자 양

쪽 모두의 현황을 살펴본 대중서로는 다음을 참조하라: Gifford, W.(2014), *Spring Chicken: Stay Young Forever(or Die Trying)*(New York: Grand Central Publishing).

54. 간헐적 단식에 대해서 검토하려면 De Cabo, R., Mattson, M. P.(2019), Effects of intermittent fasting on health, aging, and disease, *New England Journal of Medicine*, 381:2541 – 51 참조. 여기서 주목할 것은 간헐적 단식이 칼로리를 단기간 제한하는 것으로, 장기간의 칼로리 제한과는 다르다는 점이다. 장기간 칼로리 제한에서 유발되는 스트레스가 실험실 생쥐의 수명을 늘려주는 것은 사실이지만, 이 방법이 인간이나 여타 영장류에게 도움을 준다는 확실한 증거는 없다. 콜먼(Colman)과 그의 동료들이 위스콘신에서 짧은꼬리원숭이를 대상으로 실험을 진행해 2009년 결과를 발표한 뒤 학계에서 자주 인용된 한 장기 연구에서 칼로리 제한에 따른 이익이 보고되었지만, 이 연구는 '대조군' 원숭이에게 당이 많이 든 먹이를 원하는 대로 다 먹게 하는 식으로 건강에 나쁜 미국식 식단을 먹도록 두는(이런 식단은 대사 질환에 걸릴 위험을 더 높인다) 한편, 칼로리를 제한한 동물에게는 더 일반적인 양의 음식을 먹였다는 점에서 결함이 있다. 칼로리를 제한한 동물이 더 건강하고 더 오래 산 것은 당연한 일이었다. 이 연구 결과는 매터슨(Mattison)과 동료들이 국립노화연구소(National Institute on Aging)에서 진행해 2012년 결과를 발표한 두 번째의 23년간 연구를 통해 논쟁과 논박이 이루어졌다. 더 건강하고 평범한 식단을 먹인 대조군 원숭이와 저칼로리 식단을 먹인 원숭이를 비교한 이 연구에서는 칼로리를 제한한 결과가 상당 기간 수명 연장으로 이어졌다는 사실이 전혀 발견되지 않았다. 다음을 참조: Colman, R. J. 외(2009), Caloric restriction delays disease onset and mortality in rhesus monkeys, *Science*, 325:201 – 4; Mattison, J. A. 외(2012), Impact of caloric restriction on health and survival in rhesus monkeys from the NIA study, *Nature*, 489:318 – 21.

55. 이와 관련한 광범위한 조사(참고문헌을 포함해)에 대해서는 다음을 참조하라: Gurven, M., Kaplan, H.(2007), Hunter-gatherer longevity: Cross-cultural perspectives, *Population and Development Review*, 33:321 – 65. 다음도 함께 참조하라: Truswell, A. S., Hansen, J. D. L.(1976), Medical research among the !Kung, *Kalahari Hunter-Gatherers*, R. B. Lee I. DeVore 공편(Cambridge, Mass.: Harvard University Press), 167 – 94; Gurven, M. 외(2017), The Tsimane health and life history project: Integrating anthropology and biomedicine, *Evolutionary Anthropology*, 26:54 – 73; Eaton, S. B., Konner, M. J., Shostak, M.(1988), Stone agers in the fast lane: Chronic degenerative diseases in evolutionary perspective, *American Journal of Medicine*, 84:739 – 49; Eaton, S. B. 외 공저(1994), Women's reproductive cancers in evolutionary context, *Quarterly Review of Biology*, 69:353 – 67.

56. U.S. Department of Health and Human Services, Centers for Disease Control, Health, United States, 2016, table 19, pp. 128 – 31, www.cdc.gov.

57. Kochanek, K. D. 외(2017), Mortality in the United States, 2016, NCHS Data Brief, No. 293, 2017년 12월, www.cdc.gov.

58. Lieberman, D. E.(2013), *The Story of the Human Body: Evolution, Health, and Disease*(New York: Pantheon).

59. Vita, A. J. 외(1998), Aging, health risks, and cumulative disability, *New England Journal of Medicine*, 338:1035 – 41.

60. Mokdad, A. 외(2004), Actual causes of death in the United States, 2000, *Journal of the American Medical Association*, 291:1238 – 45.

61. 관련 내용을 검토하려면 다음을 참조하라: Chodzko-Zajko, W. J. 외(2009), American College of Sports Medicine position stand: Exercise and physical activity for older adults, *Medicine and Science in Sports and Exercise*, 41:1510 – 30.

62. Crimmins, E. M., Beltrán-Sánchez, H.(2011), Mortality and morbidity trends: Is there compression of morbidity?, *Journals of Gerontology*, 66:75 – 86; Cutler, D. M.(2004), *Your Money or Your Life: Strong Medicine for America's Health Care System*(New York: Oxford University Press).

63. Altman, 도널드 트럼프의 건강상태가 "매우 좋다"는 데 대한 의사의 소견.

64. Herskind, A. M. 외(1996), The heritability of human longevity: A population-based study of 2872 Danish twin pairs born 1870 – 1900, *Human Genetics*, 97:319 – 23; Ljungquist, B. 외(1998), The effect of genetic factors for longevity: A comparison of identical and fraternal twins in the Swedish Twin Registry, *Journals of Gerontology Series A: Biological Sciences and Medical Sciences*, 53:M441 – M446; Barzilai, N. 외(2012), The place of genetics in ageing research, *Nature Reviews Genetics*, 13:589 – 94.

65. Khera, A. V. 외(2018), Genome-wide polygenic scores for common diseases identify individuals with risk equivalent to monogenic mutations, *Nature Genetics*, 50:1219 – 24.

66. 인간의 노화를 미루어준다고 알려진 지구력 신체 활동을 (가령 매일 수 마일을 몇 시간에 걸쳐 걷는 것과 함께 달리기 같은 약간 고강도의 다른 활동을 병행하면) 침팬지도 할 경우, 과연 침팬지도 인간만큼 오래 살지 검증해볼 수 있다면 흥미로울 것이다. 이런 실험은 윤리적이긴 하지만, 침팬지가 우리만큼 지구력 적응 특성을 많이 갖고 있지 못한 까닭에 불가능하다. 침팬지가 수렵채집인만큼 매일매일 많이 걸을 수 없는 것은 몸이 과열되어 피로해지기 때문이다. 아마도 이 점을 알면 왜 침팬지에게 고혈압이 생기는지, 왜 침팬지가 수많은(전부는 아니다) 정적인 인간들처럼 심장병으로 죽는 사례가 많은지 더 잘 설명될 듯하다. 다음을 참조: Shave, R. E. 외(2019), Selection of endurance capabilities and the trade-off between pressure and volume in the evolution of the human heart, *Proceedings of the National Academy of Sciences USA*, 116:19905 – 10.

67. Paffenbarger, R. S., Jr. 외(1993), The association of changes in physical activity level and other lifestyle characteristics with mortality among men, *New England Journal of Medicine*, 328:538 – 45; Blair 외(1995), Changes in physical fitness and all-cause mortality; Sui, X. 외 공저(2007), Estimated functional capacity predicts mortality in older adults, *Journal of the American Geriatrics Society*, 55:1940 – 47.

제11장 | 운동을 몸에 배게 하는 법

1. Physical Activity Guidelines Advisory Committee(2018), *2018 Physical Activity Guidelines Advisory Committee Scientific Report*(Washington, D.C.: U.S. Department of Health and Human Services).

2. 더 정확히 말하자면, 어린이들이 나이 들어가면서 체육을 즐기는 문제는 담당 교사의 자

질, 따돌림, 더러는 정형화된 위계를 공고히 하는 폄훼를 등 다양한 요소로 인해 더욱 예측이 어려워진다. 다음을 참조 Cardinal, B. J.(2017), Beyond the gym: There is more to physical education than meets the eye, *Journal of Physical Education, Recreation, and Dance*, 88:3 – 5; Cardinal, B. J. 외 공저(2014), Obesity bias in the gym: An under-recognized social justice, diversity, and inclusivity issue, *Journal of Physical Education, Recreation, and Dance*, 85:3 – 6; Cardinal, B. J., Yan, Z., Cardinal, M. K.(2013), Negative experiences in physical education and sport: How much do they affect physical activity participation later in life?, *Journal of Physical Education, Recreation, and Dance*, 84:49 – 53; Ladwig, M. A., Vazou, S., Ekkekakis, P.(2018), "My best memory is when I was done with it": PE memories are associated with adult sedentary behavior, *Translational Journal of the ACSM*, 3:119 – 29.

3. 아리송한 일이지만, 테니스 선수 비에른 보리(Björn Borg)는 모든 상품에 자기 이름을 갖다 붙이는 이 회사와 더는 아무 연관이 없다.

4. Thaler, R. H., Sunstein, C. R.(2009), *Nudge: Improving Decisions About Health, Wealth, and Happiness* 제2판(New York: Penguin).

5. 서양인들 사이에서 이 현상을 살펴보려면 다음을 참조: McElroy, M.(2002), *Resistance to Exercise: A Social Analysis of Inactivity*(Champaign, Ill.: Human Kinetics).

6. 단기적 대안을 위해 장기적 이익을 미루는 이런 경향을 시점 할인(temporal discounting)이라고도 한다. 그간 경제학자들과 심리학자들은 이것이 사람에게 흔히 나타나는 행동으로서 비합리적인 결정으로 이어진다는 사실을 입증해왔다. 다음을 참조: Kahneman, D.(2011), *Thinking, Fast and Slow*(New York: Farrar, Straus and Giroux).

7. 지금까지 여러 연구를 통해 신체 활동을 피하는 것과 연관 있는 유전자들이 확인되었다. 이들 유전자를 갖고 있으면 실험실 생쥐들도 우리 안의 쳇바퀴를 덜 달릴 가능성이 높을 수 있다. 그렇기는 하나 사람들의 비활동성에 나타나는 일부 편차 그 이상을 설명해주는 공통된 유전자는 아직 밝혀지지 않았으며, 이들의 유전율(heritability) 추정치도 환경에 따라 상당한 편차를 보인다. 그 연구 결과를 보면 이들 유전자와 환경 사이에 강력하지만 아직 잘 알려지지 않은 상호작용이 존재함을 짐작할 수 있다. 개인적으로는 구석기 시대에도 과연 이들 유전자를 가진 이들이 다 비활동적이었을까 의구심이 들며, 더구나 이들 유전자는 오늘날 더는 결정론적인 성격을 갖지 못한다. 다음 참조: Lightfoot, J. T. 외(2018), Biological/genetic regulation of physical activity level: Consensus from GenBioPAC, *Medicine and Science in Sports and Exercise*, 50:863 – 73.

8 수백 건의 연구를 종합적으로 검토한 내용에 대해서는 다음을 참조: Physical Activity Guidelines Advisory Committee(2018)의 F부, 11장, *2018 Physical Activity Guidelines Advisory Committee Scientific Report*.

9. Elley, C. R. 외(2003), Effectiveness of counselling patients on physical activity in general practice: Cluster randomised controlled trial, *British Medical Journal*, 326:793.

10. Hillsdon, M., Foster, C., Thorogood, M.(2005), Interventions for promoting physical activity, *Cochrane Database Systematic Reviews*, CD003180; Müller-Riemenschneider, F. 외(2008), Long-term effectiveness of interventions promoting physical activity: A systematic review, *Preventive Medicine*, 47:354 – 68.

11. Physical Activity Guidelines Advisory Committee(2018), *2018 Physical Activity Guidelines Advisory Committee Scientific Report*. 이 증거의 요약은 health.gov의 F부 11장 온라인 보완자료에 들어 있다.

12. Bauman, A. E. 외(2012), Correlates of physical activity: Why are some people physically active and others are not?, *Lancet*, 380:258 – 71.

13. 수많은 연구에서 신체 활동 수준과 사회경제적 지위 사이에는 반비례 관계가 있는 것으로 나타난다. 이와 관련한 훌륭한 연구로는 Trost, S. G. 외 공저(2002), Correlates of adults' participation in physical activity: Review and update, *Medicine and Science in Sports and Exercise*, 34:1996 – 2001이 있다. 그 차이가 거의 전적으로 여가의 신체 활동에서 나타남을 보여주는 자료로는 다음을 참조하라: Stalsberg, R., Pedersen, A. V.(2018), Are differences in physical activity across socioeconomic groups associated with choice of physical activity variables to report?, *International Journal of Environmental Research and Public Health*, 15:922.

14. Marlowe, F. W.(2010), *The Hadza: Hunter-Gatherers of Tanzania*(Berkeley: University of California Press).

15. Christakis, N.(2019), *Blueprint: The Evolutionary Origins of a Good Society*(New York: Little, Brown Spark).

16. 이와 관련한 종합적인 검토는 다음을 참조하라: Basso, J. C., Susuki, W. A.(2017), The effects of acute exercise on mood, cognition, neurophysiology, and neurochemical pathways: A review, *Brain Plasticity*, 2:127 – 52.

17. Vecchio, L. M. 외(2018), The neuroprotective effects of exercise: Maintaining a healthy brain throughout aging, *Brain Plasticity*, 4:17 – 52.

18. Knab, A. M., Lightfoot, J. T.(2010), Does the difference between physically active and couch potato lie in the dopamine system?, *International Journal of Biological Science*, 6:133 – 50; Kravitz, A. V., O'Neal, T. J., Friend, D. M.(2016), Do dopaminergic impairments underlie physical inactivity in people with obesity?, *Frontiers in Human Neuroscience*, 10:514.

19. Nogueira, A. 외(2018), Exercise addiction in practitioners of endurance sports: A literature review, *Frontiers in Psychology*, 9:1484.

20. Young, S. N.(2007), How to increase serotonin in the brain without taking drugs, *Journal of Psychiatry and Neuroscience*, 32:394 – 99; Lerch-Haner, J. K. 외(2008), Serotonergic transcriptional programming determines maternal behavior and offspring survival, *Nature Neuroscience*, 11:1001 – 3.

21. Babyak, M. 외(2000), Exercise treatment for major depression: Maintenance of therapeutic benefit at 10 months, *Psychosomatic Medicine*, 62:633 – 38.

22. 가장 잘 알려진 내생 오피오이드는 베타-엔도르핀이지만, 엔카팔린과 다이놀핀도 내생 오피오이드에 들어간다.

23. Schwarz, L., Kindermann, W.(1992), Changes in beta-endorphin levels in response to aerobic and anaerobic exercise, *Sports Medicine*, 13:25 – 36.

24. Dietrich, A., McDaniel, W. F.(2004), Endocannabinoids and exercise, *British Journal of Sports Medicine*, 38:536 – 41.

25. Hicks, S. D. 외(2018), The transcriptional signature of a runner's high, *Medicine and Science in Sports and Exercise*, 51:970 – 78.

26. 일반적으로 격렬한 운동보다 지구력 운동에서 더 많은 즐거움을 얻지만, 여기엔 상당한 편차가 존재한다. 다음 참조: Ekkekakis, P., Parfitt, G., Petruzzello, S. J.(2011), The pleasure and displeasure people feel when they exercise at different intensities: Decennial update and progress towards a tripartite rationale for exercise intensity prescription, *Sports Medicine*, 41:641 – 71; Oliveira, B. R. 외(2013), Continuous and high-intensity interval training: Which promotes higher pleasure?, *PLOS ONE*, 8:e79965.

27. 많은 사람들이 트레이너를 고용하지만, '트레이너'가 되기 위해 외적으로 평가되는 표준적인 기준은 거의 존재하지 않는다. 반드시 신중한 소비자가 되어 훌륭한 실적을 쌓은 능력 있고 노련한 이를 트레이너로 쓰도록 하자.

28. 하지만 보통 학교의 체육시간은 충분치 않다. 아이들이 1주일에 최소 300분은 체육을 해야 한다는 게 중론으로 통하지만, 세계 평균은 초등학교가 일주일에 103분, 중등학교는 일주일에 100분이다. 다음을 참조하라: North Western Counties Physical Education Association(2014), *World-Wide Survey of School Physical Education: Final Report*(Paris: UNESCO), unesdoc.unesco.org.

29. 안전벨트 자료에 대해서는 다음을 참조하라: Glassbrenner, D.(2012), *Estimating the Lives Saved by Safety Belts and Air Bags*(Washington, D.C.: National Highway Traffic Safety Administration), www-nrd.nhtsa.dot.gov.

30. Carlson, S. A. 외(2018), Percentage of deaths associated with inadequate physical activity in the United States, *Prevention of Chronic Disease*, 15:170354.

31. Lee, I. M. 외(2012), Effect of physical inactivity on major noncommunicable diseases worldwide: An analysis of burden of disease and life expectancy, *Lancet*, 380:219 – 29.

32. ReportLinker Insight(2017), Out of shape? Americans turn to exercise to get fit, *ReportLinker*, 2017년 3월 31일, www.reportlinker.com.

33. Lightfoot, J. T. 외(2018), Biological/genetic regulation of physical activity level: Consensus from GenBioPAC, *Medicine and Science in Sports and Exercise*, 50:863 – 73.

34. Thaler and Sunstein(2009), *Nudge*.

35. The Child and Adolescent Health Measurement Initiative (CAHMI), *2016 National Survey of Children's Health*, Data Resource Center for Child and Adolescent Health.

36. Katzmarzyk, P. T. 외(2016), Results from the United States of America's 2016 report card on physical activity for children and youth, *Journal of Physical Activity and Health*, 13:S307 – S313; National Center for Health Statistics(2006), *National Health and Nutrition Examination Survey*(Hyattsville, Md.: U.S. Department of Health and Human Services, CDC, National Center for Health Statistics); Centers for Disease Control and Prevention(2015), 2015 High School Youth Risk Behavior Surveillance System(Atlanta: U.S. Department of Health and Human Services).

37. World Health Organization, Global Health Observatory(GHO) data, Prevalence of insufficient physical activity, www.who.int.

38. U.S. Department of Health and Human Services(2018), *Physical Activity Guidelines for Children and Adolescents*, health.gov.

39. Hollis, J. L. 외(2016), A systematic review and meta-analysis of moderateto-vigorous physical activity levels in elementary school physical education lessons, *Preventive Medicine*, 86:34 – 54.

40. Cardinal(2017), Beyond the gym.

41. Kocian, L.(2011), Uphill push, *Boston Globe*, 2011년 10월 20일, archive.boston.com.

42. Rasberry, C. N. 외(2011), The association between school-based physical activity, including physical education, and academic performance: A systematic review of the literature, *Preventive Medicine*, 52:S10 – S20.

43. Mechikoff, R. A., Estes, S. G.(2006), *A History and Philosophy of Sport and Physical Education: From Ancient Civilizations to the Modern World* 제4판(Boston: McGraw-Hill); Cardinal, B. J., Sorensen, S. D., Cardinal, M. K.(2012), Historical perspective and current status of the physical education graduation requirement at American 4-year colleges and universities, *Research Quarterly for Exercise and Sport*, 83:503 – 12; Cardinal, B. J.(2017), Quality college and university instructional physical activity programs contribute to mens sana in corpore sano, "the good life" and healthy societies, *Quest*, 69:531 – 41.

44. Sparling, P. B., Snow, T. K.(2002), Physical activity patterns in recent college alumni, *Research Quarterly for Exercise and Sport*, 73:200 – 205.

45. Kim, M., Cardinal, B. J.(2019), Differences in university students' motivation between a required and an elective physical activity education policy, *Journal of American College Health*, 67:207 – 14; Cardinal, Yan, Cardinal(2013), Negative experiences in physical education and sport; Ladwig, Vazou, Ekkekakis(2018), "My best memory is when I was done with it."

46. 학생이 신체 활동을 할 시간이나 방편이 충분치 않다는 주장은 기숙제 인문대학을 생각해보면 설득력이 훨씬 떨어진다. 이런 대학의 학부생은 요리나 청소, 물품 구입, 통학을 할 필요가 없기 때문이다. 예를 들어 하버드대학만 해도 사방에 체육관 시설이 자리한 데다 학생들이 생활하는 아름다운 캠퍼스를 둘로 갈라주는 찰스강 양편에도 걷기와 자전거 타기, 달리기를 하기 좋은 길이 나 있다.

47. Loprinzi, P. S., Kane, V. J.(2015), Exercise and cognitive function: A randomized controlled trial examining acute exercise and free-living physical activity and sedentary effects, *Mayo Clinic Proceedings*, 90:450 – 60.

제12장 | 어떤 운동을, 얼마나 많이?

1. World Health Organization(2010), *Global Recommendations on Physical Activity for Health*(Geneva: World Health Organization); Eckel, R. H. 외(2014), AHA/ACC guideline on lifestyle management to reduce cardiovascular risk: A report of the American College of Cardiology/American Heart Association Task Force on Practice Guidelines, *Circulation*, 129:S76 – S99; Eckel, R. H. 외(2014), AHA/ACC guideline on lifestyle management to reduce cardiovascular risk: A report of the American College of Cardiology/American

Heart Association Task Force on Practice Guidelines, *Journal of the American College of Cardiology*, 63:2960 – 84; Physical Activity Guidelines Advisory Committee(2018), *2018 Physical Activity Guidelines Advisory Committee Scientific Report*(Washington, D.C.: U.S. Department of Health and Human Services).

2. LaLanneisms, jacklalanne.com.

3. Lee, I. M., Paffenbarger, R. S., Jr.(1998), Life is sweet: Candy consumption and longevity, *British Medical Journal*, 317:1683 – 84. 이 논문의 이해관계 고지문(Competing Interests disclosure)에서 파펜바거(Paffenbarger)와 공저자 아이민 리(I-Min Lee)는 이렇게 썼다. "저자들은 초콜릿에 확실히 약하다는 점을 인정하며, 매일 평균 1개의 초콜릿 바를 섭취한다는 사실을 고백하는 바다."

4. Paffenbarger, R. S., Jr.(1986), Physical activity, all-cause mortality, and longevity of college alumni, *New England Journal of Medicine*, 314:605 – 13.

5. Paffenbarger, R. S., Jr. 외(1993), The association of changes in physicalactivity level and other lifestyle characteristics with mortality among men, *New England Journal of Medicine*, 328:538 – 45.

6. Pate, R. R.(1995), Physical activity and public health: A recommendation from the Centers for Disease Control and Prevention and the American College of Sports Medicine, *Journal of the American Medical Association*, 273:402 – 7; Physical activity and cardiovascular health: NIH Consensus Development Panel on Physical Activity and Cardiovascular Health (1996), *Journal of the American Medical Association*, 276:241 – 46; U.S. Department of Health and Human Services (1996), *Physical Activity and Health: A Report of the Surgeon General*(Atlanta: U.S. Department of Health and Human Services, Centers for Disease Control and Prevention, National Center for Chronic Disease Prevention and Health Promotion).

7. Physical Activity Guidelines Advisory Committee(2018), *2018 Physical Activity Guidelines Advisory Committee Scientific Report*, Check the report out for yourself at www.hhs.gov.

8. 이 지표, 즉 대사당량(metabolic equivalents: METs)은 1시간을 앉아만 있을 때 소비되는 칼로리에 비해 1시간 신체 활동을 할 때 소비되는 칼로리의 양을 수치화한 것이다(1MET는 1시간당 약 1kcal다.) 통상적으로 정적인 활동은 1.5METs 미만으로 정의되며, 저강도 활동은 1.5 – 3.0METs, 중강도 활동은 3 – 6METs, 고강도 활동은 6 METs으로 정의된다.

9. Wasfy, M. M., Baggish, A. L.(2016), Exercise dosage in clinical practice, *Circulation*, 133:2297 – 313. 다음도 함께 참조하라: Physical Activity Guidelines Advisory Committee(2008), *Physical Activity Guidelines Advisory Committee Report*(Washington, D.C.: U.S. Department of Health and Human Services).

10. Schnohr, P. 외 공저(2015), Dose of jogging and long-term mortality: The Copenhagen City Heart Study, *Journal of the American College of Cardiology*, 65:411 – 19.

11. Kujala, U. M. 외(1996), Hospital care in later life among former world-class Finnish athletes, *Journal of the American Medical Association*, 276:216 – 20; Kujala, U. M., Sarna, S., Kaprio, J.(2003), Use of medications and dietary supplements in later years among male former top-level athletes, *Archives of Internal Medicine*, 163:1064 – 68; Garatachea, N. 외

(2014), Elite athletes live longer than the general population: A meta-analysis, *Mayo Clinic Proceedings*, 89:1195−200; Levine, B. D.(2014), Can intensive exercise harm the heart? The benefits of competitive endurance training for cardiovascular structure and function, *Circulation*, 130:987−91.

12. Lee, D. C. 외(2014), Leisure-time running reduces all-cause and cardiovascular mortality risk, *Journal of the American College of Cardiology*, 64:472−81.

13. Arem, H. 외(2015), Leisure time physical activity and mortality: A detailed pooled analysis of the dose-response relationship, *JAMA Internal Medicine*, 175:959−67.

14. Wasfy, Baggish(2016), Exercise dosage in clinical practice.

15. Cowles, W. N.(2018), Fatigue as a contributory cause of pneumonia, *Boston Medical and Surgical Journal*, 179:555−56.

16. Peters, E. M., Bateman, E. D.(1983), Ultramarathon running and upper respiratory tract infections: An epidemiological survey, *South African Medical Journal*, 64:582−84; Nieman, D. C. 외(1990), Infectious episodes in runners before and after the Los Angeles Marathon, *Journal of Sports Medicine and Physical Fitness*, 30:316−28.

17. Pedersen, B. K., Ullum, H.(1994), NK cell response to physical activity: Possible mechanisms of action. *Medicine and Science in Sports and Exercise*, 26:140−46; Shek, P. N. 외 (1995), Strenuous exercise and immunological changes: A multiple-time-point analysis of leukocyte subsets, CD4/CD8 ratio, immunoglobulin production and NK cell response, *International Journal of Sports Medicine*, 16:466−74; Kakanis, M. W. 외(2010), The open window of susceptibility to infection after acute exercise in healthy young male elite athletes, *Exercise Immunology Review*, 16:119−37; Peake, J. M. 외(2017), Recovery of the immune system after exercise, *Journal of Applied Physiology*, 122:1077−87.

18. 종합적인 검토에 대해서는 다음을 참조: Campbell, J. P., Turner, J. E.(2018), Debunking the myth of exercise-induced immune suppression: Redefining the impact of exercise on immunological health across the lifespan, *Frontiers in Immunology*, 9:648.

19. Dhabhar, F. S.(2014), Effects of stress on immune function: The good, the bad, and the beautiful, *Immunology Research*, 58:193−210; Bigley, A. B. 외(2014), Acute exercise preferentially redeploys NK-cells with a highly differentiated phenotype and augments cytotoxicity against lymphoma and multiple myeloma target cells, *Brain, Behavior, and Immunity*, 39:160−71.

20. Campbell, J. P., Turner, J. E.(2018), Debunking the myth of exercise induced immune suppression.

21. Lowder, T. 외(2005), Moderate exercise protects mice from death due to influenza virus, Brain, *Behavior and Immunity*, 19:377−80.

22. Wilson, M. 외(2011), Diverse patterns of myocardial fibrosis in lifelong, veteran endurance athletes, *Journal of Applied Physiology*, 110:1622−26; La Gerche, A. 외(2012), Exercise-induced right ventricular dysfunction and structural remodelling in endurance athletes, *European Heart Journal*, 33:998−1006; La Gerche, A., Heidbuchel, H.(2014), Can

intensive exercise harm the heart? You can get too much of a good thing, *Circulation*, 130:992 – 1002.

23. 너무 적은 운동은 심방세동을 일으키는 위험 인자이기도 하다. 다음을 참조: Elliott, A. D. 외(2017), The role of exercise in atrial fibrillation prevention and promotion: Finding optimal ranges for health, *Heart Rhythm*, 14:1713 – 20.

24. 버풋이 병원 진료를 받고 보인 반응에 관한 일화는 *Runner's World*의 다음 글에 실려 있다: Burfoot, A.(2016), I ♥ running, *Runner's World*, 2016. 9. 27, www.runnersworld.com.

25. Möhlenkamp, S. 외(2008), Running: The risk of coronary events: Prevalence and prognostic relevance of coronary atherosclerosis in marathon runners, *European Heart Journal*, 29:1903 – 10.

26. Baggish, A. L., Levine, B. D.(2017), Coronary artery calcification among endurance athletes: "Hearts of Stone", *Circulation*, 136:149 – 51; Merghani, A. 외(2017), Prevalence of subclinical coronary artery disease in masters endurance athletes with a low atherosclerotic risk profile, *Circulation*, 136:126 – 37; Aengevaeren, V. L. 외(2017), Relationship between lifelong exercise volume and coronary atherosclerosis in athletes, *Circulation*, 136:138 – 48.

27. DeFina, L. F. 외(2019), Association of all-cause and cardiovascular mortality with high levels of physical activity and concurrent coronary artery calcification, *JAMA Cardiology*, 4:174 – 81.

28. Rao, P., Hutter, A. M., Jr., Baggish, A. L.(2018), The limits of cardiac performance: Can too much exercise damage the heart?, *American Journal of Medicine*, 131:1279 – 84.

29. Siscovick, D. S. 외(1984), The incidence of primary cardiac arrest during vigorous exercise, *New England Journal of Medicine*, 311:874 – 77; Thompson, P. D. 외(1982), Incidence of death during jogging in Rhode Island from 1975 through 1980, *Journal of the American Medical Association*, 247:2535 – 38.

30. Albert, C. M. 외(2000), Triggering of sudden death from cardiac causes by vigorous exertion, *New England Journal of Medicine*, 343:1355 – 61; Kim, J. H. 외(2012), Race Associated Cardiac Arrest Event Registry(RACER) study group: Cardiac arrest during long-distance running races, *New England Journal of Medicine*, 366:130 – 40.

31. Gensel, L.(2005), The medical world of Benjamin Franklin, *Journal of the Royal Society of Medicine*, 98:534 – 38.

32. History of Hoover-ball, Herbert Hoover Presidential Library and Museum, hoover. archives.gov.

33. Black, J.(2013), *Making the American Body: The Remarkable Saga of the Men and Women Whose Feats, Feuds, and Passions Shaped Fitness History*(Lincoln: University of Nebraska Press).

34. 최대심박수의 표준 근사 추정치는 220에서 여러분의 나이를 뺀 값이지만, 신체가 매우 건장한 사람과 노인의 경우에는 특히 부정확할 때가 많다.

35. 여러분도 온라인에서 직접 이 장면을 볼 수 있다: archive.org/details/huntersfilm part2 (반드시 1부도 함께 보도록 하라: archive.org/details/huntersfilmpart1).

36. 갖가지 훈련 방법과 관련한 재미있는 개론서를 찾는다면 다음을 살펴보라: Wilt, F. 편 (1973), *How They Train* 2권, *Long Distances* 제2판(Mountain View, Calif.: Tafnews Press).

37. Burgomaster, K. A. 외(2005), Six sessions of sprint interval training increases muscle oxidative potential and cycle endurance capacity in humans, *Journal of Applied Physiology*, 98:1985 – 90; Burgomaster, K. A., Heigenhauser, G. J., Gibala, M. J.(2006), Effect of short-term sprint interval training on human skeletal muscle carbohydrate metabolism during exercise and time-trial performance, *Journal of Applied Physiology*, 100:2041 – 47.

38. MacInnis, M. J., Gibala, M. J.(2017), Physiological adaptations to interval training and the role of exercise intensity, *Journal of Physiology*, 595:2915 – 30.

39. 웨이트와 고강도 유산소 혼합 방법으로 인기를 누리는 것이 서킷 트레이닝이다. 서킷 트레이닝은 종래의 웨이트리프팅 루틴보다는 유산소운동의 성격이 강하지만, 심박수를 최대치의 50퍼센트 이상으로 끌어올리는 일이 별로 없다. 다음을 참조하라: Monteiro, A. G. 외(2008), Acute physiological responses to different circuit training protocols, *Journal of Sports Medicine and Physical Fitness*, 48:438 – 42.

40. Physical Activity Guidelines Advisory Committee(2018), *2018 Physical Activity Guidelines Advisory Committee Scientific Report*.

41. 이와 관련한 훌륭한 검토를 보려면 다음을 참조하라: Pate, R. R.(1995), Physical activity and health: Doseresponse issues, *Research Quarterly for Exercise and Sport*, 66:313 – 17.

제13장 | 운동과 질병

1. Gross, J.(1984), James F. Fixx dies jogging; author on running was 52, New York Times, 1984년 7월 22일, www.nytimes.com.

2. Cooper, K. H.(1985), *Running Without Fear: How to Reduce the Risk of Heart Attack and Sudden Death During Aerobic Exercise*(New York: M. Evans).

3. Lieberman, D. E.(2013), *The Story of the Human Body: Evolution, Health, and Disease*(New York: Pantheon).

4. BMI는 널리 활용되기는 하나, 체지방량과 근육량을 구별하지 못하는 등 많은 문제를 갖고 있다. 그보다 허리둘레, 혹은 훨씬 더 나은 방법으로, 허리둘레 대 신장의 비율을 재는 것이 일반적으로 여러분의 장기 지방을 측정하는 더 나은 방법이다. 그렇지만 BMI도 체지방 비율을 82퍼센트 정도는 정확하게 분류해준다. 다음을 참조하라: Dybala, M. P., Brady, M. J., Hara, M.(2019), Disparity in adiposity among adults with normal body mass index and waist-to-height ratio, *iScience*, 21:612 – 23.

5. Thomas, D. M. 외(2012), Why do individuals not lose more weight from an exercise intervention at a defined dose? An energy balance analysis, *Obesity Review*, 13:835 – 47; Gomersall, S. R. 외(2016), Testing the activitystat hypothesis: A randomised controlled trial, *BMC Public Health*, 16:900; Liguori, G. 외(2017), Impact of prescribed exercise on physical activity compensation in young adults, *Journal of Strength and Conditioning Research*, 31:503 – 8.

6. Donnelly, J. E. 외(2009), Appropriate physical activity intervention strategies for weight loss and prevention of weight regain for adults, *Medicine and Science in Sports and Exercise*, 41:459 – 71.

7. Barry, V. W. 외(2014), Fitness vs. fatness on all-cause mortality: A meta-analysis, *Progress*

in Cardiovascular Disease, 56:382 – 90

8. Lavie, C. J., De Schutter, A., Milani, R. V.(2015), Healthy obese versus unhealthy lean: The obesity paradox, *Nature Reviews Endocrinology*, 11:55 – 62; Oktay, A. A. 외(2017), The interaction of cardiorespiratory fitness with obesity and the obesity paradox in cardiovascular disease, *Progress in Cardiovascular Disease*, 60:30 – 44.

9. Childers, D. K., Allison, D. B.(2010), The "obesity paradox": A parsimonious explanation for relations among obesity, mortality rate, and aging?, *International Journal of Obesity*, 34:1231 – 38; Flegal, K. M. 외(2013), Association of all-cause mortality with overweight and obesity using standard body mass index categories: A systematic review and meta-analysis, *Journal of the American Medical Association*, 309:71 – 82.

10. Fogelholm, M.(2010), Physical activity, fitness, and fatness: Relations to mortality, morbidity, and disease risk factors: A systematic review, *Obesity Review*, 11:202 – 21.

11. Hu, F. B. 외(2004), Adiposity as compared with physical activity in predicting mortality among women, *New England Journal of Medicine*, 351:2694 – 703. 유념해야 할 점은 이들 수치가 대규모 역학적 연구에 내재하는 몇몇 해석상 난제를 은폐한다는 사실이다. 우선 측정 오차 문제가 있는데, 이런 측정 오차는 체중보다 자기보고식 운동에서 더 높게 나타난다. 이는 운동 효과 추정치가 편향되고 저평가될 가능성이 더 높다는 뜻이다. 뿐만 아니라, 비만과 운동은 음의 상관관계에 있기 때문에, 비만이 일부 운동 효과를 끌어올려주고 있을 가능성도 있다. 마지막으로, 약간 과체중일 때와 고도 비만일 때 비만 효과 추정치를 계산하는 방식이 큰 차이를 보인다는 점도 문제를 더욱 복잡하게 만든다.

12. Slentz, C. A. 외(2011), Effects of aerobic vs. resistance training on visceral and liver fat stores, liver enzymes, and insulin resistance by HOMA in overweight adults from STRRIDE AT/RT, *American Journal of Physiology: Endocrinology and Metabolism*, 301:E1033 – E1039; Willis, L. H. 외(2012), Effects of aerobic and/or resistance training on body mass and fat mass in overweight or obese adults, *Journal of Applied Physiology*, 113:1831 – 37.

13. Türk, Y. 외(2017), High intensity training in obesity: A meta-analysis, *Obesity Science and Practice*, 3:258 – 71; Carey, D. G.(2009), Quantifying differences in the "fat burning" zone and the aerobic zone: Implications for training, *Journal of Strength and Conditioning Research*, 23:2090 – 95.

14. Gordon, R.(1994), *The Alarming History of Medicine: Amusing Anecdotes from Hippocrates to Heart Transplants*(New York: St. Martin's).

15. 2018년의 통례를 살펴보면 다음과 같다. 허리둘레: 남자 40인치 이상, 여자 35인치 이상, 높을 때의 트리글리세라이드 수치: 150mg/dL 이상, 낮은 때의 고밀도 콜레스테롤 수치: 남자 40mg/dL 이하, 여자 50mg/dL 이하, 높을 때의 공복혈당: 100mg/dL 이상, 수축기 혈압: 130mmHg 이상, 이완기 혈압: 85mmHg 이상.

16. 종합적인 검토를 살펴보려면 다음을 참조하라: Bray, G. A.(2007), *The Metabolic Syndrome and Obesity*(New York: Springer).

17. O'Neill, S., O'Driscoll, L.(2015), Metabolic syndrome: A closer look at the growing epidemic and its associated pathologies, *Obesity Review*, 16:1 – 12.

주

18. 소아 당뇨라고도 하는 제1형 당뇨병은 인슐린을 합성하는 췌장이 면역체계에 파괴당할 때 일어난다. 임신성 당뇨는 임신이 말기에 접어들면서 태아와 엄마 사이에 비정상적인 상호작용이 일어날 때 발생한다.

19. Smyth, S., Heron, A.(2006), Diabetes and obesity: The twin epidemics, *Nature Medicine*, 12:75 – 80; Whiting, D. R. 외(2011), IDF Diabetes Atlas: Global estimates of the prevalence of diabetes for 2011 and 2030, *Diabetes Research and Clinical Practice*, 94:311 – 21.

20. O'Dea, K.(1984), Marked improvement in carbohydrate and lipid metabolism in diabetic Australian aborigines after temporary reversion to traditional lifestyle, *Diabetes*, 33:596 – 603.

21. Sylow, L. 외(2017), Exercise-stimulated glucose uptake—regulation and implications for glycaemic control, *Nature Reviews Endocrinology*, 13:133 – 48.

22. Boule, N. G. 외(2003), Meta-analysis of the effect of structured exercise training on cardiorespiratory fitness in type 2 diabetes mellitus, *Diabetologia*, 46:1071 – 81; Vancea, D. M. 외(2009), Effect of frequency of physical exercise on glycemic control and body composition in type 2 diabetic patients, *Arquivos Brasileiros de Cardiologia*, 92:23 – 30; Balducci, S. 외(2010), Effect of an intensive exercise intervention strategy on modifiable cardiovascular risk factors in subjects with type 2 diabetes mellitus: A randomized controlled trial: The Italian Diabetes and Exercise Study (IDES), *Archives of Internal Medicine*, 170:1794 – 803.

23. Sriwijitkamol, A. 외(2006), Reduced skeletal muscle inhibitor of kappaB beta content is associated with insulin resistance in subjects with type 2 diabetes: Reversal by exercise training, *Diabetes*, 55:760 – 67; Di Loreto, C. 외(2005), Make your diabetic patients walk: Long-term impact of different amounts of physical activity on type 2 diabetes, *Diabetes Care*, 28:1295 – 302; Umpierre, D. 외(2011), Physical activity advice only or structured exercise training and association with HbA1c levels in type 2 diabetes: A systematic review and meta-analysis, *Journal of the American Medical Association*, 305:1790 – 99; Umpierre, D. 외 (2013), Volume of supervised exercise training impacts glycaemic control in patients with type 2 diabetes: A systematic review with meta-regression analysis, *Diabetologia*, 56:242 – 51; McInnes, N. 외(2017), Piloting a remission strategy in type 2 diabetes: Results of a randomized controlled trial, *Journal of Clinical Endocrinology and Metabolism*, 102:1596 – 605.

24. Johansen, M. Y. 외(2017), Effect of an intensive lifestyle intervention on glycemic control in patients with type 2 diabetes: A randomized clinical trial, *Journal of the American Medical Association*, 318:637 – 46; Reid-Larsen, M. 외(2019), Type 2 diabetes remission 1 year after an intensive lifestyle intervention: A secondary analysis of a randomized clinical trial, *Diabetes Obesity and Metabolism*, 21:2257 – 66.

25. Little, J. P. 외(2014), Low-volume high-intensity interval training reduces hyperglycemia and increases muscle mitochondrial capacity in patients with type 2 diabetes, *Journal of Applied Physiology*, 111:1554 – 60; Shaban, N., Kenno, K. A., Milne, K. J.(2014), The effects of a 2 week modified high intensity interval training program on the homeostatic model of insulin resistance (HOMA-IR) in adults with type 2 diabetes, *Journal of Medicine and*

Physical Fitness, 54:203 – 9; Sjöros, T. J. 외(2018), Increased insulin-stimulated glucose uptake in both leg and arm muscles after sprint interval and moderate intensity training in subjects with type 2 diabetes or prediabetes, *Scandinavian Journal of Medicine and Science in Sports*, 28:77 – 87.

26. Strasser, B., Siebert, U., Schobersberger, W.(2010), Resistance training in the treatment of the metabolic syndrome: A systematic review and meta-analysis of the effect of resistance training on metabolic clustering in patients with abnormal glucose metabolism, *Sports Medicine*, 40:397 – 415; Yang, Z. 외(2014), Resistance exercise versus aerobic exercise for type 2 diabetes: A systematic review and meta-analysis, *Sports Medicine*, 44:487 – 99.

27. Church, T. S. 외(2010), Effects of aerobic and resistance training on hemoglobin A1c levels in patients with type 2 diabetes: A randomized controlled trial, *Journal of the American Medical Association*, 304:2253 – 62.

28. Smith, G. D.(2004), A conversation with Jerry Morris, *Epidemiology*, 15:770 – 73.

29. Morris, J. N. 외(1953), Coronary heart-disease and physical activity of work, *Lancet*, 265:1053 – 57 and 1111 – 20.

30. Baggish, A. L. 외(2008), Training-specific changes in cardiac structure and function: A prospective and longitudinal assessment of competitive athletes, *Journal of Applied Physiology*, 104:1121 – 28.

31. Green, D. J. 외(2017), Vascular adaptation to exercise in humans: Role of hemodynamic stimuli, *Physiology Reviews*, 97:495 – 528.

32. Thompson, R. C. 외(2013), Atherosclerosis across 4000 years of human history: The Horus study of four ancient populations, *Lancet*, 381:1211 – 22.

33. Truswell, A. S. 외(1972), Blood pressures of !Kung bushmen in northern Botswana, *American Heart Journal*, 84:5 – 12; Raichlen, D. A. 외(2017), Physical activity patterns and biomarkers of cardiovascular disease risk in hunter-gatherers, *American Journal of Human Biology*, 29:e22919.

34. Shave, R. E. 외(2019), Selection of endurance capabilities and the tradeoff between pressure and volume in the evolution of the human heart, *Proceedings of the National Academy of Sciences USA*, 116:19905 – 10.

35. Liu, J. 외(2014), Effects of cardiorespiratory fitness on blood pressure trajectory with aging in a cohort of healthy men, *Journal of the American College of Cardiology*, 64:1245 – 53; Gonzales, J. U.(2016), Do older adults with higher daily ambulatory activity have lower central blood pressure?, *Aging Clinical and Experimental Research*, 28:965 – 71.

36. Kaplan, H. 외(2017), Coronary atherosclerosis in indigenous South American Tsimane: A cross-sectional cohort study, *Lancet*, 389:1730 – 39.

37. Popkin, B. M.(2015), Nutrition transition and the global diabetes epidemic, *Current Diabetes Reports*, 15:64.

38. Jones, D. S., Podolsky, S. H., Greene, J. A.(2012), The burden of disease and the changing task of medicine, *New England Journal of Medicine*, 366:2333 – 38.

39. Koenig, W. 외(1999), C-reactive protein, a sensitive marker of inflammation, predicts future risk of coronary heart disease in initially healthy middle-aged men: Results from the MONICA (Monitoring Trends and Deter minants in Cardiovascular Disease) Augsburg Cohort Study, 1984 to 1992, *Circulation*, 99:237–42; Fryar, C. D., Chen, T., Li, X.(2012), *Prevalence of Uncontrolled Risk Factors for Cardiovascular Disease: United States, 1999–2010*, National Center for Health Statistics Data Brief, No. 103(Hyattsville, Md.: U.S. Department of Health and Human Services).

40. 일반적인 만성 염증을 측정하는 가장 흔한 지표는 CRP(C-reactive protein)라는 분자다. 높은 CRP 수치는 독립적인 위험 인자로서 높은 콜레스테롤 수치 및 고혈압과 만나 심장병 발병 확률을 높인다. 관련 내용을 검토하려면 다음을 참조하라: Steyers, C. M., 3rd, Miller, F. J., Jr.(2014), Endothelial dysfunction in chronic inflammatory diseases, *International Journal of Molecular Sciences*, 15:11324–49.

41. Lavie, C. J. 외(2015), Exercise and the cardiovascular system: Clinical science and cardiovascular outcomes, *Circulation Research*, 117:207–19.

42. Blair, S. N. 외(1995), Changes in physical fitness and all-cause mortality: A prospective study of healthy and unhealthy men, *Journal of the American Medical Association*, 273:1093–98.

43. Wasfy, M. M., Baggish, A. L.(2016), Exercise dosage in clinical practice, *Circulation*, 133:2297–313.

44. Marceau, M. 외(1993), Effects of different training intensities on 24-hour blood pressure in hypertensive subjects, *Circulation*, 88:2803–11; Tjønna, A. E. 외(2008), Aerobic interval training versus continuous moderate exercise as a treatment for the metabolic syndrome: A pilot study, *Circulation*, 118:346–54; Molmen-Hansen, H. E. 외 (2012), Aerobic interval training reduces blood pressure and improves myocardial function in hypertensive patients, *European Journal of Preventive Cardiology*, 19:151–60.

45. Braith, R. W., Stewart, K. J.(2006), Resistance exercise training: Its role in the prevention of cardiovascular disease, *Circulation*, 113:2642–50.

46. Miyachi, M.(2013), Effects of resistance training on arterial stiffness: A meta-analysis, *British Journal of Sports Medicine*, 47:393–96; Kraschnewski, J. L. 외(2016), Is strength training associated with mortality benefits? A 15 year cohort study of US older adults, *Preventive Medicine*, 87:121–27; Dankel, S. J., Loenneke, J. P., Loprinzi, P. D.(2016), Dose-dependent association between muscle-strengthening activities and all-cause mortality: Prospective cohort study among a national sample of adults in the USA, *Archives of Cardiovascular Disease*, 109:626–33.

47. Shave 외(2019), Selection of endurance capabilities and the trade-off between pressure and volume in the evolution of the human heart.

48. 핀란드는 이런 연구를 수행하기에 무척 유용한 곳인데, 소득에 상관없이 무료 보건 서비스를 이용할 수 있고, 필요 이상으로 장기간 병원에 머물게 하지 않으며, 전국민을 대상으로 기록을 남기기 때문이다. 덕분에 이 연구는 올림픽 혹은 1920~1965년에 열린 여타 세계대회에 출전한 남성 선수 전원을 대상으로 노령층 시민의 과거 운동 이력이 병원

입원 횟수와 기간에 어떤 영향을 미치는지를 정적인 생활을 하는 수전 명의 대조군과 비교해 살펴볼 수 있었다. 이 분석에서는 흡연과 개인별 운동 중단 여부와 같은 여러 인자를 통제했다. 그 결과 지구력 종목 선수들은 정적인 대조군에 비해 순환계 질환, 암, 호흡계 질환에 걸려 입원하거나 심근경색이 일어날 확률이 3분의 2가 낮은 것으로 나타났다. 이에 반해 파워 종목 스포츠에 출전한 선수들은 정적인 핀란드인에 비해 순환계 질환, 암, 호흡계 질환에 걸릴 확률이 30~40퍼센트 낮았던 한편, 심근경색 비율은 오히려 3분의 1이 더 높았다. 전반적으로 지구력 종목 선수들이 가장 오래 살 뿐만 아니라 유병상태 비율도 가장 낮았다. 다음을 참조하라: Kujala, U. M. 외(1996), Hospital care in later life among former world-class Finnish athletes, *Journal of the American Medical Association*, 276:216 – 20. 다음도 함께 참조하라: Keskimäki, I., Arro, S.(1991), Accuracy of data on diagnosis, procedures, and accidents in the Finnish hospital discharge register, *International Journal of Health Sciences*, 2:15 – 21.

49. 검토를 위해서는 다음을 참조하라: Diamond, J.(1997), *Guns, Germs and Steel: The Fates of Human Societies*(New York: W. W. Norton); Barnes, E.(2005), *Diseases and Human Evolution*(Albuquerque, N.M.: University of New Mexico Press).

50. Warburton, D. E. R., Bredin, S. S. D.(2017), Health benefits of physical activity: A systematic review of current systematic reviews, *Current Opinions in Cardiology*, 32:541 – 56; Kostka, T. 외(2000), The symptomatology of upper respiratory tract infections and exercise in elderly people, *Medicine and Science in Sports and Exercise*, 32:46 – 51; Baik, I. 외(2000), A prospective study of age and lifestyle factors in relation to community acquired pneumonia in US men and women, *Archives of Internal Medicine*, 160:3082 – 88.

51. Simpson, R. J. 외(2012), Exercise and the aging immune system, *Ageing Research Reviews*, 11:404 – 20.

52. Chubak, J. 외(2006), Moderate-intensity exercise reduces the incidence of colds among postmenopausal women, *American Journal of Medicine*, 119:937 – 42.

53. Nieman, D. C. 외(1998), Immune response to exercise training and or energy restriction in obese women, *Medicine and Science in Sports and Exercise*, 30:679 – 86.

54. Fondell, E. 외(2011), Physical activity, stress, and self-reported upper respiratory tract infection, *Medicine and Science in Sports and Exercise*, 43:272 – 79.

55. Baik, I. 외(2000), A prospective study of age and lifestyle factors in relation to community-acquired pneumonia in US men and women, *Archives of Internal Medicine*, 160:3082 – 88.

56. Grande, A. J. 외(2015), Exercise versus no exercise for the occurrence, severity, and duration of acute respiratory infections, *Cochrane Database Systematic Reviews*, CD010596.

57. Kakanis, M. W. 외(2010), The open window of susceptibility to infection after acute exercise in healthy young male elite athletes, *Exercise Immunology Review*, 16:119 – 37; Peake, J. M. 외(2017), Recovery of the immune system after exercise, *Journal of Applied Physiology*, 122:1077 – 87.

58. 이 경우에 측정되는 백혈구는 호중성백혈구로, 주로 박테리아 감염에 맞서 몸을 보호하

는 역할을 한다. 다음을 참조하라: Syu, G.-D. 외(2012), Differential effects of acute and chronic exercise on human neutrophil functions, *Medicine and Science in Sports and Exercise*, 44:1021 – 27.

59. Shinkai, S. 외(1992), Acute exercise and immune function. Relationship between lymphocyte activity and changes in subset counts. *International Journal of Sports Medicine*, 13:452 – 61; Kakanis, M. W. 외(2010), The open window of susceptibility to infection after acute exercise in healthy young male elite athletes. *Exercise Immunology Review*, 16:119 – 37.

60. Nieman, D. C.(1994), Exercise, infection, and immunity, *International Journal of Sports Medicine*, 15:S131 – 41.

61. Kruger, K., Mooren, F. C.(2007), T cell homing and exercise, *Exercise Immunology Review*, 13:37 – 54.

62. Kruger, K. 외(2008), Exercise-induced redistribution of T lymphocytes is regulated by adrenergic mechanisms, Brain, *Behavior and Immunity*, 22:324 – 38; Bigley, A. B. 외(2014), Acute exercise preferentially redeploys NK-cells with a highly differentiated phenotype and augments cytotoxicity against lymphoma and multiple myeloma target cells, *Brain, Behavior and Immunity*, 39:160 – 71; Bigley, A. B. 외(2015), Acute exercise preferentially redeploys NK-cells with a highly differentiated phenotype and augments cytotoxicity against lymphoma and multiple myeloma target cells. Part II: Impact of latent cytomegalovirus infection and catecholamine sensitivity, *Brain, Behavior and Immunity*, 49:59 – 65.

63. Kohut, M. L. 외(2004), Moderate exercise improves antibody response to influenza immunization in older adults. *Vaccine*, 22:2298 – 306; Smith, T. P. 외(2004), Influence of age and physical activity on the primary in vivo antibody and T cell – mediated responses in men, *Journal of Applied Physiology*, 97:491 – 98; Schuler, P. B. 외(2003), Effect of physical activity on the production of specific antibody in response to the 1998 – 99 influenza virus vaccine in older adults, *Journal of Sports Medicine and Physical Fitness*, 43:404; de Araujo, A. L. 외(2015), Elderly men with moderate and intense training lifestyle present sustained higher antibody responses to influenza vaccine, *Age*, 37:105.

64. Montecino-Rodriguez, E. 외(2013), Causes, consequences, and reversal of immune system aging, *Journal of Clinical Investigation*, 123:958 – 65; Campbell, J. P., Turner, J. E.(2018), Debunking the myth of exercise-induced immune suppression: Redefining the impact of exercise on immunological health across the lifespan, *Frontiers in Immunology*, 9:648.

65. Lowder, T. 외(2005), Moderate exercise protects mice from death due to influenza virus, Brain, *Behavior and Immunity*, 19:377 – 80.

66. Raso, V. 외(2007), Effect of resistance training on immunological parameters of healthy elderly women, *Medicine and Science in Sports and Exercise*, 39:2152 – 59.

67. Hannan, E. L. 외(2001), Mortality and locomotion 6 months after hospitalization for hip fracture: Risk factors and risk-adjusted hospital outcomes, *Journal of the American Medical Association*, 285:2736 – 42.

68. Blurton-Jones, N., Marlowe, F. W.(2002), Selection for delayed maturity: Does it take 20 years to learn to hunt and gather?, *Human Nature*, 13:199 – 238; Walker, R., Hill, K.(2003), Modeling growth and senescence in physical performance among the Aché of eastern Paraguay, *American Journal of Physical Anthropology*, 15:196 – 208; Apicella, C. L.(2014), Upper-body strength predicts hunting reputation and reproductive success in Hadza huntergatherers, *Evolution and Human Behavior*, 35:508 – 18.

69. Cauley, J. A. 외(2014), Geographic and ethnic disparities in osteoporotic fractures, *Nature Reviews Endocrinology*, 10:338 – 51.

70. Johnell, O., Kanis, J.(2005), Epidemiology of osteoporotic fractures, *Osteoporosis International*, 16:S3 – S7; Johnell, O., Kanis, J. A.(2006), An estimate of the worldwide prevalence and disability associated with osteo porotic fractures, *Osteoporosis International*, 17:1726 – 33; Wright, N. C. 외(2014), The recent prevalence of osteoporosis and low bone mass in the United States based on bone mineral density at the femoral neck or lumbar spine, *Journal of Bone and Mineral Research*, 29:2520 – 26.

71. Wallace, I. J. 외(2017), Knee osteoarthritis has doubled in prevalence since the mid-20th century, *Proceedings of the National Academy of Sciences USA*, 14:9332 – 36.

72. Hootman, J. M. 외(2016), Updated projected prevalence of self-reported doctor-diagnosed arthritis and arthritis-attributable activity limitation among US adults, 2015 – 2040, *Arthritis and Rheumatology*, 68:1582 – 87.

73. Zurlo, F. 외(1990), Skeletal muscle metabolism is a major determinant of resting energy expenditure, *Journal of Clinical Investigation*, 86:1423 – 27.

74. 뉴스에 날 만한 사례가 미국대법관인 루스 베이더 긴즈버그(Ruth Bader Ginsburg)로, 그녀는 강인한 체력을 유지하기 위해 80대에도 계속 규칙적으로 헬스장에 나갔다. 다음을 참조하라: Johnson, B.(2017), *The RBG Workout: How She Stays Strong... and You Can Too!*(Boston: Houghton Mifflin Harcourt).

75. Pearson, O. M., Lieberman, D. E.(2004), The aging of Wolff's "law": Ontogeny and responses to mechanical loading in cortical bone, *Yearbook of Physical Anthropology*, 47:63 – 99.

76. Hernandez, C. J., Beaupre, G. S., Carter, D. R.(2003), A theoretical analysis of the relative influences of peak BMD, age-related bone loss, and menopause on the development of osteoporosis, *Osteoporosis International*, 14:843 – 47.

77. 남자들이 이 문제로 인한 곤란을 덜 겪는 것은 뼈세포 안의 효소들이 테스토스테론을 에스트로겐으로 바꾸어 상당량의 뼈 손실을 막아주기 때문이다. 하지만 테스토스테론 수치의 하락도 남자의 뼈에 영향을 미친다.

78. Kannus, P. 외(2005), Non-pharmacological means to prevent fractures among older adults, *Annals of Medicine*, 37:303 – 10; Rubin, C. T., Rubin, J., Judex, S.(2013), Exercise and the prevention of osteoporosis, *Primer on the Metabolic Bone Diseases and Disorders of Mineral Metabolism*, C. J. Rosen 편(Hoboken, N.J.: Wiley), 396 – 402.

79. Chakravarty, E. F. 외(2008), Long distance running and knee osteoarthritis: A

prospective study, *American Journal of Preventive Medicine*, 35:133 – 38.

80. Berenbaum, F. 외(2018), Modern-day environmental factors in the pathogenesis of osteoarthritis, *Nature Reviews Rheumatology*, 14:674 – 81.

81. Shelburne, K. B., Torry, M. R., Pandy, M. G.(2006), Contributions of muscles, ligaments, and the ground-reaction force to tibiofemoral joint loading during normal gait, *Journal of Orthopedic Research*, 24:1983 – 90.

82. Karlsson, K. M., Rosengren, B. E.(2012), Physical activity as a strategy to reduce the risk of osteoporosis and fragility fractures, *International Journal of Endocrinology and Metabolism*, 10:527 – 36.

83. Felson, D. T. 외(1988), Obesity and knee osteoarthritis: The Framingham Study, *Annals of Internal Medicine*, 109:18 – 24; Wluka, A. E., Lombard, C. B., Cicuttini, F. M.(2013), Tackling obesity in knee osteoarthritis, *Nature Reviews Rheumatology*, 9:225 – 35; Leong, D. J., Sun, H. B.(2014), Mechanical loading: Potential preventive and therapeutic strategy for osteoarthritis, *Journal of the American Academy of Orthopedic Surgery*, 22:465 – 66.

84. Kiviranta, I. 외(1988), Moderate running exercise augments glycosaminoglycans and thickness of articular cartilage in the knee joint of young beagle dogs, *Journal of Orthopedic Research*, 6:188 – 95; Säämänen, A.-M. 외(1988), Running exercise as a modulatory of proteoglycan matrix in the articular cartilage of young rabbits, *International Journal of Sports Medicine*, 9:127 – 33; Wallace, I. J. 외(2019), Physical inactivity and knee osteoarthritis in guinea pigs, *Osteoarthritis and Cartilage*, 27:1721 – 28; Urquhart, D. M. 외(2008), Factors that may mediate the relationship between physical activity and the risk for developing knee osteoarthritis, *Arthritis Research and Therapy*, 10:203; Semanik, P., Chang, R. W., Dunlop, D. D.(2012), Aerobic activity in prevention and symptom control of osteoarthritis, *Physical Medicine and Rehabilitation*, 4:S37 – S44.

85. Gao, Y. 외(2018), Muscle atrophy induced by mechanical unloading: Mechanisms and potential countermeasures, *Frontiers in Physiology*, 9:235.

86. 다음을 참조하라: Aktipis, A.(2020), *The Cheating Cell: How Evolution Helps Us Understand and Treat Cancer*(Princeton, N.J.: Princeton University Press).

87. Stefansson, V.(1960), *Cancer: Disease of Civilization?*(New York: Hill and Wang); Eaton, S. B. 외(1994), Women's reproductive cancers in evolutionary context, *Quarterly Review of Biology*, 69:353 – 67; Friborg, J. T., Melby, M.(2008), Cancer patterns in Inuit populations, *Lancet Oncology*, 9:892 – 900; Kelly, J. 외(2008), Cancer among the circumpolar Inuit, 1989 – 2003: II. Patterns and trends, *International Journal of Circumpolar Health*, 67:408 – 20; David, A. R., Zimmerman, M. R.(2010), Cancer: An old disease, a new disease, or something in between?, *Nature Reviews Cancer*, 10:728 – 33.

88. Rigoni-Stern, D. A.(1842), Fatti statistici relativi alle malattie cancerose, *Giornale per Servire ai Progressi della Patologia e della Terapeutica*, 2:507 – 17.

89. Greaves, M.(2001), *Cancer: The Evolutionary Legacy*(Oxford: Oxford University Press).

90. Cancer Incidence Data, Office for National Statistics and Welsh Cancer Incidence and

Surveillance Unit(WCISU), www.statistics.gov.uk and www .wcisu.wales.nhs.uk.

91. Ferlay, J. 외(2018), Estimating the global cancer incidence and mortality in 2018: GLOBOCAN sources and methods, *International Journal of Cancer*, 144:1941 – 53.

92. Arem, H. 외(2015), Leisure time physical activity and mortality: A detailed pooled analysis of the dose-response relationship, *JAMA Internal Medicine*, 175:959 – 67.

93. Kyu, H. H. 외(2016), Physical activity and risk of breast cancer, colon cancer, diabetes, ischemic heart disease, and ischemic stroke events: Systematic review and dose-response meta-analysis for the Global Burden of Disease Study, *British Medical Journal*, 354:3857; Li, T. 외(2016), The doseresponse effect of physical activity on cancer mortality: Findings from 71 prospective cohort studies, *British Journal of Sports Medicine*, 50:339 – 45; Friedenreich, C. M. 외(2016), Physical activity and cancer outcomes: A precision medicine approach, *Clinical Cancer Research*, 22:4766 – 75; Moore, S. C. 외(2016), Association of leisure-time physical activity with risk of 26 types of cancer in 1.44 million adults, *JAMA Internal Medicine*, 176:816 – 25.

94. Friedenreich, C. M., Orenstein, M. R.(2002), Physical activity and cancer prevention: Etiologic evidence and biological mechanisms, *Journal of Nutrition*, 132:3456S – 3464S. 종합적 검토를 위해서는 다음을 참조하라. Physical Activity Guidelines Advisory Committee F 섹션(2018), *2018 Physical Activity Guidelines Advisory Committee Scientific Report*(Washington, D.C.: U.S. Department of Health and Human Services).

95. Jasienska, G. 외(2006), Habitual physical activity and estradiol levels in women of reproductive age, *European Journal of Cancer Prevention*, 15:439 – 45.

96. Eaton 외(1994), Women's reproductive cancers in evolutionary context; Morimoto, L. M. 외(2002), Obesity, body size, and risk of postmenopausal breast cancer: The Women's Health Initiative(United States), *Cancer Causes and Control*, 13:741 – 51.

97. Il'yasova, D. 외(2005), Circulating levels of inflammatory markers and cancer risk in the health aging and body composition cohort, *Cancer Epidemiology Biomarkers and Prevention*, 14:2413 – 18; McTiernan, A.(2008), Mechanisms linking physical activity with cancer, *Nature Reviews Cancer*, 8:205 – 11.

98. San-Millán, I., Brooks, G. A.(2017), Reexamining cancer metabolism: Lactate production for carcinogenesis could be the purpose and explanation of the Warburg Effect, *Carcinogenesis*, 38:119 – 33; Moore 외(2016), Association of leisure-time physical activity with risk of 26 types of cancer in 1.44 million adults.

99. Coussens, L. M., Werb, Z.(2002), Inflammation and cancer, *Nature*, 420:860 – 67.

100. Jakobisiak, M., Lasek, W., Golab, J.(2003), Natural mechanisms protecting against cancer, *Immunology Letters*, 90:103 – 22.

101. Bigley, A. B., Simpson, R. J.(2015), NK cells and exercise: Implications for cancer immunotherapy and survivorship, *Discoveries in Medicine*, 19:433 – 45.

102. 검토를 위해서는 다음을 참조하라: Brown, J. C. 외(2012), Cancer, physical activity, and exercise, *Comprehensive Physiology*, 2:2775 – 809; Pedersen, B. K., Saltin, B.(2015), Exercise

as medicine—evidence for prescribing exercise as therapy in 26 different chronic diseases, *Scandinavian Journal of Medicine and Science in Sports*, 25:S1 – S72; Stamatakis, E. 외(2018), Does strength-promoting exercise confer unique health benefits? A pooled analysis of data on 11 population cohorts with all-cause, cancer, and cardiovascular mortality endpoints, *American Journal of Epidemiology*, 187:1102 – 12.

103. Smith, M., Atkin, A., Cutler, C.(2017), An age old problem? Estimating the impact of dementia on past human populations, *Journal of Aging and Health*, 29:68 – 98.

104. Brookmeyer, R. 외(2007), Forecasting the global burden of Alzheimer's disease, *Alzheimer's and Dementia*, 3:186 – 91.

105. Selkoe, D. J.(1997), Alzheimer's disease: From genes to pathogenesis, *American Journal of Psychiatry*, 5:1198; Niedermeyer, E.(2006), Alzheimer disease: Caused by primary deficiency of the cerebral blood flow, *Clinical EEG Neuroscience*, 5:175 – 77.

106. Baker-Nigh, A. 외(2015), Neuronal amyloid-β accumulation within cholinergic basal forebrain in ageing and Alzheimer's disease, *Brain*, 138:1722 – 37.

107. Shi, Y. 외(2017), ApoE4 markedly exacerbates tau-mediated neurodegeneration in a mouse model of tauopathy, *Nature*, 549:523 – 27. 성상세포 기능과 관련될 수 있는 또 다른 흥미로운 가설은, 수면 시간이 줄어들면 플라크 제거 같은 유지 기능이 손상되어 알츠하이머에 더 취약해진다는 것이다. 다음을 참조하라: Neese, R. M., Finch, C. E., Nunn, C. L.(2017), Does selection for short sleep duration explain human vulnerability to Alzheimer's disease?, *Evolution in Medicine and Public Health*, 2017:39 – 46.

108. Trumble, B. C. 외(2017), Apolipoprotein E4 is associated with improved cognitive function in Amazonian forager-horticulturalists with a high parasite burden, *FASEB Journal*, 31:1508 – 15. 그런데 ApoE4는 간의 콜레스테롤 합성에 관여하는 유전자지만, 이와 함께 뇌에 콜레스테롤 함량이 높은 플라크가 형성되는 데도 영향을 미치는 것으로 보인다. 다음을 참조하라: Carter, D. B.(2005), The interaction of amyloid-ß with ApoE, *Subcellular Biochemistry*, 38:255 – 72.

109. 더 많은 정보를 보려면 다음을 참조하라: Rook, G. A. W.(2019), *The Hygiene Hypothesis and Darwinian Medicine*(Basel: Birkhäuser).

110. Stojanoski, B. 외(2018), Targeted training: Converging evidence against the transferable benefits of online brain training on cognitive function, *Neuropsychologia*, 117:541; National Academies of Sciences, Engineering, and Medicine(2017), *Preventing Cognitive Decline and Dementia: A Way Forward*(Washington, D.C.: National Academies Press).

111. Hamer, M., Chida, Y.(2009), Physical activity and risk of neurodegenerative disease: A systematic review of prospective evidence, *Psychological Medicine*, 39:3 – 11.

112. Buchman, A. S. 외(2012), Total daily physical activity and the risk of AD and cognitive decline in older adults, *Neurology*, 78:1323 – 29.

113. Forbes, D. 외(2013), Exercise programs for people with dementia, *Cochrane Database Systematic Reviews*, 12:CD006489.

114. 이와 관련한 탁월한 검토에 대해서는 다음을 참조하라: Raichlen, D. A., Polk, J.

D.(2013), Linking brains and brawn: Exercise and the evolution of human neurobiology, *Proceedings of the Royal Society B: Biological Science*, 280:20122250.

115. Choi, S. H. 외(2018), Combined adult neurogenesis and BDNF mimic exercise effects on cognition in an Alzheimer's mouse model, *Science*, 361:eaan8821.

116. Weinstein, G. 외(2014), Serum brain-derived neurotrophic factor and the risk for dementia: The Framingham Heart Study, *JAMA Neurology*, 71:55 – 61.

117. Giuffrida, M. L., Copani, A., Rizzarelli, E.(2018), A promising connection between BDNF and Alzheimer's disease, *Aging*, 10:1791 – 92.

118. Paillard, T., Rolland, Y., de Souto Barreto, P.(2015), Protective effects of physical exercise in Alzheimer's disease and Parkinson's disease: A narrative review, *Journal of Clinical Neurology*, 11:212 – 19.

119. Adlard, P. A. 외(2005), Voluntary exercise decreases amyloid load in a transgenic model of Alzheimer's disease, *Journal of Neuroscience*, 25:4217 – 21; Um, H. S. 외(2008), Exercise training acts as a therapeutic strategy for reduction of the pathogenic phenotypes for Alzheimer's disease in an NSE/APPsw-transgenic model, *International Journal of Molecular Medicine*, 22:529 – 39; Belarbi, K. 외(2011), Beneficial effects of exercise in a transgenic mouse model of Alzheimer's disease-like Tau pathology, *Neurobiology of Disease*, 43:486 – 94; Leem, Y. H. 외(2011), Chronic exercise ameliorates the neuroinflammation in mice carrying NSE/htau23, *Biochemical and Biophysical Research Communications*, 406:359 – 65.

120. Panza, G. A. 외(2018), Can exercise improve cognitive symptoms of Alzheimer's Disease?, *Journal of the American Geriatrics Society*, 66:487 – 95; Paillard, Rolland, de Souto Barreto(2015), Protective effects of physical exercise in Alzheimer's disease and Parkinson's disease.

121. Buchman 외(2012), Total daily physical activity and the risk of AD and cognitive decline in older adults.

122. 유베날리스는 걸핏하면 화를 냈던 인물로 동료 로마 시민들에게 마구 분통을 터뜨리곤 했는데, 실제로 자신의 《풍자시》, 10.356-64에 이렇게 썼다. "Orandum est ut sit mens sana in corpore sano"(너희는 건강한 몸 안에 건강한 정신이 깃들게 해달라고 기도해야 할 것이다). 이 구절이 들어 있는 문단 전체를 읽어보면, 이 말은 오래 살기를 기원하기보다 로마인이라면 무릇 용기와 불굴의 의지 같은 덕목을 길러야 한다는 뜻임을 알 수 있다. 세월이 흐르면서 이 구절은 문맥과 따로 떨어져, 건강한 정신은 건강한 몸에서 나온다는 의미로 바뀌었다. 유베날리스도 신체 활동을 중요하게 여겼을 수는 있지만, 자신의 글을 이렇듯 제멋대로 갖다 쓴 것을 과연 그가 고마워할지는 잘 모르겠다.

123. Farris, S. G. 외(2018), Anxiety and Depression Association of America Conference 2018, Abstract S1-094, 345R, and 315R; 다음도 함께 참조하라. Melville, N. A.(2018), Few psychiatrists recommend exercise for anxiety disorders, Medscape, 2018년 4월 10일, www.medscape.com.

124. Nesse, R. M.(2019), *Good Reasons for Bad Feelings: Insights from the Frontiers of Evolutionary Psychiatry*(New York: Dutton).

125. Kessler, R. C. 외(2007), Lifetime prevalence and age-of-onset distributions of mental disorders in the World Health Organization's World Mental Health Survey Initiative, *World Psychiatry*, 6:168 – 76; Ruscio, A. M. 외(2017), Cross-sectional comparison of the epidemiology of DSM-5 generalized anxiety disorder across the globe, *JAMA Psychiatry*, 74:465 – 75; Colla, J. 외(2006), Depression and modernization: A cross-cultural study of women, *Social Psychiatry and Psychiatric Epidemiology*, 41:271 – 79; Vega, W. A. 외(2004), 12-month prevalence of DSM-III-R psychiatric disorders among Mexican Americans: Nativity, social assimilation, and age determinants, *Journal of Nervous and Mental Disease*, 192:532; Lee, S. 외(2007), Lifetime prevalence and inter-cohort variation in DSM-IV disorders in metropolitan China, *Psychological Medicine*, 37:61 – 71.

126. Twenge, J. M. 외(2010), Birth cohort increases in psychopathology among young Americans, 1938 – 2007: A cross-temporal meta-analysis of the MMPI, *Clinical Psychology Review*, 30:145 – 54.

127. Twenge, J. M. 외(2019), Age, period, and cohort trends in mood disorder indicators and suicide-related outcomes in a nationally representative dataset, 2005 – 2017, *Journal of Abnormal Psychology*, 128:185 – 99.

128. Chekroud, S. R. 외(2018), Association between physical exercise and mental health in 1.2 million individuals in the USA between 2011 and 2015: A cross-sectional study, *Lancet Psychiatry*, 5:739 – 47.

129. 이와 관련해서는 수백 건의 연구가 나와 있지만, 여기서는 다음과 같이 몇 건의 메타분석만 나열하겠다: Morres, I. D. 외(2019), Aerobic exercise for adult patients with major depressive disorder in mental health services: A systematic review and meta-analysis, *Depression and Anxiety*, 36:39 – 53; Stubbs, B. 외(2017), An examination of the anxiolytic effects of exercise for people with anxiety and stress-related disorders: A meta-analysis, *Psychiatry Research*, 249:102 – 8; Schuch, F. B. 외(2016), Exercise as a treatment for depression: A meta-analysis adjusting for publication bias, *Journal of Psychiatric Research*, 77:42 – 51; Josefsson, T., Lindwall, M., Archer, T.(2014), Physical exercise intervention in depressive disorders: Meta-analysis and systematic review, *Scandinavian Journal of Medicine and Science in Sports*, 24:259 – 72; Wegner, M. 외(2014), Effects of exercise on anxiety and depression disorders: Review of meta-analyses and neurobiological mechanisms, *CNS and Neurological Disorders—Drug Targets*, 13:1002 – 14; Asmundson, G. J. 외(2013), Let's get physical: A contemporary review of the anxiolytic effects of exercise for anxiety and its disorders, *Depression and Anxiety*, 30:362 – 73; Mammen, G., Falkner, G.(2013), Physical activity and the prevention of depression: A systematic review of prospective studies, *American Journal of Preventive Medicine*, 45:649 – 57; Stathopoulou, G. 외(2006), Exercise interventions for mental health: A quantitative and qualitative review, *Clinical Psychology: Science and Practice*, 13:179 – 93.

130. 운동을 다른 치료들과 비교한 내용에 대해서는 다음을 참조하라: Cooney, G. M. 외 (2013), Exercise for depression, *Cochrane Database Systematic Reviews*, CD004366.

131. Lin, T. W., Kuo, Y. M.(2013), Exercise benefits brain function: The monoamine connection, *Brain Science*, 3:39 – 53.

132. Maddock, R. J. 외(2016), Acute modulation of cortical glutamate and GABA content by physical activity, *Journal of Neuroscience*, 36:2449 – 57.

133. Meyer, J. D. 외(2019), Serum endocannabinoid and mood changes after exercise in major depressive disorder, *Medicine and Science in Sports and Exercise*, 51:1909 – 17.

134. Thomas, A. G. 외(2012), The effects of aerobic activity on brain structure, *Frontiers in Psychology*, 3:86; Schulkin, J.(2016), Evolutionary basis of human running and its impact on neural function, *Frontiers in Systems Neuroscience*, 10:59.

135. Duclos, M., Tabarin, A.(2016), Exercise and the hypothalamo-pituitaryadrenal axis, *Frontiers in Hormone Research*, 47:12 – 26.

136. Machado, M. 외(2006), Remission, dropouts, and adverse drug reaction rates in major depressive disorder: A meta-analysis of head-to-head trials, *Current Medical Research Opinion*, 22:1825 – 37.

137. Hillman, C. H., Erickson, K. I., Kramer, A. F.(2008), Be smart, exercise your heart: Exercise effects on brain and cognition, *Nature Reviews Neuroscience*, 9:58 – 65; Raichlen, D. A., Alexander, G. E.(2017), Adaptive capacity: An evolutionary neuroscience model linking exercise, cognition, and brain health, *Trends in Neuroscience*, 40:408 – 21.

138. Knaepen, K. 외(2010), Neuroplasticity—exercise-induced response of peripheral brain-derived neurotrophic factor: A systematic review of experimental studies in human subjects, *Sports Medicine*, 40:765 – 801; Griffin, É. W. 외(2011), Aerobic exercise improves hippocampal function and increases BDNF in the serum of young adult males, *Physiology and Behavior*, 104:934 – 41; Schmolesky, M. T., Webb, D. L., Hansen, R. A.(2013), The effects of aerobic exercise intensity and duration on levels of brain-derived neurotrophic factor in healthy men, *Journal of Sports Science and Medicine*, 12:502 – 11; Saucedo-Marquez, C. M. 외(2015), High-intensity interval training evokes larger serum BDNF levels compared with intense continuous exercise, *Journal of Applied Physiology*, 119:1363 – 73.

139. Ekkekakis, P.(2009), Let them roam free? Physiological and psychological evidence for the potential of self-selected exercise intensity in public health, *Sports Medicine*, 39:857 – 88; Jung, M. E., Bourne, J. E., Little, J. P.(2014), Where does HIT fit? An examination of the affective response to high intensity intervals in comparison to continuous moderate-and continuous vigorous-intensity exercise in the exercise intensity-affect continuum, *PLOS ONE*, 9:e114541; Meyer, J. D. 외(2016), Influence of exercise intensity for improving depressed mood in depression: A dose-response study, *Behavioral Therapy*, 47:527 – 37.

140. Stathopoulou 외(2006), Exercise interventions for mental health; Pedersen, Saltin(2015), Exercise as medicine—evidence for prescribing exercise as therapy in 26 different chronic diseases.

운동하는 사피엔스

1판 1쇄 펴냄 2024년 10월 10일
1판 3쇄 펴냄 2024년 12월 24일

지은이   대니얼 리버먼
옮긴이   왕수민
편 집   안민재
디자인   룩앳미
제 작   아트인

펴낸곳   프시케의숲
펴낸이   성기승
출판등록   2017년 4월 5일 제406-2017-000043호
주 소   (우)10885, 경기도 파주시 책향기로 371, 상가 204호
전 화   070-7574-3736
팩 스   0303-3444-3736
이메일   pfbooks@pfbooks.co.kr
SNS   @PsycheForest

ISBN   979-11-89336-75-2 03470

책값은 뒤표지에 표시되어 있습니다.